制作引导提示板

支架式展板

围棋棋子设计

办公桌设计

老板桌设计

办公椅设计

牙膏

资料架设计

制作台灯

卷轴画

三维文字设计

制作瓶盖

休闲躺椅设计

茶几设计

瓷器质感

制作足球

日景建筑场景

皮革材质

室外荧光灯模拟

青铜材质效果

排球

隔离墩设计

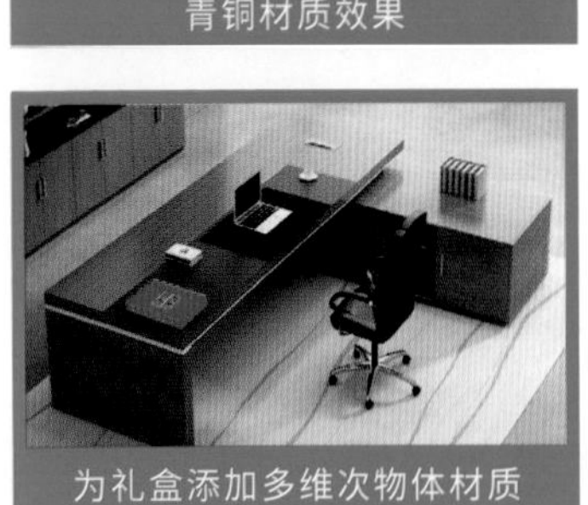
为礼盒添加多维次物体材质

室内灯光模拟

制作骰子

室内摄影机

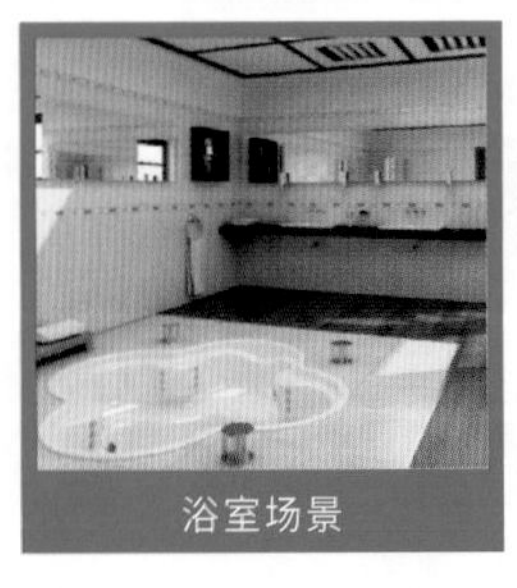
浴室场景

太阳光模拟

3ds Max
建模设计与制作案例实战

杨佳欣　杨　光　主编

清华大学出版社
北京

内 容 简 介

本书由浅入深、循序渐进地介绍了3ds Max 2020的使用方法和操作技巧。全书共分9章，前8章分别介绍了围棋棋的设计——初识3ds Max 2020、办公桌的设计——三维基本体建模、笔记本的设计——二维图形建模、休闲躺椅的设计——三维复合对象建模、隔离墩的设计——模型的修改与编辑、青铜材质效果——材质和贴图、室外日光灯的模拟——灯光、日景建筑场景模拟——摄影机等基础内容，第9章提供了3个综合案例，可以通过前面的内容进行综合学习，以增强读者或学生就业的实践性。通过大量的案例精讲、实战和课后项目练习，突出了对实际操作技能的培养。

本书内容翔实，结构清晰，语言流畅，实例分析透彻，操作步骤简洁实用，适合广大初学3ds Max 2020的用户使用，也可作为各类高等院校相关专业的教材。

图书在版编目(CIP)数据

3ds Max建模设计与制作案例实战 / 杨佳欣，杨光主编. —北京：清华大学出版社，2022.3

ISBN 978-7-302-59612-7

Ⅰ. ①3… Ⅱ. ①杨… ②杨… Ⅲ. ①三维动画软件 Ⅳ. ①TP391.414

中国版本图书馆CIP数据核字（2021）第242353号

责任编辑：李玉茹

封面设计：李 坤

责任校对：鲁海涛

责任印制：曹婉颖

出版发行：清华大学出版社

网 址：http://www.tup.com.cn，http://www.wqbook.com

地 址：北京清华大学学研大厦A座 **邮 编：**100084

社 总 机：010-83470000 **邮 购：**010-62786544

投稿与读者服务：010-62776969，c-service@tup.tsinghua.edu.cn

质量反馈：010-62772015，zhiliang@tup.tsinghua.edu.cn

印 装 者：三河市龙大印装有限公司

经 销：全国新华书店

开 本：185mm×260mm **印 张：**17.75 **插 页：**1 **字 数：**432千字

版 次：2022年4月第1版 **印 次：**2022年4月第1次印刷

定 价：79.00元

产品编号：092837-01

前言

3ds Max 是效果图和工业制图方面的专业工具，无论是室内建筑装饰效果图，还是室外建筑设计效果图，3ds Max 都是最佳选择。3ds Max 在建模技术、材质编辑、环境控制、动画设计、渲染输出和后期制作等方面都有出色的表现。

本书内容

全书共分为 9 章，分别讲解了围棋棋子的设计——初识 3ds Max 2020、办公桌的设计——三维基本体建模、笔记本的设计——二维图形建模、休闲躺椅的设计——三维复合对象建模、隔离墩的设计——模型的修改与编辑、青铜材质效果——材质和贴图、室外日光灯的模拟——灯光、日景建筑场景模拟——摄影机等内容。

本书特色

本书内容实用，步骤详细，书中以实例的形式来讲解 3ds Max 的知识点。这些实例按知识点的应用和难易程度进行安排，从易到难，从入门到提高，循序渐进地介绍了各种物体建模的制作方法。在部分实例操作过程中，还为读者介绍了日常需要注意的提示内容，使读者能在制作过程中勤于思考和总结。

海量的电子学习资源和素材

本书附带大量的学习资料和视频教程，下面截图给出部分概览。

本书附带所有的素材文件、场景文件、效果文件、多媒体有声视频教学录像，读者在读完本书内容以后，可以调用这些资源进行深入的学习。

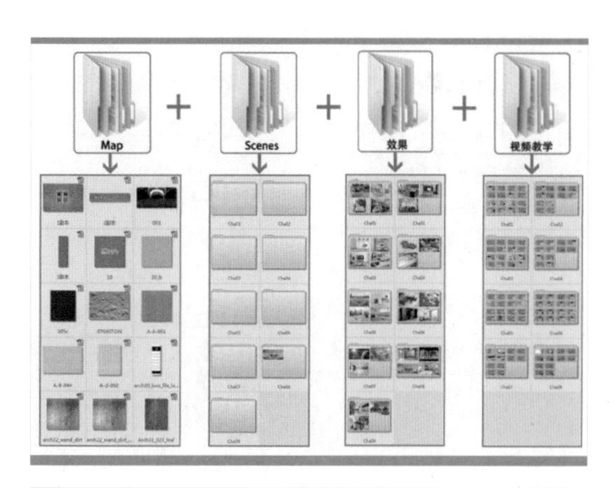

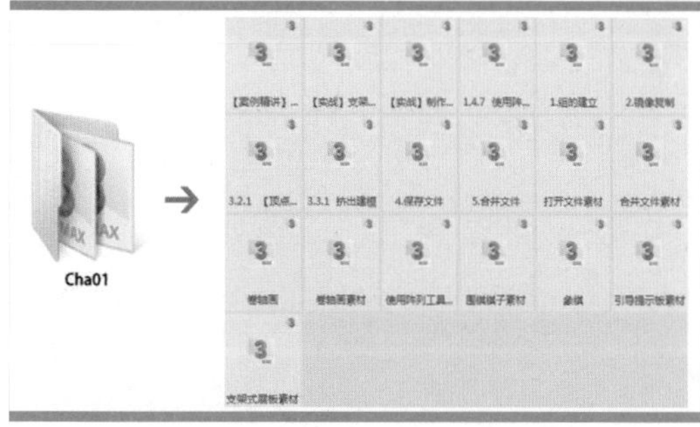

本书视频教学贴近实际，几乎手把手教学。

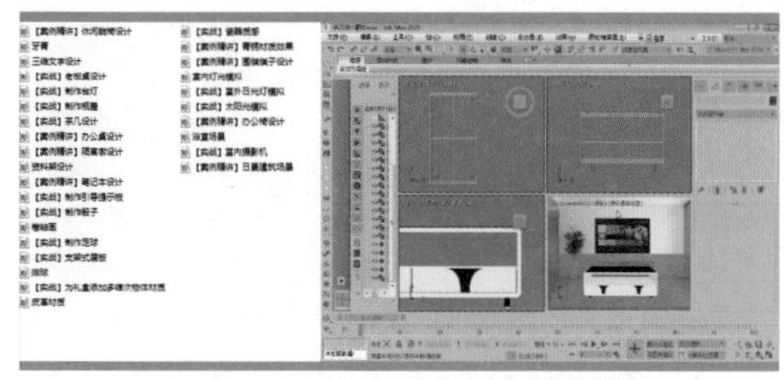

本书约定

为便于读者阅读理解，本书的写作风格遵从如下约定。

本书中出现的中文菜单和命令用“【】”括起来，以示区分。此外，为了使语句更简洁易懂，本书中所有的菜单和命令之间以竖线（|）分隔，例如，单击【编辑】菜单，再选择【反选】命令，就用【编辑】|【反选】来表示。

用加号（+）连接的两个键表示组合键，在操作时表示同时按下这两个键。例如，Ctrl+V 组合键是指在按下 Ctrl 键的同时，按下 V 字母键。

在没有特殊指定时，单击、双击和拖动是指用鼠标左键单击、双击和拖动，右击是指用鼠标右键单击。

读者对象

（1）3ds Max 初学者。

（2）大、中专院校和社会培训班建模及其相关专业的学生。

（3）3ds Max 室内外建模制作从业人员。

致谢

本书的出版可以说凝结了许多优秀教师的心血， 在这里衷心感谢对本书出版给予帮助的编辑老师、视频测试老师，感谢你们！

本书主要由杨佳欣、杨光编写，同时对参与本书版式设计、校对、编排等工作的人员表示感谢。

在创作的过程中，由于时间仓促，错误在所难免，希望广大读者批评、指正。

教学视频

PPT

配送资源

编　者

目录

第 1 章 围棋棋子的设计——初识 3ds Max 2020

第 2 章 办公桌的设计——三维基本体建模

第 4 章 休闲躺椅的设计——三维复合对象建模

第 5 章 隔离墩的设计——模型的修改与编辑

第 6 章 青铜材质效果——材质和贴图

第 7 章 室外日光灯的模拟——灯光

第 8 章　日景建筑场景模拟——摄影机

第 9 章　课程设计

附录　3ds Max 的快捷键

参考文献

第 1 章

围棋棋子的设计——初识 3ds Max 2020

本章导读

在学习 3ds Max 2020 之前，熟悉工作环境并掌握一些基本操作，才能为以后的建模打下坚实的基础。本章主要介绍在 3ds Max 2020 中的基本操作，包括文件的打开与保存、控制和调整视图，以及复制物体等。

案例精讲
围棋棋子的设计

为了更好地完成本设计案例，现对制作要求及设计内容做如下规划，围棋棋子效果如图 1-1 所示。

作品名称	围棋棋子设计
设计创意	（1）打开素材文件 （2）利用【球体】工具创建棋子 （3）复制棋子对象，并为其设置材质
主要元素	（1）棋盘 （2）棋子
应用软件	3ds Max 2020
素材	Scenes\Cha01\ 围棋棋子素材 .max
场景	Scenes \Cha01\【案例精讲】围棋棋子设计 .max
视频	视频教学 \Cha01\【案例精讲】围棋棋子设计 .mp4
围棋棋子效果欣赏	图 1-1
备注	

01 在菜单栏中选择【文件】|【打开】命令，如图 1-2 所示。

02 在弹出的对话框中选择“Scenes\Cha01\ 围棋棋子素材 .max”素材文件，如图 1-3 所示。

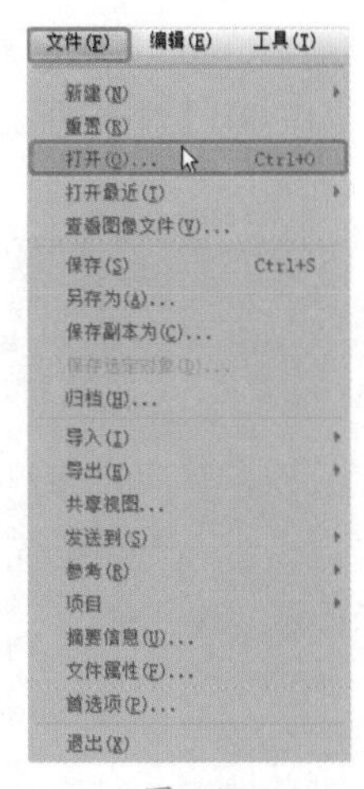

图 1-2

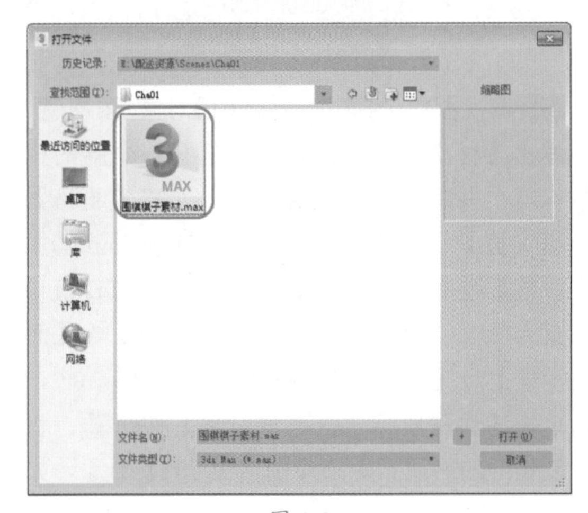

图 1-3

03 单击【打开】按钮，将选中的素材文件打开，如图 1-4 所示。

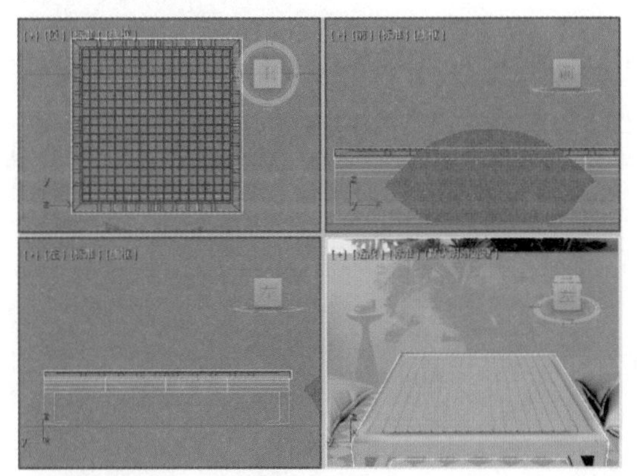

图 1-4

04 选择【创建】 | 【几何体】 | 【标准基本体】|【球体】工具，在【顶】视图中创建一个【半径】为 10、【半球】为 0.3 的半球，并将其重命名为【围棋白 001】，如图 1-5 所示。

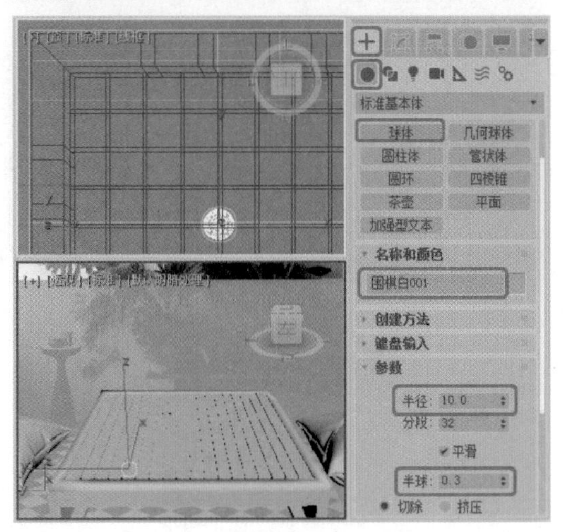

图 1-5

05 在【左】视图中选中创建的【围棋白 001】对象，在工具栏中单击【选择并非均匀缩放】按钮，在弹出的【缩放变换输入】对话框的【绝对：局部】区域下将 Z 轴参数设置为 30，如图 1-6 所示。

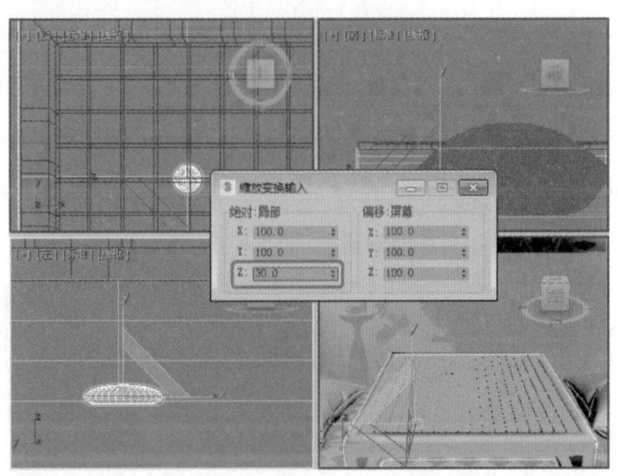

图 1-6

06 设置完成后，按 Enter 键确认，关闭【缩放变换输入】对话框，在工具栏中单击【选择并移动】按钮，在视图中调整棋子的位置，如图 1-7 所示。

07 在菜单栏中选择【编辑】|【克隆】命令，如图 1-8 所示。

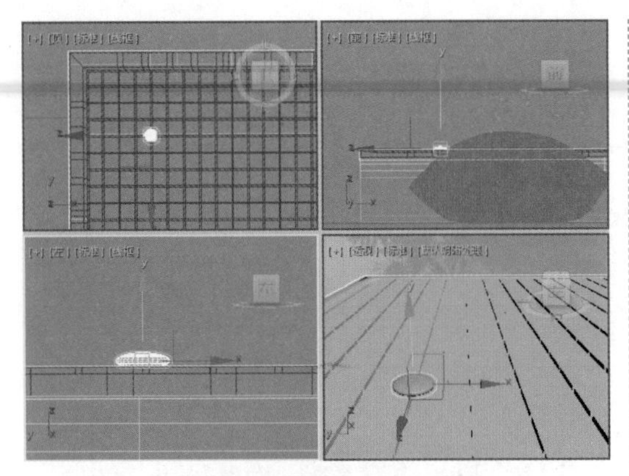

图 1-7

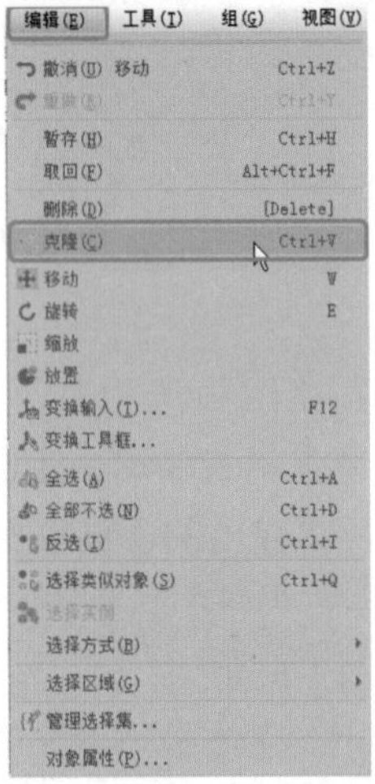

图 1-8

08 在弹出的【克隆选项】对话框中选中【复制】单选按钮，将【名称】设置为【围棋黑001】，如图 1-9 所示。

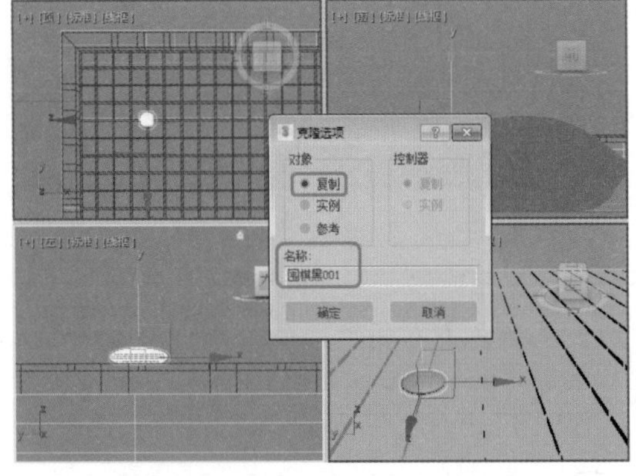

图 1-9

09 设置完成后，单击【确定】按钮，在视图中调整【围棋黑 001】对象的位置，如图 1-10 所示。

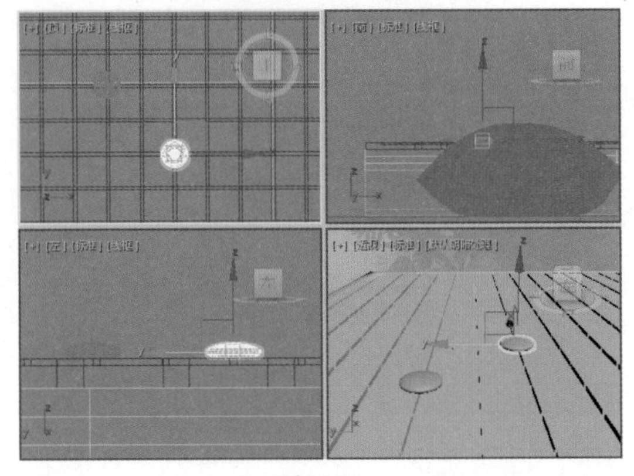

图 1-10

10 在视图中选择【围棋白 001】对象，按 M 键，弹出【材质编辑器】窗口，选择一个新的样本球，并将其命名为【白棋】，将【明暗器的类型】设置为（B）Blinn，在【Blinn 基本参数】卷展栏中，将【环境光】的 RGB 值设置为 255、255、255，将【高光级别】、【光泽度】、【柔化】分别设置为 88、55、0.2，单击【将材质指定给选定对象】按钮，将创建好的材质指定给【围棋白 001】对象，如图 1-11 所示。

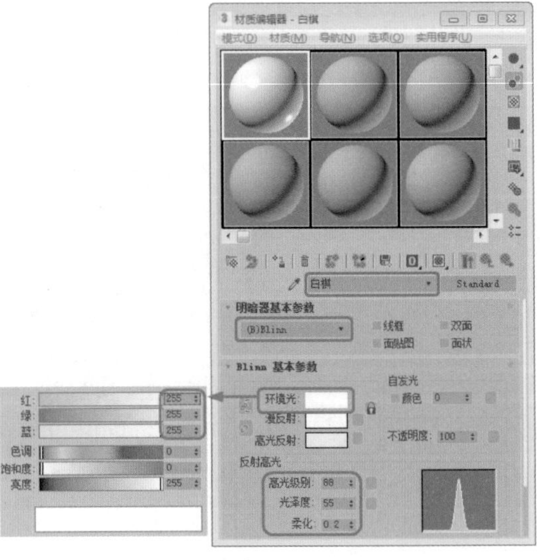

图 1-11

提示：材质主要用于描述对象如何反射和传播光线，材质中的贴图主要用于模拟对象质地、提供纹理图案、反射、折射等其他效果（贴图还可以用于环境和灯光投影）。依靠各种类型的贴图，可以创作出千变万化的材质，例如，在瓷瓶上贴上花纹就成了名贵的瓷器。高超的贴图技术是制作仿真材质的关键，也是决定最后渲染效果的关键。关于材质的调节和指定，系统提供了材质编辑器和材质 / 贴图浏览器。材质编辑器用于创建、调节材质，并最终将其指定到场景中；材质 / 贴图浏览器用于检查材质和贴图。

11 在视图中选择【围棋黑 001】对象，在【材质编辑器】窗口中选择【白棋】材质样本球，按住鼠标向右拖曳，对其进行复制，并将复制的材质重命名为【黑棋】，将【环境光】的 RGB 值设置为 0、0、0，如图 1-12 所示。

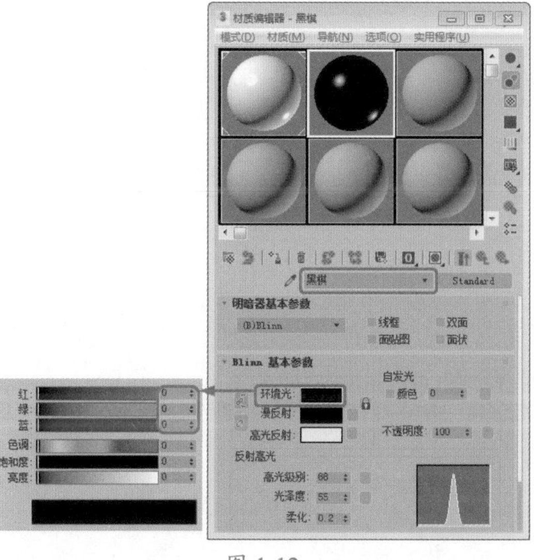

图 1-12

12 将设置的材质指定给【围棋黑 001】对象，根据前面所介绍的方法对棋子进行复制，并调整其位置，如图 1-13 所示。

13 激活【透视】视图，按 C 键，将其转换为【摄影机】视图，在菜单栏中选择【文件】|【另存为】命令，如图 1-14 所示。

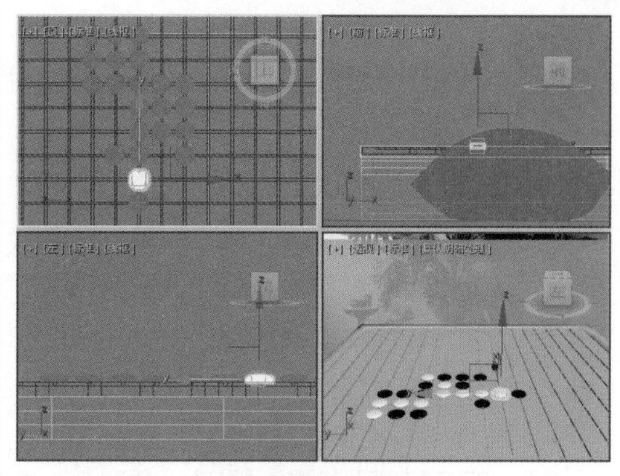

图 1-13

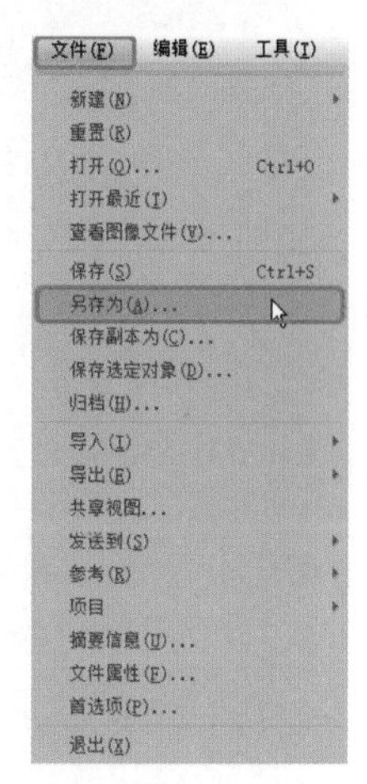

图 1-14

14 在弹出的对话框中指定保存路径，将该文件命名为“【案例精讲】围棋棋子设计.max”，如图 1-15 所示。

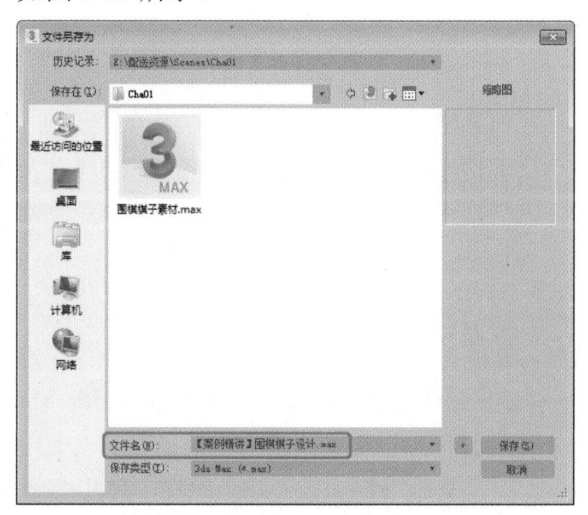

图 1-15

15 单击【保存】按钮，激活【摄影机】视图，按 F9 键对其进行渲染，即可观察效果。

1.1 认识 3ds Max 2020 的工作界面

启动 3ds Max 2020，进入该应用程序的工作界面，如图 1-16 所示。3ds Max 2020 的工作界面由标题栏、菜单栏、工具栏、场景资源器、命令面板、视图区、视图控制区、状态栏与提示栏、时间轴、动画控制区等部分组成，该界面集成了 3ds Max 2020 的全部命令和上千条参数，因此，在学习 3ds Max 2020 之前，有必要对其工作界面有一个基本的了解。

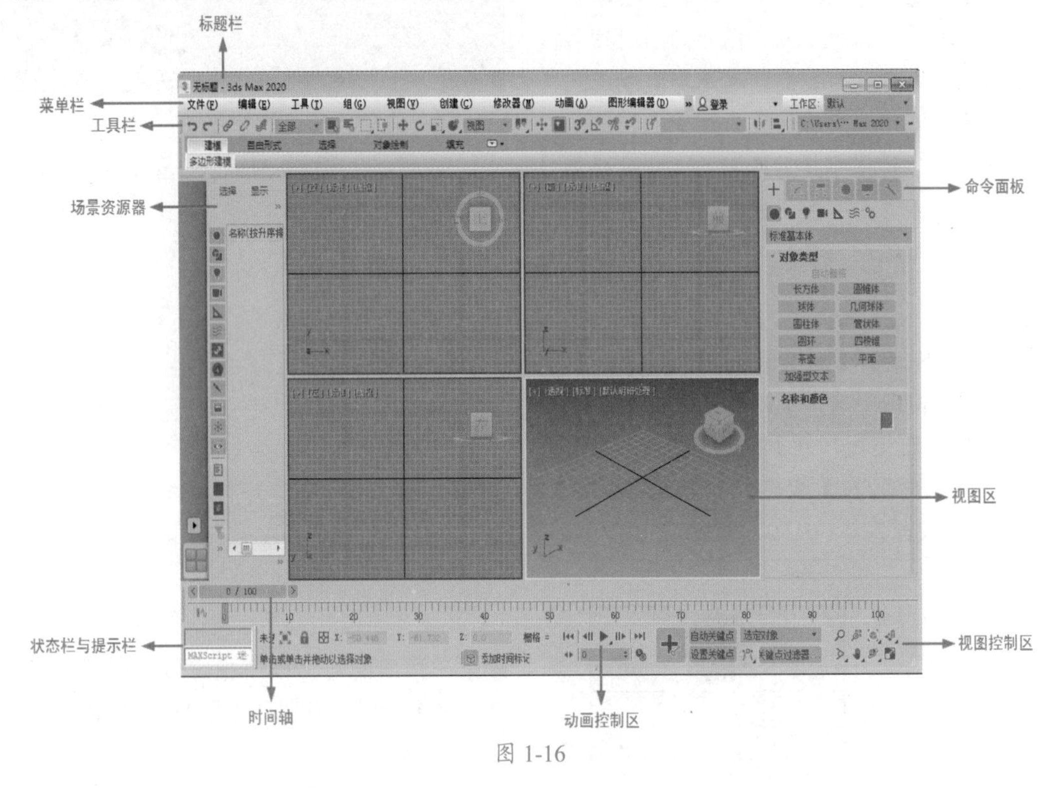

图 1-16

1. 标题栏

标题栏位于 3ds Max 2020 界面的最顶部，在标题栏最右边的是 3 个基本按钮，分别是【最小化】按钮、【最大化】按钮和【关闭】按钮，如图 1-17 所示。

图 1-17

2. 菜单栏

3ds Max 2020 的菜单栏中包含了 3ds Max 2020 的大部分操作命令，菜单栏的右侧分别是【登录】状态栏与【工作区】状态栏，如图 1-18 所示。

图 1-18

◎ 文件：该菜单主要用于管理文件，通过新建、重置、打开等命令对文件进行所需的操作。
◎ 编辑：该菜单主要用于进行一些基本的编辑操作。例如，【撤销】命令和【重做】命令分别用于撤销和恢复上一次的操作，【克隆】命令和【删除】命令分别用于复制和删除场景中选定的对象。
◎ 工具：该菜单主要用于提供各种常用的命令，如对齐、镜像和间隔工具等。这些命令在工具栏中一般都有相应的按钮，主要用于对选定对象进行各种操作。
◎ 组：该菜单主要用于对 3ds Max 2020 中的群组进行控制，如将多个对象成组和解除对象成组等。
◎ 视图：该菜单主要用于控制视图的显示方式，如是否在视图中显示网格、还原当前激活的视图等。
◎ 创建：该菜单主要用于创建基本的物体、灯光、粒子系统等，如长方体、圆柱体、泛光灯等。
◎ 修改器：该菜单主要用于对选定对象进行调整，如 NURBS 编辑、弯曲、噪波等。
◎ 动画：该菜单中的命令主要用于启用制作动画的各种控制器，以及实现动画预览功能，如 IK 解算器、变换控制器、生成预览等。
◎ 图形编辑器：该菜单主要用于查看和控制对象运动轨迹、添加同步轨迹等。
  ◆ 渲染：该子菜单主要用于渲染场景和环境（注：【渲染】子菜单及以下几个子菜单位于单击双箭头按钮弹出的下拉菜单中）。
  ◆ Civil View：在该子菜单中提供了【初始化 Civil View】命令。
  ◆ 自定义：该子菜单主要用于提供自定义设置的相关命令，如自定义用户界面、配置系统路径、视图设置等。
  ◆ 脚本：该子菜单主要用于提供操作脚本的相关命令，如新建脚本、运行脚本等。
  ◆ Interactive：通过该子菜单可下载并安装 3ds Max 2020 交互式。
  ◆ 帮助：该子菜单提供了丰富的帮助信息，如 3ds Max 2020 的新功能。
◎ 登录：单击该按钮，在弹出的下拉菜单中选择【登录】命令，可弹出【登录】对话框，用于登录账户。
◎ 工作区：可通过此处调整工作区的显示状态。

3. 工具栏

3ds Max 2020 的工具栏位于菜单栏的下方，由若干个工具按钮组成，包括主工具栏和标签工具栏两部分。其中有一些工具按钮是菜单命令的快捷按钮，可以直接打开某些控制窗口，如【材质编辑器】窗口、【渲染设置】窗口等，工具栏如图 1-19 所示。

图 1-19

提示：一般在 1024×768 分辨率下，工具栏中的按钮不能全部显示出来，将鼠标指针移至工具栏上，鼠标指针会变为小手形状，这时对工具栏进行拖动即可显示其余的按钮。将鼠标指针在工具按钮上停留几秒，会出现当前按钮的文字提示，有助于了解该按钮的用途。

在 3ds Max 2020 中还有一些工具按钮没有在工具栏中显示，它们会在浮动工具栏中显示。在菜单栏中选择【自定义】|【显示 UI】|【显示浮动工具栏】命令，如图 1-20 所示，即可打开【捕捉】、【容器】、【动画层】等浮动工具栏。

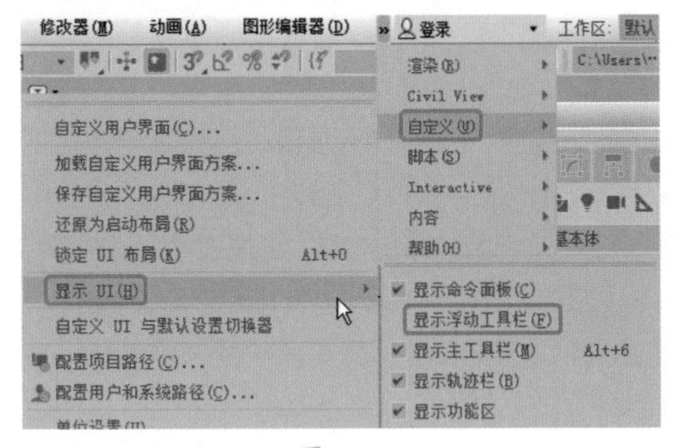

图 1-20

4. 视图区

视图区在 3ds Max 2020 的工作界面中占据主要面积，是进行三维创作的主要工作区域，一般分为【顶】视图、【前】视图、【左】视图和【透视】视图共 4 个部分，通过这 4 个视图工作窗口可以从不同的角度观察创建的对象。

ViewCube 3D 导航控件提供了视图当前方向的视觉反馈，使用户可以调整视图方向，并且可以在标准视图与等距视图之间进行切换。ViewCube 3D 导航控件如图 1-21 所示。

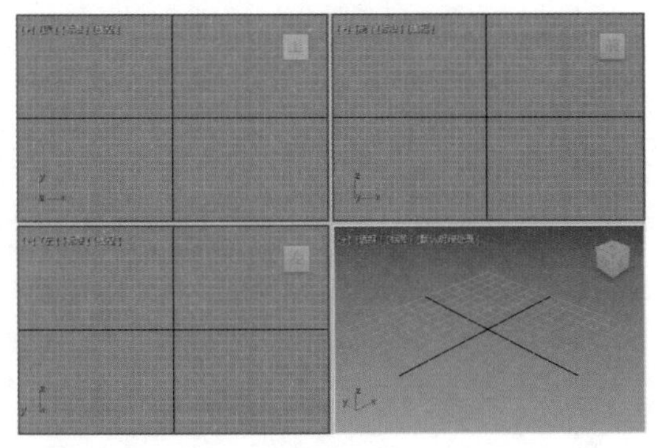
图 1-21

在默认情况下，ViewCube 3D 导航控件会显示在活动视图的右上角，它不会显示在摄影机、灯光、ActiveShade、Schematic 等视图中。如果 ViewCube 3D 导航控件处于非活动状态，则会叠加在场景之上。当 ViewCube 处于非活动状态时，其主要功能是根据模型的北向显示场景方向。

在将鼠标指针置于 ViewCube 3D 导航控件上方时，ViewCube 3D 导航控件会变成活动状态。单击 ViewCube 3D 导航控件的相应位置，可以切换到相应的视图；在 ViewCube 3D 导航控件上按住鼠标左键并拖动，可以旋转当前视图；右击 ViewCube 3D 导航控件，会弹出一个快捷菜单，如图 1-22 所示，通过该快捷菜单中的命令可以快速切换到相应的视图。

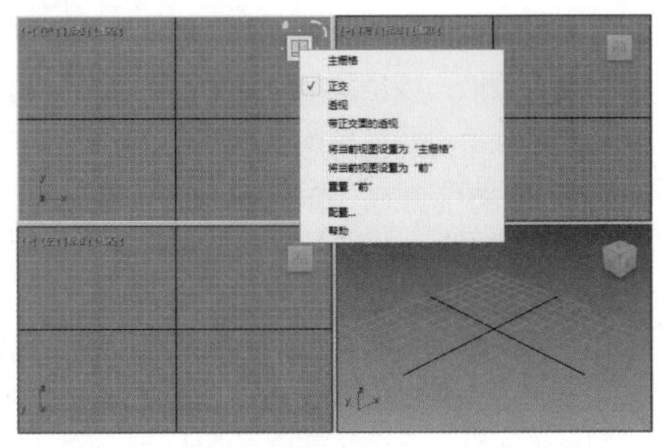
图 1-22

（1）控制 ViewCube 3D 导航控件的显示状态。

ViewCube 3D 导航控件的显示状态分为非活动状态和活动状态。

当 ViewCube 3D 处于非活动状态时，在默认情况下它在视口上方显示为透明，这样不会完全遮住视图中的模型。当 ViewCube 处于活动状态时，它是不透明的，并且可能遮住场景中对象的视图。

当 ViewCube 处于非活动状态时，用户可以控制其不透明度、大小、视口显示和指南针显示。这些设置位于选择【视图】|【视口配置】命令弹出的【视口配置】对话框中。切换到 ViewCube 选项卡，如图 1-23 所示。

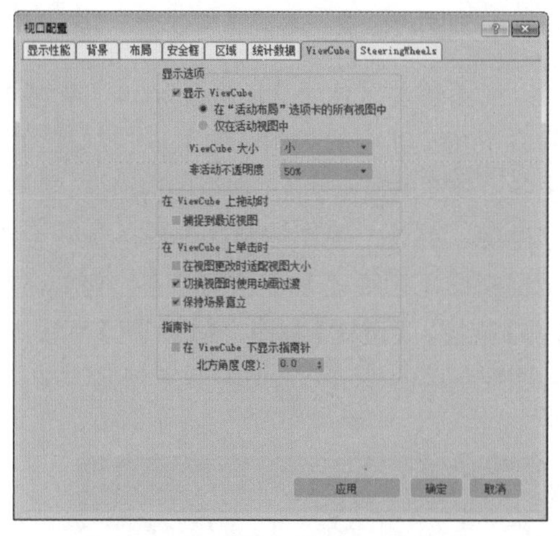

图 1-23

（2）显示或隐藏 ViewCube 3D 导航控件。

下面介绍 4 种显示或隐藏 ViewCube 3D 导航控件的方法。

◎ 按默认的快捷键：Alt+Ctrl+V。

◎ 在【视口配置】对话框的 ViewCube 选项卡中选中【显示 ViewCube】复选框。

◎ 在菜单栏中选择【视图】|【视口配置】命令，弹出【视口配置】对话框，然后在 ViewCube 选项卡中进行设置。

◎ 在菜单栏中选择【视图】| ViewCube |【显示 ViewCube】命令，如图 1-24 所示。

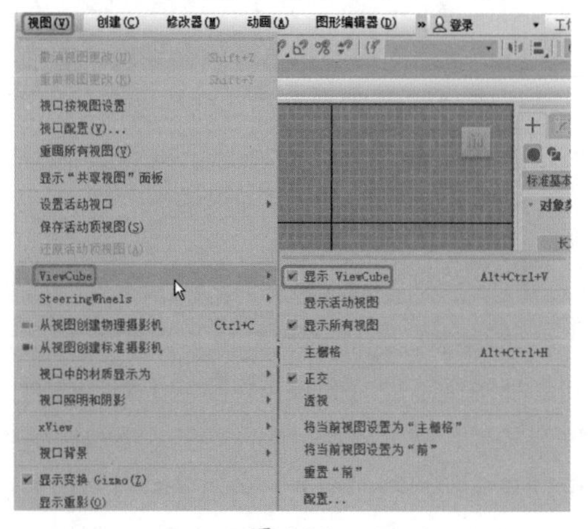

图 1-24

（3）控制 ViewCube 的大小和非活动不透明度。

01 在弹出的【视口配置】对话框中切换到 ViewCube 选项卡。

02 在【显示选项】选项组中，单击【ViewCube 大小】右侧的下三角按钮，在弹出的下拉菜单中选择一个大小。其中包括大、普通、小和细小。

另外，可以在【显示选项】选项组中单击【非活动不透明度】右侧的下三角按钮，在弹出的下拉菜单中选择一个不透明度值，选择范围介于 0%（非活动时不可见）和 100%（始终完全不透明）之间。

03 设置完成后，单击【确定】按钮即可。

（4）使用指南针。

ViewCube 3D 导航控件指南针可以指示场景的北方。用户可以切换 ViewCube 下方的指南针显示，并且使用指南针指定其方向。

（5）显示 ViewCube 的指南针。

01 在弹出的【视口配置】对话框中切换到 ViewCube 选项卡。

02 在【指南针】选项组中，选中【在 ViewCube 下显示指南针】复选框。指南针将显示于 ViewCube 下方，并且指示场景中的北向。

03 设置完成后，单击【确定】按钮即可。

5. 命令面板

3ds Max 2020 中有 6 个命令面板，分别为【创建】命令面板、【修改】命令面板、【层次】命令面板、【运动】命令面板、【显示】命令面板和【实用程序】命令面板，这 6 个命令面板分别可以完成不同的工作。在【创建】命令面板中包含 7 个面板，分别为【几何体】面板、【图形】面板、【灯光】面板、【摄影机】面板、【辅助对象】面板、【空间扭曲】面板、【系统】面板，使用这 7 个面板可以分别创建不同的对象。【创建】命令面板如图 1-25 所示。该命令面板是 3ds Max 2020 的核心工作区，包括大部分造型和动画命令，为用户提供了丰富的工具及修改命令，它们分别用于创建对象、修改对象、链接设置和反向运动设置、运动变化控制、显示控制和应用程序的选择，外部插件窗口也位于这里，是 3ds Max 2020 中使用频率较高的工作区域。

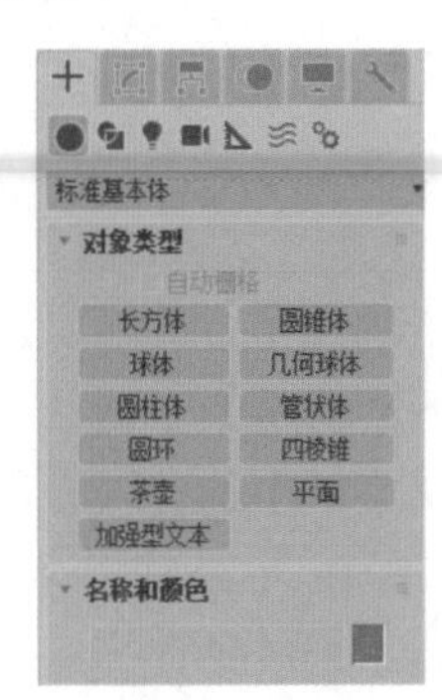

图 1-25

6. 视图控制区

视图控制区位于 3ds Max 2020 工作界面的右下角，其中的控制按钮可以控制视图区中各个视图的显示状态，如视图的缩放、旋转、移动等。另外，视图控制区中的各按钮会因所用视图不同而呈现不同的状态。例如，在【前】视图、【透视】视图、【摄影机】视图中，视图控制区的显示分别如图 1-26 所示。

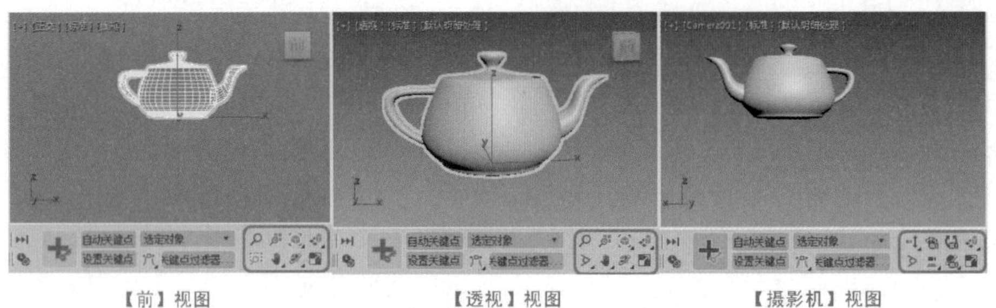

图 1-26

7. 状态栏与提示栏

状态栏与提示栏位于 3ds Max 2020 工作界面底部的左侧，主要用于显示当前所选择的物体数目、坐标和目前视图的网格单位等信息，如图 1-27 所示。状态栏中的坐标输入区域会经常用到，通常用于精确调整对象的变换细节。

图 1-27

◎ 当前状态：显示当前选择对象的数目和类型。

◎ 提示信息：针对当前选择的工具和程序，提示下一步操作。

◎ 锁定选择：在默认状态下是关闭的，如果启用它，会将当前选择的对象锁定，这样在切换视图或调整工具时，都不会改变当前的操作对象。在实际操作时，这是一个使用频率很高的按钮。

◎ 当前坐标：显示当前选中对象的世界坐标，以及对选中对象进行变换操作时的相对坐标。

◎ 栅格尺寸：显示当前栅格中一个方格的边长尺寸，不会因为镜头的推拉产生栅格尺寸的变化。

◎ 时间标记：通过文字符号指定特定的帧标记，使用户能够迅速跳转到想去的帧。使用时间标记可以锁定相互之间的关系，这样在移动一个时间标记时，其他的时间标记也会发生相应的变化。

8. 动画控制区

动画控制区位于状态栏与视图控制区之间，视图区下的时间轴，主要用于对动画时间进行控制，如图 1-28 所示。在动画控制区中可以开启动画制作模式，可以随时对当前的动画场景设置关键帧，并且完成的动画可以在处于激活状态的视图中进行实时播放。

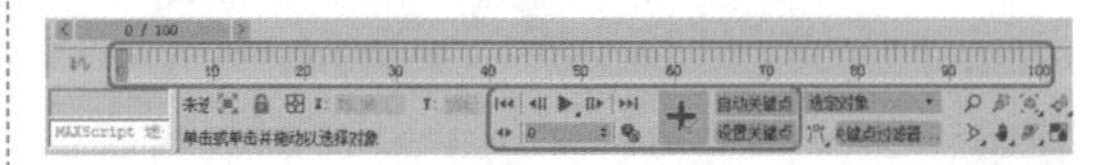

图 1-28

1.2 自定义工作界面

用户可以根据习惯自定义 3ds Max 2020 工作界面，如自定义工具栏、快捷键和用户界面方案等。

1. 自定义工具栏

在工具栏的空白处右击，在弹出的快捷菜单中选择【自定义】命令，如图 1-29 所示，弹出【自定义用户界面】对话框，切换到【工具栏】选项卡，即可对工具栏进行设置，如图 1-30 所示。

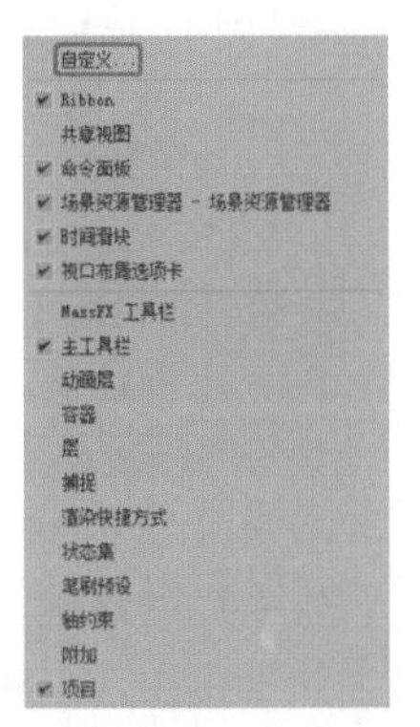

图 1-29

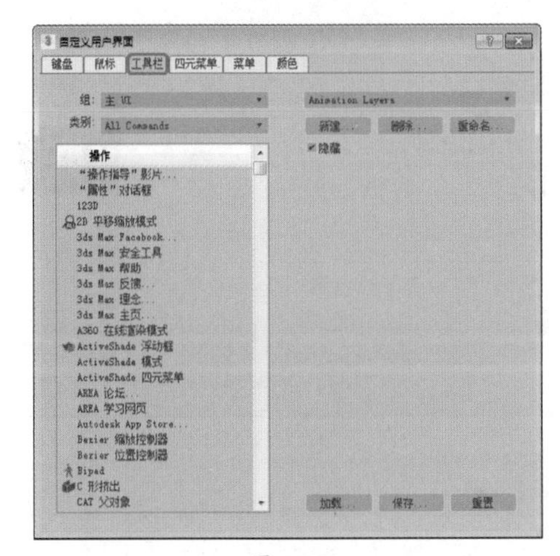

图 1-30

2. 自定义快捷键

在【自定义用户界面】对话框中切换到【键盘】选项卡，在左边的列表框中选择要设置快捷键的命令，然后在右边的【热键】文本框中输入快捷键，单击【指定】按钮，即可设置成功，如图 1-31 所示。

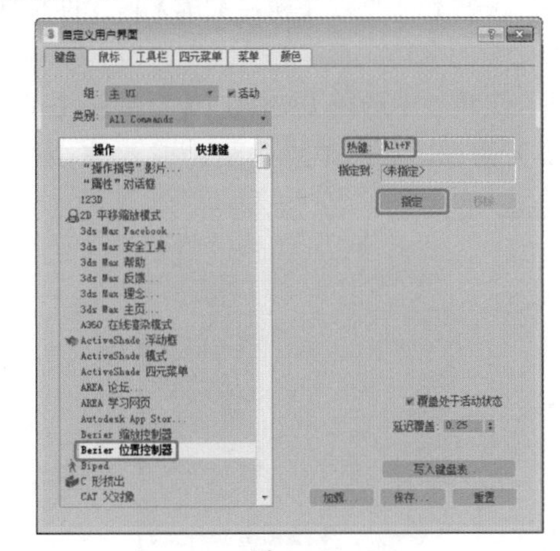

图 1-31

3. 自定义用户界面方案

在菜单栏中选择【自定义】|【加载自定义用户界面方案】命令，弹出【加载自定义用户界面方案】对话框，在该对话框中提供了 3 种用户界面，可以根据自己的喜好进行设置，如图 1-32 所示。

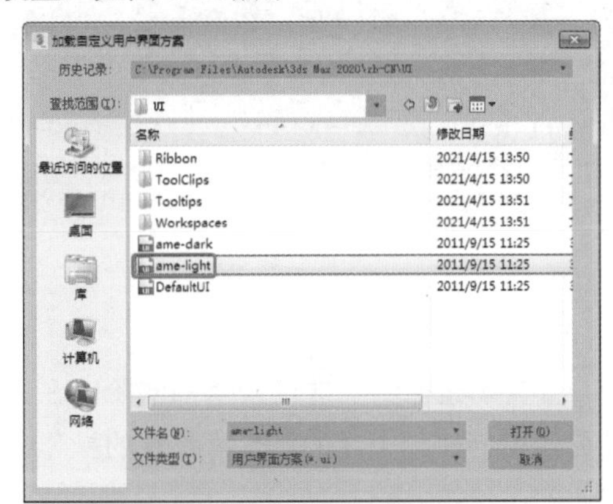

图 1-32

1.3 文件的基本操作

作为 3ds Max 2020 的初级用户，在没有正式掌握软件之前，学习文件的基本操作是非常必要的。下面介绍 3ds Max 2020 文件的基本操作方法。

1. 建立新文件

在菜单栏中通过【新建全部】命令即可建立一个新的文档。具体的操作步骤如下。

01 在菜单栏中选择【文件】|【新建】|【新建全部】命令，如图 1-33 所示，或者按 Ctrl+N 快捷键。

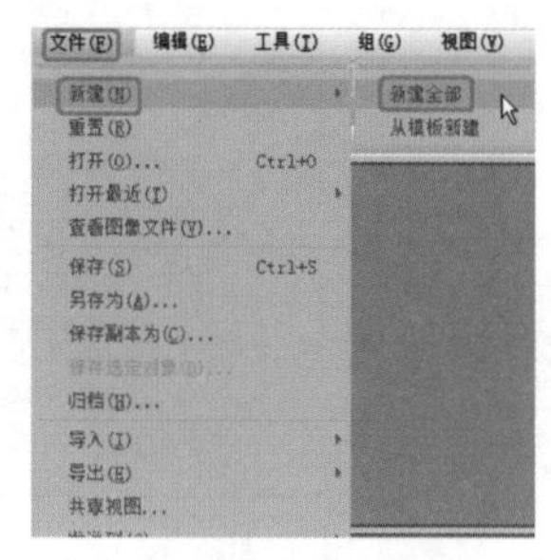

图 1-33

02 新建一个空白场景，如图 1-34 所示。

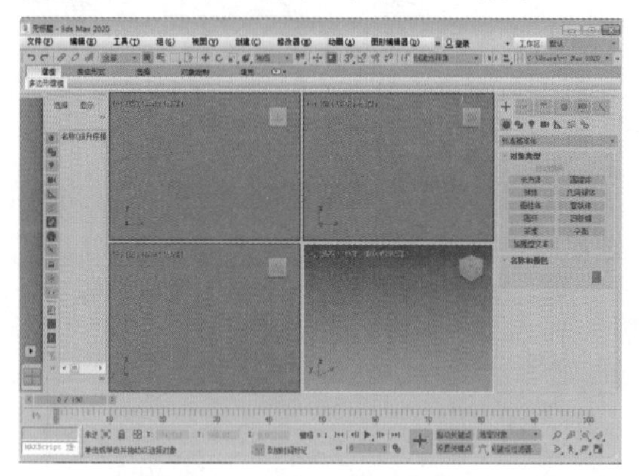

图 1-34

2. 重置场景

重置场景即将当前场景全部清除，在当前界面中创建一个新的场景。具体的操作步骤如下。

01 在菜单栏中选择【文件】|【重置】命令，如图 1-35 所示。

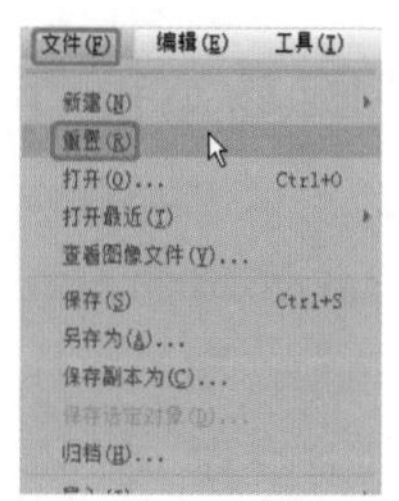

图 1-35

02 弹出 3ds Max 对话框，如图 1-36 所示，单击【是】按钮，即可重置当前场景。

图 1-36

3. 打开文件

选择菜单栏中的【文件】|【打开】命令，可以打开需要的文档。具体的操作步骤如下。

01 在菜单栏中选择【文件】|【打开】命令，如图 1-37 所示，或者按 Ctrl+O 快捷键。

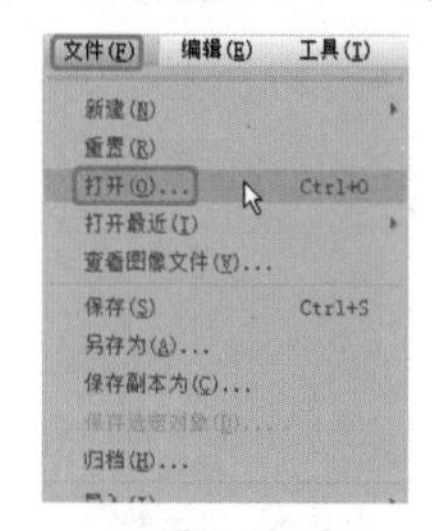

图 1-37

02 弹出【打开文件】对话框，选择要打开的文件，单击【打开】按钮，即可打开该文件，如图 1-38 所示。

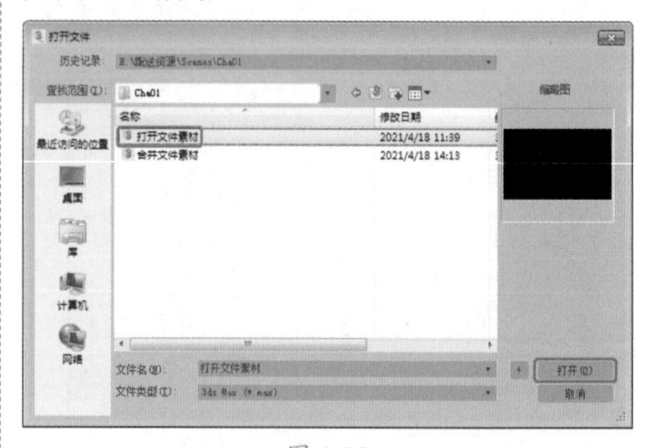

图 1-38

提示：选择【文件】|【打开最近】命令，即可在弹出的下拉菜单中选择最近打开的文件。3ds Max 文件包含场景的全部信息，如果一个场景使用了当前 3ds Max 2020 软件不具备的特殊模块，那么打开该文件时，这些信息将会丢失。

4. 另存为文件

另存为文件就是在当前场景的基础上将文件重新保存，而不修改当前场景。具体的操作步骤如下。

01 继续上面的操作，在菜单栏中选择【文件】|【另存为】命令，如图 1-39 所示。

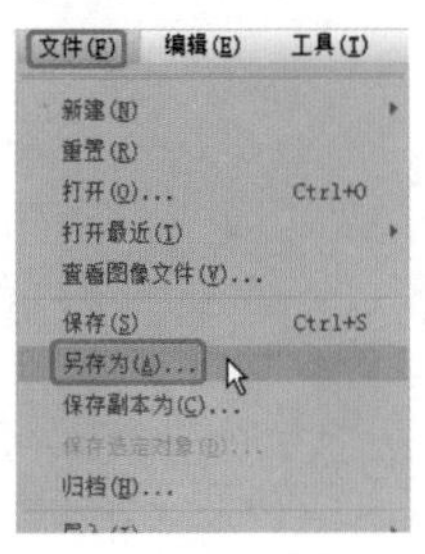

图 1-39

02 弹出【文件另存为】对话框，选择保存路径，在【文件名】下拉列表框中输入名称，单击【保存】按钮，如图 1-40 所示，即可将该文件存储于所选路径下。

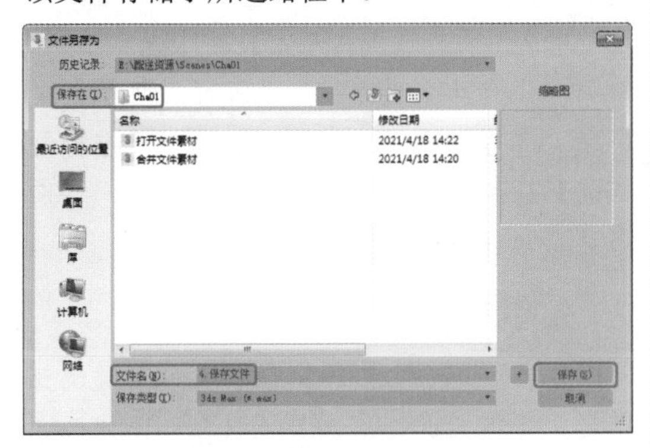

图 1-40

提示：在菜单栏中选择【文件】|【保存】命令时旧的场景文件将被覆盖。当使用【保存】命令进行保存时，所有场景信息也将一并保存，例如视图划分设置、视图缩放比例、捕捉和栅格设置等。

5. 合并文件

在制作场景时经常需要在当前场景中加入其他对象，此操作被称为合并文件。具体的操作步骤如下。

01 继续上面的操作，选择【文件】|【导入】|【合并】命令，如图 1-41 所示。

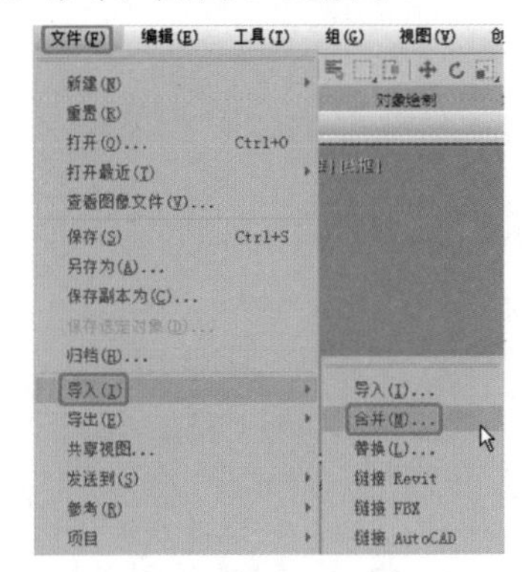

图 1-41

02 弹出【合并文件】对话框，选择要合并的场景文件，单击【打开】按钮，如图 1-42 所示。

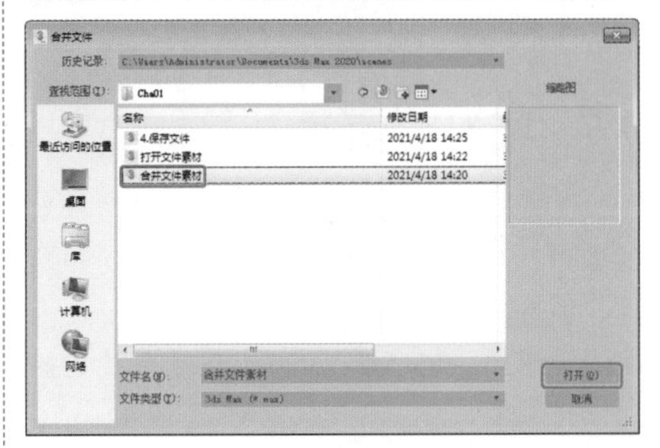

图 1-42

03 弹出【合并】对话框，选择要合并的对象，单击【确定】按钮，如图 1-43 所示，即可完成合并操作。

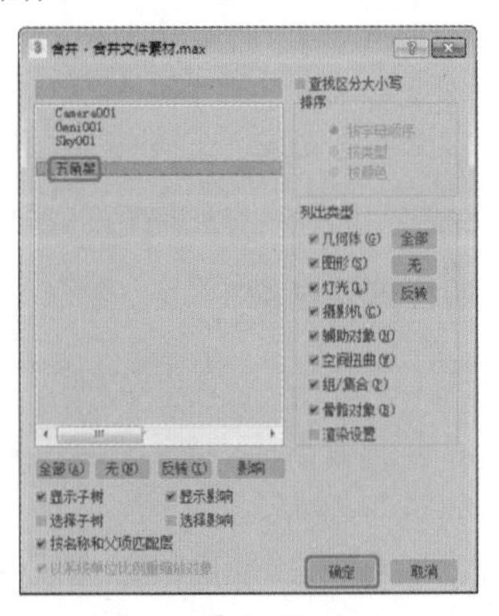

图 1-43

6. 导入、导出文件

在 3ds Max 2020 中可以导入的文件格式包

括 FBX、3DS、ABC、AI、CGR、DAE、DEM、DXF、DWG、FLT、HTR、IGE、IPT、JT、MDL、OBJ、PRT、RVT、SAT、SHP、SKP、SLDPRT、STL、STP、TRC、WIRE、WRL、XML 等。

在 3ds Max 2020 中可以导出的文件格式包括 FBX、3DS、ABC、AI、ASE、ASS、DAE、DWF、DWG、DXF、FLT、HTR、IGS、OBJ、PXPROJ、SAT、STL、SVF、WRL 等。

1.4 3ds Max 2020 的基本操作

了解 3ds Max 2020 的基本操作后，可以更加熟悉软件，创作将会变得简单明了。

1.4.1 对象的选择

选择对象可以说是 3ds Max 2020 最基本的操作。无论对场景中的任何物体做何种操作、编辑，首先要做的就是选择该对象。为了方便用户，3ds Max 2020 提供了多种选择对象的方式。

1. 单击选择对象

单击选择对象就是使用工具栏中的【选择对象】按钮，然后通过在视图中单击相应的物体来选择对象。一次单击只可以选择一个对象或一组对象。在按住 Ctrl 键的同时，可以单击选择多个对象；在按住 Alt 键的同时，在选择的对象上单击，可以取消选择该对象。

2. 按名称选择对象

在选择工具中有一个非常好的工具，它就是【按名称选择】工具，该工具可以通过对象名称进行选择，所以该工具要求对象的名称具有唯一性，这种选择方式快捷、准确，通常用于复杂场景中对象的选择。

在工具栏中单击【按名称选择】按钮，也可以通过按下键盘上的快捷键 H 直接打开【从场景选择】对话框，如图 1-44 所示，在该对话框中选择对象时，按住 Shift 键可以选择多个连续的对象，按住 Ctrl 键可以选择多个非连续对象，选择完成后单击【确定】按钮，即可在场景中选择相应的对象。

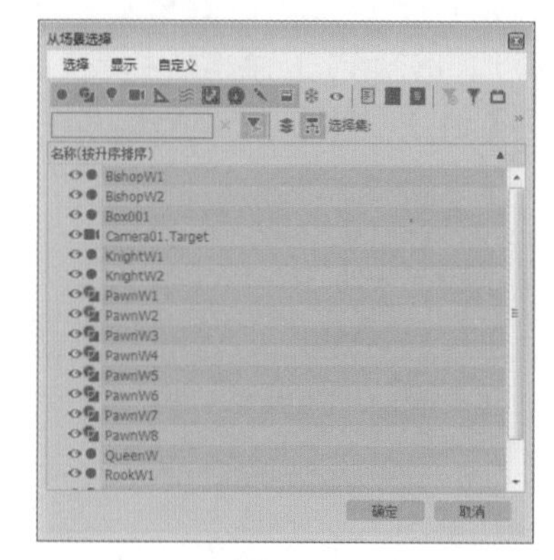

图 1-44

3. 利用工具选择对象

在 3ds Max 2020 中选择工具包括单选工具和组合选择工具两类。

单选工具为【选择对象】工具。

组合选择工具包括：【选择并链接】工具、【取消链接选择】工具、【选择并移动】工具、【选择并旋转】工具、【选择并均匀缩放】工具等。

4. 通过区域选择对象

在 3ds Max 2020 中提供了五种区域选择工具：【矩形选择区域】工具、【圆形选择区域】工具、【围栏选择区域】工具、【套索选择区域】工具和【绘制选择区域】工具。其中，【套索选择区域】工具用来创建不规则选区，如图 1-45 所示。

图 1-45

提示：使用套索工具配合范围选择工具可以非常方便地将要选择的对象从众多交错的对象中选取出来。

5. 通过范围选择对象

范围选择有两种方式：一种是窗口范围选择方式，另一种是交叉范围选择方式，通过 3ds Max 2020 工具栏中的【交叉】按钮可以进行两种选择方式的切换。若选中【交叉】按钮时，则选择场景中的对象时，对象物体不管是局部还是全部被框选，只要有部分被框选，则整个物体将被选择，如图 1-46 所示。单击【交叉】按钮，即可切换到【窗口】按钮状态，只有对象物体全部被框选，才能选择该对象。

图 1-46

1.4.2 使用组

组，顾名思义，就是由多个对象组成的集合。成组以后不会对原对象做任何修改，但对组的编辑会影响组中的每一个对象。成组以后，只要单击组内的任意对象，整个组都会被选择，如果想单独对组内的对象进行操作，必须先将组暂时打开。组存在的意义就是使用户同时对多个对象进行同样的操作成为可能，如图 1-47 所示。

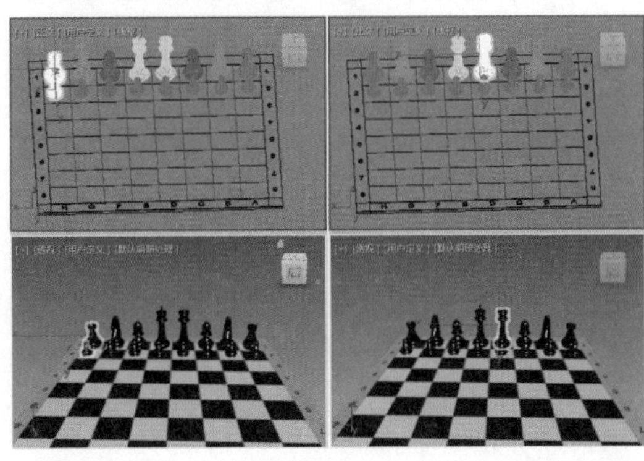

图 1-47

1. 组的建立

在场景中选择两个以上的对象，在菜单栏中选择【组】|【组】命令，在弹出的对话框中输入组的名称（默认组名为“组 001”并自动按序递加），单击【确定】按钮即可，如图 1-48 所示。

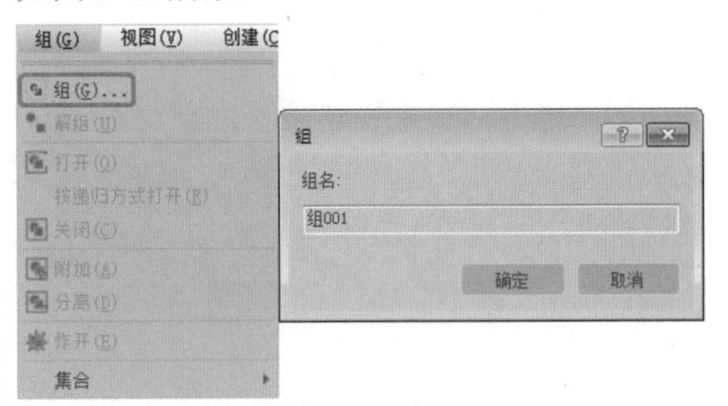

图 1-48

2. 打开组

若需对组内的对象单独进行编辑，则需将组打开。每执行一次【组】|【打开】命令，只能打开一级群组。

在菜单栏中选择【组】|【打开】命令，这时群组的外框会变成粉红色，可以对其中的对象进行单独修改。移动其中的对象，则粉红色边框会随着变动，表示该物体正处在该组的打开状态中。

3. 关闭组

在菜单栏中选择【组】|【关闭】命令，可以将暂时打开的组关闭，返回到初始状态。

1.4.3 移动、旋转和缩放物体

在 3ds Max 2020 中，对物体进行编辑修改最常用到的就是物体的移动、旋转和缩放。移动、旋转和缩放物体有三种方式。

第一种方式是直接在主工具栏中选择相应的工具：【选择并移动】工具、【选择并旋转】工具、【选择并均匀缩放】工具，然后在视图区中用鼠标实施操作。也可在工具按钮上右击，弹出变换输入浮动框，直接输入数值进行精确操作。

第二种方式是通过【编辑】|【变换输入】菜单命令打开变换输入框，对对象进行精确的位移、旋转、缩放操作，如图 1-49 所示。

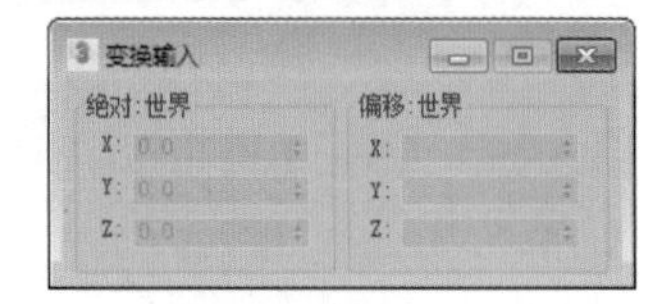

图 1-49

第三种方式就是在状态栏的坐标显示区域中调整坐标值，这也是一种方便快捷的精确调整方法，如图 1-50 所示。

X: 49.337 Y: 33.906 Z: 0.0

图 1-50

【绝对模式变换输入】按钮用于设置世界空间中对象的确切坐标，单击该按钮，可以切换到【偏移模式变换输入】状态，如图 1-51 所示，偏移模式相对于其现有坐标来变换对象。

X: -3.06 Y: 23.451 Z: 0.0

图 1-51

1.4.4 坐标系统

若要灵活地对对象进行移动、旋转、缩放，就要正确地选择坐标系统。

3ds Max 2020 提供了 10 种坐标系统供选择，如图 1-52 所示。

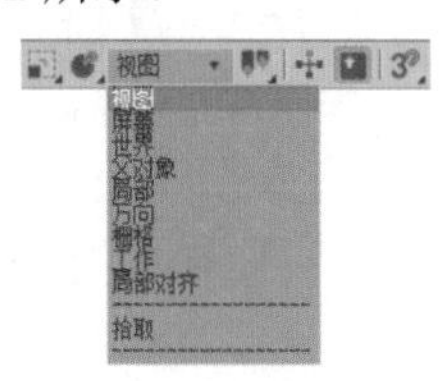

图 1-52

各个坐标系统的功能说明如下。

◎ 【视图】坐标系统：这是默认的坐标系统，也是使用最普遍的坐标系统，实际上它是【世界】坐标系统与【屏幕】坐标系统的结合。在正视图（如顶、前、左等）中使用【屏幕】坐标系统，在【透视】视图中使用【世界】坐标系统。

◎ 【屏幕】坐标系统：在所有视图中都使用同样的坐标轴向，即 X 轴为水平方向，Y 轴为垂直方向，Z 轴为景深方向，这正是我们习惯的坐标轴向，它把计算机屏幕作为 X、Y 轴向，计算机内部延伸为 Z 轴向。

◎ 【世界】坐标系统：在 3ds Max 2020 中从前方看，X 轴为水平方向，Z 轴为垂直方向，Y 轴为景深方向。这个坐标方向轴在任何视图中都固定不变，以它为坐标系统可以固定在任何视图中，都有相同的操作效果。

◎ 【父对象】坐标系统：使用选择物体的父物体的自身坐标系统，这可以使子物体保持与父物体之间的依附关系，在父物体所在的轴向上发生改变。

◎ 【局部】坐标系统：使用物体自身的坐标轴作为坐标系统。物体自身轴向可以通过【层次】命令面板中【轴】|【仅影响轴】内的命令进行调节。

◎ 【万向】坐标系统：用于在视图中使用欧拉 XYZ 控制器的物体的交互式旋转。应用它，用户可以使 XYZ 轨迹与轴的方向形成一一对应的关系。其他的坐标系统会保持正交关系，而且每一次旋转都会影响其他坐标轴的旋转，但万向旋转模式则不会产生这种效果。

◎ 【栅格】坐标系统：以栅格物体的自身坐标轴作为坐标系统，栅格物体主要用来辅助制作。

◎ 【工作】坐标系统：使用工作轴坐标系。可以随时使用坐标系，无论工作轴处于活动状态与否。

◎ 【局部对齐】坐标系统：可以进行局部对齐。

◎ 【拾取】坐标系统：自己选择屏幕中的任意一个对象，它的自身坐标系统作为当前坐标系统。这是一种非常有用的坐标系统。例如，我们想要将一个球体沿一块倾斜的木板滑下，就可以拾取木板的坐标系统作为球体移动的坐标依据。

■ 1.4.5 控制、调整视图

在 3ds Max 2020 中，为了方便用户操作，提供了多种控制、调整视图的工具。

1. 使用视图控制按钮控制、调整视图

在屏幕右下角有 8 个图形按钮，它们是当前激活视图的控制工具，实施各种视图显示的变化。根据视图种类的不同，相应的控制工具也会有所不同，如图 1-53 所示为激活【透视】视图时的控制按钮。

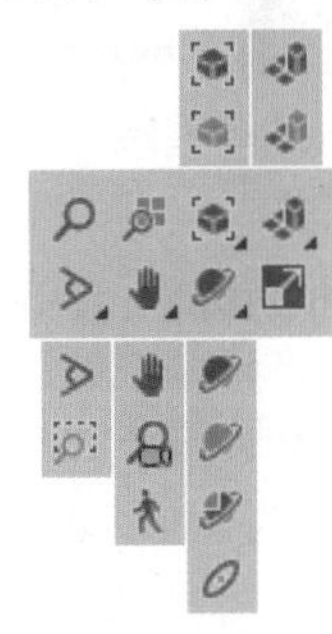

图 1-53

◎ 【缩放】按钮：在任意视图中单击鼠标左键并上下拖动可拉近或推远视景。

◎ 【缩放所有视图】按钮：单击该按钮后上下拖动，可以同时在其他所有标准视图内进行缩放显示。

◎ 【最大化显示】按钮：将所有物体以最大化的方式显示在当前激活视图中。

◎ 【最大化显示选定对象】按钮：将所选择的物体以最大化的方式显示在当前激活视图中。

◎ 【所有视图最大化显示】按钮：将所有视图以最大化的方式显示在全部标准视图中。

◎ 【所有视图最大化显示选定对象】按钮：将所选择的物体以最大化的方式显示在全部标准视图中。

◎ 【最大化视口切换】按钮：将当前激活视图切换为全屏显示，快捷键为 Alt+W。

◎ 【环绕】按钮：将视图中心用作旋转的中心。如果对象靠近视口的边缘，它们可能会旋出视图范围。

◎ 【选定的环绕】按钮：将当前选择的中心用作旋转的中心。当视图围绕其中心旋转时，选定对象将保持在视口中的同一位置上。

◎ 【环绕子对象】按钮：将当前选定子对象的中心用作旋转的中心。当视图围绕其中心旋转时，当前选择将保持在视口中的同一位置上。

◎ 【动态观察关注点】按钮：使用光标位置（关注点）作为旋转中心。当视图围绕其中心旋转时，关注点将保持在视口中的同一位置。

◎ 【平移视图】按钮：单击按钮后四处拖动，可以进行平移观察，配合 Ctrl 键可以加速平移，快捷键为 Ctrl+P。

◎ 【2D 平移缩放模式】按钮：将对象进行移动缩放，但只能进行单面操作。

◎ 【穿行】按钮：单击该按钮后，在【透视】视图中对对象进行旋转可以多方位观察。

◎ 【视野】按钮：在【透视】视图中将对象以中心点进行缩放，快捷键为 Ctrl+W。

◎ 【缩放区域】按钮：在视图中框取局部区域，将它放大显示，快捷键为 Ctrl+W。在【透视】视图中没有这个命令，如果想使用它的话，可以先将【透视】视图切换为【用户】视图，进行区域放大后再切换回【透视】视图。

2. 视图的布局转换

在默认状态下，3ds Max 2020 使用三个【正交】视图和一个【透视】视图来显示场景中的物体。

其实3ds Max 2020共提供了14种视图配置方案，用户完全可以按照自己的需要来任意配置各个视图。操作步骤如下：在菜单栏中选择【视图】|【视口配置】命令，在弹出的【视口配置】对话框中切换到【布局】选项卡，选择一个布局后单击【确定】按钮即可，如图1-54所示。

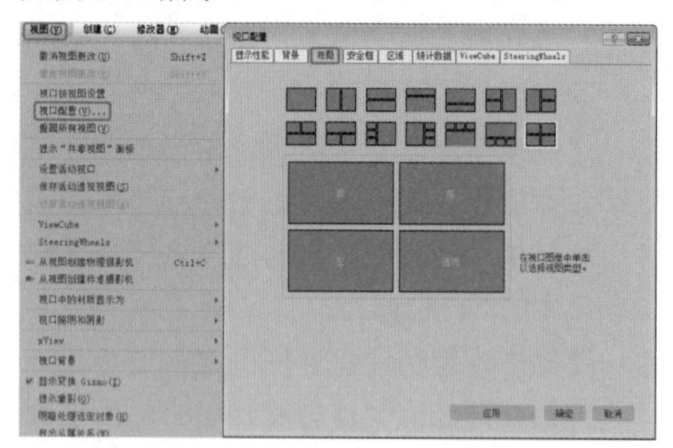

图 1-54

在3ds Max 2020中视图类型除默认的【顶】视图、【前】视图、【左】视图、【透视】视图外，还有【正交】视图、【摄影机】视图、【后】视图等多种视图类型，如图1-55所示。

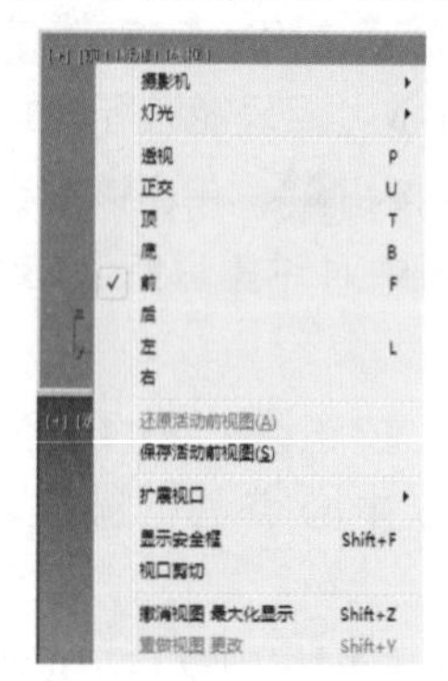

图 1-55

3. 视图显示模式的控制

在系统默认设置下，【顶】视图、【前】视图和【左】视图采用【线框】显示模式，【透视】视图采用真实的显示模式。真实模式显示效果逼真，但刷新速度慢；【线框】模式只能显示物体的线框轮廓，但刷新速度快，可以加快计算机的处理速度，特别是当处理大型、复杂的效果图时，应尽量使用【线框】模式，只有当需要观看最终效果时，才将真实模式打开。

此外，3ds Max 2020中还提供了其他几种视图显示模式。单击视图左上端的【线框】文字，在弹出的下拉菜单中提供了多种显示模式，如图1-56所示。

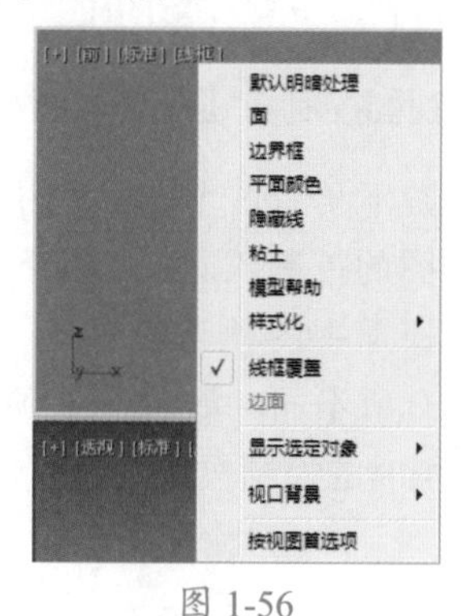

图 1-56

1.4.6 复制物体

在制作大型场景的过程中有时需要复制大量的物体，在3ds Max 2020中提供了多种复制物体的方法。

1. 最基本的复制方法

选择所要复制的一个或多个物体，在菜单栏中选择【编辑】|【克隆】命令，在弹出的【克隆选项】对话框中选择复制物体的方式，如图1-57左图所示。还有一个更简便的方法就是按住键盘上的Shift键，再使用移动工具进行复制，但这种方法比【克隆】命令多一项设置【副本数】，如图1-57右图所示。

【克隆选项】对话框中各选项的功能说明如下。

◎ 【复制】：将当前对象原地复制一份，快捷键为Ctrl+V。

◎ 【实例】：复制物体与源物体相互关联，改变一个，另一个也会发生改变。

◎ 【参考】：参考复制与关联复制不同的是，复制物体发生改变时，源物体并不随之发生改变。

◎ 【副本数】：指定复制的个数，并且按照所指定的坐标轴向进行等距离复制。

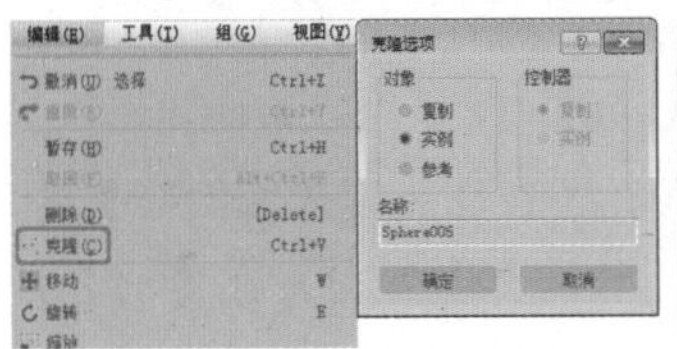
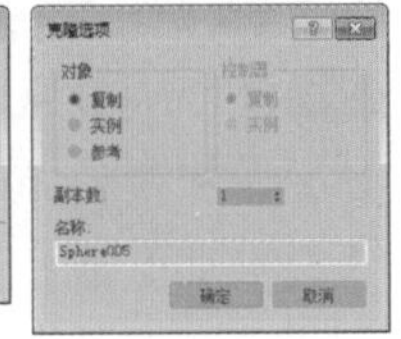

图 1-57

2. 镜像复制

当要实现物体的反射效果时就一定要用到镜像复制，如图 1-58 所示，使用镜像工具可以复制出相同的另外一半角色模型。使用镜像工具可以移动一个或多个选择的对象沿着指定的坐标轴镜像到另一个方向，同时也可以产生具备多种特性的复制对象。选择要进行镜像复制的对象，在菜单栏中选择【工具】|【镜像】命令，或者在工具栏中单击【镜像】按钮，弹出【镜像：世界 坐标】对话框，如图 1-59 所示。

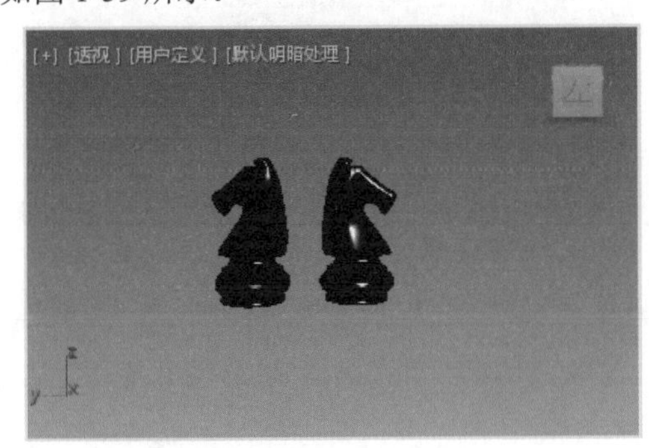

图 1-58

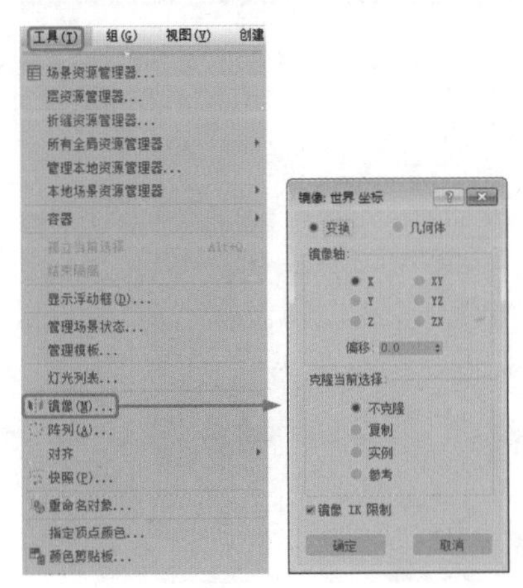

图 1-59

【镜像：世界坐标】对话框中各选项的功能说明如下。

◎ 【变换】：使用旧的镜像方法，能镜像任何世界空间修改器效果。

◎ 【几何体】：应用镜像修改器，其变换矩阵与当前参考坐标系设置相匹配。

◎ 【镜像轴】：提供了 6 种对称轴向用于镜像，每当进行选择时，视图中的选择对象就会即时显示出镜像效果。

【偏移】：指定镜像对象与原对象之间的距离，距离值是通过两对象的轴心点来计算的。

◎ 【克隆当前选择】：确定是否复制以及复制的方式。

◆ 【不克隆】：只镜像对象，不进行复制。

◆ 【复制】：复制一个新的镜像对象。

◆ 【实例】：复制一个新的镜像对象，并指定为关联属性，这样改变复制对象将对原始对象也产生作用。

◆ 【参考】：修改原始对象参数时，复制的对象也随之变化，复制出的对象无法修改参数。

下面就来实际操作一下如何使用该工具。

01 选择【创建】|【几何体】|【标准基本体】|【茶壶】工具，在【透视】视图中绘制一个茶壶，如图 1-60 所示。

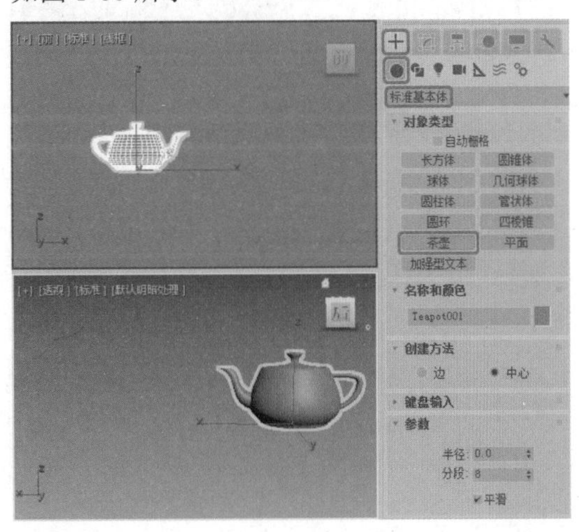

图 1-60

02 在工具栏中单击【镜像】按钮，弹出【镜像：世界 坐标】对话框，在该对话框中设置【镜像轴】为X轴，设置【偏移】为140，然后选中【复制】单选按钮，如图1-61所示。设置完成后单击【确定】按钮。

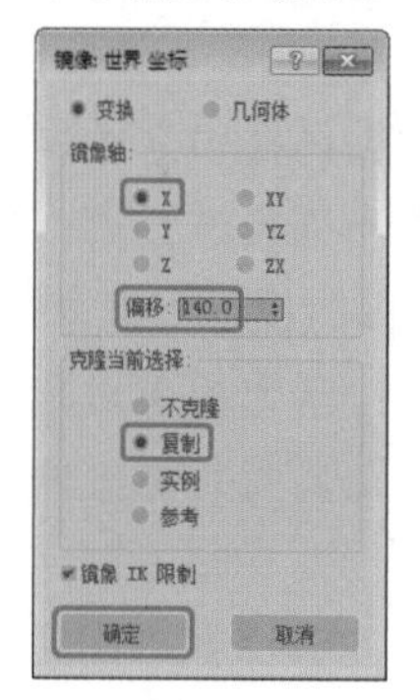

图 1-61

此时就可以看到对其进行镜像后的效果。

【实战】制作引导提示板

本例将介绍引导提示板的制作。首先使用【长方体】工具和【编辑多边形】修改器来制作提示板，然后使用【圆柱体】、【星形】、【线】和【长方体】等工具来制作提示板支架，最后添加、调整引导提示板的位置，进行渲染即可，完成后的效果如图1-62所示。

图 1-62

素材	Map\ 引导图 .jpg Scenes\Cha01\ 引导提示板素材 .max
场景	Scenes\Cha01\【实战】制作引导提示板 .max

视频	视频教学 \Cha01\【实战】制作引导提示板 .mp4

01 按Ctrl+O组合键，打开“Scenes\Cha01\引导提示板素材 .max”文件，选择【创建】|【几何体】|【长方体】工具，在【前】视图中创建长方体，将其命名为“提示板”，切换到【修改】命令面板，在【参数】卷展栏中，设置【长度】为100、【宽度】为150、【高度】为8，设置【长度分段】为3、【宽度分段】为3、【高度分段】为1，如图1-63所示。

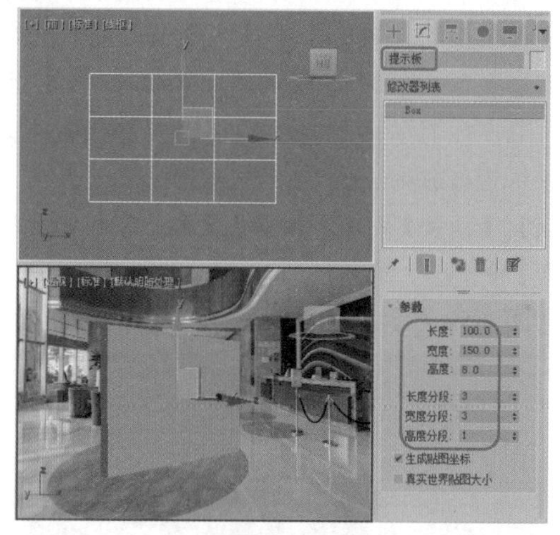

图 1-63

02 在修改器下拉列表中选择【编辑多边形】修改器，将当前选择集定义为【顶点】，在【前】视图中调整顶点的位置，如图1-64所示。

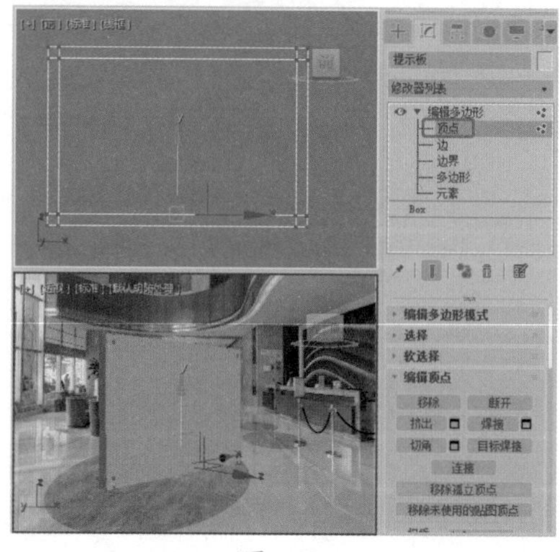

图 1-64

提示：顶点是位于相应位置的点，它们用于定义构成多边形对象的其他子对象的结构。当移动或编辑顶点时，它们形成的几何体也会受影响。顶点也可以独立存在；这些孤立顶点可以用来构建其他几何体，但在渲染时，它们是不可见的。

03 将当前选择集定义为【多边形】，在【前】视图中选择多边形，在【编辑多边形】卷展栏中单击【挤出】右边的【设置】按钮□，将【高度】设置为-5.25，单击【确定】按钮，如图 1-65 所示。

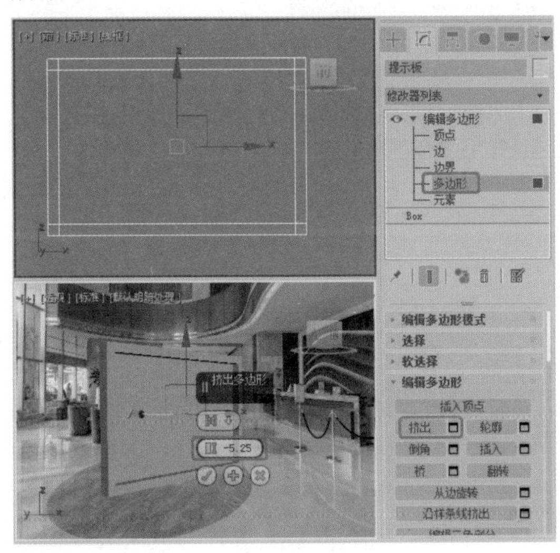

图 1-65

04 确定多边形处于选中状态，在【多边形：材质 ID】卷展栏中将【设置 ID】设置为 1，如图 1-66 所示。

05 在菜单栏中选择【编辑】|【反选】命令，反选多边形，在【多边形：材质 ID】卷展栏中将【设置 ID】设置为 2，如图 1-67 所示。

06 关闭当前选择集，按 M 键，打开【材质编辑器】窗口，选择一个新的材质样本球，将其命名为“提示板”，然后单击 Standard 按钮，在弹出的【材质 / 贴图浏览器】对话框中选择【多维 / 子对象】材质，单击【确定】按钮，如图 1-68 所示。

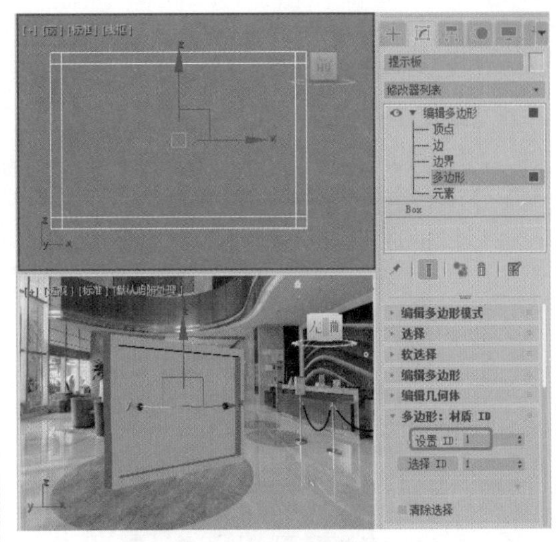

图 1-66

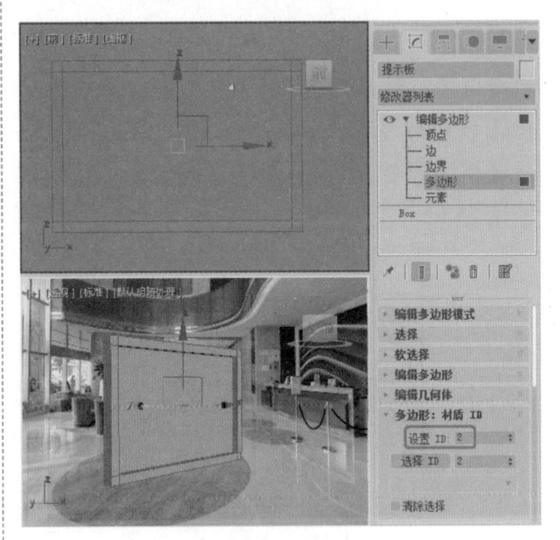

图 1-67

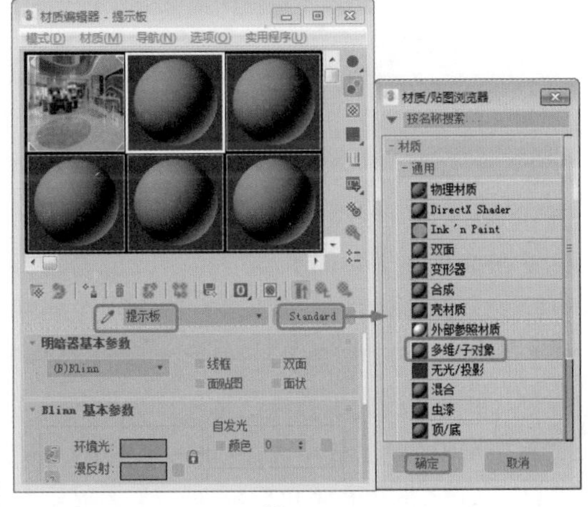

图 1-68

07 弹出【替换材质】对话框，在该对话框中选中【将旧材质保存为子材质】单选按钮，单击【确定】按钮，如图 1-69 所示。

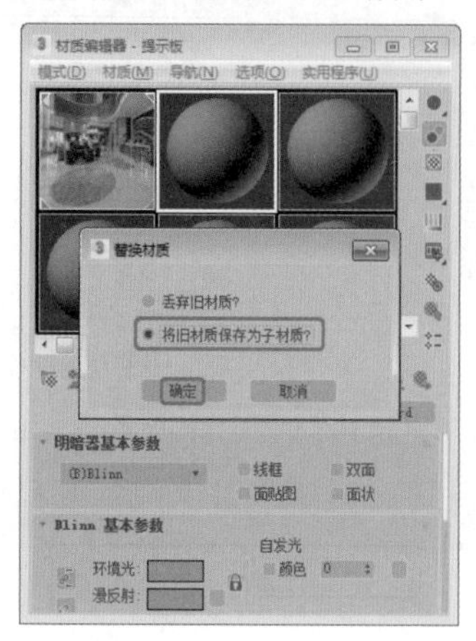

图 1-69

08 在【多维 / 子对象基本参数】卷展栏中单击【设置数量】按钮，在弹出的对话框中设置【材质数量】为 2，单击【确定】按钮，如图 1-70 所示。

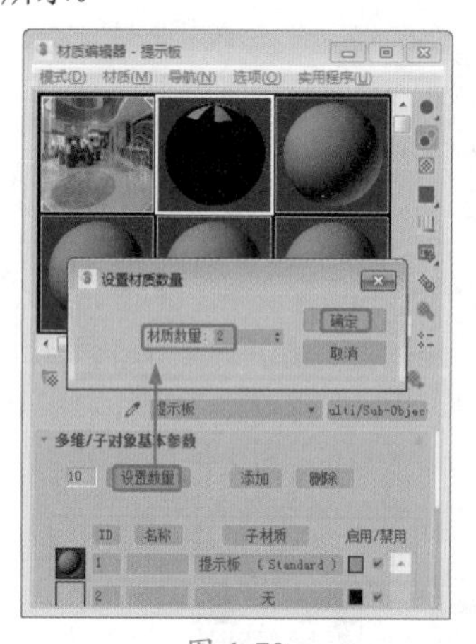

图 1-70

09 在【多维 / 子对象基本参数】卷展栏中单击 ID1 右侧的子材质按钮，进入 ID1 材质的设置面板，在【贴图】卷展栏中，单击【漫反射颜色】右侧的【无贴图】按钮，在弹出的【材质 / 贴图浏览器】对话框中选择【位图】贴图，单击【确定】按钮，如图 1-71 所示。

10 在弹出的对话框中选择“Map\引导图.jpg”素材文件，单击【打开】按钮，在【坐标】卷展栏中，将【瓷砖】下的 U、V 均设置为 3，如图 1-72 所示。

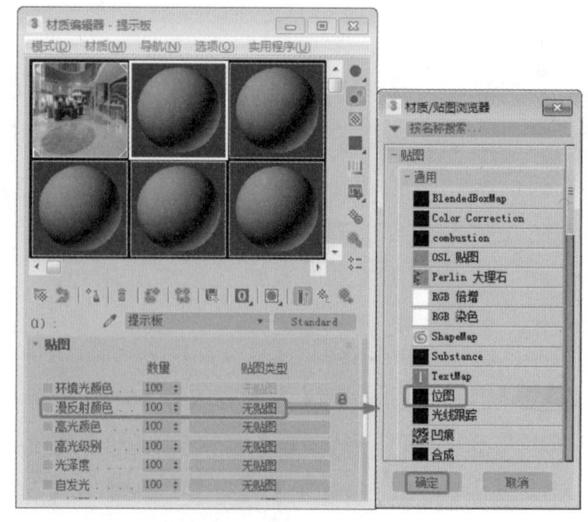

图 1-71

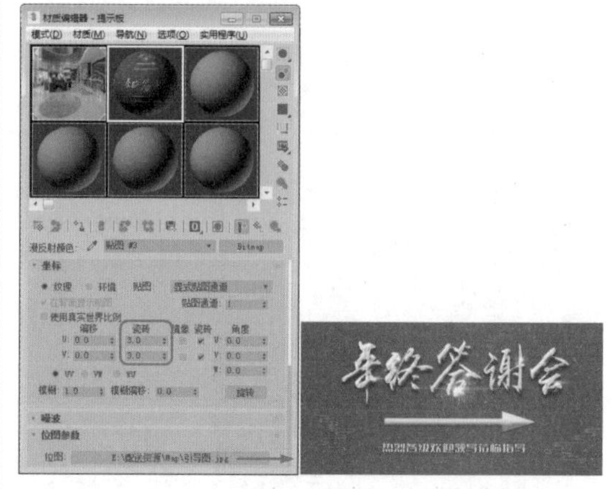

图 1-72

11 单击两次【转到父对象】按钮，在【多维 / 子对象基本参数】卷展栏中单击 ID2 右侧的子材质按钮，在弹出的【材质 / 贴图浏览器】对话框中选择【标准】材质，单击【确定】按钮，如图 1-73 所示。

12 进入 ID2 材质的设置面板，在【Blinn 基本参数】卷展栏中，将【环境光】和【漫反射】的 RGB 值设置为 240、255、255，将【自发光】设置为 20，在【反射高光】选项组中，将【高光级别】和【光泽度】均设置为 0，如图 1-74 所示。

13 单击【转到父对象】按钮返回到主材质面板，并单击【将材质指定给选定对象】按钮，将材质指定给场景中的“提示板”对象。在工具栏中单击【选择并旋转】按钮，在【左】视图中调整模型的角度，如图 1-75 所示。

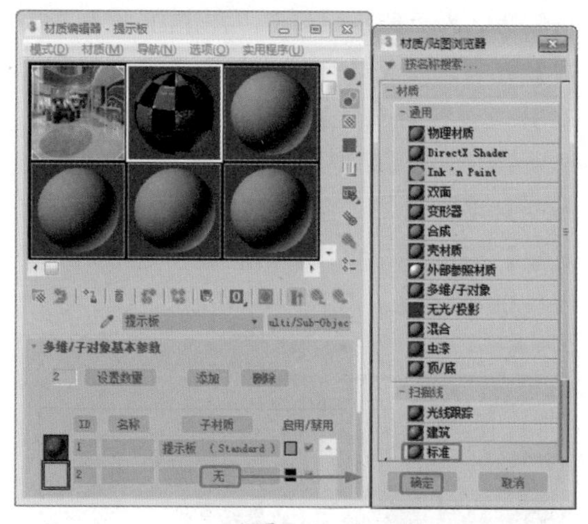
图 1-73

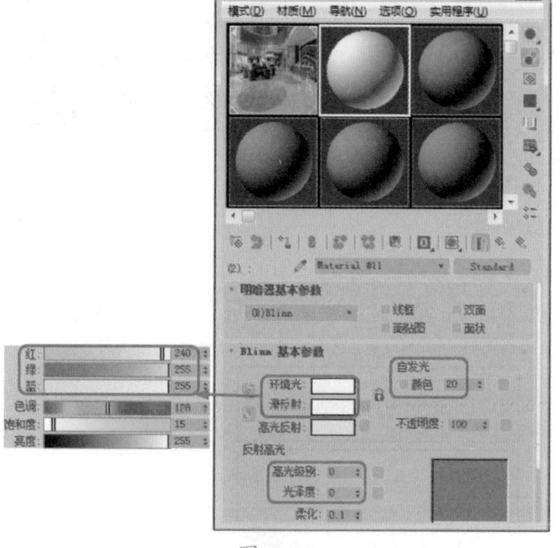
图 1-74

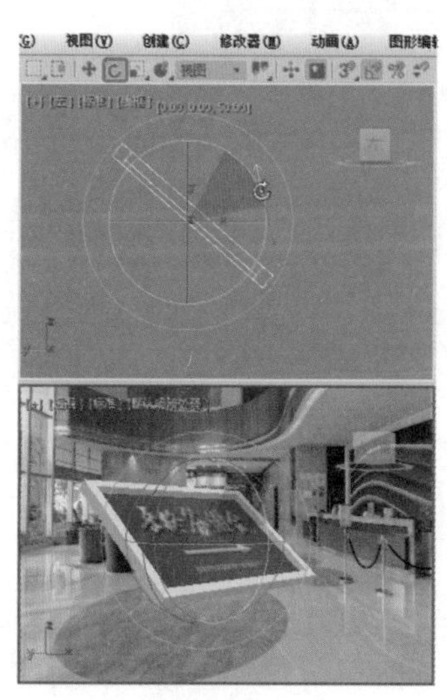
图 1-75

14 选择【创建】 | 【几何体】 | 【圆柱体】工具，在【顶】视图中创建圆柱体，将其命名为“支架 001”，切换到【修改】命令面板，在【参数】卷展栏中，将【半径】设置为 3、将【高度】设置为 200、将【高度分段】设置为 1、将【端面分段】设置为 1、将【边数】设置为 18，如图 1-76 所示。

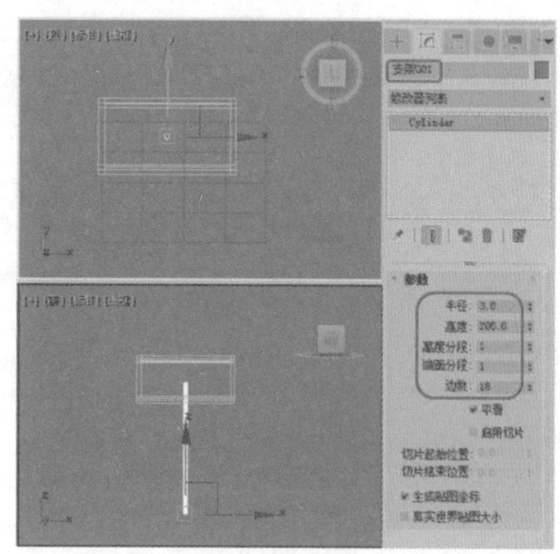
图 1-76

15 按 M 键，打开【材质编辑器】窗口，选择一个新的材质样本球，将其命名为“塑料”，在【Blinn 基本参数】卷展栏中，将【环境光】和【漫反射】的 RGB 值设置为 240、255、255，将【自发光】设置为 20，在【反射高光】选项组中，将【高光级别】和【光泽度】设置为 0，并单击【将材质指定给选定对象】按钮，将材质指定给“支架 001”对象，如图 1-77 所示。

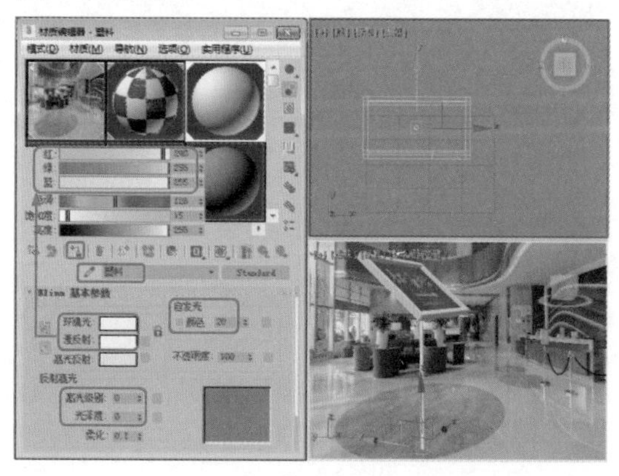
图 1-77

16 选择【创建】 | 【几何体】 | 【扩展

基本体】|【切角圆柱体】工具，在【顶】视图中创建切角圆柱体，将其命名为“支架塑料 001”，切换到【修改】命令面板，在【参数】卷展栏中设置【半径】为 3.5、【高度】为 10、【圆角】为 0.5，设置【高度分段】为 1、【圆角分段】为 2、【边数】为 18、【端面分段】为 1，如图 1-78 所示。

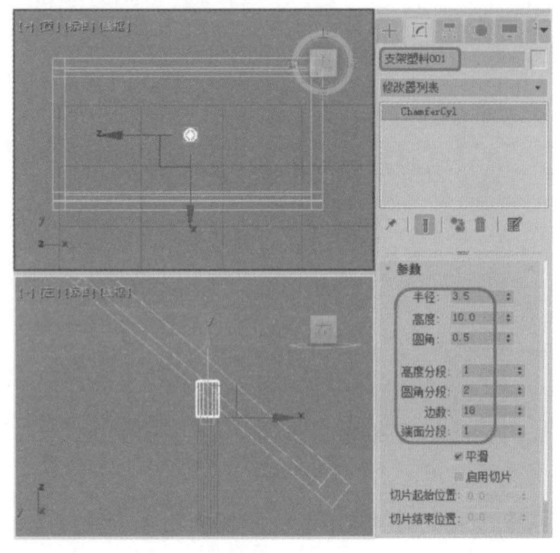

图 1-78

17 在修改器下拉列表中选择 FFD 2×2×2 修改器，将当前选择集定义为【控制点】，在【左】视图中调整模型的形状，如图 1-79 所示。

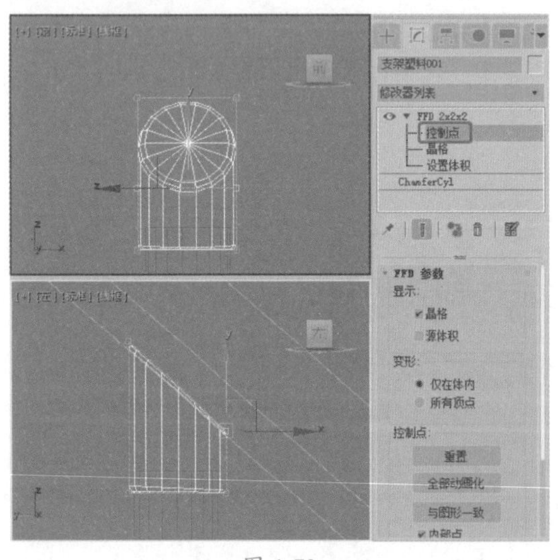

图 1-79

18 关闭当前选择集，按 M 键，打开【材质编辑器】窗口，选择一个新的材质样本球，将其命名为“黑色塑料”，在【Blinn 基本参数】卷展栏中将【环境光】和【漫反射】的 RGB 值设置为 37、37、37，在【反射高光】选项组中，将【高光级别】设置为 57，将【光泽度】设置为 23。单击【将材质指定给选定对象】按钮，将设置的材质指定给“支架塑料 001”对象，如图 1-80 所示。

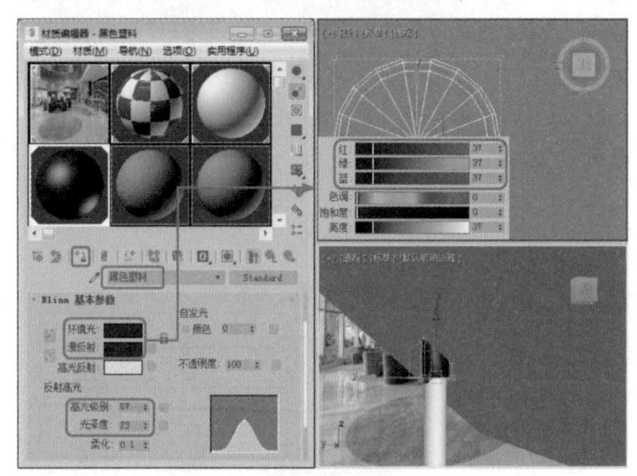

图 1-80

19 确定“支架塑料 001”对象处于选中状态，在【前】视图中按住 Shift 键沿 Y 轴向下移动对象，在弹出的对话框中选中【复制】单选按钮，并单击【确定】按钮，如图 1-81 所示。

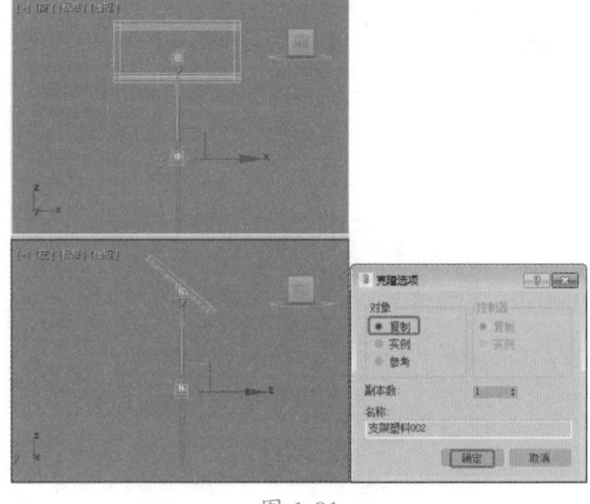

图 1-81

20 确定“支架塑料 002”对象处于选中状态，然后在【修改】命令面板中删除 FFD 2×2×2 修改器，如图 1-82 所示。

21 选择【创建】|【几何体】|【标准基本体】|【圆柱体】工具，在【前】视图中

创建圆柱体，将其命名为“支架塑料 003”，切换到【修改】命令面板，在【参数】卷展栏中设置【半径】为 2.8、【高度】为 5、【高度分段】为 1、【端面分段】为 1、【边数】为 18，如图 1-83 所示。

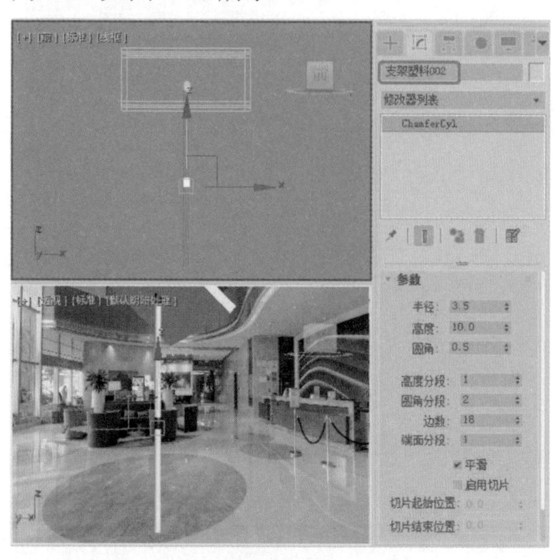

图 1-82

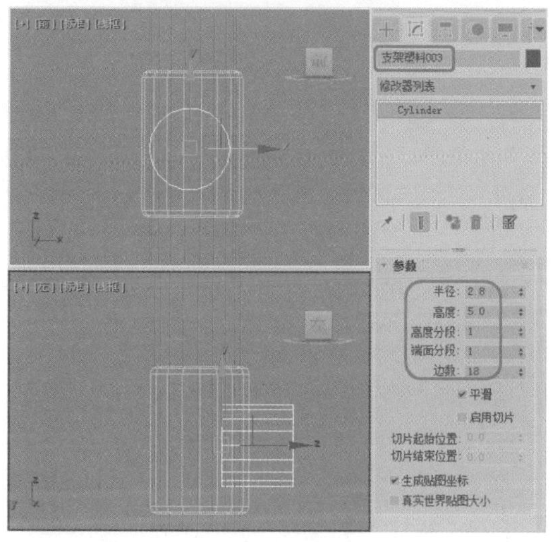

图 1-83

22 选择【创建】 |【图形】 |【星形】工具，在【前】视图中创建星形，切换到【修改】命令面板，在【参数】卷展栏中设置【半径 1】为 4.2、【半径 2】为 3.8、【点】为 15、【圆角半径 1】为 0.3，如图 1-84 所示。

23 在修改器下拉列表中选择【挤出】修改器，在【参数】卷展栏中设置【数量】为 2，然后为“支架塑料 003”对象和星形对象指定【黑色塑料】材质，如图 1-85 所示。

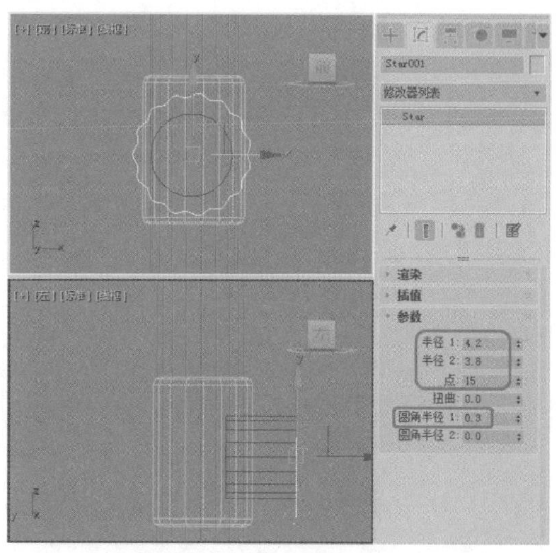

图 1-84

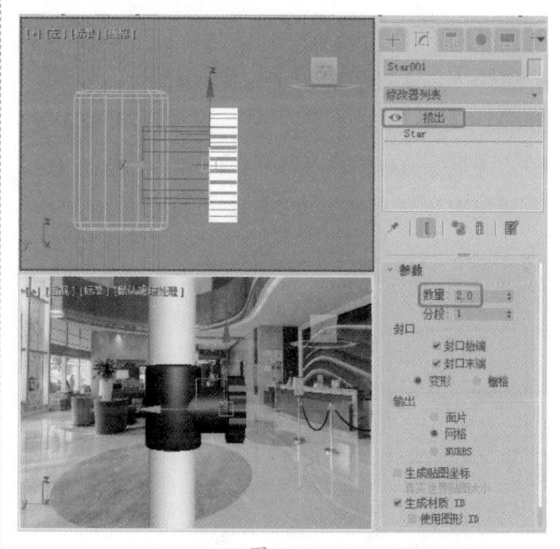

图 1-85

提示：在创建星形样条线时，可以使用鼠标在步长之间平移和环绕视口。要平移视口，请按住鼠标中键或鼠标滚轮进行拖动。要环绕视口，请同时按住 Alt 键和鼠标中键（或鼠标滚轮）进行拖动。

24 选择【创建】 |【几何体】 |【长方体】工具，在【顶】视图中创建长方体，将其命名为“底座 001”，切换到【修改】命令面板，

在【参数】卷展栏中设置【长度】为20、【宽度】为120、【高度】为6、【长度分段】为1、【宽度分段】为1、【高度分段】为1，如图1-86所示。

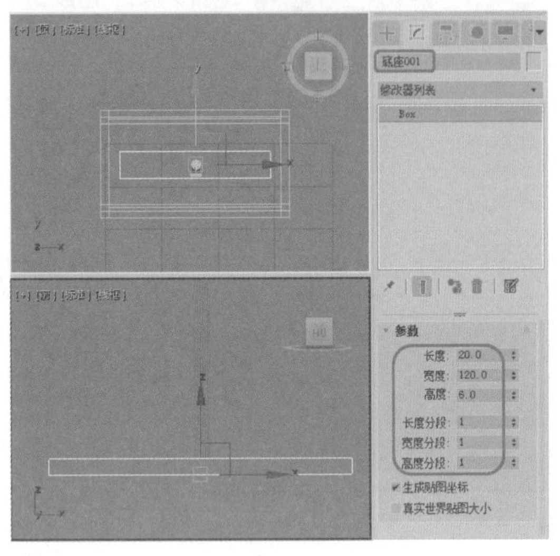

图 1-86

25 在【顶】视图中复制“底座001”对象，然后在【参数】卷展栏中，设置【长度】为65、【宽度】为6、【高度】为6，并在场景中调整对象的位置，如图1-87所示。

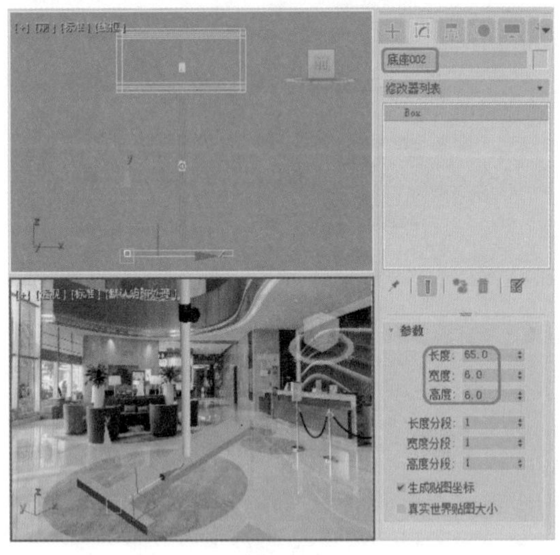

图 1-87

26 为“底座001”和“底座002”对象指定【塑料】材质，在场景中复制“底座002”对象，并将其命名为“底座塑料001”，在【参数】卷展栏中修改【长度】为8、【宽度】为7、【高度】为7，并在场景中调整模型的位置，如图1-88所示。

27 在场景中复制“底座塑料001”，并在【顶】视图中将其调整至“底座002”的另一端，如图1-89所示。

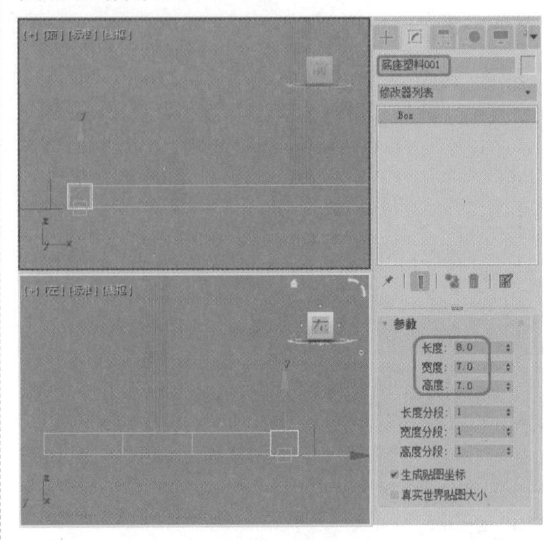

图 1-88

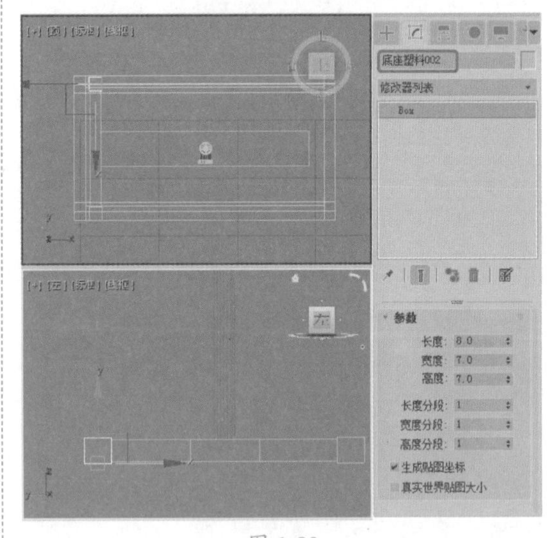

图 1-89

28 为“底座塑料001”和“底座塑料002”对象指定【黑色塑料】材质，同时选择“底座002”“底座塑料001”和“底座塑料002”对象，并对其进行复制，然后在场景中调整其位置，效果如图1-90所示。

29 选择【创建】 | 【图形】 | 【线】工具，在【左】视图中创建截面图形，将其命名为“轮子001”，切换到【修改】命令面板，将当前选择集定义为【顶点】，在场景中调整截面的形状，如图1-91所示。

30 关闭当前选择集，在修改器下拉列表中选择【车削】修改器，在【参数】卷展栏中单击【方向】选项组中的 X 按钮，将【对齐】设置为【最小】，并将当前选择集定义为【轴】，在【左】视图中调整轴，如图 1-92 所示。

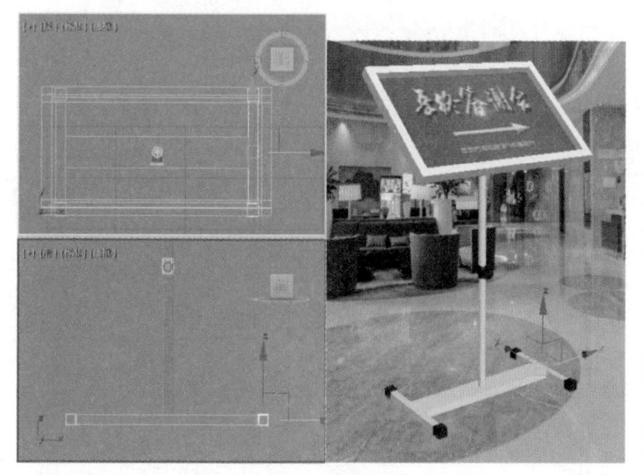

图 1-90

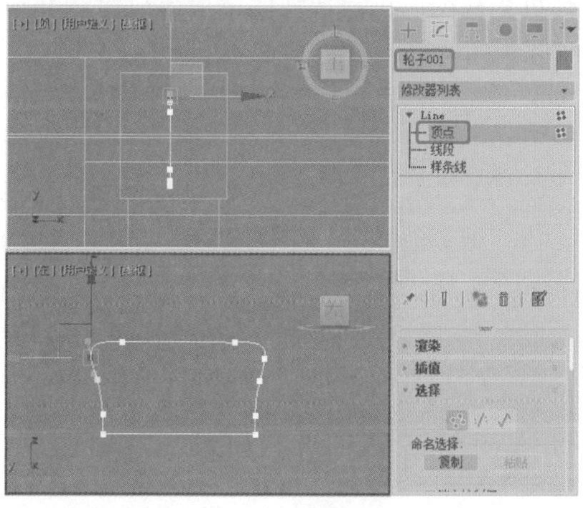

图 1-91

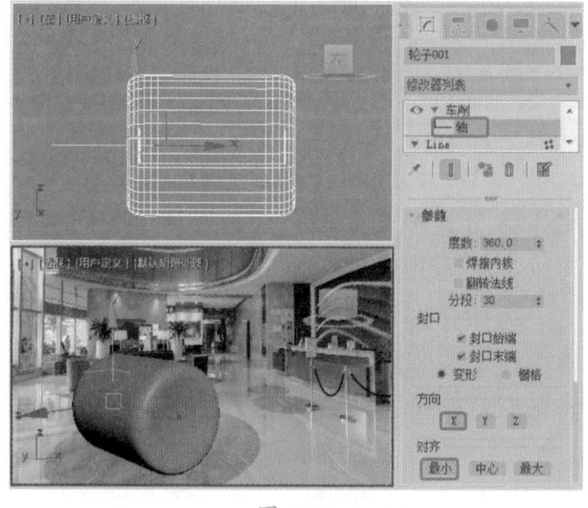

图 1-92

31 关闭当前选择集，选择【创建】 |【图形】 |【弧】工具，在【前】视图中创建弧，如图 1-93 所示。

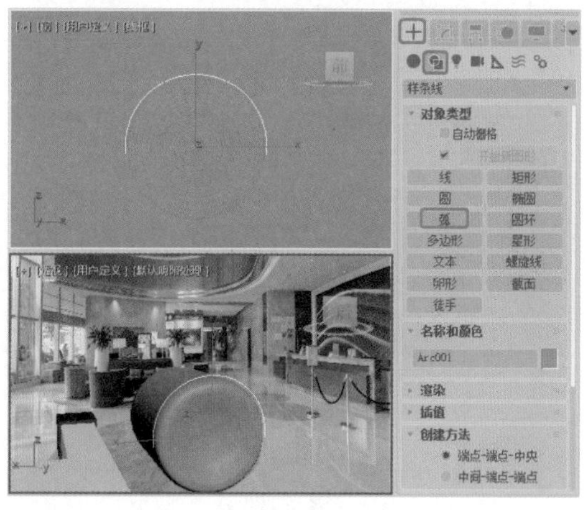

图 1-93

32 切换到【修改】命令面板，在修改器下拉列表中选择【编辑样条线】修改器，将当前选择集定义为【样条线】，在场景中选择弧，在【几何体】卷展栏中设置【轮廓】为 -0.5，按 Enter 键设置出轮廓，如图 1-94 所示。

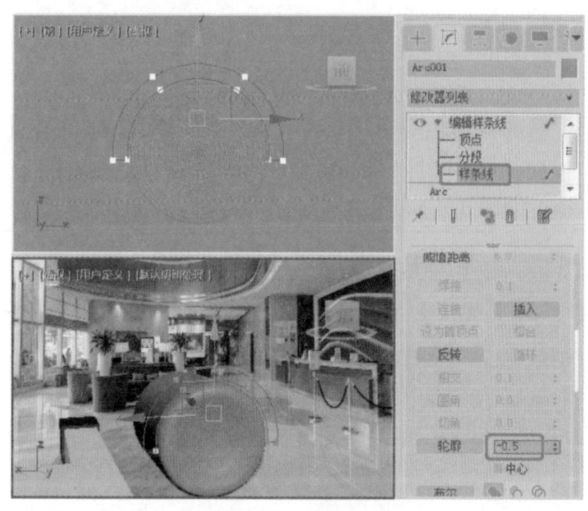

图 1-94

33 关闭当前选择集，在修改器下拉列表中选择【倒角】修改器，在【倒角值】卷展栏中设置【级别 1】选项组中的【高度】为 0.1、【轮廓】为 0.1，选中【级别 2】复选框，设置【高度】为 5；选中【级别 3】复选框，设置【高度】为 0.1、【轮廓】为 -0.1，如图 1-95 所示。

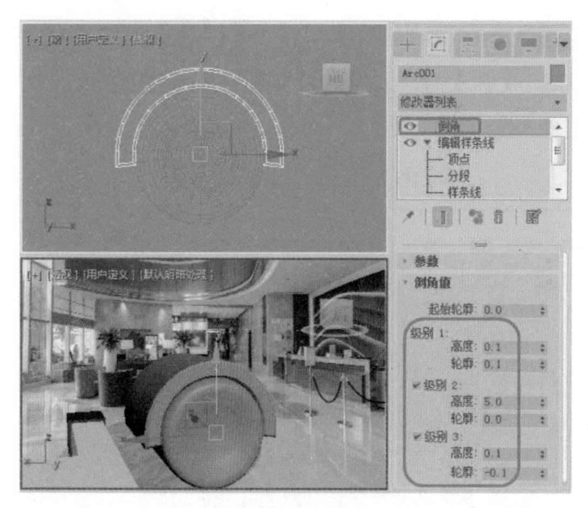

图 1-95

提示：【轮廓】用于制作样条线的副本，所有侧边上的距离偏移量由【轮廓宽度】微调器（在【轮廓】按钮的右侧）指定。选择一个或多个样条线，然后使用微调器动态地调整轮廓位置，或单击【轮廓】按钮然后拖动样条线。如果样条线是开口的，生成的样条线及其轮廓将生成一个闭合的样条线。

34 选择【创建】 | 【几何体】 | 【圆柱体】工具，在【顶】视图中创建圆柱体，将其命名为“轱辘支架 001”，切换到【修改】命令面板，在【参数】卷展栏中设置【半径】为 1.4、【高度】为 3、【边数】为 12，如图 1-96 所示。

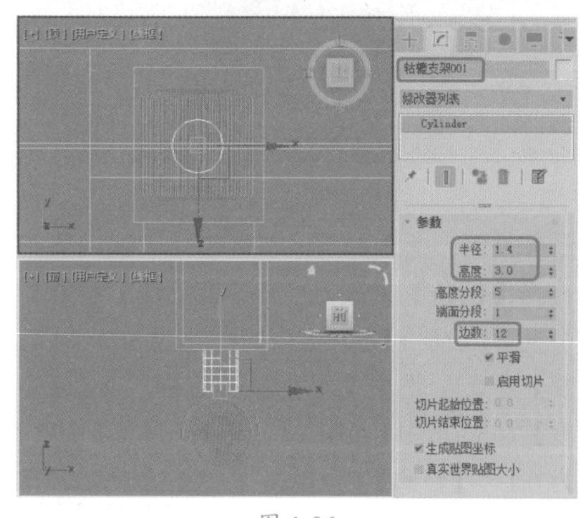

图 1-96

35 为“轮子 001”“轱辘支架 001”和圆弧对象指定【黑色塑料】材质，在场景中同时选择“轮子 001”“轱辘支架 001”和圆弧对象，并对其进行复制，然后调整其位置，效果如图 1-97 所示。

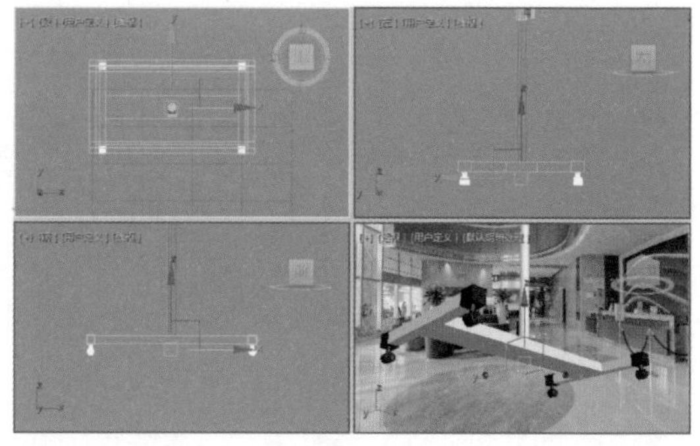

图 1-97

36 选中【透视】视图，按 C 键，转换为【摄影机】视图，在其他视图中适当地调整引导提示板的位置，如图 1-98 所示。

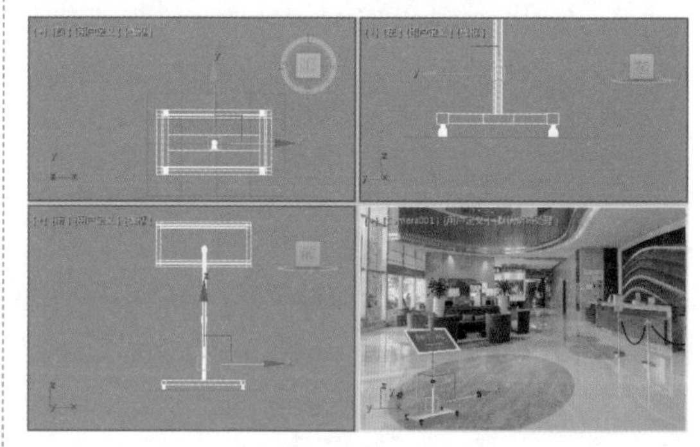

图 1-98

1.4.7 使用阵列工具

使用阵列工具可以大量有序地复制对象，它可以控制产生一维（1D）、二维（2D）、三维（3D）的阵列复制。例如，当我们想要制作像图 1-99 所示的效果时，使用阵列复制可以方便且快速地完成。

选择要进行阵列复制的对象，在菜单栏中选择【工具】|【阵列】命令，弹出【阵列】对话框，如图 1-100 所示。

图 1-99

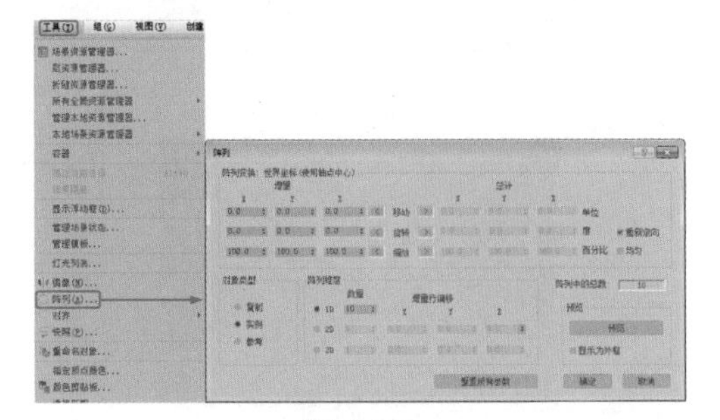
图 1-100

【阵列】对话框中各选项的功能说明如下。

◎ 【阵列变换】选项组：用来设置在 1D 阵列中三种类型阵列的变量值，包括位置、角度、比例。左侧为【增量】计算方式，要求设置增值数量；右侧为【总计】计算方式，要求设置最后的总数量。如果我们想在 X 轴方向上创建间隔为 10 个单位一行的对象，就可以在【增量】计算方式下【移动】前面的 X 微调框中输入 10。如果我们想在 X 轴方向上创建总长度为 10 的一串对象，就可以在【总计】计算方式下【移动】后面的 X 微调框中输入 10。

◎ 增量 X/Y/Z 微调器：设置的参数可以应用于阵列中的各个对象。
  - ◆ 【移动】：指定沿 X、Y 和 Z 轴方向每个阵列对象之间的距离。使用负值时，可以在该轴的负方向创建阵列。
  - ◆ 【旋转】：指定阵列中每个对象围绕三个轴中的任一轴旋转的度数。使用负值时，可以沿着绕该轴的顺时针方向创建阵列。
  - ◆ 【缩放】：指定阵列中每个对象沿三个轴中的任一轴缩放的百分比。

◎ 总计 X/Y/Z 微调器：设置的参数可以应用于阵列中的总距、度数或百分比缩放。
  - ◆ 【移动】：指定沿三个轴中每个轴的方向，所得阵列中两个外部对象轴点之间的总距离。
  - ◆ 【旋转】：指定沿三个轴中的每个轴应用于对象的旋转的总度数。例如，可以使用此方法创建旋转总度数为 360° 的阵列。
  - ◆ 【缩放】：指定对象沿三个轴中的每个轴缩放的总计。

◎ 【重新定向】：在以世界坐标轴旋转复制原对象时，同时也对新产生的对象沿其自身的坐标系统进行旋转定向，使其在旋转轨迹上总保持相同的角度，否则所有的复制对象都与原对象保持相同的方向。

◎ 【均匀】：选中该复选框后，【缩放】微调框中会有一个允许输入，这样可以锁定对象的比例，使对象只发生体积的变化，而不产生变形。

◎ 【对象类型】选项组：设置产生的阵列复制对象的属性。
  - ◆ 【复制】：标准复制属性。
  - ◆ 【实例】：产生关联复制对象，与原对象息息相关。
  - ◆ 【参考】：产生参考复制对象。

◎ 【阵列维度】选项组：用于添加到阵列变换的维数。附加维数只是定位用的，未使用旋转和缩放。
  - ◆ 1D：设置第一次阵列产生的对象总数。
  - ◆ 2D：设置第二次阵列产生的对象总数，右侧的 X、Y、Z 用来设置新的偏移值。
  - ◆ 3D：设置第三次阵列产生的对象总数，右侧的 X、Y、Z 用来设置新的偏移值。

◎ 【阵列中的总数】：设置最后阵列结果产生的对象总数目，即 1D、2D、3D 三个【数量】值的乘积。

◎ 【重置所有参数】：将所有参数还原为默认设置。

下面介绍怎样使用阵列工具。

01 按 Ctrl+O 快捷键，打开“Scenes\Cha01\使用阵列工具素材 .max”文件，如图 1-101 所示。

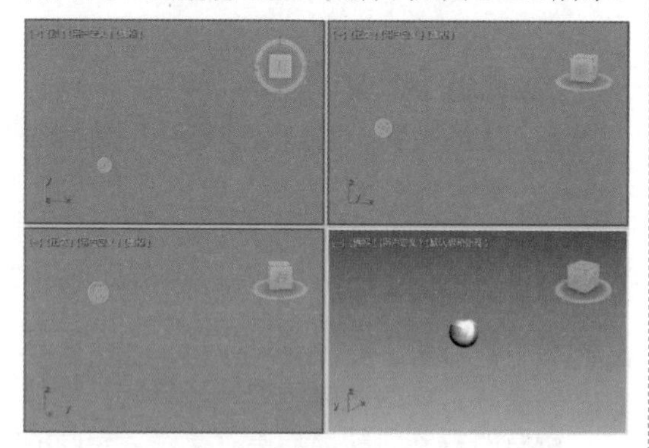

图 1-101

02 在【透视】视图中选择对象，在菜单栏中选择【工具】|【阵列】命令，如图 1-102 所示。

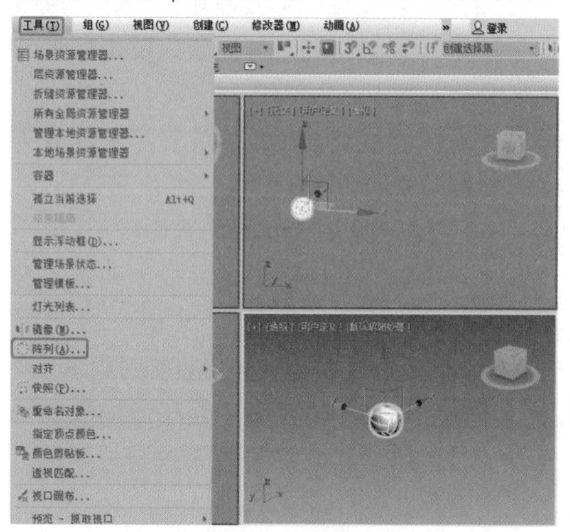

图 1-102

03 在弹出的【阵列】对话框中将【增量】计算方式下【移动】左侧的 Y 设置为 50；将 1D 右侧的【数量】设置为 3，选中 2D 单选按钮，将【数量】设置为 3，将 X 设置为 40，选中 3D 单选按钮，将【数量】设置为 1，将 Z 设置为 40，选中【复制】单选按钮，如图 1-103 所示。

04 设置完成后，单击【确定】按钮，即可对选定的对象完成阵列操作，如图 1-104 所示。

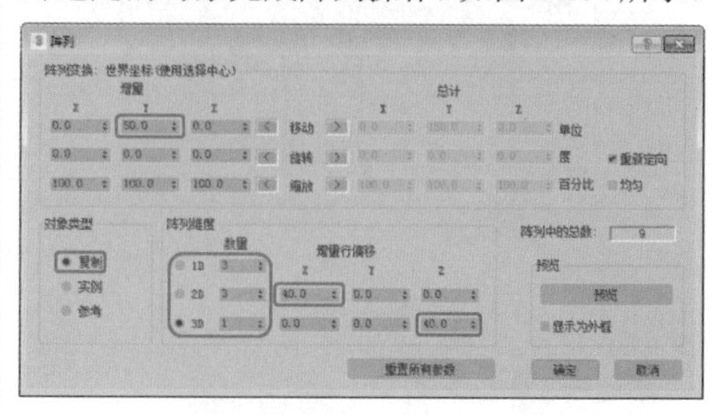

图 1-103

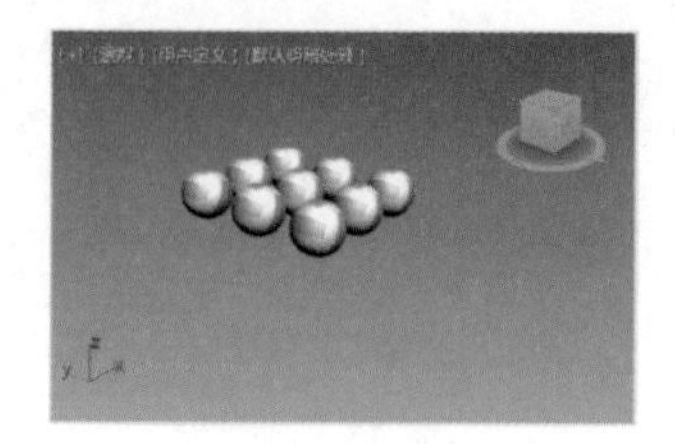

图 1-104

【实战】支架式展板

本例将介绍支架式展板的制作。首先使用长方体工具来制作展示板，然后使用弧、球体和圆柱体等工具来制作展板支架，最后添加背景贴图即可，完成后的效果如图 1-105 所示。

图 1-105

素材	Map\广告 .jpg、Metal01.tif Scenes\Cha01\支架式展板素材 .max
场景	Scenes\Cha01\【实战】支架式展板 .max
视频	视频教学 \Cha01\【实战】支架式展板 .mp4

01 按 Ctrl+O 组合键，打开“支架式展板素材 .max”文件，选择【创建】 |【几何体】 |【长方体】工具，在【前】视图中创建长方体，并将其命名为“展示板”，在【参数】卷展栏中将【长度】设置为 230，将【宽度】设置为 170，将【高度】设置为 0.3，将【高度分段】设置为 18，如图 1-106 所示。

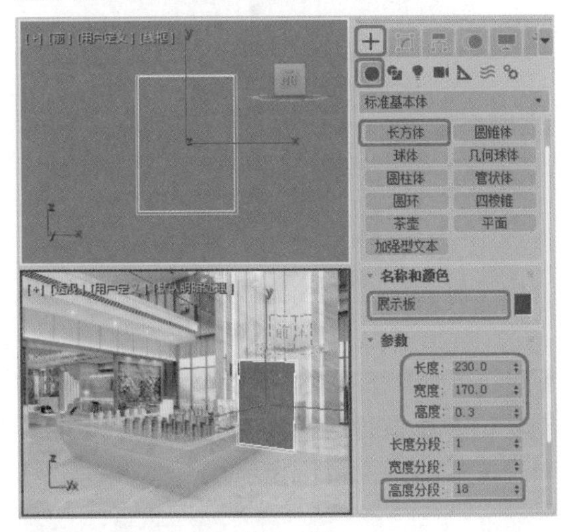

图 1-106

02 切换至【修改】命令面板，在修改器下拉列表中选择【UVW 贴图】修改器，在【参数】卷展栏中，选中【平面】单选按钮，单击【适配】按钮，如图 1-107 所示。

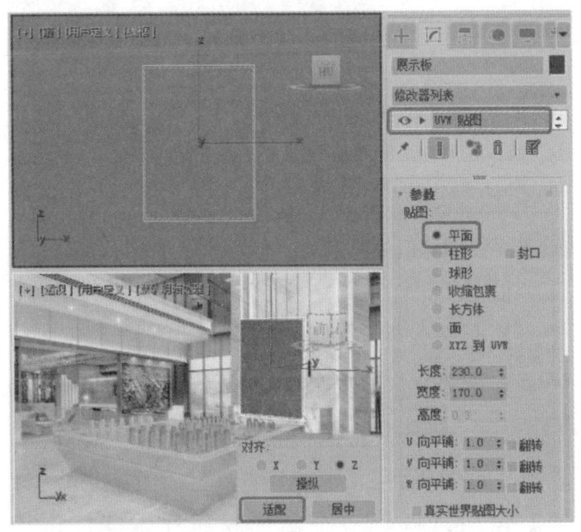

图 1-107

03 确认“展示板”对象处于选中状态，按 M 键，打开【材质编辑器】窗口，选择一个新的材质样本球，并将其命名为“展示板”，在【Blinn 基本参数】卷展栏中，将【高光反射】的 RGB 值设置为 255、255、255，将【自发光】设置为 30，如图 1-108 所示。

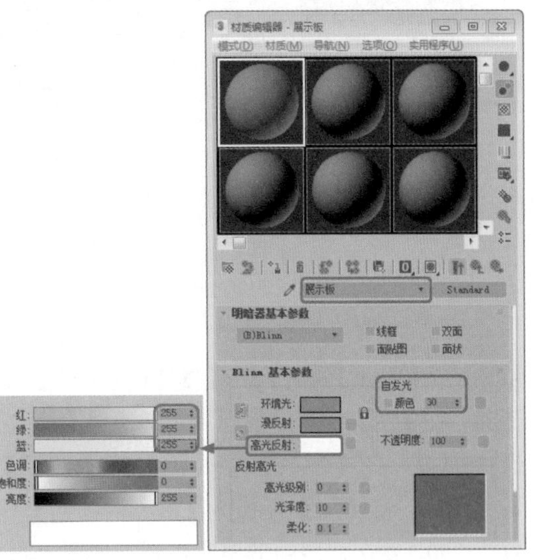

图 1-108

04 在【贴图】卷展栏中单击【漫反射颜色】右侧的【无贴图】按钮，在弹出的【材质 / 贴图浏览器】对话框中选择【位图】贴图，如图 1-109 所示。

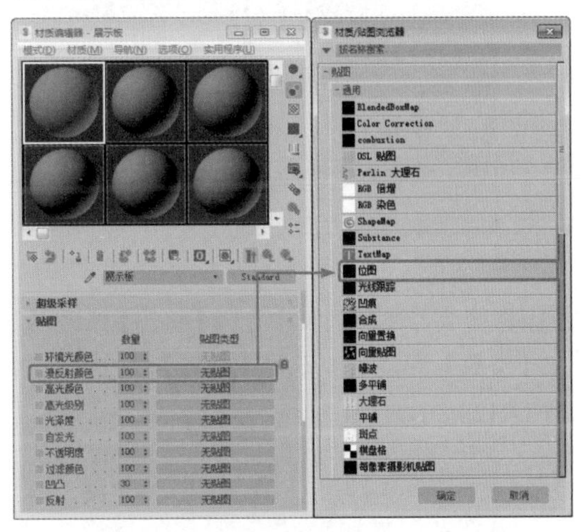

图 1-109

05 单击【确定】按钮，在弹出的对话框中选择“Map\广告 .jpg”素材文件，单击【打开】按钮，在【坐标】卷展栏中使用默认参数，然后单击【将材质指定给选定对象】按钮 和【视口中显示明暗处理材质】按钮 ，将材质指定给“展示板”对象，指定材质后的效果如图 1-110 所示。

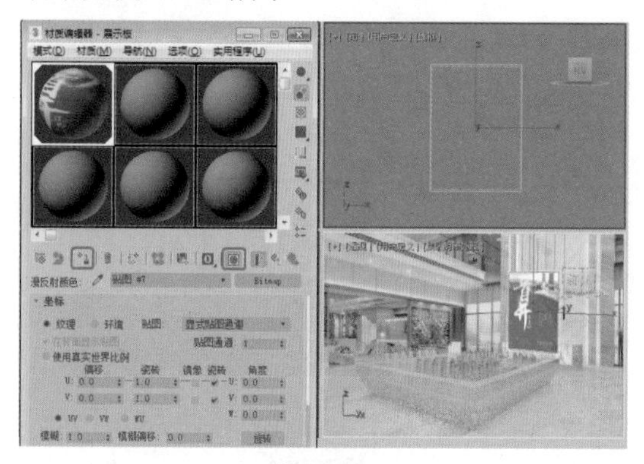

图 1-110

06 选择【创建】|【图形】|【样条线】|【弧】工具，在【左】视图中创建弧，切换至【修改】命令面板，在【参数】卷展栏中将【半径】设置为 1，将【从】设置为 278，将【到】设置为 260，并在视图中调整其位置，如图 1-111 所示。

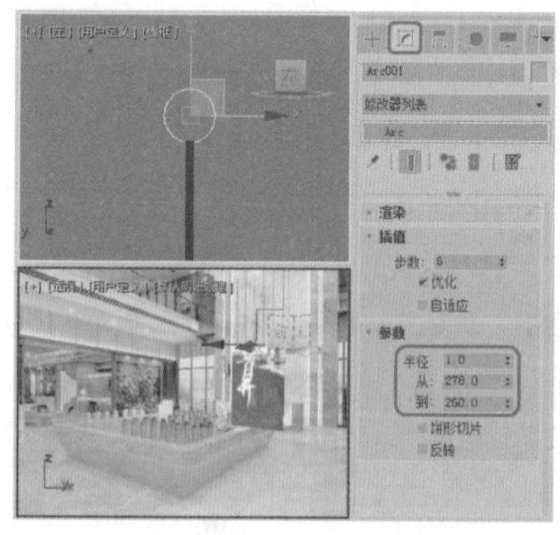

图 1-111

07 在修改器下拉列表中选择【挤出】修改器，在【参数】卷展栏中设置【数量】为 180，如图 1-112 所示。

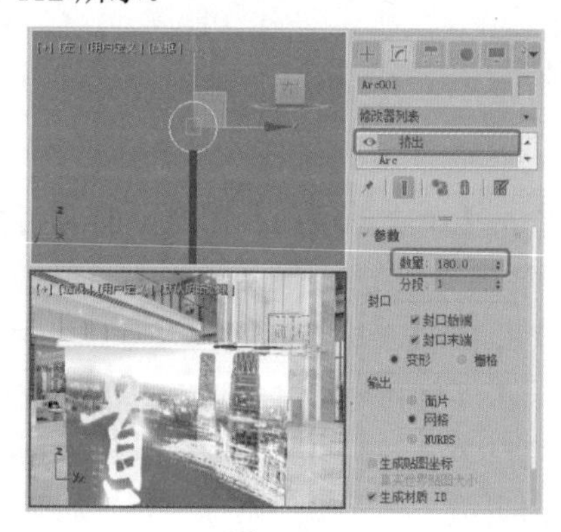

图 1-112

08 选择【创建】|【几何体】|【球体】工具，在【左】视图中创建球体，切换至【修改】命令面板，在【参数】卷展栏中将【半径】设置为 1.3，将【分段】设置为 16，并在场景中调整其位置，如图 1-113 所示。

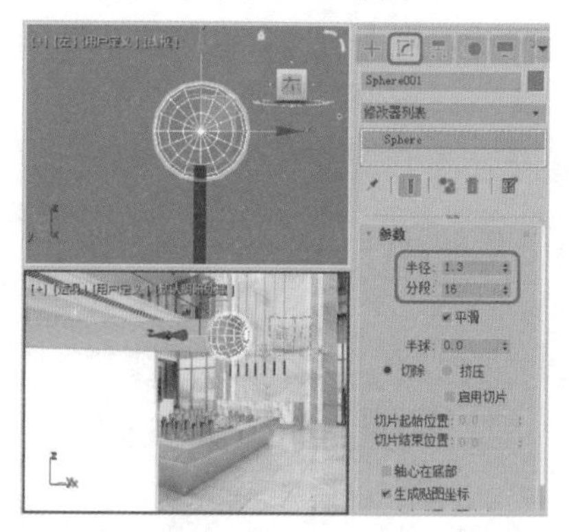

图 1-113

09 在【前】视图中按住 Shift 键，沿 X 轴移动复制球体，在弹出的对话框中选中【复制】单选按钮，如图 1-114 所示。

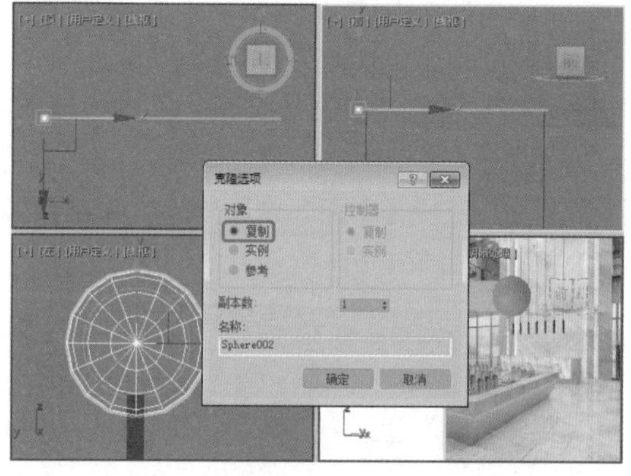

图 1-114

10 单击【确定】按钮，在视图中选择创建的弧和两个球体对象，在菜单栏中选择【组】|【组】命令，在弹出的对话框中设置【组名】为“支架 001”，如图 1-115 所示。

11 单击【确定】按钮，确定“支架 001”对象处于选中状态，按 M 键，打开【材质编辑器】窗口，选择一个新的材质样本球，将其命名为“塑料”，在【Blinn 基本参数】卷展栏中将【环境光】的 RGB 值设置为 50、50、50，将【高光级别】和【光泽度】分别设置为 51、53，如图 1-116 所示。

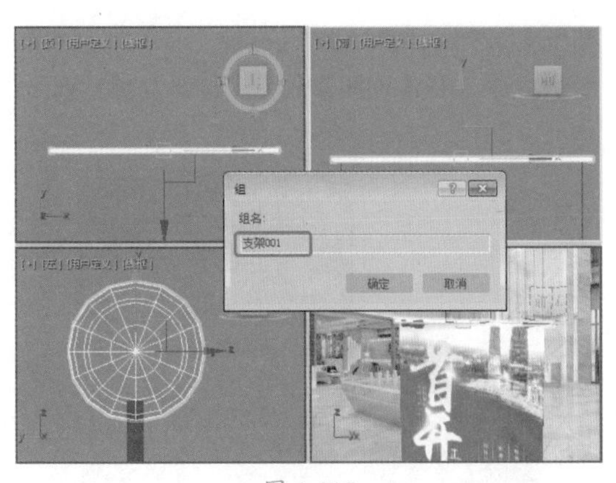

图 1-115

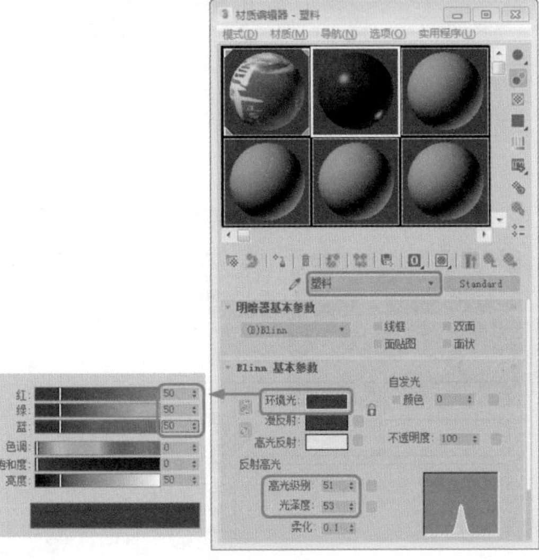

图 1-116

12 单击【将材质指定给选定对象】按钮，将材质指定给“支架 001”对象，在【前】视图中按住 Shift 键沿 Y 轴移动复制模型“支架 001”，在弹出的对话框中选中【实例】单选按钮，如图 1-117 所示。

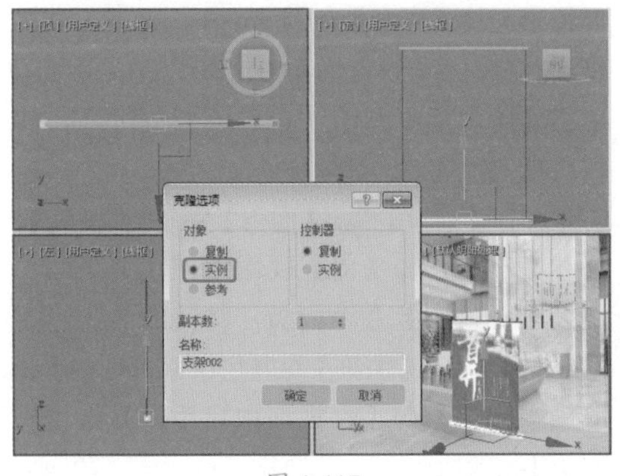

图 1-117

13 单击【确定】按钮，选择【创建】|【几何体】|【圆柱体】工具，在【顶】视图中创建圆柱体，将其命名为“支架 003”，切换至【修改】命令面板，在【参数】卷展栏中将【半径】设置为 2，将【高度】设置为 380，将【高度分段】设置为 1，并在视图中调整其位置，如图 1-118 所示。

图 1-118

14 在【前】视图中按住 Shift 键沿 Y 轴移动复制模型“支架 003”，在弹出的对话框中选中【复制】单选按钮，单击【确定】按钮，然后选择复制出的“支架 004”对象，切换至【修改】命令面板，在【参数】卷展栏中将【半径】设置为 3，将【高度】设置为 5，并在视图中调整其位置，效果如图 1-119 所示。为“支架 004”对象指定【塑料】材质。

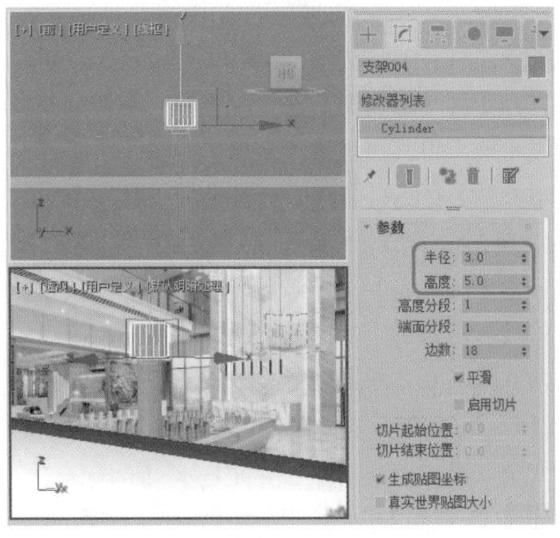

图 1-119

15 选择【创建】 | 【图形】 | 【样条线】|【线】工具，在【前】视图中创建样条线，将其命名为“线”，切换至【修改】命令面板，将当前选择集定义为【顶点】，在视图中调整样条线，如图 1-120 所示。

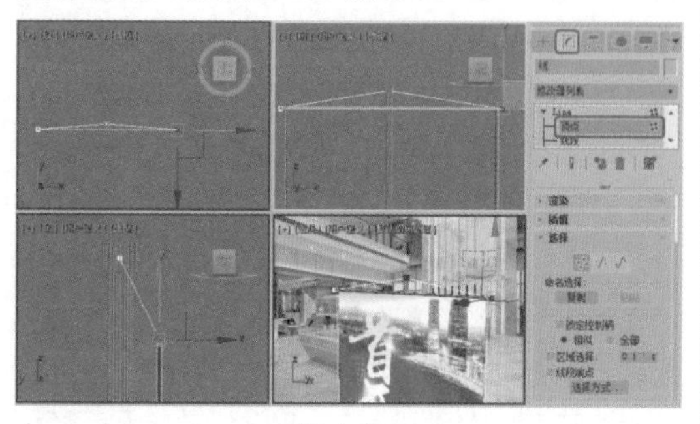

图 1-120

16 关闭当前选择集，在【渲染】卷展栏中选中【在渲染中启用】和【在视口中启用】复选框，将【厚度】设置为0.3，并将其颜色更改为【黑色】，如图 1-121 所示。

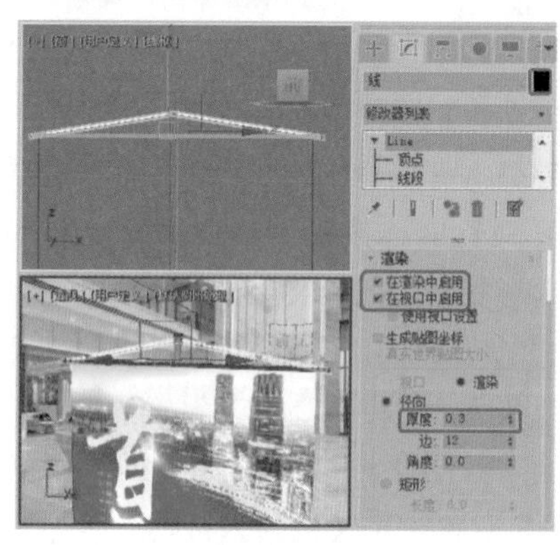

图 1-121

17 在视图中选择“支架 003”，按 M 键，打开【材质编辑器】窗口，选择一个新的材质样本球，将其命名为“金属”，在【明暗器基本参数】卷展栏中将明暗器类型设置为【（M）金属】，在【金属基本参数】卷展栏中单击【环境光】与【漫反射】左侧的按钮，将其取消链接，将【环境光】的 RGB 值设置为 0、0、0，将【漫反射】的 RGB 值设置为 255、255、255，将【高光级别】和【光泽度】分别设置为 100、86，如图 1-122 所示。

18 在【贴图】卷展栏中单击【反射】右侧的【无贴图】按钮，在弹出的【材质 / 贴图浏览器】对话框中选择【位图】贴图，如图 1-123 所示。

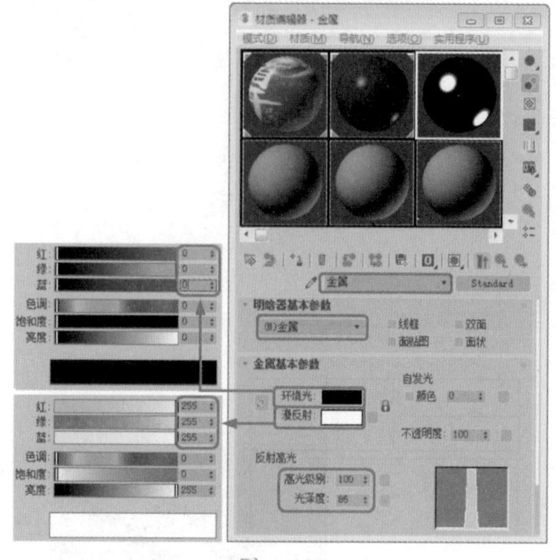

图 1-122

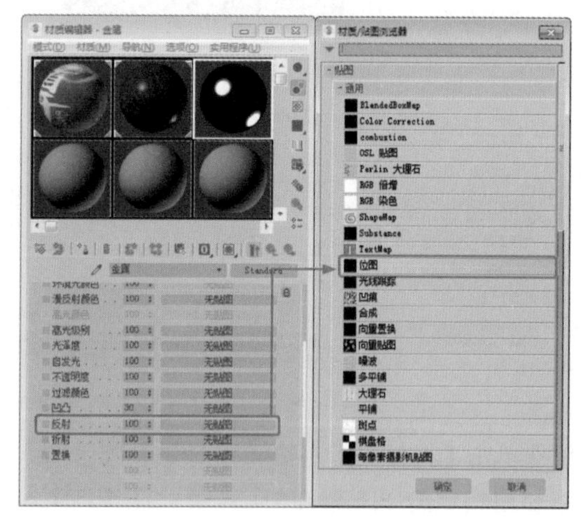

图 1-123

19 单击【确定】按钮，在弹出的对话框中双击“Metal01.tif”素材文件，在【坐标】卷展栏中，将【瓷砖】下的 U、V 均设置为 0.5，将【模糊偏移】设置为 0.09，如图 1-124 所示。单击【将材质指定给选定对象】按钮，将材质指定给选定对象。

20 选择【创建】 | 【图形】 | 【样条线】|【线】工具，在【前】视图中创建样条线，切换至【修改】命令面板，将其命名为“支架座 001”，在【渲染】卷展栏中取消选中【在渲染中启用】与【在视口中启用】复选框，如图 1-125 所示。

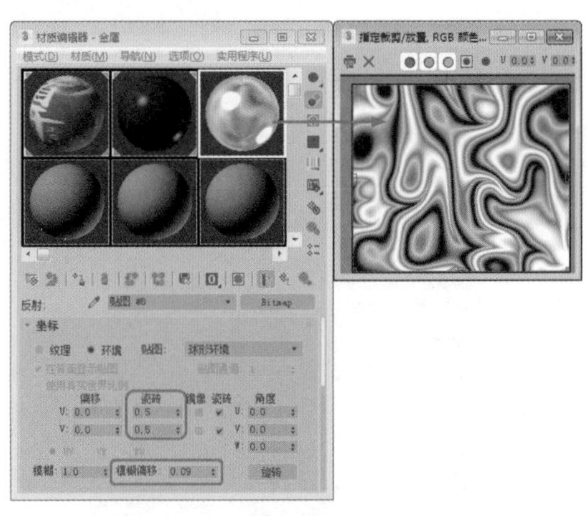

图 1-124

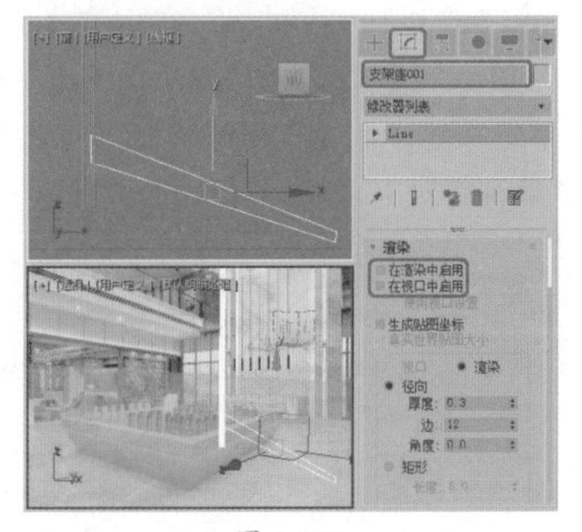

图 1-125

21 在修改器下拉列表中选择【倒角】修改器，在【倒角值】卷展栏中，将【级别 1】下的【高度】和【轮廓】都设置为 0.5，选中【级别 2】复选框，将【高度】设置为 1，将【轮廓】设置为 0，选中【级别 3】复选框，将【高度】设置为 0.5，将【轮廓】设置为 -0.5，如图 1-126 所示。

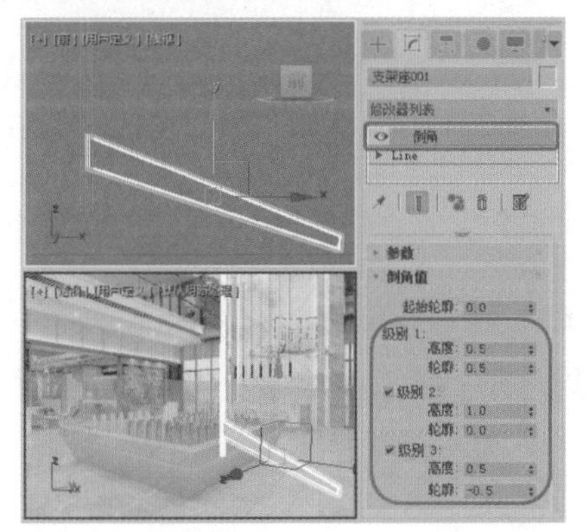

图 1-126

22 选择【创建】 | 【几何体】 | 【圆柱体】工具，在【顶】视图中创建圆柱体，切换至【修改】命令面板，将其命名为“支架座 002”，在【参数】卷展栏中将【半径】设置为 2，将【高度】设置为 1，将【边数】设置为 15，并在视图中调整其位置，如图 1-127 所示。

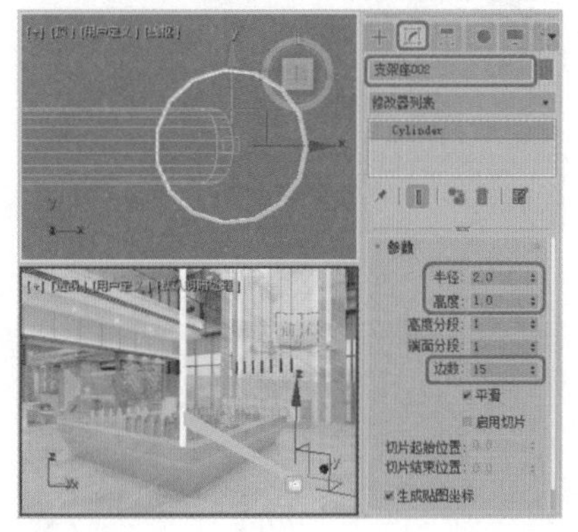

图 1-127

23 选择【创建】 | 【图形】 | 【样条线】 | 【线】工具，在【前】视图中创建样条线，切换至【修改】命令面板，将其命名为“支架座 003”，效果如图 1-128 所示。

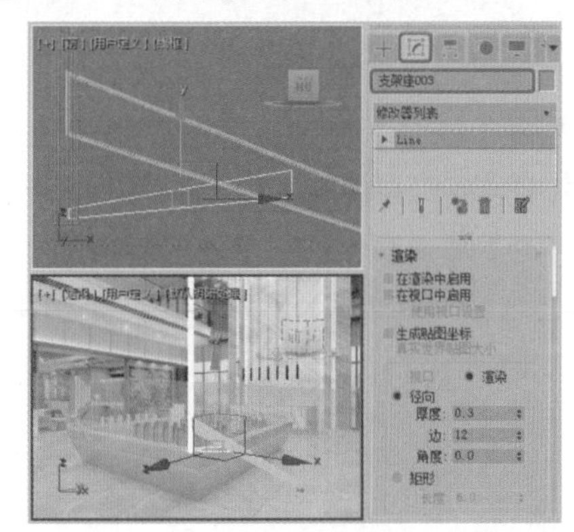

图 1-128

24 在修改器下拉列表中选择【倒角】修改器，在【倒角值】卷展栏中，将【级别 1】下的【高度】和【轮廓】都设置为 0.5，选中【级别 2】复选框，将【高度】设置为 1，将【轮廓】设置为 0，选中【级别 3】复选框，将【高度】设置为 0.5，将【轮廓】设置为 -0.5，如图 1-129 所示。

25 在场景中选择所有的支架座对象，在菜单栏中选择【组】 | 【组】命令，在弹出的对话框中设置【组名】为“底座 001”，如图 1-130 所示。

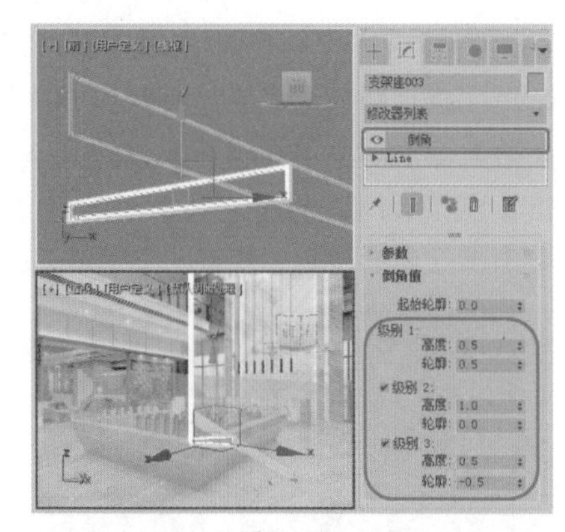

图 1-129

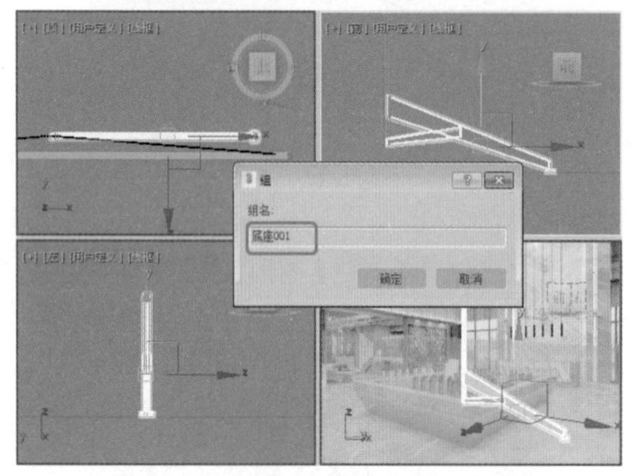

图 1-130

26 单击【确定】按钮，在视图中选择“底座 001”对象，切换至【层次】命令面板，在【调整轴】卷展栏中单击【仅影响轴】按钮，然后在视图中调整轴位置，效果如图 1-131 所示。

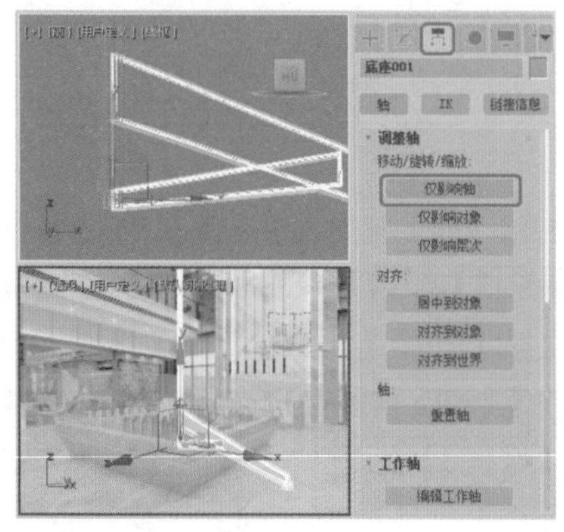

图 1-131

27 调整完成后再次单击【仅影响轴】按钮，将其关闭，激活【顶】视图，在菜单栏中选择【工具】|【阵列】命令，如图 1-132 所示。

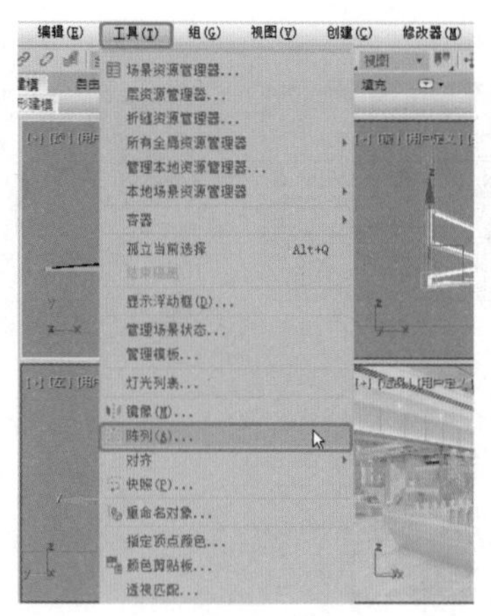

图 1-132

28 弹出【阵列】对话框，将 Z 轴下的【旋转】设置为 120，在【对象类型】选项组中选中【实例】单选按钮，在【阵列维度】选项组中将 1D 数量设置为 3，如图 1-133 所示。

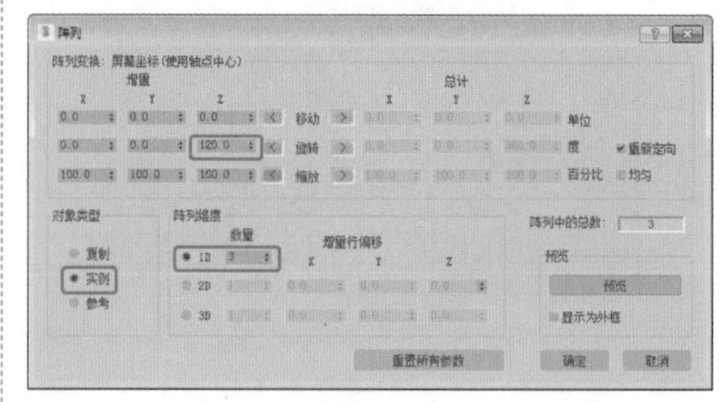

图 1-133

29 单击【确定】按钮，即可将选中的对象进行阵列，阵列后的效果如图 1-134 所示。

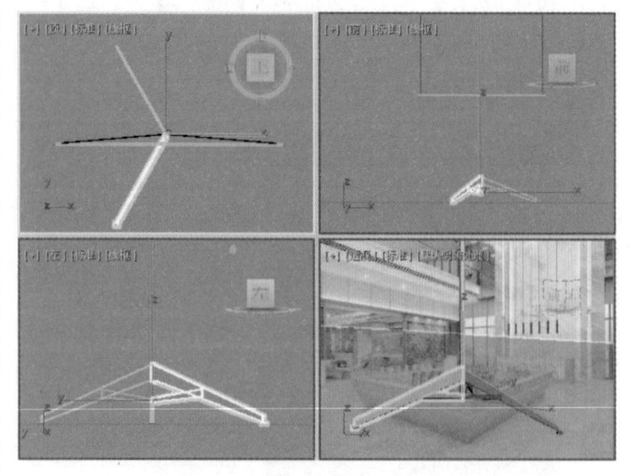

图 1-134

30 在视图中选中阵列的对象，为其指定【金属】材质，激活【透视】视图，按 C 键，将其转换为【摄影机】视图，如图 1-135 所示。

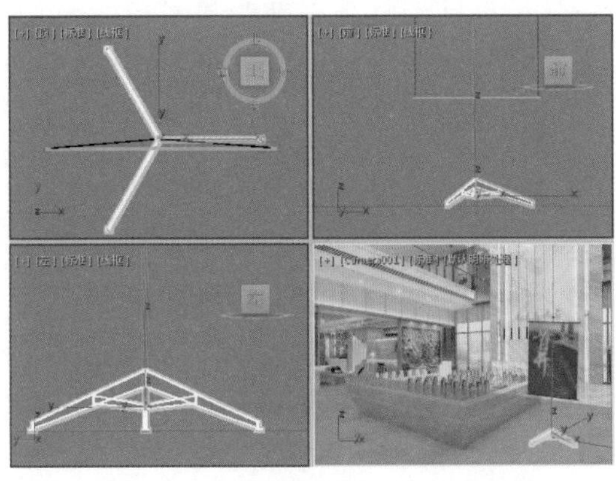

图 1-135

31 至此，支架式展板就制作完成了，按F9键，对【摄影机】视图进行渲染查看效果即可。

1.4.8 使用对齐工具

使用对齐工具就是通过移动操作使物体自动与其他对象对齐，所以它在物体之间并没有建立什么特殊的关系。选择某一对象后，在工具栏中单击【对齐】按钮，并拾取目标对象后，会弹出【对齐当前选择】对话框，如图 1-136 所示。

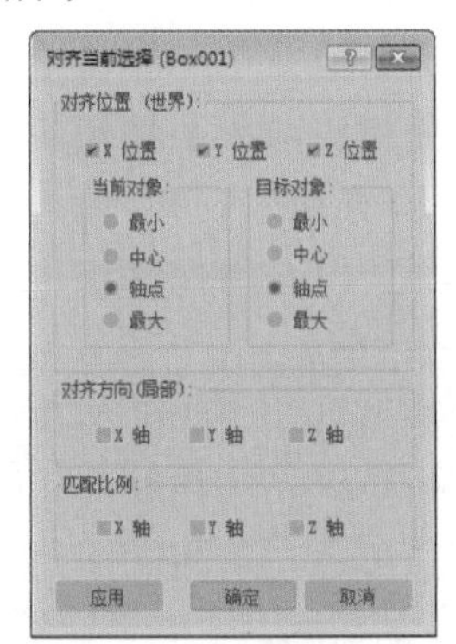

图 1-136

【对齐当前选择】对话框中各选项的功能说明如下。

◎ 【对齐位置（世界）】：根据当前的参考坐标系来确定对齐的方式。
  - 【X 位置】/【Y 位置】/【Z 位置】：特殊指定位置对齐依据的轴向，可以单方向对齐，也可以多方向对齐。
  - 【当前对象】/【目标对象】：分别设定当前对象与目标对象对齐的设置。
  - 【最小】：以对象表面最靠近另一对象选择点的方式进行对齐。
  - 【中心】：以对象中心点与另一对象的选择点进行对齐。
  - 【轴点】：以对象的重心点与另一对象的选择点进行对齐。
  - 【最大】：以对象表面最远离另一对象选择点的方式进行对齐。

◎ 【对齐方向（局部）】：特殊指定方向对齐依据的轴向，方向的对齐是根据对象自身坐标系完成的，三个轴向可任意选择。

◎ 【匹配比例】：将目标对象的缩放比例沿指定的坐标轴向施加到当前对象上。要求目标对象已经进行了缩放修改，系统会记录缩放的比例，将比例值应用到当前对象上。

课后项目练习

卷轴画

本例将讲解通过绘制样条线为其添加【挤出】、【编辑网格】修改器制作出卷轴画，如图 1-137 所示。

课后项目练习效果展示

图 1-137

课后项目练习过程概要

（1）打开准备的素材场景文件，通过样条线制作卷轴画的截面。

（2）使用【挤出】修改器挤出卷轴画的厚度，并通过【编辑网格】修改器调整模型。

（3）在视图中调整卷轴画的位置，将【透视】视图转换为【摄影机】视图，进行渲染。

素材	Map\ 山水画 .jpg、A-A-001.JPG Scenes\Cha01\ 卷轴画素材 .max
场景	Scenes\Cha01\ 卷轴画 .max
视频	视频教学 \Cha01\ 卷轴画 .max

01 按 Ctrl+O 组合键，打开“Scenes\Cha01\ 卷轴画素材 .max”文件，选择【创建】|【图形】|【矩形】工具，在【顶】视图中创建一个长度为 0.5、宽度为 285 的矩形，如图 1-138 所示。

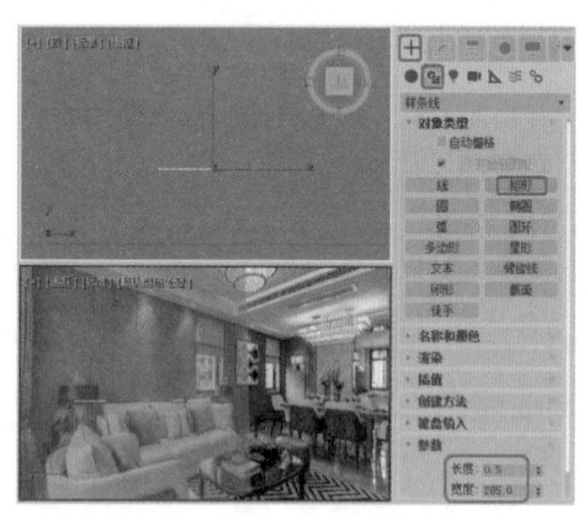

图 1-138

02 选择【创建】|【图形】|【圆环】工具，在【顶】视图中绘制一个圆环，切换至【修改】命令面板，在【参数】卷展栏中将【半径 1】和【半径 2】分别设置为 3、2.5，调整圆环的位置，效果如图 1-139 所示。

03 继续选中该对象，切换至【层次】命令面板，单击【仅影响轴】按钮，在工具栏中单击【对齐】按钮，在视图中单击 Rectangle001 对象，在弹出的对话框中选中【X 位置】、【Y 位置】、【Z 位置】复选框，分别选中【当前对象】和【目标对象】选项组中的【轴点】单选按钮，如图 1-140 所示。

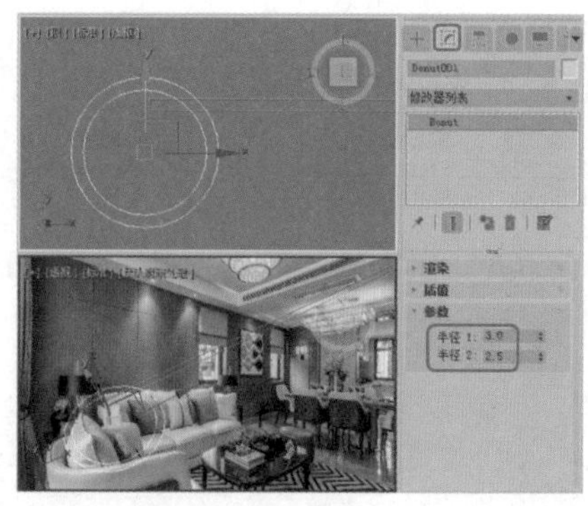

图 1-139

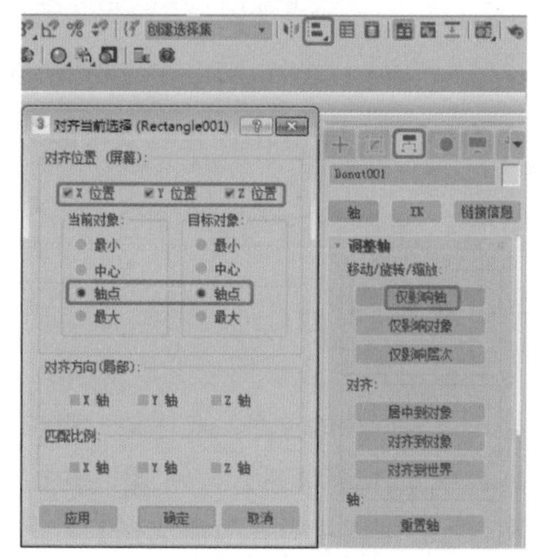

图 1-140

04 单击【确定】按钮，再在【调整轴】卷展栏中单击【仅影响轴】按钮，调整轴后的效果如图 1-141 所示。

图 1-141

05 继续选中圆环，激活【前】视图，在工具栏中单击【镜像】按钮，在弹出的对话框中选中【复制】单选按钮，如图 1-142 所示。

06 单击【确定】按钮，再在视图中选择 Rectangle001 对象，切换至【修改】命令面板，在修改器下拉列表中选择【编辑样条线】修改器，将当前选择集定义为【样条线】，在【几何体】卷展栏中单击【附加多个】按钮，在弹出的对话框中选择要附加的对象，如图 1-143 所示。

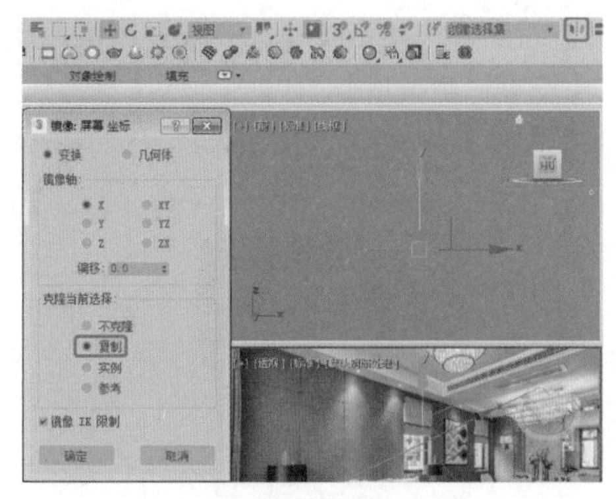

图 1-142

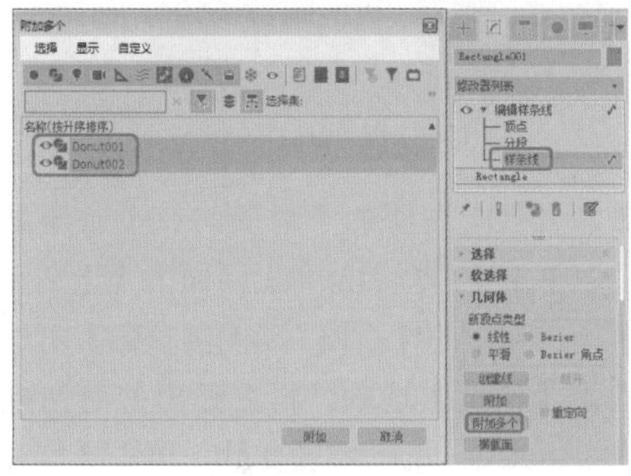

图 1-143

07 单击【附加】按钮，在【几何体】卷展栏中单击【修剪】按钮，对左侧的圆环和矩形进行修剪，修剪后的效果如图 1-144 所示。

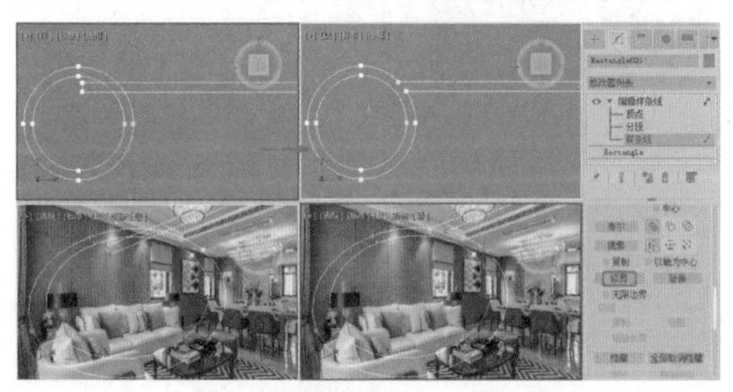

图 1-144

08 对右侧的圆环和矩形进行修剪，修剪完成后，关闭当前选择集，将当前选择集定义为【顶点】，按 Ctrl+A 快捷键，全选顶点，在【几何体】卷展栏中单击【焊接】按钮，焊接顶点，如图 1-145 所示。

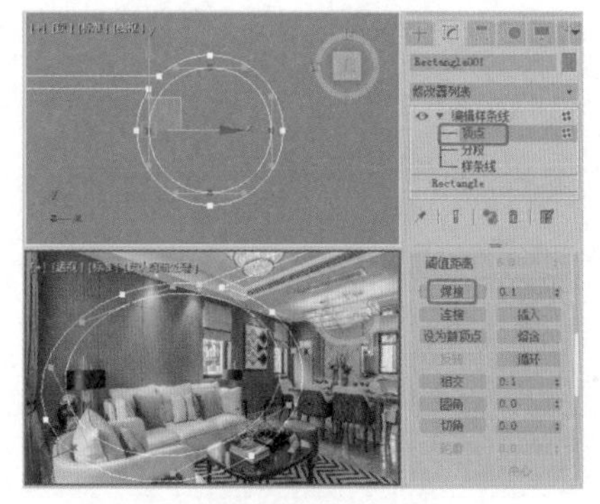

图 1-145

09 将当前选择集定义为【顶点】，在【几何体】卷展栏中单击【优化】按钮，在视图中对图形进行优化，效果如图 1-146 所示。

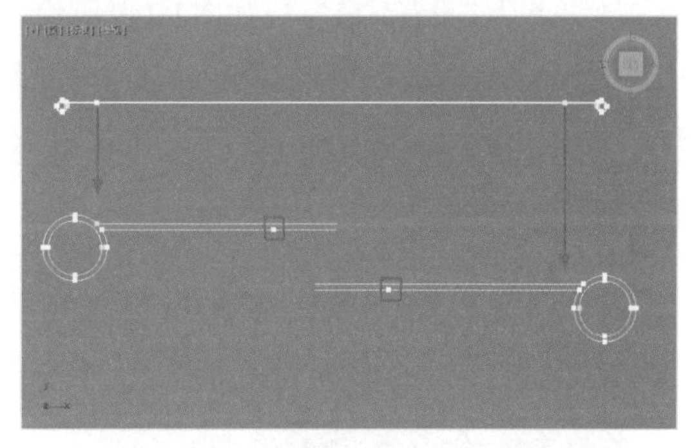

图 1-146

10 关闭当前选择集，切换至【修改】命令面板，在修改器列表中选择【挤出】修改器，在【参数】卷展栏中设置【数量】为 140、【分段】为 3，如图 1-147 所示。

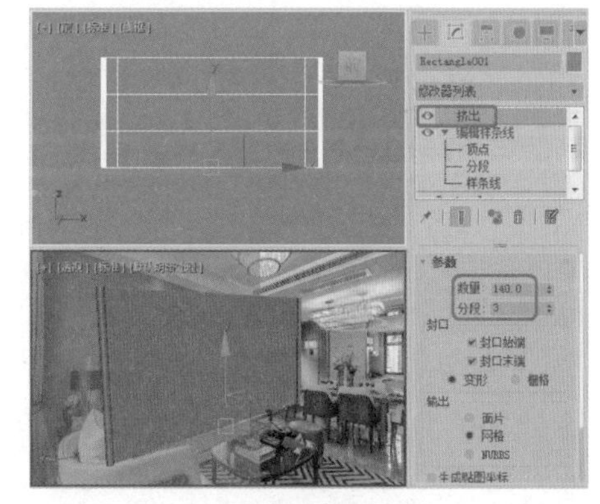

图 1-147

11 在修改器列表中选择【编辑网格】修改器，将当前选择集定义为【顶点】，在视图中调整顶点的位置，调整后的效果如图 1-148 所示。

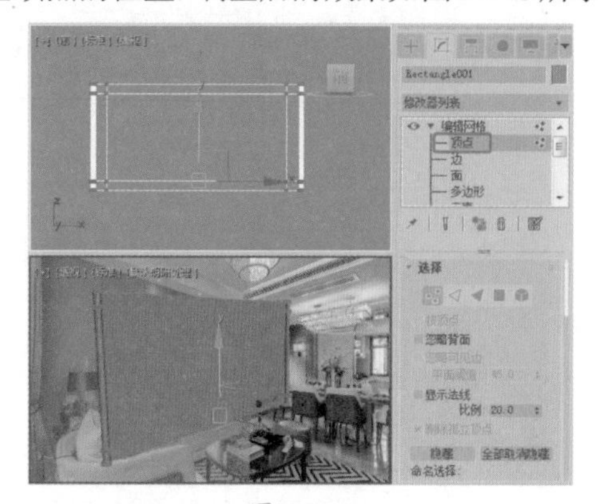

图 1-148

12 将当前选择集定义为【多边形】，在【前】视图中选择中间的多边形，在【曲面属性】卷展栏中设置【设置 ID】为 1，如图 1-149 所示。

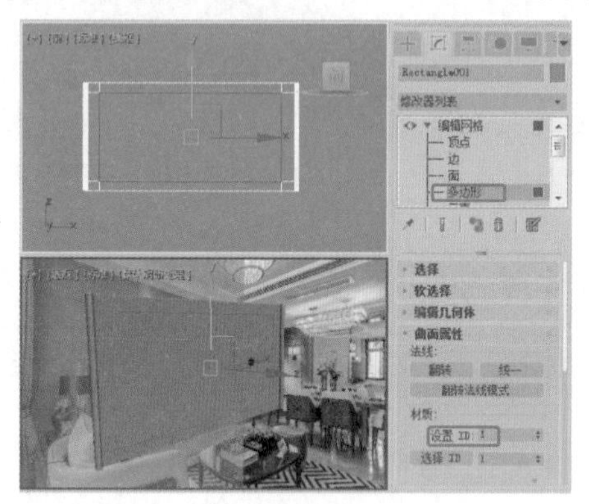

图 1-149

13 在菜单栏中选择【编辑】|【反选】命令，反选多边形，设置【设置 ID】为 2，如图 1-150 所示。

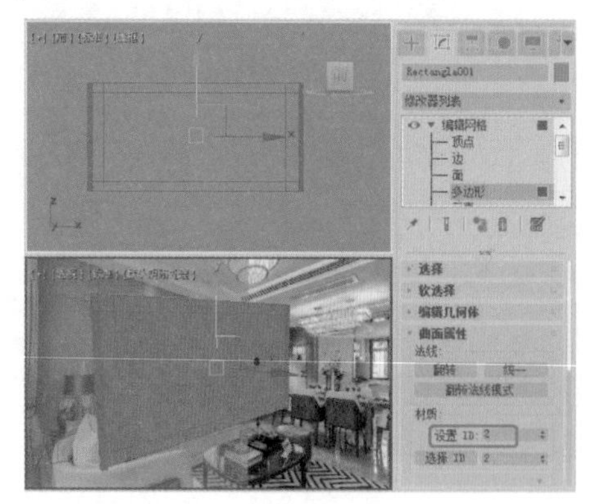

图 1-150

14 关闭当前选择集，在场景中选择作为卷轴画的模型，按 M 键，打开【材质编辑器】窗口，选择一个新的材质样本球，将其命名为“画”，单击 Standard 按钮，在弹出的【材质 / 贴图浏览器】对话框中选择【多维 / 子对象】材质，单击【确定】按钮，再在弹出的对话框中单击【确定】按钮，在【多维 / 子对象基本参数】卷展栏中单击【设置数量】按钮，在弹出的【设置材质数量】对话框中设置【材质数量】为 2，单击【确定】按钮，如图 1-151 所示。

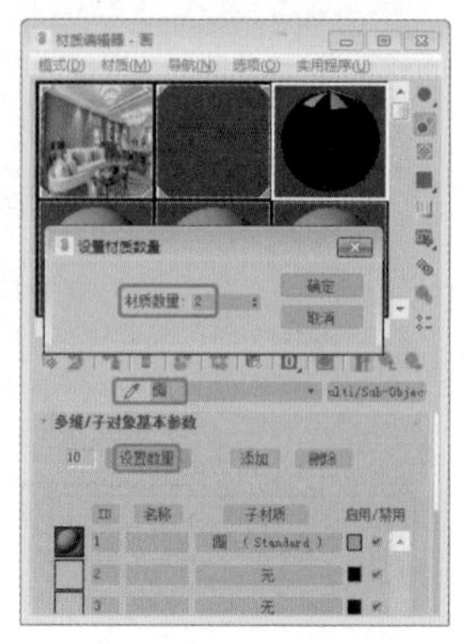

图 1-151

15 单击 ID1 右侧的子材质，在【贴图】卷展栏中单击【漫反射颜色】后面的【无贴图】按钮，在弹出的【材质 / 贴图浏览器】对话框中双击【位图】选项，再在弹出的对话框中选择“山水画 .jpg”贴图文件，单击【打开】按钮，如图 1-152 所示。

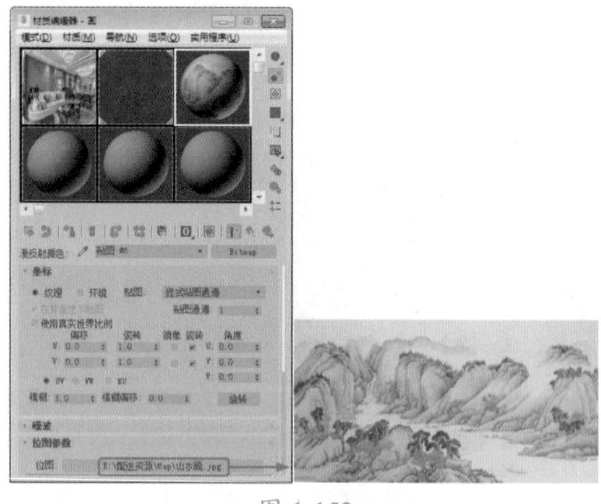

图 1-152

16 单击【视口中显示明暗处理材质】按钮，再单击两次【转到父对象】按钮，单击 ID2 右侧的子材质按钮，在弹出的对话框中双击【标准】选项，在【贴图】卷展栏中单击【漫反射颜色】后面的【无贴图】按钮，在弹出的【材质/贴图浏览器】对话框中双击【位图】选项，在弹出的对话框中选择“A-A-001.JPG”贴图文件，单击【打开】按钮，在【坐标】卷展栏中将【瓷砖】下的U、V分别设置为2、1，如图1-153所示。

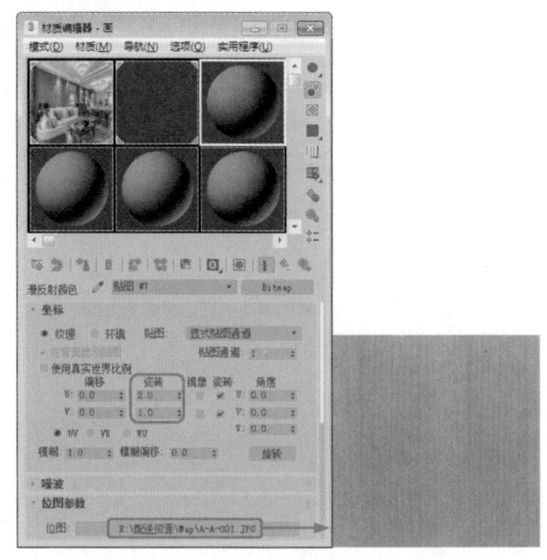

图 1-153

17 单击【视口中显示明暗处理材质】按钮，单击两次【转到父对象】按钮，将设置完成后的材质指定给选定对象，切换至【修改】命令面板，在修改器列表中选择【UVW贴图】修改器，在【参数】卷展栏中选中【长方体】单选按钮，将【长度】、【宽度】、【高度】分别设置为10、248、116.3，如图1-154所示。

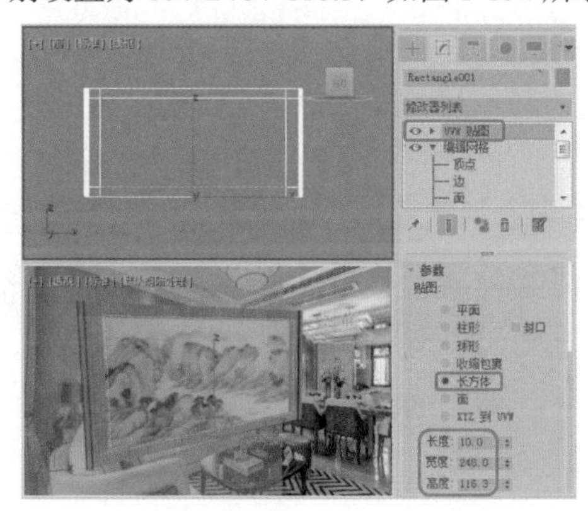

图 1-154

18 选择【创建】|【几何体】|【圆柱体】工具，在【顶】视图中创建【半径】为2.5、【高度】为155、【高度分段】为5的圆柱体，将其命名为“轴001”，如图1-155所示。

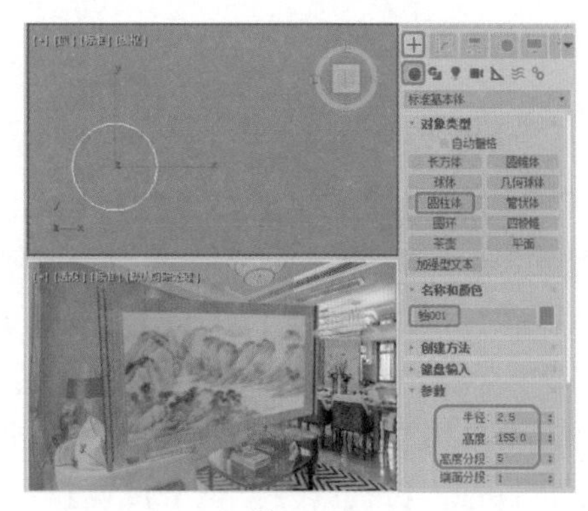

图 1-155

19 创建完成后，在视图中调整该对象的位置，切换至【修改】命令面板，在修改器列表中选择【编辑多边形】修改器，将当前选择集定义为【顶点】，在场景中调整顶点的位置，如图1-156所示。

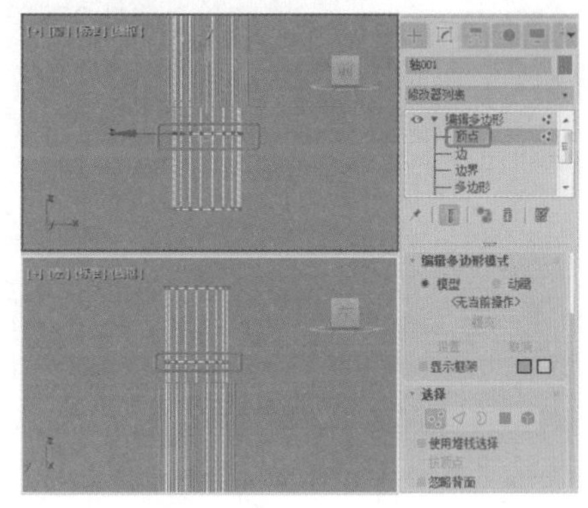

图 1-156

20 将当前选择集定义为【多边形】，选择两端的多边形，在【编辑多边形】卷展栏中单击【挤出】按钮右侧的【设置】按钮，将【类型】设置为本地法线，将【高度】设置为1.7，单击【确定】按钮，如图1-157所示。

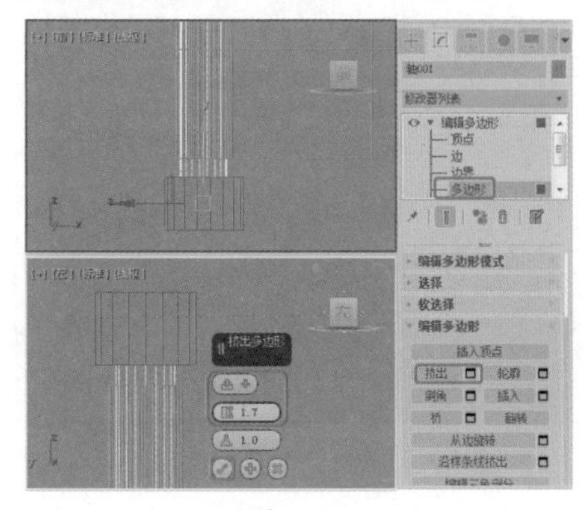

图 1-157

提示：在选择两端的多边形时，需要注意不要选择顶、底的多边形。

21 挤出完成后，关闭当前选择集，继续选中该对象，切换至【层次】命令面板，单击【仅影响轴】按钮，在工具栏中单击【对齐】按钮，在视图中单击Rectangle001对象，在弹出的对话框中选中【X位置】、【Y位置】、【Z位置】复选框，分别选中【当前对象】和【目标对象】选项组中的【轴点】单选按钮，如图1-158所示。

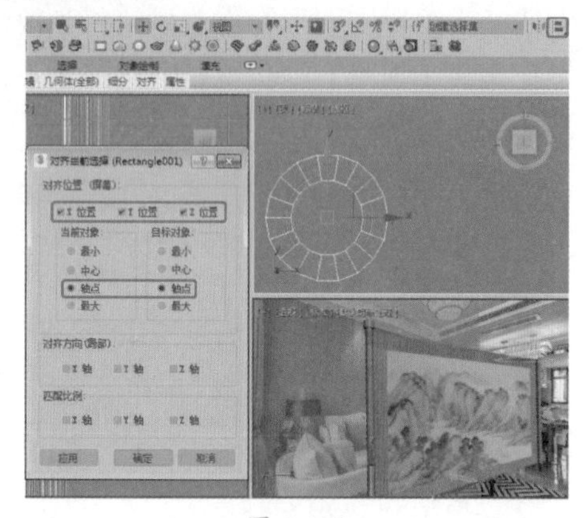

图 1-158

22 单击【确定】按钮，再在【调整轴】卷展栏中单击【仅影响轴】按钮，即可完成轴的调整，激活【前】视图，在工具栏中单击【镜像】按钮，在弹出的对话框中选中【复制】单选按钮，如图1-159所示。

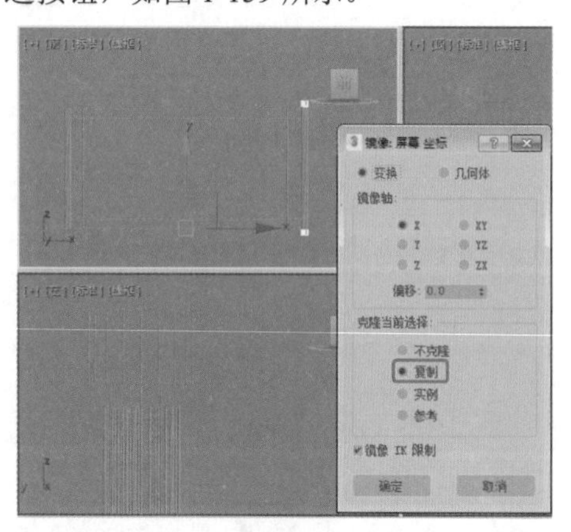

图 1-159

23 单击【确定】按钮，在视图中选择镜像后的两个轴，按M键，在弹出的对话框中选择一个材质样本球，将其命名为“画轴”，在【Blinn基本参数】卷展栏中将【环境光】和【漫反射】的RGB值都设置为74、74、74，将【反射高光】选项组中的【高光级别】和【光泽度】分别设置为53和68，如图1-160所示。

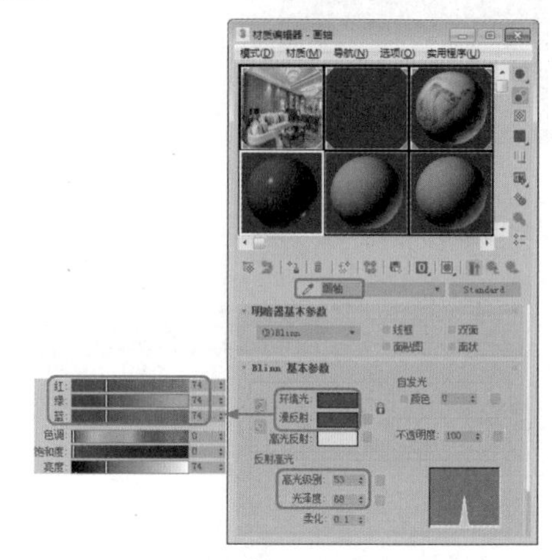

图 1-160

24 设置完成后，将该材质指定给选定对象，选中【透视】视图，按C键，转换为【摄影机】视图，在其他视图中适当地调整卷轴画的位置，如图1-161所示，按F9键进行渲染即可。

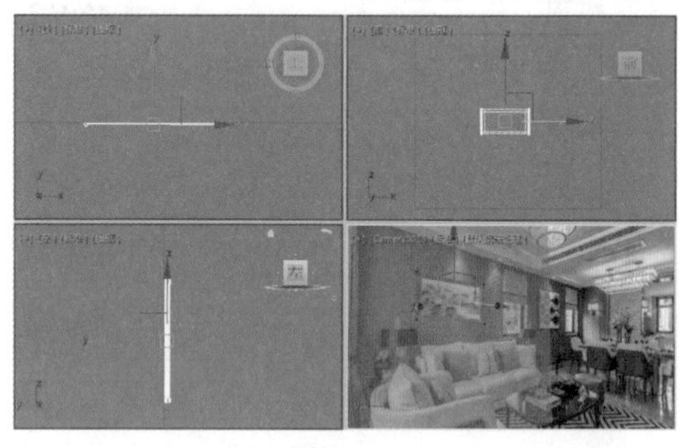

图 1-161

第 2 章

办公桌的设计——三维基本体建模

本章导读

在建模设计制作中，三维建模是至关重要的一部分，在 3ds Max 中提供了基本的三维建模方式，其中包括长方体、球体、圆环、切角长方体、切角圆柱体等对象，除此之外，本章还简单介绍了三维编辑修改器，通过三维编辑修改器可以对三维物体进行变形操作。

案例精讲
办公桌的设计

为了更好地完成本设计案例，现对制作要求及设计内容做如下规划，办公桌的设计效果如图 2-1 所示。

作品名称	办公桌设计
设计创意	（1）利用【切角长方体】工具制作桌面 （2）利用【圆柱体】工具创建桌腿与桌垫 （3）利用【长方体】工具创建其他配件，并为创建的对象添加材质
主要元素	（1）办公椅 （2）办公桌
应用软件	3ds Max 2020
素材	Map\ 木质 -0023.jpg、木质 -0004.jpg、金属 - 镂空 .jpg、Bxgmap1.jpg Scenes\Cha02\ 办公桌设计素材 .max
场景	Scenes \Cha02\【案例精讲】办公桌设计 .max
视频	视频教学 \Cha02\【案例精讲】办公桌设计 .mp4
办公桌的设计效果欣赏	图 2-1
备注	

01 按 Ctrl+O 组合键，打开“办公桌设计素材”文件，如图 2-2 所示。

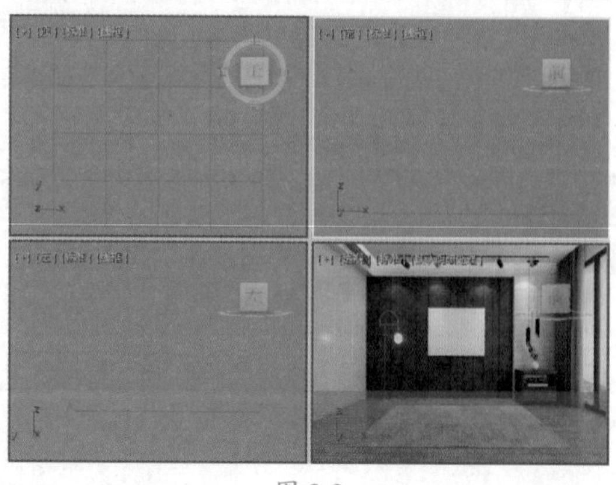

图 2-2

02 选择【创建】 |【几何体】 |【扩展基本体】|【切角长方体】工具，在【顶】视图中创建切角长方体，将其命名为“木 - 桌面 001”，切换至【修改】命令面板，在【参数】卷展栏中将【长度】设置为 150，将【宽度】设置为 420，将【高度】设置为 8，将【圆角】设置为 1.2，将【圆角分段】设置为 3，如图 2-3 所示。

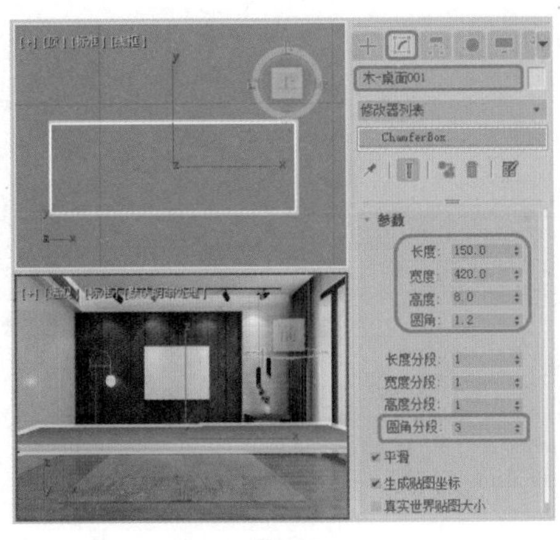

图 2-3

03 在修改器下拉列表中选择【UVW 贴图】修改器，在【参数】卷展栏中选中【长方体】单选按钮，在【对齐】选项组中选中 Z 单选按钮，然后单击【适配】按钮，如图 2-4 所示。

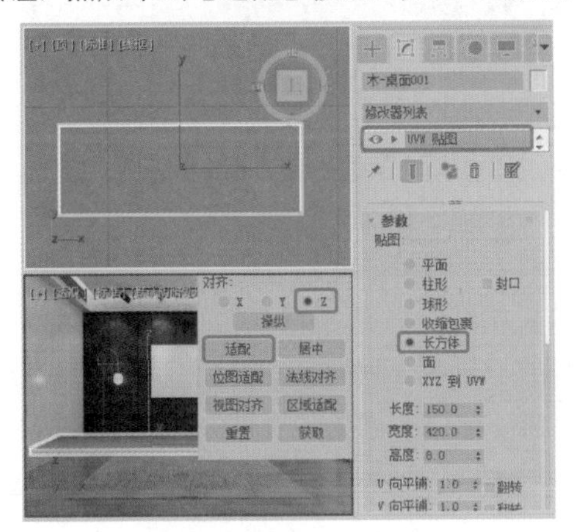

图 2-4

04 选择【创建】 | 【几何体】 | 【标准基本体】|【长方体】工具，在【顶】视图中创建一个长方体，切换至【修改】命令面板，将其重新命名为“横板 001”，将【长度】设置为 130、【宽度】设置为 15、【高度】设置为 10，然后在视图中调整其位置，如图 2-5 所示。

05 选择【创建】 | 【几何体】 | 【圆柱体】工具，在【顶】视图中创建圆柱体，将其命名为“金属 - 桌腿 001”，切换至【修改】命令面板，在【参数】卷展栏中设置【半径】为 7、【高度】为 152，并在视图中调整其位置，如图 2-6 所示。

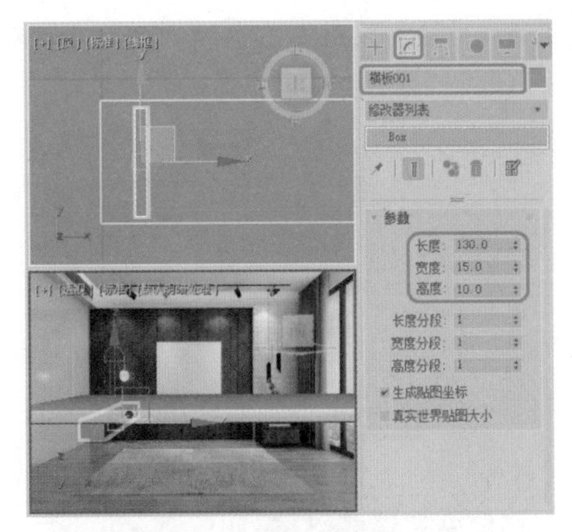

图 2-5

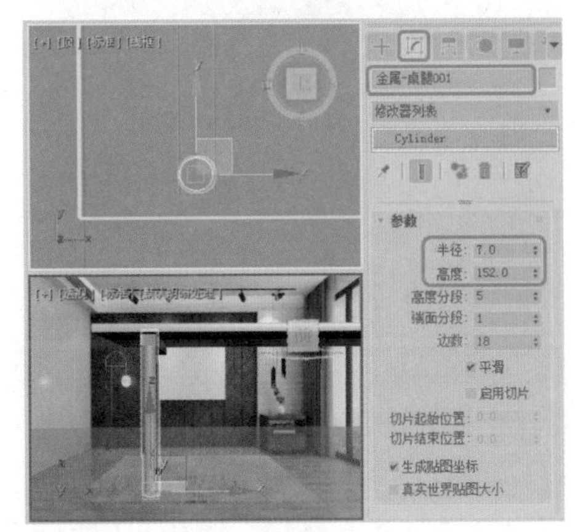

图 2-6

06 在视图中选择“金属 - 桌腿 001”对象，按 Ctrl+V 组合键，在弹出的对话框中选中【复制】单选按钮，将【名称】设置为“黑色塑料 - 桌垫 001”，如图 2-7 所示。

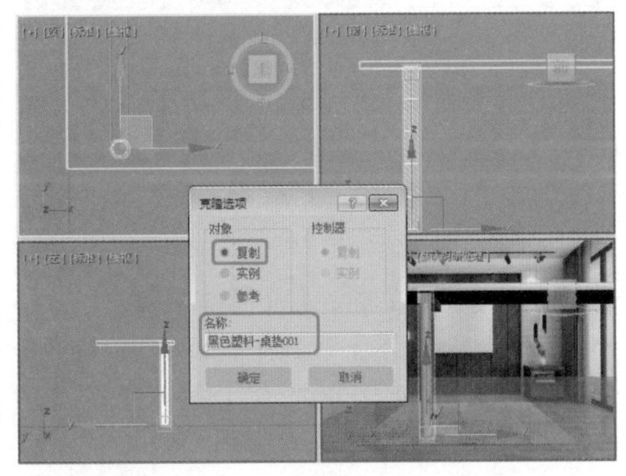

图 2-7

07 单击【确定】按钮，在【参数】卷展栏中将【半径】设置为 8，将【高度】设置为 3.5，将【高度分段】设置为1，并在视图中调整其位置，如图2-8所示。

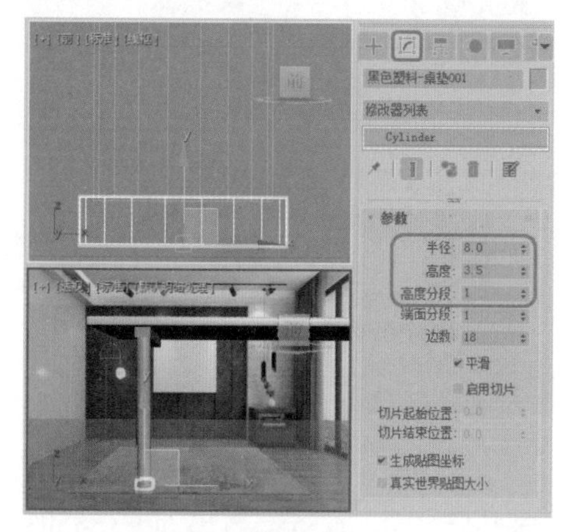

图 2-8

08 在【顶】视图中选择“金属-桌腿001”和“黑色塑料-桌垫001”对象，然后按住Shift键沿Y轴移动复制模型，在弹出的对话框中选中【实例】单选按钮，如图2-9所示。

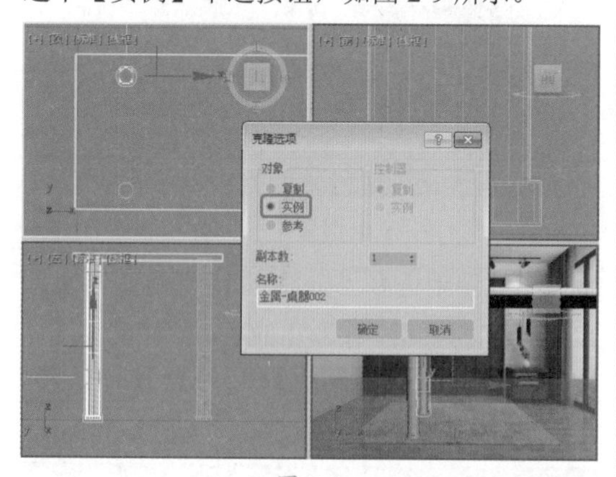

图 2-9

09 单击【确定】按钮，在视图中选择所有的横板、桌腿以及桌垫对象，在【顶】视图中对选中的对象进行复制，并调整其位置，效果如图2-10所示。

10 选择【创建】 | 【几何体】 | 【长方体】工具，在【顶】视图中创建长方体，将其命名为“木-柜子001”，切换至【修改】命令面板，在【参数】卷展栏中将【长度】设置为115，将【宽度】设置为84，将【高度】设置为120，并在视图中调整其位置，如图2-11所示。

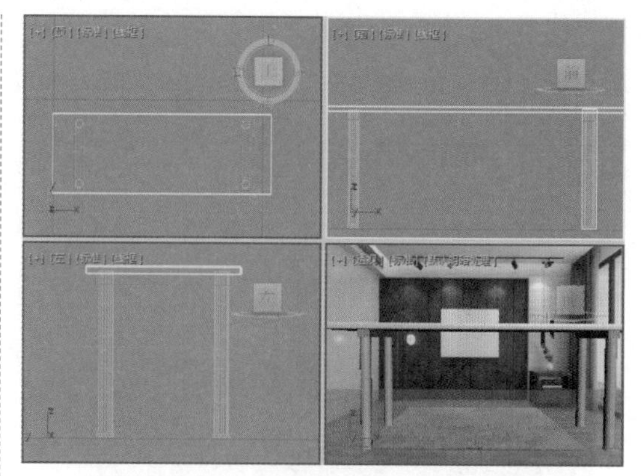

图 2-10

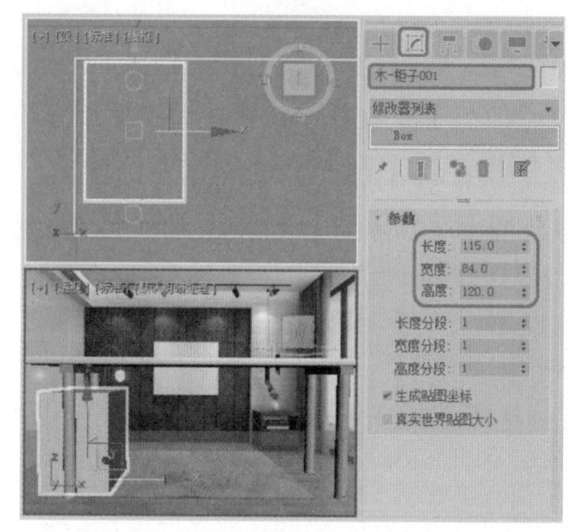

图 2-11

11 在修改器下拉列表中选择【UVW贴图】修改器，在【参数】卷展栏中选中【长方体】单选按钮，在【对齐】选项组中选中Z单选按钮，然后单击【适配】按钮，如图2-12所示。

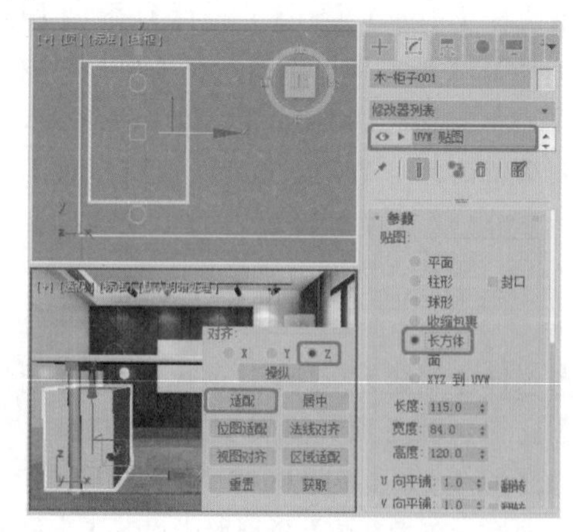

图 2-12

12 确认“木-柜子001”对象处于选中状态，

并按 Ctrl+V 组合键，在弹出的对话框中选中【复制】单选按钮，单击【确定】按钮，复制“木-柜子 002”对象，在堆栈列表中选择 Box 选项，在【参数】卷展栏中将【长度】设置为 120，将【宽度】设置为 88，将【高度】设置为 3.5，并在视图中调整其位置，如图 2-13 所示。

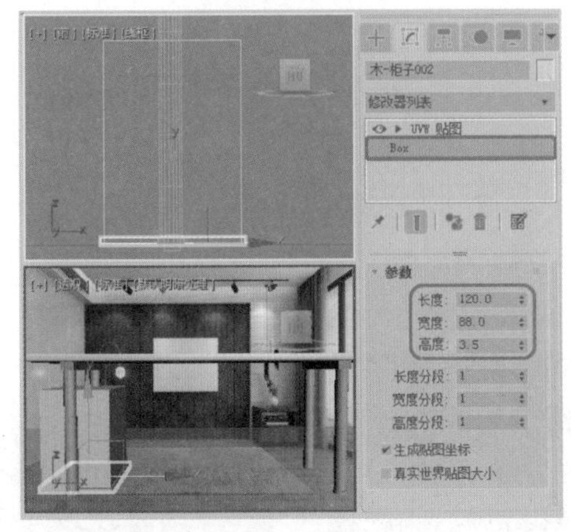

图 2-13

13 选中“木 - 柜子 002”对象，在堆栈列表中选择【UVW 贴图】选项，在【参数】卷展栏中单击【适配】按钮，如图 2-14 所示。

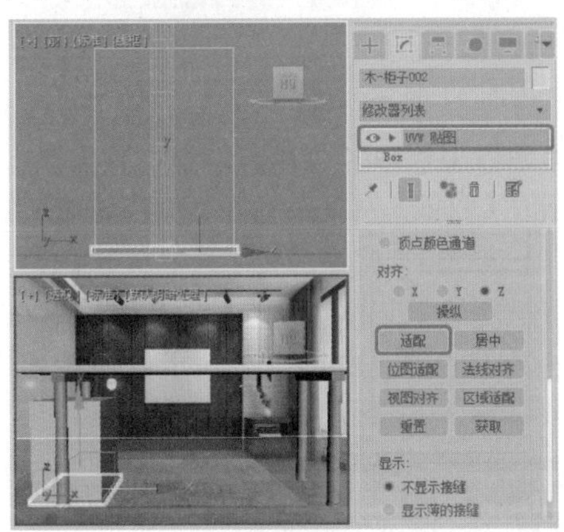

图 2-14

14 选中“木 - 柜子 002”对象，在【前】视图中按住 Shift 键沿 Y 轴向上拖曳鼠标，在弹出的对话框中选中【复制】单选按钮，如图 2-15 所示。

15 设置完成后，单击【确定】按钮，在场景中选择所有的金属 - 桌腿对象，在菜单栏中选择【组】|【组】命令，在弹出的对话框中设置【组名】为“金属”，如图 2-16 所示。

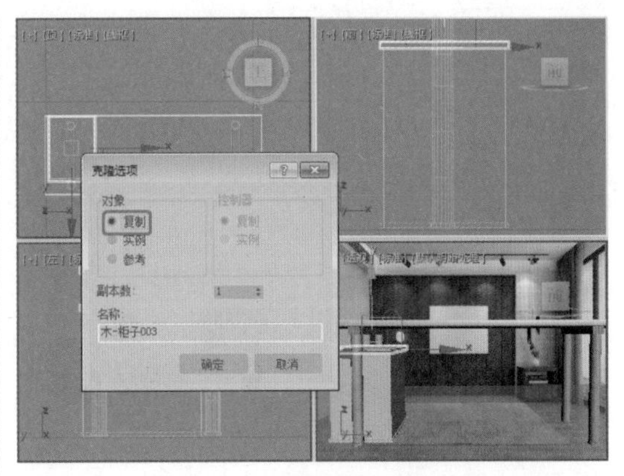

图 2-15

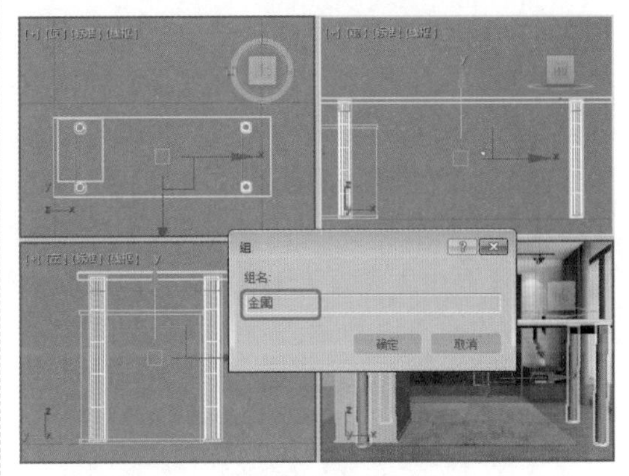

图 2-16

16 单击【确定】按钮，在视图中选中所有的桌垫对象，在菜单栏中选择【组】|【组】命令，在弹出的对话框中设置【组名】为“黑色塑料”，如图 2-17 所示。

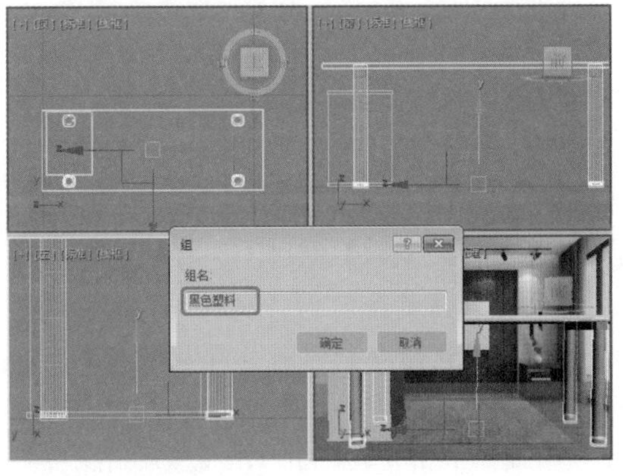

图 2-17

17 单击【确定】按钮，在视图中选择长方体与切角长方体，在菜单栏中选择【组】|【组】命令，在弹出的对话框中设置【组名】为“木质”，如图 2-18 所示。

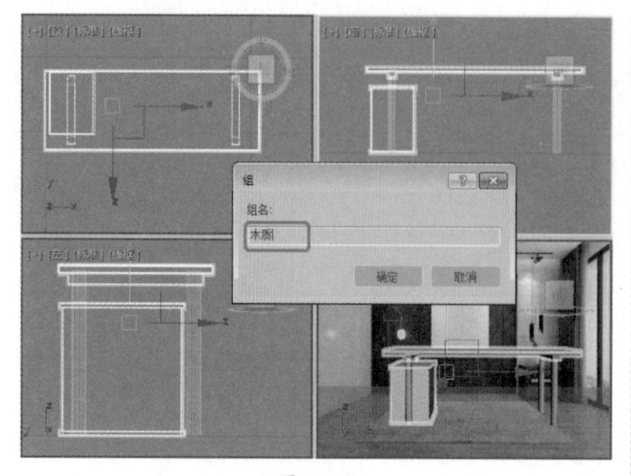

图 2-18

18 单击【确定】按钮，选择【创建】 |【几何体】 |【长方体】工具，在【前】视图中创建长方体，将其命名为“镂空挡板”，切换至【修改】命令面板，在【参数】卷展栏中将【长度】设置为111，将【宽度】设置为310，将【高度】设置为1，并在视图中调整其位置，如图2-19所示。

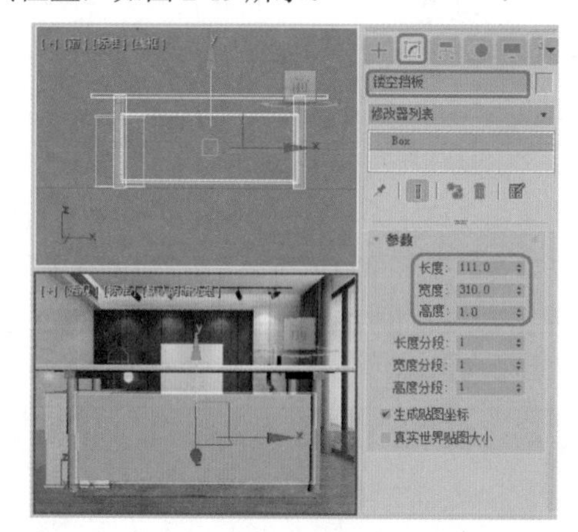

图 2-19

19 在视图中选择【木质】组对象，按M键，打开【材质编辑器】窗口，选择一个新的材质样本球，将其命名为“木质”，将【高光级别】、【光泽度】分别设置为63、15，如图2-20所示。

20 在【贴图】卷展栏中单击【漫反射颜色】右侧的【无贴图】按钮，在弹出的对话框中双击【位图】按钮，再在弹出的对话框中双击“木质-0023.jpg”贴图文件，如图2-21所示。

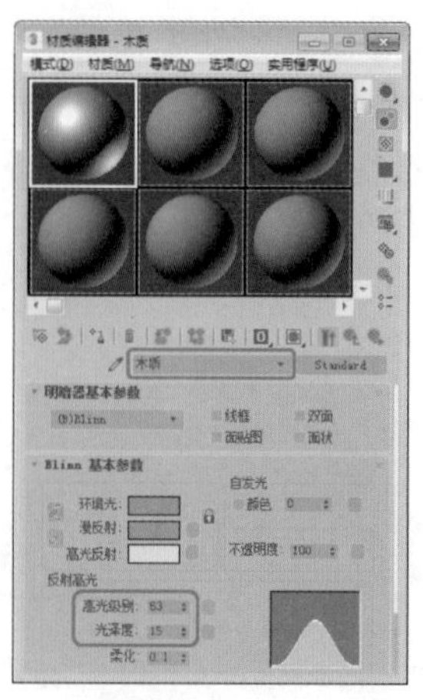

图 2-20

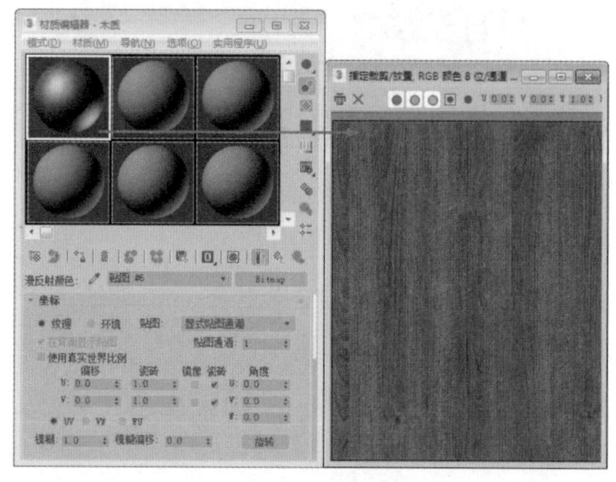

图 2-21

21 单击【转到父对象】按钮，将【反射】右侧的【数量】设置为50，单击其右侧的【无贴图】按钮，在弹出的对话框中双击【位图】按钮，再在弹出的对话框中双击“木质-0004.jpg”贴图文件，如图2-22所示。

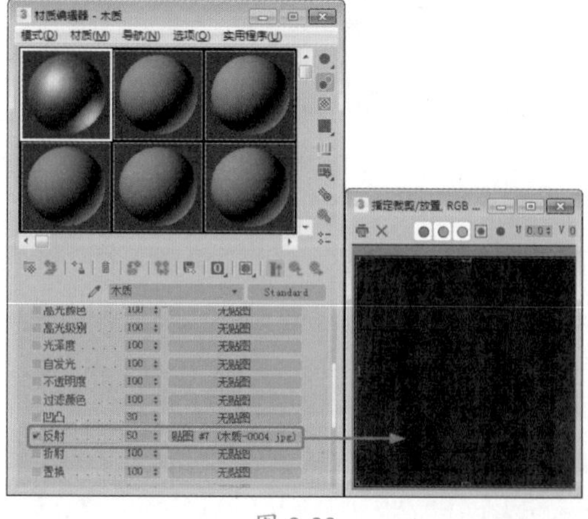

图 2-22

22 设置完成后，单击【将材质指定给选定对象】按钮与【视口中显示明暗处理材质】按钮，指定材质后的效果如图 2-23 所示。

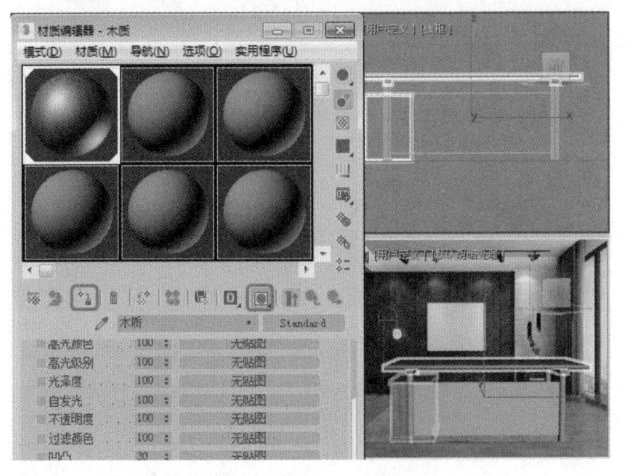

图 2-23

23 在视图中选择【金属】组对象，选择一个新的材质样本球，单击【获取材质】按钮，在弹出的对话框中双击【场景材质】卷展栏下的【金属 1】材质，如图 2-24 所示。

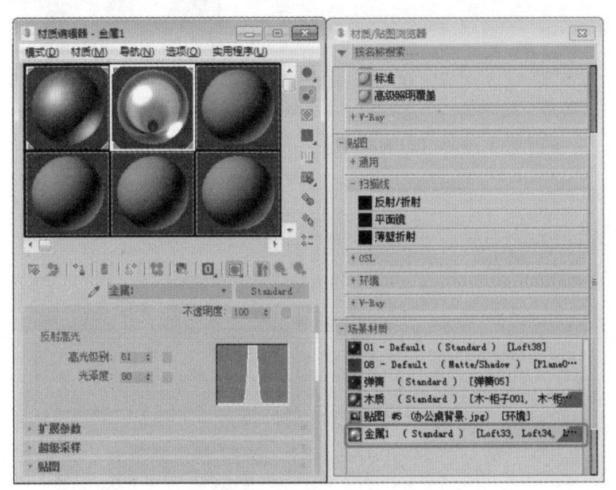

图 2-24

24 关闭【材质/贴图浏览器】对话框，单击【将材质指定给选定对象】按钮，再在视图中选择【黑色塑料】组对象，选择一个新的材质样本球，将其命名为“黑色塑料”，在【Blinn 基本参数】卷展栏中将【环境光】的 RGB 值设置为 20、20、20，将【高光级别】、【光泽度】分别设置为 51、50，如图 2-25 所示。

25 单击【将材质指定给选定对象】按钮，将设置后的材质指定给选定对象，再在视图中选择“镂空挡板”对象，选择一个新的材质样本球，将其重新命名为“镂空挡板”，在【明暗器基本参数】卷展栏中将明暗器类型设置为【（M）金属】，在【金属基本参数】卷展栏中将【环境光】的 RGB 值设置为 150、150、150，将【自发光】设置为 60，将【不透明度】设置为 50，将【高光级别】、【光泽度】分别设置为 61、80，如图 2-26 所示。

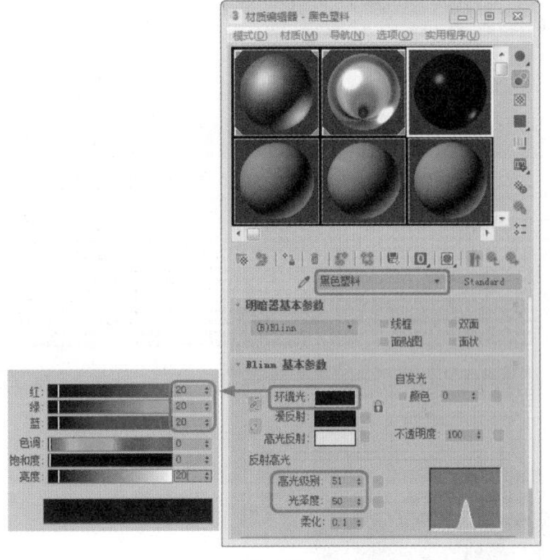

图 2-25

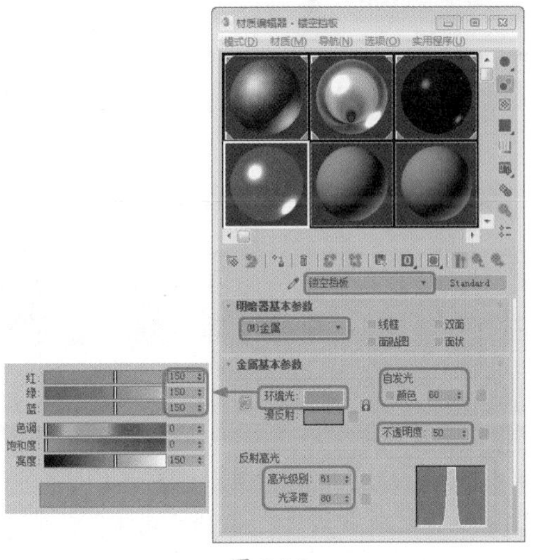

图 2-26

26 在【贴图】卷展栏中单击【不透明度】右侧的【无贴图】按钮，在弹出的对话框中双击【位图】按钮，再在弹出的对话框中双击“金属 - 镂空 .jpg”贴图文件，如图 2-27 所示。

27 单击【转到父对象】按钮，将【反射】右侧的【数量】设置为 20，单击其右侧的【无贴图】按钮，在弹出的对话框中双击【位图】按钮，再在弹出的对话框中双击“Bxgmap1.jpg”贴图文件，如图 2-28 所示。

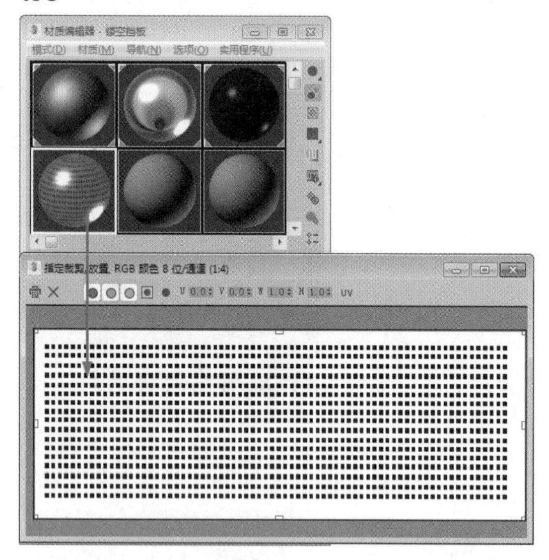

图 2-27

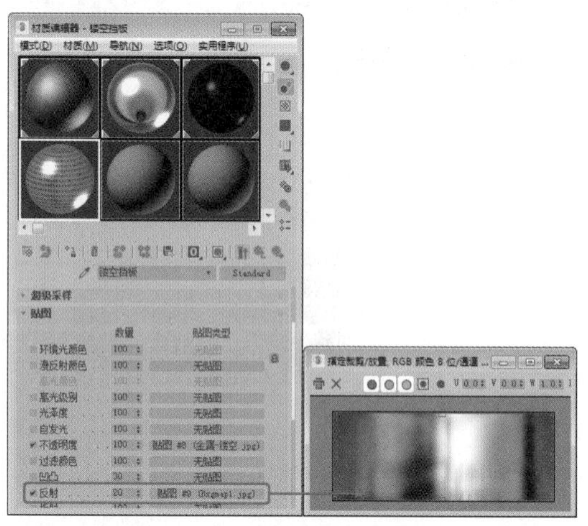

图 2-28

28 单击【将材质指定给选定对象】按钮与【视口中显示明暗处理材质】按钮，激活【透视】视图，按C键，将其转换为【摄影机】视图，并在视图中调整办公桌的位置，如图 2-29 所示。

29 在视图中右击，在弹出的快捷菜单中选择【全部取消隐藏】命令，如图 2-30 所示。

30 在视图中调整办公椅的位置，调整后的效果如图 2-31 所示。

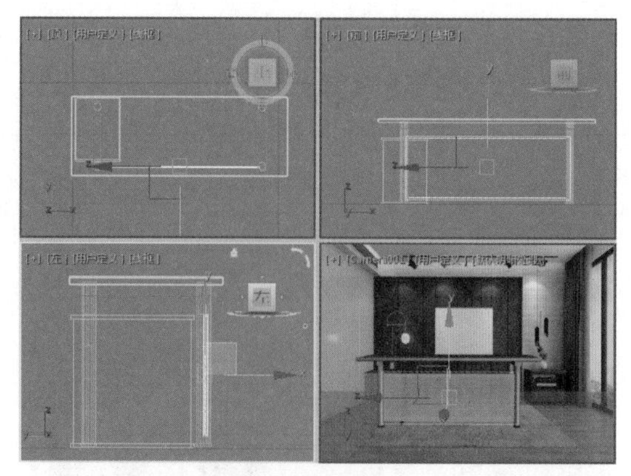

图 2-29

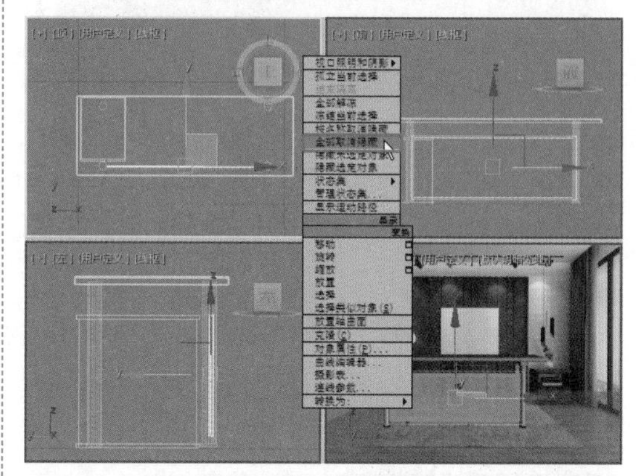

图 2-30

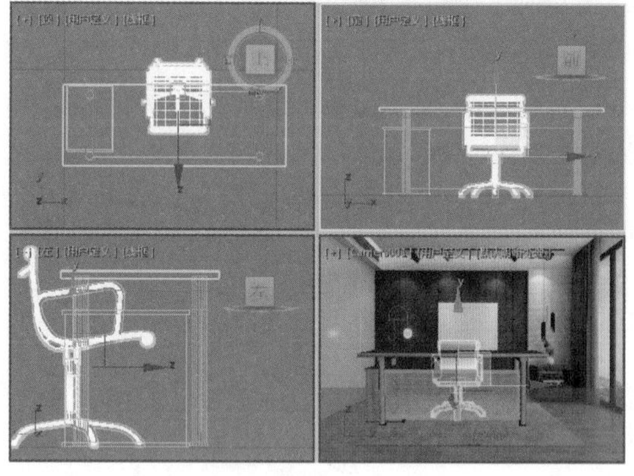

图 2-31

2.1 使用标准基本体构造模型

标准基本体类似于现实世界中的皮球、管道或者长方体等对象。本节介绍标准基本体的创建以及参数设置。

2.1.1 长方体

长方体工具可以用来制作正六面体或长方体，如图 2-32 所示。其中长、宽、高的参数控制立方体的形状，如果只输入其中的两个数值，则产生矩形平面。片段的划分可以产生栅格长方体，多用于修改加工的原型物体，例如波浪平面、山脉地形等。

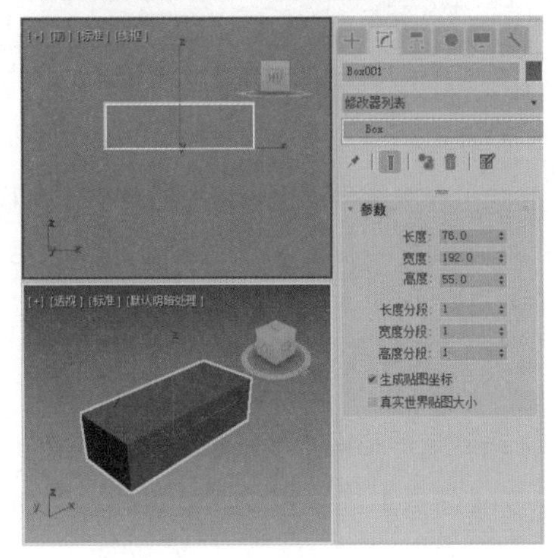

图 2-32

（1）选择【创建】 |【几何体】 |【标准基本体】|【长方体】工具，在【顶】视图中单击鼠标左键并拖动鼠标，创建出长方体的长、宽之后松开鼠标。

（2）向上移动鼠标指针并观察其他 3 个视图，创建出长方体的高。

（3）单击鼠标左键，完成制作。

提示：配合 Ctrl 键可以建立正方形底面的立方体。在【创建方法】卷展栏中选中【立方体】单选按钮，在视图中拖动鼠标可以直接创建正方体模型。

【参数】卷展栏中的各项参数功能如下。

◎ 【长度】/【宽度】/【高度】：用来确定三边的长度。

◎ 分段数：用来控制长、宽、高三边的片段划分数。

◎ 【生成贴图坐标】：自动指定贴图坐标。

2.1.2 球体

使用球体工具可以生成完整的球体、半球体或球体的其他部分，还可以围绕球体的垂直轴对其进行切片，如图 2-33 所示。

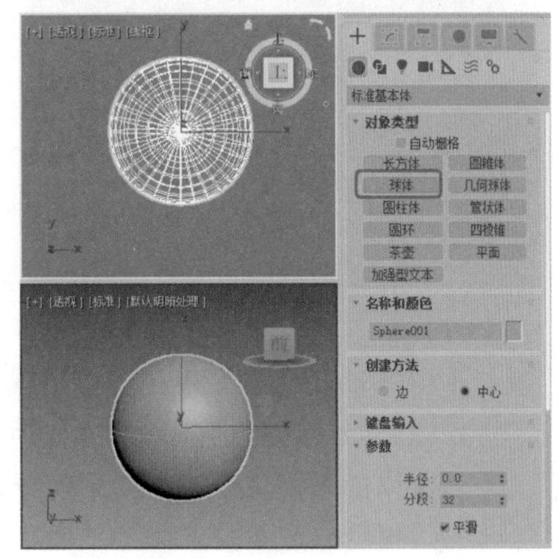

图 2-33

选择【创建】 |【几何体】 |【标准基本体】|【球体】工具，在视图中单击鼠标左键并拖动鼠标，创建球体。

球体各项参数的功能说明如下。

◎ 【创建方法】卷展栏

◆ 【边】：在视图中拖动创建球体时，鼠标指针移动的距离是球的直径。

◆ 【中心】：以中心放射方式拉出球体模型（默认），鼠标指针移动的距离是球体的半径。

◎ 【参数】卷展栏

◆ 【半径】：用来设置半径大小。

◆ 【分段】：用来设置表面划分的段数，值越高，表面越光滑，造型也越复杂。

◆ 【平滑】：用来设置是否对球体表面进行自动光滑处理（默认为开启）。

◆ 【半球】：值由 0 到 1 可调，默认为 0，表示建立完整的球体；增加数值，球体被逐渐减去；值为 0.5 时，制作出半球体，如图 2-34 所示。值为 1 时，什么都没有了。

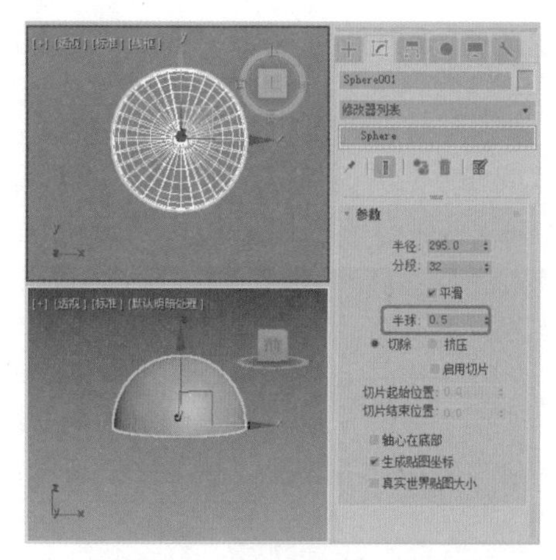

图 2-34

◆ 【切除】/【挤压】：在进行半球参数调整时，这两个选项发挥作用，主要用来确定球体被削除后，原来的网格划分数也随之削除或者仍保留挤入部分球体。

◆ 【轴心在底部】：在建立球体时，默认球体重心设置在球体的正中央，选中此复选框会将重心设置在球体的底部；还可以在制作台球时把它们一个个准确地建立在桌面上。

2.1.3 圆柱体

选择【创建】 |【几何体】 |【标准基本体】|【圆柱体】工具来制作圆柱体，如图 2-35 所示。通过修改参数可以制作出棱柱体、局部圆柱等，如图 2-36 所示。

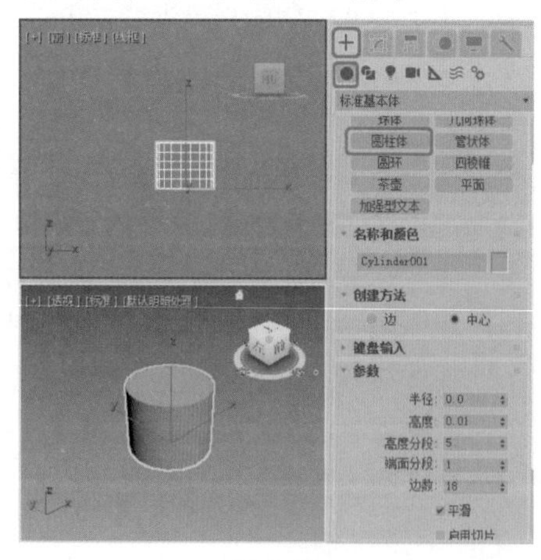

图 2-35

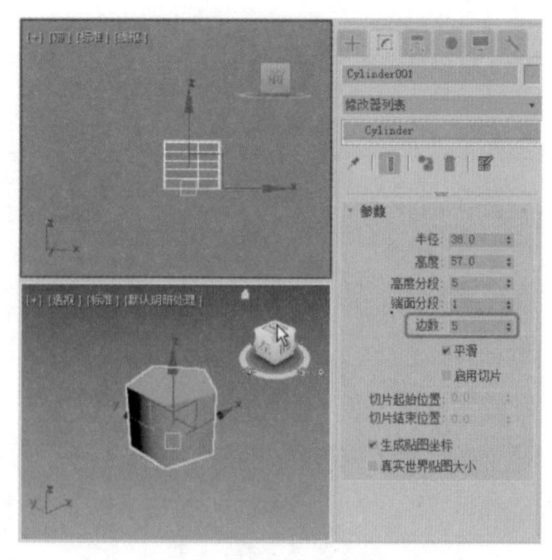

图 2-36

（1）在视图中单击鼠标左键并拖动鼠标，拉出底面圆形，释放鼠标，移动鼠标确定柱体的高度。

（2）单击鼠标左键确定，完成柱体的制作。

（3）调节参数改变柱体类型即可。

在【参数】卷展栏中，设置圆柱体的各项参数说明如下。

◎ 【半径】：用来设置底面和顶面的半径。

◎ 【高度】：用来确定柱体的高度。

◎ 【高度分段】：用来确定柱体在高度上的分段数。如果要弯曲柱体，高的分段数可以产生光滑的弯曲效果。

◎ 【端面分段】：用来确定在两端面上沿半径的片段划分数。

◎ 【边数】：用来确定圆周上的片段划分数（即棱柱的边数），边数越多越光滑。

◎ 【平滑】：用来设置是否在建立柱体的同时进行表面自动光滑，对圆柱体而言应将它选中，对棱柱体则要将它取消选中。

◎ 【启用切片】：用来设置是否开启切片设置，打开它，可以在下面的设置中调节柱体局部切片的大小。

◎ 【切片起始位置】/【切片结束位置】：用来控制沿柱体自身 Z 轴切片的度数。

◎ 【生成贴图坐标】：用来生成将贴图材质用于圆柱体的坐标。默认设置为启用。

◎ 【真实世界贴图大小】：用来控制应用

于该对象的纹理贴图材质所使用的缩放方法。缩放值由位于应用材质的【坐标】卷展栏中的【使用真实世界比例】来设置控制。默认设置为禁用。

2.1.4 圆环

圆环工具可以用来制作立体的圆环圈，截面为正多边形，通过对正多边形边数、光滑度以及旋转等进行控制来产生不同的圆环效果，切片参数可以制作局部的一段圆环，如图 2-37 所示。

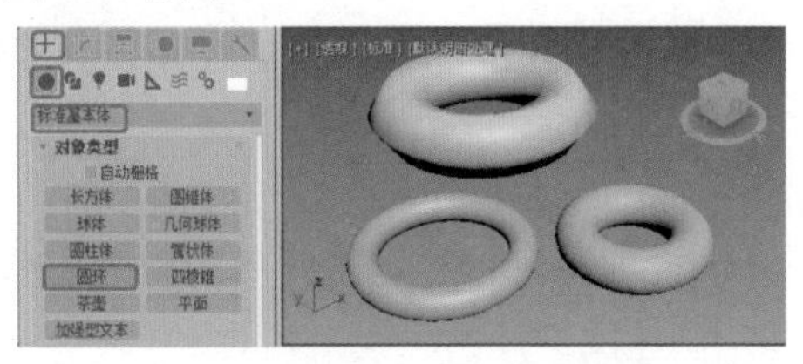

图 2-37

（1）选择【创建】|【几何体】|【标准基本体】|【圆环】工具，在视图中单击鼠标左键并拖动，创建一级圆环。

（2）释放并移动鼠标，创建二级圆环，单击鼠标左键，完成圆环的创作，如图 2-38 所示。

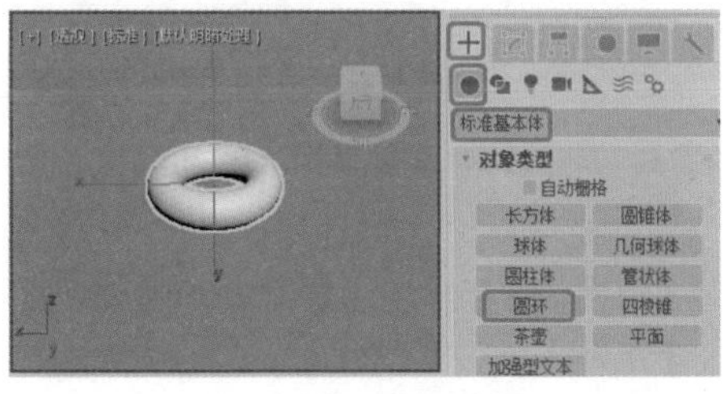

图 2-38

圆环的【参数】卷展栏如图 2-39 所示。其各项参数功能说明如下。

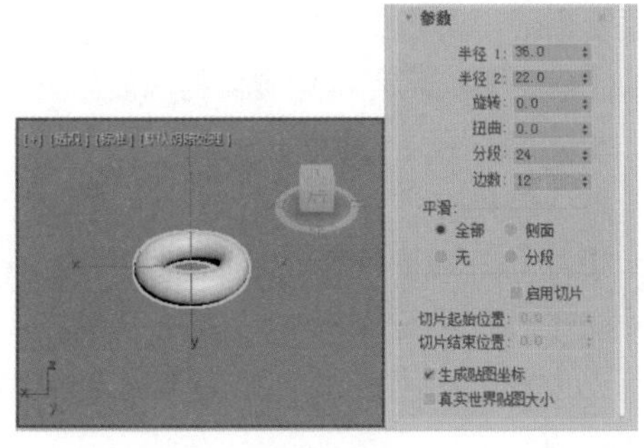

图 2-39

◎ 【半径 1】：用来设置圆环中心与截面正多边形的中心距离。

◎ 【半径 2】：用来设置截面正多边形的内径。

◎ 【旋转】：用来设置每一片段截面沿圆环轴旋转的角度，如果进行扭曲设置或以不光滑表面着色，可以看到它的效果。

◎ 【扭曲】：用来设置每个截面扭曲的度数，产生扭曲的表面。

◎ 【分段】：用来确定圆周上片段划分的数目，值越大，得到的圆形越光滑，较少的值可以制作几何棱环，例如台球桌上的三角框。

◎ 【边数】：用来设置圆环截面的光滑度，边数越大越光滑。

◎ 【平滑】：用来设置光滑属性。

- ◆ 【全部】：用来对整个表面进行光滑处理。
- ◆ 【侧面】：光滑相邻面的边界。
- ◆ 【无】：不进行光滑处理。
- ◆ 【分段】：对每个独立的片段进行光滑处理。

◎ 【切片起始位置】/【切片结束位置】：分别设置切片两端切除的幅度。

◎ 【生成贴图坐标】：自动指定贴图坐标。

◎ 【真实世界贴图大小】：选中此复选框，贴图大小将由绝对尺寸决定，与对象的相对尺寸无关；若取消选中该复选框，则贴图大小符合创建对象的尺寸。

2.1.5 茶壶

茶壶因为复杂弯曲的表面特别适合材质的测试以及渲染效果的评比，可以说是计算机图形学中的经典模型。用茶壶工具可以建立一只标准的茶壶造型，或者是它的一部分（例如壶盖、壶嘴等），如图 2-40 所示。

茶壶的【参数】卷展栏如图 2-41 所示，其各项参数的功能说明如下。

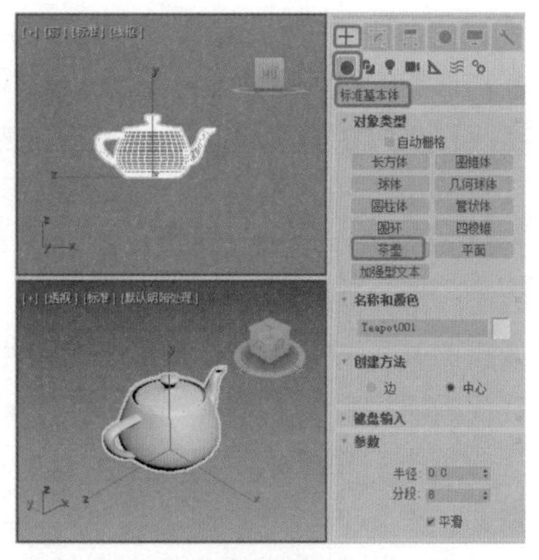

图 2-40

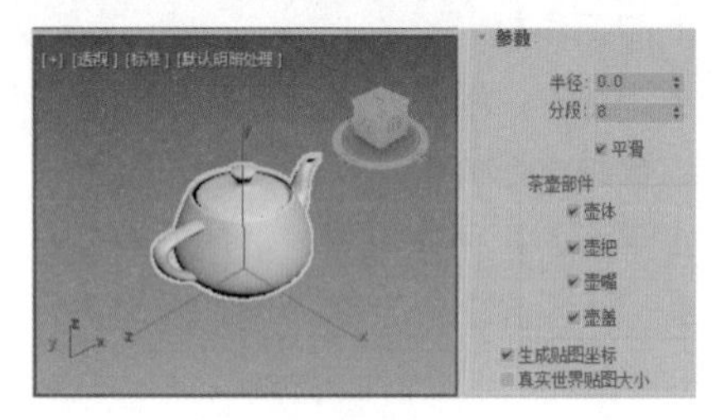

图 2-41

◎ 【半径】：用来确定茶壶的大小。

◎ 【分段】：用来确定茶壶表面的划分精度，值越高，表面越细腻。

◎ 【平滑】：用来设置是否自动进行表面光滑。

◎ 【茶壶部件】：用来设置茶壶各部分的取舍，分为【壶体】、【壶把】、【壶嘴】和【壶盖】四部分，选中复选框则会显示相应的部件。

◎ 【生成贴图坐标】：用来生成将贴图材质应用于茶壶的坐标。默认设置为启用。

◎ 【真实世界贴图大小】：用来控制应用于该对象的纹理贴图材质所使用的缩放方法。缩放值由位于应用材质的【坐标】卷展栏中的【使用真实世界比例】设置控制。默认设置为禁用。

■ 2.1.6 圆锥体

圆锥体工具可以用来制作圆锥、圆台、棱锥和棱台，以及创建它们的局部模型（其中包括圆柱、棱柱体），但用圆柱体工具更方便，也包括四棱锥体和三棱锥体工具，如图 2-42 所示。

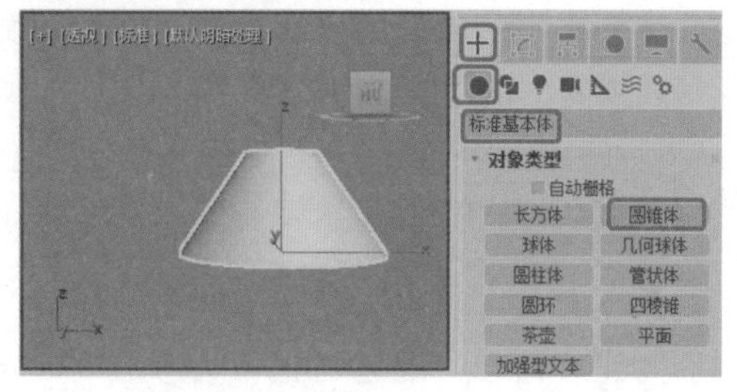

图 2-42

（1）选择【创建】 |【几何体】 |【标准基本体】|【圆锥体】工具，在【顶】视图中单击鼠标左键并拖动鼠标，创建出圆锥体的一级半径。

（2）释放并移动鼠标，创建圆锥的高。

（3）单击鼠标并向圆锥体的内侧或外侧移动，创建圆锥体的二级半径。

（4）单击鼠标左键，完成圆锥体的创建，如图 2-43 所示。

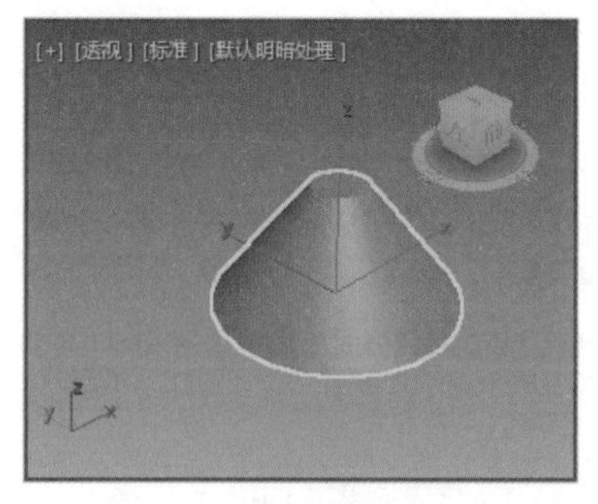

图 2-43

【圆锥体】工具各项参数的功能说明如下。

◎ 【半径 1】/【半径 2】：分别用来设置锥体两个端面（顶面和底面）的半径。如果两个值都不为 0，则产生圆台或棱台体；如果有一个值为 0，则产生锥体；如果两值相等，则产生柱体。

◎ 【高度】：用来确定锥体的高度。

◎ 【高度分段】：用来设置锥体高度上的划分段数。

◎ 【端面分段】：用来设置两端平面沿半径辐射的片段划分数。

◎ 【边数】：用来设置端面圆周上的片段

划分数。值越高，锥体越光滑，对棱锥来说，边数决定其属于几棱锥，如图 2-44 所示。

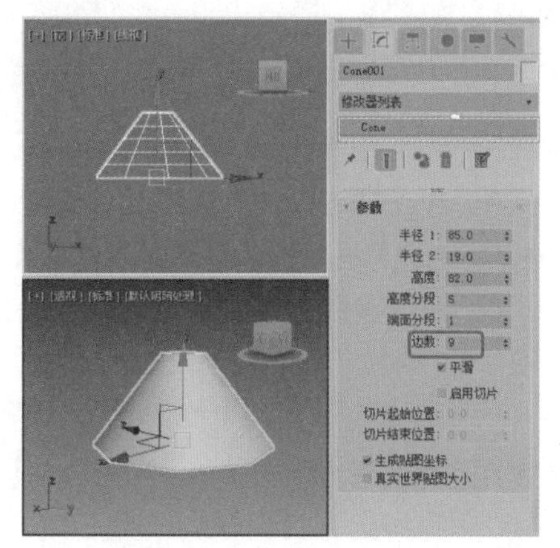

图 2-44

◎ 【平滑】：用来设置是否进行表面光滑处理。开启它，产生圆锥、圆台；关闭它，产生棱锥、棱台。

◎ 【启用切片】：用来设置是否进行局部切片处理，制作不完整的锥体。

◎ 【切片起始位置】/【切片结束位置】：分别用来设置切片局部的起始和终止幅度。对于这两个设置，正数值将按逆时针移动切片的末端；负数值将按顺时针移动它。这两个设置的先后顺序无关紧要。端点重合时，将重新显示整个圆锥体。

◎ 【生成贴图坐标】：用来生成将贴图材质用于圆锥体的坐标。默认设置为启用。

◎ 【真实世界贴图大小】：用来控制应用于该对象的纹理贴图材质所使用的缩放方法。缩放值由位于应用材质的【坐标】卷展栏中的【使用真实世界比例】设置控制。默认设置为禁用。

2.1.7 几何球体

建立以三角面拼接成的球体或半球体，如图 2-45 所示。它不像球体那样可以控制切片局部的大小，几何球体的长处在于：在点面数一致的情况下，几何球体比球体更光滑；它是由三角面拼接组成的，在进行面的分离特技（例如爆炸）时，可以分解成三角面或标准四面体、八面体等，有秩序而不易混乱。

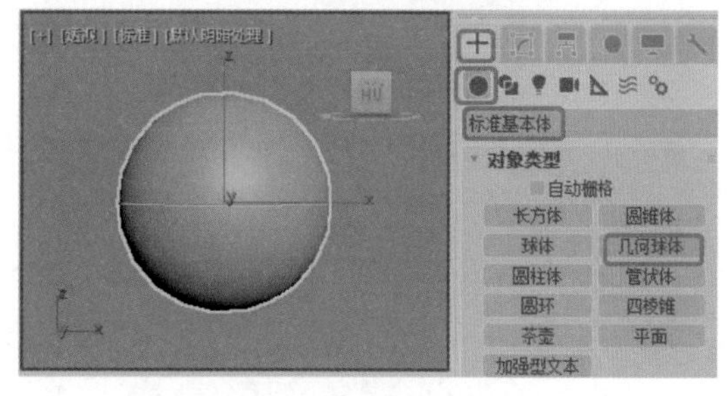

图 2-45

几何球体的【创建方法】卷展栏及【参数】卷展栏（见图 2-46）中其各项参数的功能设置说明如下。

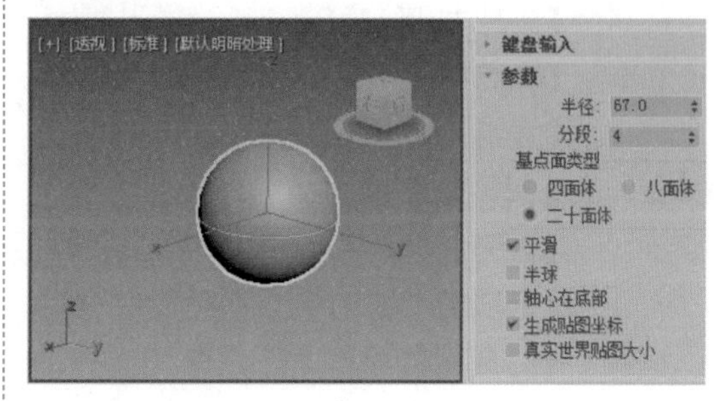

图 2-46

◎ 【创建方法】卷展栏

- ◆ 【直径】：在视图中拖动创建几何球体时，鼠标指针移动的距离是球的直径。
- ◆ 【中心】：以中心放射方式创建几何球体模型（默认），鼠标指针移动的距离是球体的半径。

◎ 【参数】卷展栏

- ◆ 【半径】：用来确定几何球体的半径大小。
- ◆ 【分段】：用来设置球体表面的划分复杂度，值越大，三角面越多，球体也越光滑。
- ◆ 【基点面类型】：用来确定由哪种规则的多面体组合成球体，包括【四面体】、【八面体】和【二十面体】几种类型，如图 2-47 所示。

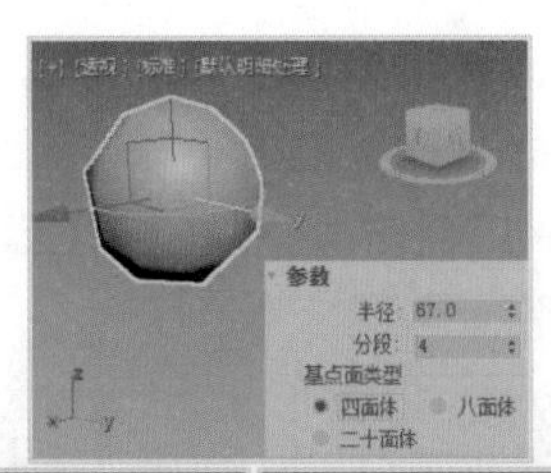

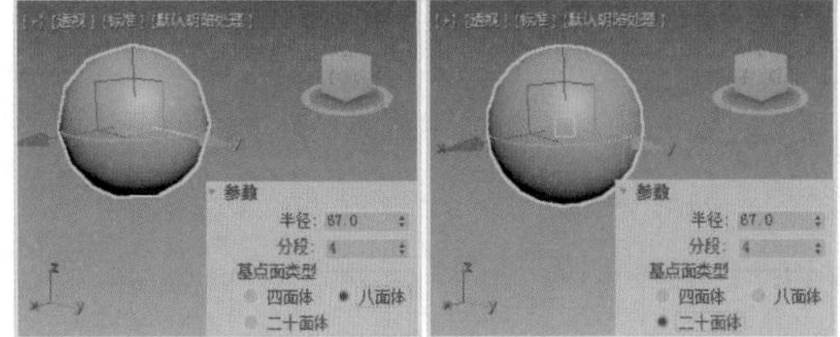

图 2-47

- 【平滑】：用来设置是否进行表面光滑处理。
- 【半球】：用来设置是否制作半球体。
- 【轴心在底部】：用来设置轴点位置。如果启用此选项，轴将位于球体的底部。如果禁用此选项，轴将位于球体的中心。启用【半球】选项时，此选项无效。
- 【生成贴图坐标】：用来生成将贴图材质应用于几何球体的坐标。默认设置为启用。
- 【真实世界贴图大小】：用来控制应用于该对象的纹理贴图材质所使用的缩放方法。缩放值由位于应用材质的【坐标】卷展栏中的【使用真实世界比例】设置控制。默认设置为禁用。

2.1.8 管状体

管状体用来建立各种空心管状物体，包括圆管、棱管以及局部圆管，如图2-48所示。

（1）选择【创建】 |【几何体】 |【标准基本体】|【管状体】工具，在视图中单击鼠标并拖动，拖曳出一个圆形线圈。

（2）释放鼠标并移动，确定圆环的大小。单击鼠标左键并移动，确定管状体的高度。

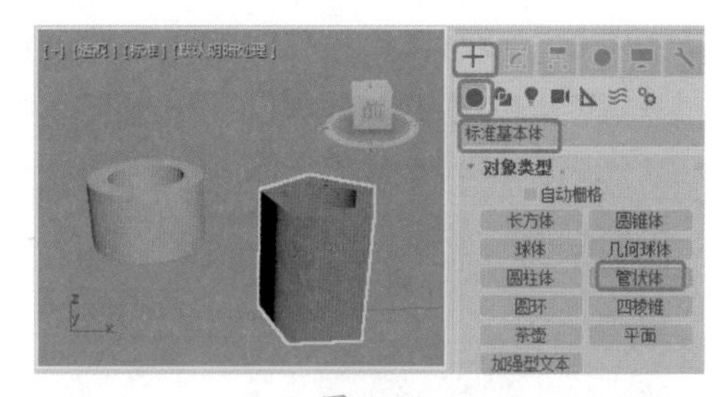

图 2-48

（3）单击鼠标左键，完成圆管的制作。

管状体的【参数】卷展栏如图2-49所示，其各项参数说明如下。

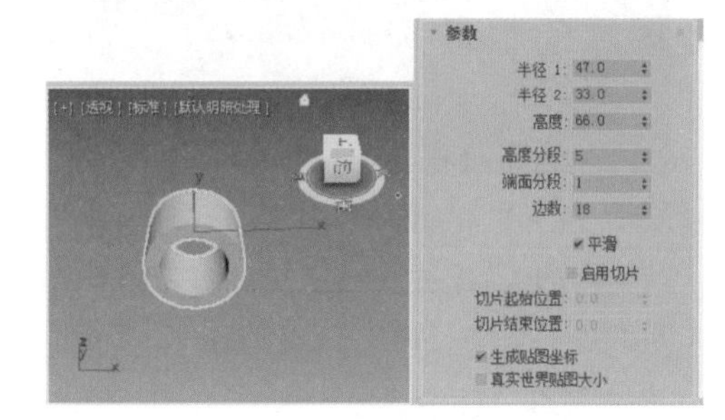

图 2-49

- 【半径 1】/【半径 2】：分别用来确定圆管的内径和外径大小。
- 【高度】：用来确定圆管的高度。
- 【高度分段】：用来确定圆管高度上的片段划分数。
- 【端面分段】：用来确定上下底面沿半径轴的分段数目。
- 【边数】：用来设置圆管上边数的多少。值越大，圆管越光滑。对圆管来说，边数值决定它是几棱管。
- 【平滑】：用来对圆管的表面进行光滑处理。
- 【启用切片】：用来设置是否进行局部圆管切片。
- 【切片起始位置】/【切片结束位置】：分别用来限制切片局部的幅度。
- 【生成贴图坐标】：用来生成将贴图材质应用于管状体的坐标。默认设置为启用。
- 【真实世界贴图大小】：用来控制应用于该对象的纹理贴图材质所使用的缩放

方法。缩放值由位于应用材质的【坐标】卷展栏中的【使用真实世界比例】设置控制。默认设置为禁用状态。

2.1.9 四棱锥

四棱锥工具可以用于创建类似于金字塔形状的四棱锥模型，如图 2-50 所示。

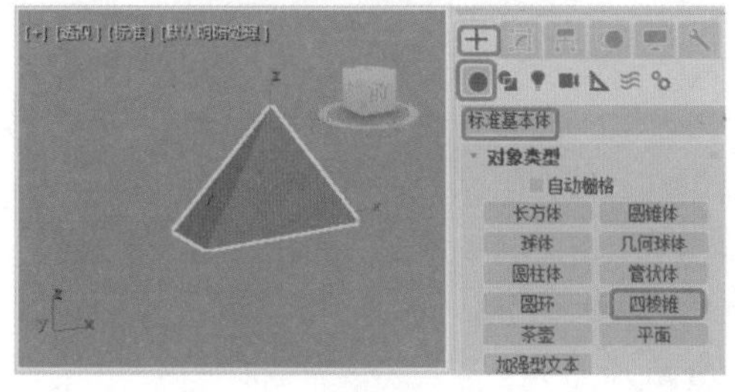

图 2-50

四棱锥的【参数】卷展栏如图 2-51 所示，其各项参数功能说明如下。

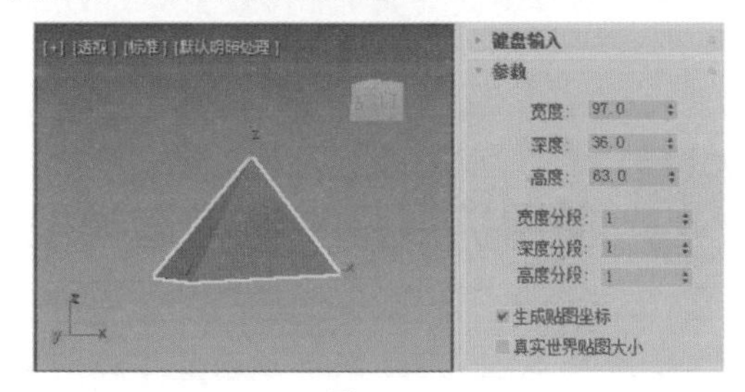

图 2-51

◎ 【宽度】/【深度】/【高度】：分别用来确定底面矩形的长、宽以及锥体的高。

◎ 【宽度分段】/【深度分段】/【高度分段】：用来确定三个轴向片段的划分数。

◎ 【生成贴图坐标】：用来生成将贴图材质用于四棱锥的坐标。默认设置为启用。

◎ 【真实世界贴图大小】：用来控制应用于该对象的纹理贴图材质所使用的缩放方法。缩放值由位于应用材质的【坐标】卷展栏中的【使用真实世界比例】设置控制。默认设置为禁用。

提示：在制作底面矩形时，配合 Ctrl 键可以建立底面为正方形的四棱锥。

2.1.10 平面

平面工具用于创建平面，然后再通过编辑修改器进行设置以制作出其他的效果，例如制作崎岖的地形，如图 2-52 所示。与使用【长方体】命令创建平面物体相比较，【平面】命令更显得特殊与实用。首先是使用【平面】命令制作的对象没有厚度，其次可以使用参数来控制平面在渲染时的大小，如果将【参数】卷展栏中【渲染倍增】选项组中的【缩放】设置为 2，那么在渲染中平面的长宽分别被放大了 2 倍输出。

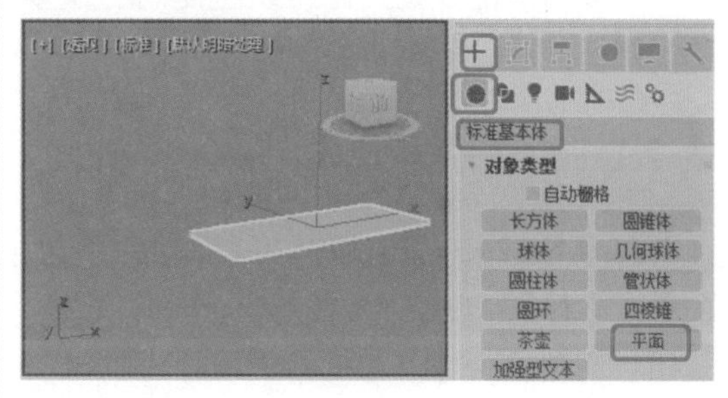

图 2-52

平面工具的【创建方法】卷展栏和【参数】卷展栏（见图 2-53）中各参数的功能说明如下。

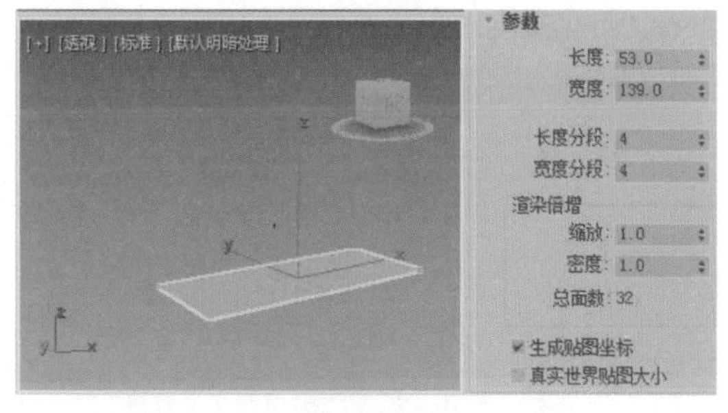

图 2-53

◎ 【创建方法】卷展栏

- 【矩形】：设置以边界方式创建长方形平面对象。
- 【正方形】：设置以中心放射方式拉出正方形的平面对象。

◎ 【参数】卷展栏

- 【长度】/【宽度】：用来确定长和宽两个边缘的长度。

- ◆ 【长度分段】/【宽度分段】：用来控制长和宽两个边上的片段划分数。
- ◆ 【渲染倍增】：用来设置渲染效果缩放值。【缩放】用来设置将当前平面在渲染过程中缩放的倍数。【密度】用来设置平面对象在渲染过程中的精细程度的倍数，值越大，平面将越精细。

◎ 【生成贴图坐标】：用来生成将贴图材质用于平面的坐标。默认设置为启用。

◎ 【真实世界贴图大小】：用来控制应用于该对象的纹理贴图材质所使用的缩放方法。默认设置为禁用状态。

2.1.11 加强型文本

3ds Max 2020 中文版加强型文本提供了内置文本对象，可以创建样条线轮廓或实心、挤出、倒角几何体。通过其他选项可以根据每个角色应用不同的字体和样式并添加动画和特殊效果。创建文本的方法如下。

01 选择【创建】 |【几何体】 |【标准基本体】|【加强型文本】工具，在视图中单击鼠标，创建文本对象后的效果如图 2-54 所示。

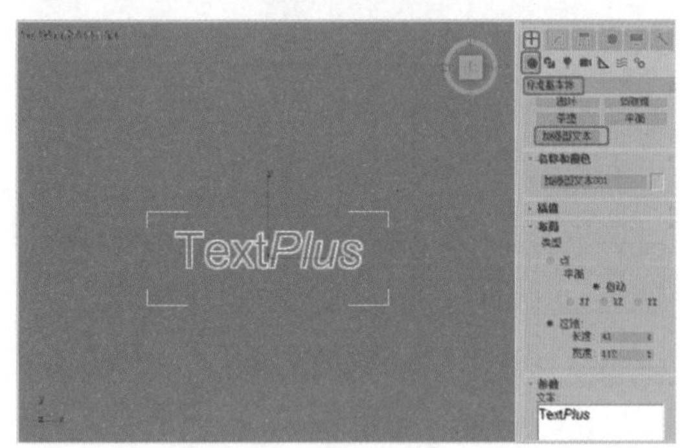

图 2-54

02 切换至【修改】命令面板，选中【生成几何体】复选框，将【挤出】设置为 5，如图 2-55 所示。

03 选中【应用倒角】复选框，将【类型】设置为【凹面】，【倒角深度】、【倒角推】、【轮廓偏移】、【步数】设置为 1、1、0.1、5，如图 2-56 所示。

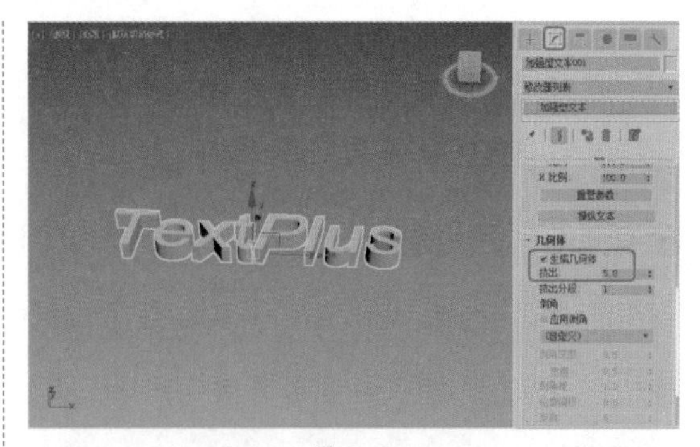

图 2-55

图 2-56

2.2 使用扩展基本体构造模型

扩展基本体是 3ds Max 复杂基本体的集合。本节将主要介绍扩展基本体的创建以及参数设置。

2.2.1 切角长方体

现实生活中，物体的边缘普遍是圆滑的，即有倒角和圆角，于是 3ds Max 2020 提供了切角长方体，模型效果如图 2-57 所示。其参数与长方体类似，如图 2-58 所示。其中，【圆角】控制倒角大小，【圆角分段】控制倒角段数。

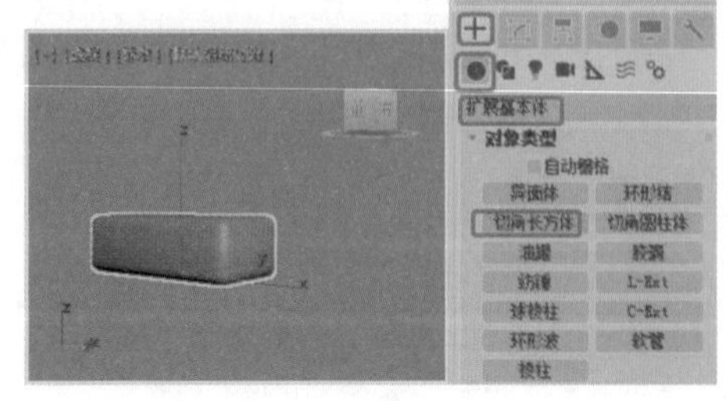

图 2-57

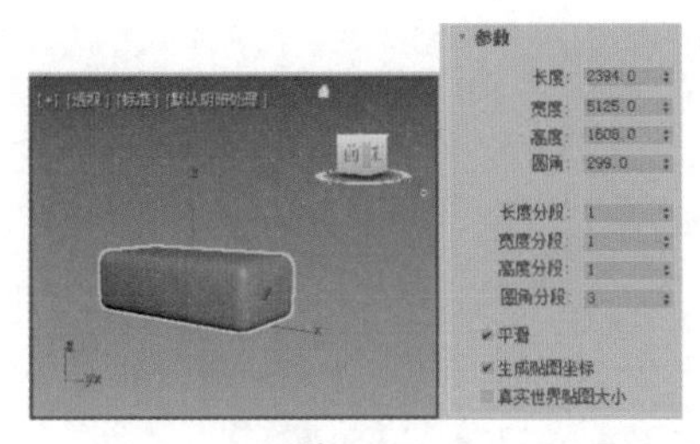

图 2-58

【参数】卷展栏中各项参数的功能说明如下。

◎ 【长度】/【宽度】/【高度】：分别用于设置长方体的长、宽、高。

◎ 【圆角】：用来设置圆角大小。

◎ 【长度分段】/【宽度分段】/【高度分段】：用来设置切角长方体三边上片段的划分数。

◎ 【圆角分段】：用来设置倒角的片段划分数。值越大，切角长方体的角就越圆滑。

◎ 【平滑】：用来设置是否对表面进行平滑处理。

◎ 【生成贴图坐标】：用来生成将贴图材质应用于切角长方体的坐标。默认设置为启用。

◎ 【真实世界贴图大小】：用来控制应用于该对象的纹理贴图材质所使用的缩放方法。默认设置为禁用。

提示：要想使切角长方体其倒角部分变得光滑，可以选中其下方的【平滑】复选框。

■ 2.2.2 切角圆柱体

切角圆柱体效果如图 2-59 所示，与圆柱体相似，它也有切片等参数，同时还多出了控制倒角的【圆角】和【圆角分段】参数，参数如图 2-60 所示。

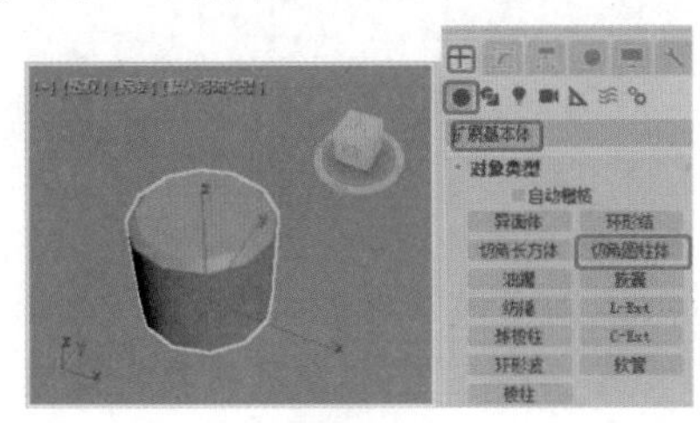

图 2-59

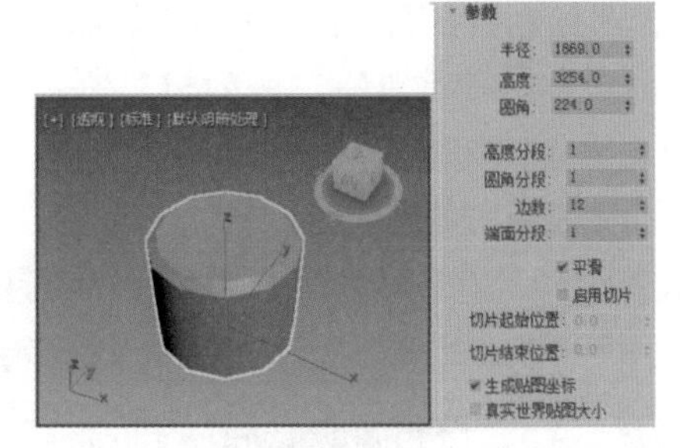

图 2-60

其各项参数的功能说明如下。

◎ 【半径】：用来设置切角圆柱体的半径。

◎ 【高度】：用来设置切角圆柱体的高度。

◎ 【圆角】：用来设置圆角大小。

◎ 【高度分段】：用来设置柱体高度上的分段数。

◎ 【圆角分段】：用来设置圆角的分段数，值越大，圆角越光滑。

◎ 【边数】：用来设置切角圆柱体圆周上的分段数。分段数越大，柱体越光滑。

◎ 【端面分段】：用来设置以切角圆柱体顶面和底面的中心为同心，进行分段的数量。

◎ 【平滑】：用来设置是否对表面进行平滑处理。

◎ 【启用切片】：选中该复选框后，【切片起始位置】和【切片结束位置】两个参数选项才会体现效果。

◎ 【切片起始位置】/【切片结束位置】：分别用于设置切片的开始位置与结束位置。对于这两个设置，正数值将按逆时针移动切片的末端，负数值将按顺时针移动它。这两个设置的先后顺序无关紧要。端点重合时，将重新显示整个切角圆柱体。

◎ 【生成贴图坐标】：用来生成将贴图材质应用于切角圆柱体的坐标。默认设置为启用。

◎ 【真实世界贴图大小】：用来控制应用于该对象的纹理贴图材质所使用的缩放方法。默认设置为禁用状态。

【实战】老板桌设计

本例将介绍如何制作老板桌。首先使用

矩形工具绘制出桌面的截面，再为其添加【挤出】修改器，使其具有三维效果，然后利用切角长方体和切角圆柱体绘制出桌子的其他部位，完成后的效果如图 2-61 所示。

图 2-61

素材	Map\ WW-006.jpg Scenes\Cha02\ 老板桌素材 .max
场景	Scenes\Cha02\ 老板桌 .max、【实战】老板桌设计 .max
视频	视频教学 \Cha02\【实战】老板桌设计 .mp4

01 新建一个空白场景，选择【创建】|【图形】|【样条线】|【矩形】工具，在【顶】视图中绘制矩形，在【参数】卷展栏中将【长度】、【宽度】、【角半径】分别设置为 133、378、4，将其命名为“桌面”，如图 2-62 所示。

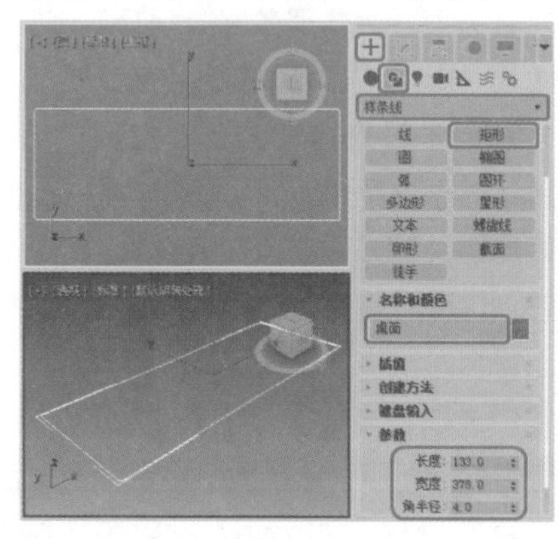

图 2-62

02 切换至【修改】命令面板，为矩形添加【编辑样条线】修改器，将当前选择集定义为【顶点】，在【几何体】卷展栏中单击【优化】按钮，在矩形上添加两个顶点，如图 2-63 所示。

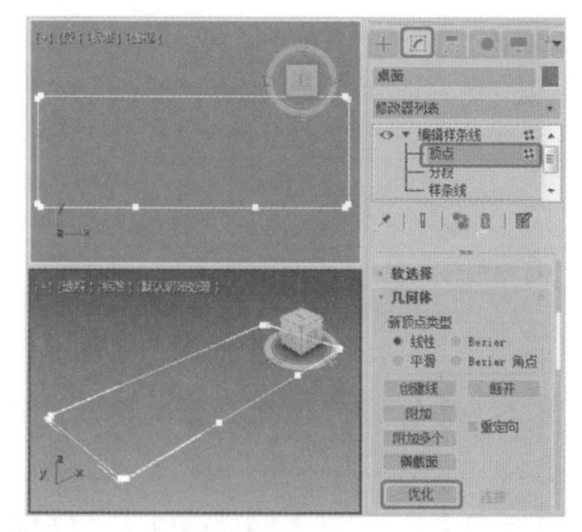

图 2-63

03 再次单击【优化】按钮，将其关闭，在视图中调整顶点的位置，如图 2-64 所示。

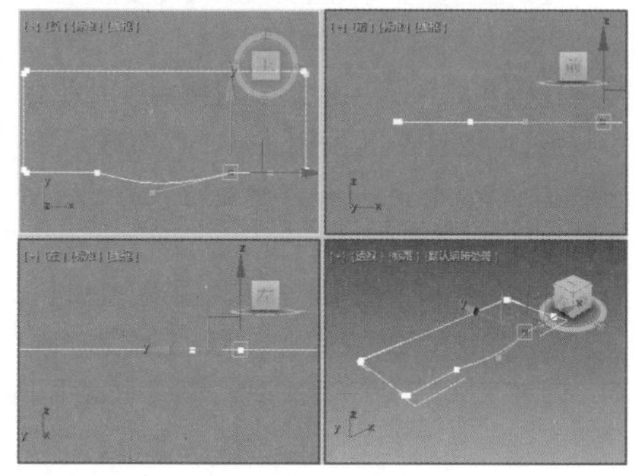

图 2-64

04 关闭当前选择集，在修改器下拉列表中选择【挤出】修改器，在【参数】卷展栏中将【数量】设置为 8，如图 2-65 所示。

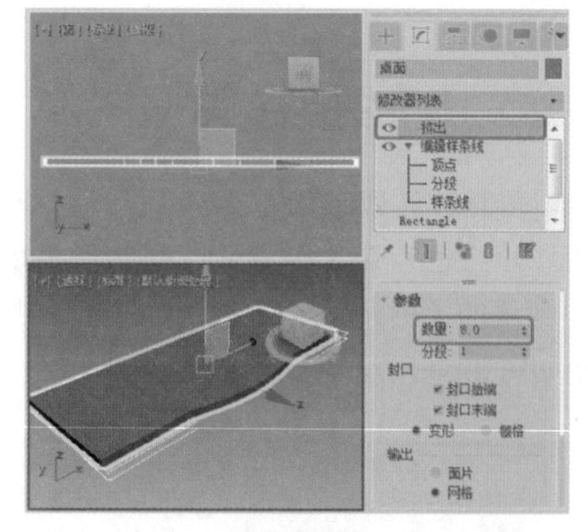

图 2-65

05 在修改器下拉列表中选择【平滑】修改器，在【参数】卷展栏中单击【平滑组】选项组中的 1 按钮，如图 2-66 所示。

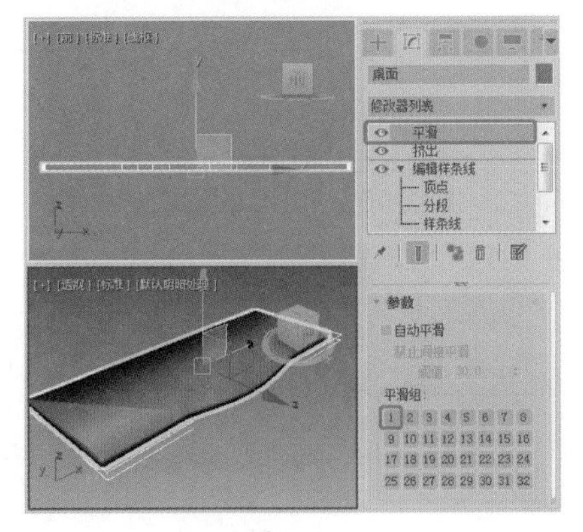

图 2-66

06 在视图中选中“桌面”对象，按 Ctrl+V 快捷键，在弹出的对话框中选中【复制】单选按钮，如图 2-67 所示。

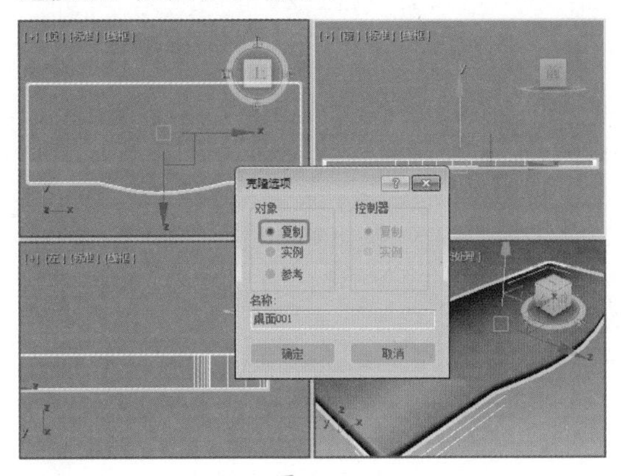

图 2-67

07 单击【确定】按钮，选中复制后的对象，在堆栈列表框中选择【平滑】选项，单击【从堆栈中移除修改器】按钮，然后选择【挤出】修改器，在【参数】卷展栏中将【数量】设置为 3，并在视图中调整其位置，如图 2-68 所示。

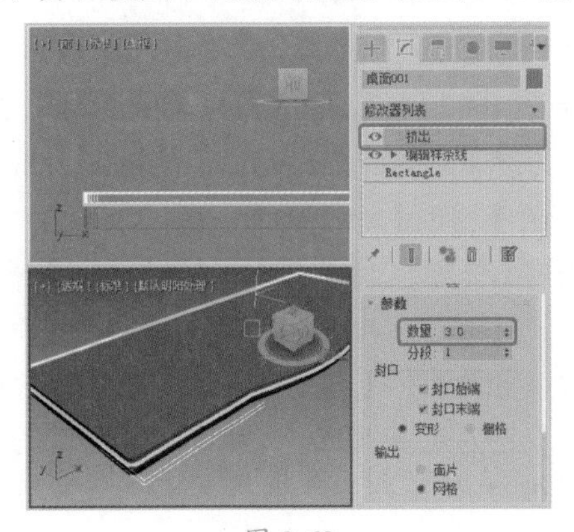

图 2-68

08 继续选中复制后的对象，在修改器下拉列表中选择【UVW 贴图】修改器，在【参数】卷展栏中选中【长方体】单选按钮，选中 Z 单选按钮，单击【适配】按钮，如图 2-69 所示。

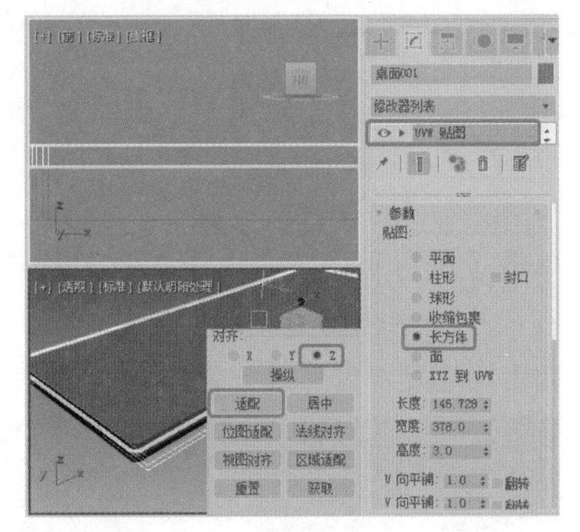

图 2-69

09 在视图中选中创建的所有对象，按 M 键，打开【材质编辑器】窗口，选择一个新的材质样本球，将其命名为“木质”，在【明暗器基本参数】卷展栏中将明暗器类型设置为【(A) 各向异性】，在【各向异性基本参数】卷展栏中将【高光级别】、【光泽度】、【各向异性】分别设置为 50、25、30，如图 2-70 所示。

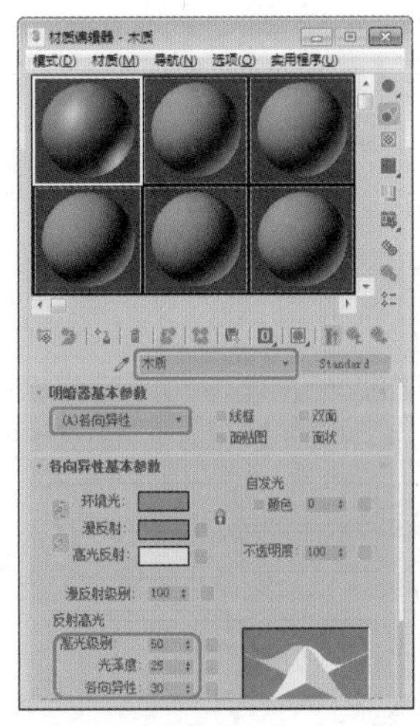

图 2-70

10 在【贴图】卷展栏中单击【漫反射颜色】右侧的【无贴图】按钮，在弹出的对话框中双击【位图】选项，再在弹出的对话框中双击 WW-006.jpg 贴图文件，如图 2-71 所示。

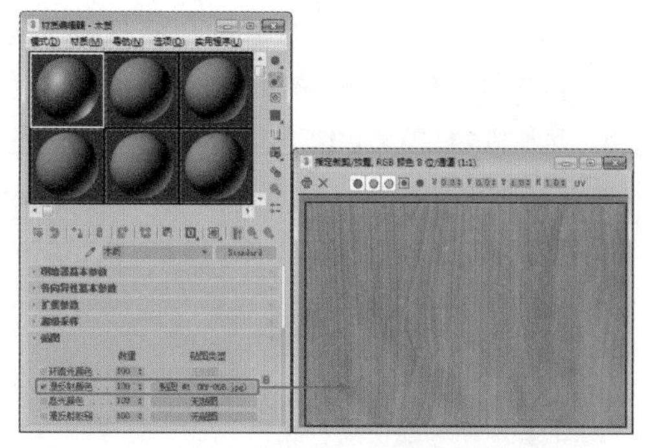

图 2-71

11 单击【将材质指定给选定对象】按钮 与【视口中显示明暗处理材质】按钮。将材质指定给选定对象后的效果如图2-72所示。

图 2-72

12 选择【创建】|【图形】|【样条线】|【矩形】工具，在【顶】视图中绘制矩形，在【参数】卷展栏中将【长度】、【宽度】、【角半径】分别设置为64、162、0，将其命名为“桌面装饰”，如图2-73所示。

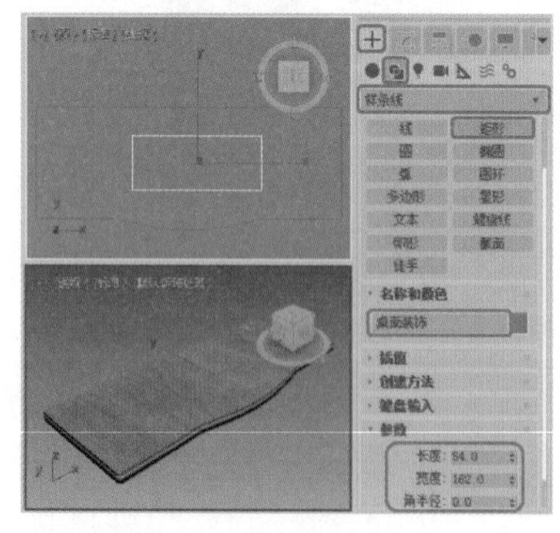

图 2-73

13 切换至【修改】命令面板，在修改器下拉列表中选择【编辑样条线】修改器，将当前选择集定义为【顶点】，在视图中对顶点进行调整，效果如图2-74所示。

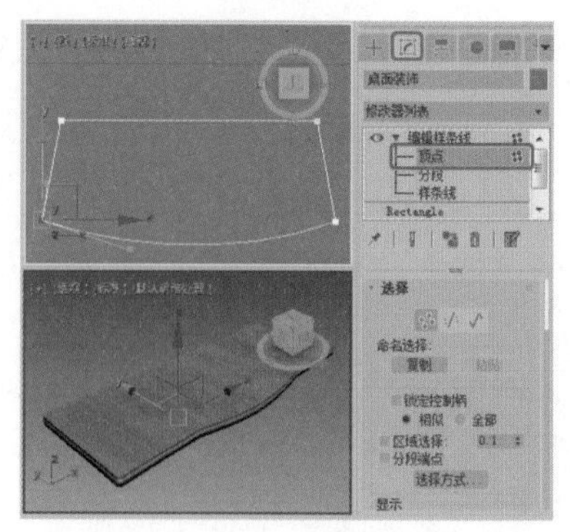

图 2-74

14 调整完成后，关闭当前选择集，在修改器下拉列表中选择【挤出】修改器，在【参数】卷展栏中将【数量】设置为1，并在视图中调整其位置，如图2-75所示。

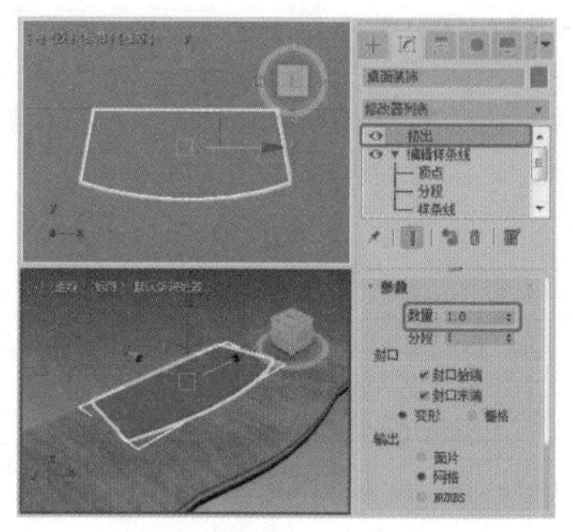

图 2-75

15 选中“桌面装饰”对象，按M键，打开【材质编辑器】窗口，选择一个新的材质样本球，将其命名为“桌面装饰”，在【Blinn基本参数】卷展栏中将【环境光】的RGB值设置为0、0、0，将【高光级别】、【光泽度】分别设置为40、25，如图2-76所示。

16 单击【将材质指定给选定对象】按钮，选择【创建】|【几何体】|【扩展基本体】|【切角长方体】工具，在【顶】视图中创建几何体，切换至【修改】命令面板，在【参数】卷展栏中将【长度】、【宽度】、【高度】、【圆角】分别设置为120、80、-84、3.7，将【长度分段】、【宽度分段】、【高度分段】、【圆角分段】分别设置为9、6、4、6，将其重命名为“左箱”，如图2-77所示。

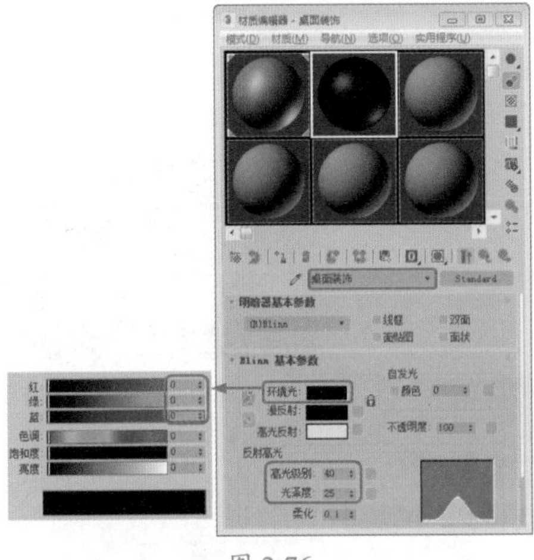

图 2-76

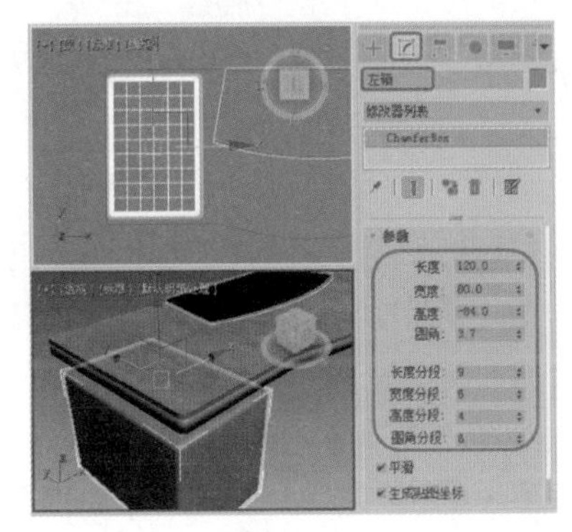

图 2-77

17 选择【创建】|【几何体】|【切角圆柱体】工具，在【顶】视图中创建切角圆柱体，切换至【修改】命令面板，在【参数】卷展栏中将【半径】、【高度】、【圆角】分别设置为 5、-13.5、0，将【边数】设置为 16，将其命名为“支柱 001”，如图 2-78 所示。

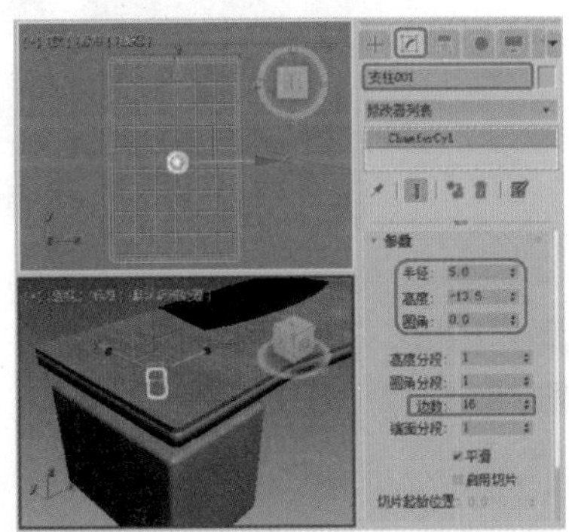

图 2-78

18 在视图中调整“支柱 001”和“左箱”的位置，调整后的效果如图 2-79 所示。

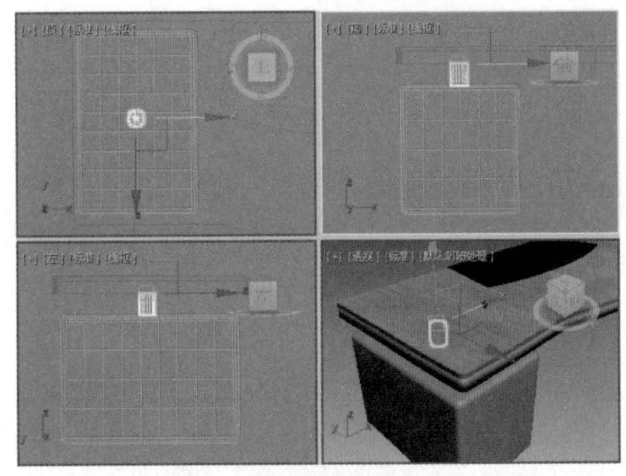

图 2-79

19 在视图中选中“支柱 001”，在【顶】视图中按住 Shift 键拖动选中对象，在弹出的对话框中选中【复制】单选按钮，单击【确定】按钮，并在视图中调整其位置，如图 2-80 所示。

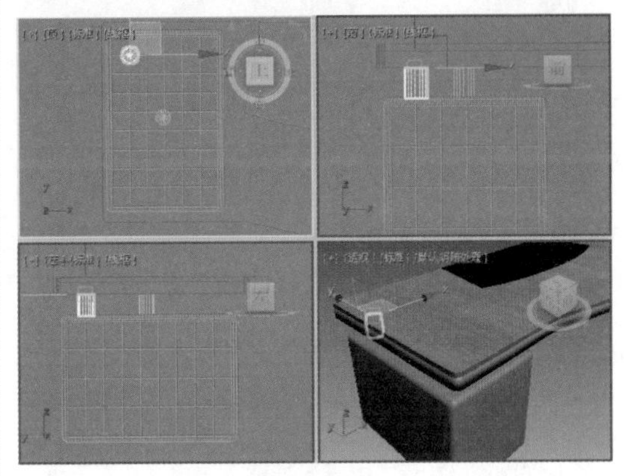

图 2-80

20 选中复制后的对象，激活【顶】视图，在菜单栏中选择【工具】|【阵列】命令，在弹出的对话框中将【增量】下的 Y 移动值设置为 -87.5，将 1D 右侧的【数量】设置为 2，选中 2D 单选按钮，将其右侧的【数量】设置为 2，将【增量行偏移】下的 X 设置为 48.5，如图 2-81 所示。

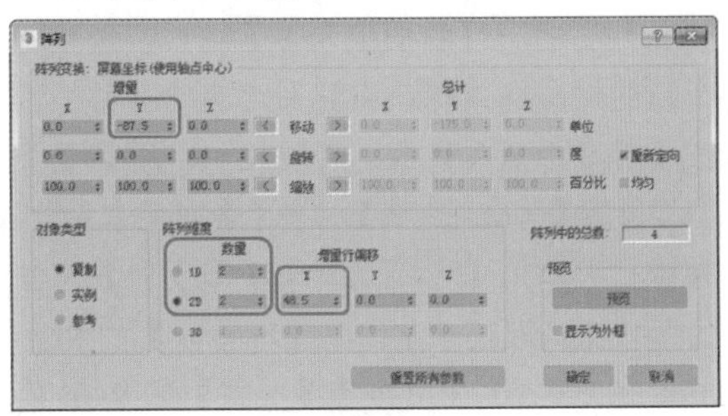

图 2-81

21 设置完成后，单击【确定】按钮，在视图中调整支柱对象的位置。在视图中选中“左箱”以及所有支柱对象，在【顶】视图中沿X轴向右拖曳鼠标，在弹出的对话框中选中【复制】单选按钮，单击【确定】按钮，使用同样的方法对其他对象进行复制，效果如图2-82所示。

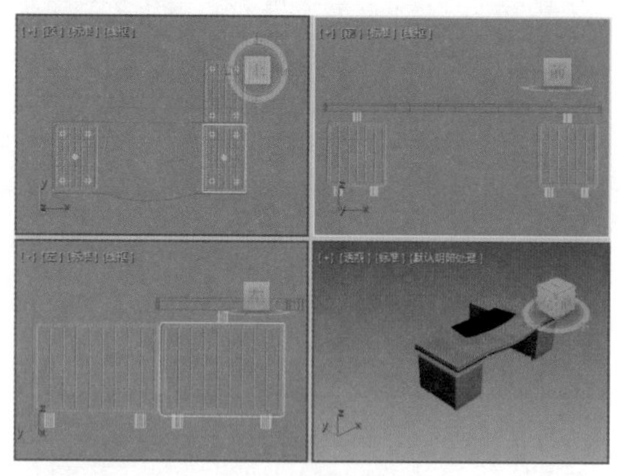

图 2-82

22 在视图中选中所有的支柱对象，在菜单栏中选择【组】|【组】命令，在弹出的对话框中将【组名】设置为“支柱”，如图2-83所示。

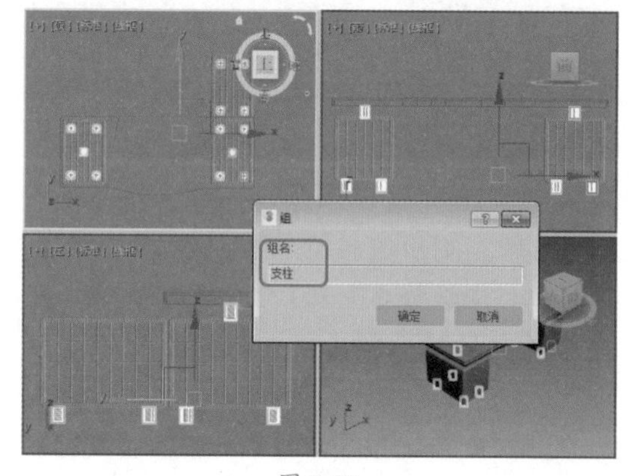

图 2-83

23 单击【确定】按钮，选中编组后的对象，按M键，打开【材质编辑器】窗口，选择一个新的材质样本球，将其命名为“支柱”，在【明暗器基本参数】卷展栏中将明暗器类型设置为【（M）金属】，在【金属基本参数】卷展栏中单击【环境光】与【漫反射】左侧的按钮，取消锁定，将【环境光】的RGB值设置为0、0、0，将【漫反射】的RGB值设置为255、255、255，将【高光级别】、【光泽度】分别设置为91、62，如图2-84所示。

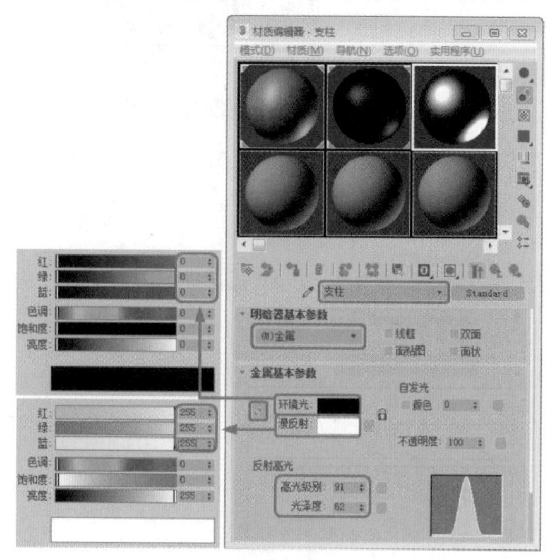

图 2-84

24 单击【将材质指定给选定对象】按钮，再在视图中选中所有的左箱对象，选择一个新的材质样本球，将其命名为“桌箱”，在【明暗器基本参数】卷展栏中将明暗器类型设置为【（A）各向异性】，在【各向异性基本参数】卷展栏中将【环境光】的RGB值设置为20、0、0，将【高光反射】的RGB值设置为178、172、172，将【高光级别】、【光泽度】、【各向异性】、【方向】分别设置为63、34、63、992，如图2-85所示。

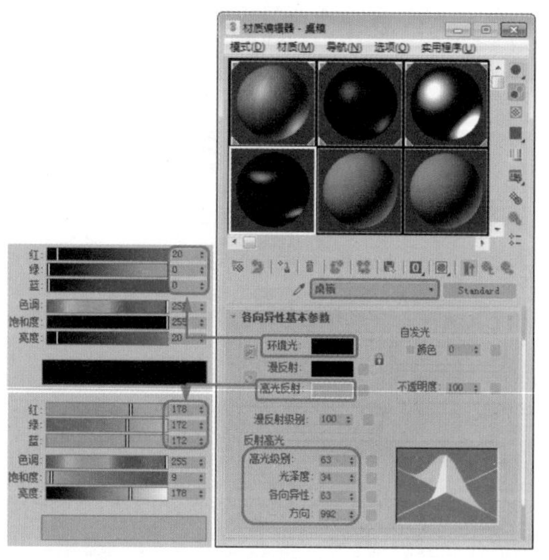

图 2-85

25 单击【将材质指定给选定对象】按钮，选择【创建】|【图形】|【样条线】|【矩形】工具，在【顶】视图中绘制矩形，切换至【修改】命令面板，将其命名为“桌前挡板”，在【参数】卷展栏中将【长度】、【宽度】、【角半径】分别设置为4、260、0，如图2-86所示。

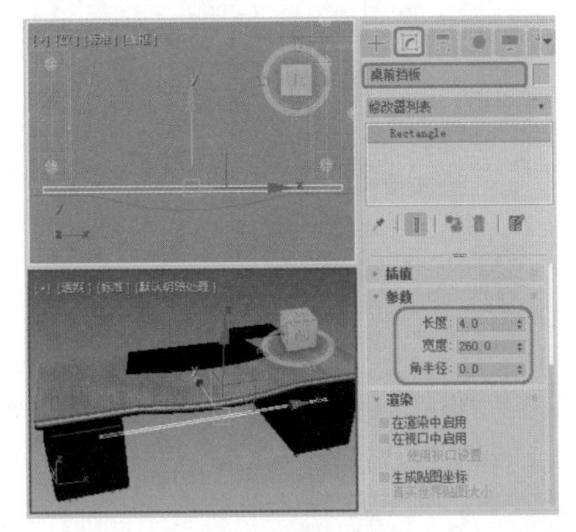

图 2-86

26 在修改器下拉列表中选择【编辑样条线】修改器，将当前选择集定义为【顶点】，根据前面所介绍的方法添加顶点，并对顶点进行调整，如图2-87所示。

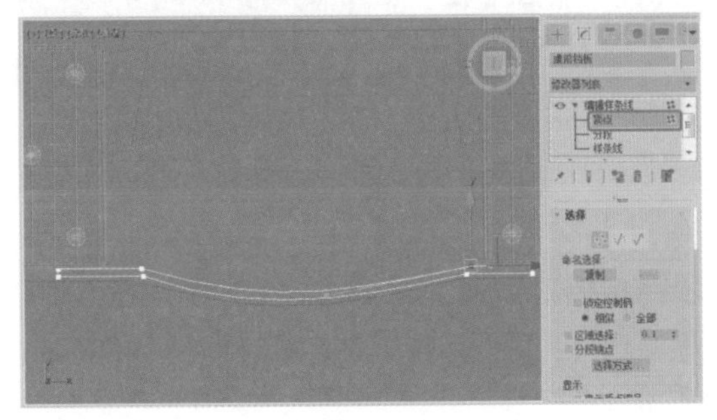

图 2-87

27 关闭当前选择集，在修改器下拉列表中选择【挤出】修改器，在【参数】卷展栏中将【数量】设置为-83.5，如图2-88所示。

28 在修改器下拉列表中选择【UVW 贴图】修改器，在【参数】卷展栏中选中【长方体】单选按钮，选中Z单选按钮，单击【适配】按钮，如图2-89所示。

29 为“桌前挡板”对象指定【木质】材质，并在视图中调整其位置，如图2-90所示。

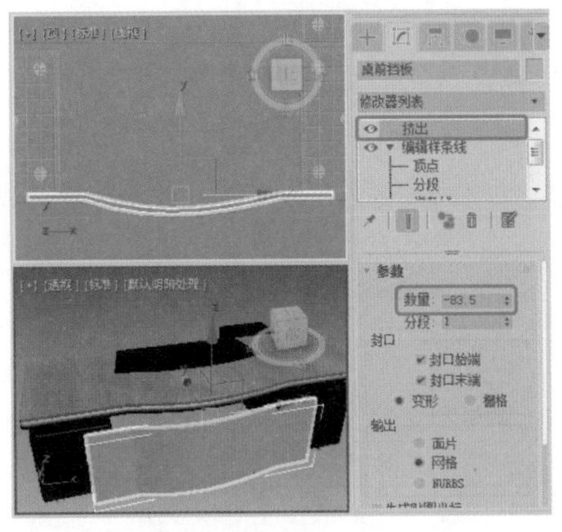

图 2-88

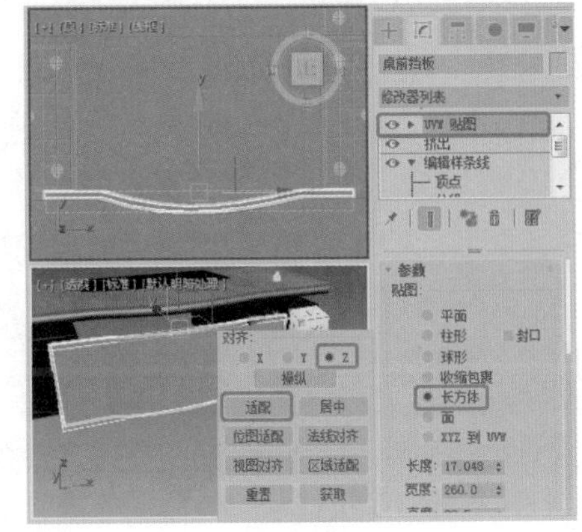

图 2-89

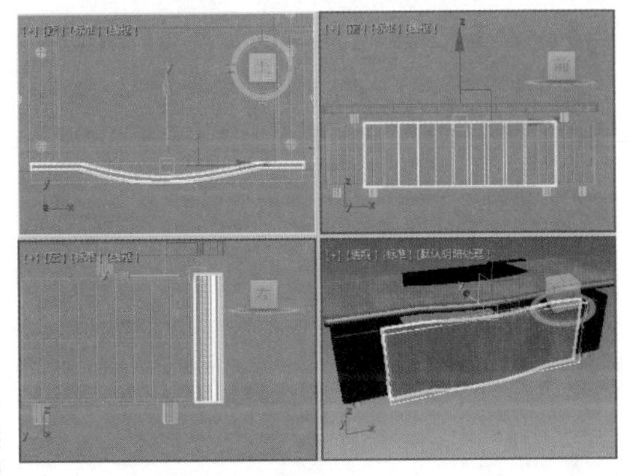

图 2-90

30 选择【创建】|【几何体】|【切角圆柱体】工具，在【前】视图中创建切角圆柱体，将其命名为“装饰钉001”，在【参数】卷展栏中将【半径】、【高度】、【圆角】分别设置为2、29、0.4，如图2-91所示。

31 创建完成后，在视图中调整装饰钉001的位置，并为其指定【支柱】材质，如图2-92所示。

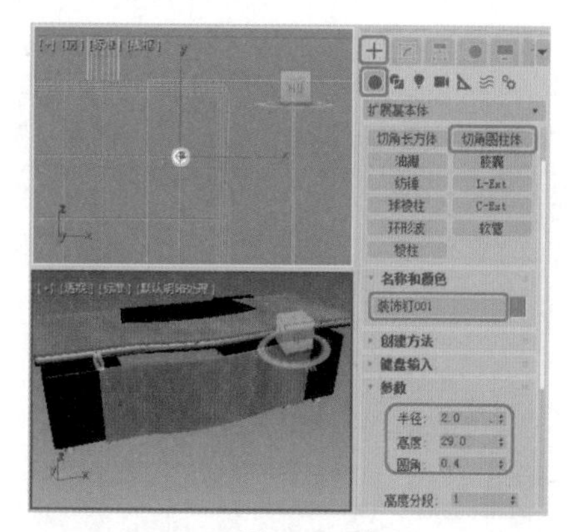

图 2-91

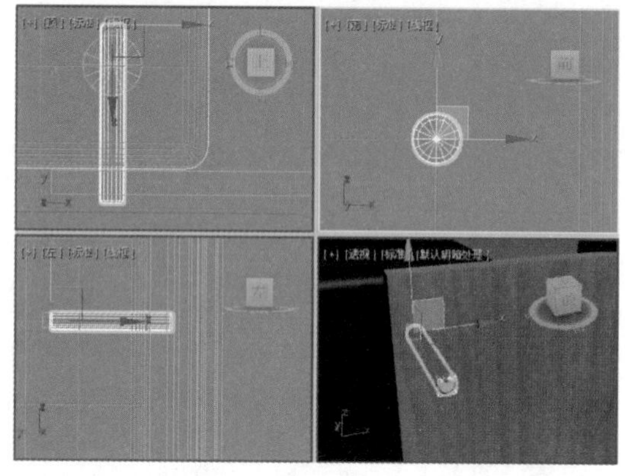

图 2-92

32 在【前】视图中选中装饰钉 001，在菜单栏中选择【工具】|【阵列】命令，在弹出的对话框中将【增量】下的 Y 移动值设置为 -38.3，将 1D 右侧的【数量】设置为 2，选中 2D 单选按钮，将其右侧的【数量】设置为 2，将【增量行偏移】下的 X 设置为 239.1，如图 2-93 所示。

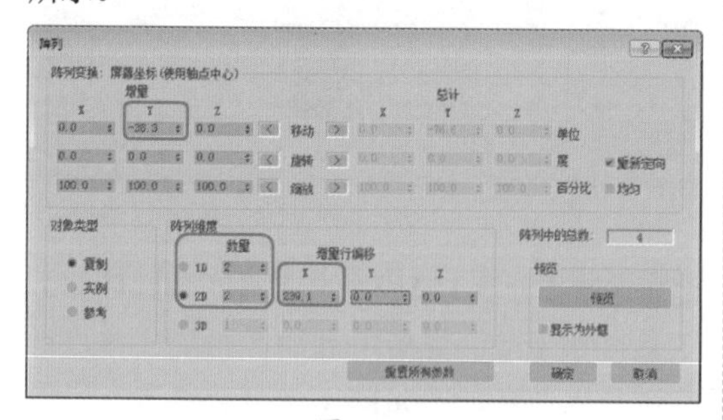

图 2-93

33 单击【确定】按钮，选择【创建】|【几何体】|【标准基本体】|【长方体】工具，在【右】视图中创建长方体，将其命名为“右装饰板”，在【参数】卷展栏中将【长度】、【宽度】、【高度】分别设置为 86、245、3，如图 2-94 所示。

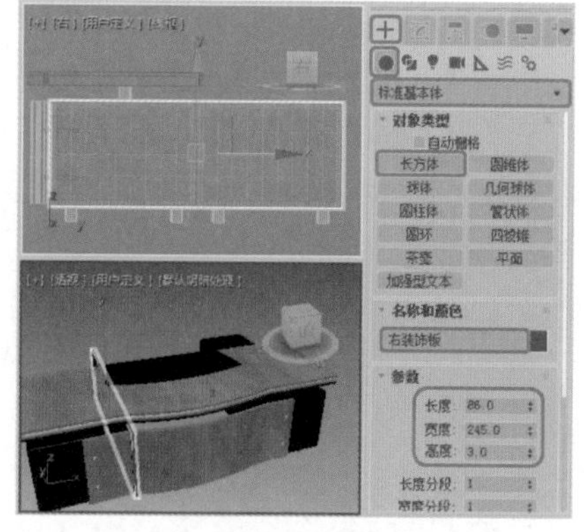

图 2-94

34 在视图中调整其位置，并为其指定【木质】材质，如图 2-95 所示。

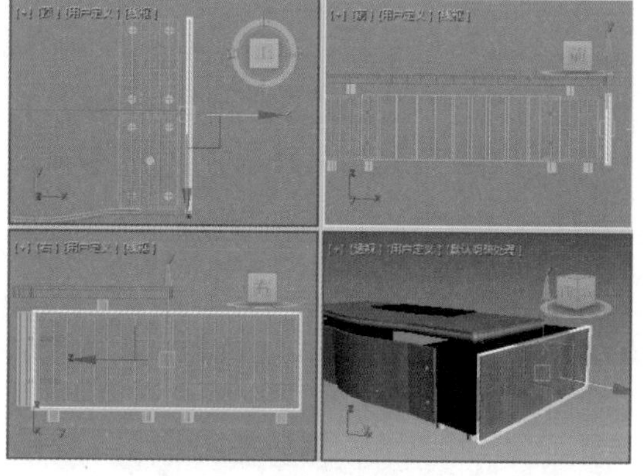

图 2-95

35 根据前面所介绍的方法在视图中创建其他装饰钉，并为其指定【支柱】材质，如图 2-96 所示。

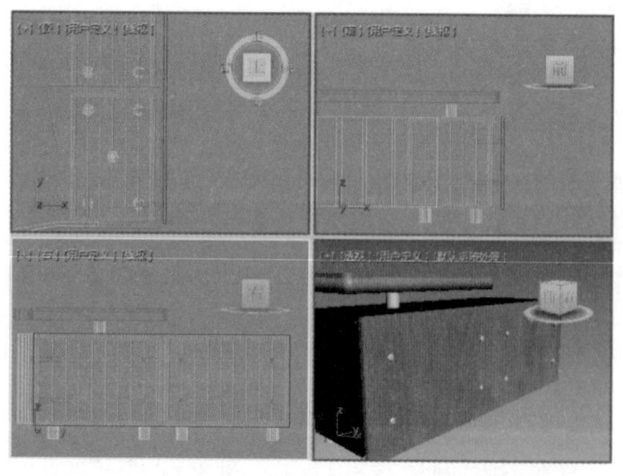

图 2-96

36 按 Ctrl+A 快捷键选中所有对象，在菜单栏中选择【组】|【组】命令，在弹出的对话框中将【组名】设置为“老板桌”，如图 2-97 所示。

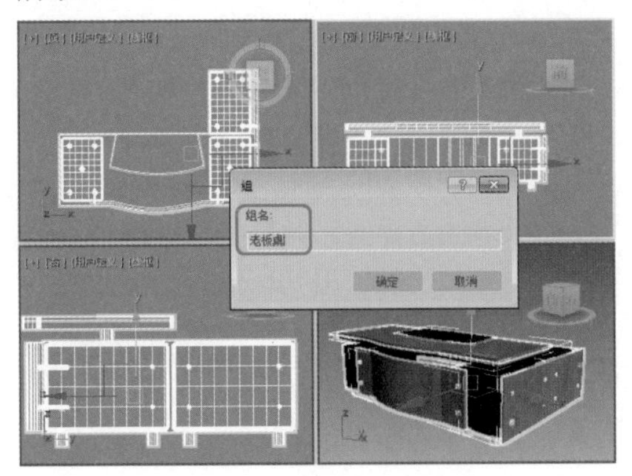

图 2-97

37 单击【确定】按钮，对制作完成后的场景进行保存，将其【文件名】设置为“老板桌”，按 Ctrl+O 快捷键，打开“老板桌素材 .max”文件，如图 2-98 所示。

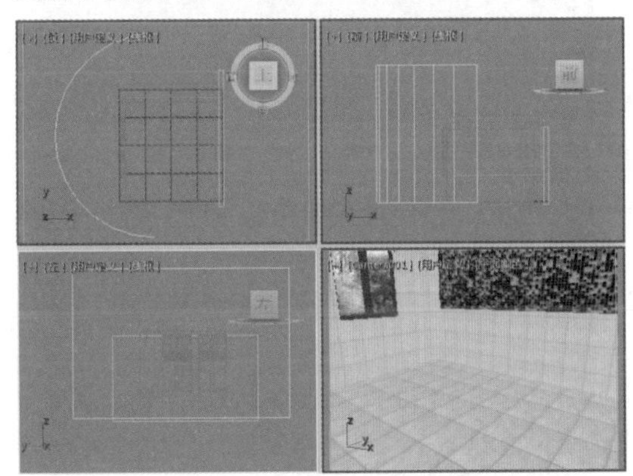

图 2-98

38 在菜单栏中选择【文件】|【导入】|【合并】命令，在弹出的对话框中选择“Scenes\Cha02\ 老板桌 .max”素材文件，单击【打开】按钮，在弹出的对话框中选择【老板桌】选项，如图 2-99 所示。

39 单击【确定】按钮，选中合并的老板桌，在工具栏中单击【选择并均匀缩放】按钮 ，在弹出的对话框中将【绝对：局部】下的 X、Y、Z 均设置为 4759，如图 2-100 所示。

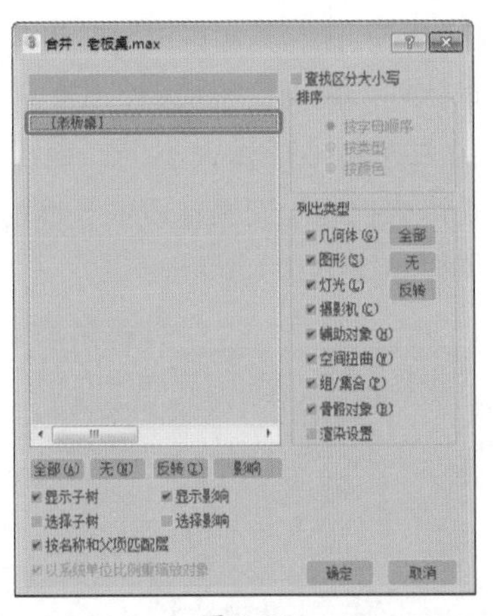

图 2-99

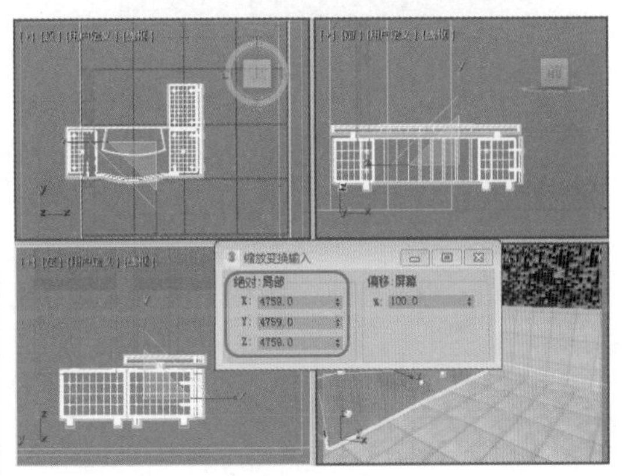

图 2-100

40 关闭该对话框，使用选择并移动工具在视图中调整老板桌的位置，调整后的效果如图 2-101 所示。

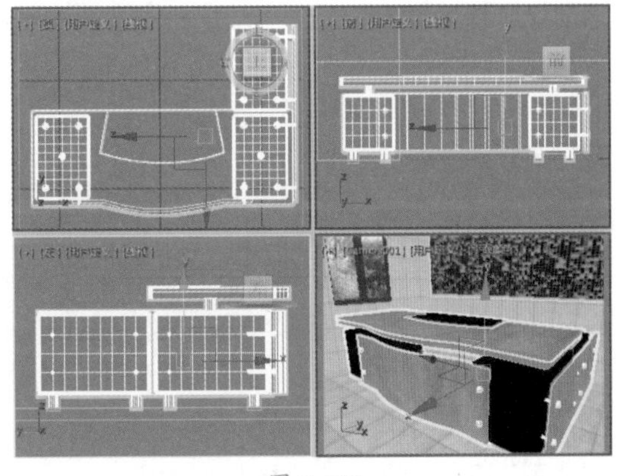

图 2-101

2.2.3 胶囊

胶囊，顾名思义，其形状就像胶囊，如

图 2-102 所示，我们其实可以将胶囊看作是由两个半球体与一段圆柱组成的，其中，【半径】参数是用来控制半球体大小的，而【高度】参数则是用来控制中间圆柱段的长度的，【参数】卷展栏如图 2-103 所示。

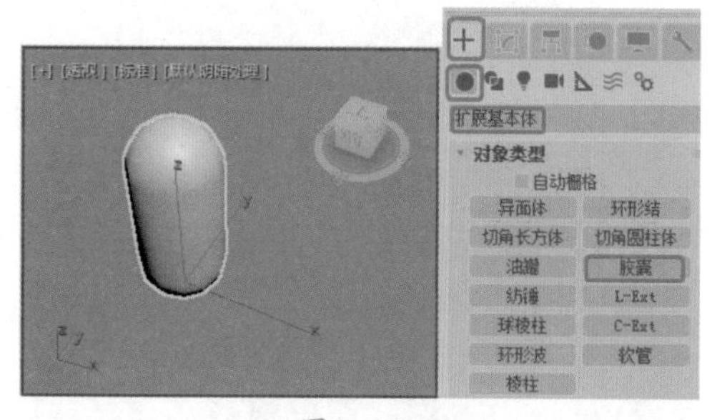

图 2-102

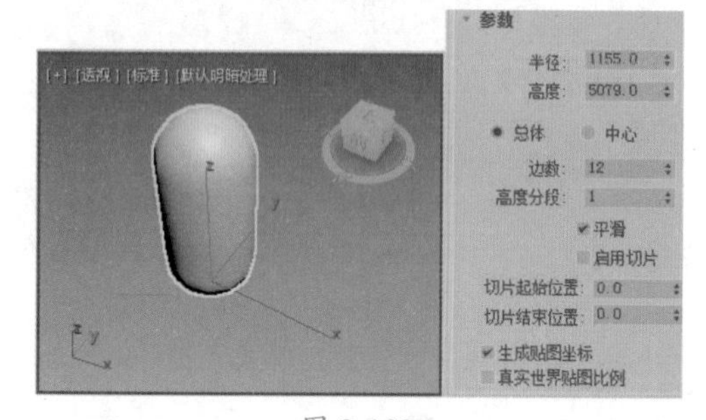

图 2-103

其各项参数的功能说明如下。

◎ 【半径】：用来设置胶囊的半径。

◎ 【高度】：用来设置胶囊的高度。负数值将在构造平面下创建胶囊。

◎ 【总体】/【中心】：用来决定【高度】参数指定的内容。【总体】指胶囊整体的高度；【中心】指胶囊圆柱部分的高度，不包括其两端的半球。

◎ 【边数】：用来设置胶囊圆周上的分段数。值越大，表面越光滑。

◎ 【高度分段】：用来设置胶囊沿主轴的分段数。

◎ 【平滑】：用来设置混合胶囊的面，从而在渲染视图中创建平滑的外观。

◎ 【启用切片】：用来启用切片功能。默认设置为禁用。创建切片后，如果禁用【启用切片】选项，则将重新显示完整的胶囊。可以使用此复选框在两个拓扑之间切换。

◎ 【切片起始位置】/【切片结束位置】：用来设置从局部 X 轴的零点开始围绕局部 Z 轴的度数。对于这两个设置，正数值将按逆时针移动切片的末端，负数值将按顺时针移动它。这两个设置的先后顺序无关紧要。端点重合时，将重新显示整个胶囊。

◎ 【生成贴图坐标】：用来生成将贴图材质应用于胶囊的坐标。默认设置为启用。

◎ 【真实世界贴图比例】：用来控制应用于该对象的纹理贴图材质所使用的缩放方法。

2.2.4 棱柱

棱柱用来创建三棱柱，效果如图 2-104 所示，【参数】卷展栏如图 2-105 所示。

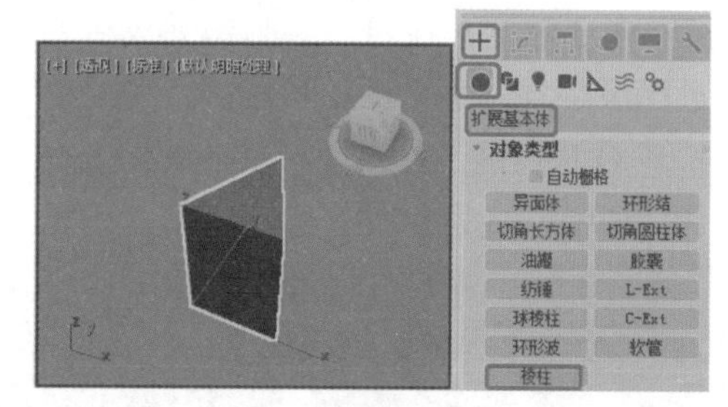

图 2-104

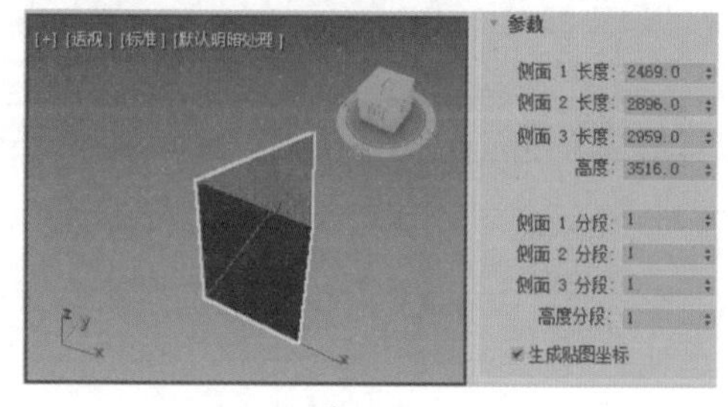

图 2-105

其各项参数的功能说明如下。

◎ 【侧面 1 长度】/【侧面 2 长度】/【侧面 3 长度】：分别用来设置底面三角形三边的长度。

◎ 【高度】：用来设置棱柱的高度。

◎ 【侧面 1 分段】/【侧面 2 分段】/【侧面 3 分段】：分别用来设置三角形对应面的长度，以及三角形的角度。

◎ 【生成贴图坐标】：用来自动产生贴图坐标。

2.2.5 软管

软管是个比较特殊的形体，可以用来做诸如洗衣机的排水管等用品，效果如图 2-106 所示，其主要参数如图 2-107 所示。

图 2-106

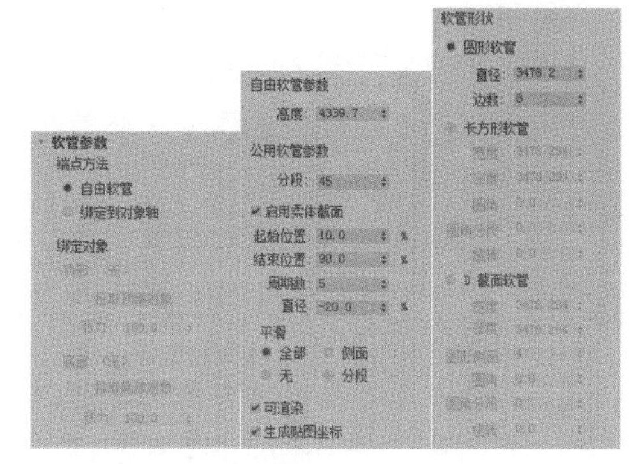

图 2-107

其各项参数的功能说明如下。

◎ 【端点方法】选项组

- 【自由软管】：选中此单选按钮只是将软管作为一个单独的对象，不与其他对象绑定。
- 【绑定到对象轴】：选中此单选按钮可激活【绑定对象】选项组。

◎ 【绑定对象】选项组

◎ 在【端点方法】选项组中选中【绑定到对象轴】单选按钮可激活该选项组，使用该选项组可将软管绑定到物体上，并设置对象之间的张力。两个绑定对象之间的位置可彼此相关。软管的每个端点由总直径的中心定义。进行绑定时，端点位于绑定对象的轴点。可在【层次】命令面板中使用【仅影响效果】选项，可通过转换绑定对象来调整绑定对象与软管的相对位置。

- 【顶部】：用来显示顶部绑定对象的名称。
  - 【拾取顶部对象】：单击该按钮，然后选择顶部对象。
  - 【张力】：用来设置当软管靠近底部对象时顶部对象附近软管曲线的张力。减小张力，则底部对象附近将产生弯曲；增大张力，则远离顶部对象的地方将产生弯曲。默认设置为 100。
- 【底部】：用来显示底部绑定对象的名称。
  - 【拾取底部对象】：单击该按钮，然后选择底部对象。
  - 【张力】：用来确定当软管靠近顶部对象时底部对象附近软管曲线的张力。减小张力，则底部对象附近将产生弯曲；增大张力，则远离底部对象的地方将产生弯曲。默认值为 100。

◎ 【自由软管参数】选项组

- 【高度】：用来设置自由软管的高度。只有当选中【自由软管】单选按钮时才起作用。

◎ 【公用软管参数】选项组

- 【分段】：用来设置软管长度上的段数。值越高，软管弯曲时越平滑。
- 【启用柔体截面】：用来设置软管中间伸缩剖面部分的参数。关闭此选项后，软管上下保持直径统一。
- 【起始位置】：用来设置伸缩剖面起始位置同软管顶端的距离。用软管长度的百分比表示。
- 【结束位置】：用来设置伸缩剖面结束位置同软管末端的距离。用软管长度的百分比表示。
- 【周期数】：用来设置伸缩剖面的褶皱数量。
- 【直径】：用来设置伸缩剖面的直径。

取负值时小于软管直径，取正值时大于软管直径，默认值为 -20%，范围为 -500% ～ -50%。

◆ 【平滑】：用来设置是否进行表面平滑处理。【全部】设置对整个软管进行平滑处理。【侧面】设置沿软管的轴向，而不是周向进行平滑。【无】表示未应用平滑。【分段】设置仅对软管的内截面进行平滑处理。

◆ 【可渲染】：用来设置是否可以对软管进行渲染。

◆ 【生成贴图坐标】：用来设置是否自动产生贴图坐标。

◎ 【软管形状】选项组

◆ 【圆形软管】：用来设置截面为圆形。【直径】用来设置软管截面的直径。【边数】用来设置软管边数。

◆ 【长方形软管】：用来设置截面为长方形的软管。【宽度】用来设置软管的宽度。【深度】用来设置软管的高度。【圆角】用来设置圆角大小。【圆角分段】用来设置圆角的片段数。【旋转】用来设置软管沿轴旋转的角度。

◆ 【D 截面软管】：用来设置截面为 D 的形状。【宽度】用来设置软管的宽度。【深度】用来设置软管的高度。【圆形侧面】用来设置圆周边上的分段。【圆角】用来设置圆角大小。【圆角分段】用来设置圆角的片段数。【旋转】用来设置软管沿轴旋转的角度。

■ 2.2.6 异面体

异面体是用基础数学原则定义的扩展几何体，利用它可以创建四面体、八面体、十二面体，以及两种星体，如图 2-108 所示。

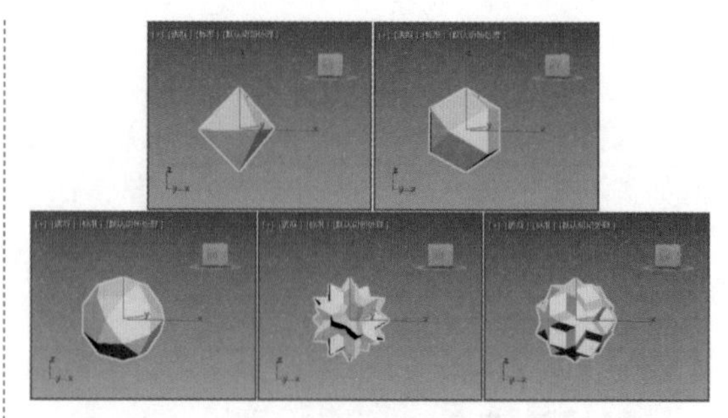

图 2-108

各项参数功能如下。

◎ 【系列】：提供了【四面体】、【立方体 / 八面体】、【十二面体 / 二十面体】、【星形 1】、【星形 2】等 5 种异面体的表面形状。

◎ 【系列参数】：P、Q 是可控制异面体的点与面进行相互转换的两个关联参数，它们的设置范围是 0.0 ～ 1.0。当 P、Q 的值都为 0 时处于中点；当其中一个值为 1.0 时，另一个值为 0.0，它们分别代表所有的顶点和所有的面。

◎ 【轴向比率】：异面体是由三角形、矩形和五边形这 3 种不同类型的面拼接而成的。在这里 P、Q、R 三个参数是用来分别调整它们各自比例的。单击【重置】按钮，可将 P、Q、R 值恢复到默认设置。

◎ 【顶点】：用于确定异面体内部顶点的创建方法，可决定异面体的内部结构。

◆ 【基点】：超过最小值的面不再进行细划分。

◆ 【中心】：在面的中心位置添加一个顶点，按中心点到面的各个顶点所形成的边进行细划分。

◆ 【中心和边】：在面的中心位置添加一个顶点，按中心点到面的各个顶点和边中心所形成的边进行细划分。用此方法要比使用【中心】方式多产生一倍的面。

◎ 【半径】：通过设置半径来调整异面体的大小。

◎ 【生成贴图坐标】：用来设置是否自动产生贴图坐标。

■ 2.2.7 环形结

环形结与异面体有点相似，在【半径】和【分段】参数下面是 P 值和 Q 值，这些值可以用来设置变形的环形结。P 值是计算环形结绕垂直轴弯曲的数学系数，最大值为 25，此时的环形结类似于紧绕的线轴；Q 值是计算环形结绕水平轴弯曲的数学系数，最大值也是 32，如图 2-109 所示。如果两个数值相同，环形结将变为一个简单的圆环。

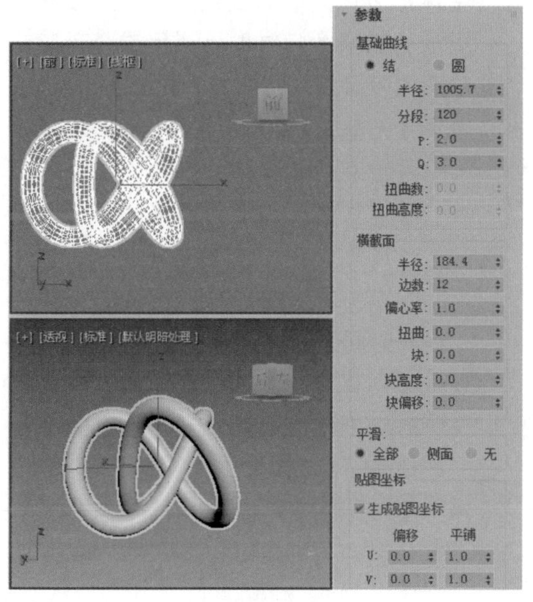

图 2-109

其各项参数功能说明如下。

◎ 【基础曲线】：在该选项组中提供了影响基础曲线的参数。

- ◆ 【结】：选中该单选按钮，环形结将基于其他各种参数自身交织。
- ◆ 【圆】：选中该单选按钮，基础曲线是圆形，如果使用默认的【偏心率】和【扭曲】参数，则创建出环形物体。
- ◆ 【半径】：用来设置曲线的半径。
- ◆ 【分段】：用来设置曲线路径上的分段数，最小值为 2。
- ◆ P/Q：用于设置曲线的缠绕参数。当选中【结】单选按钮后，该项参数才会处于有效状态。
- ◆ 【扭曲数】：用来设置在曲线上的点数，即弯曲数量。当选中【圆】单选按钮时，该项参数才会处于有效状态。
- ◆ 【扭曲高度】：用来设置弯曲的高度。当选中【圆】单选按钮时，该项参数才会处于有效状态。

◎ 【横截面】：此选项组提供影响环形结横截面的参数。

- ◆ 【半径】：用来设置横截面的半径。
- ◆ 【边数】：用来设置横截面的边数，边数越大越圆滑。
- ◆ 【偏心率】：用来设置横截面主轴与副轴的比率。值为 1 将提供圆形横截面，其他值将创建椭圆形横截面。
- ◆ 【扭曲】：用来设置横截面围绕基础曲线扭曲的次数。
- ◆ 【块】：用来设置环形结中块的数量。只有当块的高度大于 0 时才能看到块的效果。
- ◆ 【块高度】：用来设置块的高度。
- ◆ 【块偏移】：用来设置块沿路径移动。

◎ 【平滑】：此选项组提供用于改变环形结平滑显示或渲染的选项。这种平滑不能移动或细分几何体，只能添加平滑组信息。

- ◆ 【全部】：设置对整个环形结进行平滑处理。
- ◆ 【侧面】：设置只对环形结沿纵向路径方向的面进行平滑处理。
- ◆ 【无】：不对环形结进行平滑处理。

◎ 【贴图坐标】：此选项组提供指定和调整贴图坐标的方法。

- ◆ 【生成贴图坐标】：设置基于环形结的几何体指定贴图坐标。默认设置为应用。
- ◆ 偏移 U/V：设置沿 U 向和 V 向偏移贴图坐标。

◆ 平铺 U/V：设置沿 U 向和 V 向平铺贴图坐标。

■ 2.2.8 环形波

使用环形波创建的对象可以设置环形波对象增长动画，也可以使用关键帧来设置所有数字动画。环形波如图 2-110 所示。

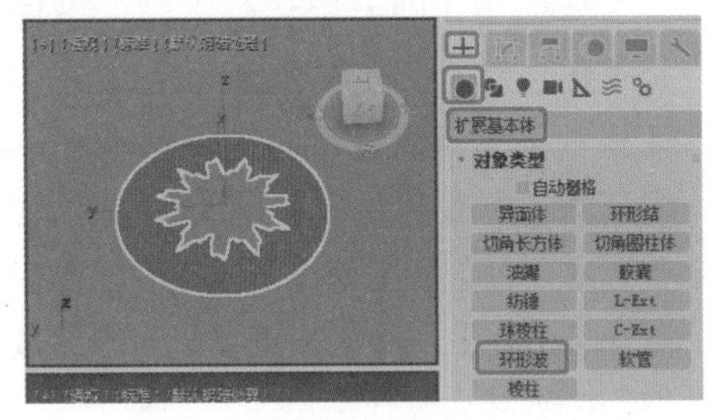

图 2-110

（1）选择【创建】 |【几何体】 |【扩展基本体】|【环形波】工具，在视口中拖动可以设置环形波的外半径。

（2）释放鼠标按键，然后将鼠标指针移回环形中心以设置环形内半径。

（3）单击鼠标左键可以创建环形波对象。

环形波的参数面板如图 2-111 所示，各项参数的功能说明如下。

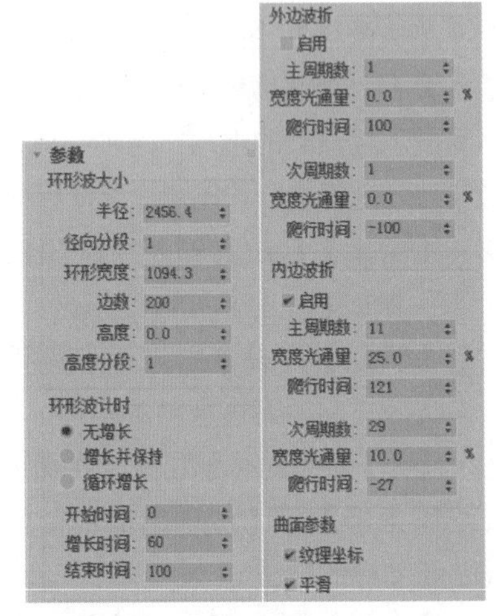

图 2-111

◎ 【环形波大小】选项组：使用这些设置来更改环形波基本参数。

◆ 【半径】：用来设置圆环形波的外半径。

◆ 【径向分段】：用来沿半径方向设置内外曲面之间的分段数目。

◆ 【环形宽度】：用来设置环形宽度，从外半径向内测量。

◆ 【边数】：用来给内、外和末端（封口）曲面沿圆周方向设置分段数目。

◆ 【高度】：用来沿主轴设置环形波的高度。

◆ 【高度分段】：用来沿高度方向设置分段数目。

◎ 【环形波计时】选项组：在环形波从零增加到其最大尺寸时，使用这些环形波动画的设置。

◆ 【无增长】：设置在起始位置出现，到结束位置消失。

◆ 【增长并保持】：用来设置单个增长周期。环形波在【开始时间】开始增长，并在【开始时间】以及【增长时间】处达到最大尺寸。

◆ 【循环增长】：设置环形波从开始时间到结束时间以及增长时间重复增长。

◆ 【开始时间】【增长时间】【结束时间】分别用于设置环形波增长的开始时间、增长时间、结束时间。

◎ 【外边波折】选项组：使用这些设置来更改环形波外部边的形状。

◆ 【启用】：用来启用外部边上的波峰。仅启用此选项时，此选项组中的参数处于活动状态。默认设置为禁用。

◆ 【主周期数】：用来对围绕环形波外边缘运动的外波纹数量进行设置。

【宽度光通量】：用来设置主波的大小，以调整宽度的百分比表示。

【爬行时间】：用来设置外波纹围绕

环形波外边缘运动时所用的时间。

- ◆ 【次周期数】：用来对外波纹之间随机尺寸的内波纹数量进行设置。

  【宽度光通量】：用来设置小波的平均大小，以调整宽度的百分比表示。

  【爬行时间】：用来对内波纹运动时所使用的时间进行设置。

◎ 【内边波折】选项组：使用这些设置来更改环形波内部边的形状。

- ◆ 【启用】：用来启用内部边上的波峰。仅启用此选项时，此选项组中的参数处于活动状态。默认设置为启用。
- ◆ 【主周期数】：用来设置围绕内边的主波数目。

  【宽度光通量】：用来设置主波的大小，以调整宽度的百分比表示。

  【爬行时间】：用来设置每一主波绕环形波内周长移动一周所需的帧数。
- ◆ 【次周期数】：在每一主周期中设置随机尺寸次波的数目。

  【宽度光通量】：用来设置小波的平均大小，以调整宽度的百分比表示。

  【爬行时间】：用来设置每一次波绕其主波移动一周所需的帧数。

◎ 【曲面参数】选项组

- ◆ 【纹理坐标】：用来设置将贴图材质应用于对象时所需的坐标。默认设置为启用。
- ◆ 【平滑】：通过将所有多边形设置为平滑组 1 将平滑应用到对象上。默认设置为启用。

2.2.9 油罐

使用油罐工具可以创建带有凸面封口的圆柱体，如图 2-112 所示。

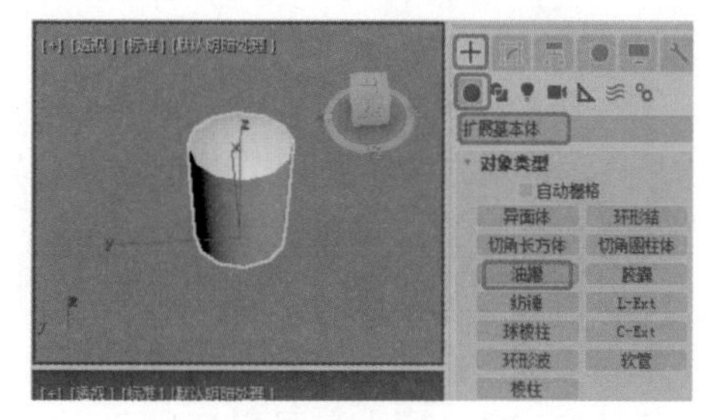

图 2-112

（1）选择【创建】|【几何体】|【扩展基本体】|【油罐】工具，在视图中拖曳鼠标，定义油罐底部的半径。

（2）释放鼠标，然后垂直移动鼠标指针以定义油罐的高度，单击以设置高度。

（3）对角移动鼠标指针可定义凸面封口的高度（向左上方移动可增加高度；向右下方移动可减小高度）。

（4）再次单击可完成油罐的创建。

油罐的参数面板如图 2-113 所示，参数功能说明如下。

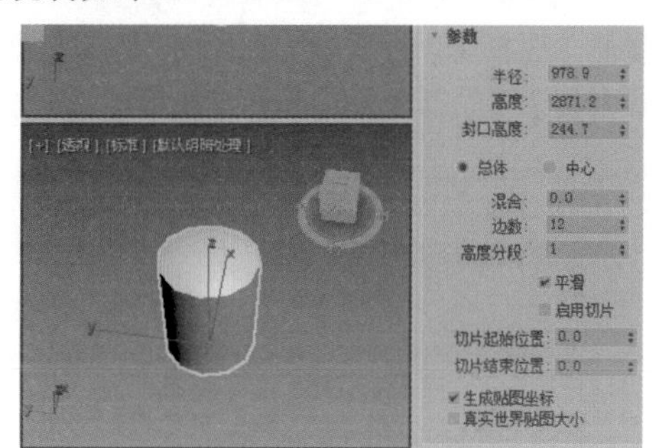

图 2-113

◎ 【半径】：用来设置油罐的半径。

◎ 【高度】：用来设置沿着中心轴的维度。负数值将在构造平面下创建油罐。

◎ 【封口高度】：用来设置凸面封口的高度。

◎ 【总体】/【中心】：用来决定【高度】值指定的内容。【总体】是对象的总体高度。【中心】是圆柱体中部的高度，不包括其凸面封口。

◎ 【混合】：大于 0 时将在封口的边缘创建倒角。

◎ 【边数】：用来设置油罐周围的边数。

◎ 【高度分段】：用来设置沿着油罐主轴

的分段数量。

◎ 【平滑】：用来设置混合油罐的面，从而在渲染视图中创建平滑的外观。

◎ 【启用切片】：用来启用切片功能。默认设置为禁用状态。创建切片后，如果禁用【启用切片】选项，则将重新显示完整的油罐。因此，可以使用此复选框在两个拓扑之间切换。

◎ 【切片起始位置】/【切片结束位置】：用来设置从局部 X 轴的零点开始围绕局部 Z 轴的度数。对于这两个设置，正数值将按逆时针移动切片的末端，负数值将按顺时针移动它。这两个设置的先后顺序无关紧要。端点重合时，将重新显示整个油罐。

2.2.10 纺锤

使用纺锤工具可创建带有圆锥形封口的圆柱体。选择【创建】 |【几何体】 |【扩展基本体】|【纺锤】工具，在视图中创建纺锤，如图 2-114 所示。

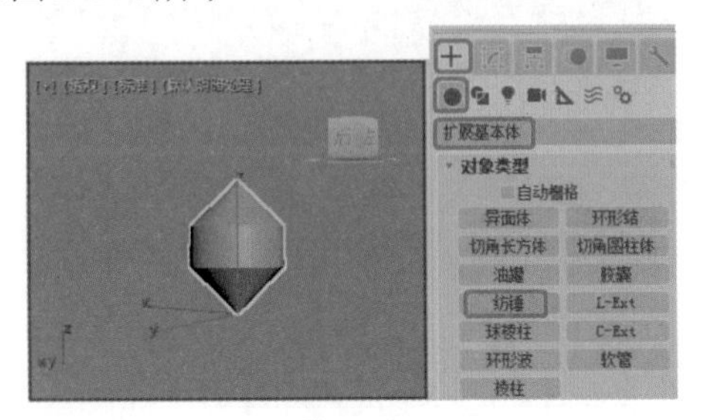

图 2-114

【纺锤】参数卷展栏如图 2-115 所示，参数功能说明如下。

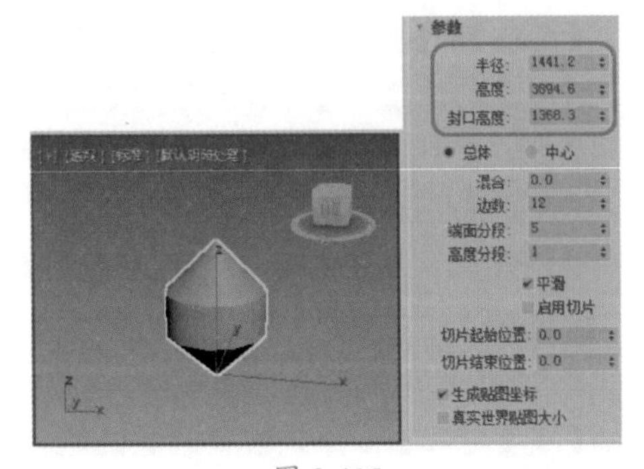

图 2-115

◎ 【半径】：用来设置纺锤的半径。

◎ 【高度】：用来设置沿着中心轴的维度。负数值将在构造平面下创建纺锤。

◎ 【封口高度】：用来设置圆锥形封口的高度。最小值是 0.1；最大值是【高度】设置绝对值的一半。

◎ 【总体】/【中心】：用来决定【高度】值指定的内容。【总体】指定对象的总体高度。【中心】指定圆柱体中部的高度，不包括其圆锥形封口。

◎ 【混合】：大于 0 时将在纺锤主体与封口的会合处创建圆角。

◎ 【边数】：用来设置纺锤周围的边数。启用【平滑】选项时，较大的数值将其着色和渲染为真正的圆。禁用【平滑】选项时，较小的数值将创建规则的多边形对象。

◎ 【端面分段】：用来设置沿着纺锤顶部和底部的中心，同心分段的数量。

◎ 【高度分段】：用来设置沿着纺锤主轴的分段数量。

◎ 【平滑】：混合纺锤的面，从而在渲染视图中创建平滑的外观。

◎ 【启用切片】：启用切片功能。默认设置为禁用。创建切片后，如果禁用【启用切片】选项，则将重新显示完整的纺锤。因此，可以使用此复选框在两个拓扑之间切换。

◎ 【切片起始位置】/【切片结束位置】：用来设置从局部 X 轴的零点开始围绕局部 Z 轴的度数。对于这两个设置，正数值将按逆时针移动切片的末端，负数值将按顺时针移动它。这两个设置的先后顺序无关紧要。端点重合时，将重新显示整个纺锤。

◎ 【生成贴图坐标】：用来设置将贴图材质应用于纺锤时所需的坐标。默认设置为启用。

◎ 【真实世界贴图大小】：用来控制应用

于该对象的纹理贴图材质所使用的缩放方法。缩放值由位于应用材质的【坐标】卷展栏中的【使用真实世界比例】设置控制。默认设置为禁用。

2.2.11 球棱柱

使用球棱柱工具可以通过可选的圆角面边创建挤出的规则面多边形。

01 选择【创建】 | 【几何体】 | 【扩展基本体】|【球棱柱】工具，在视图中创建球棱柱，如图 2-116 所示。

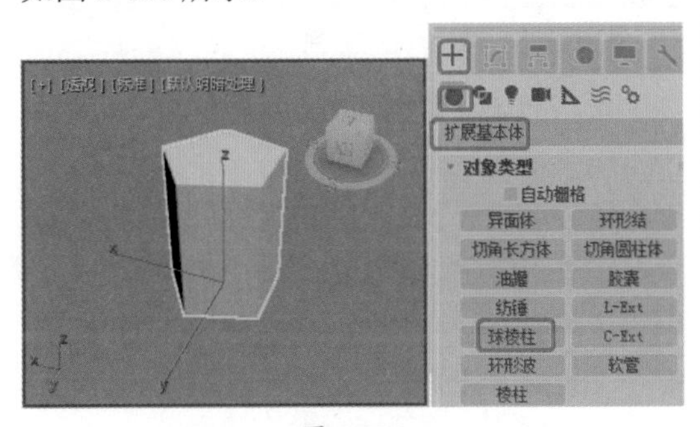

图 2-116

02 完成创建后，切换至【修改】命令面板，在【参数】卷展栏中将【边数】设置为 5，将【半径】设置为 500，将【圆角】设置为 24，将【高度】设置为 1000，如图 2-117 所示。

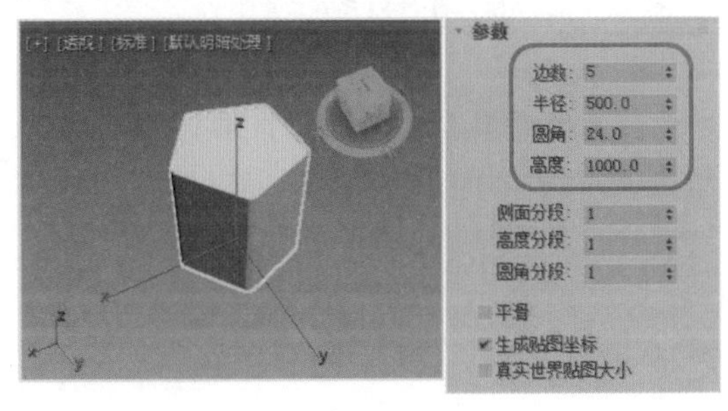

图 2-117

球棱柱的参数功能介绍如下。

◎ 【边数】：用来设置球棱柱周围边数。

◎ 【半径】：用来设置球棱柱的半径。

◎ 【圆角】：用来设置切角化角的宽度。

◎ 【高度】：用来设置沿着中心轴的维度。负数值将在构造平面下创建球棱柱。

◎ 【侧面分段】：用来设置球棱柱周围的分段数量。

◎ 【高度分段】：用来设置沿着球棱柱主轴的分段数量。

◎ 【圆角分段】：用来设置边圆角的分段数量。

◎ 【平滑】：用来平滑混合球棱柱的面，从而在渲染视图中创建平滑的外观。

◎ 【生成贴图坐标】：为将贴图材质应用于球棱柱设置所需的坐标。默认设置为启用。

◎ 【真实世界贴图大小】：用来控制应用于该对象的纹理贴图材质所使用的缩放方法。缩放值由位于应用材质的【坐标】卷展栏中的【使用真实世界比例】设置控制。默认设置为禁用状态。

2.2.12 L-Ext

使用 L-Ext 工具可创建挤出的 L 形对象，如图 2-118 所示。

图 2-118

（1）选择【创建】 | 【几何体】 | 【扩展基本体】| L-Ext 工具，拖动鼠标以定义底部。（按 Ctrl 键可将底部约束为方形）

（2）释放鼠标按键并垂直移动可定义 L 形挤出的高度。

（3）单击后垂直移动鼠标可定义 L 形挤出墙体的厚度或宽度。

（4）单击以完成 L 形挤出的创建。

L-Ext 工具的【参数】卷展栏如图 2-119 所示，参数功能说明如下。

图 2-119

◎ 【侧面长度】/【前面长度】：指定 L 形侧面和前面的长度。

◎ 【侧面宽度】/【前面宽度】：指定 L 形侧面和前面的宽度。

◎ 【高度】：指定对象的高度。

◎ 【侧面分段】/【前面分段】：指定 L 形侧面和前面的分段数。

◎ 【宽度分段】/【高度分段】：指定整个宽度和高度的分段数。

2.2.13　C-Ext

使用 C-Ext 工具可创建挤出的 C 形对象，如图 2-120 所示。

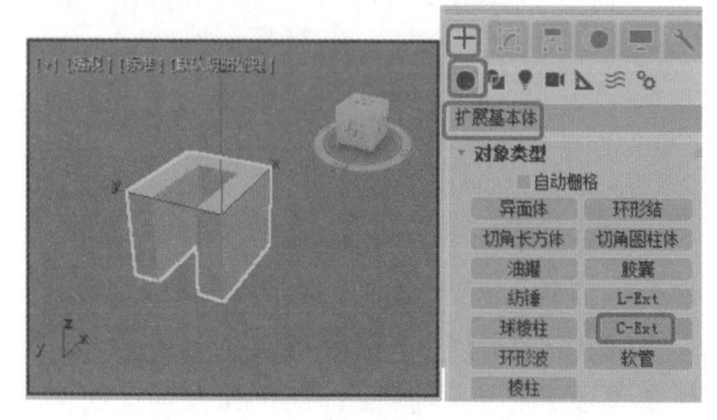

图 2-120

（1）选择【创建】 |【几何体】 |【扩展基本体】| C-Ext 工具，拖动鼠标以定义底部。（按 Ctrl 键可将底部约束为方形）

（2）释放鼠标按键并垂直移动可定义 C 形挤出的高度。

（3）单击后垂直移动鼠标指针可定义 C 形挤出墙体的厚度或宽度。

（4）单击以完成 C 形挤出的创建。

C-Ext 工具的【参数】卷展栏如图 2-121 所示，参数功能说明如下。

图 2-121

◎ 【背面长度】/【侧面长度】/【前面长度】：用来指定三个侧面的每一个长度。

◎ 【背面宽度】/【侧面宽度】/【前面宽度】：用来指定三个侧面的每一个宽度。

◎ 【高度】：用来指定对象的总体高度。

◎ 【背面分段】/【侧面分段】/【前面分段】：用来指定对象特定侧面的分段数。

◎ 【宽度分段】/【高度分段】：用来指定对象的整个宽度和高度的分段数。

2.3 三维编辑修改器

在【修改】命令面板中，通过添加修改器可以对场景中的对象进行编辑修改。本节将对修改器进行详细介绍。

2.3.1　变形修改器

1. 【弯曲】修改器

使用【弯曲】修改器可以对物体进行弯曲处理，如图 2-122 所示，可以调节弯曲的角度和方向，以及弯曲依据的坐标轴向，还可以限制弯曲在一定区域内。弯曲的【参数】卷展栏如图 2-123 所示。

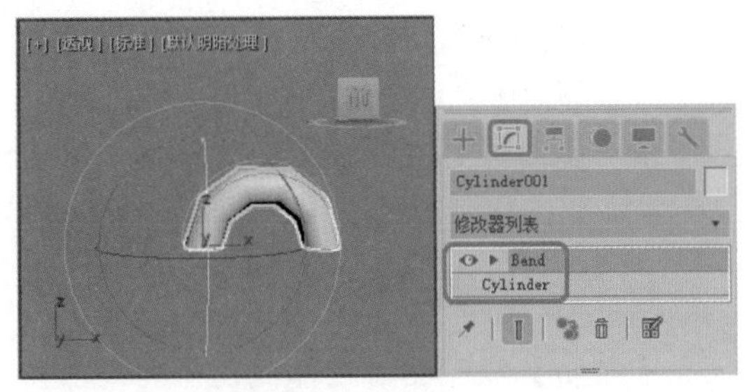

图 2-122

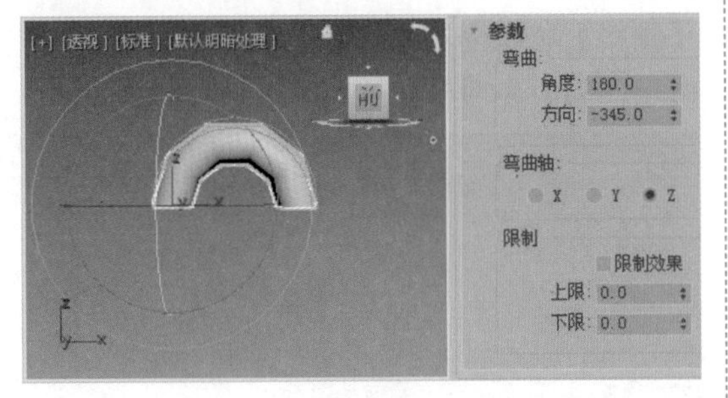

图 2-123

【弯曲】修改器各项参数的功能说明如下。

◎ 【弯曲】选项组：用于设置弯曲的角度和方向。

◆ 【角度】：用来设置弯曲的角度大小，范围为 1°～360°。

◆ 【方向】：用来调整弯曲方向的变化。

◎ 【弯曲轴】选项组：设置弯曲的坐标轴向。

◎ 【限制】选项组

◆ 【限制效果】：对物体指定限制效果，影响区域将由上、下限值来确定。

◆ 【上限】：用来设置弯曲的上限，在此限度以上的区域将不会受到弯曲影响。

◆ 【下限】：用来设置弯曲的下限，在此限度与上限之间的区域将都受到弯曲影响。

除了这些基本的参数之外，【弯曲】修改器还包括两个次物体选择集：Gizmo 和【中心】，对于 Gizmo 选择集，可以对其进行移动、旋转、缩放等变换操作，在进行这些操作时将影响弯曲的效果。【中心】选择集可以被移动，从而改变弯曲所依据的中心点。

2. 【锥化】修改器

【锥化】修改器是通过缩放物体的两端而产生锥形的轮廓，同时还可以加入光滑的曲线轮廓，允许控制锥化的倾斜度、曲线轮廓的曲度，还可以限制局部锥化效果，如图 2-124 所示。

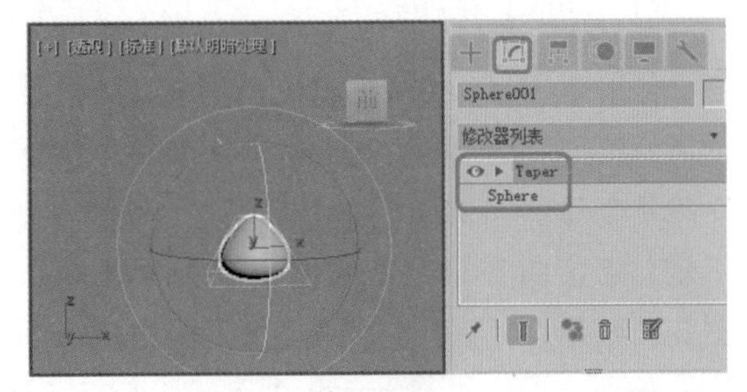

图 2-124

【锥化】修改器的【参数】卷展栏（见图 2-125）中各项目的功能说明如下。

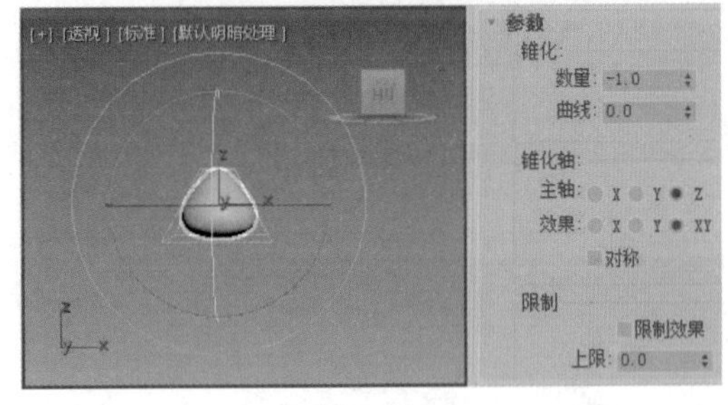

图 2-125

◎ 【锥化】选项组

◆ 【数量】：用来设置锥化倾斜的程度。

◆ 【曲线】：用来设置锥化曲线的弯曲程度。

◎ 【锥化轴】选项组：用来设置锥化依据的坐标轴向。

◆ 【主轴】：用来设置基本依据轴向。

◆ 【效果】：用来设置影响效果的轴向。

◆ 【对称】：用来设置一个对称的影响效果。

◎ 【限制】选项组

◆ 【限制效果】：用来打开限制效果，允许限制锥化影响在 Gizmo 物体上的范围。

◆ 【上限】/【下限】：分别设置锥化限制的区域。

> 提示：【锥化】修改器与【弯曲】修改器相同，也有Gizmo和【中心】两个次物体选择集。

3. 【扭曲】修改器

使用【扭曲】修改器可以沿指定轴向扭曲物体的顶点，从而产生扭曲的表面效果。它允许限制物体的局部受到扭曲作用，如图2-126所示。【扭曲】修改器的【参数】卷展栏如图2-127所示，各项参数的功能说明如下。

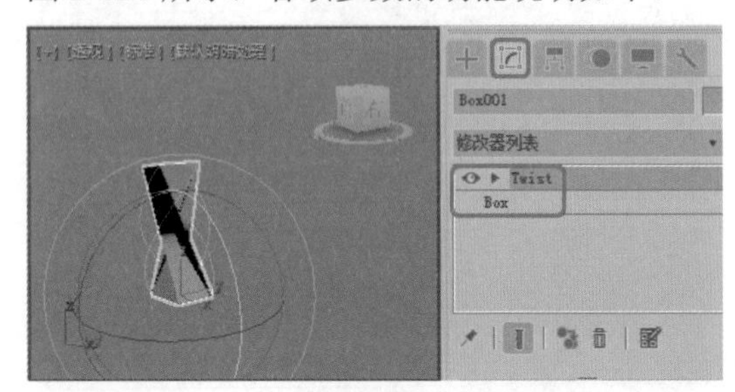

图 2-126

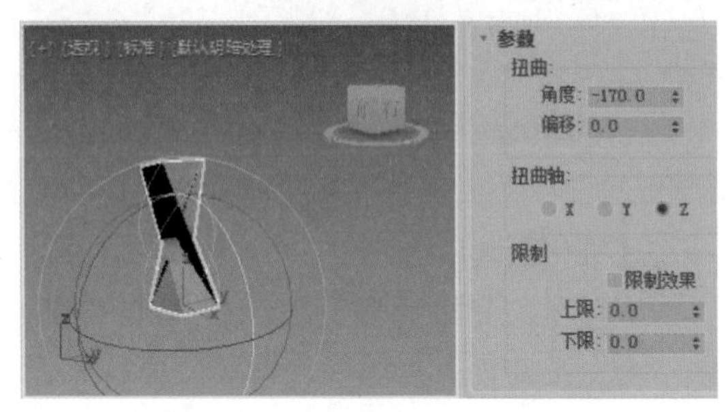

图 2-127

◎ 【扭曲】选项组

◆ 【角度】：用来设置扭曲的角度大小。

◆ 【偏移】：用来设置扭曲向上或向下的偏向度。

◎ 【扭曲轴】选项组：用来设置扭曲依据的坐标轴向。

◎ 【限制】选项组

◆ 【限制效果】：用来打开限制效果，允许限制扭曲影响在Gizmo物体上的范围。

◆ 【上限】/【下限】：分别用来设置扭曲限制的区域。

4. 【倾斜】修改器

【倾斜】修改器对物体或物体的局部在指定的轴向上产生偏斜变形，如图2-128所示。【倾斜】修改器的【参数】卷展栏如图2-128所示，其中各项参数的功能说明如下。

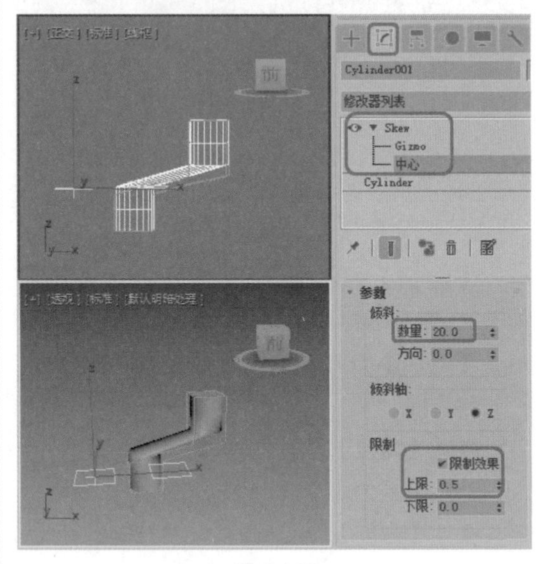

图 2-128

◎ 【倾斜】选项组

◆ 【数量】：用来设置与垂直平面偏斜的角度，在1°～360°之间，值越大，偏斜越大。

◆ 【方向】：用来设置偏斜的方向（相对于水平面），在1°～360°之间。

◎ 【倾斜轴】选项组：用来设置偏斜依据的坐标轴向。

◎ 【限制】选项组

◆ 【限制效果】：用来打开限制效果，允许限制偏斜影响在Gizmo物体上的范围。

◆ 【上限】/【下限】：分别用来设置偏斜限制的区域。

2.3.2 编辑修改器堆栈的使用

编辑修改器堆栈用来管理应用到对象上的编辑修改器的空间，在【修改】命令面板中使用修改器的同时，就进入了堆栈当中。在对象的堆栈内，多个修改器的选择集，甚至不相邻的选择集可以被剪切、复制和粘贴。这些编辑修改器的选择集也可以应用于完全不同的对象。

1. 堆栈的基本功能及使用

在3ds Max 2020用户界面的所有区域中，编辑修改器堆栈是功能最强大的。编辑修改器堆栈包含了一个列表和五个按钮，如图2-129所示。要掌握3ds Max 2020，熟练使用编辑修改器堆栈和工具栏是最重要的。编辑修改器堆栈提供了访问每个对象建模历史的工具。进行的每一个建模操作都存储在其中，便于返回去调整或者删除。堆栈中的操作可以与场景一起保存直到删除为止，这样可以顺利地完成建模。

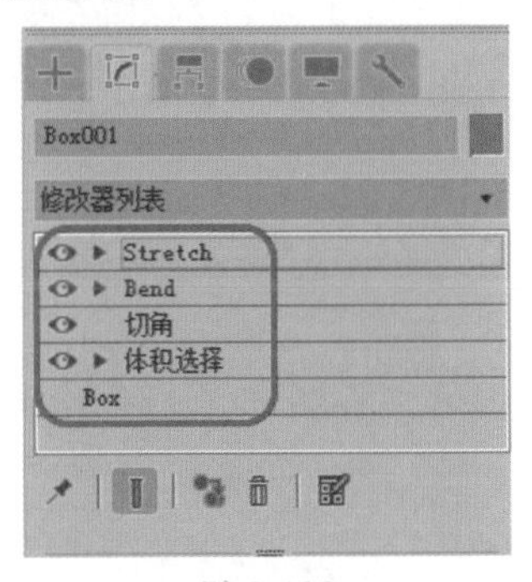

图 2-129

编辑修改器堆栈本身是一个列表。当选择一个对象后，增加给对象的每一个编辑修改器都将显示在堆栈列表中，并且最后增加的一个编辑修改器显示在堆栈顶部，如图2-130所示。增加给对象的第一个编辑修改器，也就是3ds Max 2020作用于对象的最早信息，显示在堆栈的底部。对于基本几何体来说，它们的参数总是在堆栈的最底部。由于这是对象的开始状态，因此，不能在堆栈中的下面位置再放置编辑修改器。

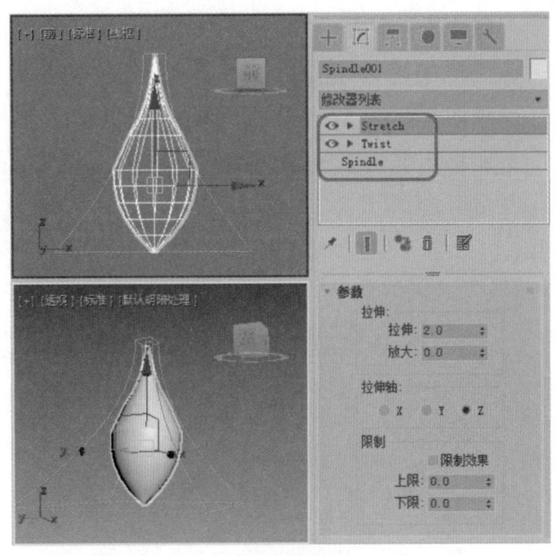

图 2-130

堆栈列表周围的按钮在管理堆栈方面的作用不同。堆栈中的每一个条目都可以单独操作和显示。

◎ 【锁定堆栈】：用来冻结堆栈的当前状态，在变换场景对象的情况下，使用它可以保持原来选择对象的编辑修改器的激活状态。

◎ 【显示最终结果开/关切换】：确定堆栈中的其他编辑修改器是否显示它们的结果，使用它可以直接看到编辑修改器的效果，而不必被其他的编辑修改器影响。建模者常在调整一个编辑修改器的时候关闭该按钮，在检查编辑修改器的效果时打开该按钮。当堆栈的剩余部分需要内存太多，且交互加强的时候，关闭该按钮可以节省时间。

◎ 【使唯一】：使对象关联编辑修改器独立。该按钮用来除去共享同一编辑修改器的其他对象的关联，它断开了与其他对象的选择。

◎ 【从堆栈中移除修改器】：从堆栈中删除选择的编辑修改器。

◎ 【配置修改器集】：单击该按钮将弹出一个下拉菜单，通过该下拉菜单，可以配置如何在【修改】命令面板中显示和选择修改器。在下拉菜单中选择【配置修改器集】命令，将弹出【配置修改器集】对话框，如图 2-131 所示。在该对话框中可以设置编辑修改器列表中编辑修改器的个数以及将编辑修改器加入或者移出编辑修改器列表。

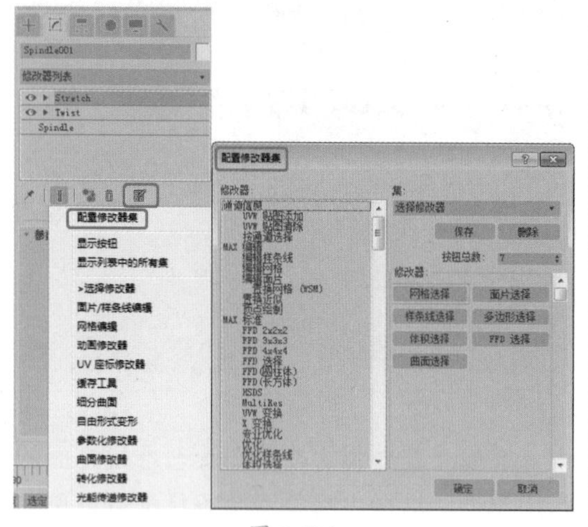

图 2-131

可以按照使用习惯以及兴趣任意地重新组合按钮类型。在【配置修改器集】对话框中，【按钮总数】微调框用来设置列表中所能容纳的编辑修改器的个数，在左侧的编辑修改器的名称上双击鼠标左键，即可将该编辑修改器加入列表。或者直接用鼠标拖曳，也可以将编辑修改器从列表中加入或删除。

单击【配置修改器集】按钮后，在弹出的下拉菜单中选择【显示按钮】命令，可以将编辑修改器以按钮形式显示，如图 2-132 所示。

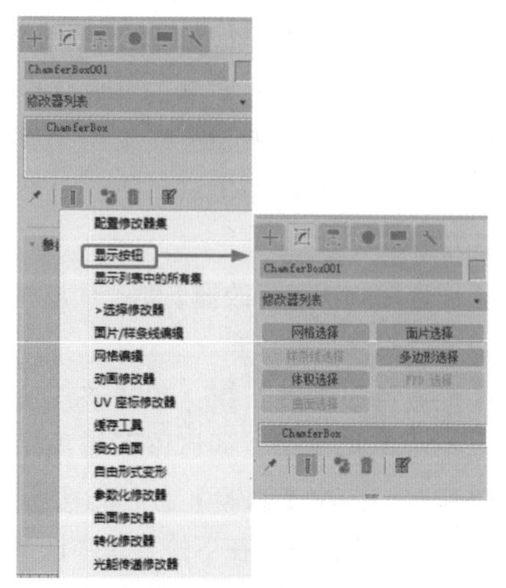

图 2-132

下拉菜单中的【显示列表中的所有集】命令可以将默认的编辑修改器中的编辑器按照功能的不同进行有效的划分，使用户在设置操作中便于查找和选择。

提示：切换当前编辑修改器的结果是否应用给对象。没有激活时，编辑修改器是不起任何作用的。只有当此选项处于激活状态时，编辑修改器的数据才能够传递给选择的对象。默认状态为激活。

在编辑修改器堆栈中可以对当前所选择的修改器进行特定的编辑，例如，编辑修改显示、独立或删除等操作，唯独缺少了最为关键的塌陷命令，并且在【配置修改器集】下拉菜单中也没有塌陷堆栈等命令工具。

其实，作为编辑堆栈中最为重量级的塌陷堆栈命令并没有被取消，它被安置在右键弹出的快捷菜单中。在操作中，只需在修改器堆栈区域单击鼠标右键，在弹出的快捷菜单中选择【塌陷到】或者【塌陷全部】命令，即可塌陷堆栈，如图 2-133 所示。

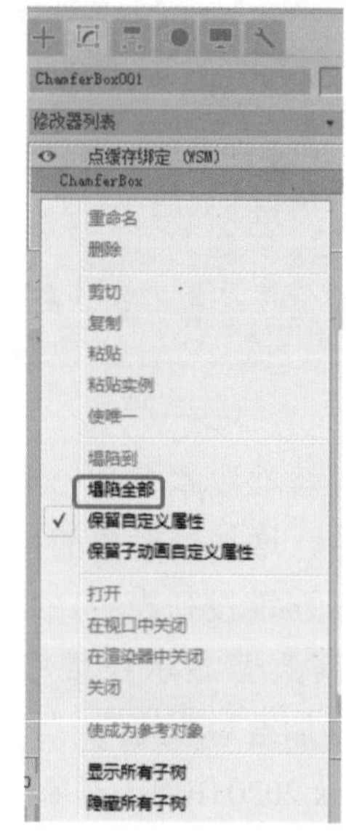

图 2-133

2. 塌陷堆栈

编辑修改器堆栈中的每一步都将占据内

存，这种情况对于我们宝贵的内存来说是非常糟糕的。为了使被编辑修改的对象占用尽可能少的内存，我们可以塌陷堆栈。塌陷堆栈的操作非常简单。

（1）在编辑堆栈区域中单击鼠标右键。

（2）在弹出的快捷菜单中选择一个塌陷类型。

（3）如果选择【塌陷到】命令，可以将当前选择的一个编辑修改器和在它下面的编辑修改器塌陷；如果选择【塌陷全部】命令，可以将所有堆栈列表中的编辑修改器对象塌陷。

通常在建模已经完成，并且不再需要进行调整时执行塌陷堆栈操作，塌陷后的堆栈不能恢复，因此执行此操作时一定要慎重。

课后项目练习

资料架的设计

本例将介绍资料架的制作方法。本例主要利用管状体、圆柱体、长方体等工具制作资料架，效果如图 2-134 所示。

课后项目练习效果展示

图 2-134

课后项目练习过程概要

（1）利用管状体、圆柱体工具制作资料架底座。

（2）利用管状体工具制作横板，并对其进行复制。

（3）利用长方体与线工具制作脚架对象。

素材	Map\ 枫木 -13.JPG Scenes\Cha02\ 资料架设计素材 .max
场景	Scenes\Cha02\ 资料架设计 .max
视频	视频教学 \Cha02\ 资料架设计 .max

01 按 Ctrl+O 快捷键，打开“资料架设计素材 .max”文件，如图 2-135 所示。

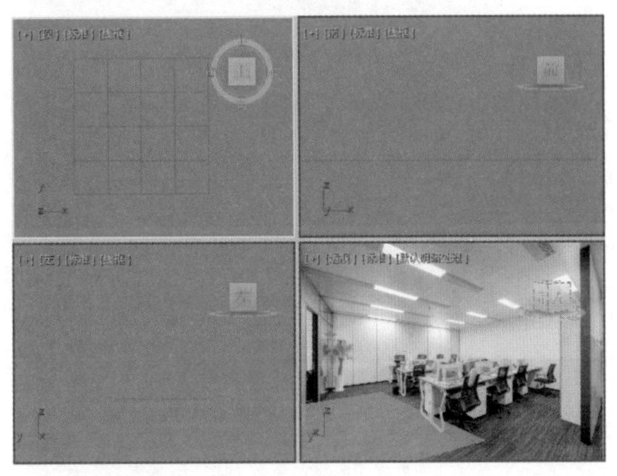

图 2-135

02 激活【顶】视图，选择【创建】 |【几何体】 |【管状体】工具，在【顶】视图中创建一个管状体，在【参数】卷展栏中将【半径 1】、【半径 2】、【高度】、【边数】分别设置为 30、40、10、32，如图 2-136 所示。

03 在视图中调整管状体的位置，选择【创建】 |【几何体】 |【圆柱体】工具，再在【顶】视图中管状体的中央创建一个圆柱体，在【参数】卷展栏中将【半径】、【高度】、【边数】分别设置为 30、13、30，然后在视图中调整它的位置，完成后的效果如图 2-137 所示。

04 在视图中选中管状体与圆柱体，在菜单栏中选择【组】|【组】命令，在弹出的对话

框中将【组名】设置为“底座”，如图 2-138 所示。

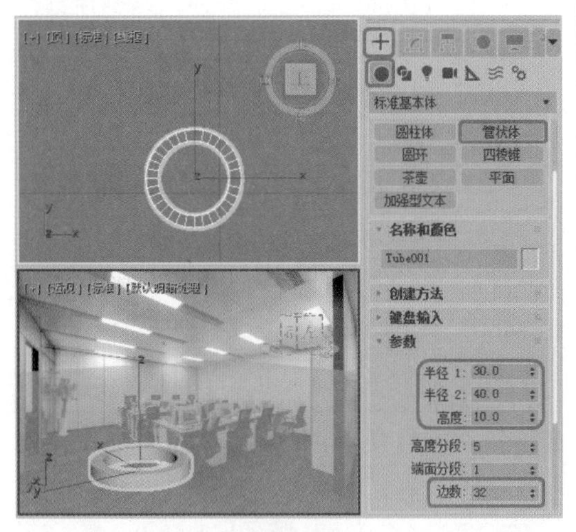

图 2-136

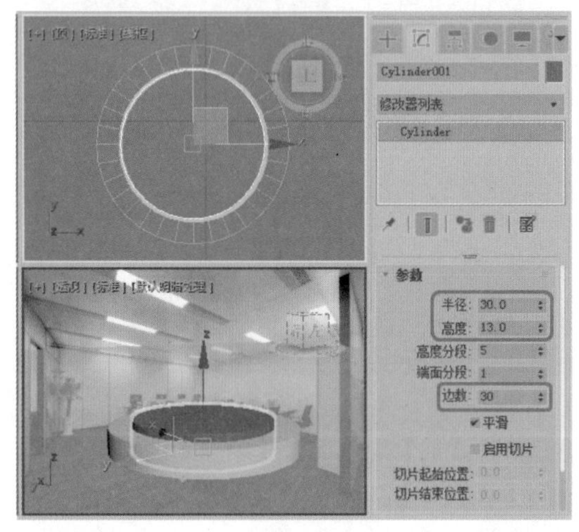

图 2-137

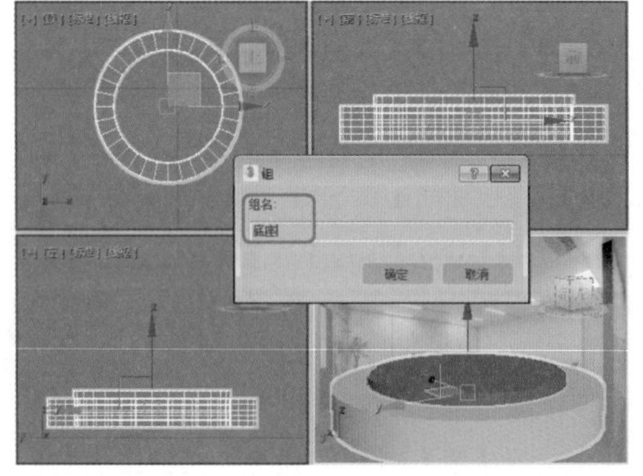

图 2-138

05 单击【确定】按钮，确定“底座”对象处于选中状态，按M键，打开【材质编辑器】窗口，选择一个新的材质样本球，单击【获取材质】按钮，在弹出的对话框中双击【场景材质】卷展栏下的【金属】材质，如图 2-139 所示。

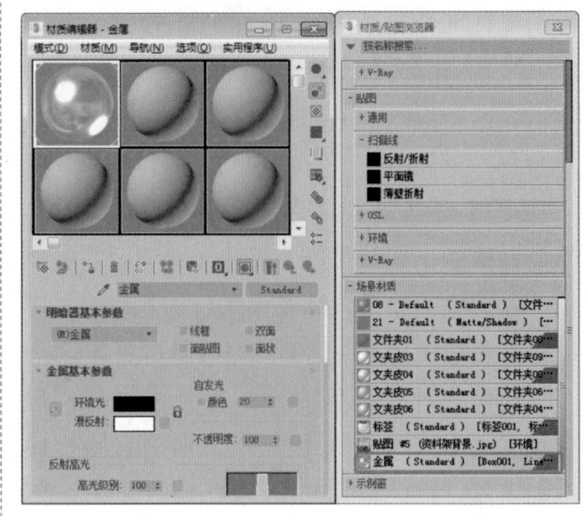

图 2-139

06 关闭【材质 / 贴图浏览器】对话框，将【金属】材质指定给“底座”对象，指定后的效果如图 2-140 所示。

图 2-140

07 选择【创建】 |【几何体】 |【管状体】工具，在【顶】视图中创建一个管状体，切换至【修改】命令面板，将其命名为“横板 001”，在【参数】卷展栏中将【半径 1】、【半径 2】、【高度】、【边数】分别设置为 6、133、6、50，然后在视图中将其调整至“底座”对象的上方，如图 2-141 所示。

08 选中“横板 001”对象，按 M 键，打开【材质编辑器】窗口，选择一个新的材质样本球，将其命名为“横板”，在【明暗器基本参数】

卷展栏中选中【双面】复选框，在【Blinn 基本参数】卷展栏中将【环境光】、【漫反射】、【高光反射】的 RGB 值均设置为 255、255、255，将【自发光】设置为 30，将【反射高光】选项组中的【高光级别】、【光泽度】分别设置为 20、45，如图 2-142 所示。

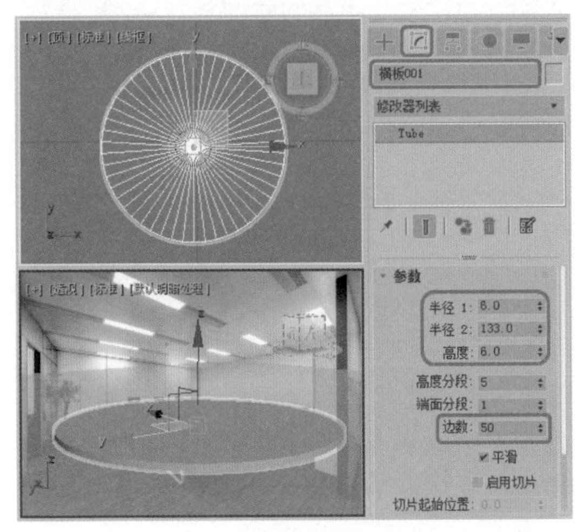

图 2-141

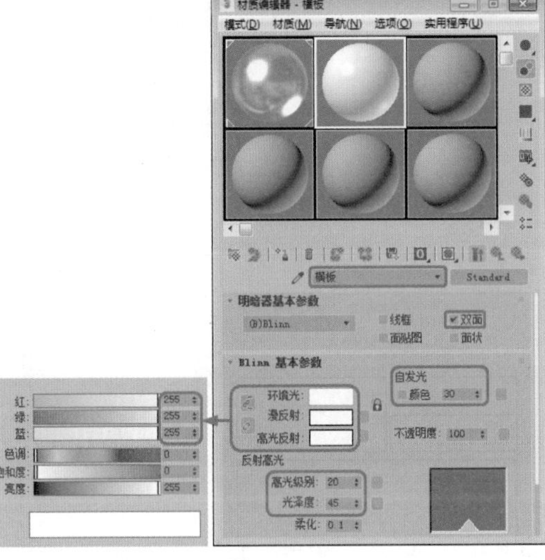

图 2-142

09 在【贴图】卷展栏中单击【漫反射颜色】右侧的【无贴图】按钮，在弹出的对话框中双击【位图】选项，再在弹出的对话框中双击“枫木 -13.JPG”贴图文件，在【位图参数】卷展栏中选中【应用】复选框，将 U、V、W、H 分别设置为 0.85、0、0.14、1，如图 2-143 所示。

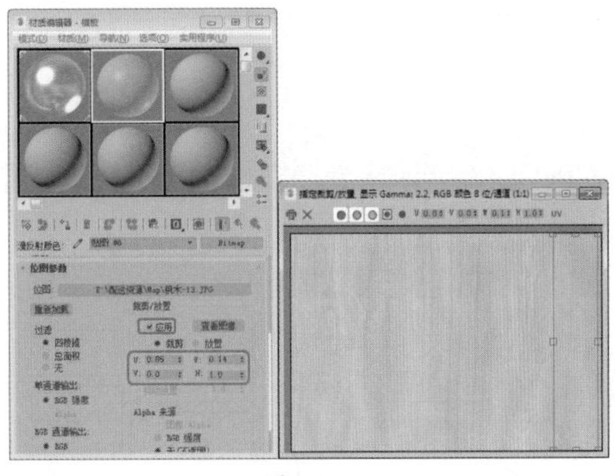

图 2-143

10 单击【将材质指定给选定对象】按钮，将设置完成后的材质指定给选定对象，单击【视口中显示明暗处理材质】按钮，选择【创建】 |【几何体】 |【圆柱体】工具，再在【顶】视图中“横板 001”的中心创建一个圆柱体，切换至【修改】命令面板，将其命名为“中心柱”，在【参数】卷展栏中将【半径】、【高度】、【边数】分别设置为 6、400、30，然后在视图中将其调整至“横板 001”的上方，如图 2-144 所示。

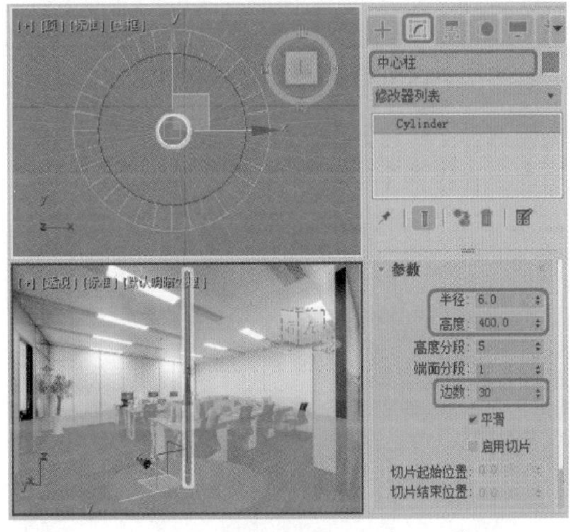

图 2-144

11 为【中心柱】对象指定【金属】材质，在【前】视图中选中“横板 001”对象，按住 Shift 键沿 Y 轴向上拖曳，在弹出的对话框中选中【实例】单选按钮，将【副本数】设置为 3，如图 2-145 所示。

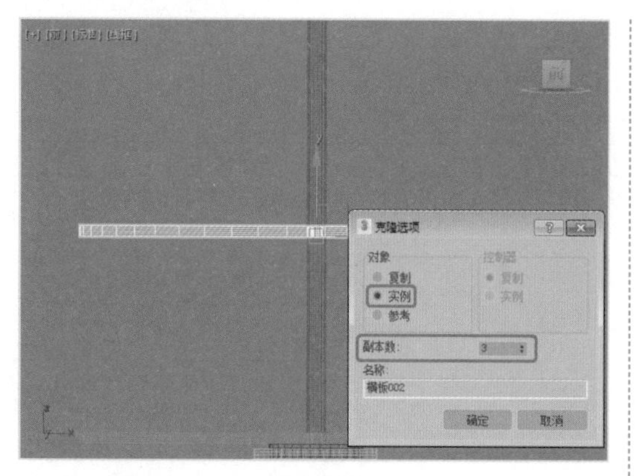

图 2-145

12 设置完成后，单击【确定】按钮，在视图中调整横板的位置，如图 2-146 所示。

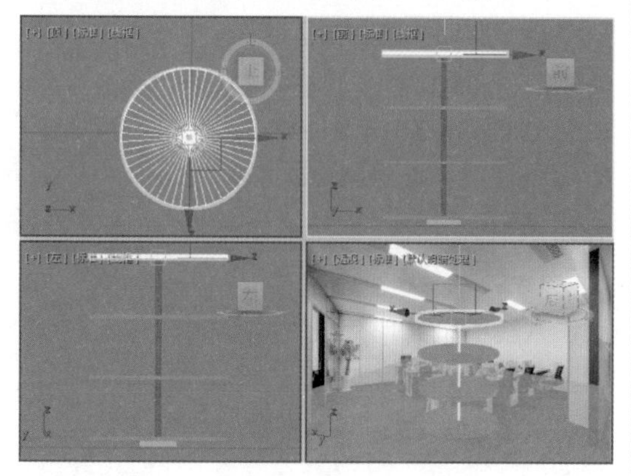

图 2-146

13 选择【创建】 |【几何体】 |【长方体】工具，在【前】视图中创建一个长度、宽度、高度分别为 10、80、4 的长方体，如图 2-147 所示。

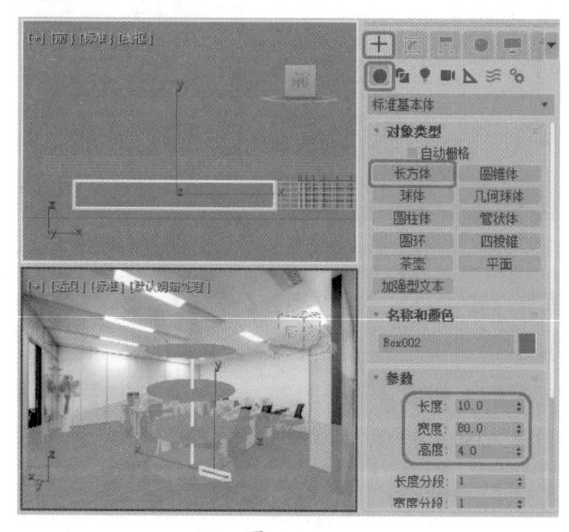

图 2-147

14 选择【创建】 |【图形】 |【线】工具，在【前】视图中绘制一个名为“脚架轴”的截面图形，如图 2-148 所示。

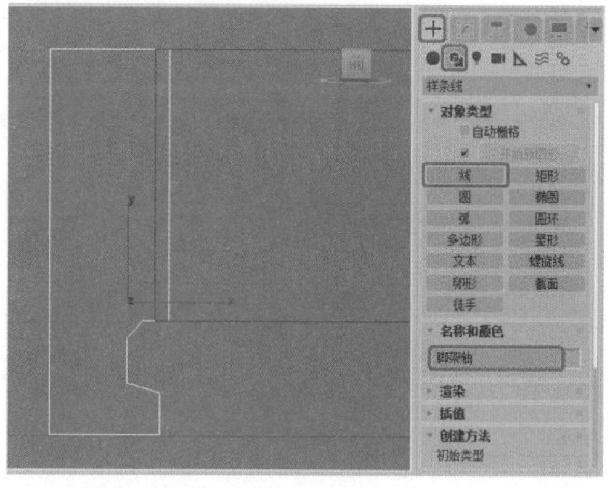

图 2-148

15 切换至【修改】命令面板，在修改器下拉列表中选择【车削】修改器，在【参数】卷展栏中单击 Y 按钮，单击【最小】按钮，如图 2-149 所示。

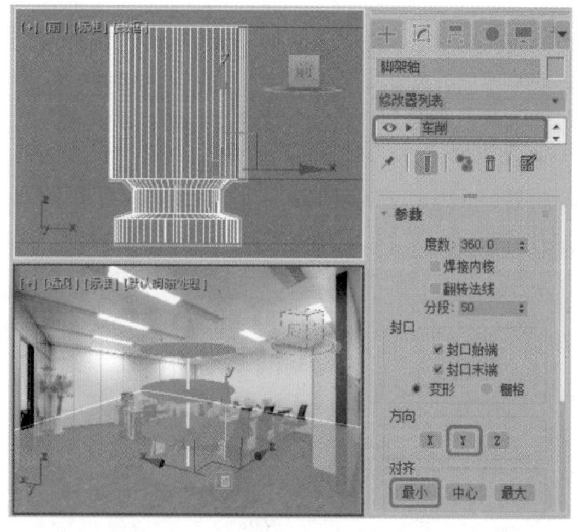

图 2-149

16 在视图中选中“脚架轴”与前面新绘制的长方体，在菜单栏中选择【组】|【组】命令，在弹出的对话框中将【组名】设置为“脚架 001”，如图 2-150 所示。

17 设置完成后，单击【确定】按钮，选中编组后的“脚架 001”组对象，切换至【层次】命令面板，在【调整轴】卷展栏中单击【仅影响轴】按钮，在【顶】视图中调整轴的位置，如图 2-151 所示。

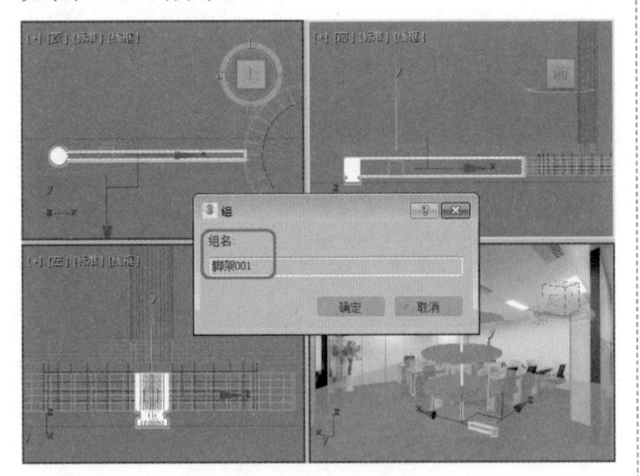

图 2-150

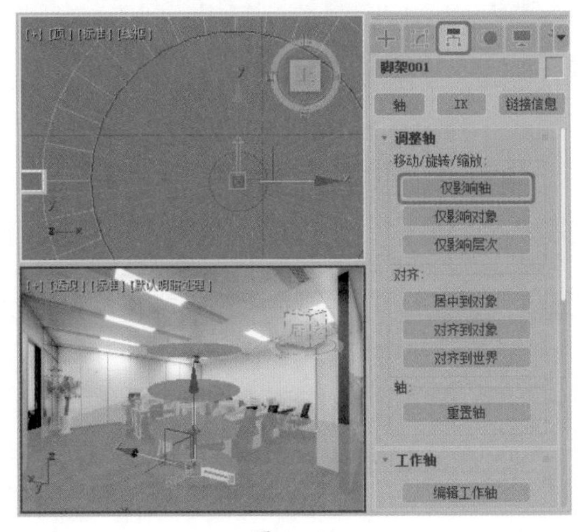

图 2-151

18 再次单击【仅影响轴】按钮，将其关闭。激活【顶】视图，在菜单栏中选择【工具】|【阵列】命令，在弹出的对话框中将【增量】下的 Z 旋转值设置为 90，将 1D 右侧的【数量】设置为 4，如图 2-152 所示。

19 设置完成后，单击【确定】按钮，选中阵列后的对象，为其指定【金属】材质，在视图中右击鼠标，在弹出的快捷菜单中选择【全部取消隐藏】命令，如图 2-153 所示。

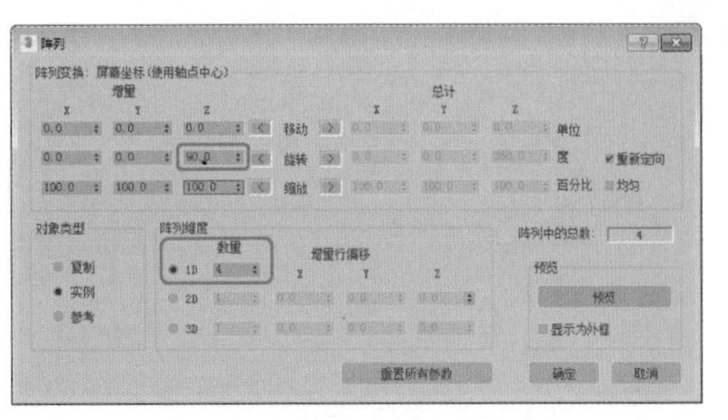

图 2-152

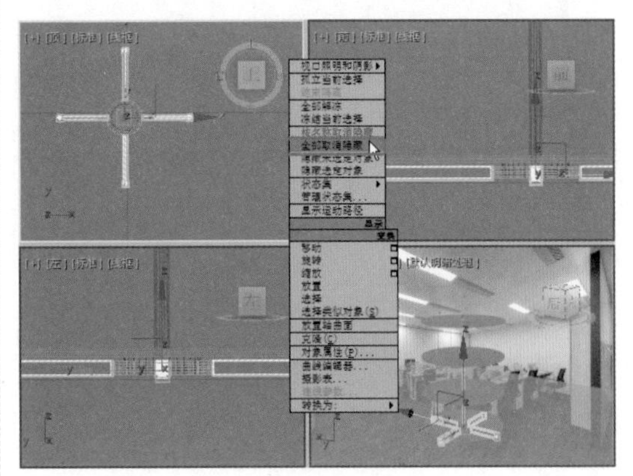

图 2-153

20 在视图中调整资料夹的位置，激活【透视】视图，按 C 键，将其转换为【摄影机】视图，并在视图中调整资料架与资料夹的位置，如图 2-154 所示。

图 2-154

第 3 章

笔记本的设计——二维图形建模

本章导读

二维图形是指由一条或多条样条线构成的平面图形，或由两个及两个以上节点构成的线 / 段所组成的组合体。二维图形建模是三维造型的一个重要基础，本章将详细介绍二维图形的创建与编辑。

案例精讲
笔记本的设计

为了更好地完成本设计案例，现对制作要求及设计内容做如下规划，笔记本设计效果如图 3-1 所示。

作品名称	笔记本设计
设计创意	（1）通过绘制矩形并添加【挤出】修改器制作笔记本 （2）为笔记本添加材质 （3）通过圆制作笔记本圆环 （4）为制作的笔记本创建摄影机与灯光来体现笔记本的真实效果
主要元素	（1）办公桌桌面 （2）笔记本皮
应用软件	3ds Max 2020
素材	Map\ 办公桌桌面 .jpg、笔记本皮 .jpg
场景	Scenes \Cha03\【案例精讲】笔记本设计 .max
视频	视频教学 \Cha03\【案例精讲】笔记本设计 .mp4
笔记本设计效果欣赏	图 3-1

01 选择【创建】|【图形】|【矩形】工具，在【顶】视图中创建矩形，并命名为【笔记本皮 01】，在【参数】卷展栏中将【长度】设置为 220，【宽度】设置为 155，如图 3-2 所示。

02 切换至【修改】命令面板，在修改器列表中选择【挤出】修改器，在【参数】卷展栏中将【数量】设置为 0.1，如图 3-3 所示。

03 在修改器列表中选择【UVW 贴图】修改器，在【参数】卷展栏中选中【长方体】单选按钮，在【对齐】选项组下单击【适配】按钮，如图 3-4 所示。

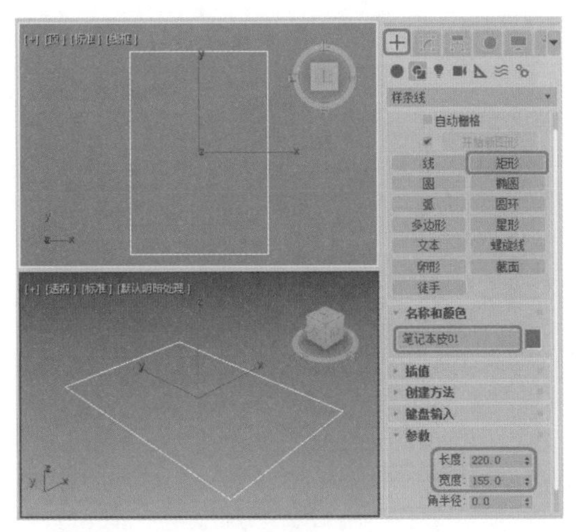

图 3-2

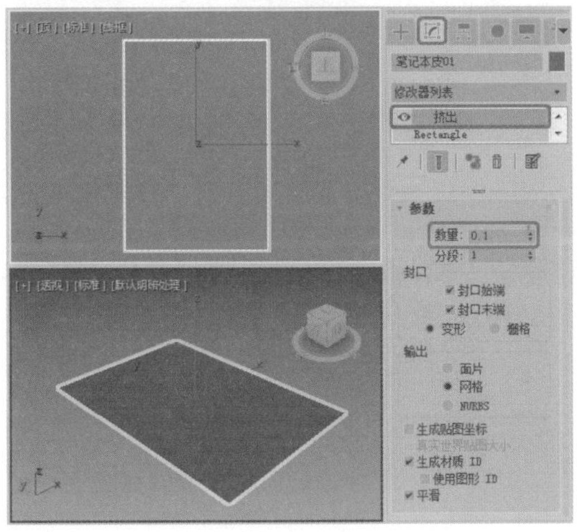

图 3-3

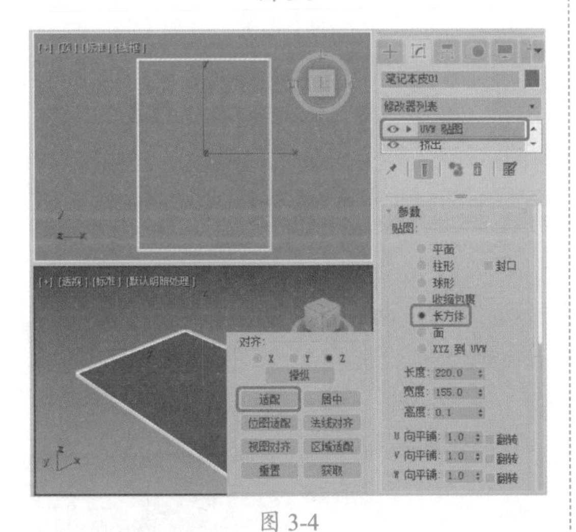

图 3-4

04 按 M 键，在弹出的对话框中选择一个材质样本球，将其命名为【笔记本皮】，在【Blinn 基本参数】卷展栏中将【环境光】的 RGB 值设置为 22、56、94，将【自发光】设置为 50，将【高光级别】和【光泽度】分别设置为 54、25，如图 3-5 所示。

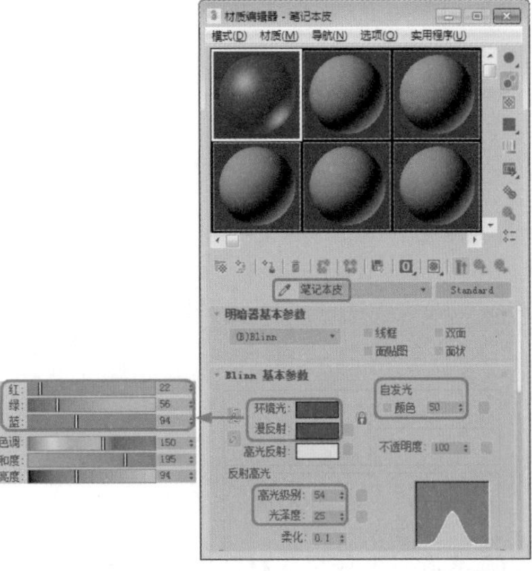

图 3-5

05 在【贴图】卷展栏中单击【漫反射颜色】右侧的【无贴图】按钮，在弹出的对话框中双击【位图】选项，再在弹出的对话框中选择“Map\笔记本皮.jpg”贴图文件，如图 3-6 所示。

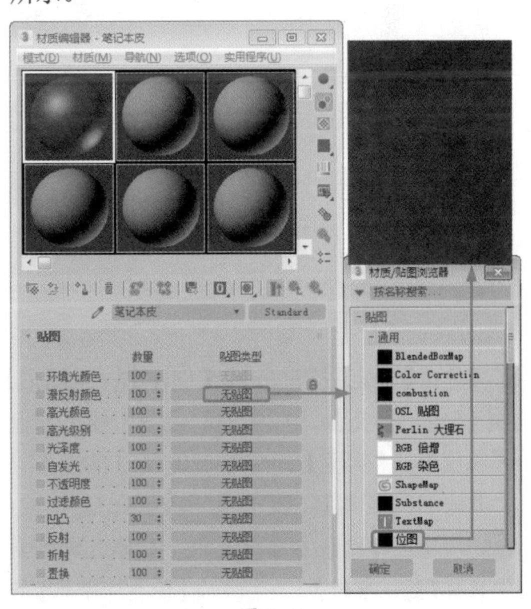

图 3-6

06 单击【转到父对象】按钮，再在【贴图】

卷展栏中单击【凹凸】右侧的【无贴图】按钮，在弹出的对话框中双击【噪波】选项，在【坐标】卷展栏中将【瓷砖】下的X、Y、Z分别设置为1.5、1.5、3，在【噪波参数】卷展栏中将【大小】设置为1，如图3-7所示。

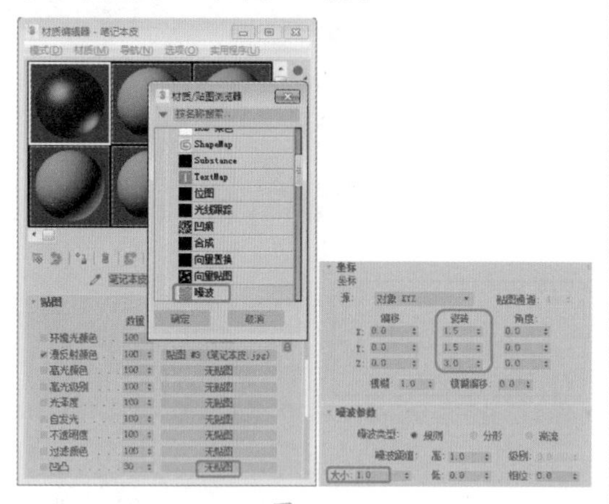

图 3-7

07 将设置完成后的材质指定给笔记本皮01对象即可，激活【前】视图，在工具栏中单击【镜像】按钮，在弹出的对话框中选中Y单选按钮，将【偏移】设置为-6，选中【复制】单选按钮，如图3-8所示。

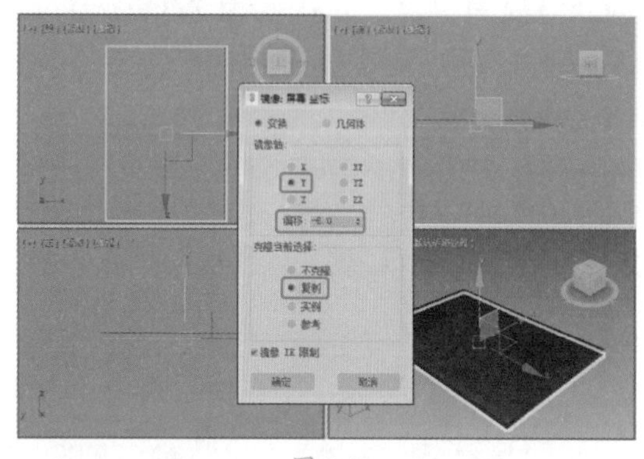

图 3-8

08 单击【确定】按钮，选择【创建】|【图形】|【矩形】工具，在【顶】视图中绘制一个【长度】、【宽度】分别为220、155的矩形，将其命名为【本】，如图3-9所示。

09 切换至【修改】命令面板，在修改器列表中选择【挤出】命令，在【参数】卷展栏中将【数量】设置为5，并在视图中调整其位置，如图3-10所示。

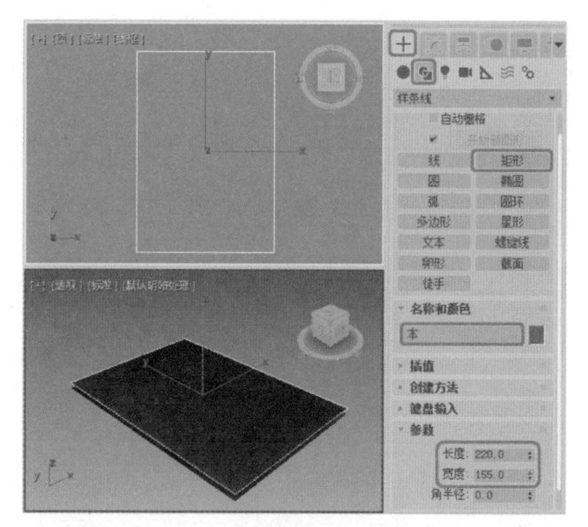

图 3-9

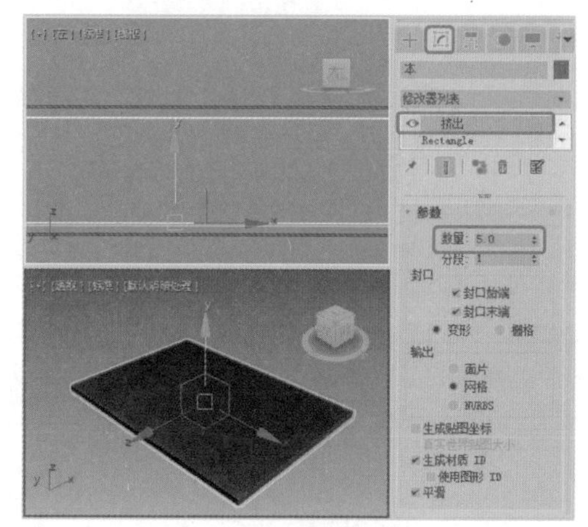

图 3-10

10 在【材质编辑器】窗口中选择一个材质样本球，将其命名为【本】，单击【高光反射】左侧的按钮，在弹出的对话框中单击【是】按钮，将【环境光】的RGB值设置为255、255、255，将【自发光】设置为30，将设置完成后的材质指定给【本】对象即可，如图3-11所示。

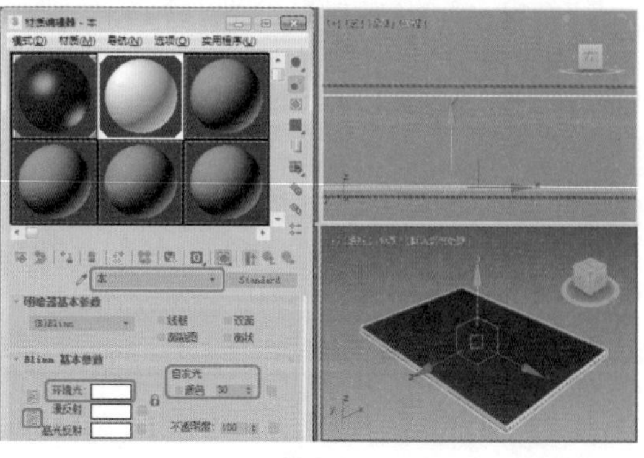

图 3-11

11 选择【创建】 | 【图形】 | 【圆】工具，在【前】视图中绘制一个半径为 5.6 的圆，并将其命名为【圆环 001】，如图 3-12 所示。

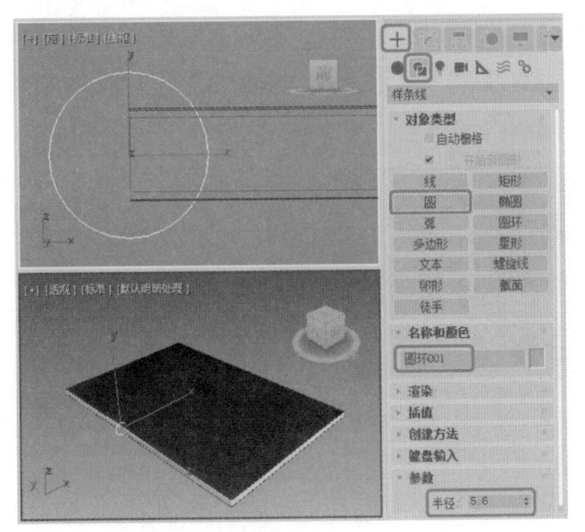

图 3-12

12 切换至【修改】命令面板，在【渲染】卷展栏中选中【在渲染中启用】和【在视口中启用】复选框，并在【顶】视图中调整圆形的位置，如图 3-13 所示。

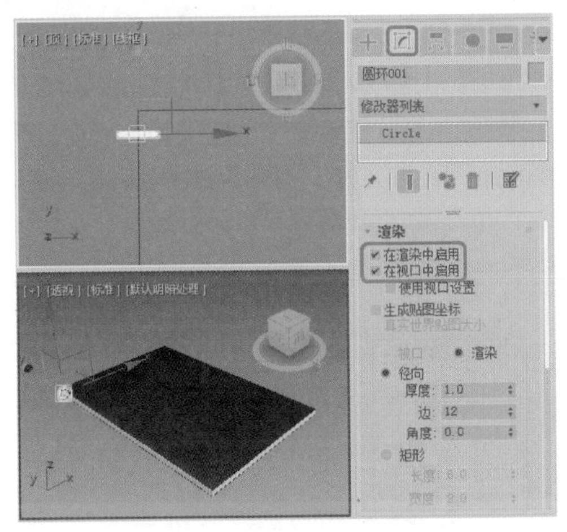

图 3-13

13 在【顶】视图中按住 Shift 键的同时向下拖动鼠标，弹出【克隆选项】对话框，将【副本数】设置为 13，单击【确定】按钮，复制圆环后的效果如图 3-14 所示。

14 选中所有的圆环，将其颜色设置为【黑色】，再在视图中选择所有对象，在菜单栏中选择【组】|【组】命令，在弹出的对话框中将【组名】设置为【笔记本】，如图 3-15 所示。

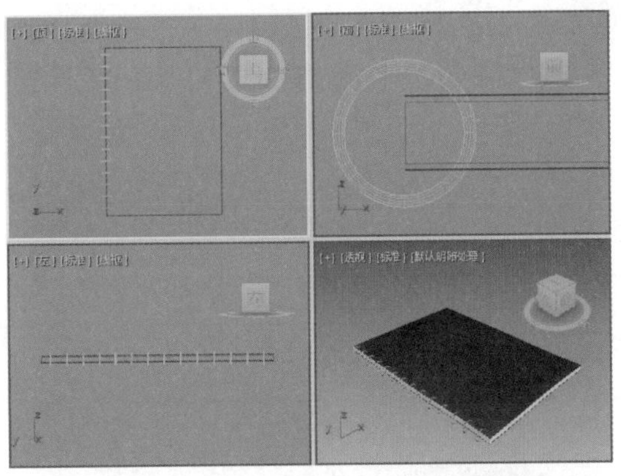

图 3-14

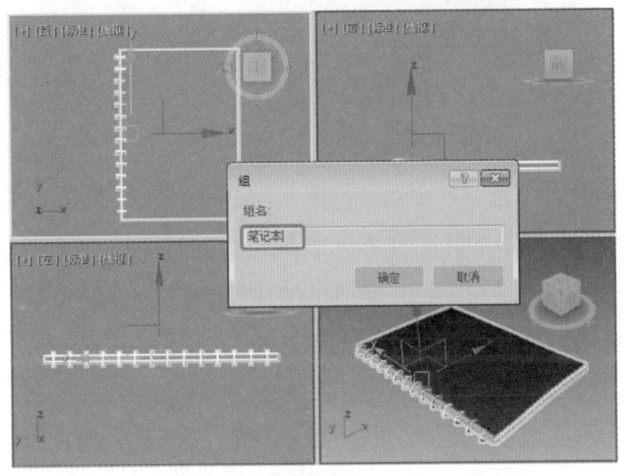

图 3-15

15 单击【确定】按钮，选择【创建】 | 【几何体】 |【标准基本体】|【平面】工具，在【顶】视图中创建平面，切换到【修改】命令面板，在【参数】卷展栏中，将【长度】和【宽度】分别设置为 1987、2432，将【长度分段】、【宽度分段】都设置为 1，在视图中调整其位置，如图 3-16 所示。

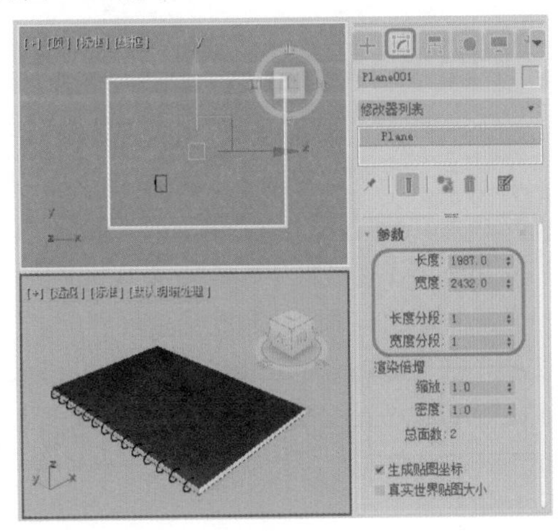

图 3-16

16 在修改器列表中选择【壳】修改器，使用其默认参数即可，如图 3-17 所示。

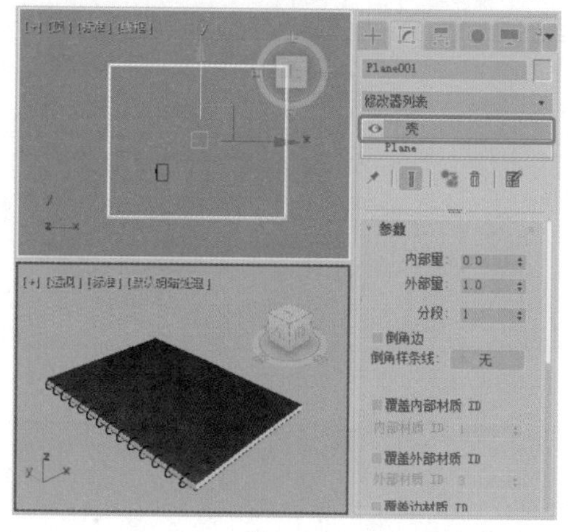

图 3-17

17 继续选中平面对象，右击鼠标，在弹出的快捷菜单中选择【对象属性】命令，弹出【对象属性】对话框，在弹出的对话框中选中【透明】复选框，如图 3-18 所示。

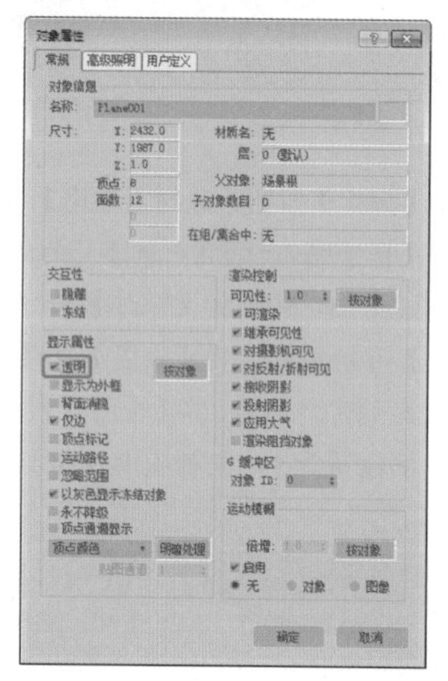

图 3-18

> 提示：【透明】复选框可使视口中的对象呈半透明状态。此设置对于渲染没有影响，它仅是让您可以看到拥挤的场景中隐藏在其他对象后面的对象，特别是便于调整透明对象后面的对象的位置。默认设置为禁用状态。

18 单击【确定】按钮，继续选中该对象，按 M 键，打开【材质编辑器】窗口，在该对话框中选择一个材质样本球，将其命名为【地面】，单击 Standard 按钮，在弹出的对话框中选择【无光 / 投影】选项，如图 3-19 所示。

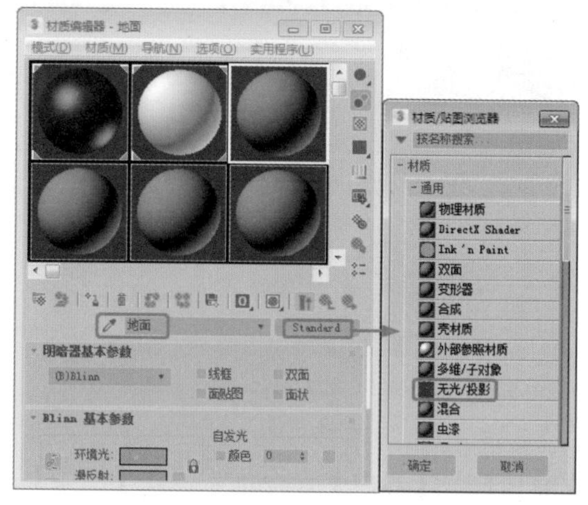

图 3-19

19 单击【确定】按钮，将该材质指定给选定的对象即可，按 8 键，弹出【环境和效果】对话框，在【公用参数】卷展栏中单击【无】按钮，在弹出的【材质 / 贴图浏览器】对话框中双击【位图】贴图，再在弹出的对话框中选择“办公桌桌面 .jpg”素材文件，如图 3-20 所示。

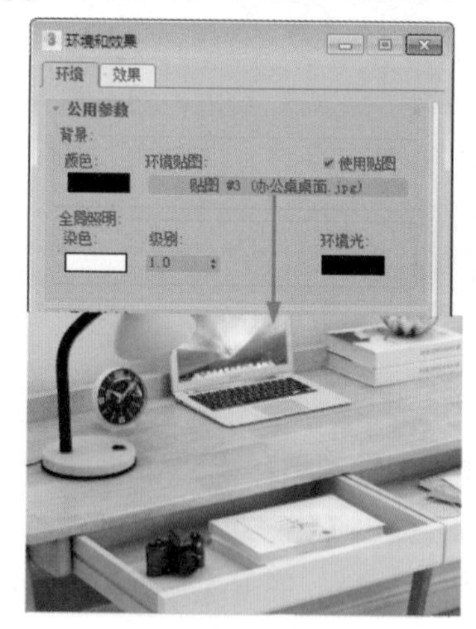

图 3-20

20 在【环境和效果】对话框中将环境贴图拖曳至新的材质样本球上，在弹出的【实例（副本）贴图】对话框中选中【实例】单选按钮，并单击【确定】按钮，然后在【坐标】卷展栏中，将贴图设置为【屏幕】，如图 3-21 所示。

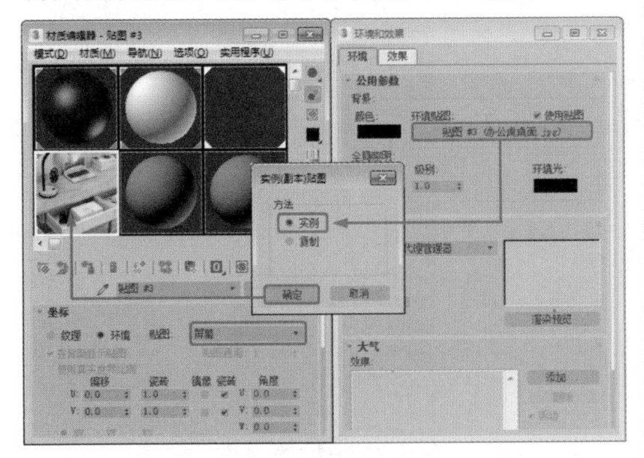

图 3-21

21 激活【透视】视图，按 Alt+B 组合键，在弹出的对话框中选中【使用文件】单选按钮，单击【文件】按钮，在弹出的对话框中双击“办公桌桌面 .jpg”素材文件，设置完成后，单击【确定】按钮，如图 3-22 所示。

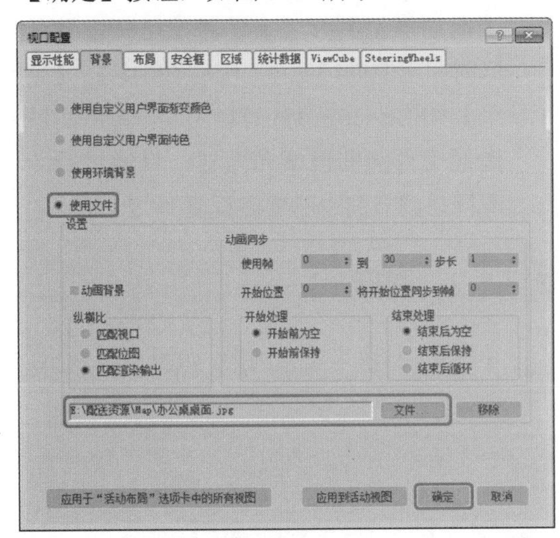

图 3-22

22 选择【创建】 | 【摄影机】 | 【目标】工具，在视图中创建摄影机，激活【透视】视图，按 C 键将其转换为【摄影机】视图，在其他视图中调整摄影机位置，效果如图 3-23 所示。

23 选择【创建】 | 【灯光】 | 【标准】 | 【泛光】工具，在【顶】视图中创建泛光灯，并在其他视图中调整灯光的位置，切换至【修改】命令面板，在【强度 / 颜色 / 衰减】卷展栏中将【倍增】设置为 0.35，如图 3-24 所示。

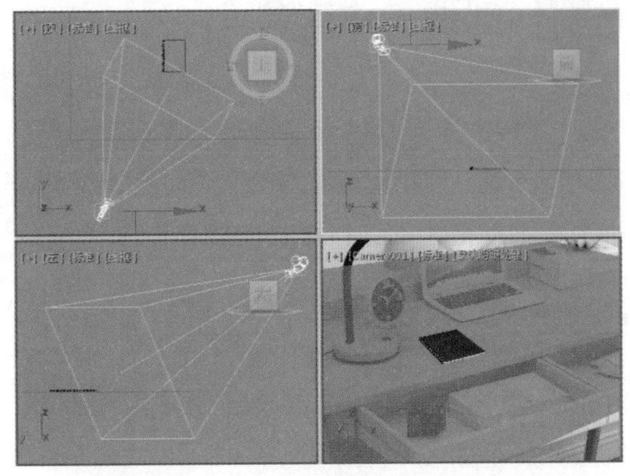

图 3-23

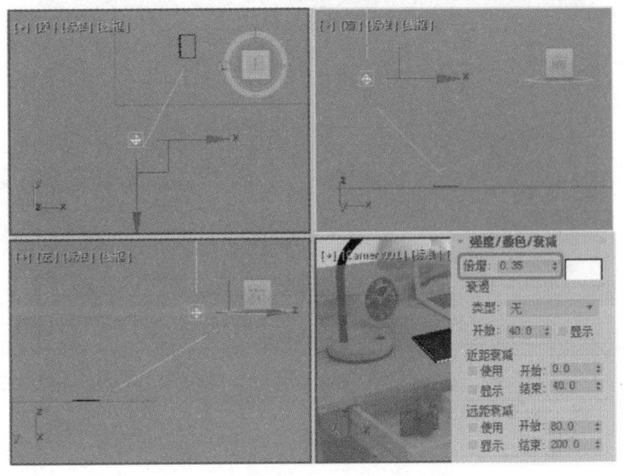

图 3-24

24 选择【创建】 |【灯光】 |【标准】|【天光】工具，在【顶】视图中创建天光，切换至【修改】命令面板，在【天光参数】卷展栏中选中【投射阴影】复选框，如图 3-25 所示。按 F9 键对完成后的场景进行渲染保存即可。

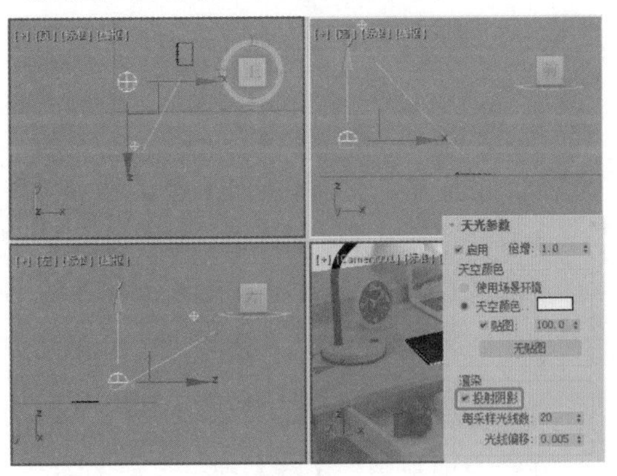

图 3-25

3.1 创建二维对象

二维指的是不包含深度信息的平面。灵活运用二维工具对创建三维对象有很大帮助，本节将讲解基本的二维工具的操作方法。

3.1.1 线

使用【线】工具可以绘制任何形状的封闭或开放型曲线（包括直线），如图3-26所示。

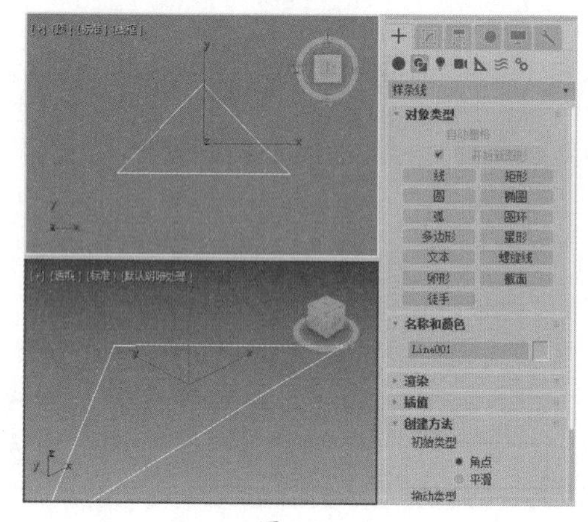

图 3-26

（1）选择【创建】|【图形】|【样条线】|【线】工具，在视图中单击鼠标确定线条的第一个节点。

（2）移动鼠标指针到达想要结束线段的位置单击鼠标创建一个节点，单击鼠标右键结束直线段的创建。

> 提示：在绘制线条时，当线条的终点与第一个节点重合时，系统会提示你是否关闭图形，单击【是】按钮时即可创建一个封闭的图形；如果单击【否】按钮，则继续创建线条。在创建线条时，通过按住鼠标拖动，可以创建曲线。

在命令面板中，【线】拥有自己的参数设置，如图3-27所示，这些参数需要在创建线条之前选择。【线】的【创建方法】卷展栏中各项目的功能说明如下。

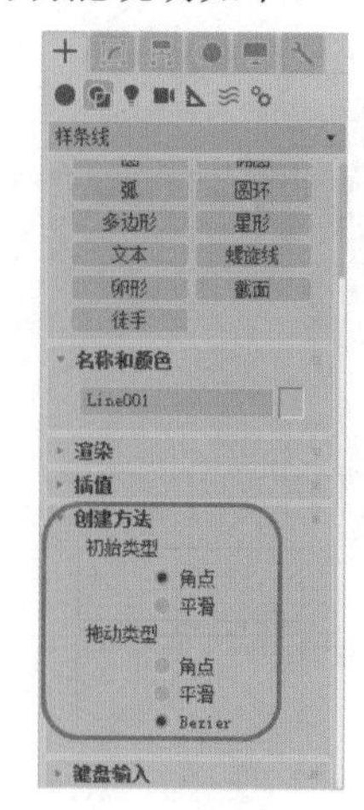

图 3-27

◎ 【初始类型】：用来设置单击鼠标后拖曳出的曲线类型，包括【角点】和【平滑】两种，可以绘制出直线和曲线。

◎ 【拖动类型】：用来设置按压并拖动鼠标时引出的曲线类型，包括【角点】、【平滑】和 Bezier 三种，其中，贝塞尔曲线是最优秀的曲度调节方式，其通过两个滑杆来调节曲线的弯曲程度。

3.1.2 圆形

【圆】工具用来建立圆形，如图3-28所示。

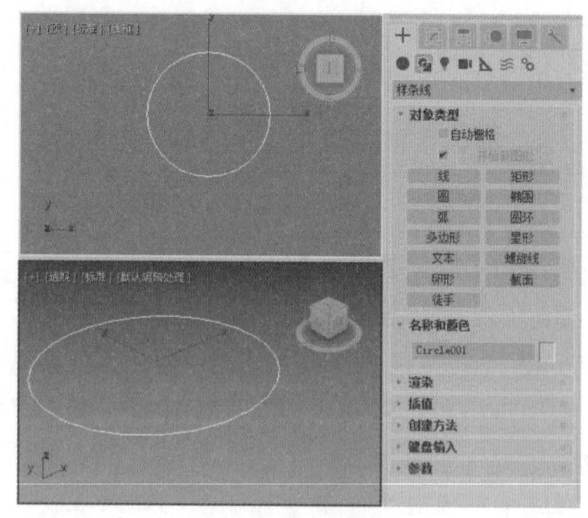

图 3-28

选择【创建】|【图形】|【样条线】|【圆】工具，然后在场景中按住鼠标左键并拖动来创建圆形。在【参数】卷展栏中只有一个半

径参数可设置，如图 3-29 所示。【半径】用来设置圆形的半径大小。

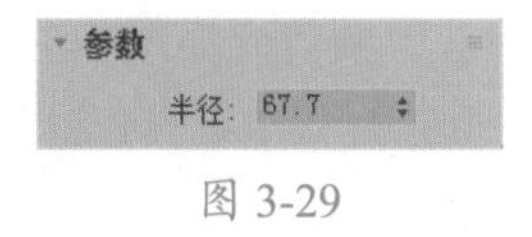

图 3-29

3.1.3 弧形

【弧】工具用来制作圆弧曲线和扇形，如图 3-30 所示。

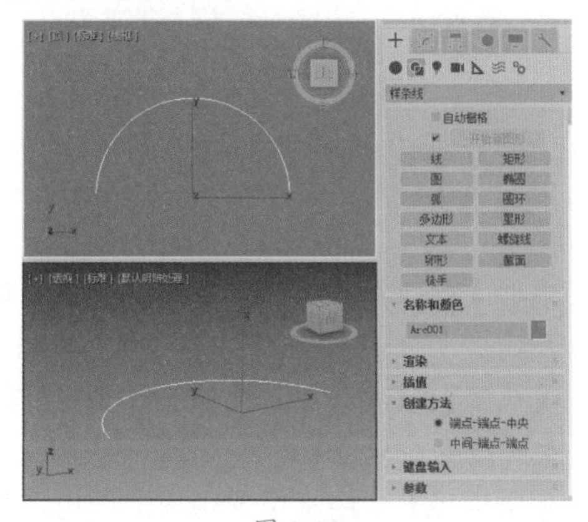

图 3-30

可在视图中创建弧形曲线或扇形图形。

（1）选择【创建】|【图形】|【样条线】|【弧】工具，在视图中单击并拖动鼠标，拖出一条直线。

（2）到达一定的位置后松开鼠标，移动并单击确定圆弧的半径。

当完成对象的创建之后，可以在命令面板中对其参数进行修改。其【参数】卷展栏如图 3-31 所示。

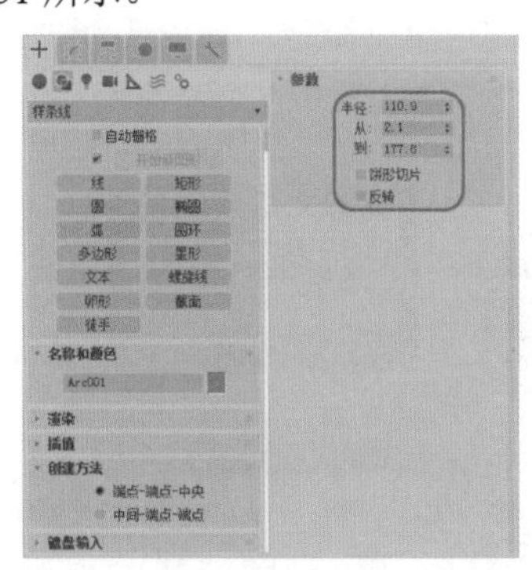

图 3-31

【弧】工具的各项功能说明如下。

【创建方法】卷展栏中的选项说明如下。

◎ 【端点 - 端点 - 中央】：这种建立方式是先引出一条直线，以直线的两端点作为弧的两端点，然后移动鼠标，确定弧长。

◎ 【中心 - 端点 - 端点】：这种建立方式是先引出一条直线，作为圆弧的半径，移动鼠标，确定弧长。这种建立方式对扇形的建立非常方便。

【参数】卷展栏中的选项说明如下。

◎ 【半径】：用来设置圆弧的半径大小。

◎ 【从】/【到】：用来设置弧起点和终点的角度。

◎ 【饼形切片】：选中此复选框，将建立封闭的扇形。

◎ 【反转】：选中此复选框，将弧线方向反转。

3.1.4 文本

使用【文本】工具可以直接产生文字图形，在中文 Windows 平台下可以直接产生各种字体的中文字形，字形的内容、大小、间距都可以调整，在完成动画制作之后，仍然可以修改文字的内容。

选择【创建】|【图形】|【样条线】|【文本】工具，在【参数】卷展栏中的文本框中输入文本，然后在视图中直接单击鼠标即可创建文本图形，如图 3-32 所示。在【参数】卷展栏中可以对文本的字体、字号、间距以及文本的内容进行修改。【文本】工具的【参数】卷展栏如图 3-33 所示。

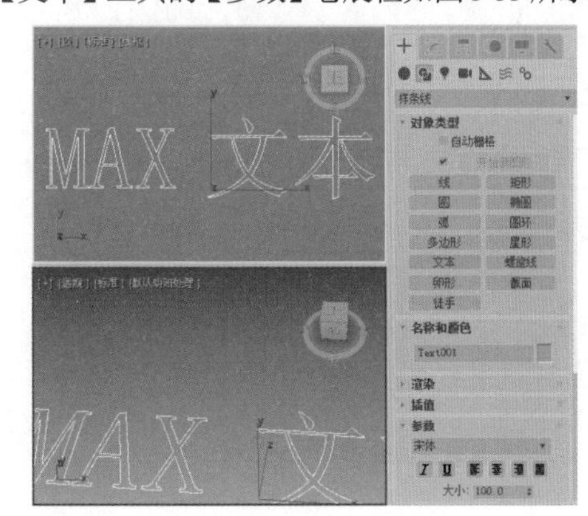

图 3-32

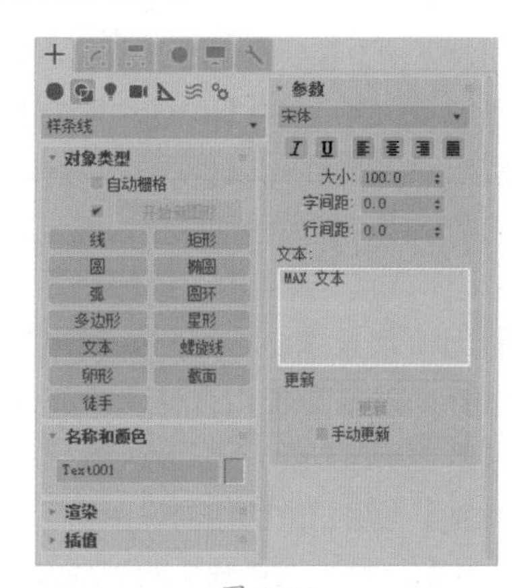

图 3-33

【参数】卷展栏中各项目的功能说明如下。

◎ 【大小】：用来设置文字的大小尺寸。

◎ 【字间距】：用来设置文字之间的间隔距离。

◎ 【行间距】：用来设置文字行与行之间的距离。

◎ 【文本】：用来输入文本文字。

◎ 【更新】：用来设置修改参数后，视图是否立刻进行更新显示。遇到大量文字处理时，为加快显示速度，可以打开【手动更新】设置，自行指示更新视图。

3.1.5 矩形

【矩形】工具是经常用到的一个工具，它可以用来创建矩形，如图 3-34 所示。

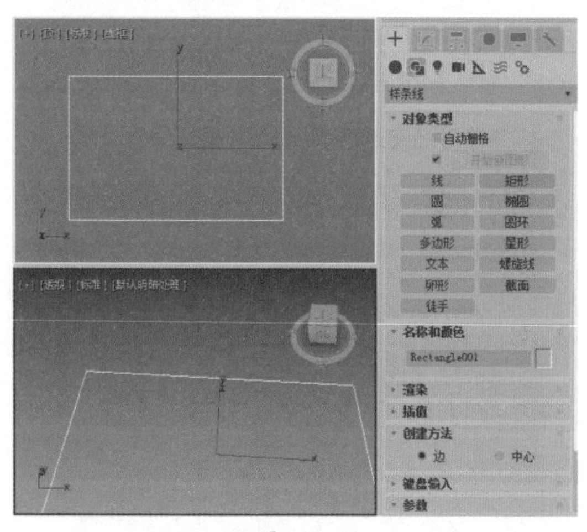

图 3-34

创建矩形与创建圆形的方法基本一样，都是通过拖动鼠标来创建。在【参数】卷展栏中包含 3 个常用参数，如图 3-35 所示。

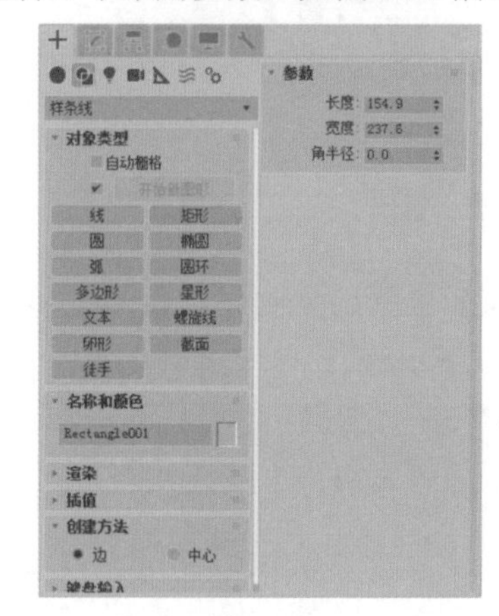

图 3-35

矩形【参数】卷展栏中各项目的功能说明如下。

◎ 【长度】/【宽度】：用来设置矩形的长度和宽度。

◎ 【角半径】：用来设置矩形的四角是直角还是有弧度的圆角。

提示：创建矩形，配合 Ctrl 键可以创建正方形。

【实战】茶几设计

本例将介绍如何使用矩形工具制作茶几，该案例主要通过创建圆角矩形、添加【挤出】修改器等操作进行制作，如图 3-36 所示。

图 3-36

素材	Map\ Metal01.tif Scenes\Cha03\ 茶几设计素材 .max
场景	Scenes\Cha03\【实战】茶几设计 OK.max
视频	视频教学 \Cha03\【实战】茶几设计 .mp4

01 按 Ctrl+O 组合键，打开“Scenes\Cha03\ 茶几设计素材 .max”素材文件，选择【创建】|【图形】|【矩形】工具，在【左】视图中绘制一个矩形，将其命名为【茶几框】，在【参数】卷展栏中将【长度】、【宽度】、【角半径】分别设置为 40、130、3，如图 3-37 所示。

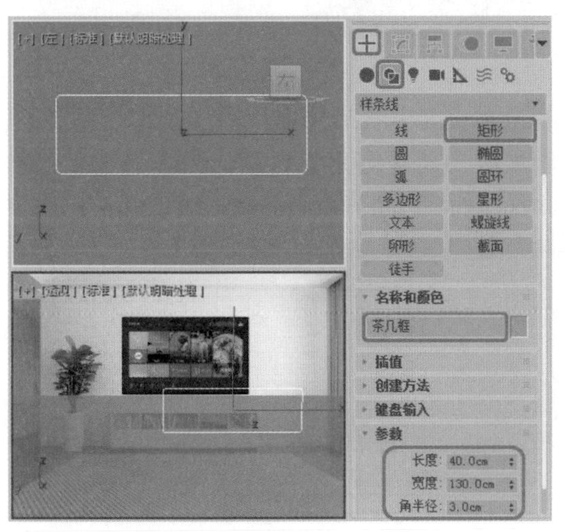

图 3-37

02 选中该图形，切换至【修改】命令面板，在修改器列表中选择【编辑样条线】修改器，将当前选择集定义为【样条线】，在视图中选中绘制的图形，在【几何体】卷展栏中将【轮廓】设置为 2.5，如图 3-38 所示。

03 添加完轮廓后，关闭当前选择集，在修改器列表中选择【挤出】修改器，在【参数】卷展栏中将【数量】设置为 70，如图 3-39 所示。

04 选择【创建】|【图形】|【矩形】工具，在【左】视图中绘制一个矩形，将其命名为【抽屉 001】，在【参数】卷展栏中将【长度】、【宽度】、【角半径】分别设置为 14、61.5、0.5，如图 3-40 所示。

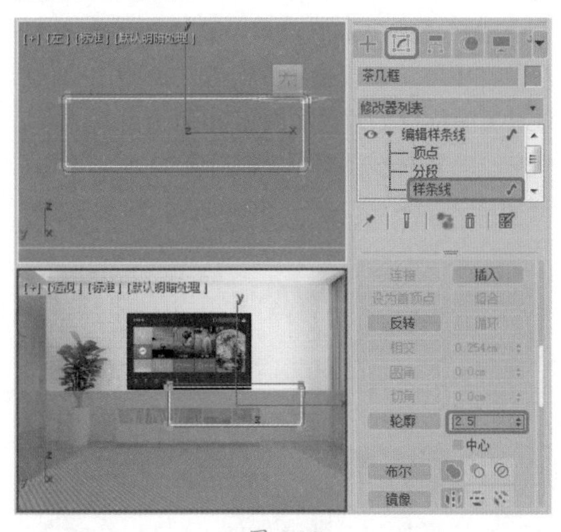

图 3-38

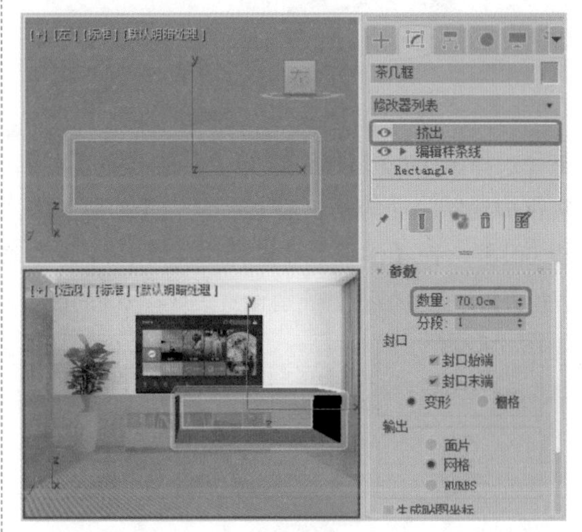

图 3-39

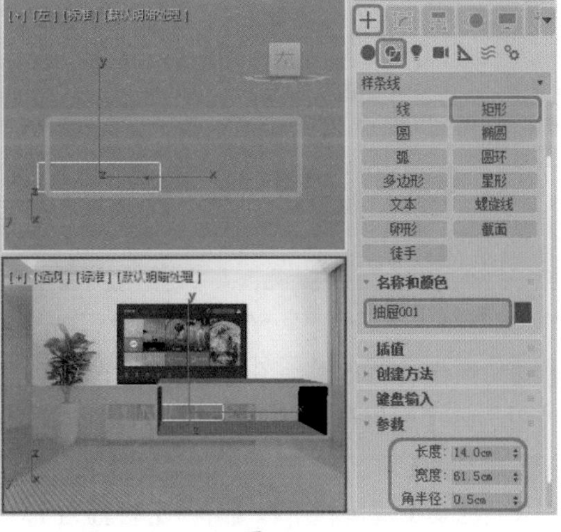

图 3-40

05 切换至【修改】命令面板，在修改器列表中选择【挤出】修改器，在【参数】卷展栏中将【数量】设置为34，并在视图中调整该对象的位置，效果如图3-41所示。

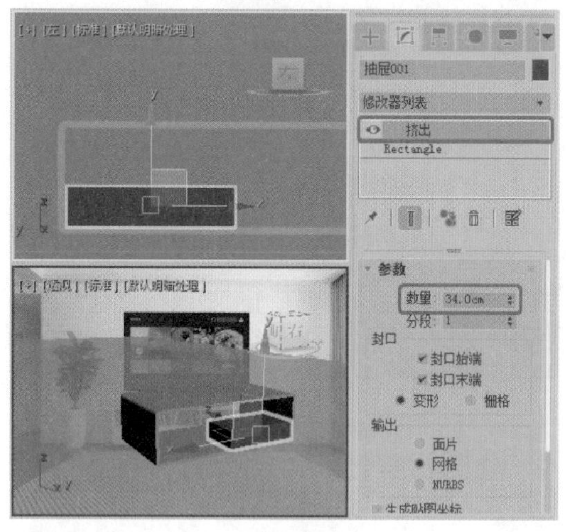

图 3-41

06 选择【创建】|【图形】|【矩形】工具，在【右】视图中绘制一个矩形，将其命名为【抽屉 - 挡板001】，在【参数】卷展栏中将【长度】、【宽度】、【角半径】分别设置为14、28、0.5，如图3-42所示。

图 3-42

07 切换至【修改】命令面板，在修改器列表中选择【编辑样条线】修改器，将当前选择集定义为【顶点】，选中右上角的两个顶点，在【几何体】卷展栏中将【焊接】设置为1，单击【焊接】按钮，对右上角的两个顶点进行焊接，并调整顶点的位置，效果如图3-43所示。

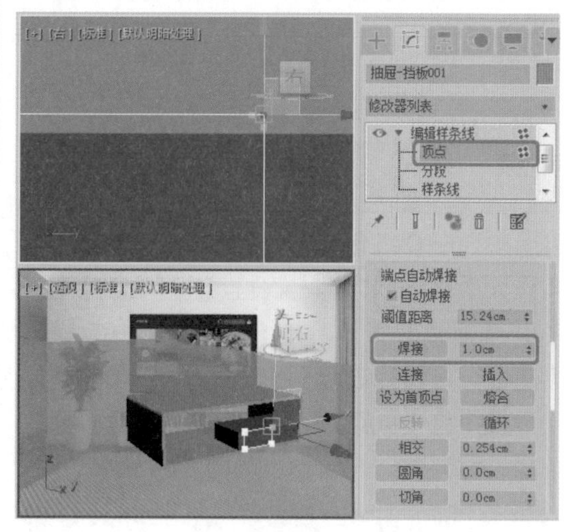

图 3-43

08 继续选中右上角的顶点，在【几何体】卷展栏中将【圆角】设置为10，按Enter键将选中的顶点进行圆角处理，如图3-44所示。

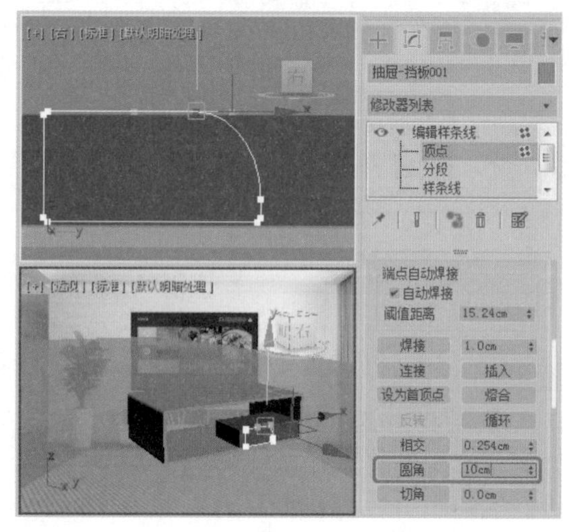

图 3-44

09 设置完成后，关闭当前选择集，在修改器列表中选择【挤出】修改器，在【参数】卷展栏中将【数量】设置为-0.5，并在视图中调整该对象的位置，如图3-45所示。

10 继续选中该对象并激活【右】视图，在工具栏中单击【镜像】按钮，在弹出的对话框中选中X单选按钮，选中【实例】单选按钮，将【偏移】设置为33.6，如图3-46所示。

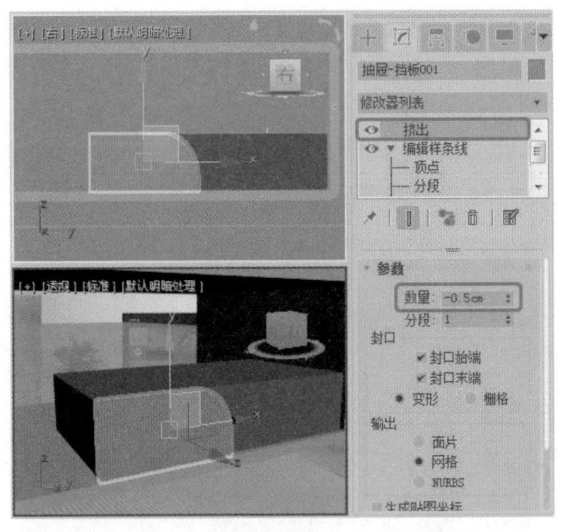

图 3-45

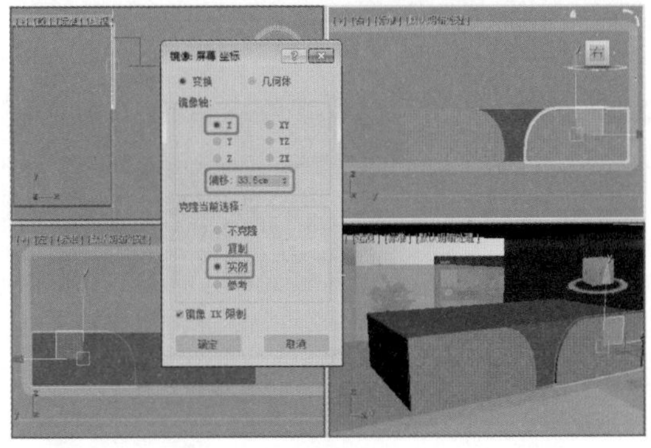

图 3-46

11 单击【确定】按钮，在视图中选中抽屉和抽屉挡板，在【右】视图中按住 Shift 键沿 X 轴向左进行拖动，在弹出的对话框中选中【实例】单选按钮，如图 3-47 所示。

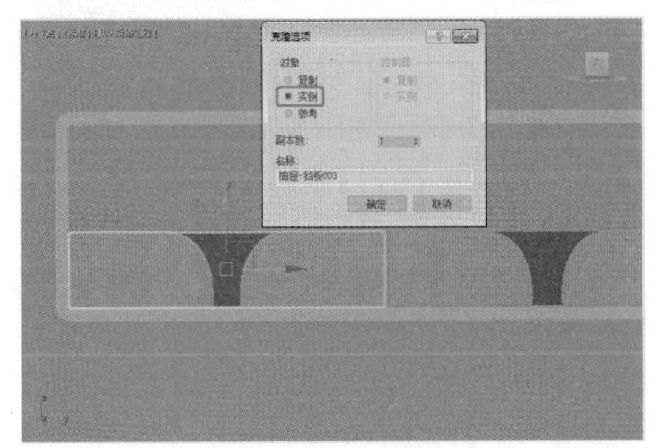

图 3-47

12 设置完成后，单击【确定】按钮，再次选中所有的抽屉和抽屉挡板，激活【顶】视图，在工具栏中单击【镜像】按钮，在弹出的对话框中选中【实例】单选按钮，将【偏移】设置为 −57.5，如图 3-48 所示。

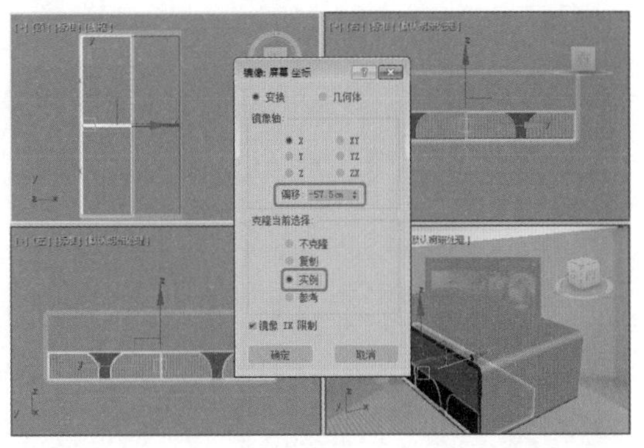

图 3-48

13 单击【确定】按钮，选择【创建】|【图形】|【矩形】工具，在【顶】视图中绘制一个矩形，将其命名为【茶几 - 横板】，在【参数】卷展栏中将【长度】、【宽度】、【角半径】分别设置为 125、70、0，如图 3-49 所示。

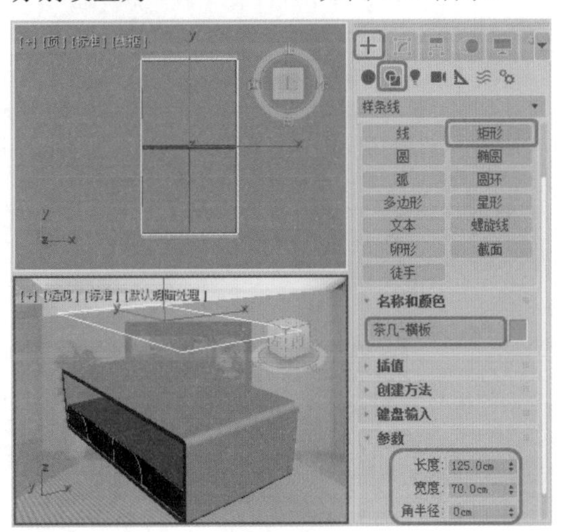

图 3-49

14 切换至【修改】命令面板，在修改器列表中选择【挤出】修改器，在【参数】卷展栏中将【数量】设置为 1，并在视图中调整该对象的位置，效果如图 3-50 所示。

15 在视图中选中所有的抽屉挡板、茶几横板、茶几框对象，按 M 键，在弹出的对话框中选择一个材质样本球，将其命名为【白色】，在【明暗器基本参数】卷展栏中将明暗器类型设置为（P）Phong，在【Phong 基本参数】卷展栏中将【环境光】的 RGB 值设置为

253、251、245，将【自发光】设置为60，将【反射高光】选项组中的【高光级别】、【光泽度】分别设置为98、87，如图3-51所示。

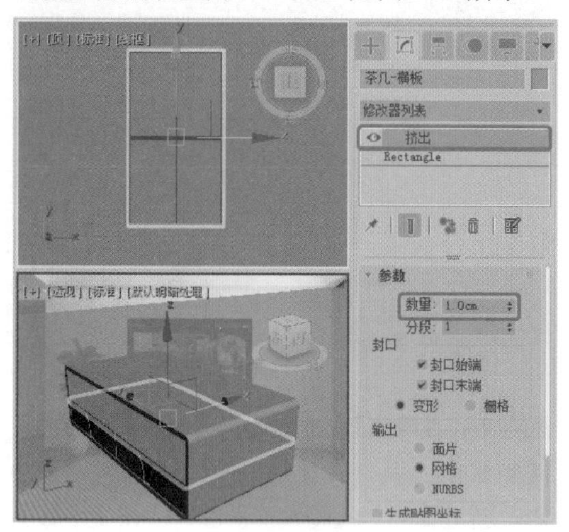

图 3-50

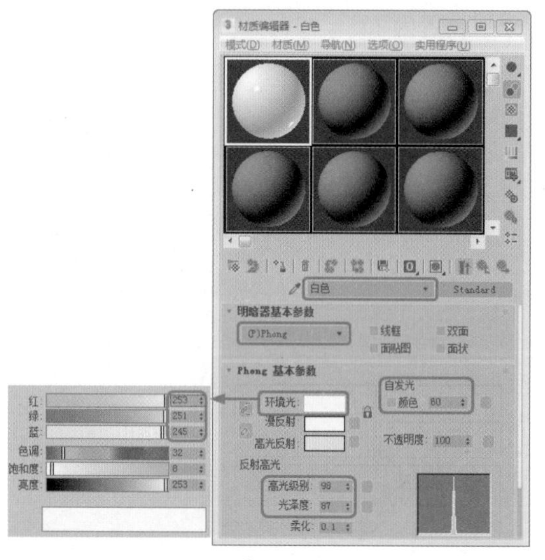

图 3-51

16 在【贴图】卷展栏中将【反射】右侧的【数量】设置为10，单击【反射】右侧的【无贴图】按钮，在弹出的对话框中双击【平面镜】，如图3-52所示。

17 将设置完成后的材质指定给选定的对象，再在视图中选择所有的抽屉对象，在【材质编辑器】窗口中选择一个新的材质样本球，将其命名为【抽屉】，在【Blinn基本参数】卷展栏中将【环境光】的RGB值设置为64、27、35，将【自发光】设置为45，将【高光级别】、【光泽度】分别设置为47、59，如图3-53所示。

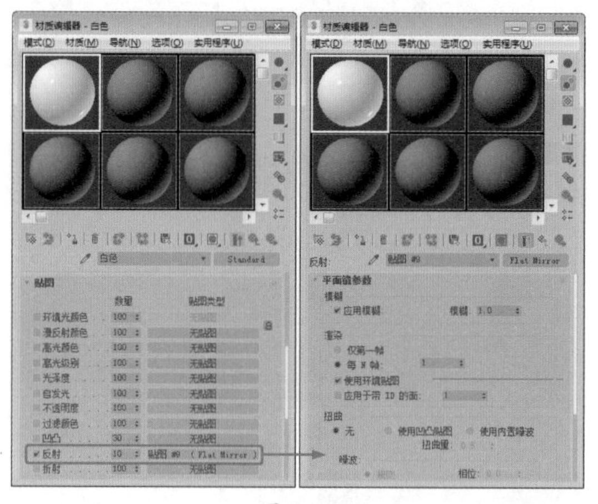

图 3-52

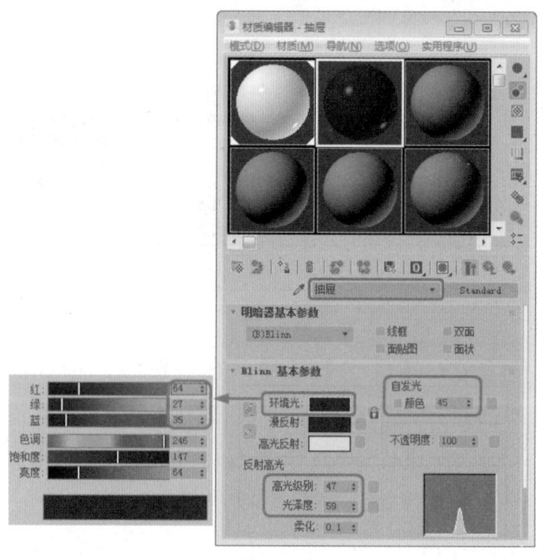

图 3-53

18 在【贴图】卷展栏中将【反射】右侧的【数量】设置为10，单击【反射】右侧的【无贴图】按钮，在弹出的对话框中双击【平面镜】，在【平面镜参数】卷展栏中选中【应用于带ID的面】复选框，如图3-54所示。

19 设置完成后，将材质指定给选定的对象，选择【创建】|【图形】|【矩形】工具，在【顶】视图中绘制一个矩形，将其命名为【桌面】，在【参数】卷展栏中将【长度】、【宽度】、【角半径】分别设置为125、65、3，如图3-55所示。

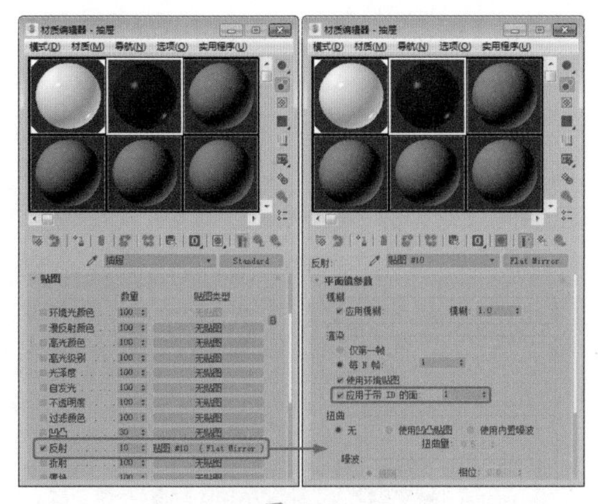

图 3-54

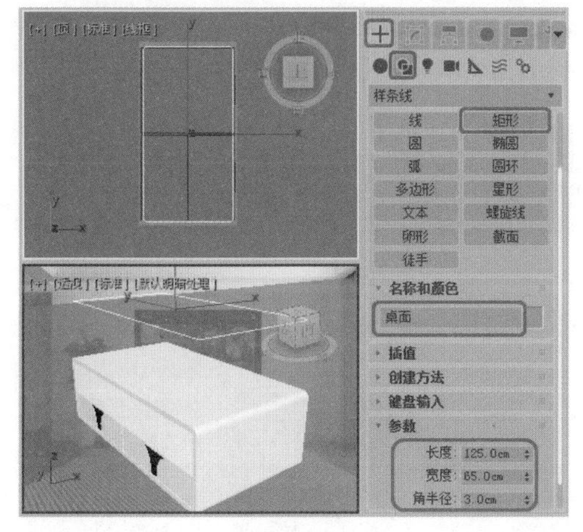

图 3-55

20 切换至【修改】命令面板，在修改器列表中选择【挤出】修改器，在【参数】卷展栏中将【数量】设置为0.5，并在视图中调整其位置，如图3-56所示。

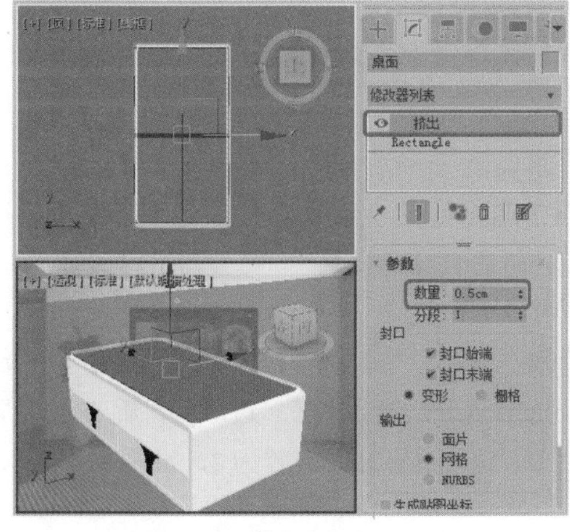

图 3-56

21 在视图中选中桌面对象，按M键，在弹出的对话框中选择【抽屉】材质样本球，按住鼠标将其拖曳至右侧的材质样本球上，并将其重新命名为【桌面】，在【Blinn 基本参数】卷展栏中将【环境光】的RGB值设置为32、32、32，将【自发光】设置为68，将【高光级别】、【光泽度】分别设置为100、50，如图3-57所示。

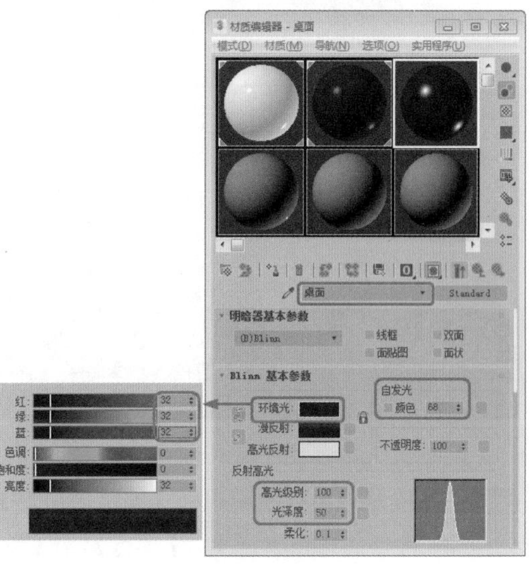

图 3-57

22 在【贴图】卷展栏中将【反射】右侧的【数量】设置为15，如图3-58所示。

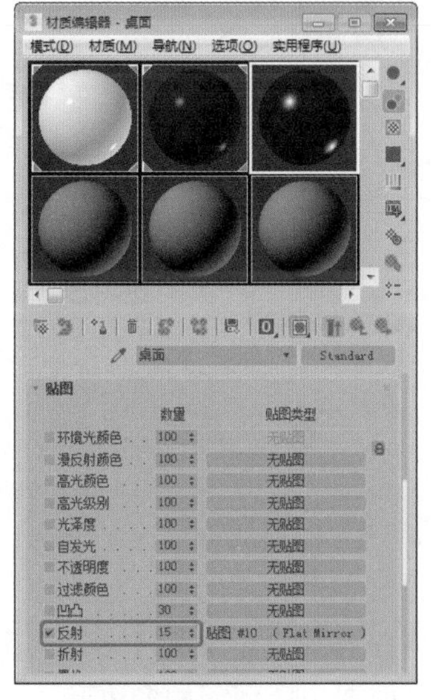

图 3-58

23 将设置完成的材质指定给选定对象，然

后选择【创建】|【几何体】|【圆柱体】工具，在【顶】视图中创建圆柱体，将其命名为【支架 001】，切换到【修改】命令面板，在【参数】卷展栏中设置【半径】为 1.65，【高度】为 6，【高度分段】为 2，并在视图中调整其位置，如图 3-59 所示。

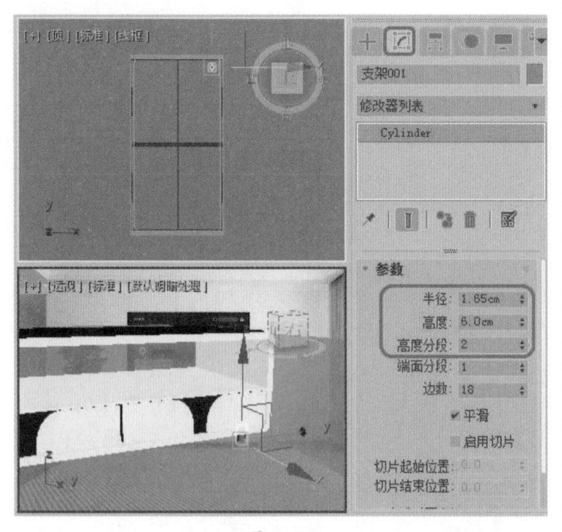

图 3-59

24 在修改器下拉列表中选择【编辑多边形】修改器，将当前选择集定义为【顶点】，在【前】视图中选择如图 3-60 所示的顶点，并向下调整其位置。

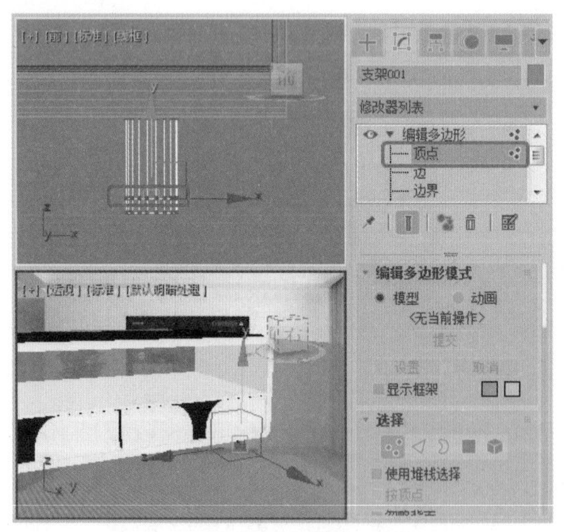

图 3-60

25 将当前选择集定义为【多边形】，在视图中选择如图 3-61 所示的多边形。

26 在【编辑多边形】卷展栏中单击【挤出】右侧的【设置】按钮，选中【挤出类型】选项组中的【局部法线】单选按钮，将【挤出高度】设置为 0.46，将【偏移】设置为 0，挤出后的效果如图 3-62 所示。

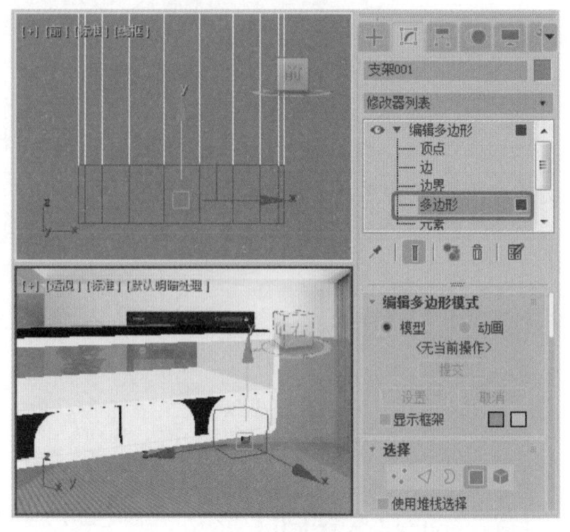

图 3-61

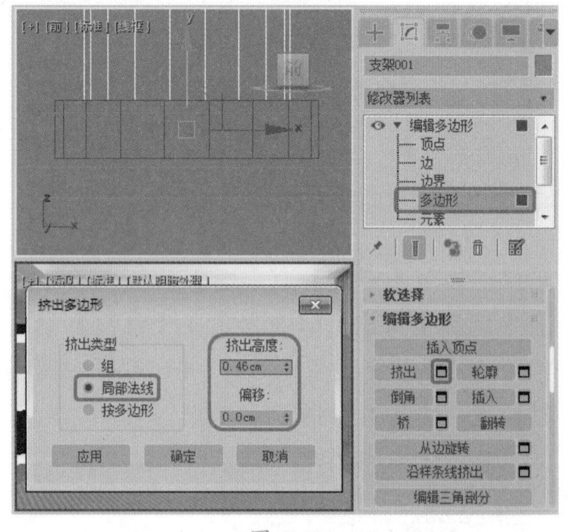

图 3-62

27 设置完成后，单击【确定】按钮，在视图中选中如图 3-53 所示的多边形，在【多边形：材质 ID】卷展栏中将【设置 ID】设置为 1，如图 3-63 所示。

28 在菜单栏中选择【编辑】|【反选】命令，反选多边形，然后在【多边形：材质 ID】卷展栏中，将【设置 ID】设置为 2，如图 3-64 所示。

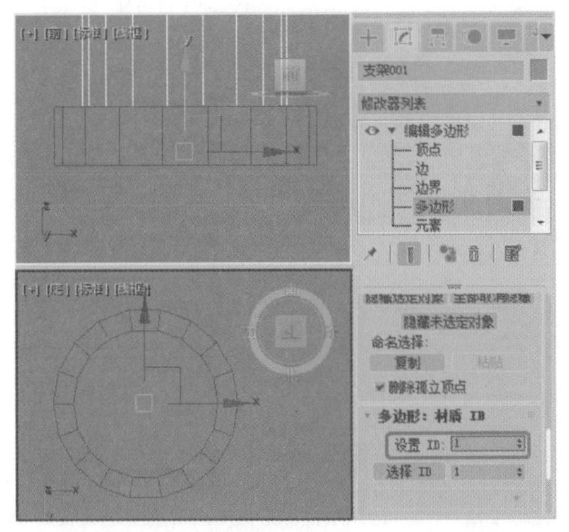

图 3-63

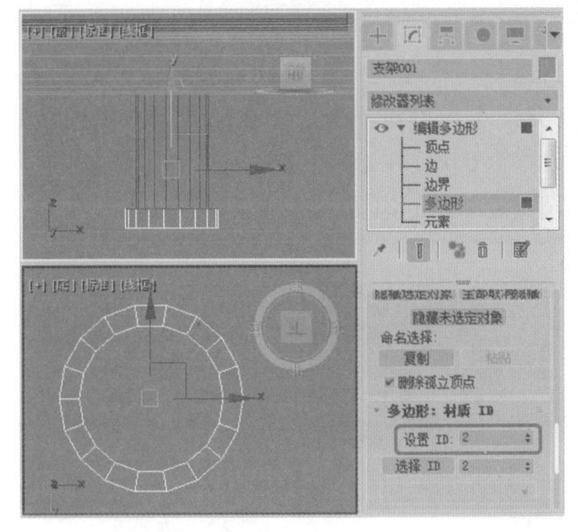

图 3-64

29 关闭当前选择集，在视图中移动复制 3 个【支架 001】对象，并调整支架的位置，如图 3-65 所示。

图 3-65

30 在场景中选择所有的支架对象，在【材质编辑器】窗口中选择一个新的材质样本球，将其命名为【支架】，单击 Standard 按钮，在弹出的【材质 / 贴图浏览器】对话框中选择【多维 / 子对象】材质，单击【确定】按钮，如图 3-66 所示。

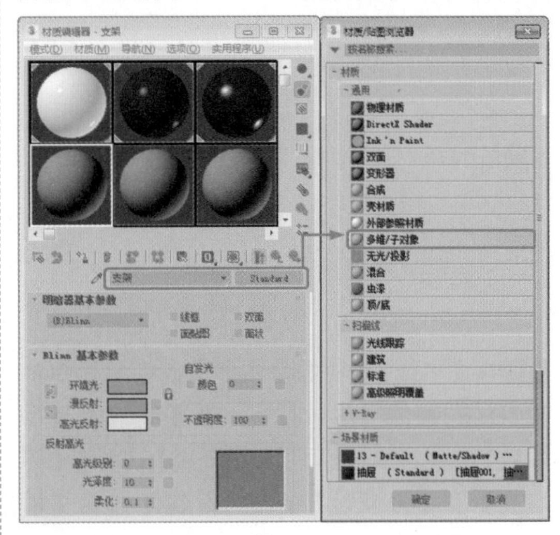

图 3-66

31 在弹出的【替换材质】对话框中选中【将旧材质保存为子材质】单选按钮，单击【确定】按钮，如图 3-67 所示。

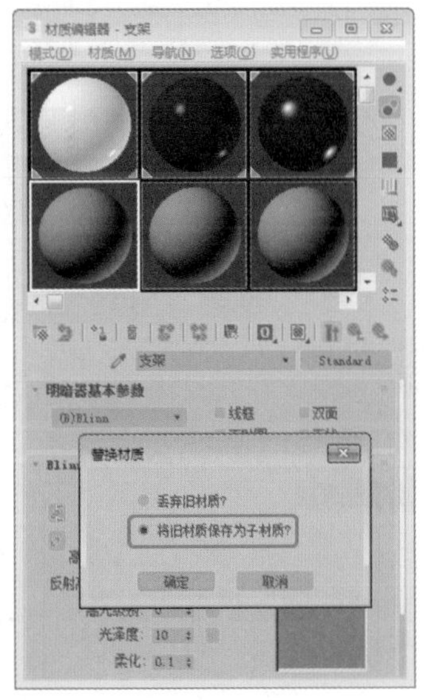

图 3-67

32 在【多维 / 子对象基本参数】卷展栏中单击【设置数量】按钮，在弹出的对话框中将【材质数量】设置为 2，单击【确定】按钮，如图 3-68 所示。

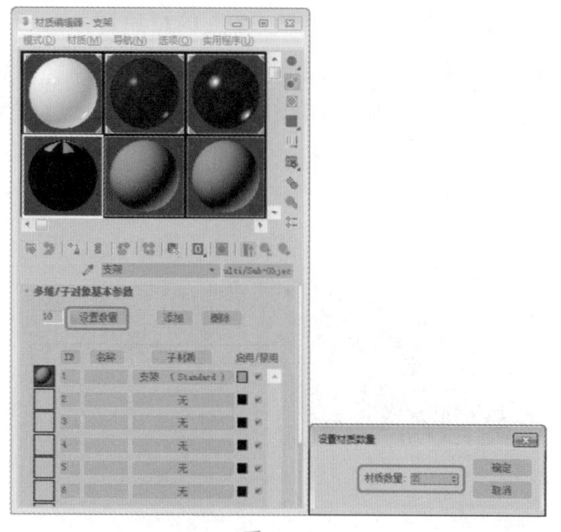

图 3-68

33 在【多维 / 子对象基本参数】卷展栏中单击 ID1 右侧的子材质按钮，在【明暗器基本参数】卷展栏中选择【（M）金属】，取消【环境光】和【漫反射】的锁定，在【金属基本参数】卷展栏中将【环境光】的 RGB 值设置为 0、0、0，将【漫反射】的 RGB 值设置为 255、255、255，在【反射高光】选项组中将【高光级别】和【光泽度】分别设置为 100、86，如图 3-69 所示。

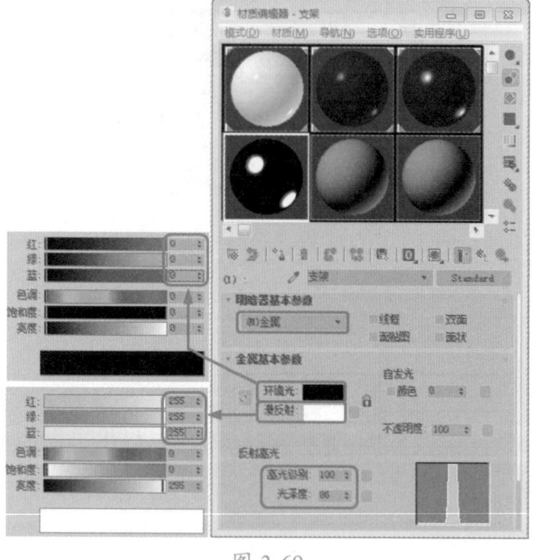

图 3-69

34 在【贴图】卷展栏中，将【反射】后的【数量】设置为 70，并单击右侧的【无贴图】按钮，在弹出的【材质 / 贴图浏览器】对话框中选择【位图】贴图，单击【确定】按钮，如图 3-70 所示。

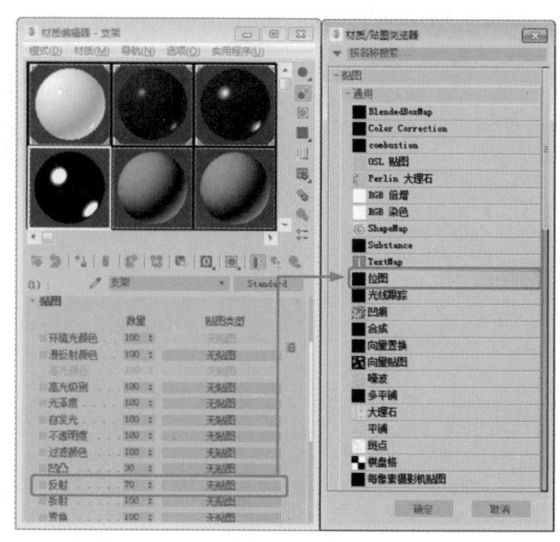

图 3-70

35 在弹出的对话框中双击“Metal01.tif”素材文件，在【坐标】卷展栏中将【瓷砖】下的 U、V 分别设置为 0.4、0.1，将【模糊偏移】设置为 0.05；在【输出】卷展栏中将【输出量】设置为 1.15，如图 3-71 所示。

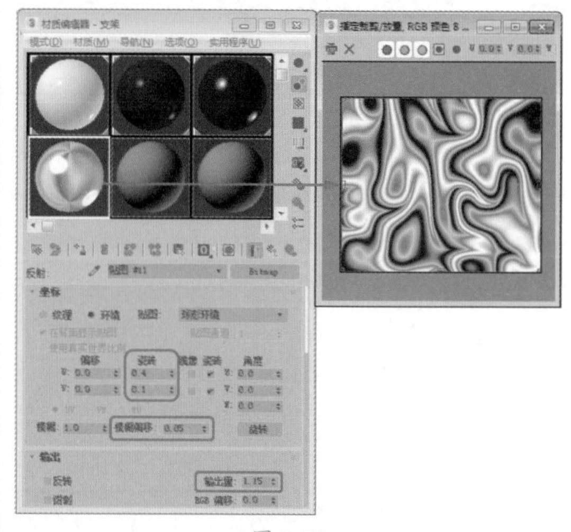

图 3-71

36 单击两次【转到父对象】按钮，在【多维 / 子对象基本参数】卷展栏中单击 ID2 右侧的子材质按钮，在弹出的对话框中双击【标准】材质，然后在【Blinn 基本参数】卷展栏中将【环境光】和【漫反射】的 RGB 值设置为 20、20、20，在【反射高光】选项组中，将【高光级别】和【光泽度】分别设置为 51、50，如图 3-72 所示。

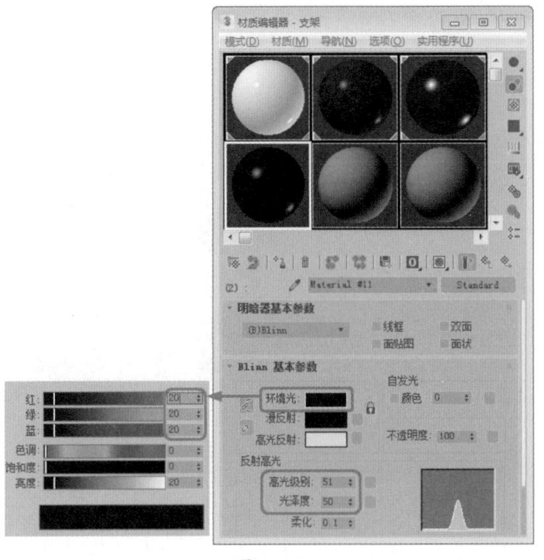

图 3-72

37 单击【转到父对象】按钮和【将材质指定给选定对象】按钮，将材质指定给选定对象，如图 3-73 所示。

图 3-73

38 激活【透视】视图，按 C 键将其转换为【摄影机】视图，如图 3-74 所示，按 F9 键对【摄影机】视图进行渲染即可。

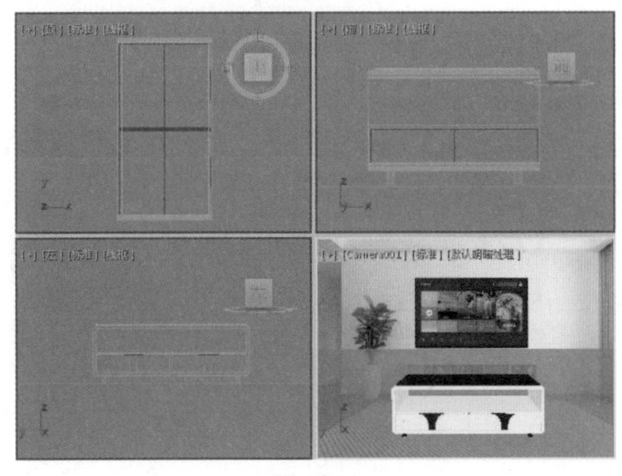

图 3-74

3.1.6 椭圆

【椭圆】工具可以用来绘制椭圆形，如图 3-75 所示。

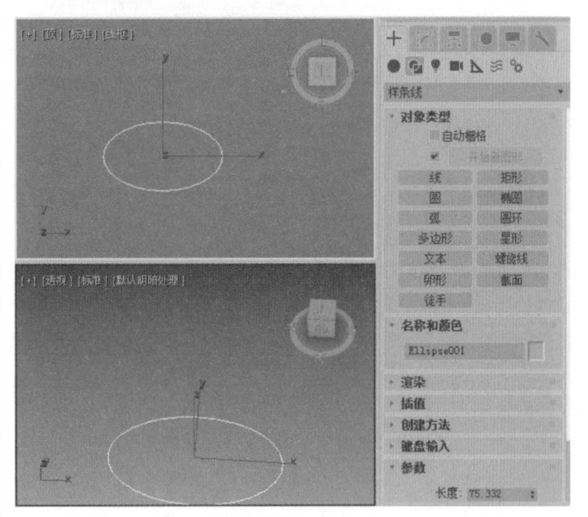

图 3-75

与圆形的创建方法相同，只是椭圆形使用【长度】和【宽度】两个参数来控制椭圆形的大小形态，其【参数】卷展栏如图 3-76 所示。

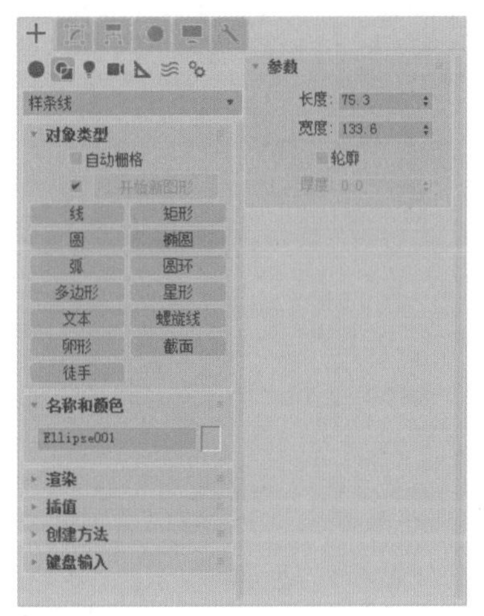

图 3-76

3.1.7 圆环

【圆环】工具可以用来制作同心的圆环，如图 3-77 所示。

圆环的创建要比圆形麻烦一点，它相当于创建两个圆形。下面我们来创建一个圆环。

（1）选择【创建】|【图形】|【样条线】|【圆环】工具，在视图中单击并拖动鼠标，拖曳出一个圆形后放开鼠标。

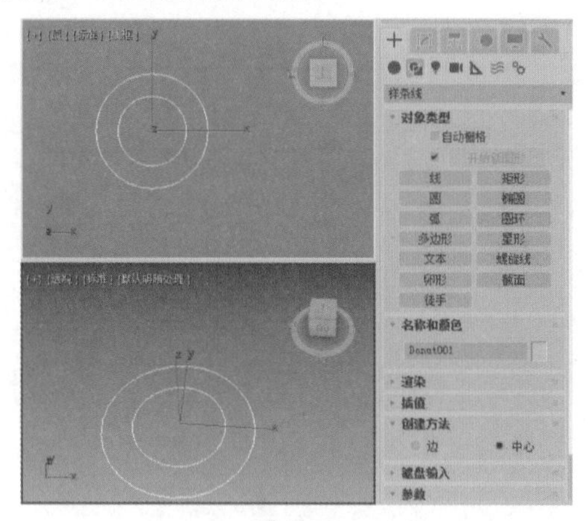

图 3-77

（2）再次移动鼠标指针，向内或向外再拖曳出一个圆形，单击鼠标完成圆环的创建。

在【参数】卷展栏中圆环有两个半径参数（半径 1、半径 2），分别对两个圆形的半径进行设置，如图 3-78 所示。

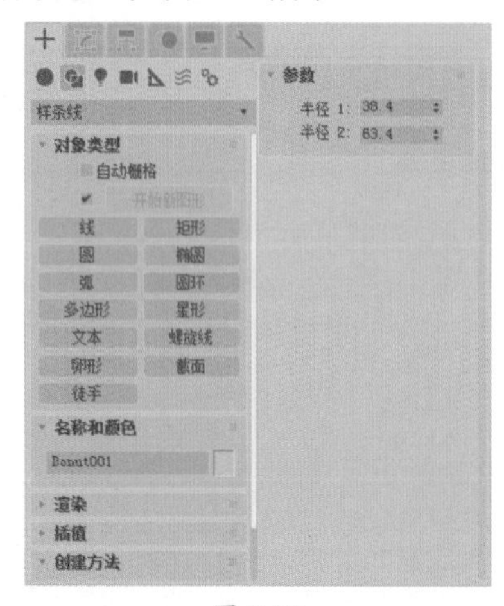

图 3-78

3.1.8 星形

使用【星形】工具可以建立多角星形，尖角可以钝化为圆角，制作齿轮图案；尖角的方向可以扭曲，产生倒刺状锯齿；参数的变换可以产生许多奇特的图案，因为它是可以渲染的，所以即使交叉，也可以用作一些特殊的图案花纹，如图 3-79 所示。

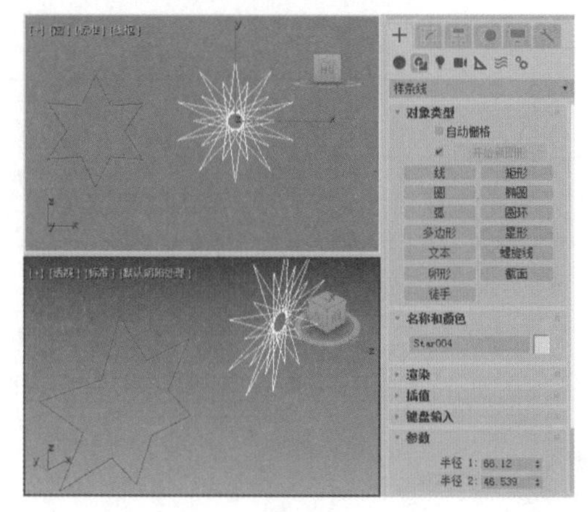

图 3-79

星形的创建方法如下。

（1）选择【创建】|【图形】|【样条线】|【星形】工具，在视图中单击并拖动鼠标，拖曳出一级半径。

（2）松开鼠标左键后，再次移动鼠标指针，拖曳出二级半径，单击完成星形的创建。

星形【参数】卷展栏如图 3-80 所示。

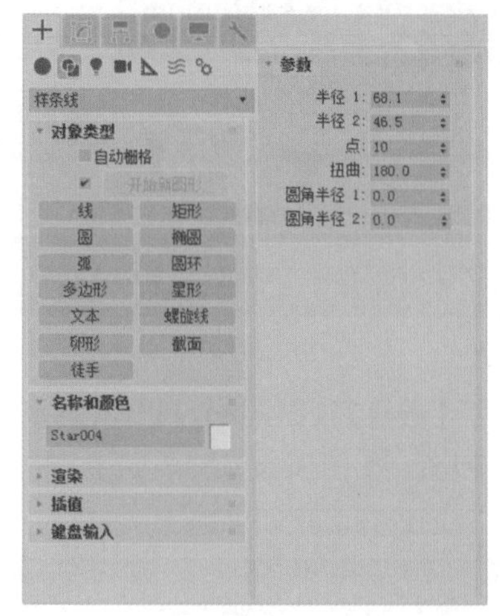

图 3-80

◎ 【半径 1】/【半径 2】：分别用来设置星形的内径和外径。

◎ 【点】：用来设置星形的尖角个数。

◎ 【扭曲】：用来设置尖角的扭曲度。

◎ 【圆角半径 1】/【圆角半径 2】：分别用来设置尖角的内外倒角圆半径。

3.2 编辑样条线

编辑样条线命令仅针对二维图形进行编辑修改，通过对二维图形的编辑可以创建出复杂的三维模型。本节将讲解如何使用编辑样条线命令。

3.2.1 【顶点】选择集

在对二维图形进行编辑修改时，最基本、最常用的就是对【顶点】选择集的修改。通常会对图形进行添加点、移动点、断开点、连接点等操作，一直调整到我们所需要的形状。

下面通过对矩形指定【编辑样条线】修改器来介绍【顶点】选择集的修改方法以及常用的修改命令。

01 选择【创建】|【图形】|【样条线】|【矩形】工具，在【前】视图中创建一个矩形，切换到【修改】命令面板，在【修改器列表】中选择【编辑样条线】修改器，在修改器堆栈中定义当前选择集为【顶点】，如图 3-81 所示。

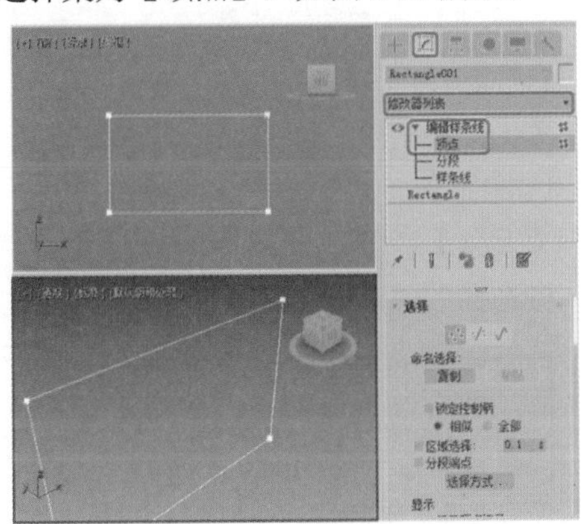

图 3-81

02 在【几何体】卷展栏中单击【优化】按钮，然后在矩形线段的适当位置单击鼠标左键，为矩形添加顶点，如图 3-82 所示。

03 添加完顶点后单击【优化】按钮，或者在视图中单击鼠标右键关闭【优化】按钮，在工具栏中单击【选择并移动】按钮，在视图中调整顶点，如图 3-83 所示。

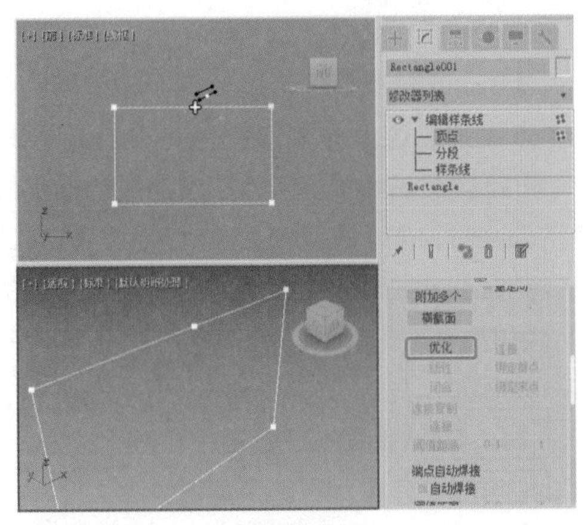

图 3-82

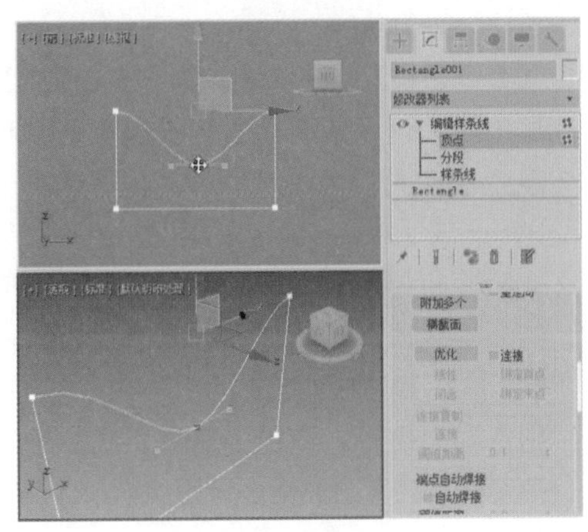

图 3-83

当在选择的顶点上单击鼠标右键时，在弹出的快捷菜单中的【工具 1】区内可以看到点的 5 种类型：【Bezier 角点】、Bezier、【角点】、【平滑】以及【重置切线】，如图 3-84 所示。其中被选中的类型是当前选择点的类型。

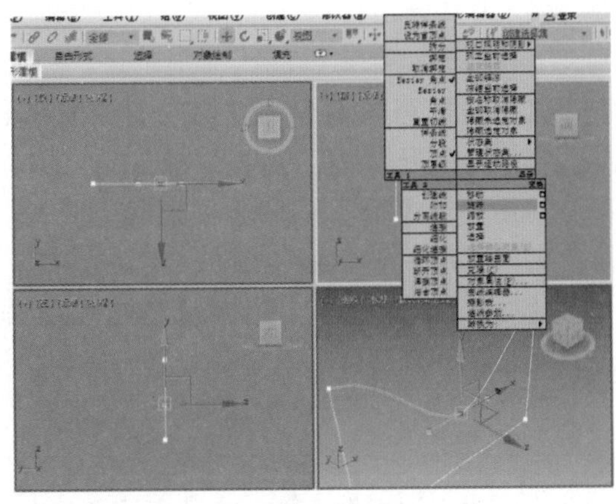

图 3-84

每一种类型的功能说明如下。

◎ 【Bezier 角点】：这是一种比较常用的节点类型，通过分别对它的两个控制手柄进行调节，可以灵活地控制曲线的曲率。

◎ Bezier：通过调整节点的控制手柄来改变曲线的曲率，以达到修改样条曲线的目的。它没有【Bezier 角点】调节起来灵活。

◎ 【角点】：使各点之间的【步数】按线性、均匀方式分布，也就是直线连接。

◎ 【平滑】：该属性决定了经过该节点的曲线为平滑曲线。

◎ 【重置切线】：在可编辑样条线【顶点】层级时，可以使用标准方法选择一个和多个顶点并移动它们。如果顶点属于 Bezier 或【Bezier 角点】类型，还可以移动和旋转控制柄，进而影响在顶点连接的任何线段的形状。还可以使用切线复制 / 粘贴操作在顶点之间复制和粘贴控制柄，同样也可以使用【重置切线】重置控制柄或在不同类型之间切换。

提示：在一些二维图形中最好将一些直角处的点类型改为【角点】类型，这有助于提高模型的稳定性。

在对二维图形进行编辑修改时，除了经常用到【优化】按钮外，还有一些比较常用的命令，如下所述。

◎ 【连接】：用来连接两个断开的点。

◎ 【断开】：可以使闭合图形变为开放图形。通过【断开】使点断开，先选中一个节点后单击【断开】按钮，此时单击并移动该点，会看到线条被断开。

◎ 【插入】：该功能与【优化】按钮相似，都是加点命令，只是【优化】是在保持原图形不变的基础上增加节点，而【插入】是一边加点一边改变原图形的形状。

◎ 【设为首顶点】：第一个节点用来标明一个二维图形的起点，在放样设置中各个截面图形的第一个节点决定【表皮】的形成方式，此功能就是使选中的点成为第一个节点。

提示：在开放图形中只有两个端点中的一个才能被改为第一个节点。

◎ 【焊接】：此功能可以将两个断点合并为一个节点。

◎ 【删除】：用来删除节点。

提示：在删除节点时，使用 Delete 键更方便一些。

3.2.2 【分段】选择集

【分段】是连接两个节点之间的边线，当你对线段进行变换操作时，也相当于在对两端的点进行变换操作。下面对【分段】常用的命令按钮进行介绍。

◎ 【断开】：将选择的线段打断，类似点的打断。

◎ 【优化】：与【顶点】选择集中的【优化】功能相同。

◎ 【拆分】：通过在选择的线段上加点，将选择的线段分成若干条线段，通过在其后面的文本框中输入要加入节点的数值，然后单击该按钮，即可将选择的线段细分为若干条线段。

◎ 【分离】：将当前选择的段分离。

3.2.3 【样条线】选择集

【样条线】级别是二维图形中另一个功能强大的次物体修改级别，相连接的线段即为一条样条曲线。在样条曲线级别中，【轮廓】运算的设置最为常用，尤其是在建筑效果图的制作当中，如图 3-85 所示。

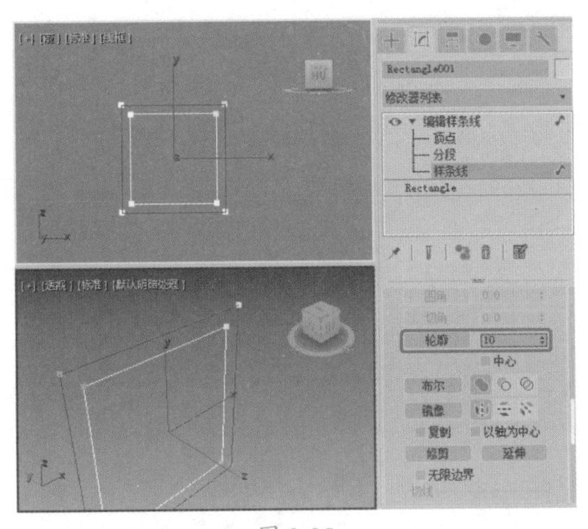

图 3-85

提示：创建轮廓可以有三种方法。一是先选择样条曲线，然后在【轮廓】输入框中输入数值并单击【轮廓】按钮；二是先选择样条曲线，然后调节【轮廓】输入框后的微调按钮；三是先按下【轮廓】按钮，然后在视图中的样条曲线上单击并拖动鼠标设置轮廓。

【实战】办公椅设计

本例将介绍办公椅设计。本例主要通过【线】工具绘制办公椅轮廓，并为绘制的线添加厚度，使其更加立体，效果如图 3-86 所示。

图 3-86

素材	Map\ Chromic.JPG Scenes\Cha03\ 办公椅设计素材 .max
场景	Scenes\Cha03\【实战】办公椅设计 .max
视频	视频教学 \Cha03\【实战】办公椅设计 .mp4

01 按 Ctrl+O 组合键，打开“Scenes\Cha03\ 办公椅设计素材 .max”素材文件，选择【创建】|【图形】|【线】工具，在【前】视图中绘制一条线段，将其命名为【支架 001】，如图 3-87 所示。

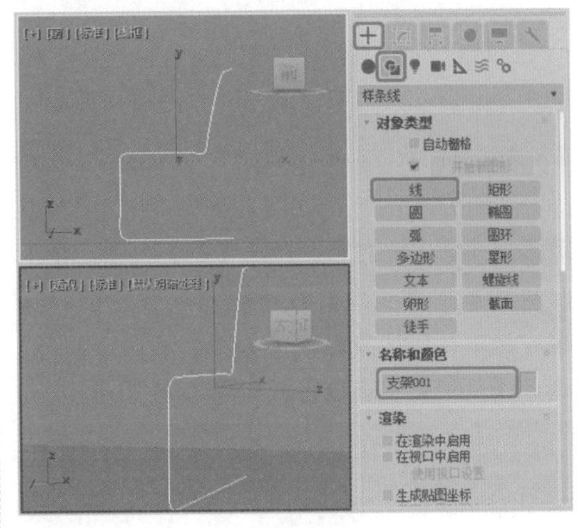

图 3-87

02 切换至【修改】命令面板，将当前选择集定义为【顶点】，在视图中对顶点进行优化，并调整顶点的位置，效果如图 3-88 所示。

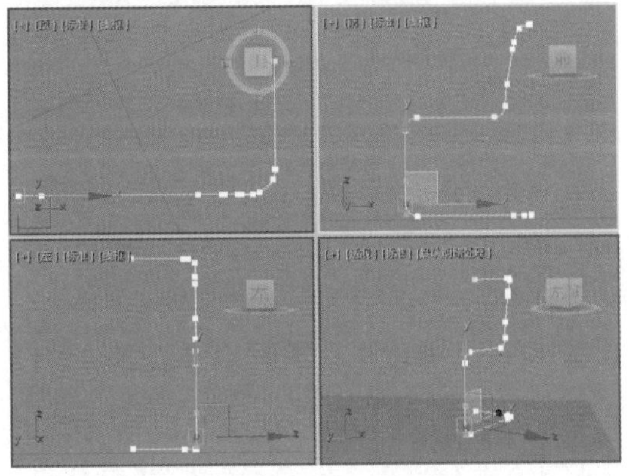

图 3-88

03 关闭当前选择集，在【渲染】卷展栏中选中【在渲染中启用】、【在视口中启用】复选框，选中【径向】单选按钮，将【厚度】设置为85，如图3-89所示。

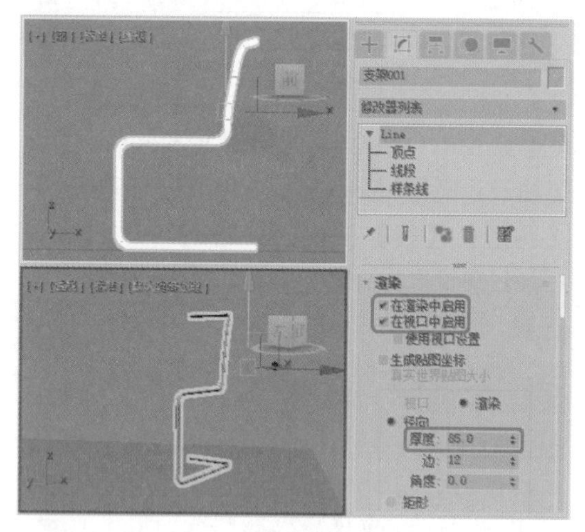

图 3-89

04 继续选中该对象，激活【左】视图，在工具栏中单击【镜像】按钮，在弹出的对话框中选中X单选按钮，将【偏移】设置为-3760，选中【复制】单选按钮，如图3-90所示。

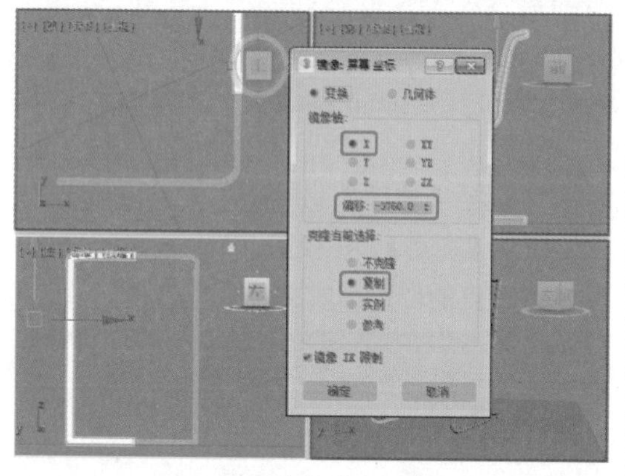

图 3-90

提示：此处设置镜像的【偏移】参数时，可以根据实际情况进行调整。

05 单击【确定】按钮，完成镜像，在视图中选择两个支架对象，在菜单栏中选择【组】|【组】命令，在弹出的对话框中将【组名】命名为【椅子架】，如图3-91所示。

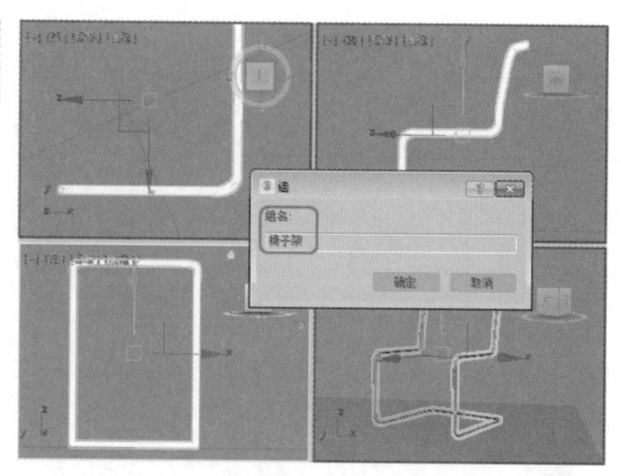

图 3-91

06 设置完成后，单击【确定】按钮，继续选中该对象，按M键，在弹出的对话框中选择一个新的材质样本球，将其命名为【不锈钢】，在【明暗器基本参数】卷展栏中将明暗器类型设置为【（M）金属】，在【金属基本参数】卷展栏中单击按钮，取消【环境光】与【漫反射】的锁定，将【环境光】的RGB值设置为0、0、0，将【漫反射】的RGB值设置为255、255、255，将【自发光】设置为5，在【反射高光】选项组中将【高光级别】、【光泽度】分别设置为100、80，如图3-92所示。

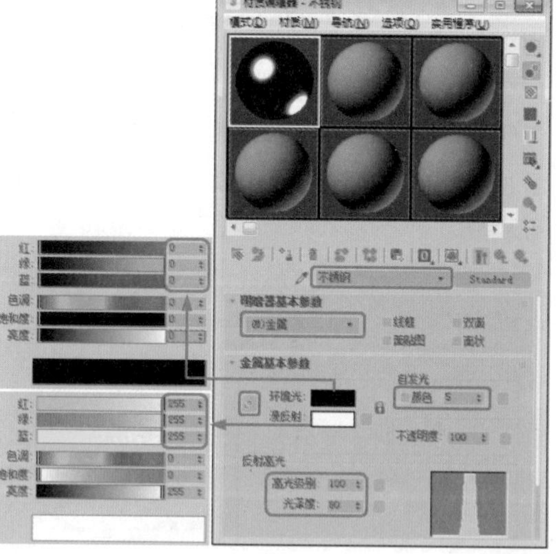

图 3-92

07 在【贴图】卷展栏中单击【反射】右侧的【无贴图】按钮，在弹出的对话框中选择【位图】选项，如图3-93所示。

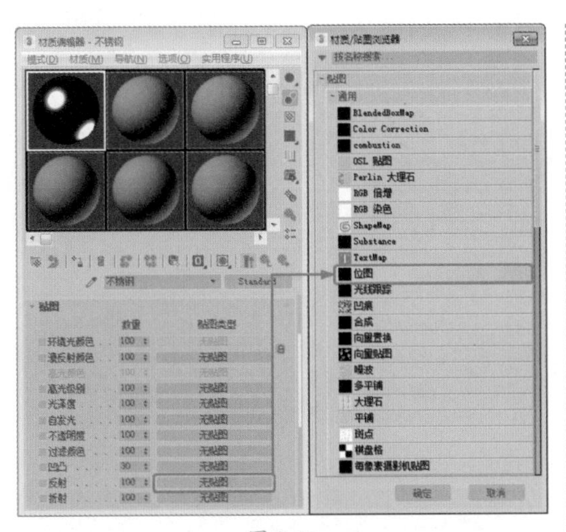

图 3-93

08 单击【确定】按钮，在弹出的对话框中选择“Map\Chromic.JPG”文件，如图 3-94 所示。

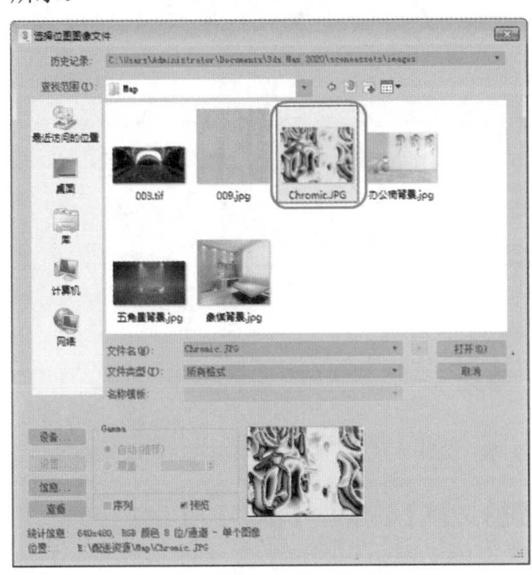

图 3-94

09 单击【打开】按钮，在【参数】卷展栏中将【模糊偏移】设置为0.096，如图3-95 所示。

10 设置完成后，单击【将材质指定给选定对象】按钮，即可为选中的对象指定材质，效果如图 3-96 所示。

11 将该对话框关闭，选择【创建】|【图形】|【螺旋线】工具，在【顶】视图中创建一条螺旋线，确认该对象处于选中状态，在【参数】卷展栏中将【半径 1】、【半径 2】、【高度】、【圈数】、【偏移】分别设置为 53、53、889、22、0，如图 3-97 所示。

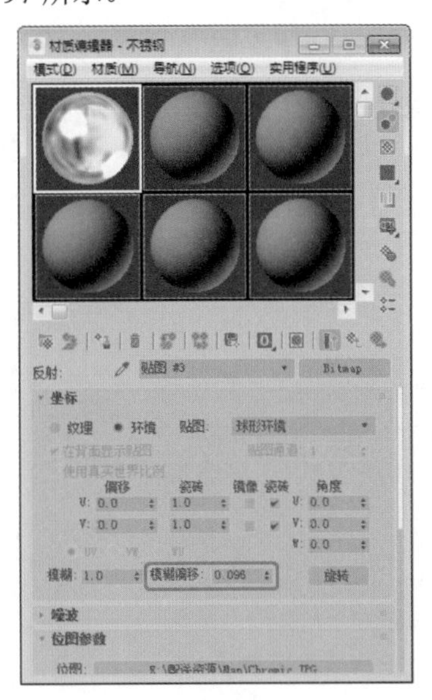

图 3-95

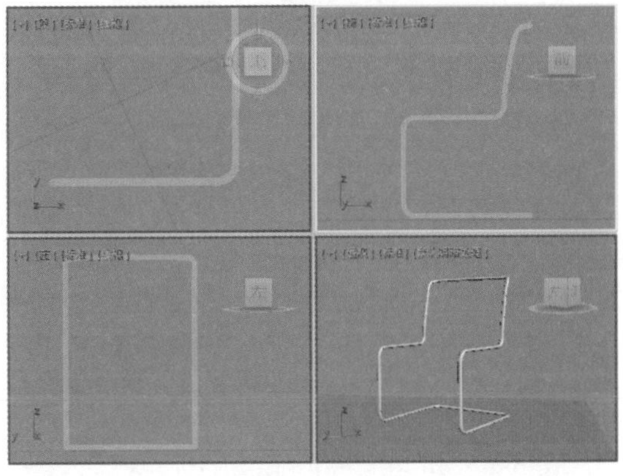

图 3-96

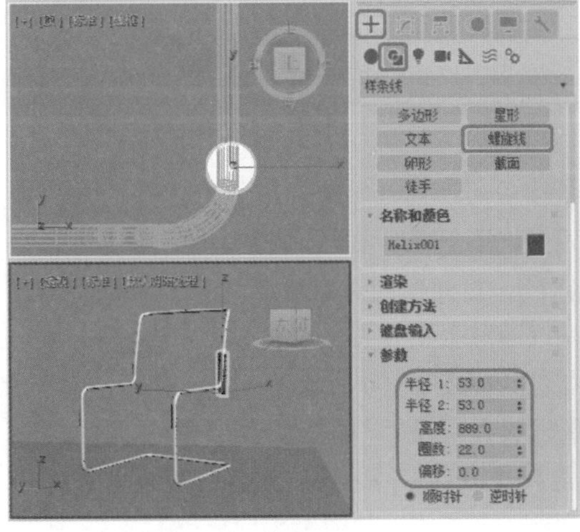

图 3-97

12 确认该对象处于选中状态，切换至【修改】命令面板，在【渲染】卷展栏中将【厚度】设置为25.4，如图3-98所示。

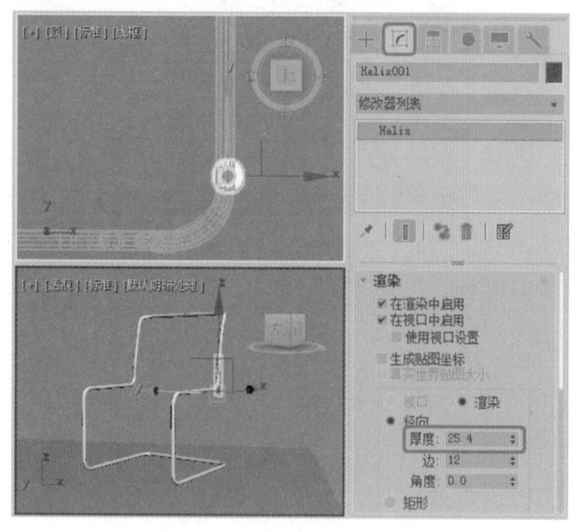

图 3-98

13 在修改器下拉列表中选择FFD 4×4×4修改器，将当前选择集定义为【控制点】，在【前】视图中调整控制点的位置，如图3-99所示。

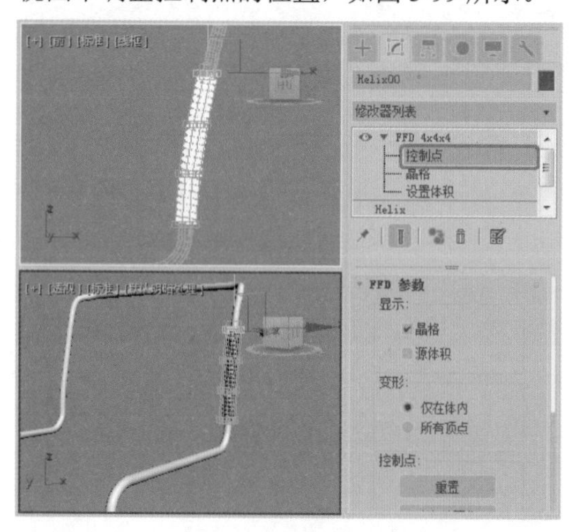

图 3-99

14 关闭当前选择集，继续选中该对象，激活【左】视图，在工具栏中单击【镜像】按钮，在弹出的对话框中选中X单选按钮，将【偏移】设置为-2400，选中【复制】单选按钮，如图3-100所示。

15 设置完成后，单击【确定】按钮，选择【创建】|【图形】|【线】工具，在【左】视图中绘制一条直线，如图3-101所示。

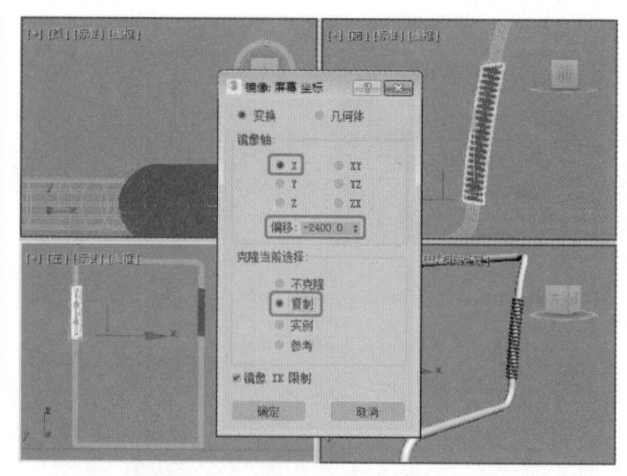

图 3-100

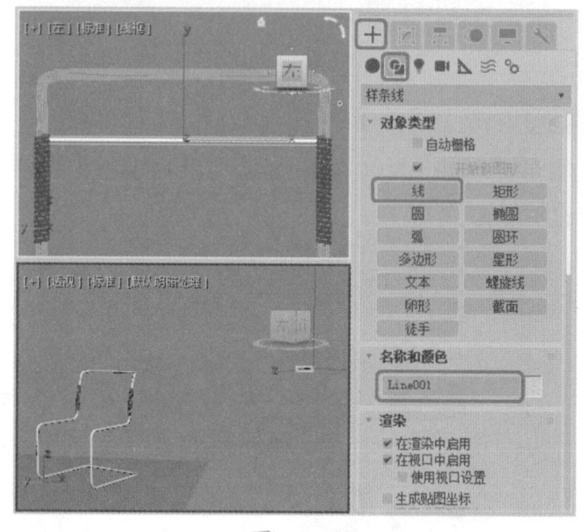

图 3-101

提示：在此绘制的直线中共有三个顶点，这样是为了方便后面对线段进行调整。

16 选择【创建】|【图形】|【线】工具，取消选中【开始新图形】复选框，在【左】视图中绘制多条直线，如图3-102所示。

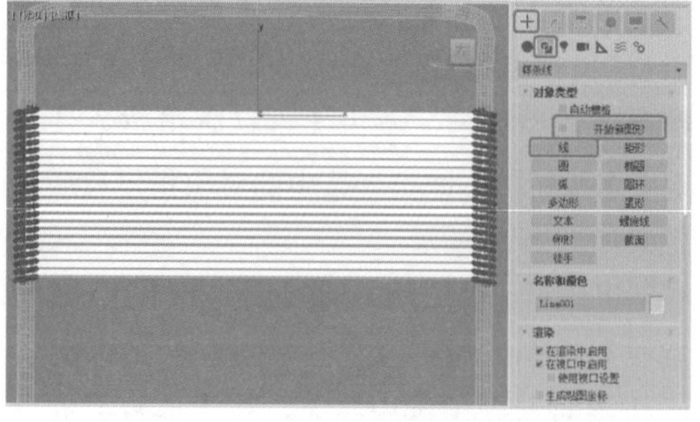

图 3-102

提示：当需要重新创建一个独立的图形时，需要选中【开始新图形】复选框。

17 继续选中绘制的直线，切换至【修改】命令面板，在【渲染】卷展栏中将【厚度】设置为30.4，如图3-103所示。

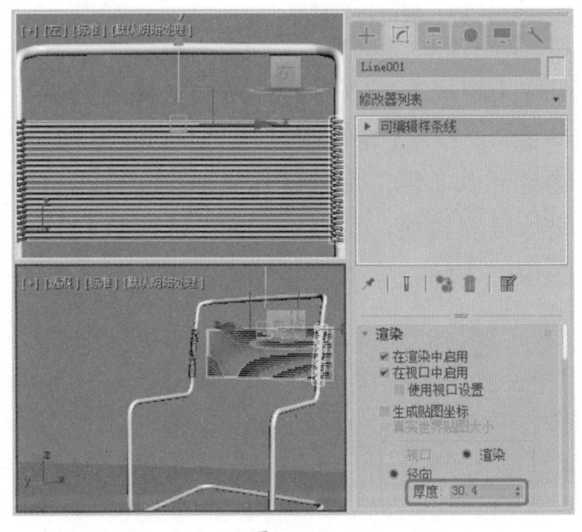

图 3-103

18 使用【选择并旋转】及【选择并移动】工具在视图中对选中的直线进行旋转、移动，调整后的效果如图3-104所示。

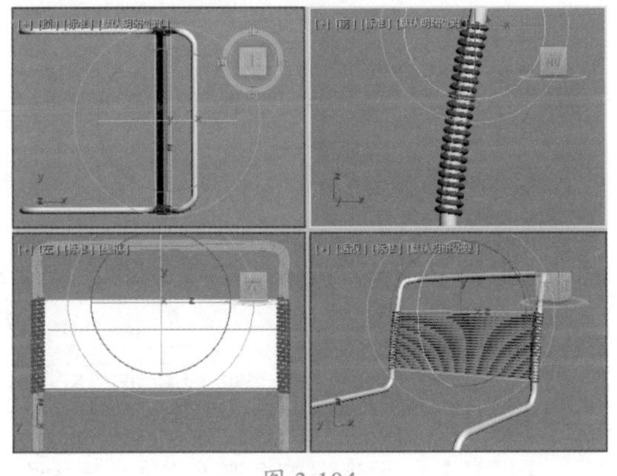

图 3-104

19 确认该直线处于选中状态，将当前选择集定义为【顶点】，在视图中选择直线中间的顶点，右击鼠标，在弹出的快捷菜单中选择【Bezier角点】命令，在视图中对顶点进行调整，效果如图3-105所示。

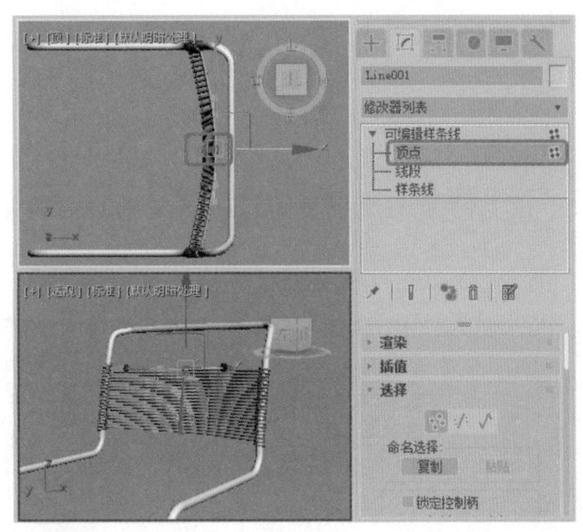

图 3-105

提示：将顶点转换为【Bezier角点】类型后，调整顶点位置时，线段会带有弧形效果。

20 调整完成后，对绘制的线与螺旋线进行复制，并调整其位置与角度，将复制的【螺旋线】的FFD 4×4×4修改器删除，并进行相应的调整，效果如图3-106所示。

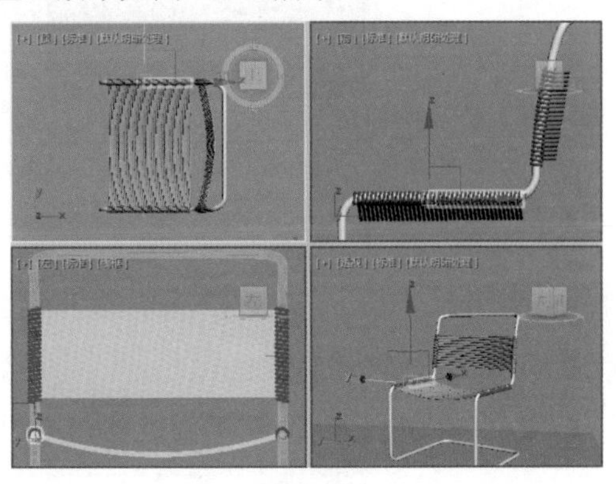

图 3-106

21 在视图中选择除【椅子架】外的其他对象，在菜单栏中单击【组】按钮，在弹出的下拉菜单中选择【组】命令，在弹出的对话框中将【组名】设置为【椅子面】，如图3-107所示。

22 单击【确定】按钮，按M键，在弹出的对话框中选择一个新的材质样本球，将其命名为【椅子面】，在【Blinn基本参数】卷展栏中将【环境光】的RGB值设置为213、0、0，如图3-108所示。

提示：在 3ds Max 中进行操作时，如果其他对象不好选择，可在视图中选择【椅子架】对象，然后按 Ctrl+I 组合键进行反选，即可选择除【椅子架】外的其他对象。

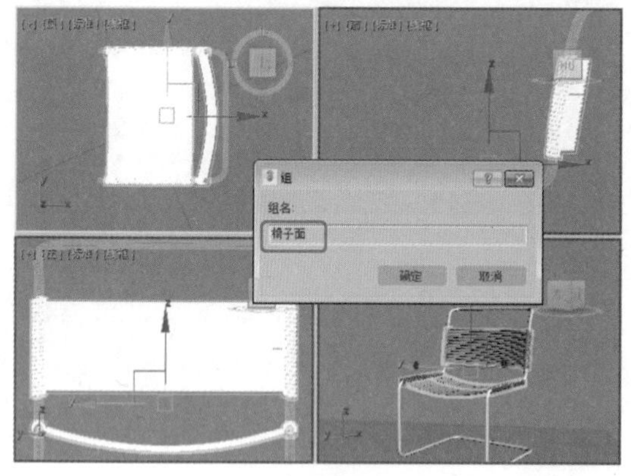

图 3-107

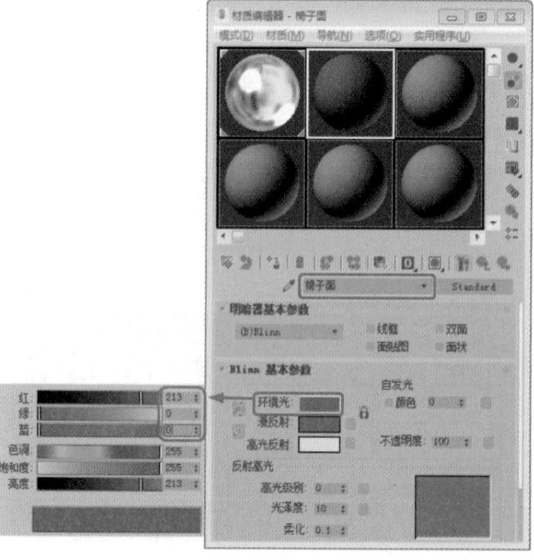

图 3-108

23 设置完成后，单击【将材质指定给选定对象】按钮，激活【透视】视图，按 C 键，将【透视】视图转换为【摄影机】视图。

提示：在创建椅子对象时位置难免会有偏差，在场景中按 C 键，将【透视】视图转换为【摄影机】视图后，可根据情况对椅子对象的位置进行调整。

3.3 创建三维对象

三维具有立体性，前后、左右、上下都只是相对于观察的视点来说，没有绝对的前后、左右、上下。

3.3.1 挤出建模

【挤出】修改器用于将一个样条曲线图形增加厚度，挤成三维实体，如图 3-109 所示，这是一个非常常用的建模方法，它也是一个物体转换模块，可以进行面片、网格物体、NURBS 物体三类模型的输出。

图 3-109

【挤出】修改器的【参数】卷展栏中各项目的功能说明如下。

◎ 【数量】：用来设置挤出的深度。

◎ 【分段】：用来设置挤出厚度上的片段划分数。

◎ 【封口始端】：用来设置在顶端加面封盖物体。

◎ 【封口末端】：用来设置在底端加面封盖物体。

◎ 【变形】：用于变形动画的制作，保证点面恒定不变。

◎ 【栅格】：用来对边界线进行重排列处理，以最精简的点面数来获取优秀的造型。

◎ 【面片】：用来设置将挤出物体输出为面片模型，可以使用【编辑面片】修改命令。

◎ 【网格】：用来设置将挤出物体输出为网格模型，可以使用【编辑网格】修改命令。

◎ NURBS：用来设置将挤出物体输出为 NURBS 模型。

◎ 【生成贴图坐标】：用来设置将贴图坐标应用到挤出对象中。默认设置为禁用状态。

◎ 【真实世界贴图大小】：用来控制应用于该对象的纹理贴图材质所使用的缩放方法。缩放值由位于应用材质的【坐标】卷展栏中的【使用真实世界比例】设置控制。默认设置为启用。

◎ 【生成材质 ID】：用来将不同的材质 ID 指定给挤出对象侧面与封口。特别是，侧面 ID 为 3，封口 ID 为 1 和 2。

◎ 【使用图形 ID】：用来将材质 ID 指定给在挤出产生的样条线中的线段，或指定给在 NURBS 挤出产生的曲线子对象。

◎ 【平滑】：用来设置应用光滑到挤出模型。

下面我们通过例子来讲解【挤出】修改器的使用。

01 运行 3ds Max 2020 软件，选择【创建】|【图形】|【样条线】|【星形】工具，在【顶】视图中创建一个星形，在【参数】卷展栏中设置【半径 1】为 90，【半径 2】为 58，【点】为 17，【扭曲】为 10，【圆角半径 1】为 5，【圆角半径 2】为 2，如图 3-110 所示。

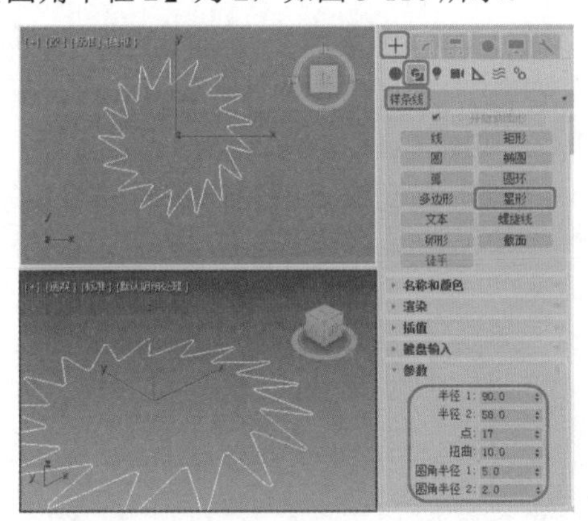

图 3-110

02 选择【圆】工具，取消选中【开始新图形】复选框，在【创建方法】卷展栏中选中【中心】单选按钮，在【顶】视图中的星形中心创建一个圆形，在【参数】卷展栏中设置【半径】为 40，如图 3-111 所示。

03 在【修改】命令面板中的【修改器列表】中选择【挤出】修改器，然后在【参数】卷展栏中将【数量】设置为 3，完成后的效果如图 3-112 所示。

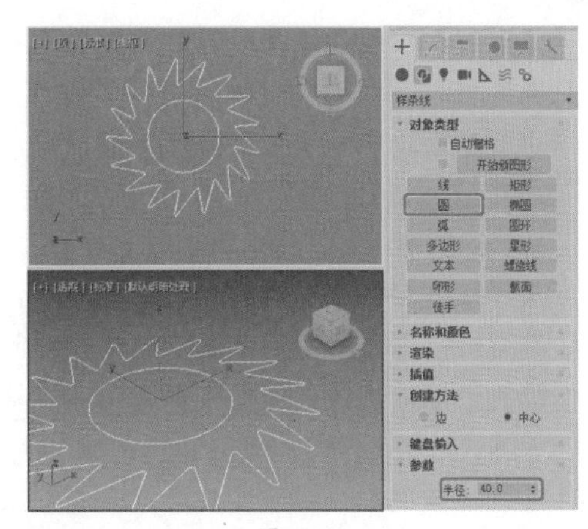

图 3-111

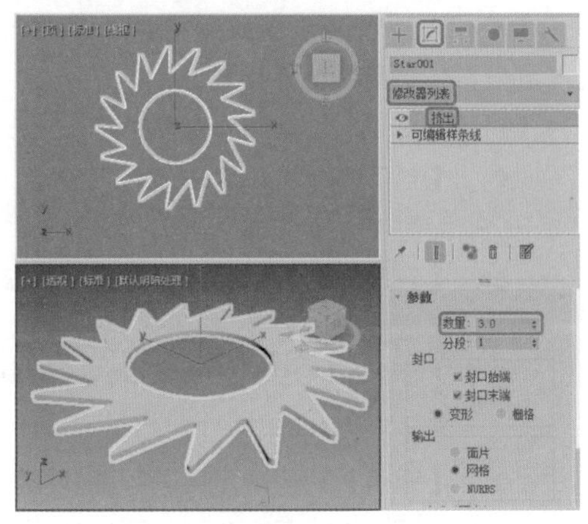

图 3-112

3.3.2 车削建模

【车削】修改器是通过旋转一个二维图形，产生三维造型，效果如图 3-113 所示，这是一个非常实用的造型工具，大多数中心放射物体都可以用这种方法完成，它还可以将完成后的造型输出成【面片】造型或 NURBS 造型。

图 3-113

【车削】修改器的【参数】卷展栏中各项功能说明如下。

◎ 【度数】：用来设置旋转成形的角度，360°为一个完整环形，小于360°为不完整的扇形。

◎ 【焊接内核】：设置将中心轴向上重合的点进行焊接精减，以得到结构相对简单的造型。如果要作为变形物体，不能将此项启用。

◎ 【翻转法线】：用来设置造型表面的法线方向。

◎ 【分段】：用来设置旋转圆周上的片段划分数。值越高，造型越光滑。

◎ 【封口】选项组

- ◆ 【封口始端】：用来设置将顶端加面覆盖。
- ◆ 【封口末端】：用来设置将底端加面覆盖。
- ◆ 【变形】：用来设置不进行面的精减计算，以便用于变形动画的制作。
- ◆ 【栅格】：用来设置进行面的精减计算，不能用于变形动画的制作。

◎ 【方向】选项组：设置旋转中心轴的方向。

- ◆ X/Y/Z：分别设置不同的轴向。

◎ 【对齐】选项组：用来设置图形与中心轴的对齐方式。

- ◆ 【最小】：用来将曲线内边界与中心轴对齐。
- ◆ 【中心】：用来将曲线中心与中心轴对齐。
- ◆ 【最大】：用来将曲线外边界与中心轴对齐。

【实战】台灯设计

台灯主要用于学习、工作，其已经远远超越了台灯本身的价值，变成了一件艺术品。本例介绍如何制作工作台灯，效果如图3-114所示。

图 3-114

素材	Scenes\Cha03\ 台灯设计素材 .max
场景	Scenes\Cha03\【实战】台灯设计 .max
视频	视频教学 \Cha03\【实战】台灯设计 .mp4

01 按Ctrl+O组合键，打开“Scenes\Cha03\台灯设计素材 .max”素材文件，选择【创建】|【几何体】|【圆柱体】工具，在【顶】视图中创建一个【半径】为8、【高度】为4、【边数】为24的圆柱体，并将其重命名为【底座001】，如图3-115所示。

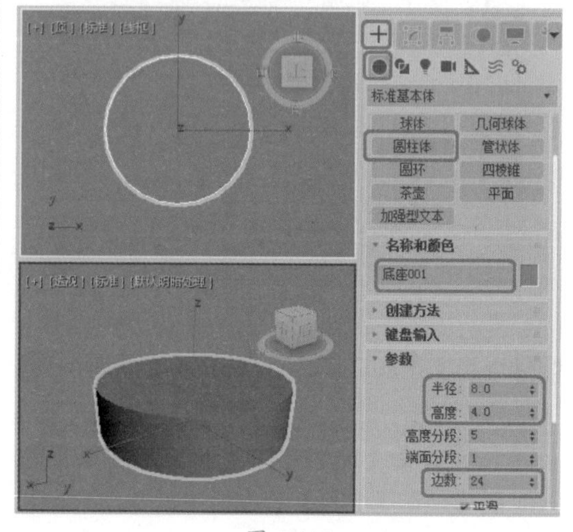

图 3-115

02 切换至【修改】命令面板，添加一个FFD2×2×2修改器，将当前选择集定义为【控制点】，在【前】视图中选择右上角的控制点，使用【选择并移动】工具将其沿 Y 轴向下调整选择的控制点，如图 3-116 所示。

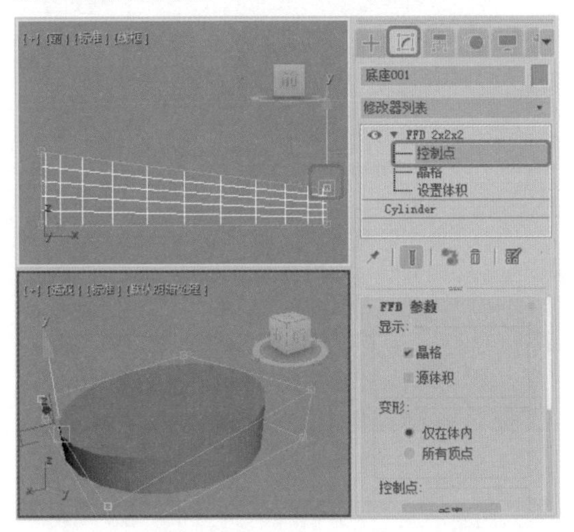

图 3-116

03 关闭当前选择集，为【底座 001】添加【平滑】修改器，在【参数】卷展栏中单击【平滑组】区域下的 1 按钮，对底座进行光滑修改，如图 3-117 所示。

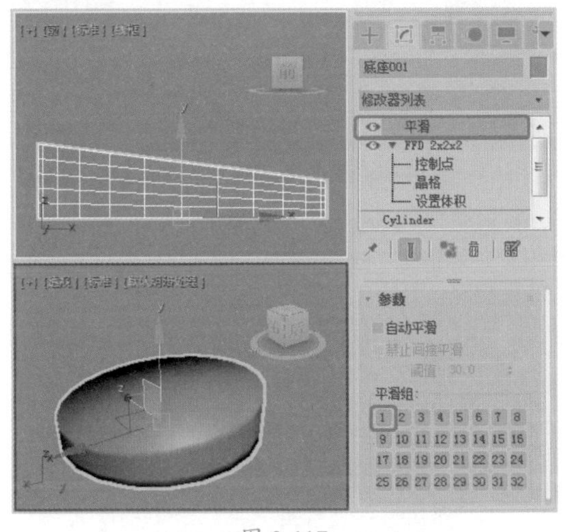

图 3-117

04 使用【选择并移动】工具，按住 Shift 键，在【前】视图中沿 Y 轴向上移动底座，对它进行复制，在打开的对话框中选中【复制】单选按钮，并单击【确定】按钮，在修改器堆栈中选择 FFD2×2×2 修改器，右击鼠标，在弹出的快捷菜单中选择【删除】命令，如图 3-118 所示。

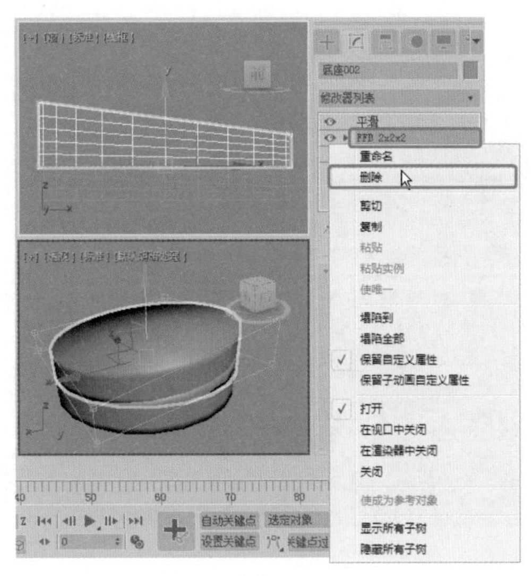

图 3-118

05 返回到 Cylinder 堆栈层，在【参数】卷展栏中将【半径】设置为 2.8，将【高度】设置为 2.6，设置完成后的效果如图 3-119 所示。

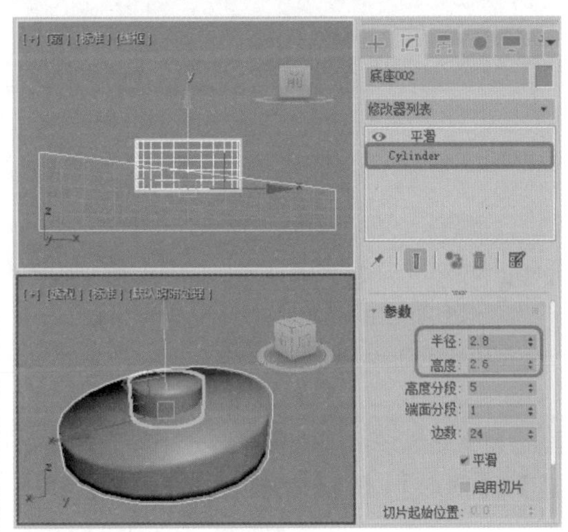

图 3-119

06 再次选择【底座 001】对象，使用【选择并移动】工具，按住 Shift 键，在【前】视图中沿 Y 轴向上移动【底座 001】，再次复制一个名称为【底座 003】的圆柱体，在 Cylinder 堆栈层中将【半径】设置为 2，将【高度】设置为 2.8，如图 3-120 所示。

07 在 FFD2×2×2 堆栈层中选择【控制点】作为当前选择集，在视图中调整控制点的位置，改变圆柱体的形状，如图 3-121 所示。

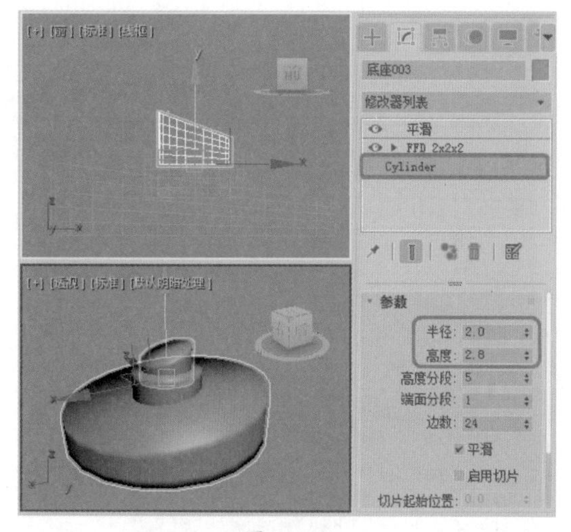

图 3-120

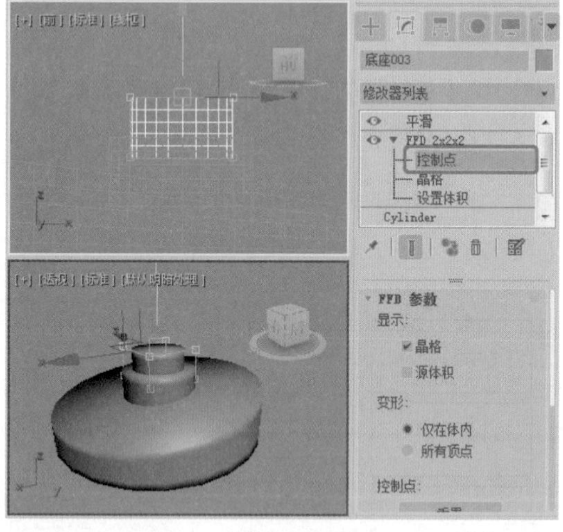

图 3-121

08 调整完成后，关闭当前选择集，选择【创建】|【图形】|【线】工具，在【前】视图中创建一条如图 3-122 所示的可渲染的线条，切换至【修改】命令面板，在【渲染】卷展栏中选中【在渲染中启用】和【在视口中启用】复选框，将【厚度】设置为 0.5，并将其重命名为【支架 001】。

09 使用【选择并移动】工具，在【左】视图中按住 Shift 键沿 X 轴移动【支架 001】的位置，在弹出的对话框中选中【复制】单选按钮，如图 3-123 所示。

10 单击【确定】按钮，调整到合适的位置。复制支架的效果如图 3-124 所示。

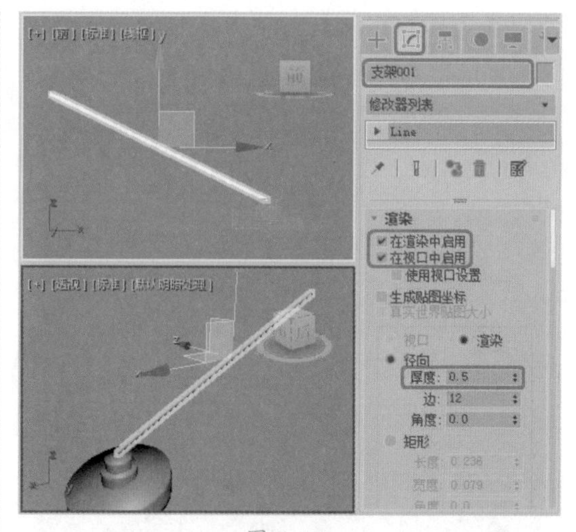

图 3-122

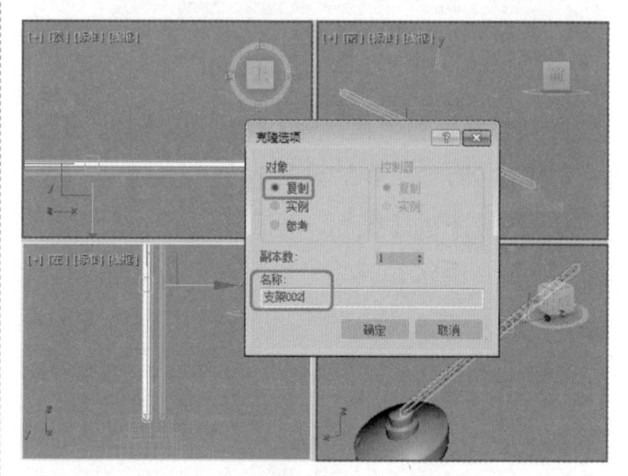

图 3-123

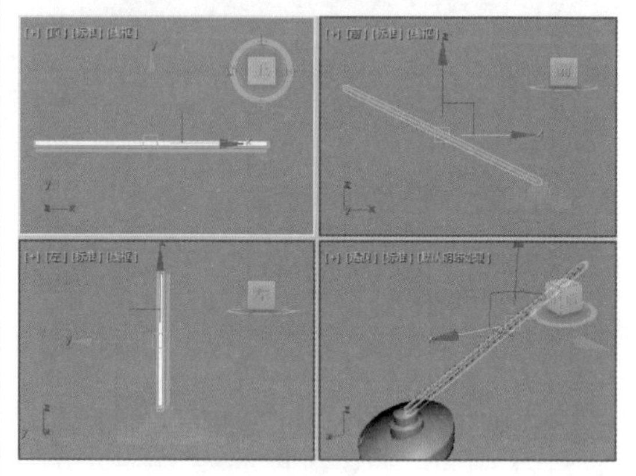

图 3-124

11 选择【创建】|【图形】|【线】工具，在【前】视图中绘制一个倾斜的矩形，在【渲染】卷展栏中取消选中【在渲染中启用】和【在视口中启用】复选框，将绘制的矩形重命名为【夹板 001】，如图 3-125 所示。

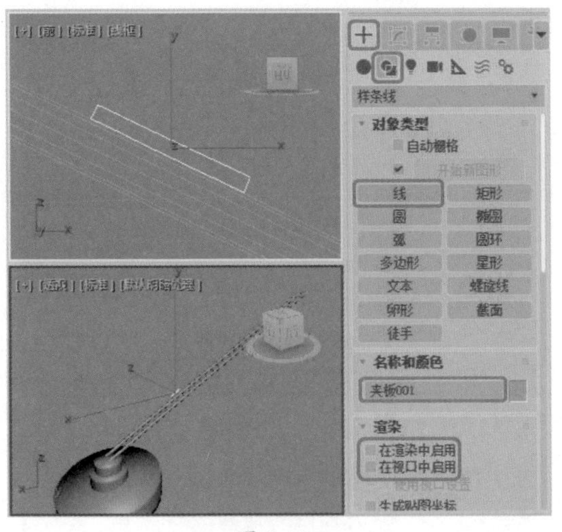
图 3-125

12 切换至【修改】命令面板，为【夹板001】对象添加【挤出】修改器，在【参数】卷展栏中将【数量】设置为-2.6，然后在视图中调整其位置，如图 3-126 所示。

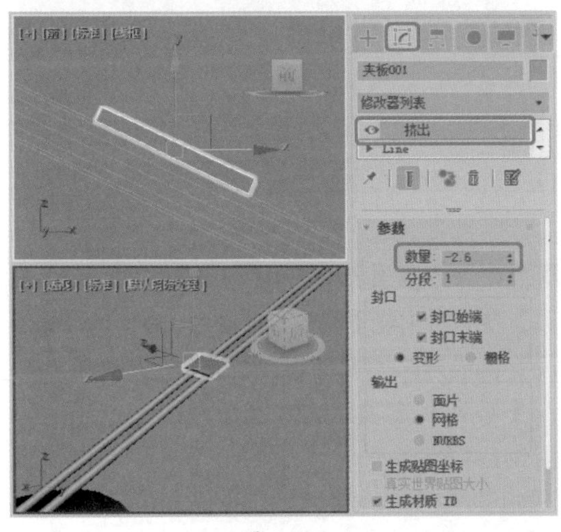
图 3-126

13 使用【选择并移动】工具在【前】视图中按住 Shift 键拖动挤出的对象，在弹出的对话框中选中【复制】单选按钮，如图 3-127 所示。

14 单击【确定】按钮，选择【创建】|【图形】|【线】工具，在两个夹板处绘制一条线段，切换至【修改】命令面板，将其重命名为【夹板钉 001】，在【渲染】卷展栏中选中【在渲染中启用】和【在视口中启用】复选框，将【厚度】设置为 0.47，并在视图中调整其位置，如图 3-128 所示。

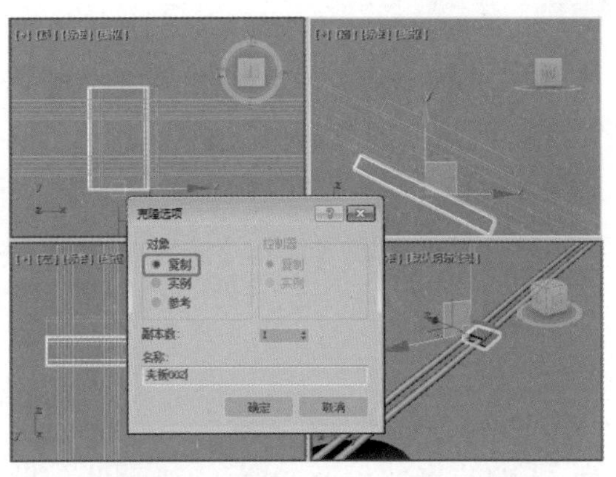
图 3-127

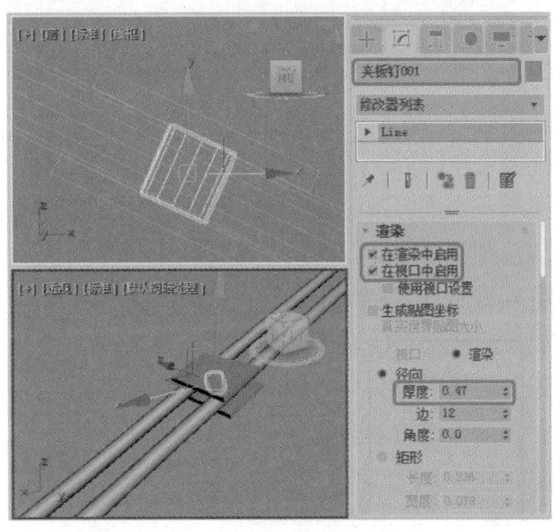
图 3-128

15 同时选择两个夹板和夹板钉，在菜单栏中选择【组】|【组】命令，在弹出的对话框中将【组名】设置为【夹板 001】，如图 3-129 所示。

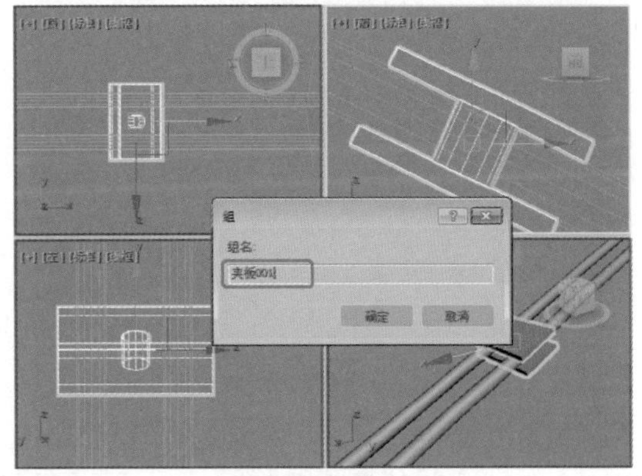
图 3-129

16 单击【确定】按钮，选择编组后的对象，按住 Shift 键使用【选择并移动】工具将其进行复制，在弹出的对话框中选中【复制】单选按钮，并将其重命名为【夹板 002】，单击【确定】按钮，在视图中调整对象的位置，如图 3-130 所示。

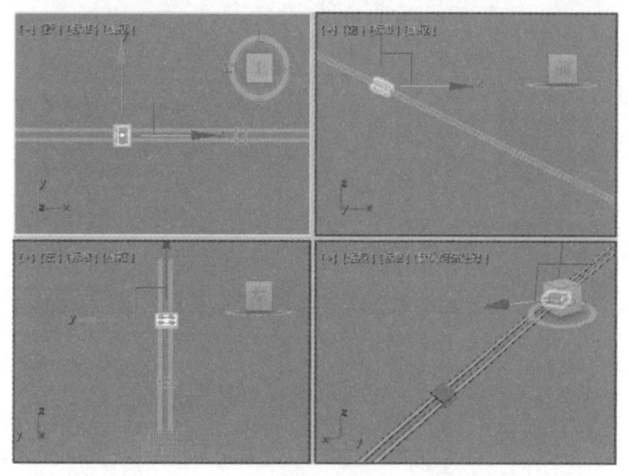

图 3-130

17 选择【创建】|【几何体】|【扩展基本体】|【切角圆柱体】工具，在【前】视图中创建一个切角圆柱体对象，切换至【修改】命令面板，将其重命名为【轴】，在【参数】卷展栏中将【半径】设置为 1.4，将【高度】设置为 2.8，将【圆角】设置为 0.1，将【边数】设置为 24，然后在视图中调整其位置，如图 3-131 所示。

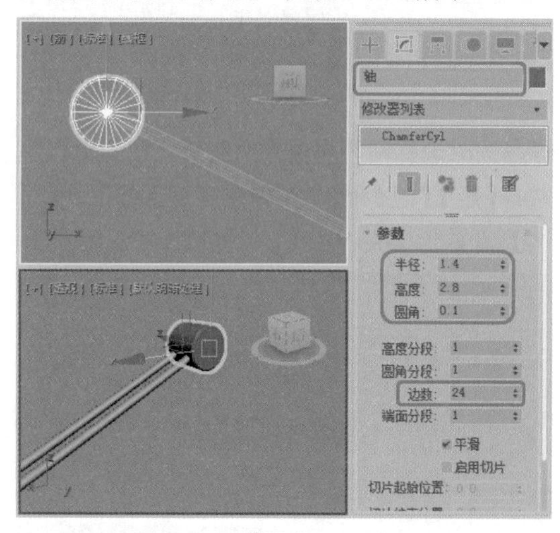

图 3-131

18 使用前面所介绍的方法再绘制其他线条，并对相应的对象进行复制，效果如图 3-132 所示。

19 选择【创建】|【图形】|【线】工具，在【前】视图中绘制出灯罩图形，将其重命名为【灯罩 001】，取消选中【在渲染中启用】、【在视口中启用】复选框，如图 3-133 所示。

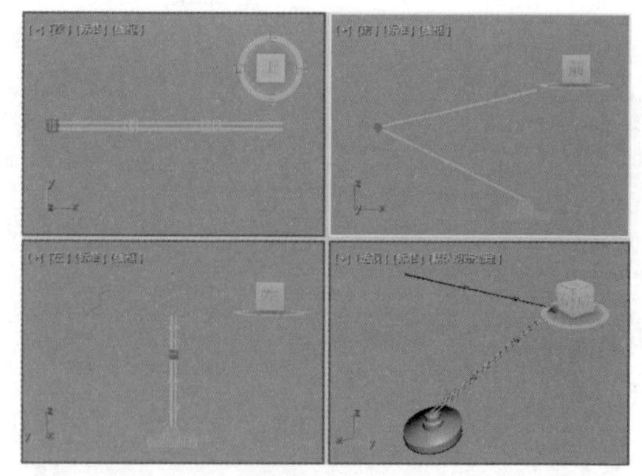

图 3-132

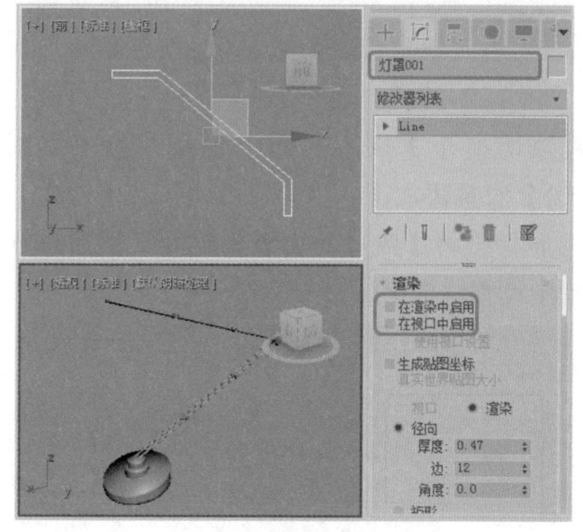

图 3-133

20 在修改器列表中选择【车削】修改器，在【参数】卷展栏中将【度数】设置为 360°，将【分段】设置为 32，在【方向】选项组中选择 Y，在【对齐】选项组中选择【最小】选项，如图 3-134 所示。

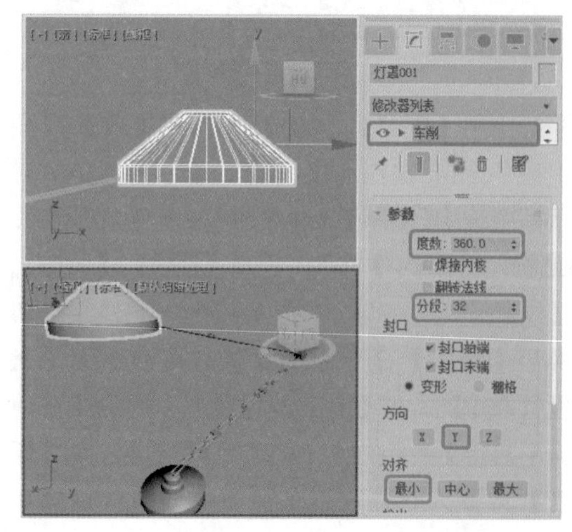

图 3-134

21 继续选择灯罩对象，为其添加一个【编辑网格】修改器，将当前选择集定义为【多边形】，在【顶】视图中选择灯罩外的表面的多边形面，再在【曲面属性】卷展栏中将材质 ID 设置为 1，如图 3-135 所示。

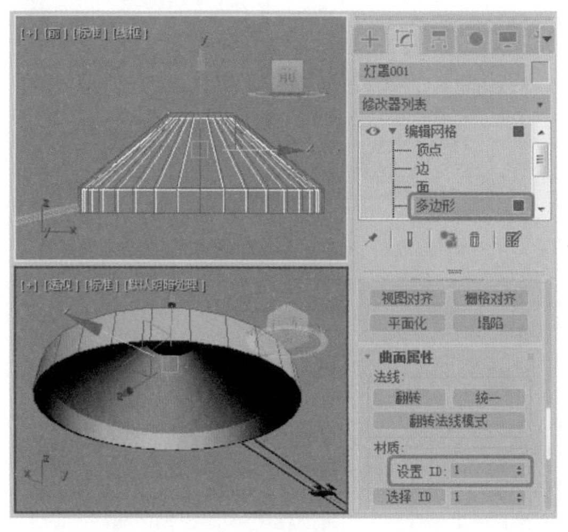

图 3-135

22 按 Ctrl+I 组合键，反选对象，在【曲面属性】卷展栏中将 ID 设置为 2，如图 3-136 所示。

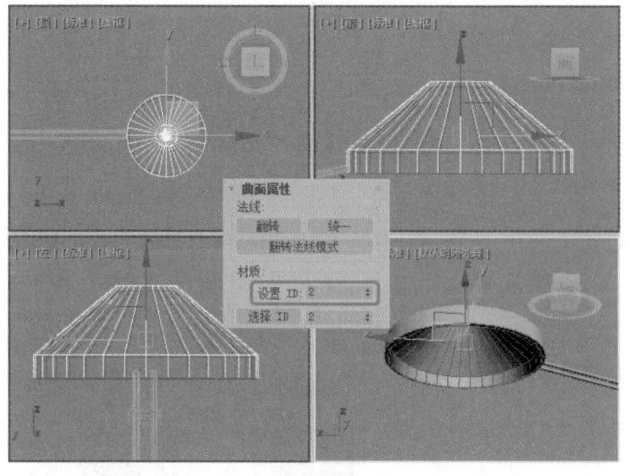

图 3-136

23 设置完成后，关闭当前选择集，选择【创建】|【图形】|【圆】工具，在【顶】视图中绘制圆对象，切换至【修改】命令面板，将其重命名为【灯罩装饰环】，在【渲染】卷展栏中选中【在渲染中启用】和【在视口中启用】复选框，将【厚度】设置为 0.5，在【参数】卷展栏中将【半径】设置为 9，并调整其位置，如图 3-137 所示。

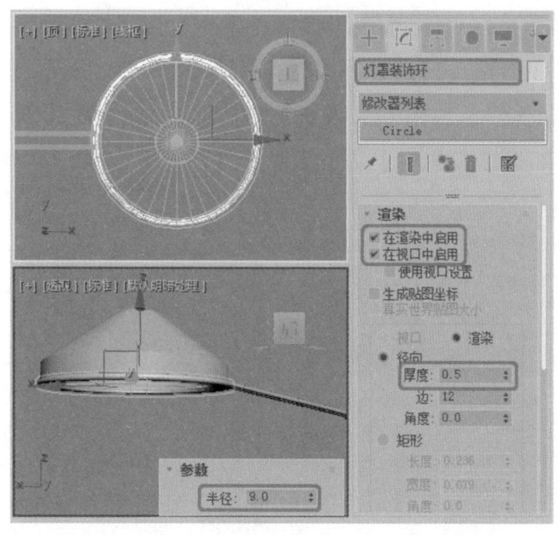

图 3-137

24 在视图中选择除【灯罩 001】外的其他对象，按 M 键，打开【材质编辑器】窗口，选择一个新的材质样本球，将其命名为【灯架】，在【明暗器基本参数】卷展栏中将明暗器类型设置为【（A）各向异性】，在【各向异性基本参数】卷展栏中将【环境光】设置为 30、30、30，将【高光反射】设置为 255、255、255，将【自发光】设置为 20，将【漫反射级别】、【高光级别】、【光泽度】、【各向异性】分别设置为 189、96、58、86，如图 3-138 所示。

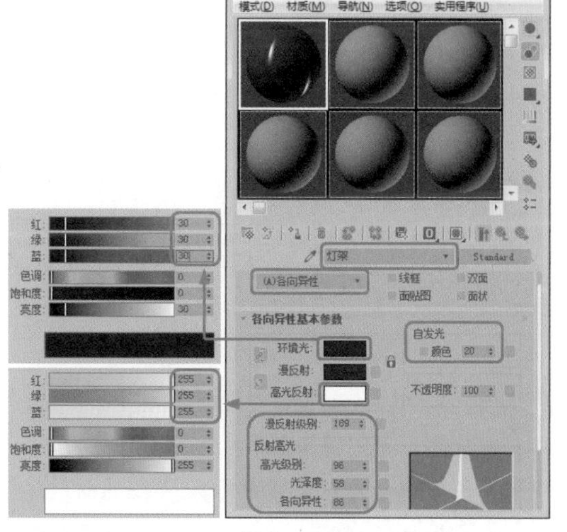

图 3-138

25 设置完成后，单击【将材质指定给选定对象】按钮，再在视图中选择【灯罩 001】对象，在【材质编辑器】窗口中选择一个新的材质样本球，将其命名为【灯罩】，单击 Standard 按钮，在弹出的对话框中选择【多维/子对象】，如图 3-139 所示。

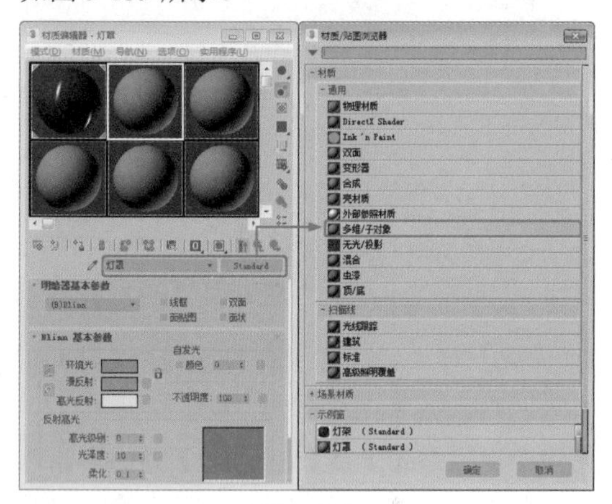

图 3-139

26 单击【确定】按钮，在弹出的对话框中选中【将旧材质保存为子材质】单选按钮，单击【确定】按钮，单击【设置数量】按钮，在弹出的对话框中将【材质数量】设置为 2，如图 3-140 所示。

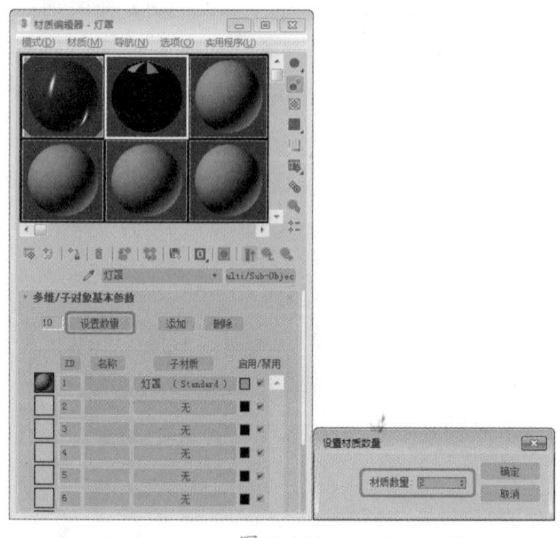

图 3-140

提示：使用【多维/子对象】材质可以采用几何体的子对象级别分配不同的材质。创建多维材质，将其指定给对象，并使用【网格选择】修改器选中面，然后选择多维材质中的子材质指定给选中的面即可。

27 设置完成后，单击【确定】按钮，选择【灯架】材质球，按住鼠标将其拖曳至 ID1 右侧的材质按钮上，在弹出的对话框中选中【复制】单选按钮，如图 3-141 所示。

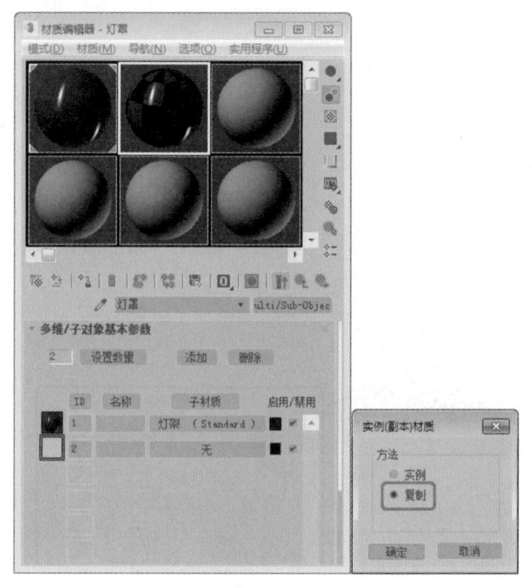

图 3-141

28 单击【确定】按钮，单击 ID2 右侧的材质按钮，在弹出的对话框中选择【标准】，单击【确定】按钮，在【明暗器基本参数】卷展栏中将明暗器类型设置为（P）Phong，单击【漫反射】与【高光反射】左侧的按钮，将其进行锁定，将【环境光】的 RGB 值设置为 255、255、255，将【自发光】设置为 75，将【不透明度】设置为 90，将【高光级别】、【光泽度】分别设置为 47、28，如图 3-142 所示。

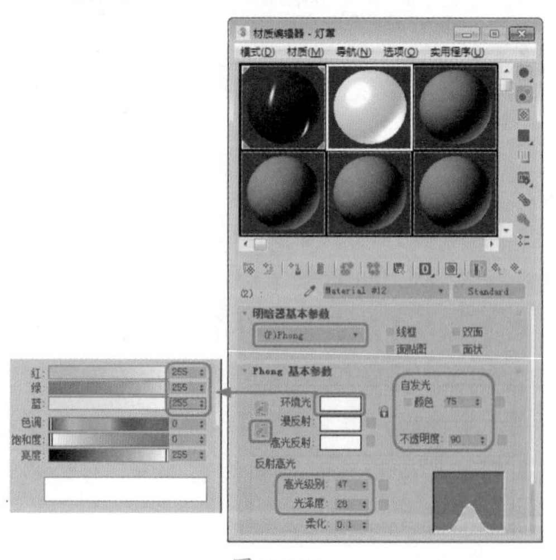

图 3-142

29 设置完成后，单击【将材质指定给选定对象】按钮，关闭该对话框，在视图中右击鼠标，在弹出的快捷菜单中选择【全部取消隐藏】命令，如图 3-143 所示。

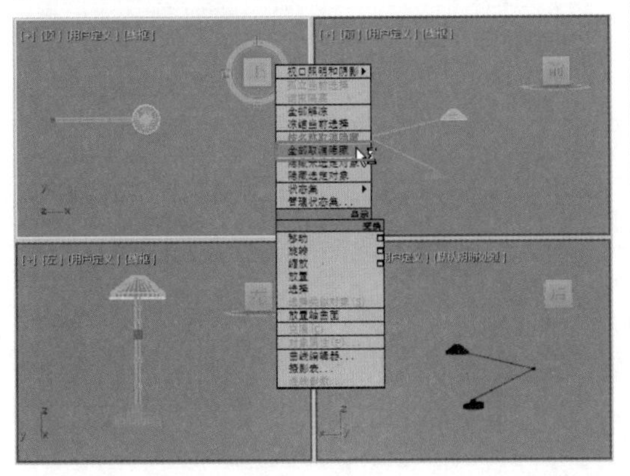

图 3-143

30 选择【透视】视图，按 C 键将其转换为【摄影机】视图，在视图中调整台灯的位置，如图 3-144 所示，按 F9 键渲染预览效果即可。

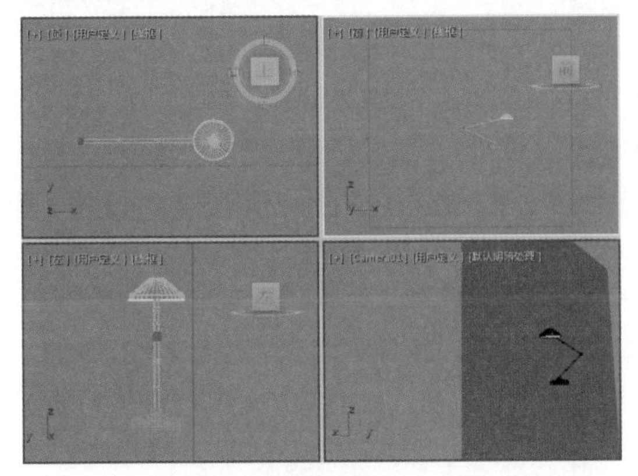

图 3-144

3.3.3 倒角建模

【倒角】修改器是对二维图形进行挤出成，并且在挤出的同时，在边界上加入线性或弧形倒角。它只能对二维图形使用，一般用来完成文字标志的制作，如图 3-145 所示。

图 3-145

【倒角】修改器卷展栏中各项目的功能说明如下。

【倒角值】卷展栏中的选项说明如下。

◎ 【起始轮廓】：用来设置原始图形的外轮廓大小。当它为 0 时，将以原始图形为基准，进行倒角制作。

◎ 【级别 1】/【级别 2】/【级别 3】：分别用来设置三个级别的【高度】和【轮廓】大小。

【参数】卷展栏中的选项说明如下。

◎ 【封口】：用来对造型两端进行加盖控制；如果两端都加盖处理，则为封闭实体。

◆ 【始端】：用来设置将开始截面封顶加盖截面。

◆ 【末端】：用来设置将结束截面封顶加盖。

◎ 【封口类型】：用来设置顶端表面的构成类型。

◆ 【变形】：不处理表面，以便进行变形操作，制作变形动画 。

◆ 【栅】：进行表面网格处理，它产生的渲染效果要优于【变形】方式。

◎ 【曲面】：用来控制侧面的曲率、光滑度以及指定贴图坐标。

◆ 【线性侧面】：用来设置倒角内部片段划分为直线方式。

◆ 【曲线侧面】：用来设置倒角内部片段划分为弧形方式。

◆ 【分段】：用来设置倒角内部的片段划分数，多的片段划分主要用于弧形倒角。

◆ 【级间平滑】：用来控制是否将平滑组应用于倒角对象侧面。封口会使用与侧面不同的平滑组。启用此项后，对侧面应用平滑组，侧面显示为弧状。禁用此项后不应用平滑组，侧面显示为平面倒角。

◎ 【避免线相交】：用来对倒角进行处理，但总保持顶盖不被光滑，防止轮廓彼此相交。它通过在轮廓中插入额外的顶点并用一条平直的线段覆盖锐角来实现。

◎ 【分离】：用来设置边之间所保持的距离。最小值为 0.01。

课后项目练习

三维文字设计

通常我们说的三维是指在平面二维系中又加入了一个方向向量构成的空间系。三维即是坐标轴的三个轴，即 x 轴、y 轴、z 轴，其中 x 表示左右空间，y 表示上下空间，z 表示前后空间，这样就形成了人的视觉立体感。本例将介绍如何制作三维文字，效果如图 3-146 所示。

课后项目练习效果展示

图 3-146

课后项目练习过程概要

（1）利用【文字】工具输入文字内容。

（2）通过【倒角】修改器将二维文字转换为三维文字。

素材	Scenes\Cha03\ 三维文字素材 .max
场景	Scenes\Cha03\ 三维文字设计 .max
视频	视频教学 \Cha03\ 三维文字设计 .max

01 按 Ctrl+O 组合键，打开“Scenes\Cha03\ 三维文字素材 .max”素材文件，如图 3-147 所示。

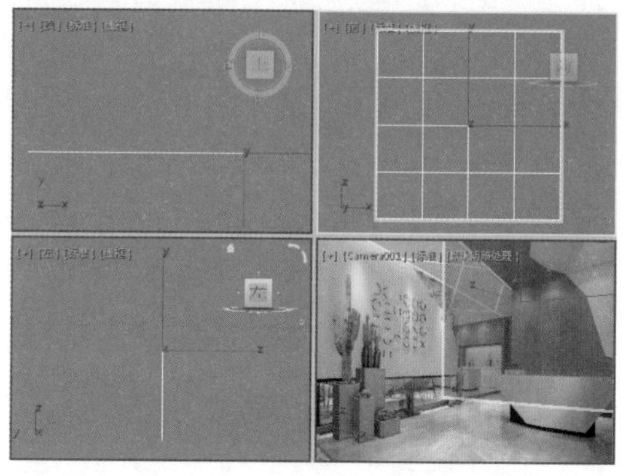
图 3-147

02 选择【创建】|【图形】|【文本】工具，将【字体】设置为【方正综艺简体】，将【大小】设置为 90，将【字间距】设置为 5，在【文本】下的文本框中输入文字【匠品传媒】，然后在【前】视图中单击鼠标创建文字，如图 3-148 所示。

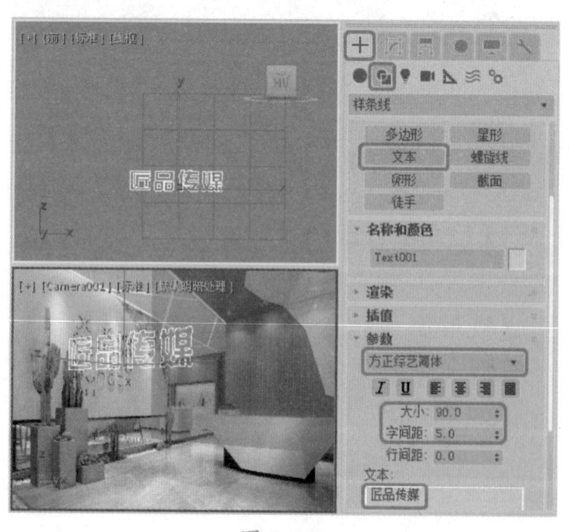

图 3-148

03 确定文字处于选中状态，切换至【修改】命令面板，在修改器列表中选择【倒角】修改器，在【倒角值】卷展栏中将【级别 1】下的【高度】设置为 13，选中【级别 2】复选框，将【高度】设为 1，【轮廓】设为 -1，如图 3-149 所示。

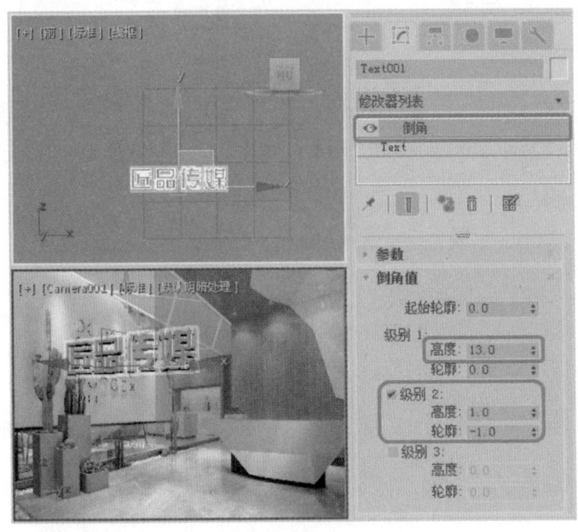

图 3-149

04 在工具栏中单击【选择并移动】按钮，在视图中调整文字的位置，效果如图 3-150 所示。

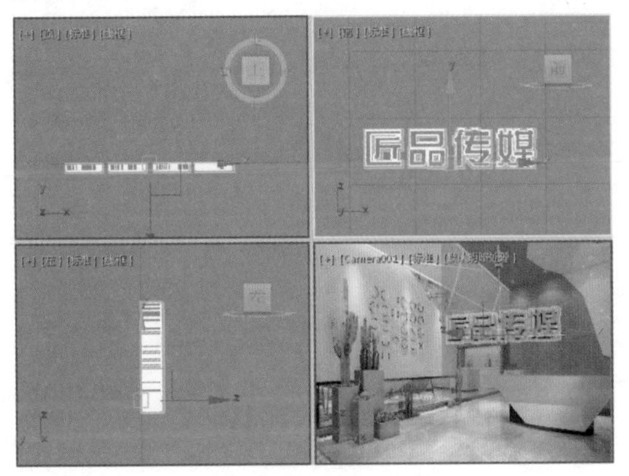

图 3-150

提示：【倒角】修改器是通过对二维图形进行挤出成形，并且在挤出的同时，在边界上加入直形或圆形的倒角，一般用来制作立体文字和标志。

05 按 M 键，打开【材质编辑器】，选择一个空白的材质球，将其命名为【金属】，然后将明暗器类型设置为【(M) 金属】，将【环境光】的 RGB 值设置为 209、205、187，在【反射高光】选项组中将【高光级别】、【光泽度】分别设置为 102、74，如图 3-151 所示。

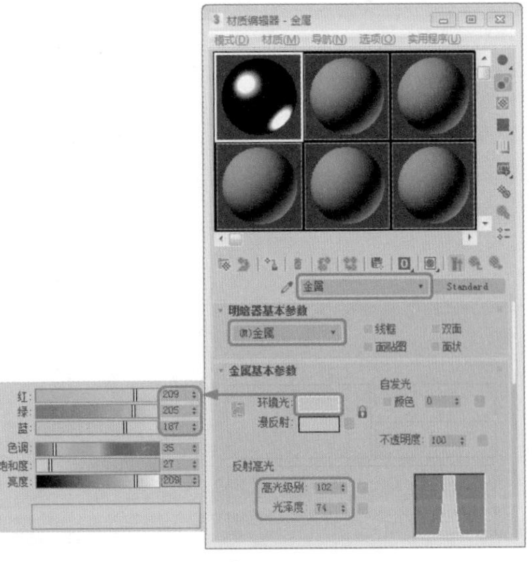

图 3-151

提示：材质主要用于描述对象如何反射和传播光线，材质中的贴图主要用于模拟对象质地、提供纹理图案、反射、折射等其他效果（贴图还可以用于环境和灯光投影）。依靠各种类型的贴图，可以创作出千变万化的材质，例如，在瓷瓶上贴上花纹就成了名贵的瓷器。高超的贴图技术是制作仿真材质的关键，也是决定最后渲染效果的关键。关于材质的调节和指定，系统提供了【材质编辑器】和【材质 / 贴图浏览器】。【材质编辑器】用于创建、调节材质，并最终将其指定到场景中；【材质 / 贴图浏览器】用于检查材质和贴图。

06 在【贴图】卷展栏中将【反射】右侧的【数量】设置为 90，并单击其右侧的【无贴图】按钮，在弹出的【材质 / 贴图浏览器】对话框中选择【光线跟踪】选项，如图 3-152 所示。

07 单击【确定】按钮，选项保持默认设置，单击【转到父对象】按钮，确定文字处于选中状态，单击【将材质指定给选定对象】按钮，将对话框关闭，在【摄影机】视图中按 F9 键预览效果即可。

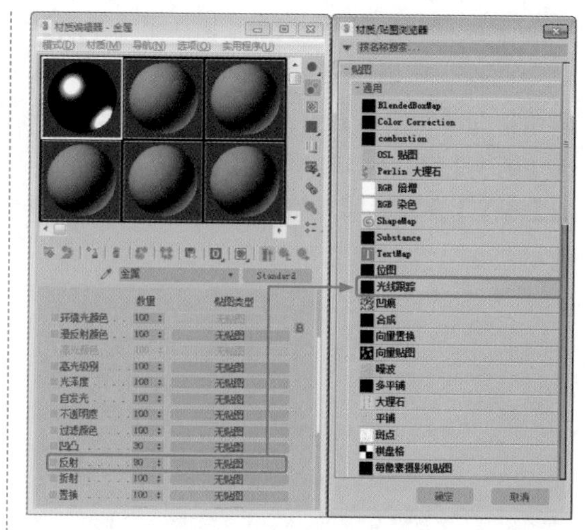

图 3-152

第 4 章

休闲躺椅的设计——三维复合对象建模

本章导读

本章将重点讲解三维复合对象建模的重要操作技术，其中包括截面图形与路径的创建、放样变形等操作。通过本章的学习，可以对三维复合对象建模有一定的了解。

案例精讲
休闲躺椅的设计

为了更好地完成本设计案例，现对制作要求及设计内容做如下规划，休闲躺椅效果如图 4-1 所示。

作品名称	休闲躺椅设计
设计创意	（1）使用【矩形】、【线】、【放样】和【切角圆柱体】等工具制作躺椅垫和躺椅枕 （2）使用【线】和【切角长方体】等工具制作躺椅支架
主要元素	（1）别墅花园背景图 （2）休闲躺椅
应用软件	3ds Max 2020
素材	Map\ 红色皮革 .jpg、Bxgmap1.jpg Scenes\Cha04\ 休闲躺椅素材 .max
场景	Scenes \Cha04\【案例精讲】休闲躺椅设计 .max
视频	视频教学 \Cha04\【案例精讲】休闲躺椅设计 .mp4
休闲躺椅设计效果欣赏	图 4-1
备注	

01 按 Ctrl+O 组合键，打开“Scenes\Cha04\ 休闲躺椅素材 .max”素材文件，选择【创建】 |【图形】 |【样条线】|【矩形】工具，在【前】视图中创建矩形，将其命名为【放样图形】，切换到【修改】命令面板，在【参数】卷展栏中设置【长度】为 13、【宽度】为 160、【角半

径】为 5.5，如图 4-2 所示。

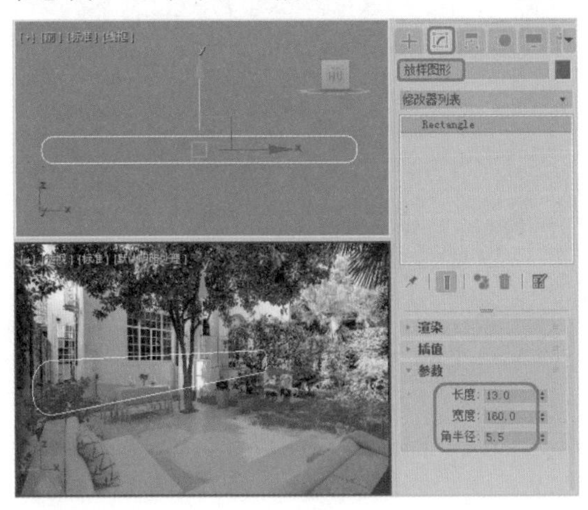

图 4-2

02 选择【创建】 |【图形】 |【样条线】|【线】工具，在【左】视图中创建样条线，切换到【修改】命令面板，将当前选择集定义为【顶点】，在场景中调整样条线的形状，将其命名为【放样路径】，如图 4-3 所示。

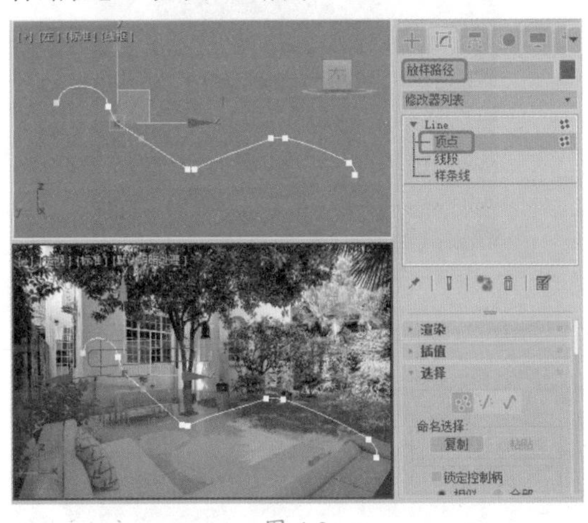

图 4-3

03 关闭当前选择集，选择【创建】 |【图形】 |【样条线】|【矩形】工具，在【顶】视图中创建矩形并命名为【拟合图形】，切换到【修改】命令面板，在【参数】卷展栏中设置【长度】为 550、【宽度】为 150、【角半径】为 20，如图 4-4 所示。

04 在场景中选择【放样路径】，然后选择【创建】 |【几何体】 |【复合对象】|【放样】工具，在【创建方法】卷展栏中单击【获取图形】按钮，在场景中拾取【放样图形】，如图 4-5 所示。

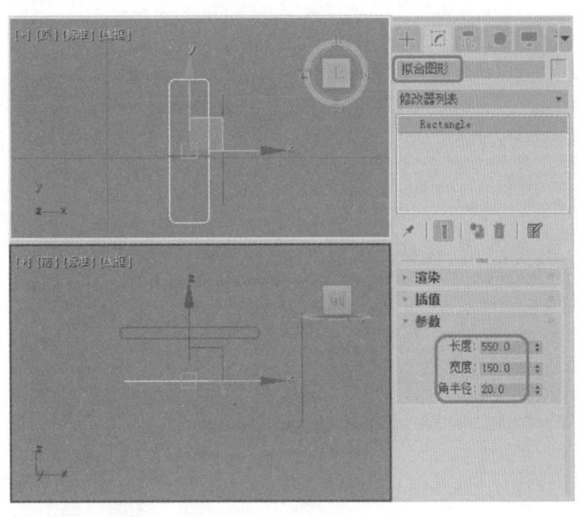

图 4-4

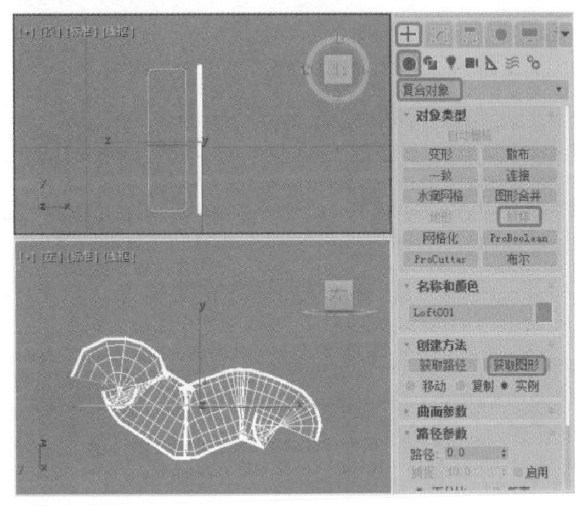

图 4-5

05 切换到【修改】命令面板，将放样出来的模型命名为【躺椅垫】，然后将当前选择集定义为【图形】，在场景中框选图形，单击工具栏中的【选择并旋转】按钮 ，单击【角度捕捉切换】按钮 ，在【前】视图中沿 Z 轴旋转 90°，效果如图 4-6 所示。

06 关闭当前选择集，在【变形】卷展栏中单击【拟合】按钮，在弹出的对话框中单击【均衡】按钮 ，然后单击【显示 Y 轴】按钮 ，再单击【获取图形】按钮 ，在场景中拾取【拟合图形】对象，单击【逆时针旋转 90 度】按钮 旋转图形，如图 4-7 所示。

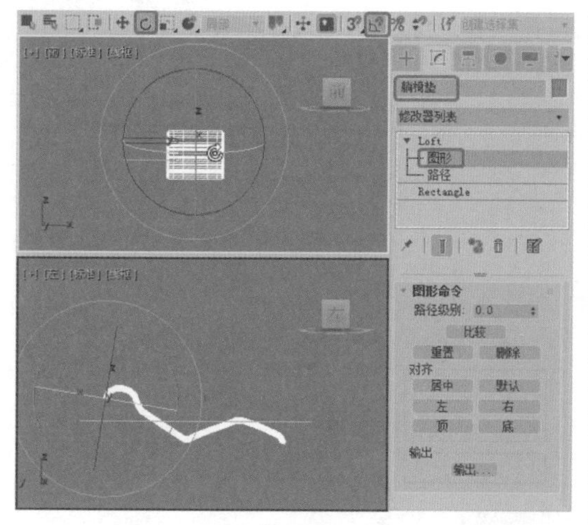

图 4-6

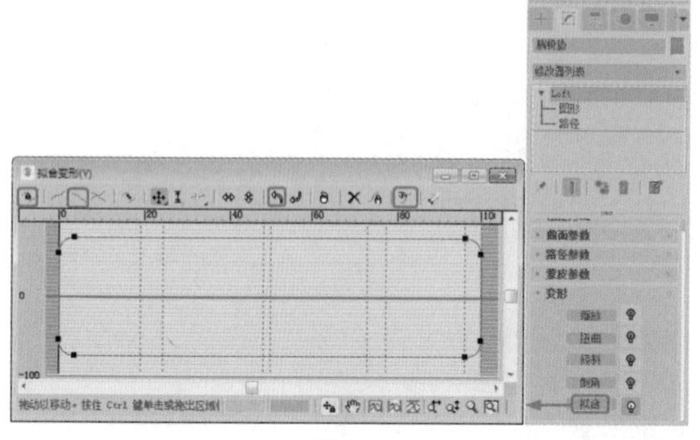

图 4-7

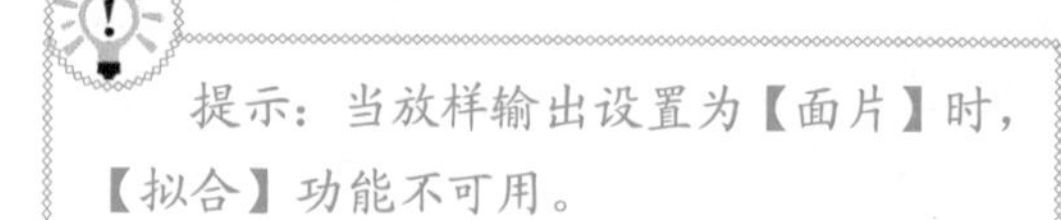

提示：当放样输出设置为【面片】时，【拟合】功能不可用。

07 选择【创建】 | 【几何体】 | 【扩展基本体】 | 【切角圆柱体】工具，在【左】视图中创建切角圆柱体并命名为【躺椅枕】，切换到【修改】命令面板，在【参数】卷展栏中设置【半径】为 14、【高度】为 145、【圆角】为 5，设置【高度分段】为 1、【圆角分段】为 5、【边数】为 30、【端面分段】为 2，如图 4-8 所示。

08 在工具栏中单击【选择并均匀缩放】工具，在【左】视图中沿 X 轴缩放【躺椅枕】，如图 4-9 所示。

09 使用【选择并旋转】工具和【选择并移动】工具在视图中调整模型的角度和位置，效果如图 4-10 所示。

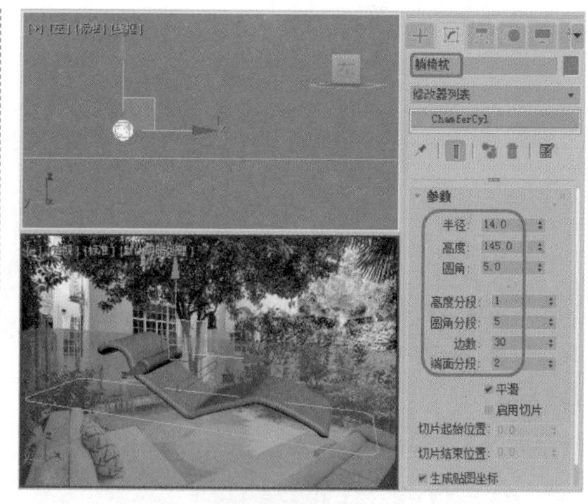

图 4-8

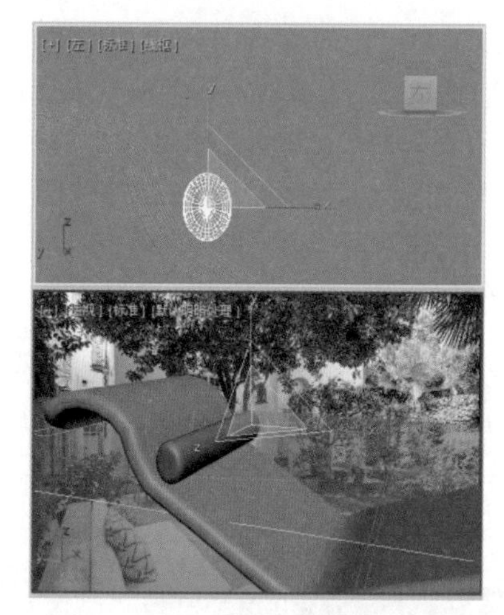

图 4-9

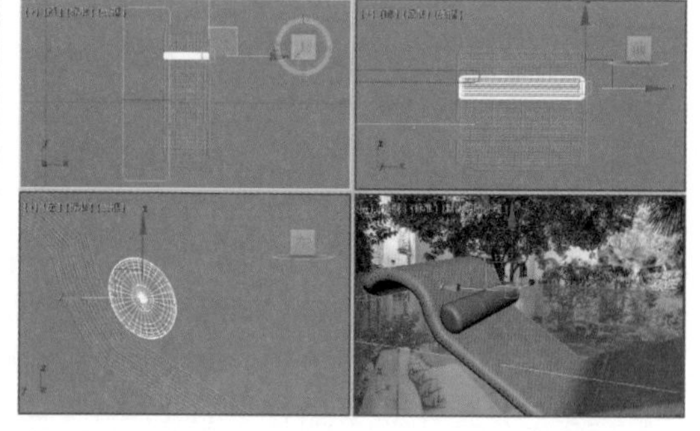

图 4-10

10 在场景中选择【躺椅垫】和【躺椅枕】对象，切换到【修改】命令面板，在修改器下拉列表中选择【UVW 贴图】修改器，在【参数】卷展栏中选中【长方体】单选按钮，设置【长度】、【宽度】和【高度】都为 100，如图 4-11 所示。

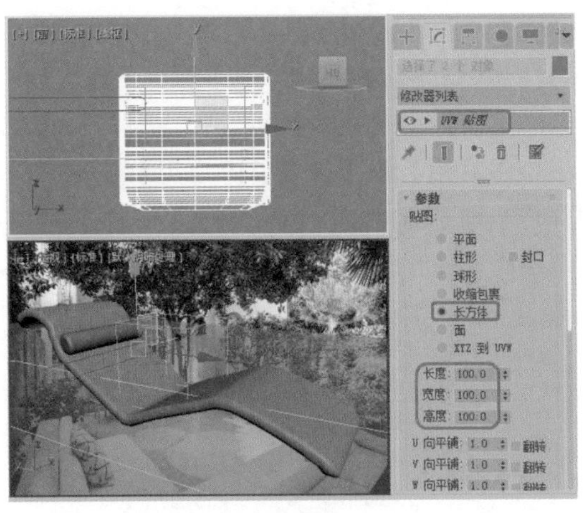

图 4-11

11 按 M 键，打开【材质编辑器】窗口，选择一个新的材质样本球，将其命名为【皮革材质】。在【Blinn 基本参数】卷展栏中将【自发光】设置为 50，在【反射高光】选项组中，将【高光级别】和【光泽度】分别设置为 85 和 36，如图 4-12 所示。

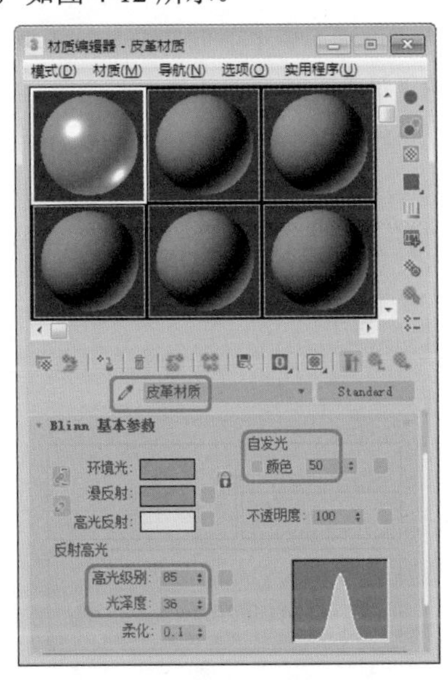

图 4-12

12 在【贴图】卷展栏中单击【漫反射颜色】右侧的【无贴图】按钮，在弹出的【材质 / 贴图浏览器】对话框中双击【位图】贴图，再在弹出的对话框中选择“Map\ 红色皮革 .jpg”文件，单击【打开】按钮，进入漫反射层级通道，在【坐标】卷展栏中使用默认参数，如图 4-13 所示。

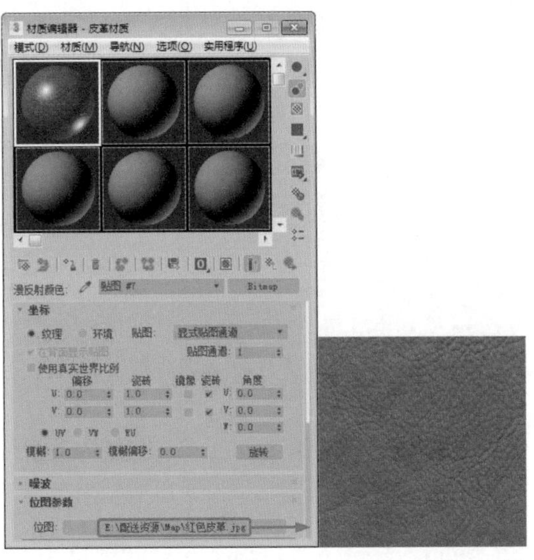

图 4-13

13 单击【转到父对象】按钮和【将材质指定给选定对象】按钮，将材质指定给【躺椅垫】和【躺椅枕】对象。选择【创建】|【图形】|【样条线】|【线】工具，在【左】视图中创建样条线，将其命名为【支架 001】，切换到【修改】命令面板，将当前选择集定义为【顶点】，在场景中调整样条线的形状，如图 4-14 所示。

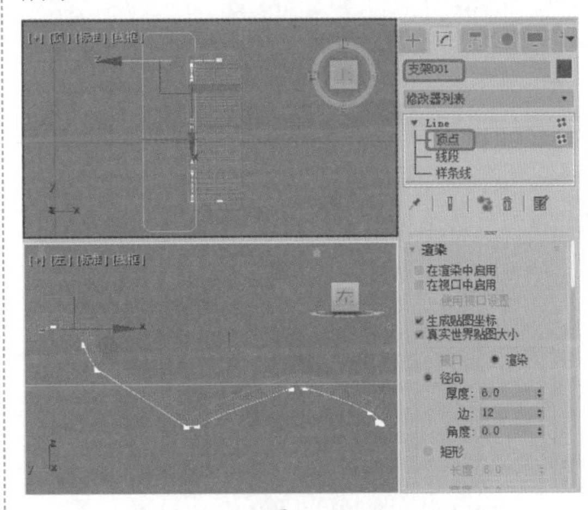

图 4-14

14 关闭当前选择集，然后在【渲染】卷展栏中选中【在渲染中启用】和【在视口中启用】复选框，将【厚度】设置为 6，如图 4-15 所示。

15 在【前】视图中选择【支架 001】对象，在工具栏中单击【镜像】按钮，在弹出的对话框中将【镜像轴】定义为X轴，在【克隆当前选择】选项组中选中【实例】单选按钮，单击【确定】按钮，如图4-16所示。

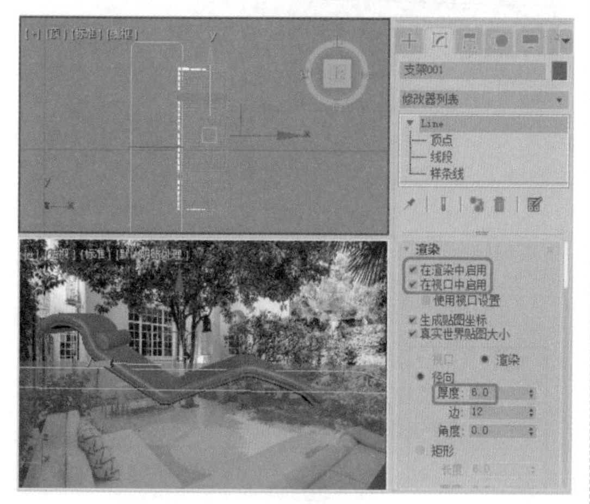

图 4-15

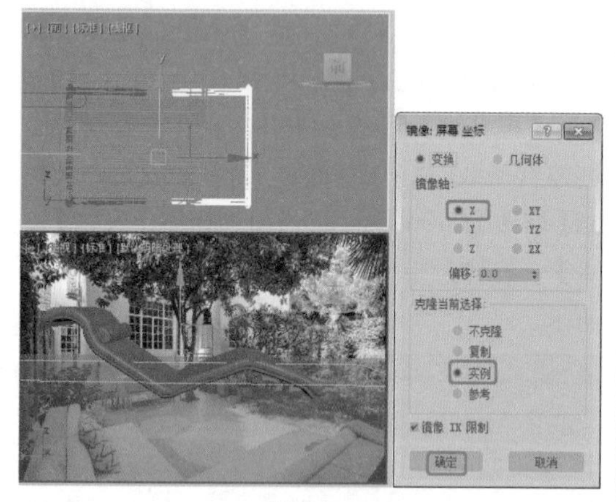

图 4-16

16 在场景中调整【支架001】和【支架002】的位置，效果如图4-17所示。

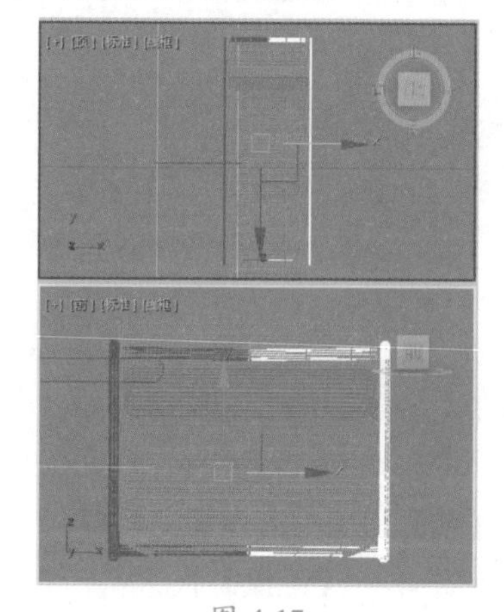

图 4-17

17 继续使用【线】工具在场景中创建样条线，切换到【修改】命令面板，命名该样条线为【支架横路径】，在【渲染】卷展栏中取消选中【在渲染中启用】和【在视口中启用】复选框，并将当前选择集定义为【顶点】，在场景中调整样条线的形状，如图4-18所示。

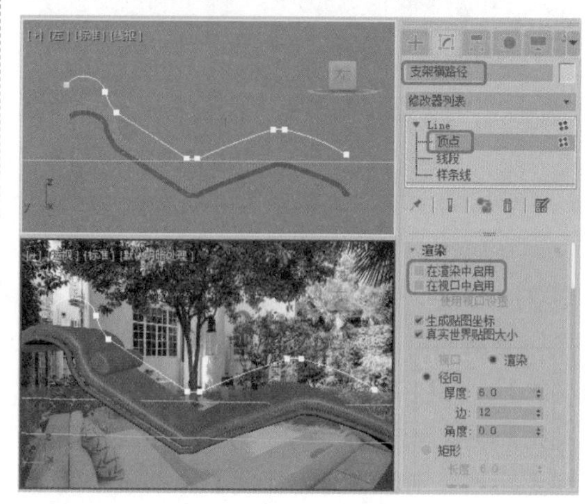

图 4-18

18 选择【创建】+|【图形】|【样条线】|【线】工具，在【前】视图中创建样条线并命名为【躺椅横撑001】，切换到【修改】命令面板，在【渲染】卷展栏中选中【在渲染中启用】和【在视口中启用】复选框，设置【厚度】为3，如图4-19所示。

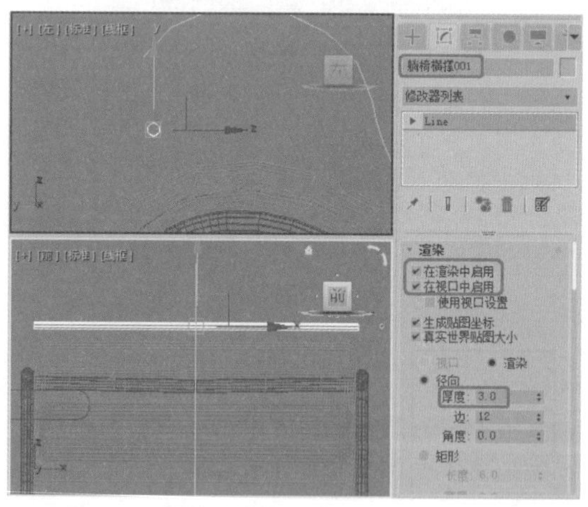

图 4-19

19 选择【躺椅横撑001】对象，切换到【运动】命令面板，在【指定控制器】卷展栏中选择【位置：位置XYZ】，单击【指定控制器】按钮，在弹出的对话框中选择【路径约束】选项，单击【确定】按钮，如图 4-20 所示。

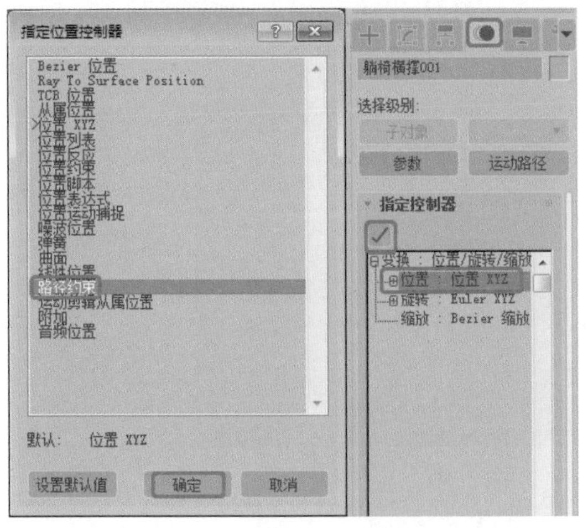

图 4-20

20 在【路径参数】卷展栏中单击【添加路径】按钮，在场景中拾取【支架横路径】对象，如图 4-21 所示。

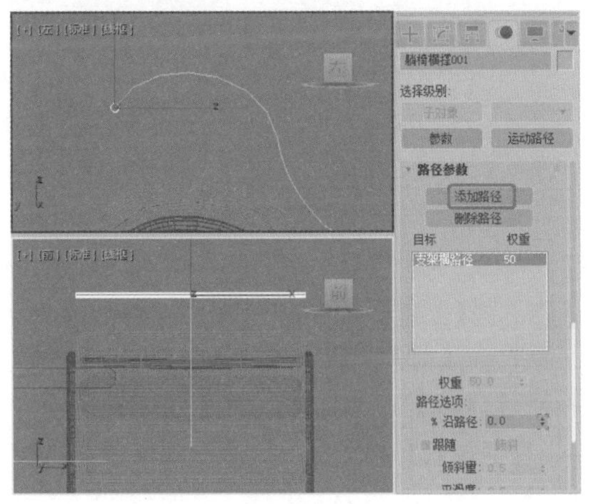

图 4-21

21 单击【自动关键点】按钮，将时间滑块拖曳至第 100 帧，然后在【路径参数】卷展栏中，将【路径选项】选项组中的【% 沿路径】设置为 100，如图 4-22 所示。

22 再次单击【自动关键点】按钮将其关闭。然后在菜单栏中选择【工具】|【快照】命令，弹出【快照】对话框，在【快照】选项组中选中【范围】单选按钮，设置【副本】为 80，选中【克隆方法】选项组中的【实例】单选按钮，单击【确定】按钮，如图 4-23 所示。

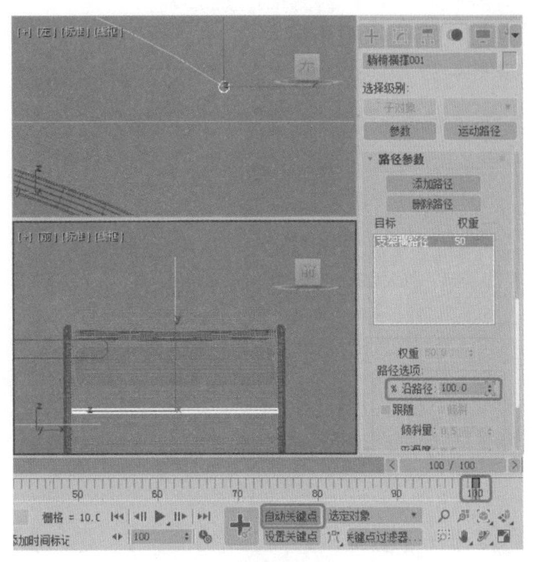

图 4-22

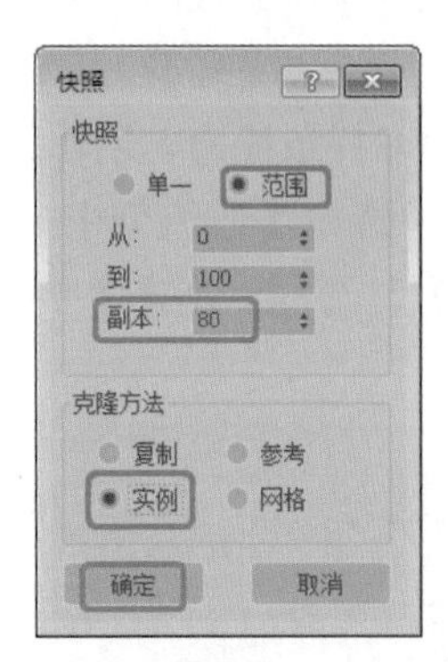

图 4-23

23 快照对象后的效果如图 4-24 所示。

图 4-24

24 在场景中选择快照后的所有对象，在菜单栏中选择【组】|【组】命令，在弹出的对话框中设置【组名】为【躺椅横撑】，单击【确

定】按钮，然后在场景中调整其位置，效果如图 4-25 所示。

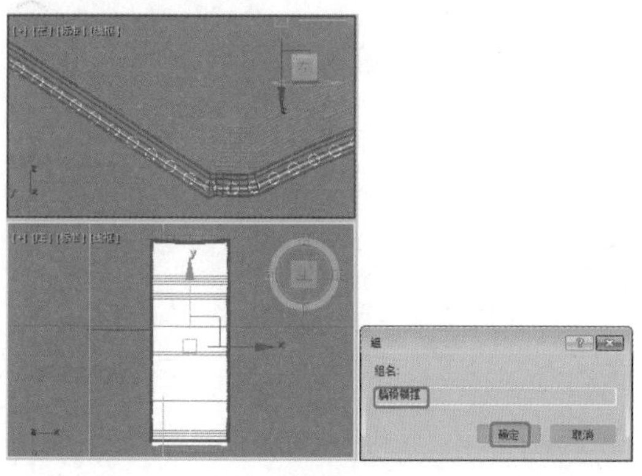

图 4-25

25 选择【创建】 |【图形】 |【样条线】|【线】工具，在【左】视图中创建样条线，并在场景中调整样条线的位置。切换到【修改】命令面板，命名样条线为【支架 003】，在【渲染】卷展栏中选中【在渲染中启用】和【在视口中启用】复选框，设置【厚度】为 6，如图 4-26 所示。

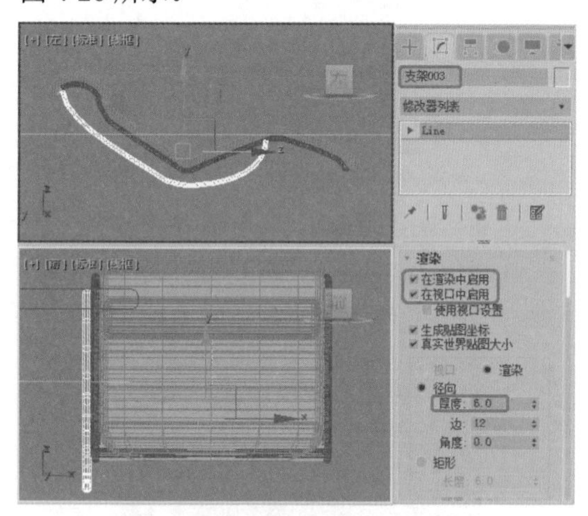

图 4-26

26 继续使用【线】工具在【左】视图中创建【支架 004】，切换到【修改】命令面板，设置【厚度】为 3，并在场景中调整其位置，效果如图 4-27 所示。

27 在场景中选择【支架 003】和【支架 004】对象，在【前】视图中使用【选择并移动】工具 ，按住 Shift 键沿 X 轴移动复制对象，在弹出的对话框中选中【实例】单选按钮，单击【确定】按钮，如图 4-28 所示。

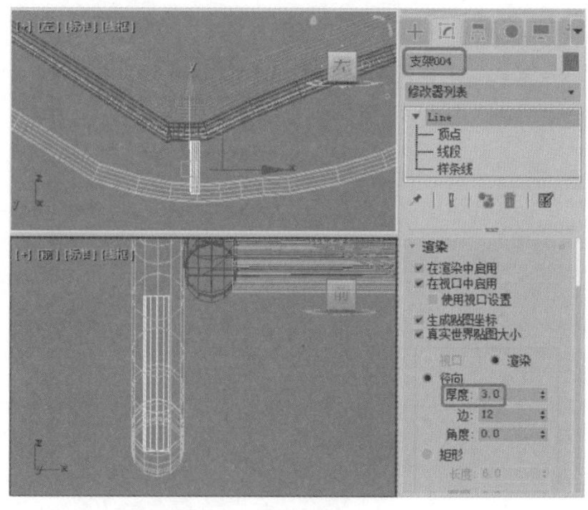

图 4-27

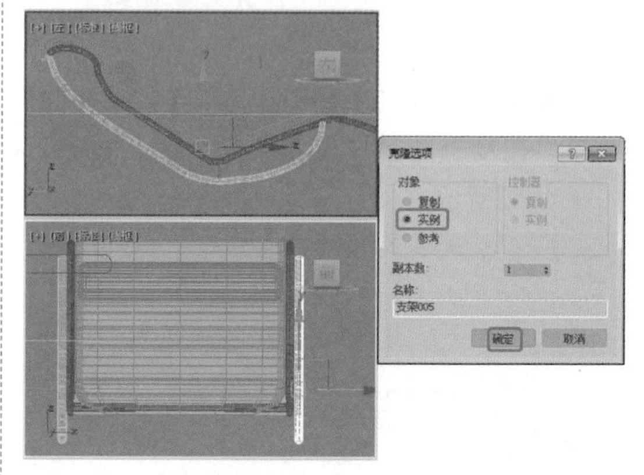

图 4-28

28 选择【创建】 |【图形】 |【样条线】|【线】工具，在【前】视图中创建【支架 007】，切换到【修改】命令面板，将【厚度】设置为 4，适当调整支架对象的位置，效果如图 4-29 所示。

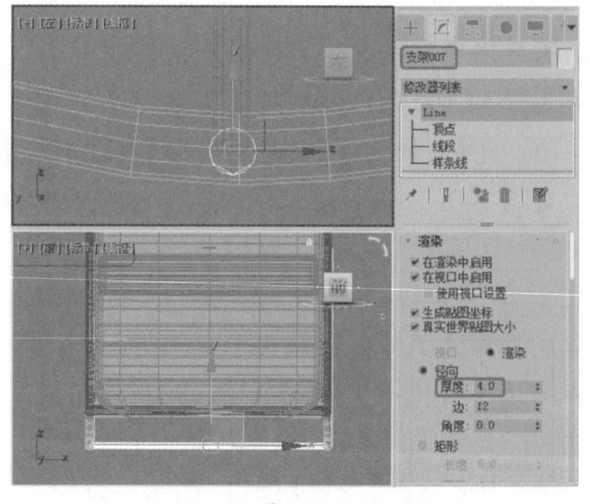

图 4-29

29 确认【支架 007】对象处于选中状态，在【左】视图中使用【选择并移动】工具，按住 Shift 键沿 X 轴移动复制对象，在弹出的对话框中选中【实例】单选按钮，将【副本数】设置为 3，单击【确定】按钮，在场景中调整其位置，效果如图 4-30 所示。

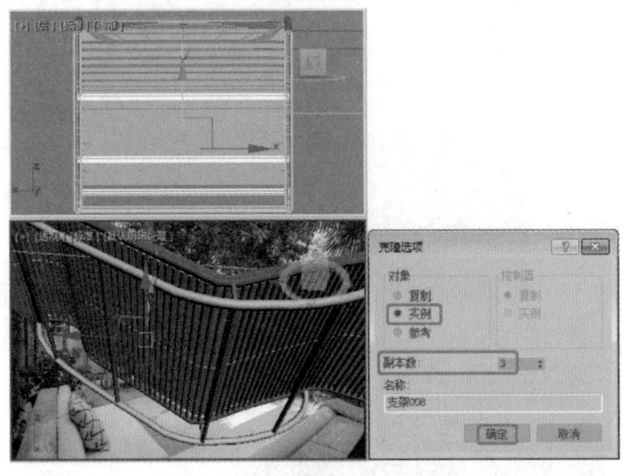

图 4-30

30 选择【创建】|【图形】|【样条线】|【线】工具，在【左】视图中创建样条线，将其命名为【椅子腿 001】，切换到【修改】命令面板，在【渲染】卷展栏中取消选中【在渲染中启用】和【在视口中启用】复选框。将当前选择集定义为【顶点】，在场景中调整样条线的形状，如图 4-31 所示。

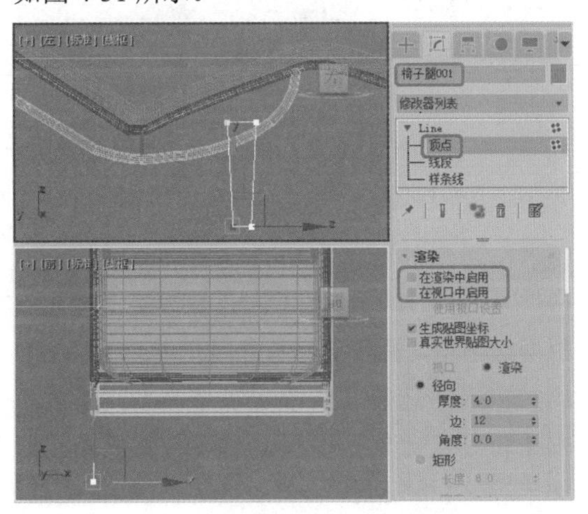

图 4-31

31 关闭当前选择集，在修改器下拉列表中选择【倒角】修改器，在【倒角值】卷展栏中设置【级别 1】下的【高度】和【轮廓】都为 1；选中【级别 2】复选框，设置【高度】为 3；选中【级别 3】复选框，设置【高度】为 1、【轮廓】为 -1，如图 4-32 所示。

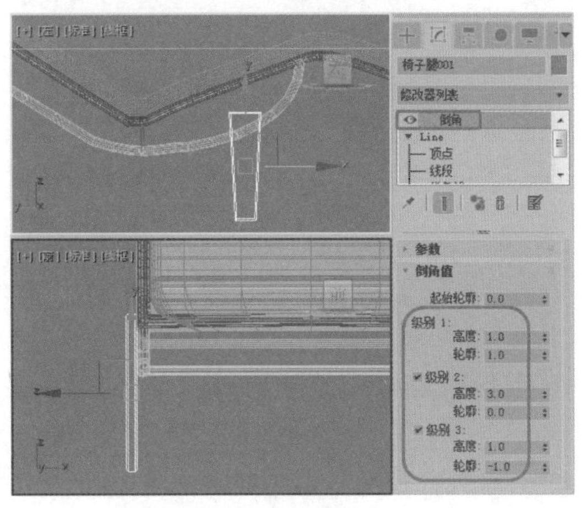

图 4-32

32 在场景中复制出其他的 3 条椅子腿，并调整复制的椅子腿对象，如图 4-33 所示。

图 4-33

33 选择【创建】|【几何体】|【扩展基本体】|【切角长方体】工具，在【顶】视图中创建切角长方体并命名为【腿横撑 001】，切换到【修改】命令面板，在【参数】卷展栏中设置【长度】为 8、【宽度】为 170、【高度】为 5、【圆角】为 1，在【左】视图中旋转 X 轴为 -90，如图 4-34 所示。

提示：由于每个人调整的距离不同，可根据自身情况调整切角长方体的宽度。

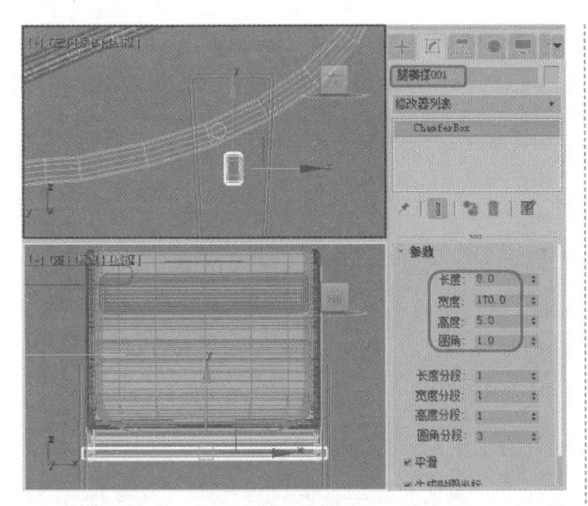

图 4-34

34 使用前面介绍的方法复制腿横撑对象，并在场景中调整其位置，如图 4-35 所示。

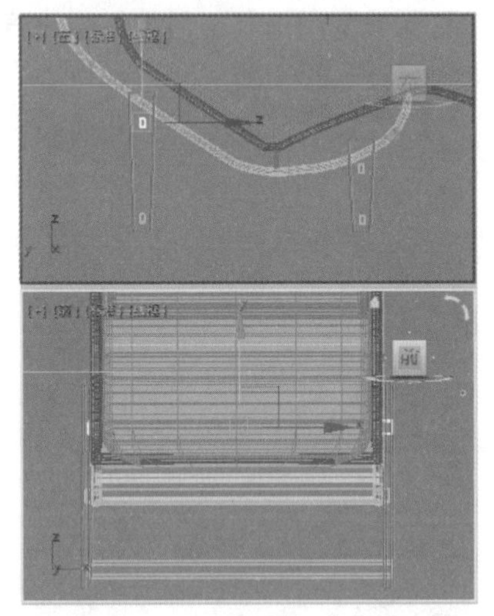

图 4-35

35 在场景中选择除【躺椅垫】、【躺椅枕】和 Plane001 以外的所有对象，在菜单栏中选择【组】|【组】命令，在弹出的对话框中设置【组名】为【躺椅支架】，单击【确定】按钮，如图 4-36 所示。

36 确定【躺椅支架】对象处于选中状态，按 M 键打开【材质编辑器】窗口，选择一个新的材质样本球，将其命名为【金属材质】。在【明暗器基本参数】卷展栏中选择【（M）金属】，在【贴图】卷展栏中，单击【反射】右侧的【无贴图】按钮，在弹出的【材质 / 贴图浏览器】对话框中选择【位图】贴图，单击【确定】按钮，如图 4-37 所示。

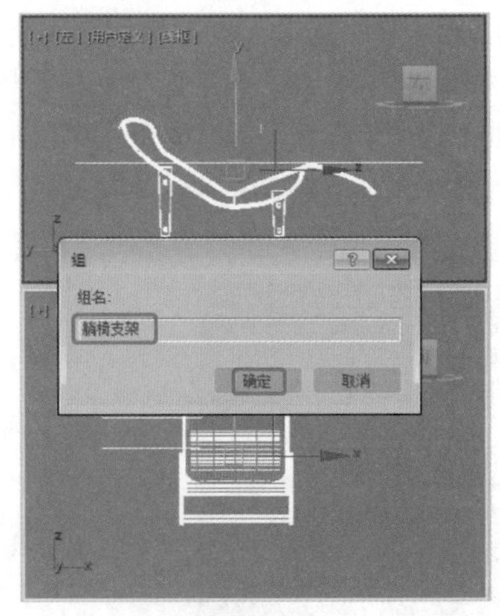

图 4-36

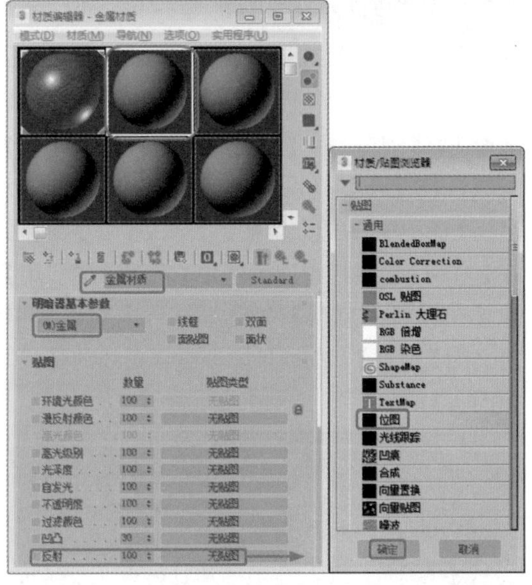

图 4-37

37 在弹出的对话框中选择“Map\Bxgmap1.jpg”贴图文件，单击【打开】按钮，进入反射层级通道，在【坐标】卷展栏中的【贴图】下拉列表中选择【收缩包裹环境】，然后单击【转到父对象】按钮和【将材质指定给选定对象】按钮，将材质指定给【躺椅支架】对象，效果如图 4-38 所示。

38 选中【透视】视图，按 C 键，转换为【摄影机】视图，在其他视图中适当地调整休闲躺椅的位置，如图 4-39 所示。

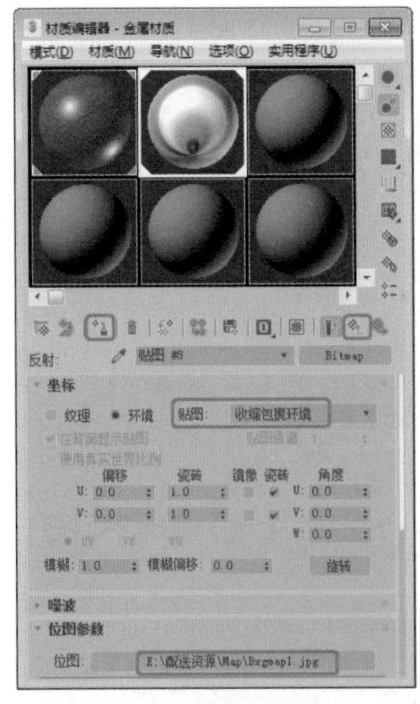

图 4-38

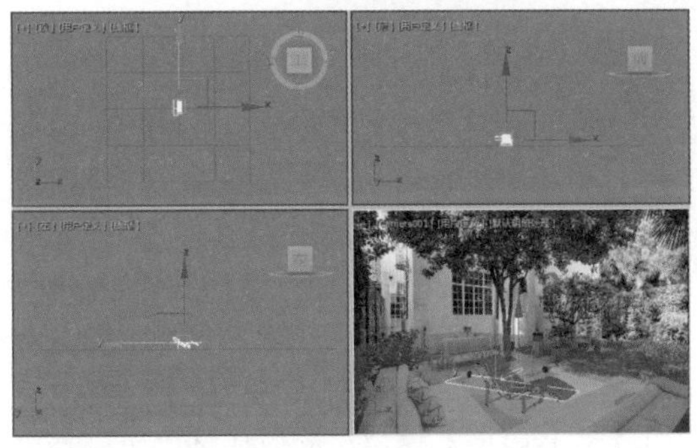

图 4-39

4.1 创建放样对象的基本概念

【放样】工具是一种合成对象的建模工具。放样建模的原理是在一条指定的路径上排列对象的截面，从而形成放样对象的表面，如图 4-40 所示。

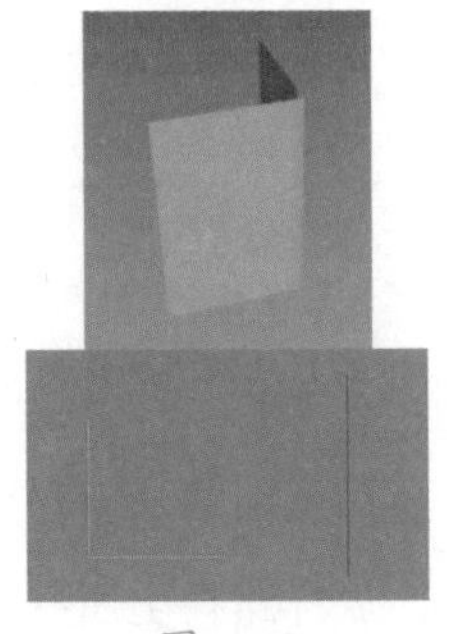

图 4-40

放样对象由两个因素组成：放样路径和截面图形。在命令面板中选择【创建】|【几何体】命令，在【几何体】面板的下拉列表中选择【复合对象】选项，即可在【对象类型】卷展栏中看到【放样】按钮，如图 4-41 所示，该按钮必须在场景中有被选中的二维图形时才可以被激活。

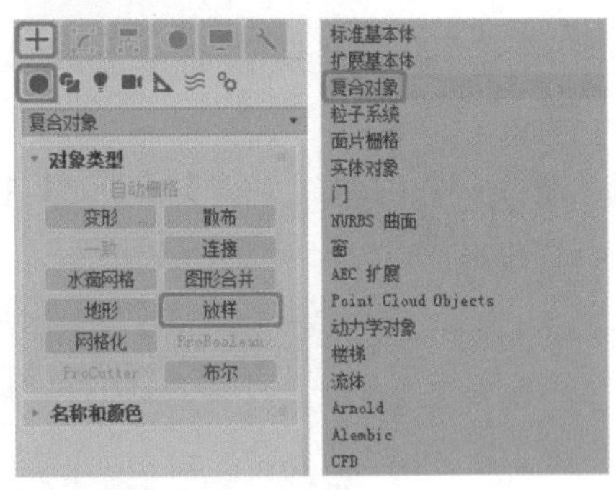

图 4-41

放样建模的基本步骤如下：创建资源型，资源型包括放样路径和截面图形。选中一个资源型，在命令面板中选择【创建】|【几何体】|【复合对象】|【放样】命令，在【创建方法】卷展栏中单击【获取路径】或【获取图形】按钮，然后拾取另一个资源型。如果先选中的资源型为放样路径，则单击【获取图形】按钮，然后拾取截面图形；如果先选中的资源型为截面图形，则单击【获取路径】按钮，然后拾取放样路径。

下面我们使用【放样】工具创建一个有厚度的文字模型，如图 4-42 所示。

图 4-42

01 在命令面板中选择【创建】|【图形】|【样条线】|【文本】命令，在【参数】卷展栏中将文本类型设置为【微软雅黑】，将【大小】设置为 60，然后在【文本】文本框中输入【放样对象】，最后在【前】视图中创建【放样对象】文本图形，并将其作为放样的截面图形，如图 4-43 所示。

图 4-43

02 在命令面板中选择【创建】|【图形】|【样条线】|【线】命令，在【顶】视图中创建一条线段，并将其作为放样路径，如图 4-44 所示。

图 4-44

03 确认作为放样路径的弧线处于选中状态。在命令面板中选择【创建】|【几何体】|【复合对象】|【放样】命令，在【创建方法】卷展栏中单击【获取图形】按钮，然后在视图中选择放样截面的文本对象，即可生成放样对象，如图 4-45 所示。

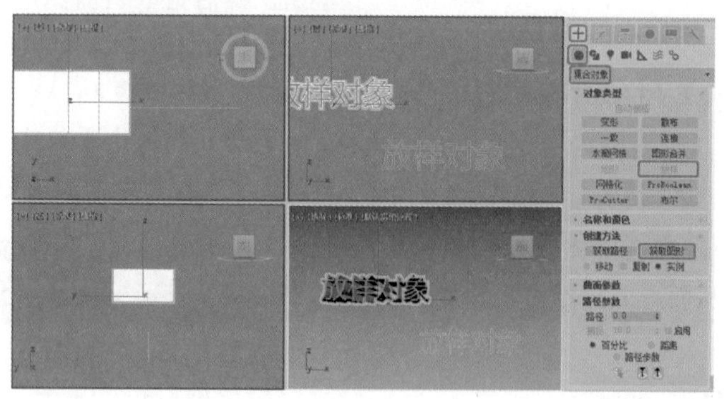

图 4-45

4.2 截面图形与路径的创建

在放样建模中对路径的限制只有一个：放样路径只能有一条样条线。而对作为放样截面的限制有两个：放样路径上所有的图形必须包含相同数目的样条；放样路径上所有的图形必须有相同的嵌套顺序。

下面创建一个特殊的多截面放样对象。

01 在命令面板中选择【创建】|【图形】|【样条线】|【矩形】命令，在【顶】视图中创建一个圆形，在【参数】卷展栏中，将【长度】、【宽度】均设置为 100，如图 4-46 所示。

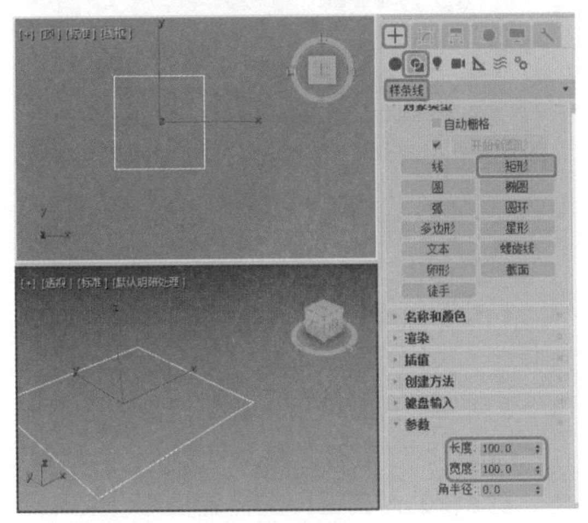

图 4-46

02 在命令面板中选择【创建】|【图形】|【样条线】|【星形】命令，在【顶】视图中创建一个星形，在【参数】卷展栏中，将【半径 1】、【半径 2】和【点】的值分别设置为 70、30 和 4，如图 4-47 所示。

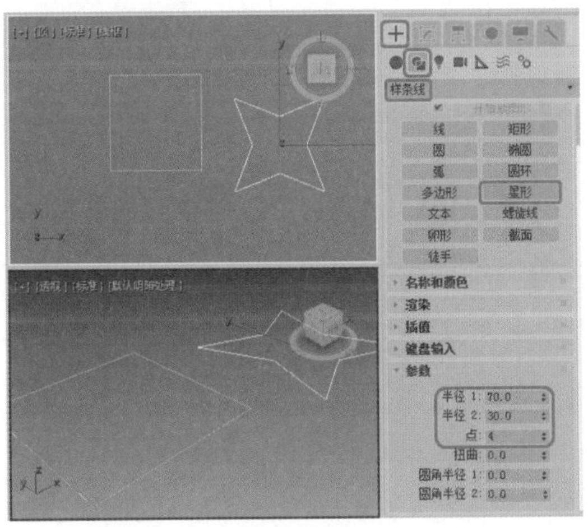

图 4-47

03 在命令面板中选择【创建】|【图形】|【样条线】|【线】命令，在【前】视图中创建一条线段，如图 4-48 所示。

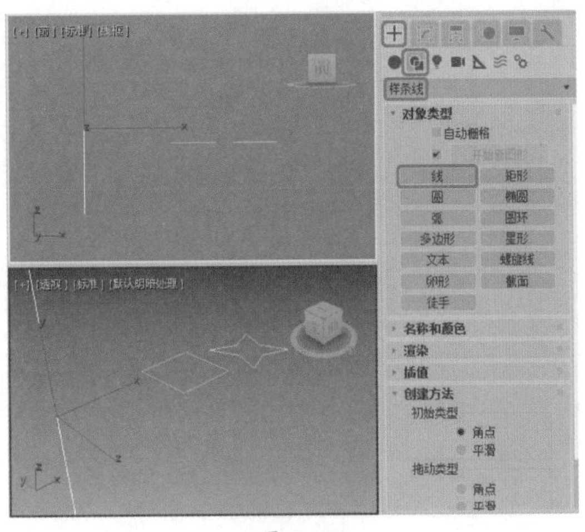

图 4-48

04 确定上一步创建的线段处于选中状态，在命令面板中选择【创建】|【几何体】|【复合对象】|【放样】命令，在【创建方法】卷展栏中单击【获取图形】按钮，然后在视图中选择创建的圆形，如图 4-49 所示。

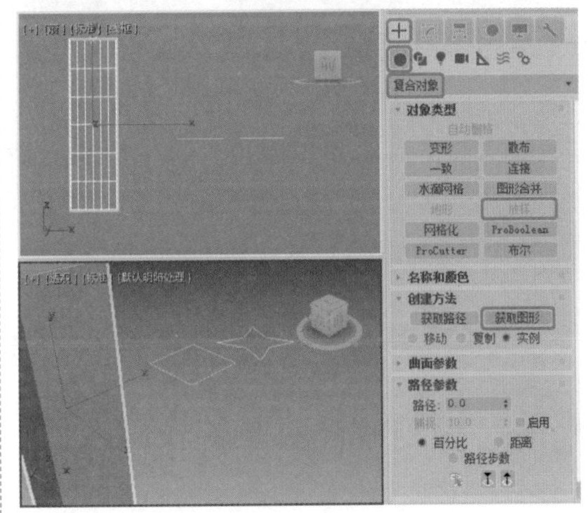

图 4-49

05 在【路径参数】卷展栏中，将【路径】的值设置为 50，然后在【创建方法】卷展栏中单击【获取图形】按钮，接着在视图中选择创建的星形，表示在放样路径的 50% 位置插入星形截面图形，如图 4-50 所示。

06 在【路径参数】卷展栏中，将【路径】的值设置为 100，然后在【创建方法】卷展栏中单击【获取图形】按钮，最后再次在场景中选择圆形截面图形，如图 4-51 所示。

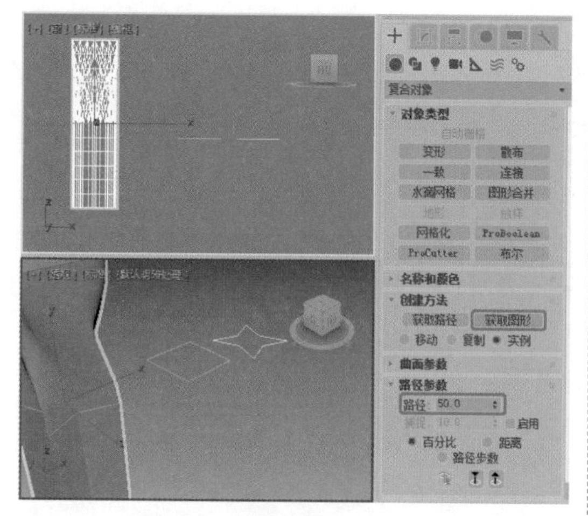

图 4-50

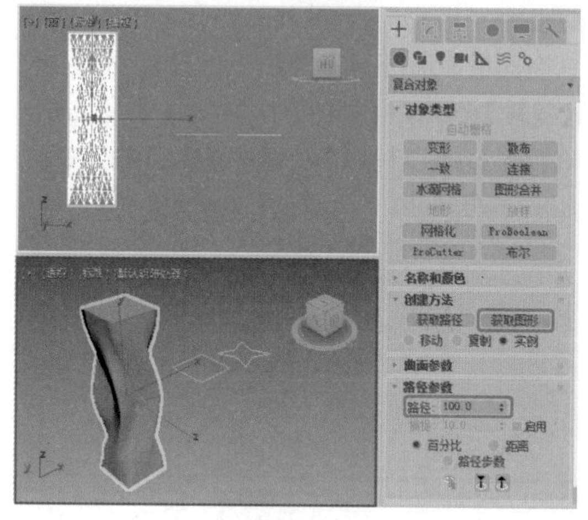

图 4-51

4.3 控制放样对象的表面

在放样对象创建完成后，有时需要对其进行修改，在更改时用户可以进入【修改】命令面板，定义相应的选择集，通过设置参数对其进行更改。

4.3.1 编辑放样

在【修改】命令面板中，将选择集定义为【图形】，会出现【图形命令】卷展栏，如图 4-52 所示。

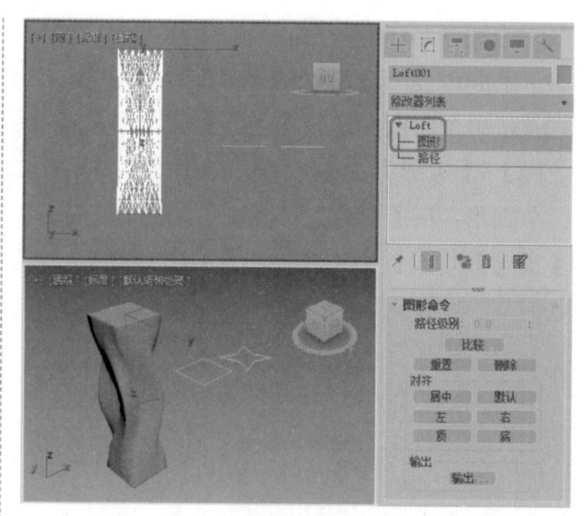

图 4-52

【图形命令】卷展栏中各项参数的功能如下。

◎ 【路径级别】：用来重新定义截面图形在放样路径上的位置。

◎ 【比较】：在进行放样建模时，常常需要对放样路径上的截面图形进行节点的对齐或位置、方向的比较。对于直线路径上的截面图形，可以在与放样路径垂直的视图（一般是在【顶】视图）中进行。

在【比较】窗口最左上角有一个【获取图形】按钮，单击此按钮，然后再单击放样截面图形，便可将放样图形拾取到【比较】窗口中，如图 4-53 所示，面板中的十字表示路径。在面板底部有四个图标，是用来调整视图的工具，第一个为最大化显示工具，第二个手形图标是平移工具，第三个和第四个为放大和局部放大工具。

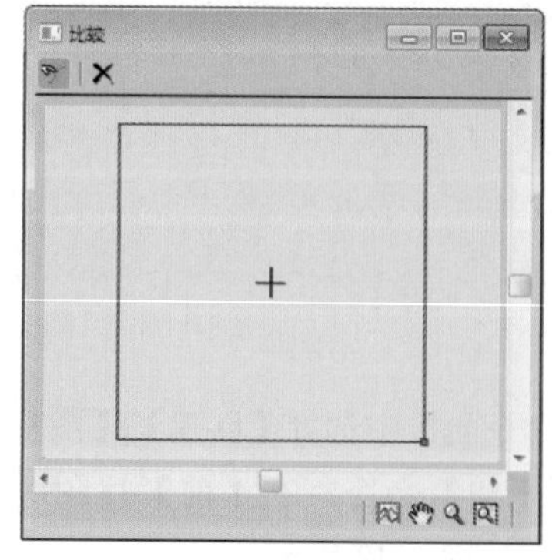

图 4-53

◎ 【重置】和【删除】：分别用于重置和删除放样路径上处于选中状态的截面图形。

◆ 【对齐】选项组：主要用于控制放样路径上放样截面图形的对齐方式。

◆ 【居中】：用来使截面图形的中心与放样路径对齐。

◆ 【默认】：用来使选中的截面图形的轴心点与放样路径对齐。

◆ 【左】：用来使选中的截面图形的左面与放样路径对齐。

◆ 【右】：用来使选中的截面图形的右面与放样路径对齐。

◆ 【顶】：用来使选中的截面图形的顶部与放样路径对齐。

◆ 【底】：用来使选中的截面图形的底部与放样路径对齐。

◎ 【输出】：可以制作一个截面图形的复制品或关联复制品。可以使用【编辑样条线】等修改器对截面图形的复制品或关联复制品进行修改，从而影响放样对象的表面形状。对截面图形的复制品或关联复制品进行修改，比对截面图形直接进行修改更方便，也不会引起坐标系统的混乱。

下面通过一个案例进一步讲解【比较】窗口的作用。

01 在命令面板中选择【创建】|【图形】|【样条线】|【星形】命令，在【顶】视图中创建一个星形，切换到【修改】命令面板，在【参数】卷展栏中，将【半径 1】、【半径 2】、【点】、【圆角半径 1】和【圆角半径 2】的值分别设置为 100、60、5、8、3，如图 4-54 所示。

02 在【顶】视图中创建另一个星形，在【参数】卷展栏中，将【半径 1】、【半径 2】和【点】的值分别设置为 50、100、4，如图 4-55 所示。

03 在命令面板中选择【创建】|【图形】|【样条线】|【弧】命令，在【顶】视图中创建一条圆弧，并且调整其位置，如图 4-56 所示。

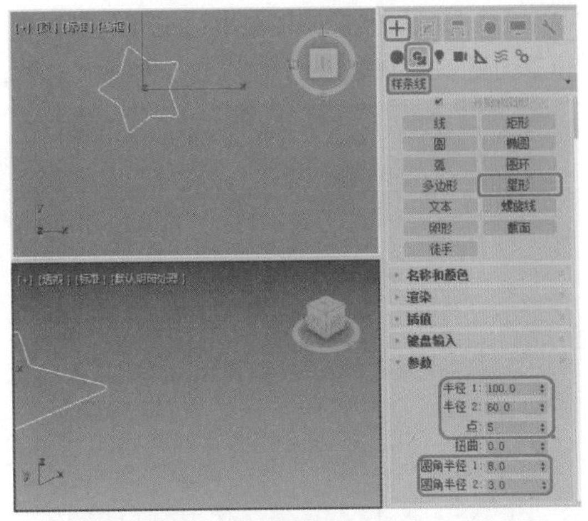
图 4-54

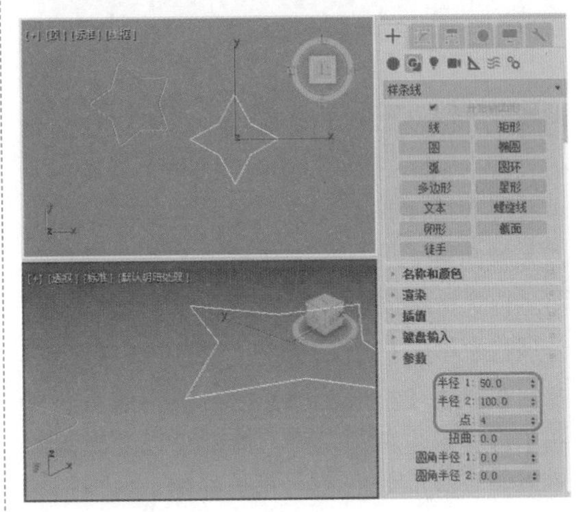
图 4-55

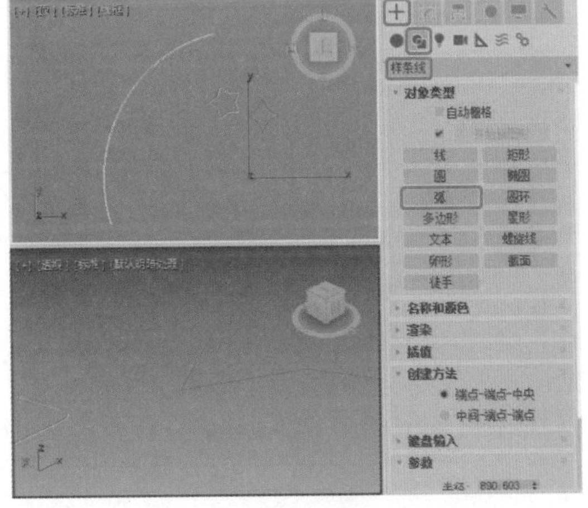
图 4-56

04 确认上一步创建的弧处于被选中状态，在命令面板中选择【创建】|【几何体】|【复合对象】|【放样】命令，在【创建方法】卷展栏中单击【获

取图形】按钮，然后在视图中选中五角星形，效果如图 4-57 所示。

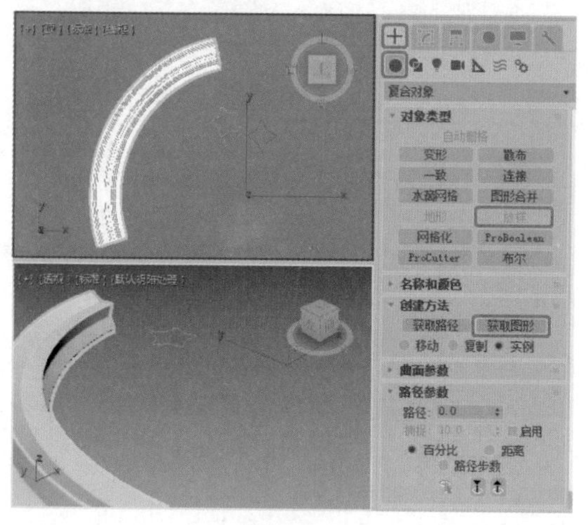

图 4-57

05 在【路径参数】卷展栏中将【路径】的值设置为 100，然后在【创建方法】卷展栏中单击【获取图形】按钮，然后在视图中选中四角星形图形。切换到【修改】命令面板，将当前选择集定义为【图形】，在【图形命令】卷展栏中单击【比较】按钮，在打开的【比较】窗口中单击【拾取图形】按钮，然后在视图中分别选中两个星形，此时可以发现两个星形的节点并未重合在一起，如图 4-58 所示。

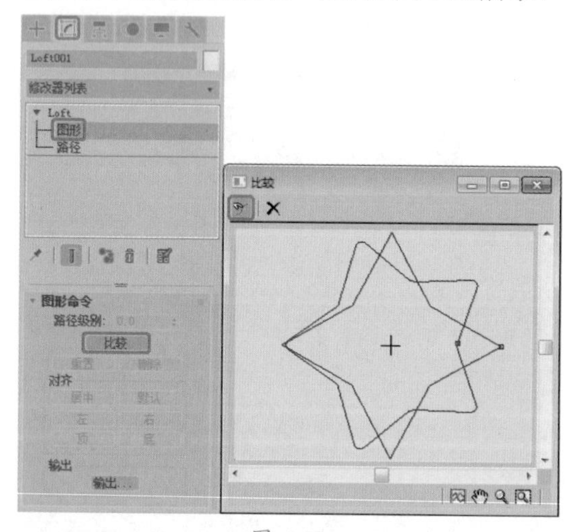

图 4-58

06 在视图中选中四角星形的横截面，使用【选择并移动】工具调整其位置，使其节点与五角星形重合，如图 4-59 所示。

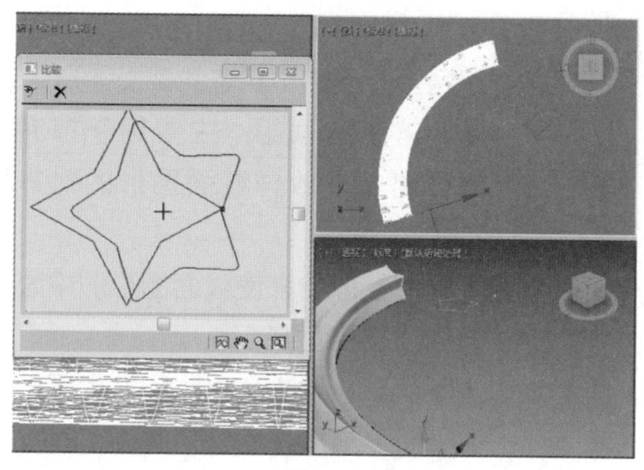

图 4-59

4.3.2 编辑放样路径

在编辑修改器堆栈中我们可以看到放样对象包含【图形】和【路径】两个选择集，选择【路径】便可以进入放样对象的路径次对象选择集进行编辑，如图 4-60 所示。

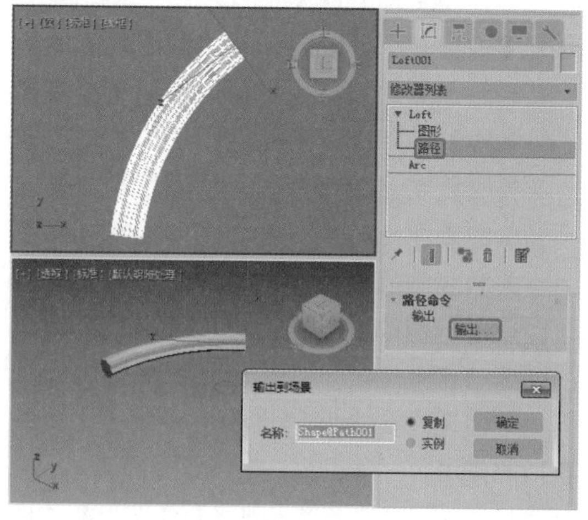

图 4-60

在【路径】次对象选择集中只有一个【输出】按钮，此按钮的功能同【图形】次对象中的放样路径进行复制或关联复制，然后可以使用各种样条曲线编辑工具对其进行编辑。

4.4 使用放样变形

放样对象之所以在三维建模中占有重要的位置，不仅仅在于它可以将二维的图形转换为有深度的三维模型，还可以在【修改】

命令面板中通过设置【变形】卷展栏中的参数修改放样对象的轮廓，从而变更成为理想的模型。

放样对象的【变形】卷展栏中有 5 种放样变形工具，分别为【缩放】变形工具、【扭曲】变形工具、【倾斜】变形工具、【倒角】变形工具、【拟合】变形工具，在选择一种放样变形工具后，会打开相应的变形窗口，除【拟合变形】窗口和【倒角变形】窗口稍有不同外，其他变形工具的变形窗口都基本相同，如图 4-61 所示。

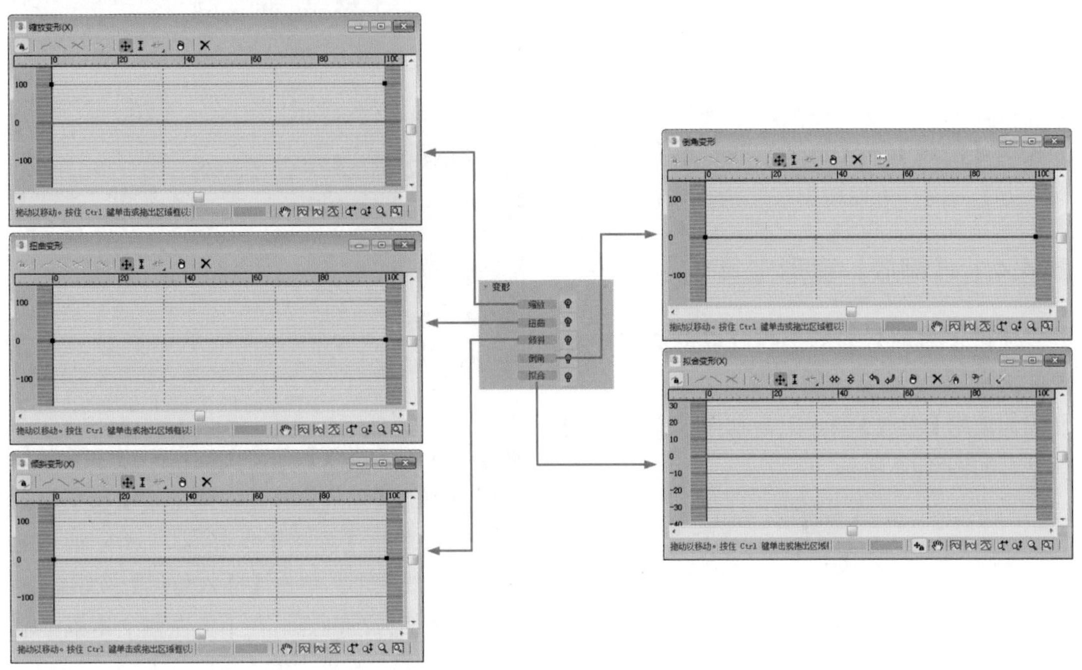

图 4-61

在变形窗口的工具栏中有一系列工具按钮，它们的功能说明如下。

◎ 【均衡】：单击激活该按钮，3ds Max 2020 会在放样对象表面 X、Y 轴上均匀地应用变形效果。

◎ 【显示 X 轴】：单击激活此按钮，会显示 X 轴的变形曲线。

◎ 【显示 Y 轴】：单击激活此按钮，会显示 Y 轴的变形曲线。

◎ 【显示 XY 轴】：单击激活此按钮，会显示 X 轴和 Y 轴的变形曲线。

◎ 【交换变形曲线】：单击此按钮，会将 X 轴和 Y 轴的变形曲线进行交换。

◎ 【移动控制点】：用于沿 X 轴和 Y 轴方向移动变形曲线上的控制点或控制点上的调节手柄。

◎ 【缩放控制点】：用于在路径方向上缩放控制点。

◎ 【插入角点】：用于在变形曲线上插入一个【角点】控制点。

◎ 【插入 Bezier 点】：用于在变形曲线上插入一个 Bezier 控制点。

◎ 【删除控制点】：用于删除变形曲线上指定的控制点。

◎ 【重置曲线】：单击此按钮，可以删除当前变形曲线上的所有控制点，将变形曲线恢复到进行变形操作前的状态。

以下是【拟合变形】窗口中特有的工具按钮。

◎ 【水平镜像】：将拾取的图形水平镜像。

◎ 【垂直镜像】：将拾取的图形垂直镜像。

◎ 【逆时针旋转 90 度】：将所选图形逆时针旋转 90 度。

◎ 【顺时针旋转 90 度】：将所选图形顺

时针旋转 90 度。

◎ 【删除曲线】：用于删除被选中状态的变形曲线。

◎ 【获取图形】：用于在视图中获取所需的图形。

◎ 【生成路径】：单击该按钮，系统会自动适配，从而生成最终的放样对象。

在【倒角变形】窗口中有三种类型的倒角，分别为【法线】、【自适应线性】和【自适应立方】，用户可以根据实际情况进行设置。

4.4.1 【缩放】变形工具

使用【缩放】变形工具可以沿着放样对象的 X 轴及 Y 轴方向使其剖面发生变化。下面我们使用【缩放】变形工具制作一个【窗帘】模型，如图 4-62 所示。

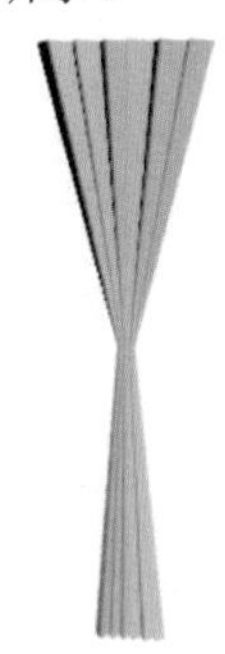

图 4-62

01 在命令面板中选择【创建】|【图形】|【样条线】|【线】命令，在【顶】视图中创建一条曲线，作为放样的截面图形，如图 4-63 所示。

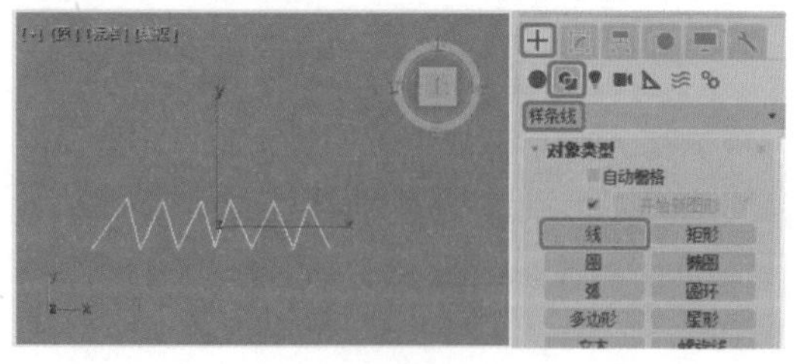

图 4-63

02 在【前】视图中创建一条线段，作为放样路径，在命令面板中选择【创建】|【几何体】|【复合对象】|【放样】命令，在【创建方法】卷展栏中单击【获取图形】按钮，然后在视图中选择曲线截面图形，在【蒙皮参数】卷展栏中选中【翻转法线】复选框，如图 4-64 所示。

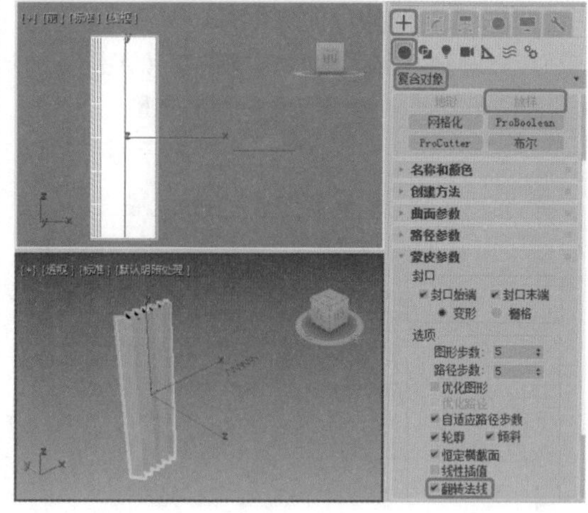

图 4-64

03 切换到【修改】命令面板，单击【变形】卷展栏中的【缩放】按钮，弹出【缩放变形】对话框，单击【均衡】按钮，对 X 轴和 Y 轴应用曲线变形；单击【插入角点】按钮，单击曲线插入控制点，在下方左侧文本框中输入 50，右侧文本框中输入 10，如图 4-65 所示。

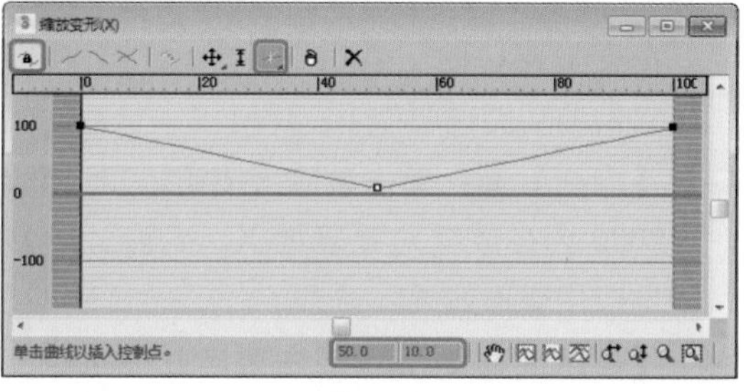

图 4-65

04 单击【移动控制点】按钮，单击右侧控制点，在下方右侧文本框中输入 40，如图 4-66 所示。

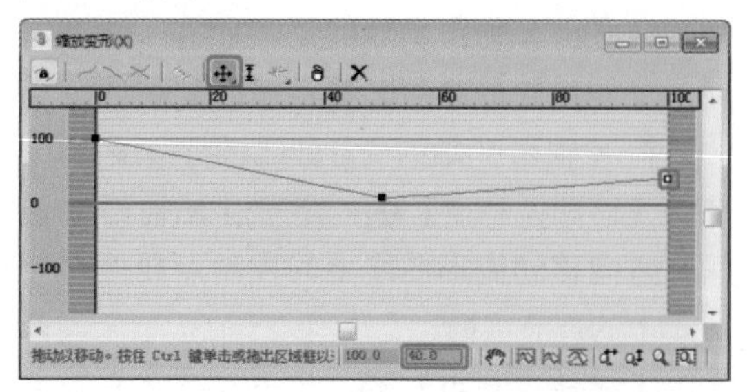

图 4-66

提示：在调整变形曲线的控制点时，可以以水平标尺和垂直标尺的刻度为标准进行调整，但这样不会太精确。在【缩放变形】窗口底部的信息栏中有两个数值框，可以显示当前选择点（单个点）的水平位置和垂直位置，也可以通过在这两个数值框中输入数值来调整控制点的位置。

【实战】制作瓶盖

本例介绍瓶盖的制作方法。首先使用图形工具绘制圆形，再使用【轮廓】为绘制的圆形添加轮廓，然后使用【星形】工具同样绘制【轮廓】，使用【路径】将绘制的图形合成立体，使用【变形】命令将得到的立体变形，再为其添加材质，并使用【摄影机】视图查看渲染效果，完成后效果如图 4-67 所示。

图 4-67

素材	Scenes\Cha04\ 瓶盖素材 .max
场景	Scenes\Cha04\【实战】制作瓶盖 .max
视频	视频教学 \Cha04\【实战】制作瓶盖 .mp4

01 按 Ctrl+O 组合键，打开“Scenes\Cha04\瓶盖素材 .max”素材文件，选择【创建】 | 【图形】 | 【圆】工具，在【顶】视图中创建一个圆形，在【参数】卷展栏中将【半径】设置为 60，并将其命名为【图形 01】，如图 4-68 所示。

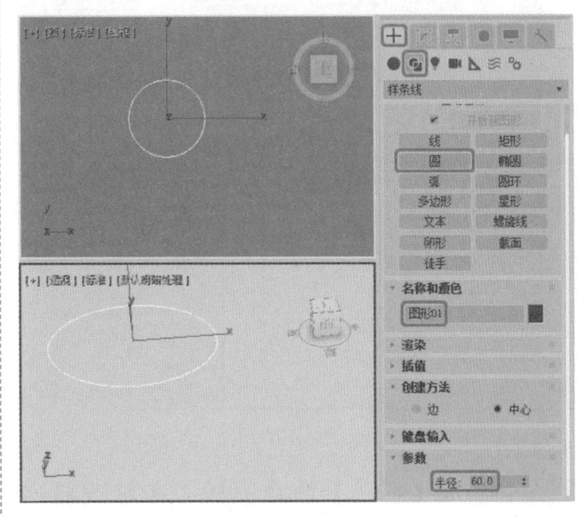

图 4-68

02 切换到【修改】命令面板，在【修改器列表】中选择【编辑样条线】修改器，将当前选择集定义为【样条线】，在场景中选择圆形，在【几何体】卷展栏中设置【轮廓】参数为 2，按 Enter 键确定设置轮廓，如图 4-69 所示。

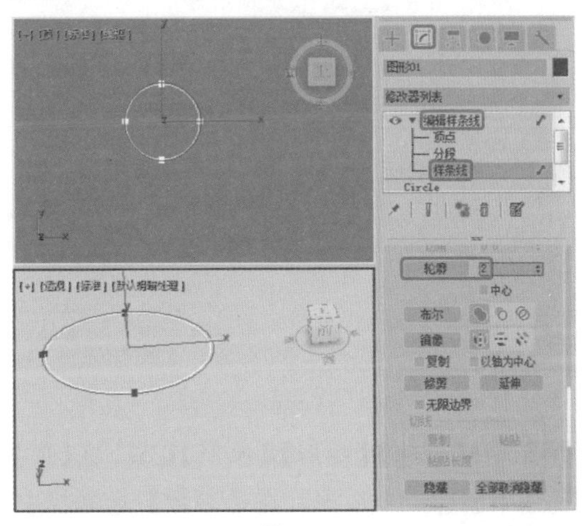

图 4-69

03 选择【创建】|【图形】|【星形】工具，在【顶】视图中创建一个星形，在【参数】卷展栏中设置【半径 1】为 60、【半径 2】为 64、【点】为 20、【圆角半径 1】为 4、【圆角半径 2】

为 4，命名星形为【图形 02】，如图 4-70 所示。

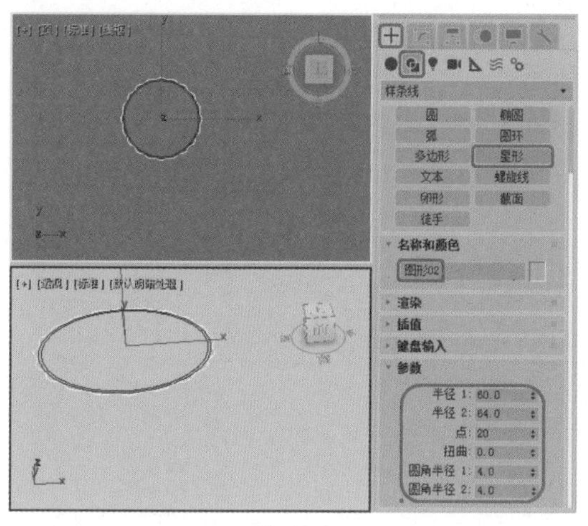

图 4-70

04 切换到【修改】命令面板，在修改器列表中选择【编辑样条线】修改器，将当前选择集定义为【样条线】，在场景中选择样条线，在【几何体】卷展栏中设置【轮廓】为 1，按 Enter 键确定设置轮廓，如图 4-71 所示。

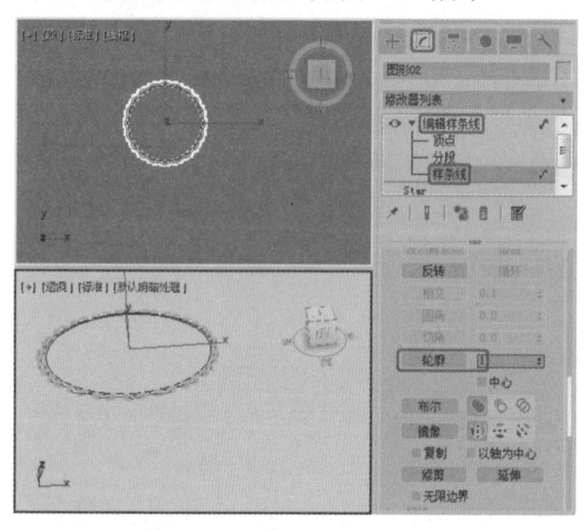

图 4-71

05 选择【创建】|【图形】|【星形】工具，在【顶】视图中创建一个星形，在【参数】卷展栏中设置【半径 1】为 62、【半径 2】为 68、【点】为 20、【圆角半径 1】为 3、【圆角半径 2】为 3，命名星形为【图形 03】，如图 4-72 所示。

06 切换到【修改】命令面板，在修改器列表中选择【编辑样条线】修改器，将当前选择集定义为【样条线】，在场景中选择样条线，在【几何体】卷展栏中设置【轮廓】为 1，按 Enter 键确定设置轮廓，如图 4-73 所示。

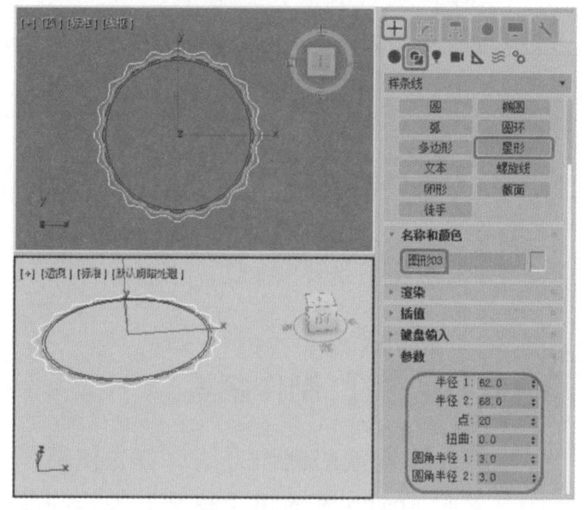

图 4-72

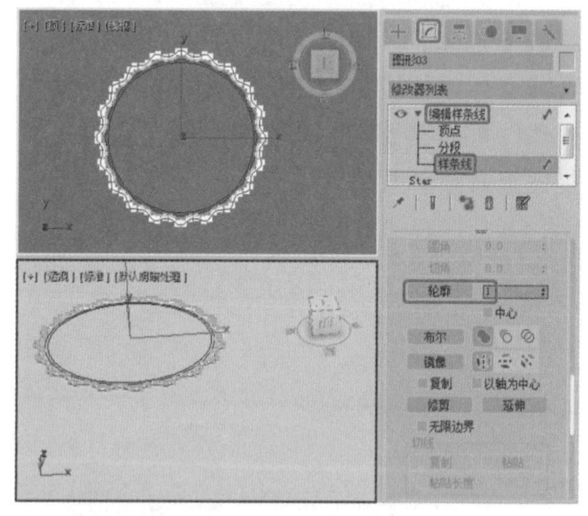

图 4-73

07 取消【样条线】的选择，单击【选择并移动】按钮，在【左】视图中将创建的图形沿 y 轴进行上下移动，选择【创建】|【图形】|【线】工具，在【左】视图中从上至下创建垂直的样条线，命名样条线为【路径】，如图 4-74 所示。

08 确定新创建的路径处于选中状态，选择【创建】|【几何体】|【复合对象】|【放样】工具，在【路径参数】卷展栏中设置【路径】为 48，在【创建方法】卷展栏中单击【获取图形】按钮，在场景中拾取【图形 01】对象，如图 4-75 所示。

09 设置【路径】为 66，单击【获取图形】按钮，在场景中拾取【图形 02】对象，如图 4-76 所示。

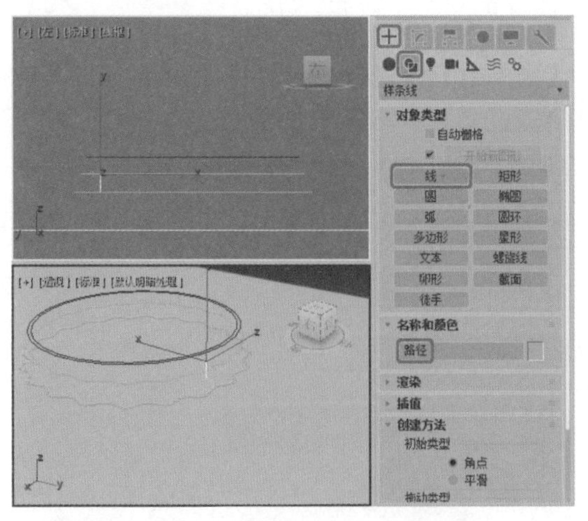
图 4-74

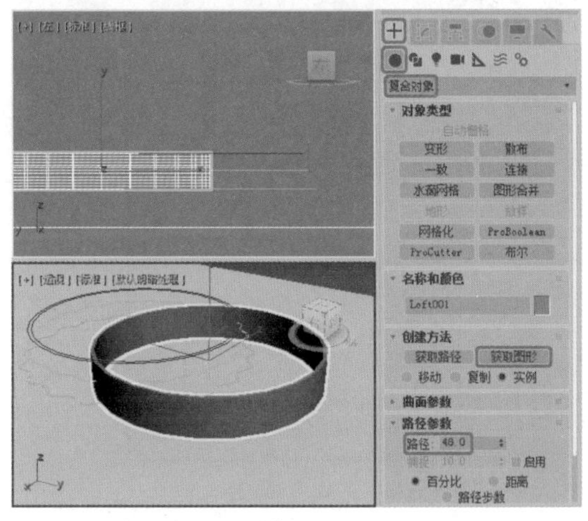
图 4-75

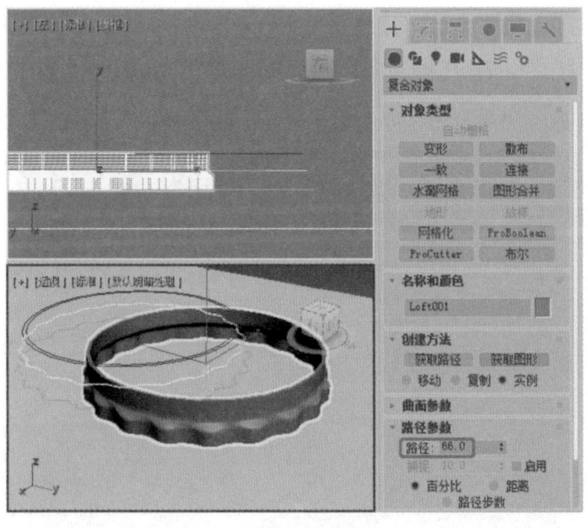
图 4-76

10 设置【路径】为 100，单击【获取图形】按钮，在场景中拾取【图形 03】对象，如图 4-77 所示。

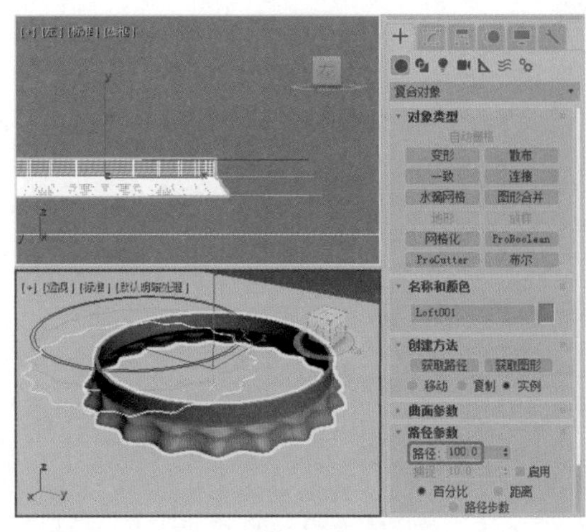
图 4-77

11 确定 Loft001 对象处于选中状态，切换到【修改】命令面板，在【变形】卷展栏中单击【缩放】按钮，在弹出的【缩放变形】窗口中单击【插入角点】按钮，在曲线上 16 的位置处添加控制点，选择【移动控制点】工具，在场景中调整左侧顶点的位置，在信息栏中查看信息为（0、0），选择顶点并右击，在弹出的快捷菜单中选择【Bezier- 角点】选项，调整各个顶点，如图 4-78 所示。

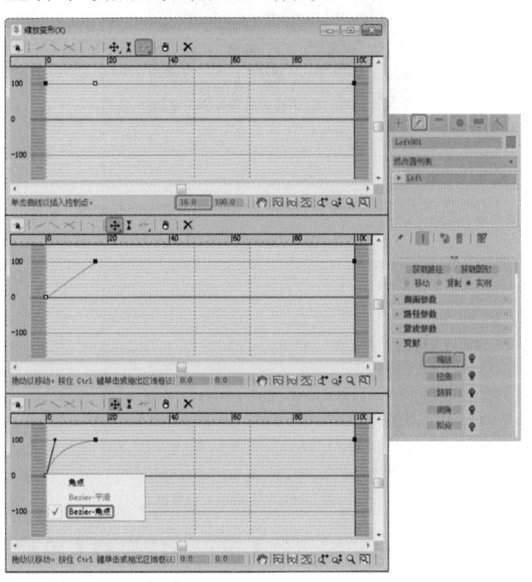
图 4-78

12 关闭该窗口，在【修改器列表】中选择【UVW 贴图】修改器，在【参数】卷展栏中选中【平面】单选按钮，在【对齐】选项组中选中 Y 单选按钮，单击【适配】按钮，如图 4-79 所示。

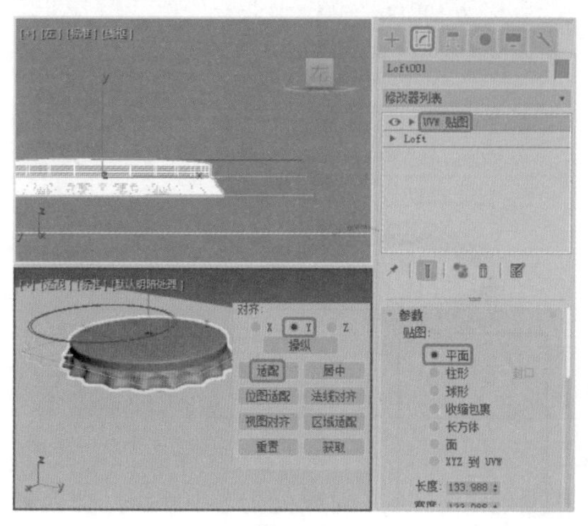

图 4-79

13 确认图形为选中状态，按 M 键，打开【材质编辑器】窗口，确认【瓶盖】材质样本球为选中状态，单击【将材质指定给选定对象】按钮，如图 4-80 所示。

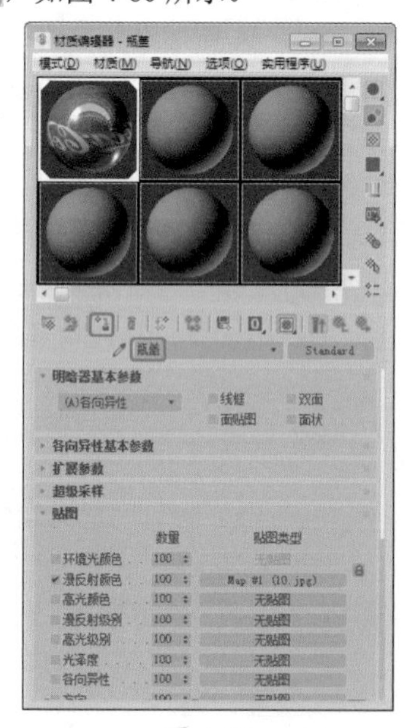

图 4-80

14 关闭【材质编辑器】窗口，切换到【显示】命令面板，选中【按类别隐藏】卷展栏中的【图形】复选框，将创建的图形隐藏，如图 4-81 所示。

15 确认指定材质后的图形处于选中状态，使用工具箱中的【选择并移动】工具并配合 Shift 键对图形进行复制，在弹出的【克隆选项】对话框中选中【实例】单选按钮，将【副本数】设置为 2，完成后的效果如图 4-82 所示。

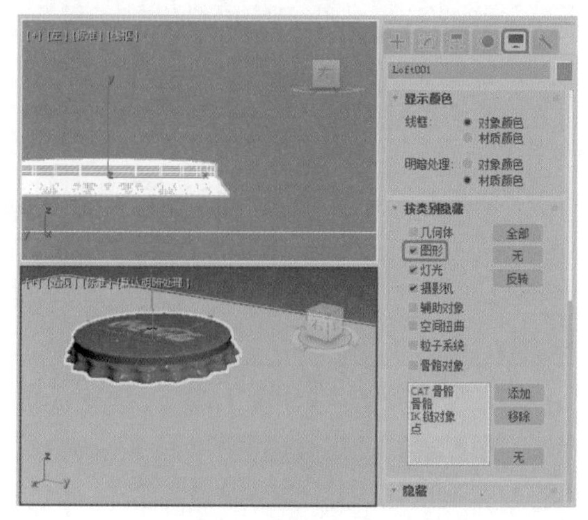

图 4-81

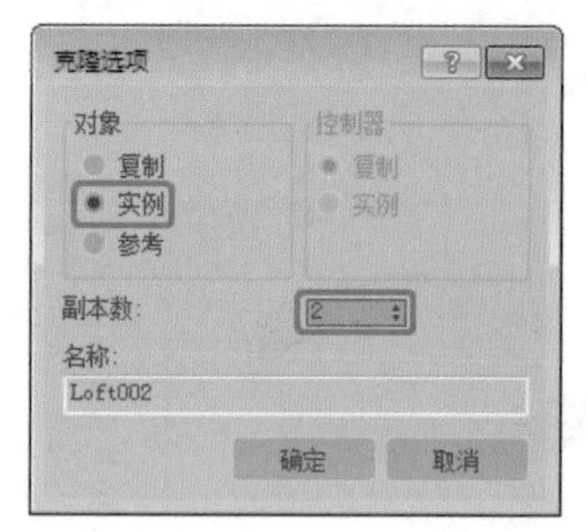

图 4-82

16 单击【确定】按钮，并调整复制图形的位置，选中【透视】视图，按 C 键转换为【摄影机】视图，在其他视图中适当地调整瓶盖的位置，如图 4-83 所示。

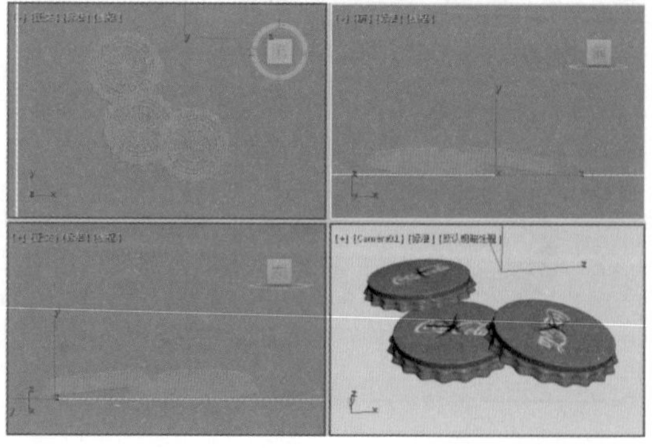

图 4-83

4.4.2 【扭曲】变形工具

使用【扭曲】变形工具可以控制截面图形相对于路径旋转。【扭曲】变形工具的操作方法与【缩放】变形工具的操作方法基本相同。

下面我们通过一个简单的案例来介绍【扭曲】变形工具的操作方法。

01 在命令面板中选择【创建】|【图形】|【样条线】|【星形】命令，在【顶】视图中创建一个星形截面图形，在【参数】卷展栏中，将【半径 1】、【半径 2】、【点】、【圆角半径 1】的值分别设置为 100、60、8、15，如图 4-84 所示。

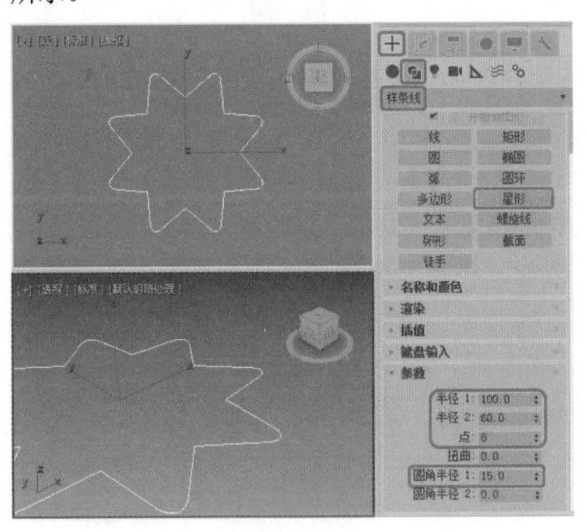

图 4-84

02 选择命令面板中的【创建】|【图形】|【样条线】|【线】工具，在【前】视图中创建一条线段，作为放样路径，如图 4-85 所示。

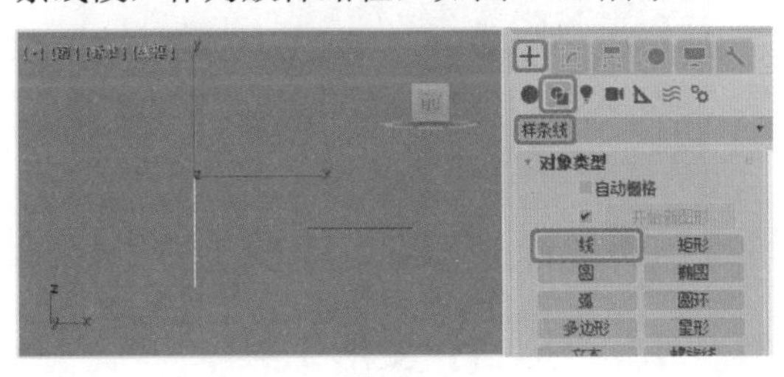

图 4-85

03 在命令面板中选择【创建】|【几何体】|【复合对象】|【放样】命令，在【创建方法】卷展栏中单击【获取图形】按钮，然后在视图中选择星形截面图形，生成放样对象，如图 4-86 所示。

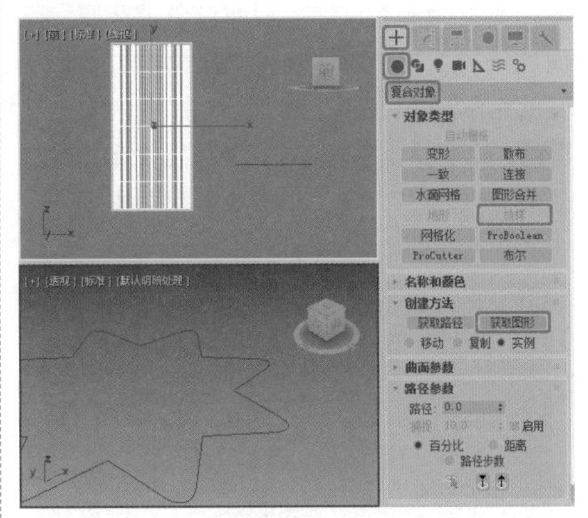

图 4-86

04 切换到【修改】命令面板，在【变形】卷展栏中单击【扭曲】按钮，弹出【扭曲变形】窗口，使用【移动控制点】工具向上移动右侧的控制点，可以在场景中看到放样对象产生的扭曲变形，如图 4-87 所示。

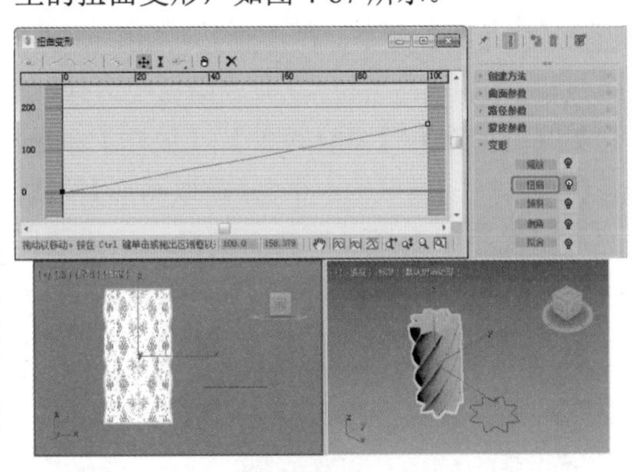

图 4-87

提示：在【扭曲变形】窗口中，垂直方向控制放样对象的旋转程度，水平方向控制旋转效果在放样路径上应用的范围。在【蒙皮参数】卷展栏中，【路径步数】的值越高，旋转对象的边缘就会越光滑。

4.4.3 【倾斜】变形工具

使用【倾斜】变形工具能够使截面绕着X轴或Y轴旋转，产生截面倾斜的效果。下面通过一个简单的案例讲解【倾斜】变形工具的操作方法。

01 在命令面板中选择【创建】|【图形】|【样条线】|【圆】命令，在【顶】视图中创建一个圆形截面图形，如图4-88所示。

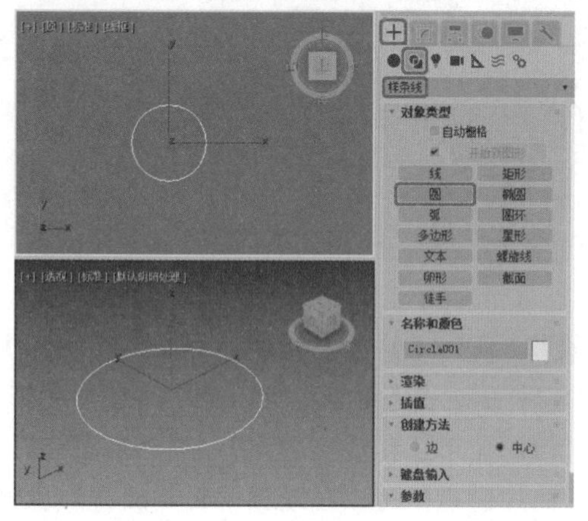

图 4-88

02 选择【线】命令，在【前】视图中创建一条线段，作为放样路径，在命令面板中选择【创建】|【几何体】|【复合对象】|【放样】命令，在【创建方法】卷展栏中单击【获取图形】按钮，然后在视图中选择圆形截面图形，生成放样对象，如图4-89所示。

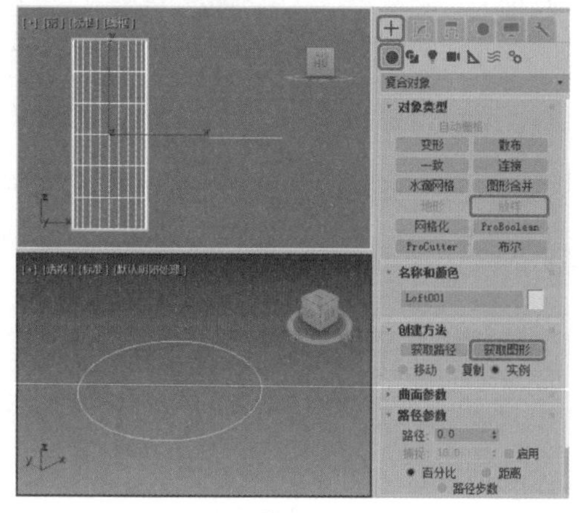

图 4-89

03 切换到【修改】命令面板，在【变形】卷展栏中单击【倾斜】按钮，打开【倾斜变形】窗口，在曲线水平标尺刻度为30的位置插入一个控制点，然后将左侧的控制点移动到垂直标尺刻度为15的位置，可以看到放样对象的一端产生了倾斜变形，如图4-90所示。

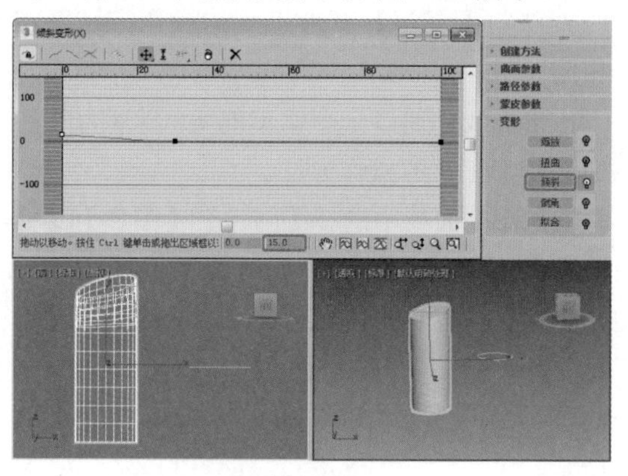

图 4-90

4.4.4 【倒角】变形工具

【倒角】变形工具与【缩放】变形工具非常相似，它们都可以改变放样对象的大小，例如，将圆形放样到线段上，会生成圆柱体放样对象，使用【倒角】工具可以使之产生倒角变形，如图4-91所示。

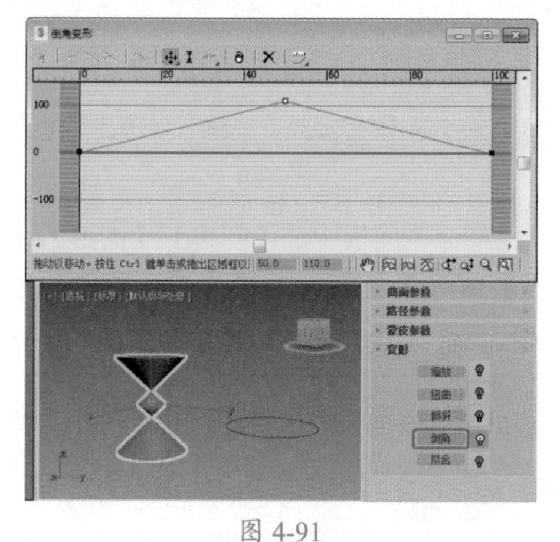

图 4-91

4.4.5 【拟合】变形工具

【拟合】变形工具的功能非常强大。使用【拟合】变形工具只要绘制出对象的顶视图、侧视图和截面视图，就可以创建出复杂的几何体。可以这样说，无论多么复杂的对象，只要你能够绘制出它的三视图，就能够用【拟合】变形工具将其制作出来。

【拟合】变形工具功能强大，但也有一些限制条件，了解这些限制条件能大大提高拟合变形的成功率。

下面通过实例来讲解【拟合】变形工具的使用方法。

01 启动软件后，按 Ctrl+O 组合键，打开“素材 \Scenes\Cha04\ 拟合变形素材 .max”素材文件，在视图中选择线段，在命令面板中选择【创建】|【几何体】|【复合对象】|【放样】命令，单击【获取图形】按钮，在视图中拾取圆形对象，如图 4-92 所示。

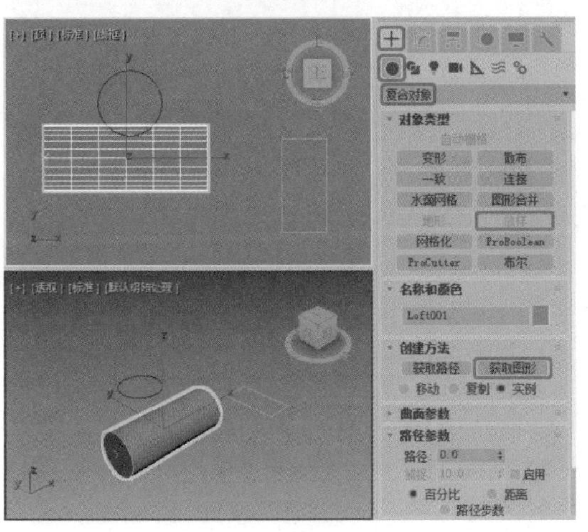

图 4-92

02 切换到【修改】命令面板，在【变形】卷展栏中单击【拟合】按钮，如图 4-93 所示。

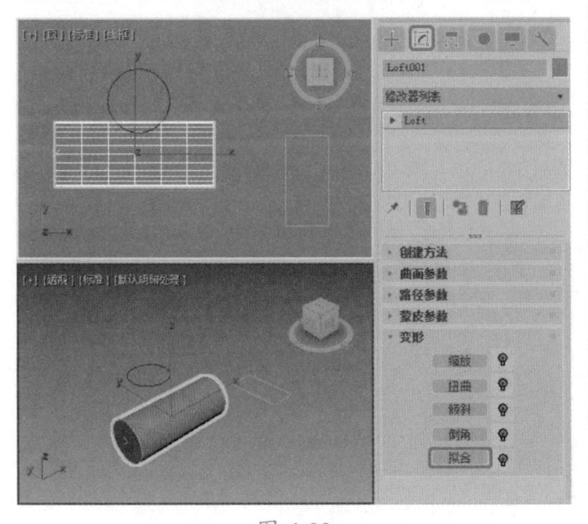

图 4-93

03 弹出【拟合变形】窗口，单击【均衡】按钮，将其取消选择，确认【显示 X 轴】按钮处于激活状态，单击【获取图形】按钮，在视图中拾取椭圆形对象，如图 4-94 所示。

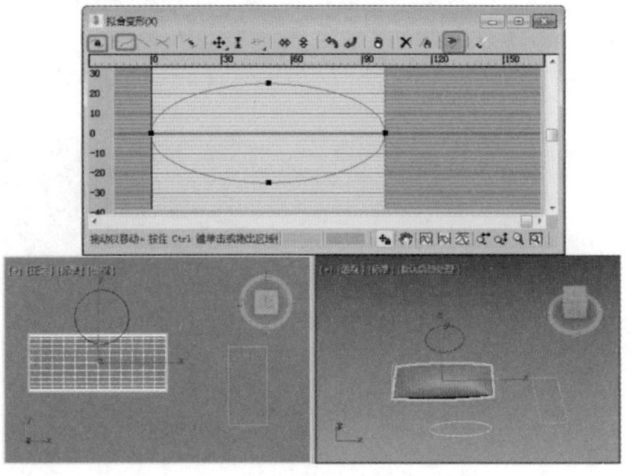

图 4-94

04 在【拟合变形】窗口中单击【显示 Y 轴】按钮，在视图中拾取矩形对象，效果如图 4-95 所示。

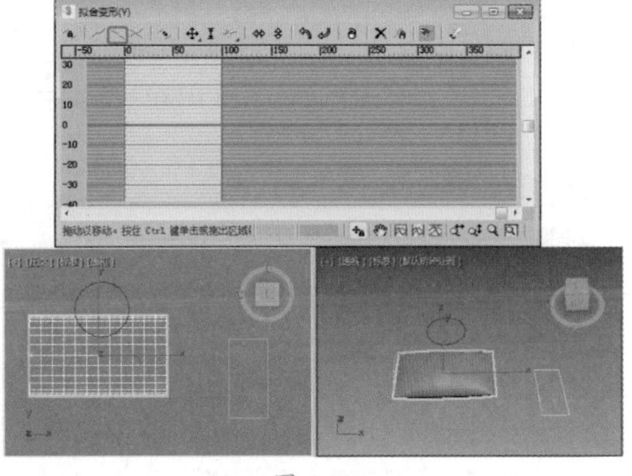

图 4-95

课后项目练习

牙膏

本例将详细介绍如何制作牙膏和牙膏盒，完成后的效果如图 4-96 所示。

课后项目练习效果展示

图 4-96

课后项目练习过程概要

（1）通过【长方体】工具与【多维 / 子对象】材质对象制作牙膏盒。

（2）使用【圆】、【线】、【放样】工具制作牙膏筒的主体部分。

（3）使用【圆锥体】工具制作牙膏盖。

素材	Map\ID1.jpg、ID2.jpg、ID3.jpg、ID4.jpg、ID5.jpg、面 01.tif、Siding1.jpg Scenes\Cha04\ 牙膏素材 .max
场景	Scenes\Cha04\ 牙膏 .max
视频	视频教学 \Cha04\ 牙膏 .mp4

01 启动软件后按 Ctrl+O 组合键，打开“Scenes \Cha04\ 牙膏素材 .max”素材文件，选择【创建】 |【几何体】 |【长方体】工具，在【顶】视图中创建一个长方体，将其命名为【牙膏盒】，在【参数】卷展栏中将【长度】、【宽度】、【高度】参数分别设置为 45、190、37，如图 4-97 所示。

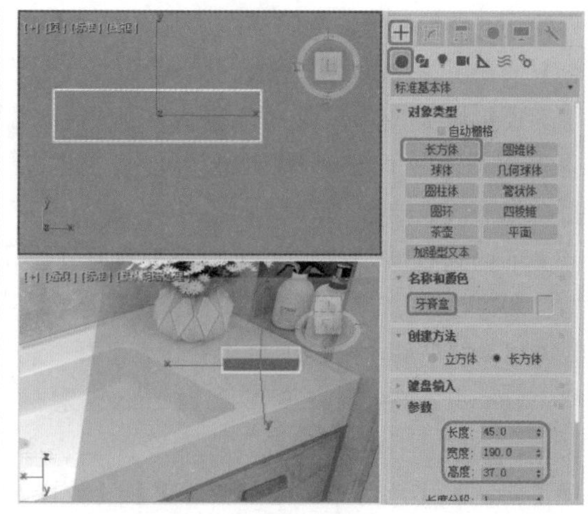

图 4-97

02 切换到【修改】命令面板，在【修改器列表】中选择【编辑网格】修改器，将当前选择集定义为【多边形】，在【顶】视图中选择当前的多边形面，在【曲面属性】卷展栏中将【材质】选项组中的【设置 ID】参数设置为 4，如图 4-98 所示。

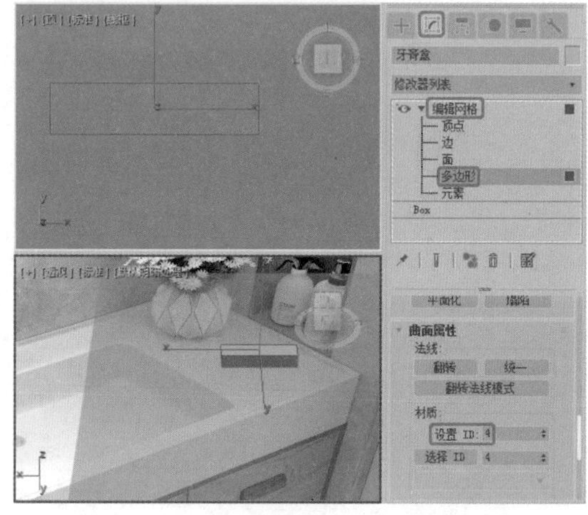

图 4-98

03 切换到【前】视图中选择多边形面，在【曲面属性】卷展栏中将【材质】选项组中的【设置 ID】参数设置为 3，如图 4-99 所示。

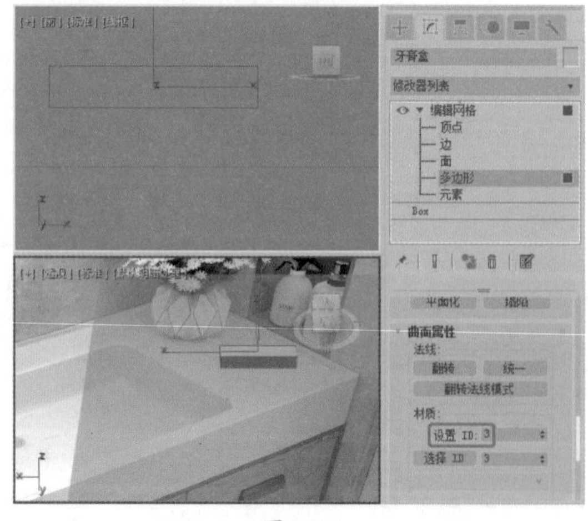

图 4-99

04 切换到【底】视图中选择多边形面，在【曲面属性】卷展栏中将【材质】区域中的【设置 ID】参数设置为 1，如图 4-100 所示。

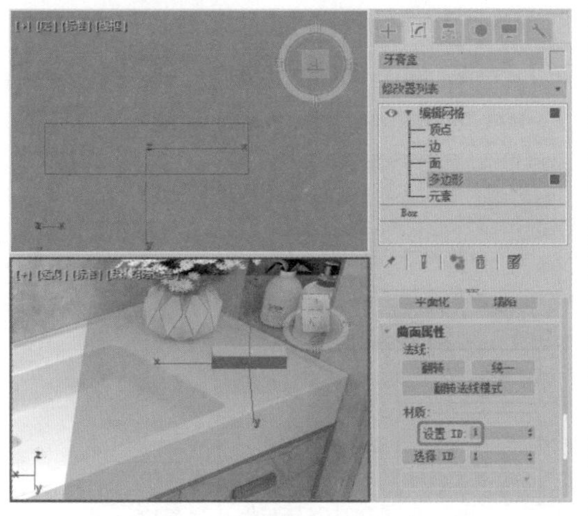

图 4-100

05 切换到【后】视图中选择多边形面，在【曲面属性】卷展栏中将【材质】区域中的【设置 ID】参数设置为 2，如图 4-101 所示。

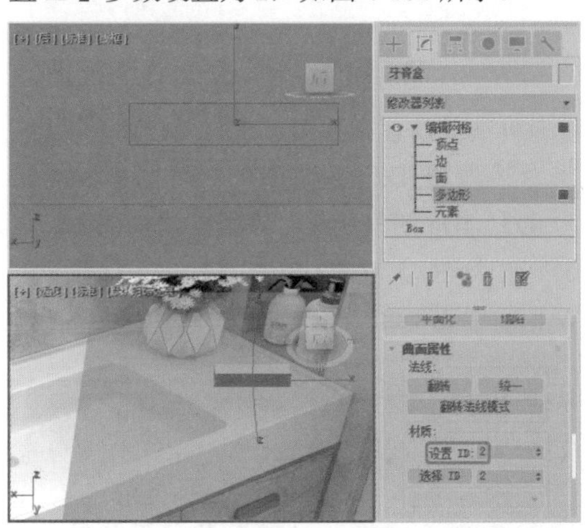

图 4-101

06 将【左】、【右】视图的多边形面 ID 均设置为 5，如图 4-102 所示。

07 按 M 键，弹出【材质编辑器】窗口，选择一个材质样本球，在名称的右侧单击 Standard 按钮，在打开的【材质 / 贴图浏览器】对话框中选择【多维 / 子对象】材质，如图 4-103 所示。

08 单击【确定】按钮，再在弹出的对话框中单击【确定】按钮，在【多维 / 子对象基本参数】卷展栏中单击【设置数量】按钮，在弹出的【设置材质数量】对话框中将【材质数量】设置为 5，单击【确定】按钮，如图 4-104 所示。

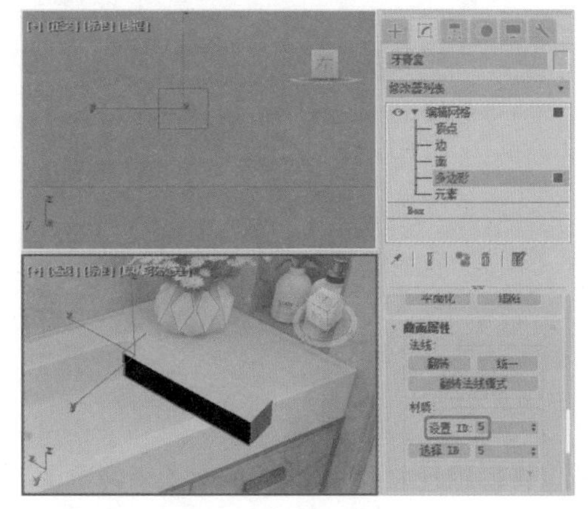

图 4-102

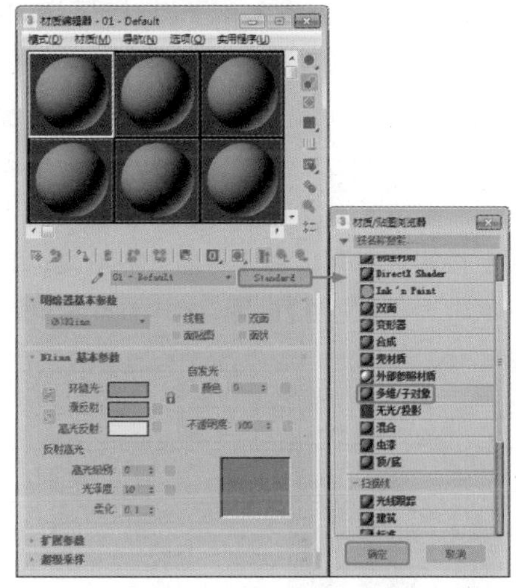

图 4-103

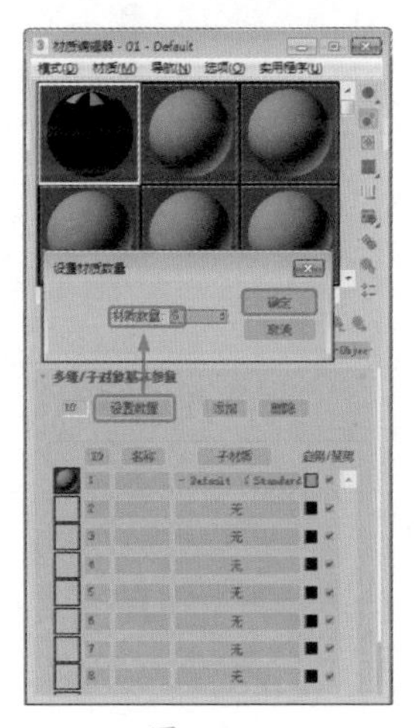

图 4-104

提示：【设置数量】：设置拥有子级材质的数目，注意如果减少数目，会将已经设置的材质丢失。最左侧的 1、2、3 数字代表该子材质的 ID 号码。空白区可以输入文字，作为次级材质的名称。按钮用来选择不同的材质作为次级材质。右侧颜色钮用来确定材质的颜色，它实际上是该次级材质的【过渡色】值。最右侧的复选框可以对单个次级材质进行有效和无效的开关控制。

09 将多维次物体材质命名为【牙膏盒】，然后单击 ID 下的 1 号材质后面的 01-Default（Standard）按钮，进入该子级材质面板中。在【明暗器基本参数】卷展栏中，将阴影模式定义为 Phong。在【Phong 基本参数】卷展栏中，将【自发光】设置为 80，展开【贴图】卷展栏，单击【漫反射颜色】通道右侧的【无贴图】按钮，在弹出的【材质 / 贴图浏览器】对话框中选择【位图】贴图，单击【确定】按钮，如图 4-105 所示。

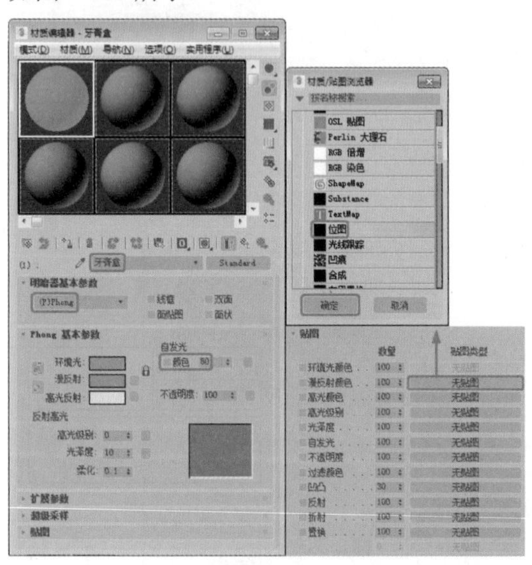

图 4-105

10 在弹出的【选择位图图像文件】对话框中选择“Map \ ID1.jpg”素材图像，单击【打开】按钮，保持默认值。单击两次【转到父对象】按钮，回到【多维 / 子对象基本参数】卷展栏，单击 ID2 后面的【无】按钮，弹出【材质 / 贴图浏览器】对话框，单击【标准】按钮，单击【确定】按钮，如图 4-106 所示。

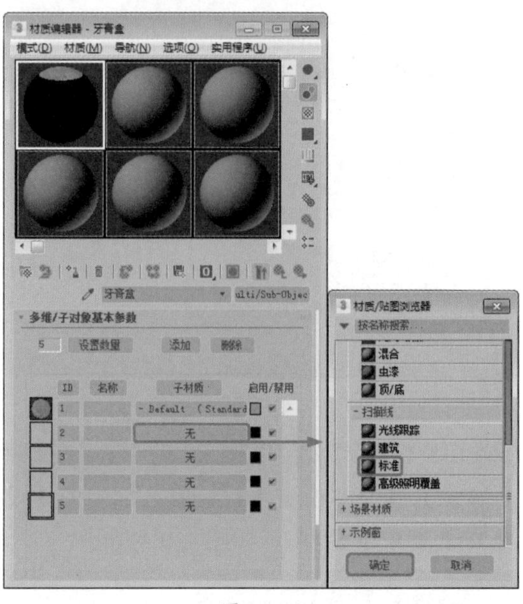

图 4-106

11 将参数设置为与第一个材质样本球相同，并为其添加 ID2.jpg 贴图，使用同样的方法为 ID3、ID4 的材质进行设置并添加贴图，将 ID4 在【坐标】卷展栏中的【角度】区域下的 W 值设置为 180，如图 4-107 所示。

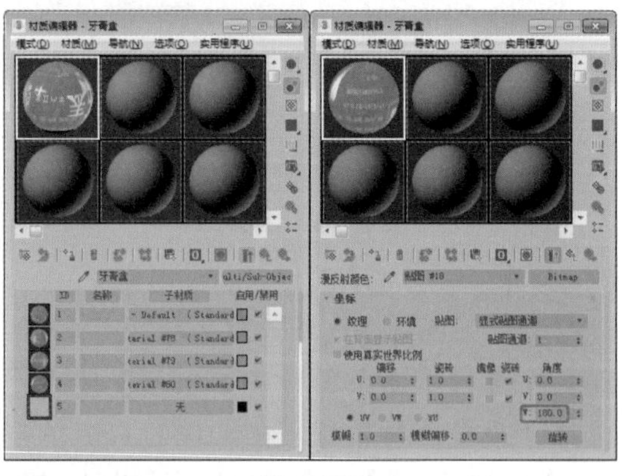

图 4-107

12 回到【多维 / 子对象基本参数】卷展栏，为 ID5 添加贴图，并将 ID5 的【角度】区域下的 W 值设置为 180，如图 4-108 所示。

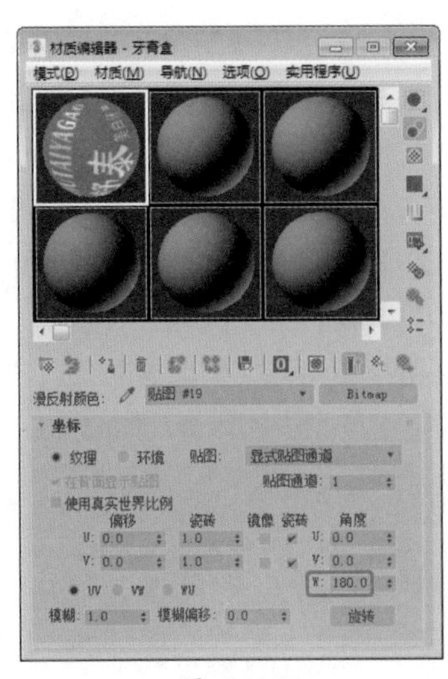

图 4-108

提示：在 3ds Max 2020 中，两种情况下可以使用到 ID 设置：一种是用于多维次物体材质设置的材质 ID 号，另外一种则是对象级别的 ID 设置，就是直接为所创建的对象进行 ID 设置。通常选择【编辑】|【对象属性】菜单命令，在打开的【对象属性】对话框中的【G- 缓冲区】区域中设置对象 ID。这里的 ID 号主要是用于在 Video Post 视频合成器中进行特效的设置。

13 单击【将材质指定给选定对象】按钮，将其指定给场景中的牙膏盒对象。下面创建牙膏筒。选择【创建】|【图形】|【圆】工具，在【左】视图中创建一个【半径】为 15 的圆形，作为牙膏筒的放样截面，如图 4-109 所示。

14 选择【线】工具，在【前】视图中按照从左到右的顺序创建一条直线段，作为牙膏筒的放样路径，如图 4-110 所示。

15 确认当前选择的为放样路径，选择【创建】|【几何体】|【复合对象】|【放样】工具，在【创建方法】卷展栏中单击【获取图形】按钮，然后选择作为放样截面的圆形图形，得到如图 4-111 所示的筒状结构。

图 4-109

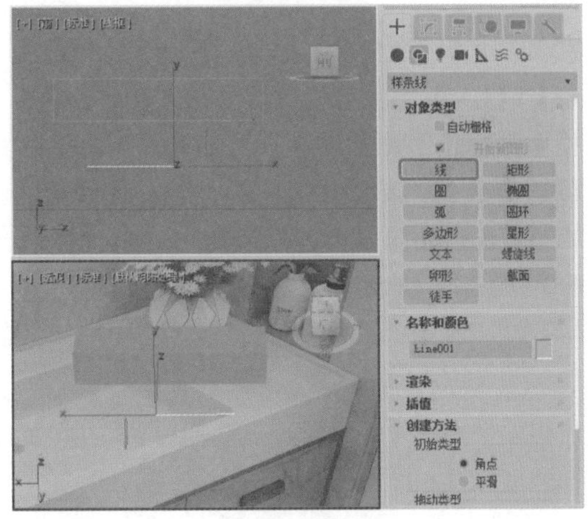

图 4-110

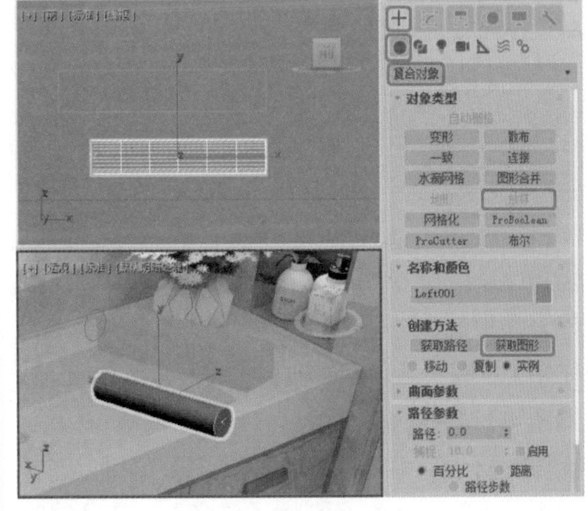

图 4-111

16 切换到【修改】命令面板，在【变形】卷展栏中单击【缩放】按钮，弹出【缩放变形】窗口，单击【均衡】按钮取消 XY 轴的锁定。

单击【插入角点】按钮，然后在变形曲线相应的位置添加控制点，单击【移动控制点】按钮，右击控制点，在弹出的快捷菜单中选择【Bezier-角点】选项，调整角点的控制手柄，如图4-112所示。

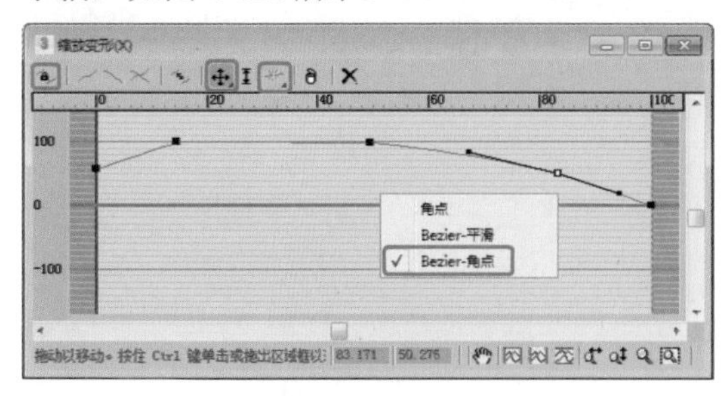

图 4-112

17 关闭【缩放变形】窗口，选择【修改器列表】|【UVW 贴图】修改器，在【参数】卷展栏中选择【平面】贴图，然后在【对齐】区域选中Y轴，单击【适配】按钮，使线框与模型适配，如图4-113所示。

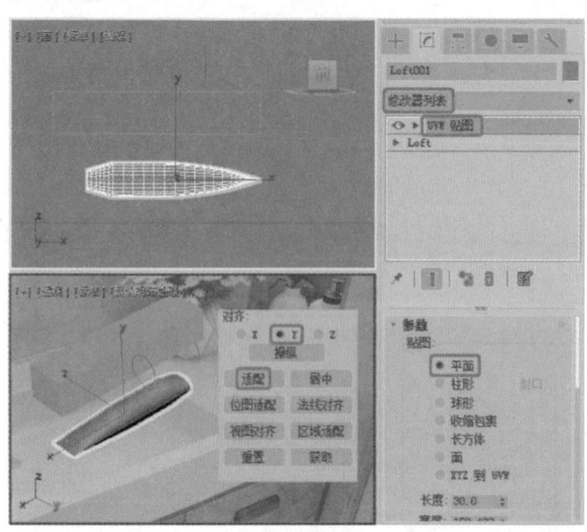

图 4-113

18 选择【修改器列表】|【锥化】修改器，在【参数】卷展栏中将【数量】设置为0.2，在【锥化轴】区域下选择【主轴】区域下的X轴选项，如图4-114所示。

19 按M键，弹出【材质编辑器】窗口，选择一个样本球，将其命名为【牙膏】，在【明暗器基本参数】卷展栏中，将阴影模式定义为(P)Phong。在【Phong基本参数】卷展栏中，将【高光级别】、【光泽度】分别设置为5、25，将【自发光】设置为80，打开【贴图】卷展栏，单击【漫反射颜色】通道右侧的【无贴图】按钮，在弹出的【材质/贴图浏览器】对话框中选择【位图】贴图，单击【确定】按钮。在打开的【选择位图图像文件】对话框中选择“Map\面01.tif”素材图像，单击【打开】按钮，保持默认值，单击【将材质指定给选定对象】按钮，将设置好的材质指定给场景中的牙膏，如图4-115所示。

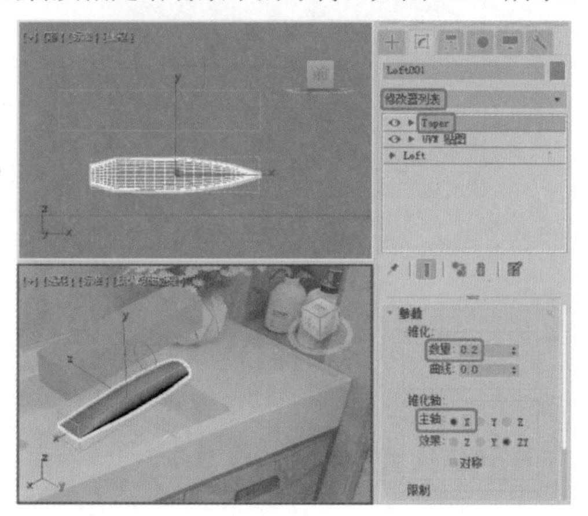

图 4-114

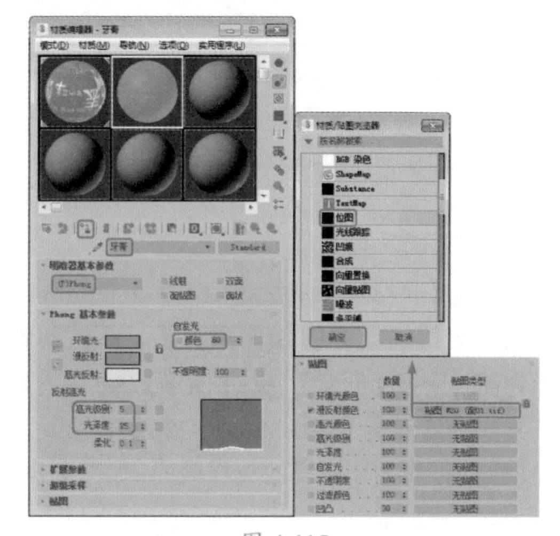

图 4-115

提示：【UVW 贴图】决定一张二维纹理贴图以何种方式贴到三维对象表面之上，这也被称为贴图方式。贴图方式实际上也是一种投影方式，所以说，【UVW 贴图】是用来定义一张图如何被投影到三维对象的表面之上。

20 选择【创建】|【几何体】|【标准基本体】|【圆锥体】工具，在【左】视图中创建一个圆锥体，将它命名为【牙膏盖】，然后在【参数】卷展栏中将它的【半径 1】、【半径 2】和【高度】分别设置为 8、6.5、15，如图 4-116 所示。

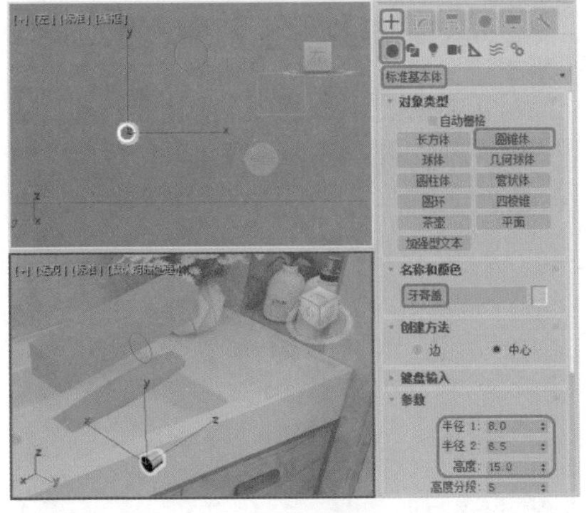

图 4-116

21 在工具栏中选择【选择并移动】工具，将牙膏盖移动到牙膏筒的左侧，如图 4-117 所示。

22 按 M 键，弹出【材质编辑器】窗口，选择一个样本球，将其命名为【牙膏盖】，在【明暗器基本参数】卷展栏中，将阴影模式定义为（P）Phong。在【Phong 基本参数】卷展栏中，取消【环境光】和【漫反射】的锁定。将【环境光】的 RGB 值设置为 0、0、0，将【漫反射】、【高光反射】的 RGB 值均设置为 255、255、255，将【高光级别】、【光泽度】的参数分别设置为 90、25；将【自发光】设置为 55。打开【贴图】卷展栏，单击【漫反射颜色】通道右侧的【无贴图】按钮，在弹出的【材质 / 贴图浏览器】对话框中选择【位图】贴图，单击【确定】按钮。在弹出的对话框中选择“Map\Siding1.jpg”素材图像，单击【打开】按钮。进入漫反射颜色通道的位图层，在【坐标】卷展栏中，将【瓷砖】下的 U、V 值分别设置为 1、5，取消选中【瓷砖】下面的 U 值复选框；将【角度】下的 W 值设置为 90，如图 4-118 所示。

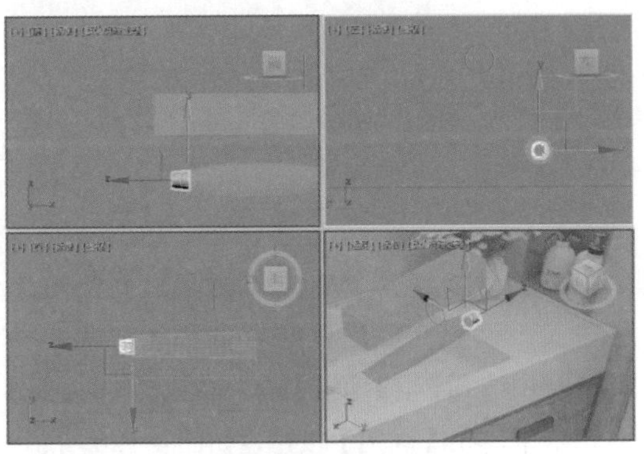

图 4-117

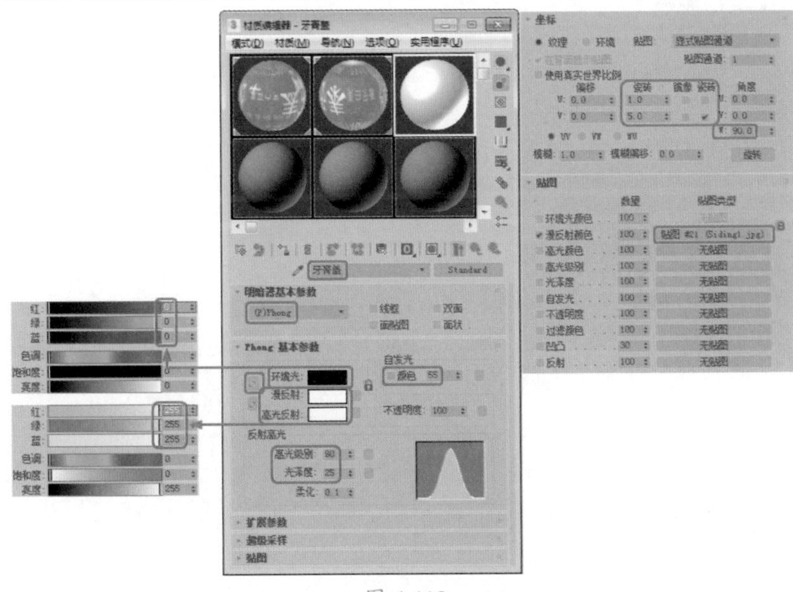

图 4-118

23 单击【转到父对象】按钮，向上移动一个贴图层，在【贴图】卷展栏中将【凹凸】通道后的【数量】值设置为150，拖动【漫反射颜色】通道后的贴图按钮到【凹凸】通道右侧的【无贴图】按钮上，对它进行复制，在弹出的对话框中选中【实例】单选按钮，单击【确定】按钮。单击【将材质指定给选定对象】按钮，将设置好的材质指定给场景中的牙膏盖对象，如图4-119所示。

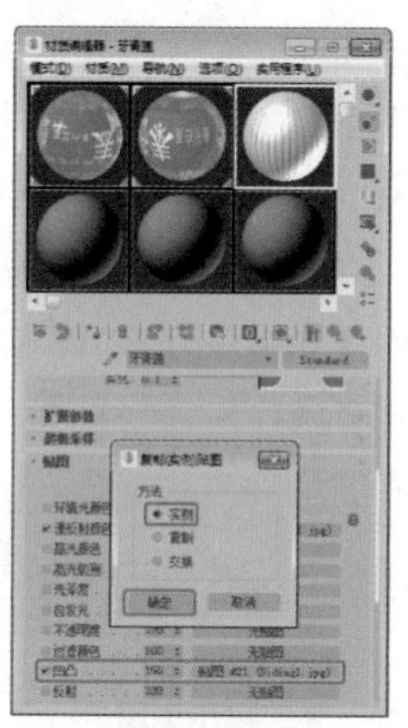

图 4-119

24 在场景中将多余的线条删除，调整对象的位置，调整完成后框选牙膏和牙膏盖，在菜单栏中选择【组】|【组】命令，在弹出的【组】对话框中单击【确定】按钮，如图4-120所示。

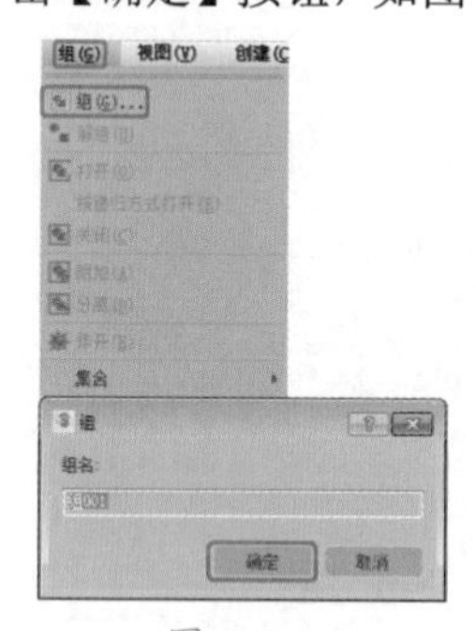

图 4-120

25 选中【透视】视图，按C键转换为【摄影机】视图，并调整物体的位置与角度，完成后的效果如图4-121所示。

提示：单击【视口中显示明暗处理材质】按钮，可在【透视】视图或【摄影机】视图中显示材质。

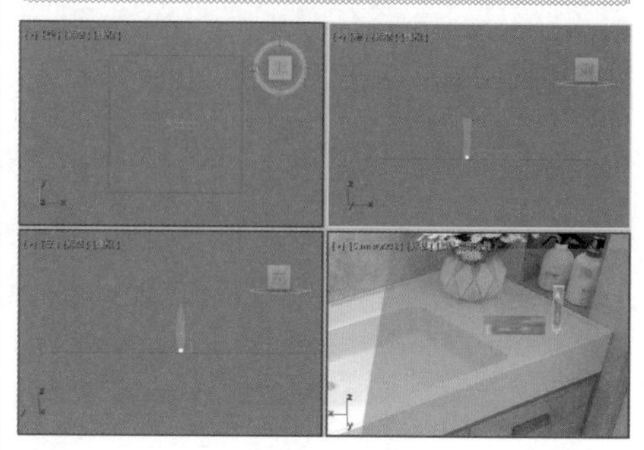

图 4-121

第 5 章

隔离墩的设计——模型的修改与编辑

本章导读

在学习 3ds Max 之前，需要熟悉工作环境，并掌握一些基本操作，才能为以后的建模打下坚实的基础。本章主要介绍在 3ds Max 2020 中的模型的修改与编辑，其中包括文件的打开与保存、控制和调整视图，以及复制物体等。

案例精讲
隔离墩的设计

为了更好地完成本设计案例，现对制作要求及设计内容做如下规划，隔离墩效果如图 5-1 所示。

作品名称	隔离墩设计
设计创意	（1）使用【线】工具绘制隔离墩的截面图形 （2）为其施加【车削】修改器，车削出三维模型 （3）底座的制作使用了【圆】和【矩形】工具，并为其施加了【挤出】修改器 （4）使用 ProBoolean 和【附加】等功能来完善隔离墩
主要元素	（1）道路背景图 （2）隔离墩
应用软件	3ds Max 2020
素材	Map\ 圆锥形路障 .jpg、道路 .jpg Scenes\Cha05\ 隔离墩素材 .max
场景	Scenes \Cha05\【案例精讲】隔离墩设计 .max
视频	视频教学 \Cha05\【案例精讲】隔离墩设计 .mp4
隔离墩设计效果欣赏	图 5-1
备注	

01 按 Ctrl+O 组合键，打开“Scenes\Cha05\ 隔离墩素材 .max”场景文件，在命令面板中选择【创建】|【图形】|【线】命令，在【前】视图中绘制一条样条线，如图 5-2 所示。

02 切换到【修改】命令面板，将当前选择集定义为【顶点】，在【前】视图中选择样条线上方的顶点并右击，在弹出的快捷菜单中选择【Bezier 角点】选项，如图 5-3 所示，即可将该顶点转换为【Bezier 角点】顶点。

图 5-2

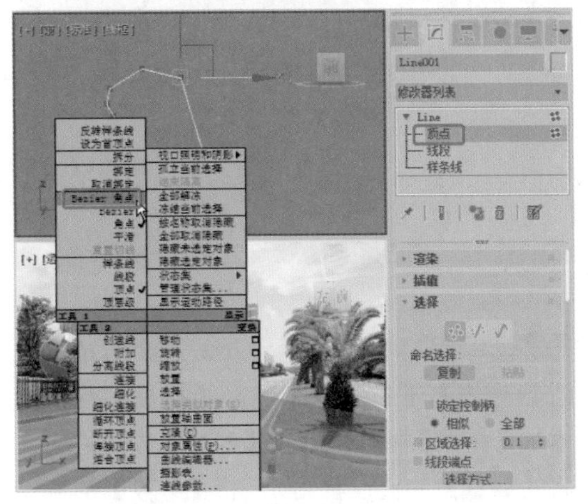

图 5-3

03 在转换完成后，使用【选择并移动】工具在视图中调整顶点的位置，调整完成后，在【插值】卷展栏中将【步数】的值设置为20，如图 5-4 所示。

图 5-4

04 退出当前选择集，在【修改器列表】下拉列表中选择【车削】选项，添加【车削】修改器，在【参数】卷展栏中，设置【分段】的值为55，在【方向】选项组中单击Y按钮，在【对齐】选项组中单击【最小】按钮，形成车削模型，如图 5-5 所示。

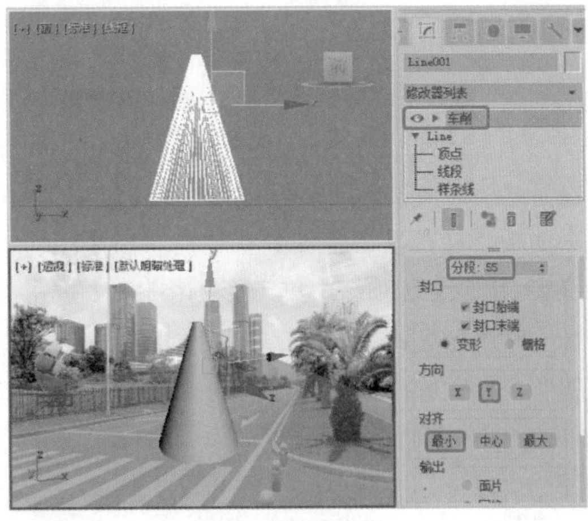

图 5-5

05 将当前选择集定义为【轴】，在【前】视图中调整车削模型轴的位置，调整后的效果如图 5-6 所示。

图 5-6

06 退出当前选择集，在【修改器列表】下拉列表中选择【UVW 贴图】选项，添加【UVW 贴图】修改器，展开【参数】卷展栏，在【贴图】选项组中选中【柱形】单选按钮，在【对齐】选项组中选中 X 单选按钮，单击【适配】按钮，如图 5-7 所示。

图 5-7

07 继续选中该车削模型，切换到【层次】命令面板，展开【调整轴】卷展栏，在【移动/旋转/缩放】选项组中单击【仅影响轴】按钮，在【对齐】选项组中单击【居中到对象】按钮，如图 5-8 所示。

图 5-8

08 取消激活【仅影响轴】按钮，在工具栏中右击【捕捉开关】按钮，弹出【栅格和捕捉设置】对话框，仅选中【轴心】复选框，如图 5-9 所示。

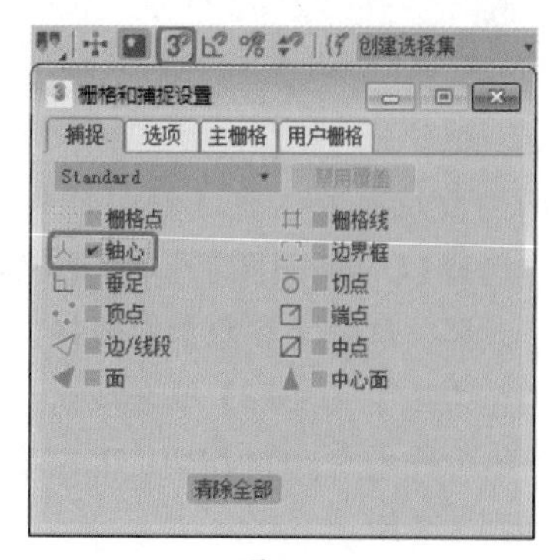

图 5-9

09 将该对话框关闭，单击激活【捕捉开关】按钮，选择【创建】|【图形】|【圆】命令，在【顶】视图中拾取车削模型的轴心作为圆心，创建一个圆形，切换到【修改】命令面板，在【插值】卷展栏中将【步数】的值设置为 20，在【参数】卷展栏中将【半径】的值设置为 100，如图 5-10 所示。

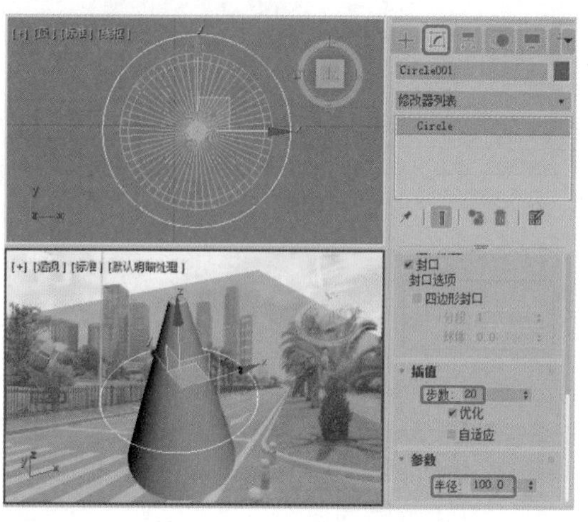
图 5-10

10 按 S 键取消激活【捕捉开关】按钮，在【修改器列表】下拉列表中选择【挤出】选项，添加【挤出】修改器，在【参数】卷展栏中，将【数量】的值设置为 5，将【分段】的值设置为 20，如图 5-11 所示。

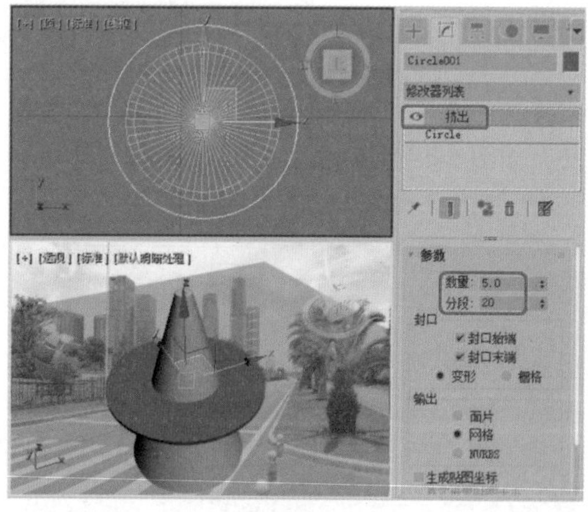
图 5-11

11 在命令面板中选择【创建】|【图形】|【矩形】命令，在【顶】视图中创建一个矩形，切换到【修改】命令面板，在【参数】卷展栏中将【长度】、

【宽度】和【角半径】的值分别设置为220、220和40，使用【选择并移动】工具调整矩形的位置，如图5-12所示。

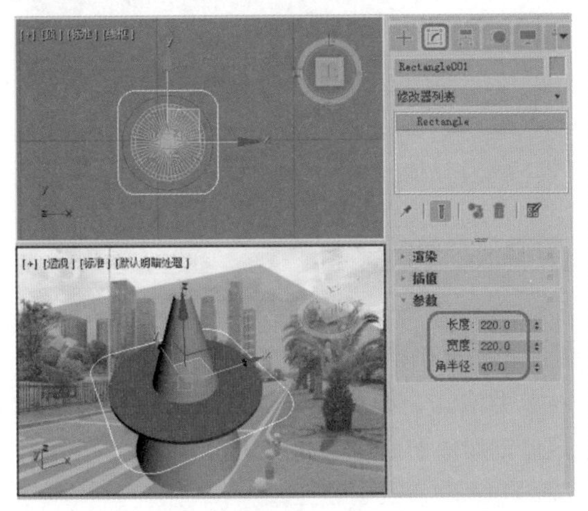

图 5-12

12 切换到【修改】命令面板，在【修改器列表】下拉列表中选择【编辑样条线】选项，添加【编辑样条线】修改器，将当前选择集定义为【顶点】，在【几何体】卷展栏中单击激活【优化】按钮，在视图中给圆角矩形添加顶点，如图5-13所示。

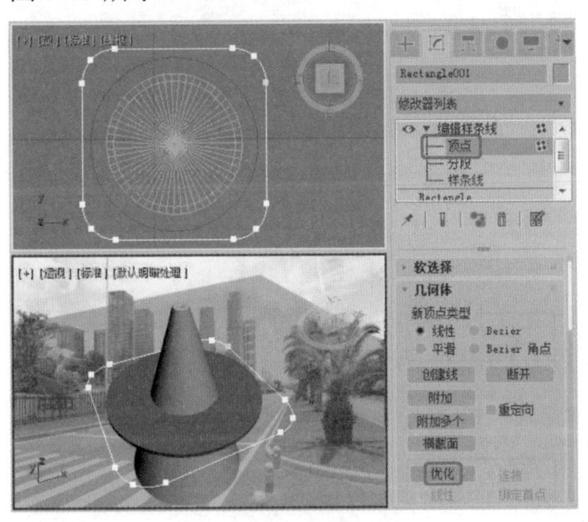

图 5-13

13 再次单击取消激活【优化】按钮，在视图中调整添加的顶点，调整后的效果如图5-14所示。

14 退出当前选择集，在【修改器列表】下拉列表中选择【挤出】选项，添加【挤出】修改器，在【参数】卷展栏中，将【数量】的值设置为10，将【分段】的值设置为20，如图5-15所示。

图 5-14

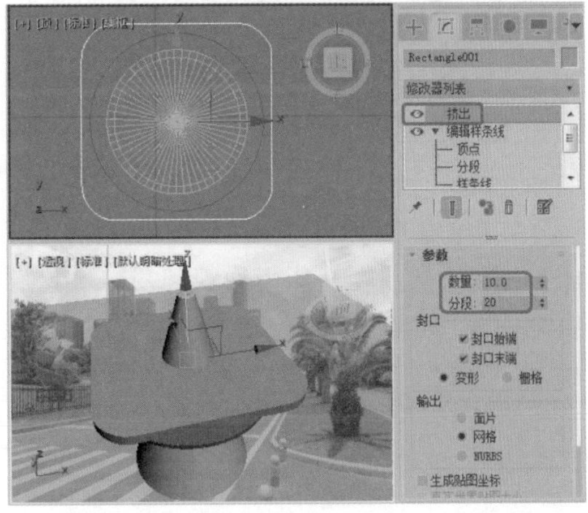

图 5-15

15 在视图中调整圆角矩形与圆形的位置，调整后的效果如图5-16所示。

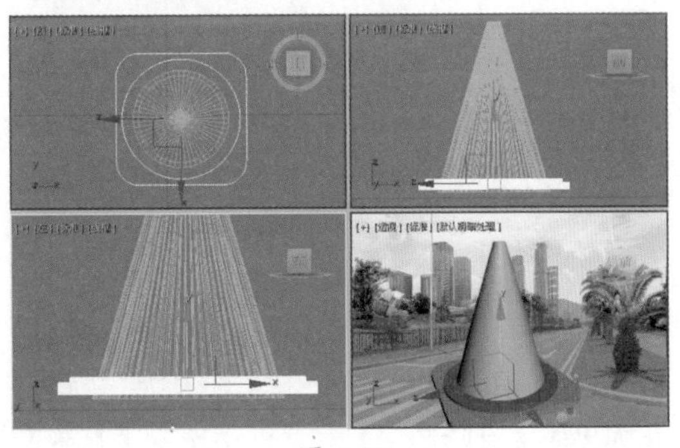

图 5-16

提示：为了方便后面的操作，在调整对象位置时，需要使圆角矩形的底部高于Line001对象的底部。

16 在视图中选中圆角矩形并右击，在弹出的快捷菜单中选择【转换为】|【转换为可编辑多边形】命令，如图5-17所示。

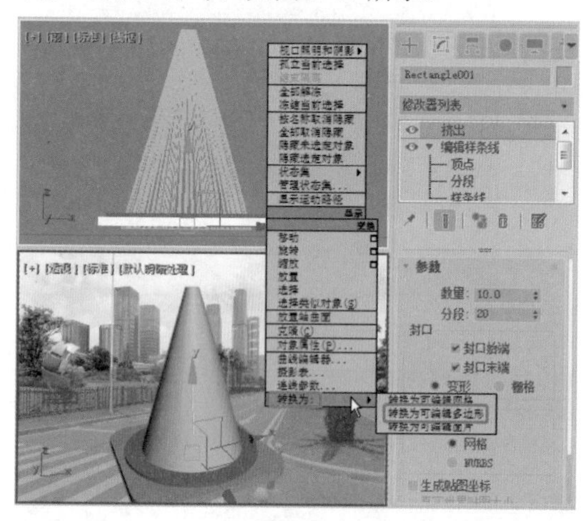

图 5-17

17 在【编辑几何体】卷展栏中单击激活【附加】按钮，然后在视图中选中圆形，将其附加在一起，如图5-18所示。

图 5-18

18 再次单击取消激活【附加】按钮。在场景中选中Line001对象，按Ctrl+V组合键，在弹出的【克隆选项】对话框中选中【复制】单选按钮，如图5-19所示。

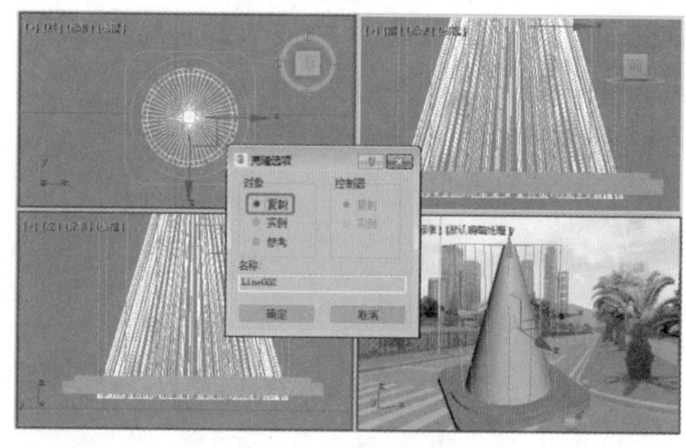

图 5-19

19 单击【确定】按钮，在视图中选中Line001对象并右击，在弹出的快捷菜单中选择【隐藏选定对象】命令，如图5-20所示。

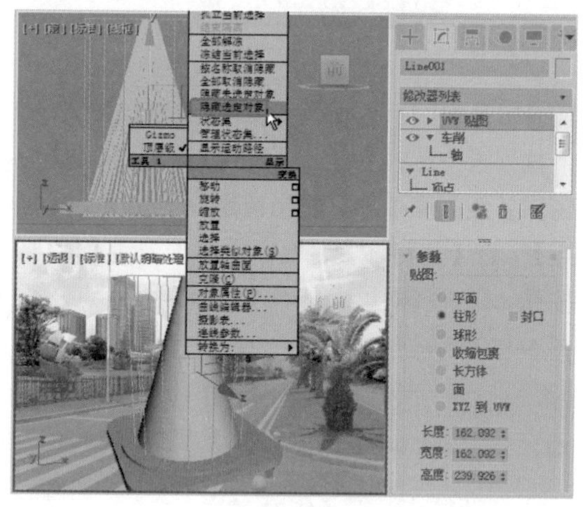

图 5-20

20 在视图中选中附加后的对象，然后在命令面板中选择【创建】|【几何体】|【复合对象】|ProBoolean命令，在【拾取布尔对象】卷展栏中单击【开始拾取】按钮，在场景中拾取复制出的Line002对象，如图5-21所示。

21 切换到【修改】命令面板，在【修改器列表】下拉列表中选择【编辑网格】选项，添加【编辑网格】修改器，将当前选择集定义为【元素】，在【顶】视图中选择如图5-22所示的元素。

22 按Delete键将其删除，退出当前选择集，在视图中右击，在弹出的快捷菜单中选择【全部取消隐藏】命令，如图 5-23 所示。

图 5-21

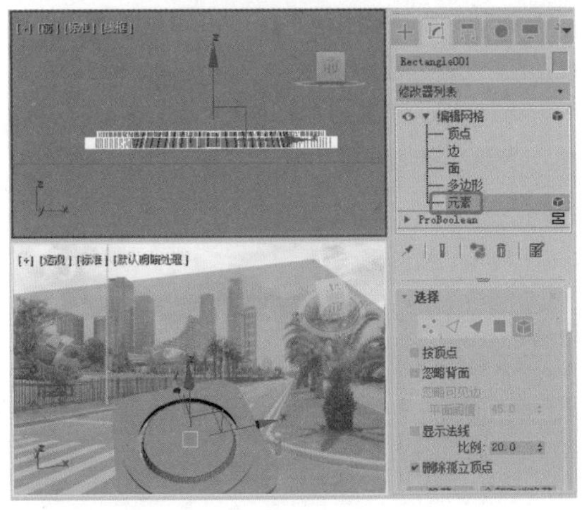

图 5-22

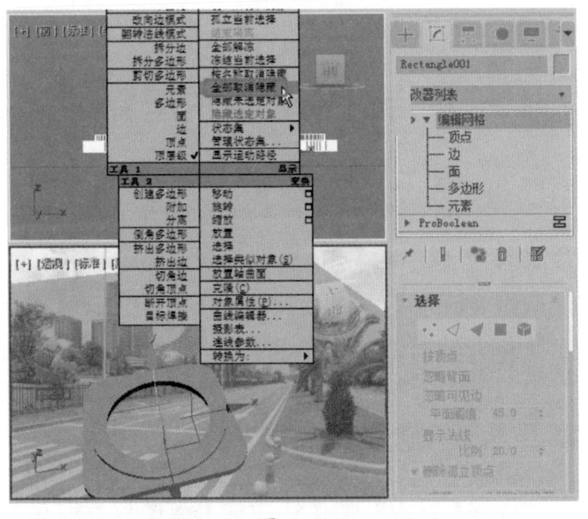

图 5-23

23 取消隐藏 Line001 对象，适当调整对象的位置，再次在视图中选中圆角矩形，在【编辑几何体】卷展栏中单击激活【附加】按钮，在场景中拾取 Line001 对象，如图 5-24 所示。

图 5-24

24 再次单击取消激活【附加】按钮，确认 Line001 对象处于选中状态，将其重命名为【塑料路锥 001】，如图 5-25 所示。

图 5-25

25 继续选中该对象，按 M 键，打开【材质编辑器】窗口，选择一个新的材质球，将其重命名为【塑料路障】，在【Blinn 基本参数】卷展栏中将【自发光】的值设置为 30，在【反射高光】选项组中将【高光级别】和【光泽度】的值分别设置为 51 和 52，如图 5-26 所示。

26 在【贴图】卷展栏中单击【漫反射颜色】右侧的【无贴图】按钮，在弹出的对话框中选择【贴图】|【通用】|【位图】选项，如图 5-27 所示。

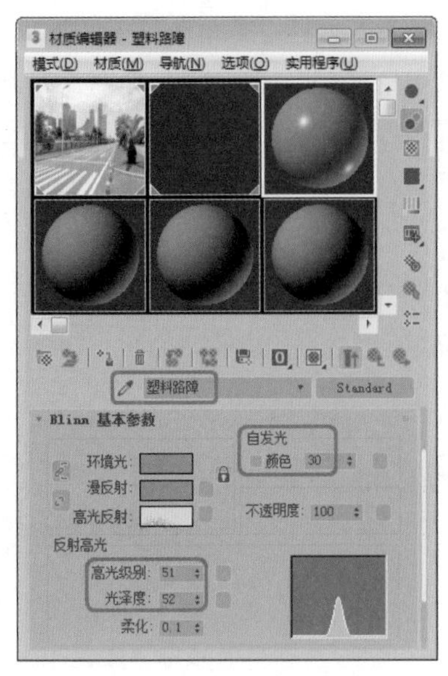

图 5-26

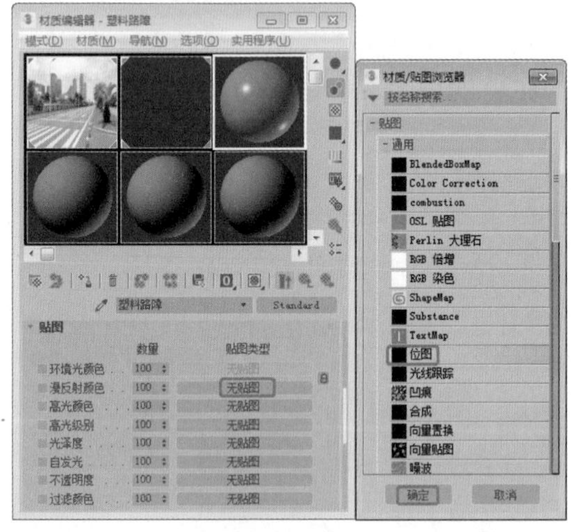

图 5-27

27 单击【确定】按钮，在弹出的【选择位图图像文件】对话框中选择“Map\圆锥形路障.jpg”贴图文件，单击【打开】按钮，如图 5-28 所示。

28 单击【将材质指定给选定对象】按钮和【视口中显示明暗处理材质】按钮，关闭【材质编辑器】窗口，选中【透视】视图，按 C 键转换为【摄影机】视图，在其他视图中适当地调整隔离墩的位置，如图 5-29 所示。

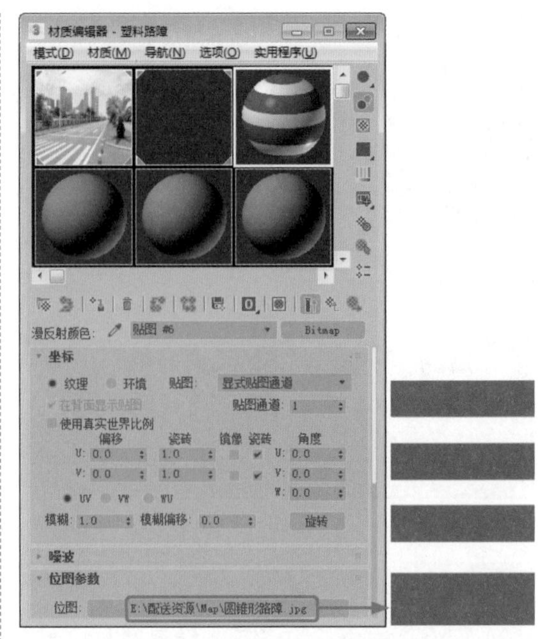

图 5-28

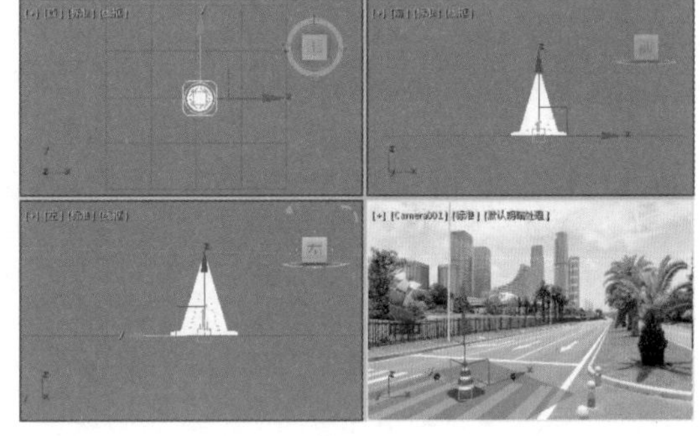

图 5-29

5.1 复合对象与布尔运算

3ds Max 2020 的基本内置模型是创建复合物体与布尔运算的基础，可以将多个内置模型组合在一起，从而产生千变万化的模型。本节将介绍复合对象与布尔运算。

5.1.1 创建复合对象

选择【创建】 |【几何体】 |【复合对象】工具，就可以打开【复合对象】命令面板。

复合对象是将两个以上的物体通过特定

的合成方式结合为一个物体。对于合并的过程不仅可以反复调节，还可以表现为动画方式，使一些高难度的造型和动画制作成为可能。复合对象命令面板如图 5-30 所示。

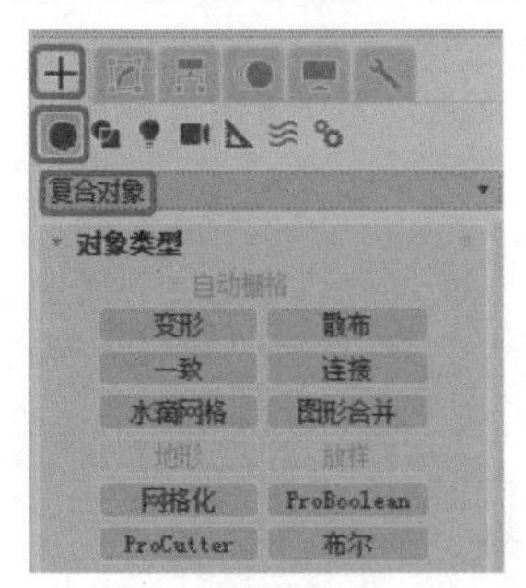

图 5-30

在复合对象命令面板中包括以下命令。

◎ 【变形】：变形是一种与 2D 动画中的中间动画类似的动画技术。【变形】对象可以合并两个或多个对象，方法是插补第一个对象的顶点，使其与另外一个对象的顶点位置相符。

◎ 【散布】：散布是复合对象的一种形式，将所选的源对象散布为阵列，或散布到分布对象的表面。

◎ 【一致】：通过将某个对象（称为包裹器）的顶点投影至另一个对象（称为包裹对象）的表面。

◎ 【连接】：通过对象表面的【洞】连接两个或多个对象。

◎ 【水滴网格】：水滴网格复合对象可以通过几何体或粒子创建一组球体，还可以将球体连接起来，就好像这些球体是由柔软的液态物质构成的一样。

◎ 【图形合并】：创建包含网格对象和一个或多个图形的复合对象。这些图形嵌入在网格中（将更改边与面的模式），或从网格中消失。

◎ 【布尔】：布尔对象通过对其他两个对象执行布尔操作将它们组合起来。

◎ 【地形】：通过轮廓线数据生成地形对象。

◎ 【放样】：放样对象是沿着第三个轴挤出的二维图形。从两个或多个现有样条线对象中创建放样对象。这些样条线之一会作为路径，其余的样条线会作为放样对象的横截面或图形。沿着路径排列图形时，3ds Max 会在图形之间生成曲面。

◎ 【网格化】：以每帧为基准将程序对象转化为网格对象，这样可以应用修改器，如弯曲或 UVW 贴图。它可用于任何类型的对象，但主要为使用粒子系统而设计。

◎ ProBoolean：布尔对象通过对两个或多个其他对象执行布尔运算将它们组合起来。ProBoolean 将大量功能添加到传统的 3ds Max 布尔对象中，如每次使用不同的布尔运算，立刻组合多个对象的能力。ProBoolean 还可以自动将布尔结果细分为四边形面，这有助于网格平滑和涡轮平滑。

◎ ProCutter：主要目的是分裂或细分体积。ProCutter 运算结果尤其适合在动态模拟中使用。

5.1.2 使用布尔运算

布尔运算类似于传统的雕刻建模技术，因此，布尔运算建模是许多建模者常用的技术。通过使用基本几何体，可以快速、容易地创建任何非有机体的对象。

在数学里，布尔意味着两个集合之间的比较；而在 3ds Max 中，是两个几何体次对象集之间的比较。布尔运算是根据两个已有对象定义一个新的对象。

在 3ds Max 中，根据两个已经存在的对象创建一个布尔组合对象来完成布尔运算。两个存在的对象称为运算对象。

01 打开 3ds Max 2020 软件，在场景中创建一个茶壶和管状体对象，将它们放置在如图 5-31 所示的位置。

02 在视图中选择创建的茶壶对象，然后选择【创建】 |【几何体】 |【复合对象】

|【布尔】工具，即可进入布尔运算模式，在【布尔参数】卷展栏中单击【添加运算对象】按钮，在场景中拾取管状体对象，并在【运算对象参数】卷展栏中选择【差集】运算方式，布尔后的效果如图 5-32 所示。

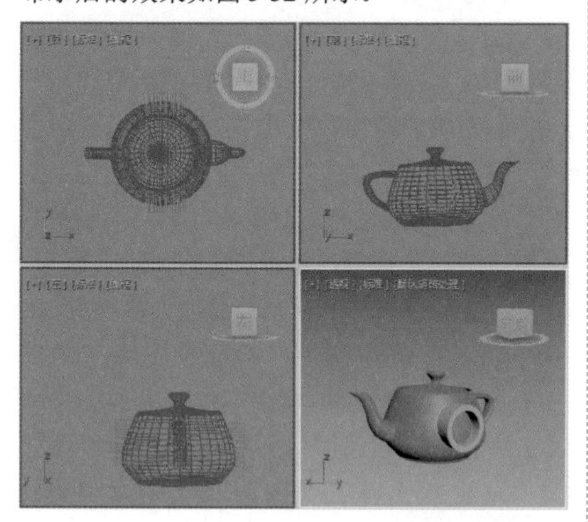

图 5-31

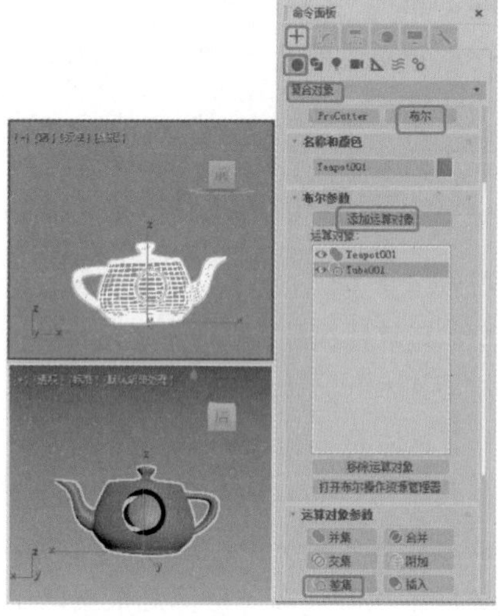

图 5-32

1. 布尔运算的类型

下面讲解几种常用的布尔运算方式。

1）并集运算

并集运算用于将两个造型合并，相交的部分被删除，成为一个新物体，与【结合】命令相似，但造型结构已发生变化，相对产生的造型复杂度较低。

在视图中选择创建的茶壶对象，选择【创建】|【几何体】|【复合对象】|【布尔】工具，在【运算对象参数】卷展栏中单击【并集】按钮，然后在【布尔参数】卷展栏中单击【添加运算对象】按钮，在场景中拾取圆柱体对象，得到的效果如图 5-33 所示。

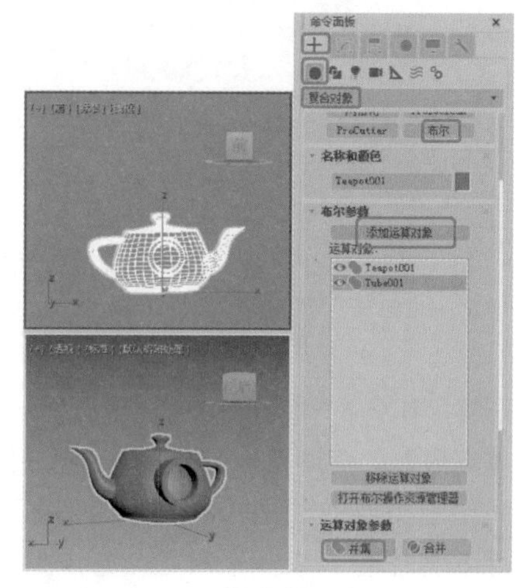

图 5-33

2）交集运算

交集运算用于将两个造型相交的部分保留，不相交的部分删除。

在视图中选择创建的茶壶对象，选择【创建】|【几何体】|【复合对象】|【布尔】工具，在【运算对象参数】卷展栏中单击【交集】按钮，然后在【布尔参数】卷展栏中单击【添加运算对象】按钮，在场景中拾取圆柱体对象，得到的效果如图 5-34 所示。

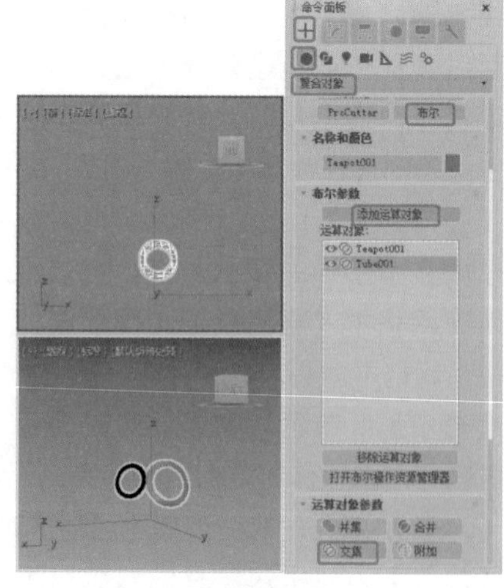

图 5-34

3）差集运算

差集运算用于将两个造型进行相减处理，得到一种切割后的造型。这种方式对两个物体相减的顺序有要求，会得到两种不同的结果。

在视图中选择创建的球体对象，选择【创建】 |【几何体】 |【复合对象】|【布尔】工具，在【运算对象参数】卷展栏中单击【差集】按钮，然后在【布尔参数】卷展栏中单击【添加运算对象】按钮，在场景中拾取圆锥体对象，得到的效果如图 5-35 所示。

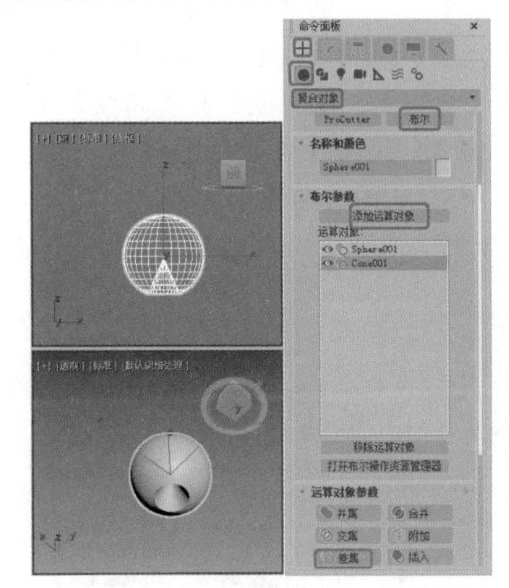

图 5-35

2. ProBoolean

除了上面介绍的布尔运算之外，通过 ProBoolean 也可以实现布尔效果。

◎ 【名称和颜色】：主要是对布尔后的物体进行命名及设置颜色。

◎ 【拾取布尔对象】卷展栏：选择操作对象 B 时，根据在【布尔参数】卷展栏中为布尔对象所提供的几种选择方式，可以将操作对象 B 指定为参考、移动（对象本身）、复制或实例化，如图 5-36 所示。

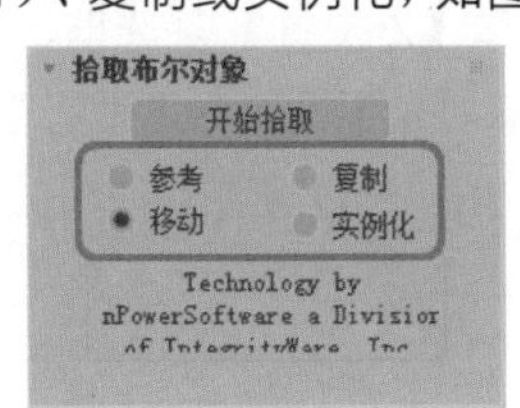

图 5-36

◎ 【添加运算对象】按钮：此按钮用于选择布尔操作中的第二个对象。

◎ 【参考】：将原始物体的参考复制品作为运算物体 B，以后改变原始物体时，也会同时改变布尔物体中的运算物体 B，但改变运算物体 B 时，不会改变原始物体。

◎ 【复制】：将原始物体复制一个作为运算物体 B，不破坏原始物体。

◎ 【移动】：将原始物体直接作为运算物体 B，它本身将不存在。

◎ 【实例化】：将原始物体的关联复制品作为运算物体 B，以后对两者之一进行修改时都会影响另一个。

◎ 【参数】卷展栏：该卷展栏主要用于显示操作对象的名称以及布尔运算方式，如图 5-37 所示。

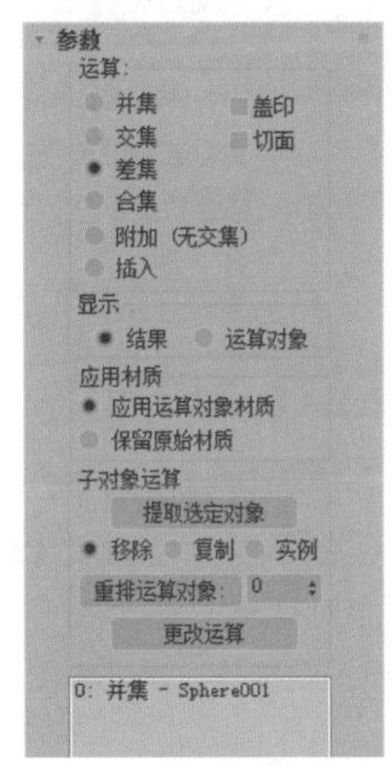

图 5-37

3. 对执行过布尔运算的对象进行编辑

经过布尔运算后的对象点面分布特别混乱，出错的概率会越来越高，这是由于经布尔运算后的对象会增加很多面片，而这些面是由若干个点相互连接构成的，这样一个新增加的点就会与相邻的点连接，这种连接具有一定的随机性。随着布尔运算次数的增加，对象结构变得越来越混乱。这就要求布尔运算的对象最好有多个分段数，这样可以大大减少布尔运算出错的机会。

如果经过布尔运算之后的对象产生不了需要的结果，可以在【修改】命令面板中为其添加修改器，然后对其进行编辑修改。

还可以在修改器堆栈上单击鼠标右键，在弹出的快捷菜单中选择要转换的类型，包括【可编辑网格】、【可编辑样条线】、【可编辑多边形】，如图5-38所示，然后对布尔后的对象进行调整即可。

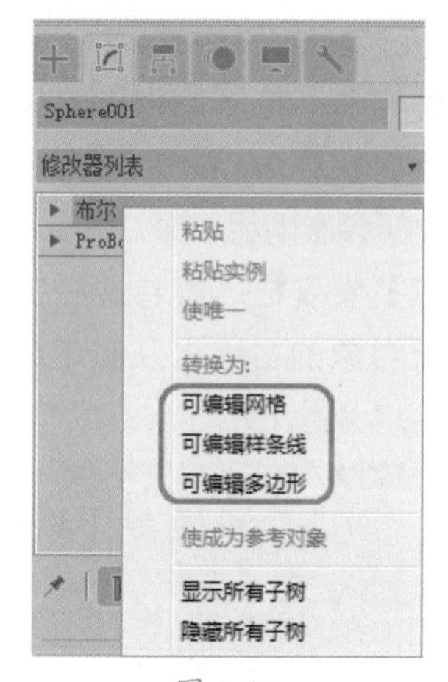

图 5-38

【实战】制作骰子

本例将介绍如何制作骰子，利用【切角长方体】制作骰子轮廓，利用【球体】绘制球形对象，并对球体与切角长方体进行布尔运算，完成骰子的制作，效果如图5-39所示。

图 5-39

素材	Scenes\Cha05\ 骰子素材 .max
场景	Scenes\Cha05\【实战】制作骰子 .max
视频	视频教学 \Cha05\【实战】制作骰子 .mp4

01 按Ctrl+O组合键，打开“Scenes\Cha05\骰子素材.max”场景文件，选择【创建】|【几何体】|【扩展基本体】|【切角长方体】工具，在【顶】视图中创建一个切角长方体，切换到【修改】命令面板，在【参数】卷展栏中将【长度】、【宽度】和【高度】都设置为100，将【圆角】设置为7，将【圆角分段】设置为8，如图5-40所示。

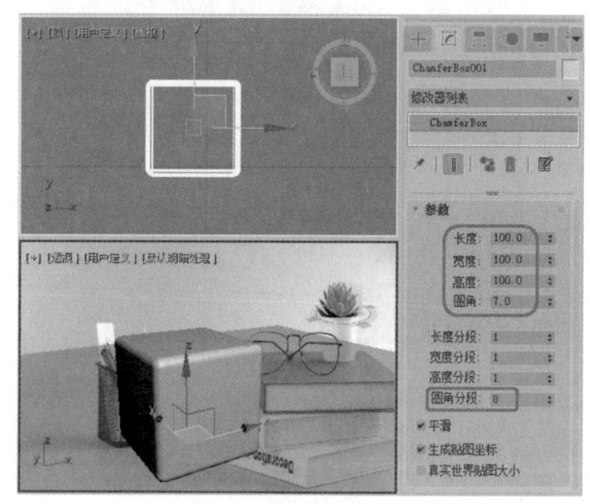

图 5-40

02 选择【创建】|【几何体】|【标准基本体】|【球体】工具，在【顶】视图中创建一个球体，将【半径】设置为16，如图5-41所示。

03 选择创建的球体，在工具栏中单击【对齐】按钮，然后在【顶】视图中拾取创建的切角长方体，在弹出的对话框中选中【X位置】、【Y位置】和【Z位置】复选框，将【当前对象】和【目标对象】设置为【中心】，单击【确定】按钮，如图5-42所示。

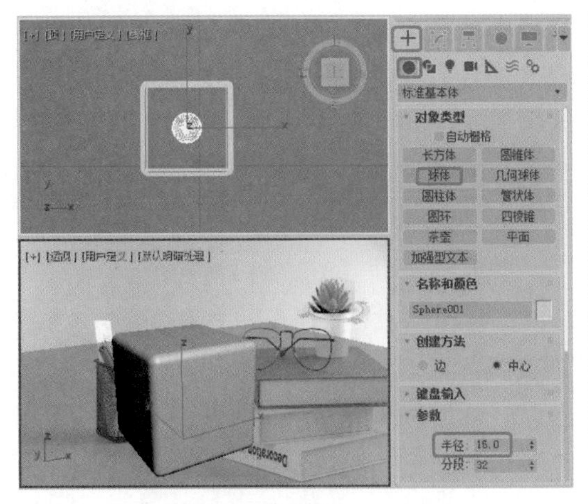
图 5-41

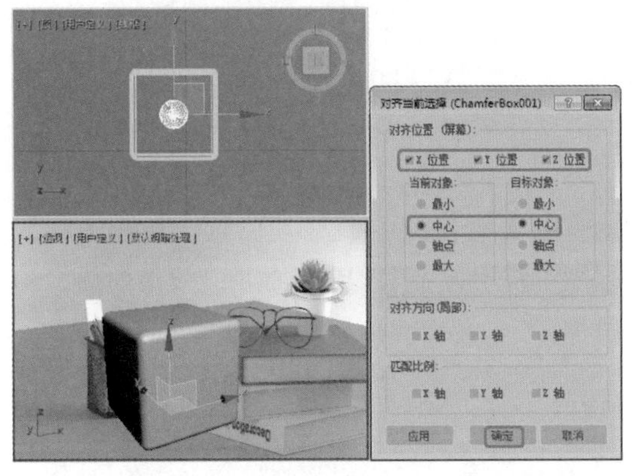
图 5-42

04 在【前】视图中使用【选择并移动】工具，沿 y 轴向上调整球体，将其调整至如图 5-43 所示的位置。

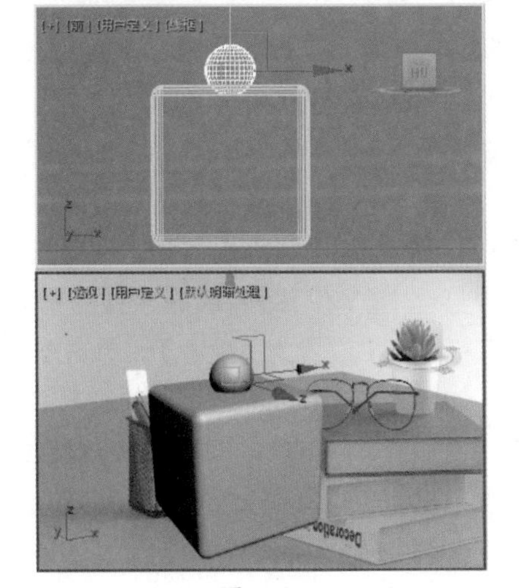
图 5-43

05 继续使用【球体】工具在【顶】视图中绘制一个半径为 9 的球体，并在视图中调整其位置，如图 5-44 所示。

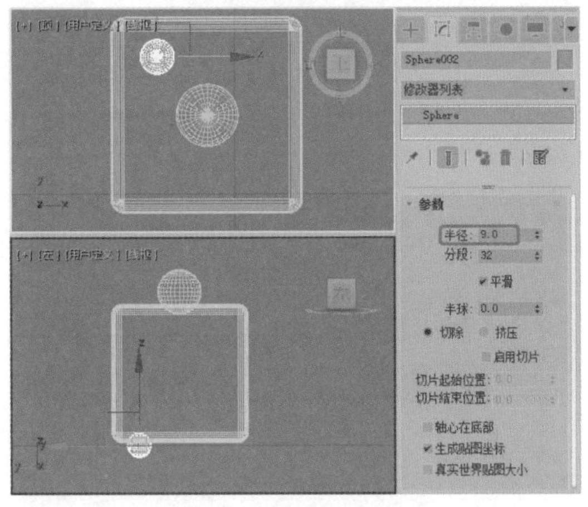
图 5-44

06 在【顶】视图中使用【选择并移动】工具，在按住 Shift 键的同时沿 y 轴向下拖曳球体，拖曳至切角长方体中间位置处松开鼠标左键，弹出【克隆选项】对话框，选中【复制】单选按钮，将【副本数】设置为 2，单击【确定】按钮，如图 5-45 所示。

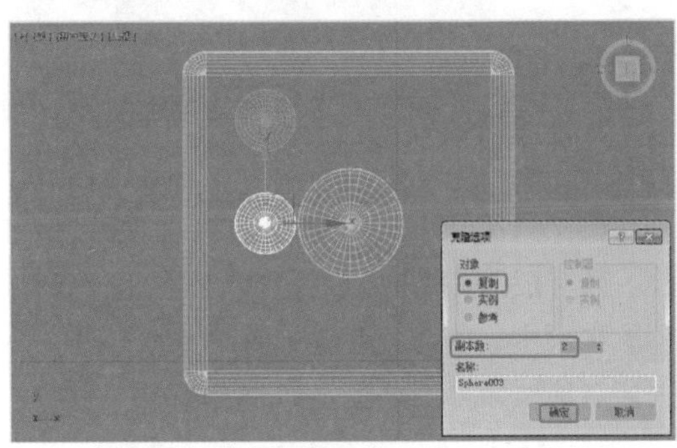
图 5-45

07 在【顶】视图中选择【半径】为 9 的三个球体，在工具栏中单击【镜像】按钮，弹出【镜像：屏幕 坐标】对话框，在【镜像轴】选项组中选中 X 单选按钮，将【偏移】设置为 46，在【克隆当前选择】选项组中选中【复制】单选按钮，然后单击【确定】按钮，如图 5-46 所示。

08 在场景中选择所有半径为 9 的球体，结合前面介绍的方法，对其进行复制，效果如

图 5-47 所示。

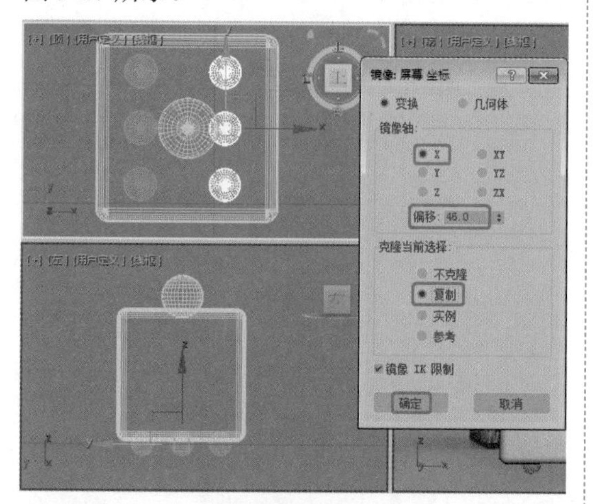

图 5-46

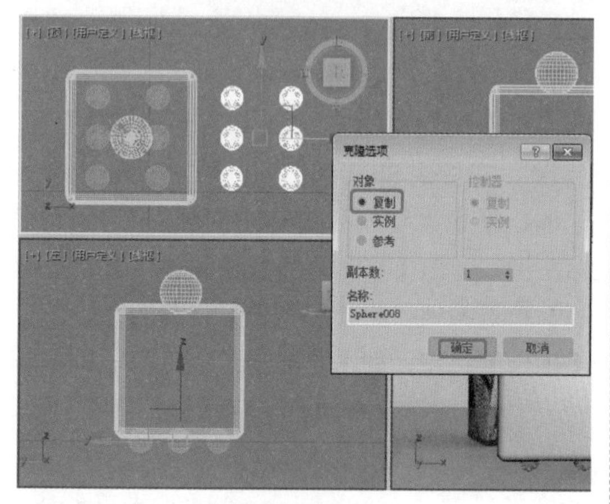

图 5-47

09 在工具栏中右击【角度捕捉切换】按钮，弹出【栅格和捕捉设置】对话框，选择【选项】选项卡，将【角度】设置为 10 度，然后关闭对话框即可，如图 5-48 所示。

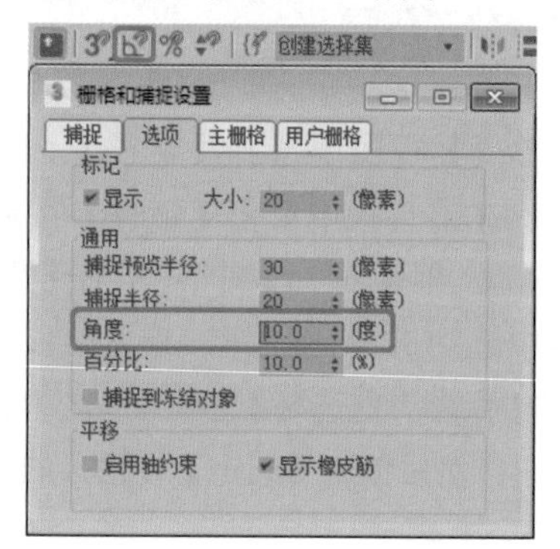

图 5-48

10 确认复制后的球体处于选中状态，在工具栏中单击【角度捕捉切换】按钮和【选择并旋转】按钮，在【左】视图中沿 x 轴旋转 90°，如图 5-49 所示。

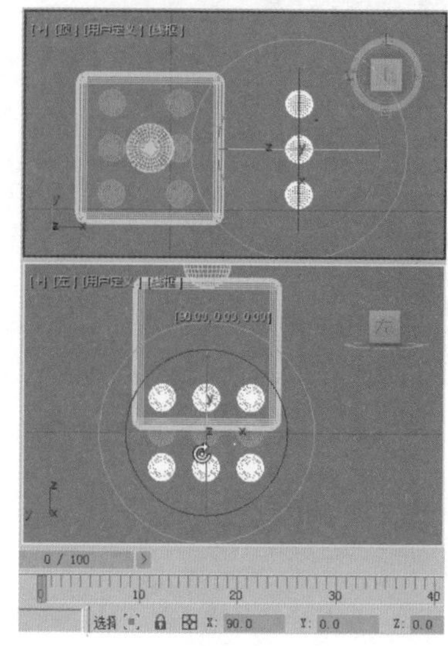

图 5-49

11 在其他视图中调整其位置，并在【左】视图中将上方中间的球体删除，效果如图 5-50 所示。

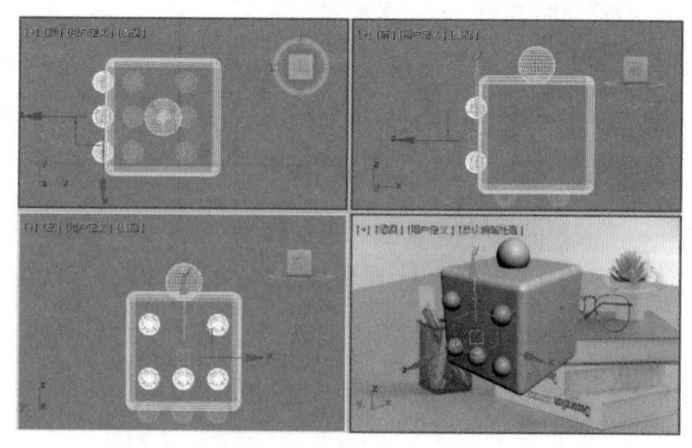

图 5-50

12 在【左】视图中选择下方中间的球体，在工具栏中单击【对齐】按钮，然后在【左】视图中拾取创建的切角长方体，在弹出的对话框中只选中【Y 位置】复选框，将【当前对象】和【目标对象】设置为【中心】，单击【确定】按钮，如图 5-51 所示。

13 使用同样的方法，在切角长方体的其他面添加球体对象，效果如图 5-52 所示。

14 在场景中选择 Sphere001 对象，并单击鼠标右键，在弹出的快捷菜单中选择【转换为】

【转换为可编辑多边形】命令，如图 5-53 所示。

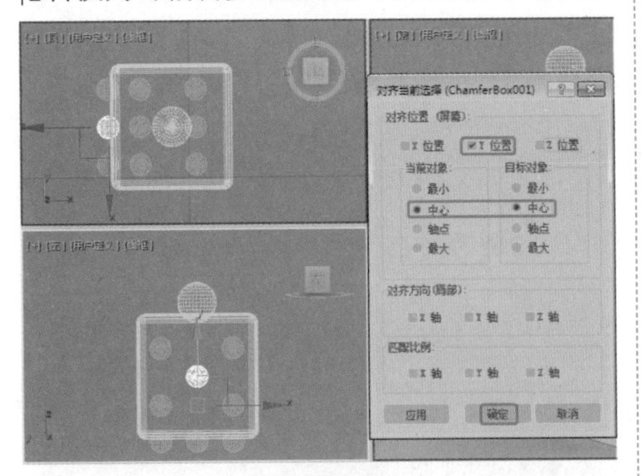

图 5-51

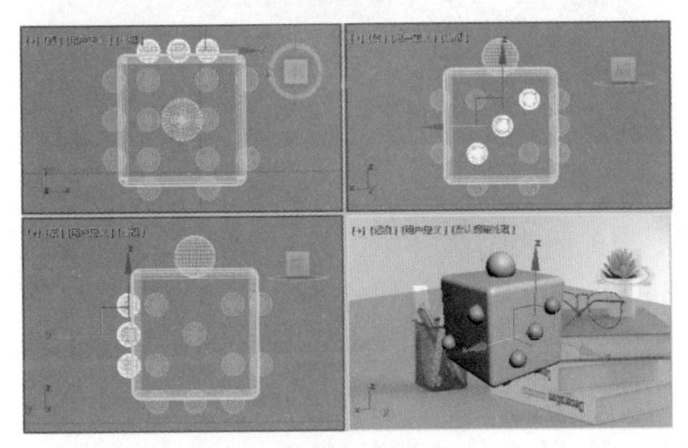

图 5-52

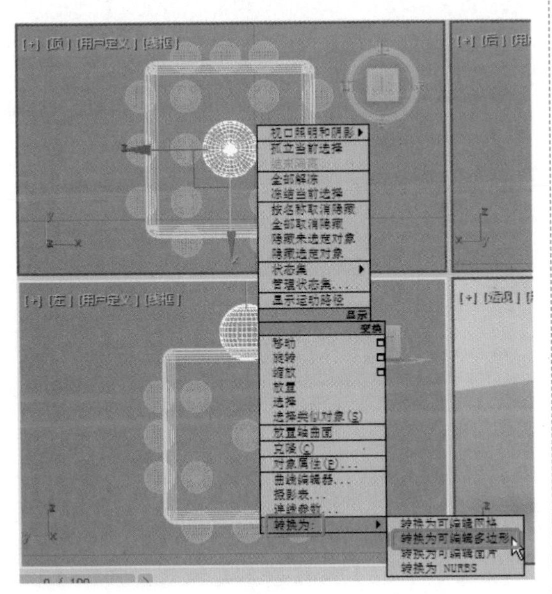

图 5-53

15 切换到【修改】命令面板，在【编辑几何体】卷展栏中单击【附加】按钮右侧的【附加列表】按钮，在弹出的对话框中选择所有的球体对象，然后单击【附加】按钮，如图 5-54 所示。

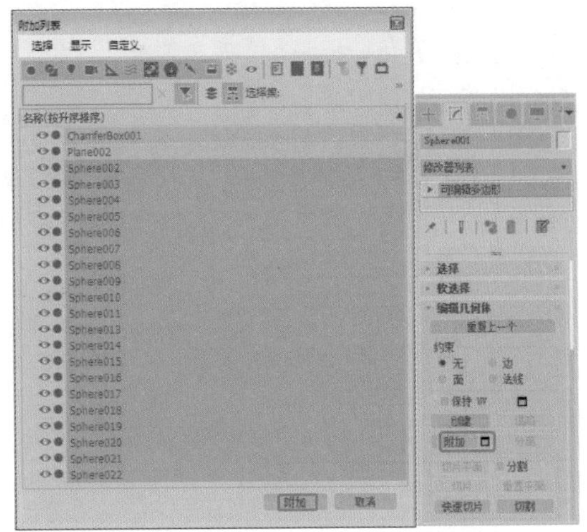

图 5-54

16 在场景中选择切角长方体，然后选择【创建】 |【几何体】 |【复合对象】| ProBoolean 工具，在【拾取布尔对象】卷展栏中单击【开始拾取】按钮，在场景中单击拾取附加的球体，如图 5-55 所示。

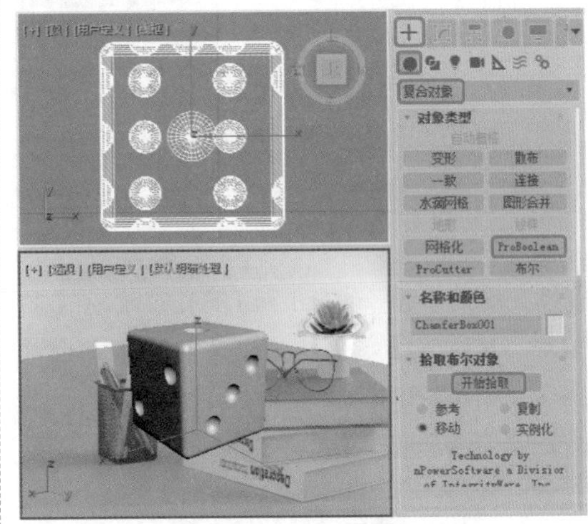

图 5-55

17 切换到【修改】命令面板，将布尔后的对象重命名为【骰子】，并单击鼠标右键，在弹出的快捷菜单中选择【转换为】|【转换为可编辑多边形】命令，如图 5-56 所示。

18 将当前选择集定义为【多边形】，在场景中选择除 1 和 4 以外的其他孔对象，在【多边形：材质 ID】卷展栏中将【设置 ID】设置为 1，如图 5-57 所示。

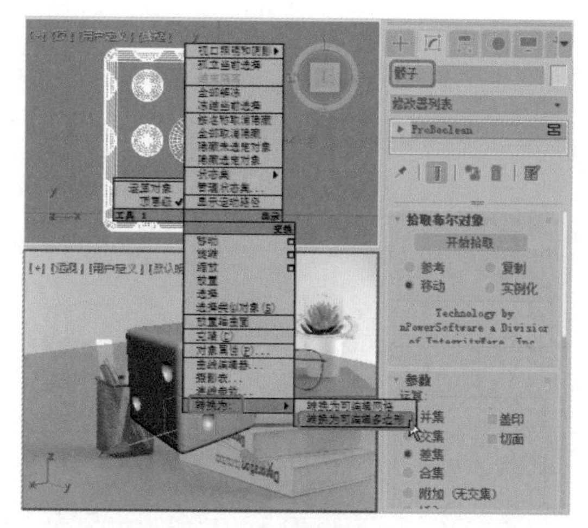

图 5-56

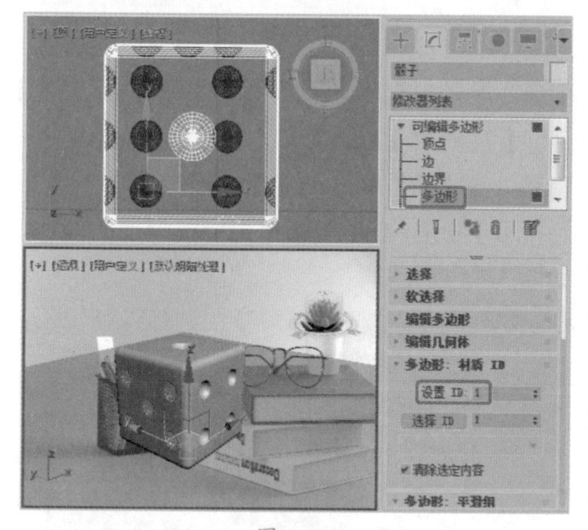

图 5-57

19 在场景中选择代表 1 和 4 的孔对象，在【多边形：材质 ID】卷展栏中将【设置 ID】设置为 2，如图 5-58 所示。

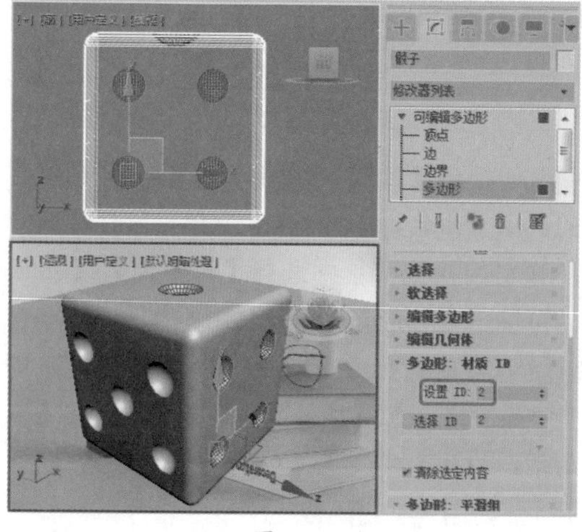

图 5-58

20 在场景中选择除孔以外的其他对象，在【多边形：材质 ID】卷展栏中将【设置 ID】设置为 3，如图 5-59 所示。

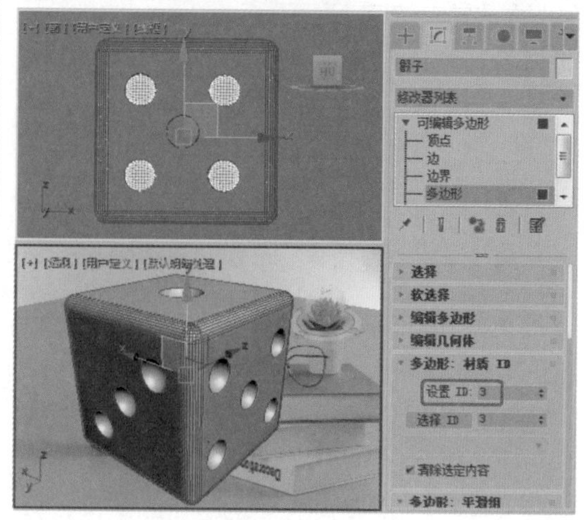

图 5-59

21 关闭当前选择集，按 M 键弹出【材质编辑器】窗口，选择一个新的材质样本球，单击名称栏右侧的 Standard 按钮，在弹出的【材质 / 贴图浏览器】对话框中选择【多维 / 子对象】材质，单击【确定】按钮，如图 5-60 所示。

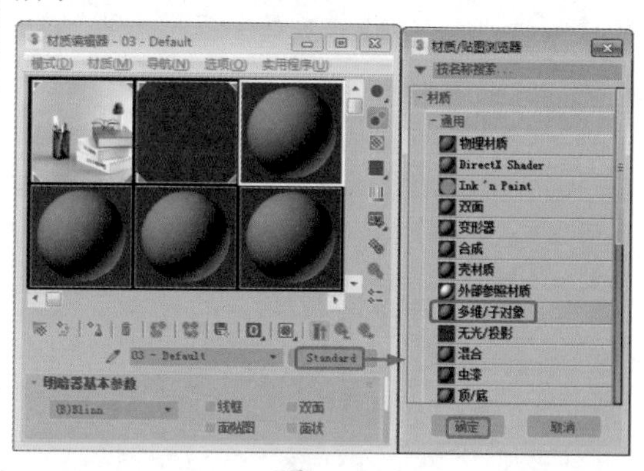

图 5-60

22 弹出【替换材质】对话框，单击【确定】按钮即可，然后在【多维 / 子对象基本参数】卷展栏中单击【设置数量】按钮，弹出【设置材质数量】对话框，将【材质数量】设置为 3，单击【确定】按钮，如图 5-61 所示。

23 单击 ID1 右侧的子材质按钮，进入子级材质面板，在【Blinn 基本参数】卷展栏中，将【环境光】和【漫反射】的 RGB 值设置为

67、67、230，在【反射高光】选项组中将【高光级别】和【光泽度】分别设置为108、37，如图5-62所示。

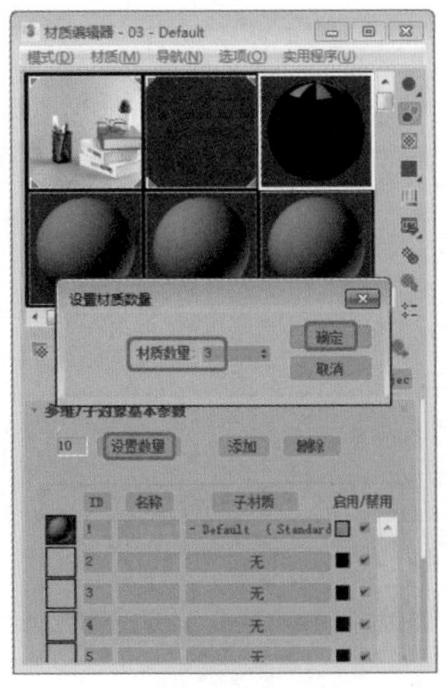
图 5-61

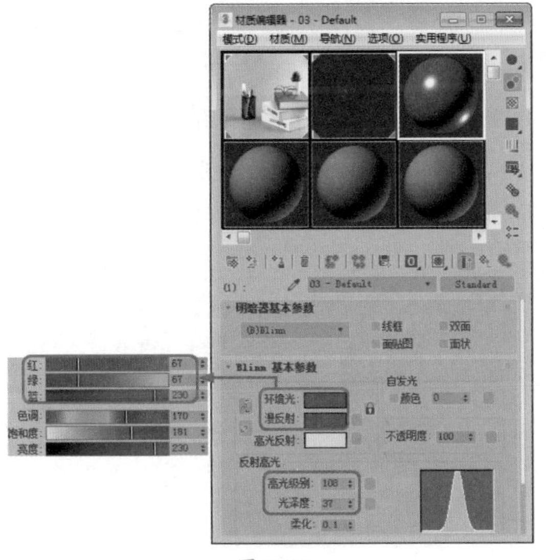
图 5-62

24 在【贴图】卷展栏中将【反射】后的数量设置为30，并单击右侧的【无贴图】按钮，在弹出的【材质 / 贴图浏览器】对话框中选择【位图】贴图，单击【确定】按钮，如图5-63所示。

25 在弹出的对话框中选择“Map\003.tif”素材图片，单击【打开】按钮，在【坐标】卷展栏中将【模糊】设置为10，如图5-64所示。

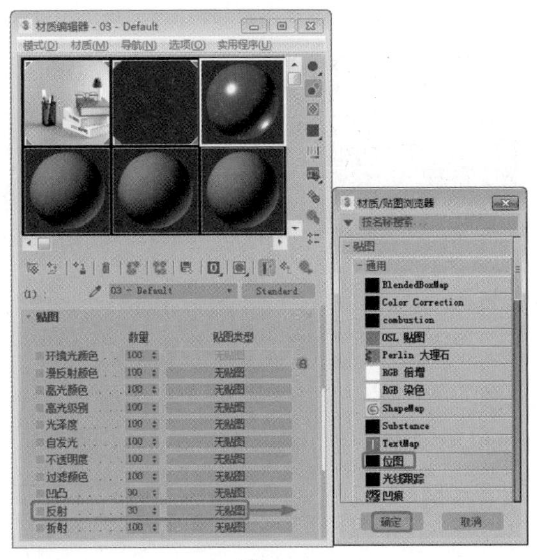
图 5-63

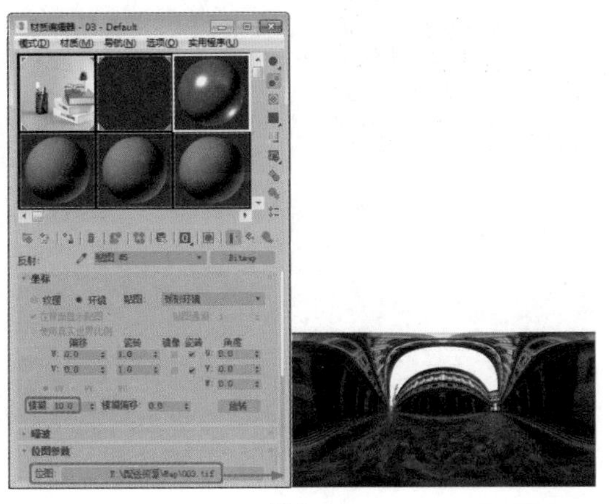
图 5-64

26 单击两次【转到父对象】按钮，返回父级材质层级。单击ID2右侧的子材质按钮，弹出【材质 / 贴图浏览器】对话框，选择【标准】材质，单击【确定】按钮，如图5-65所示。

27 即可进入ID2子级材质面板，在【Blinn基本参数】卷展栏中将【环境光】和【漫反射】的RGB值设置为234、0、0，将【自发光】设置为20，在【反射高光】选项组中将【高光级别】和【光泽度】分别设置为108、37，并根据设置ID1反射贴图的方法，设置ID2的反射贴图，如图5-66所示。

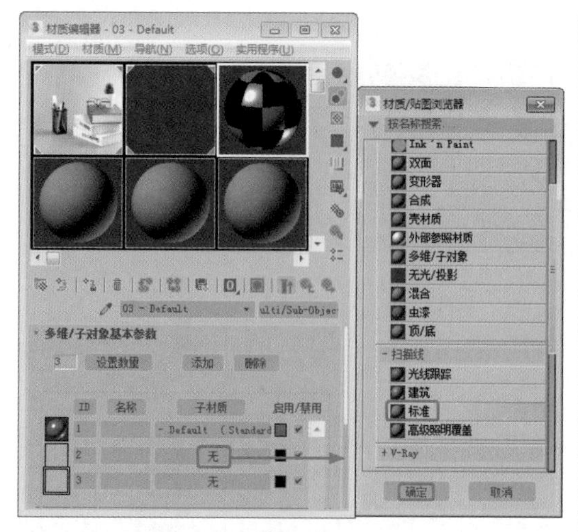

图 5-65

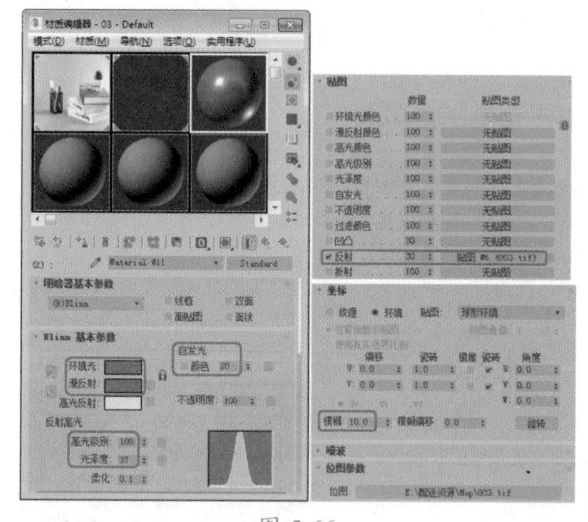

图 5-66

28 使用同样的方法，设置 ID3 材质，将材质名称设置为【骰子材质】，并单击【将材质指定给选定对象】按钮，将材质指定给【骰子】对象，如图 5-67 所示。

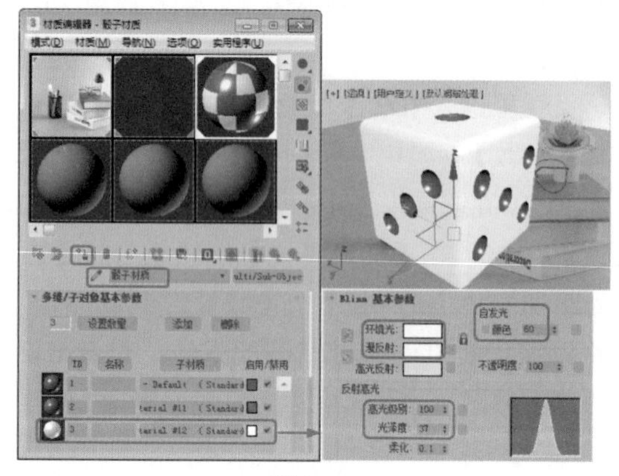

图 5-67

提示：未为 ID3 材质设置反射贴图。

29 在场景中复制多个骰子对象，并调整其旋转角度和位置，效果如图 5-68 所示。

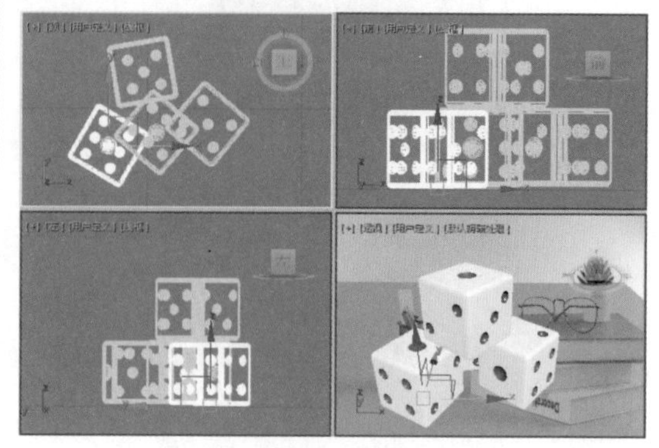

图 5-68

30 选中【透视】视图，按 C 键转换为【摄影机】视图，在其他视图中适当地调整骰子的位置，如图 5-69 所示。最后将场景进行渲染，并将渲染满意的效果和场景进行存储。

图 5-69

5.2 编辑多边形修改器

编辑多边形是后来发展起来的一种多边形建模技术，在编辑多边形中多边形物体可以是三角、四边网格，也可以是更多边的网格。

5.2.1 公用属性卷展栏

多边形物体也是一种网格物体，它在功能及使用上几乎与【可编辑网格】相同，不同的是【可编辑网格】是由三角面构成的框架结构。在 3ds Max 中将对象转换为多边形对象的方法有以下几种。

选择对象，单击鼠标右键，在弹出的快捷菜单中选择【转换为】|【转换为可编辑多边形】命令，如图 5-70 所示。

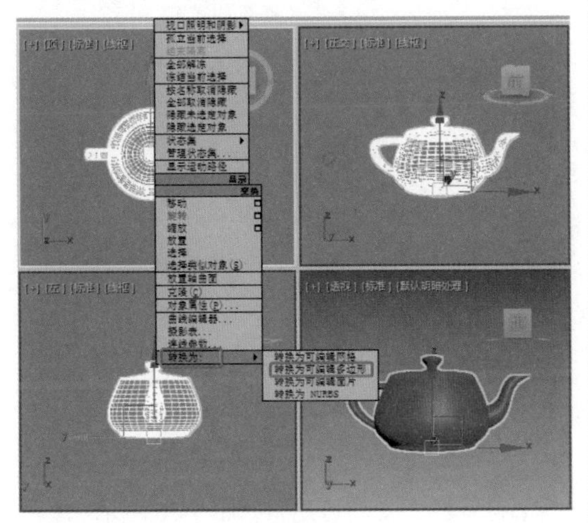

图 5-70

选择需要转换的对象，切换到【修改】命令面板，选择修改器列表中的【编辑多边形】修改器。

【可编辑多边形】与【可编辑网格】相类似。进入可编辑多边形后，可以看到公用的卷展栏，如图 5-71 所示。在【选择】卷展栏中提供了各种选择集的按钮，同时也提供了便于选择集选择的各个选项。

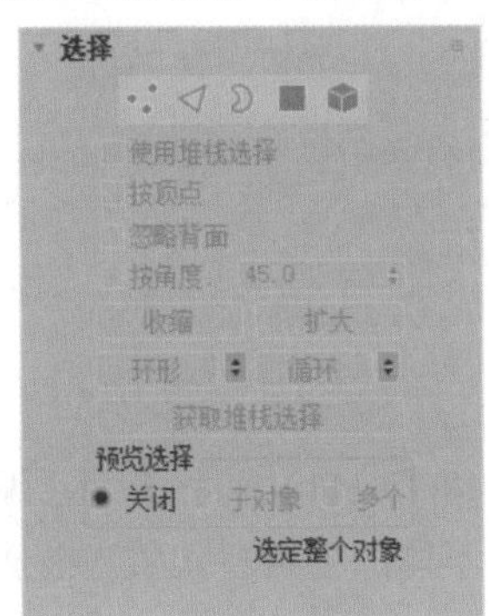

图 5-71

与【编辑网格】相比较，【可编辑多边形】添加了一些属于自己的选项。下面将单独对这些选项进行介绍。

◎ 【顶点】：以顶点为最小单位进行选择。

◎ 【边】：以边为最小单位进行选择。

◎ 【边界】：用于选择开放的边。在该选择集下，非边界的边不能被选择；单击边界上的任意边时，整个边界线会被选择。

◎ 【多边形】：以四边形为最小单位进行选择。

◎ 【元素】：以元素为最小单位进行选择。

◎ 【按顶点】：启用时，只有通过选择所用的顶点，才能选择子对象。单击顶点时，将选择使用该选定顶点的所有子对象。该功能在【顶点】子对象层级上不可用。

◎ 【忽略背面】：启用后，选择子对象将只影响朝向你的那些对象。禁用（默认值）时，无论可见性或面向方向如何，都可以选择鼠标指针下的任何子对象。如果指针下的子对象不止一个，请反复单击在其中循环切换。同样，禁用【忽略朝后部分】后，无论面对的方向如何，区域选择都包括了所有的子对象。

◎ 【按角度】：只有在将当前选择集定义为【多边形】时，该复选框才可用。选中该复选框并选择某个多边形时，可以根据复选框右侧的角度设置来选择邻近的多边形。

◎ 【收缩】：单击该按钮可以对当前选择集进行外围方向的收缩选择。

◎ 【扩大】：单击该按钮可以对当前选择集进行外围方向的扩展选择，如图 5-72 所示，左图为选择的多边形，中图为单击【收缩】按钮后的效果，右图为单击【扩大】按钮后的效果。

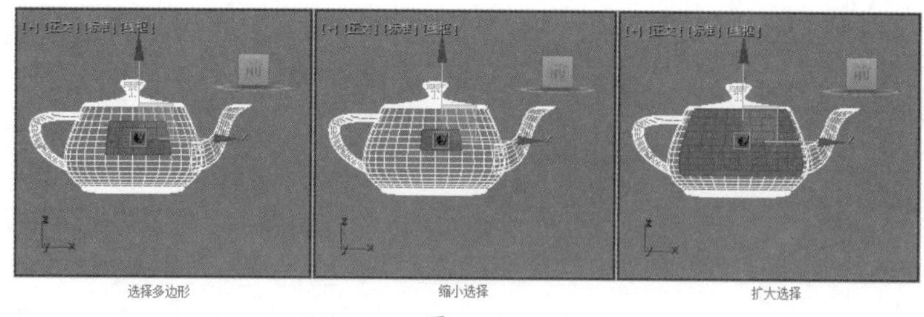

图 5-72

◎ 【环形】：单击该按钮后，与当前选择边平行的边会被选择，如图 5-73 所示，该命令只能用于边或边界选择集。【环形】按钮右侧的 和 按钮可以在任意方向将边移动到相同环上的其他边的位置，如图 5-74 所示。

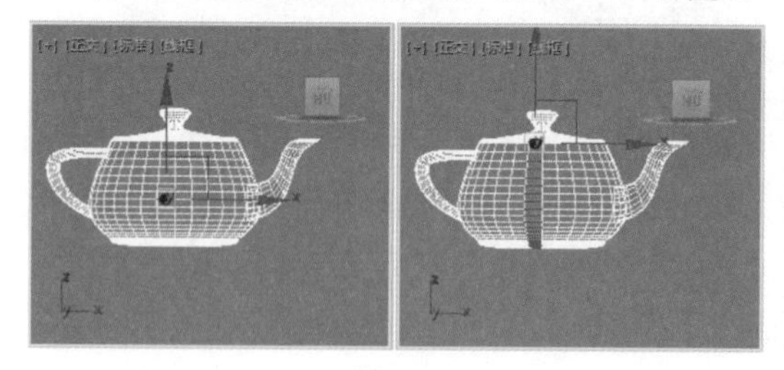

图 5-73

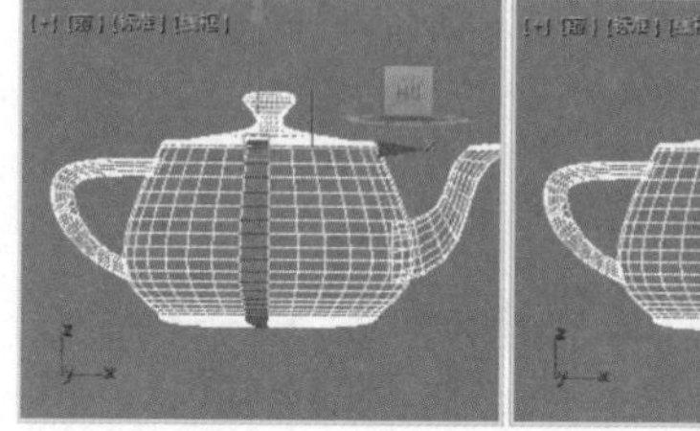
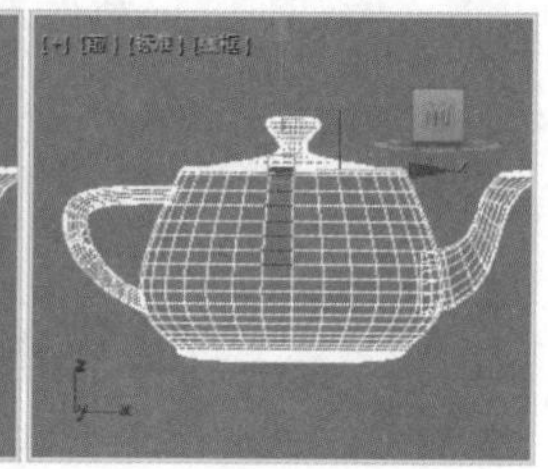

图 5-74

◎ 【循环】：在选择的边对齐的方向尽可能远地扩展当前选择，如图 5-75 所示。该命令只用于边或边界选择集。【循环】按钮右侧的 和 按钮会移动选择边到与它临近平行边的位置。

只有将当前选择集定义为一种模式后，【软选择】卷展栏才变为可用，如图 5-76 所示。【软选择】卷展栏按照一定的衰减值将应用到选择集的移动、旋转、缩放等变换操作传递给周围的次对象。

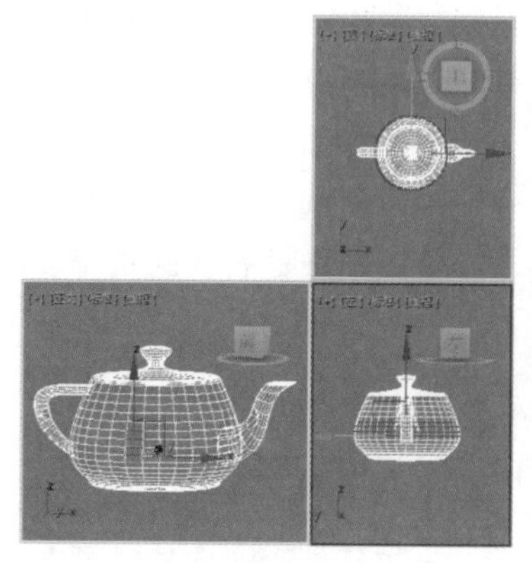

图 5-75

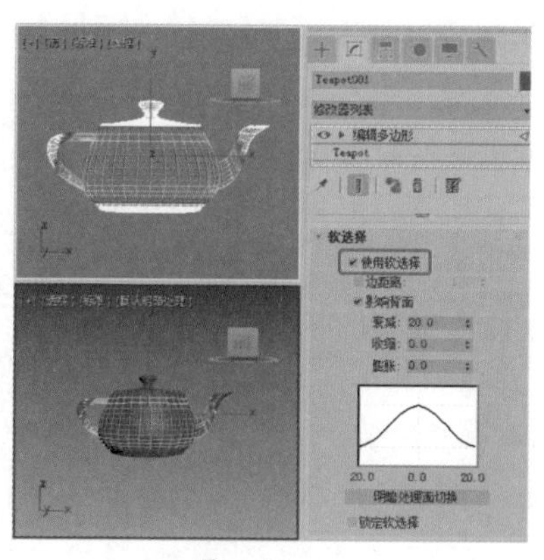

图 5-76

5.2.2 顶点编辑

多边形对象各种选择集的卷展栏主要包括【编辑顶点】和【编辑几何体】，【编辑顶点】主要提供了编辑顶点的命令。在不同的选择集下，它表现为不同的卷展栏。将当前选择集定义为【顶点】，下面将对【编辑顶点】卷展栏进行介绍，如图 5-77 所示。

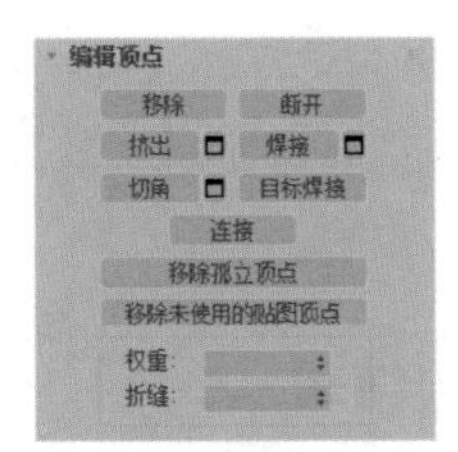

图 5-77

◎ 【移除】：移除当前选择的顶点。与删除顶点不同，移除顶点不会破坏表面的完整性，移除的顶点周围的点会重新结合，面不会破，如图 5-78 所示。

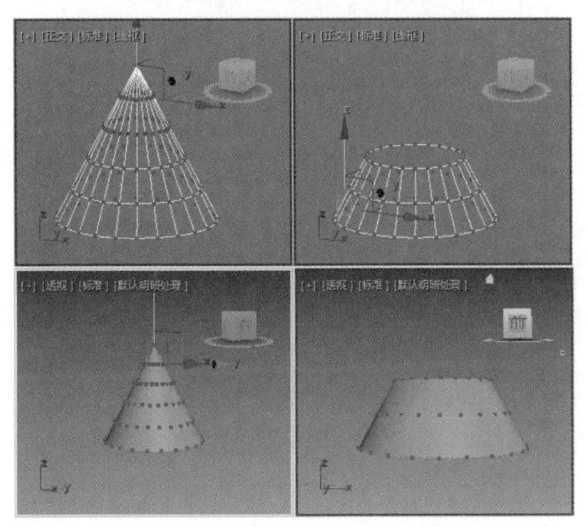

图 5-78

提示：按 Delete 键也可以删除选择的点，不同的是，按 Delete 键在删除选择的点的同时会将点所在的面一同删除，模型的表面会产生破洞；使用【移除】按钮不会删除点所在的表面，但会导致模型的外形改变。

◎ 【断开】：单击此按钮后，会在选择点的位置创建更多的顶点，选择点周围的表面不再共享同一个顶点，每个多边形表面在此位置会拥有独立的顶点。

◎ 【挤出】：单击该按钮，可以在视图中通过手动方式对选择的点进行挤出操作。移动鼠标指针时，选择点会沿着法线方向在挤出的同时创建出新的多边形面。单击该按钮右侧的按钮，会弹出【挤出顶点】对话框，设置参数后可以得到如图 5-79 所示的图。

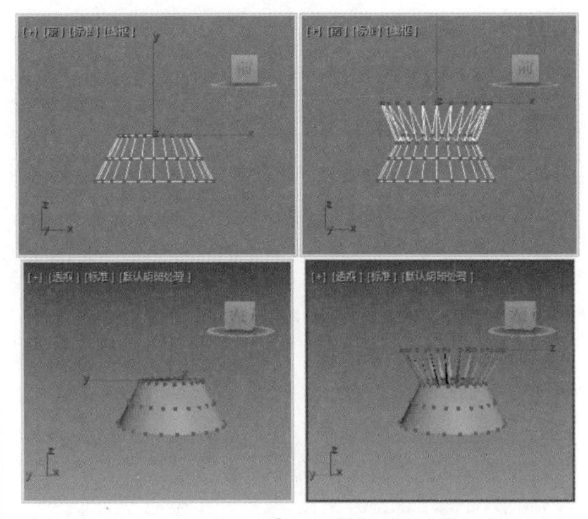

图 5-79

提示：默认情况下，单击按钮后，将会打开小盒控件，如果需要打开对话框，可以在【首选项设置】对话框中的【常规】选项卡中取消选中【启用小盒控件】复选框，然后单击【确定】按钮，则单击按钮后，将会弹出相应的设置对话框。

◆ 【挤出高度】：设置挤出的高度。

◆ 【挤出基面宽度】：设置挤出的基面宽度。

◎ 【焊接】：用于顶点之间的焊接操作。在视图中选择需要焊接的顶点后，单击该按钮，在阈值范围内的顶点会焊接到一起。如果选择点没有被焊接到一起，可以单击按钮，会弹出【焊接顶点】小盒控件，如图 5-80 所示。

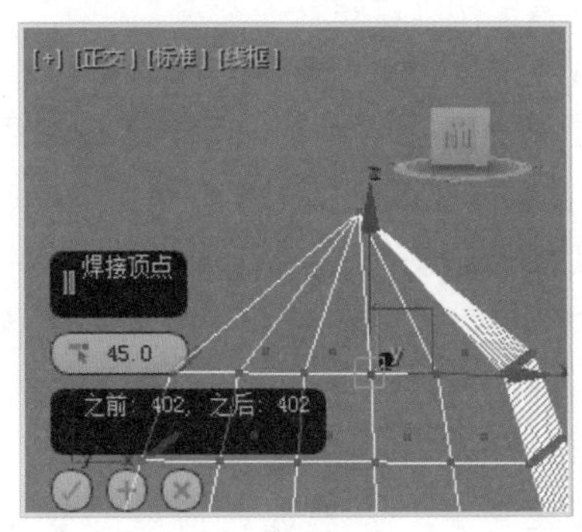

图 5-80

◆ 【焊接阈值】：指定焊接顶点之间的最大距离，在此距离范围内的顶点将被焊接到一起。

◆ 【之前】：显示执行焊接操作前模型的顶点数。

◆ 【之后】：显示执行焊接操作后模型的顶点数。

◎ 【切角】：单击该按钮，拖动选择点会进行切角处理，单击其右侧的■按钮后，会弹出【切角顶点】小盒控件，如图 5-81 所示。

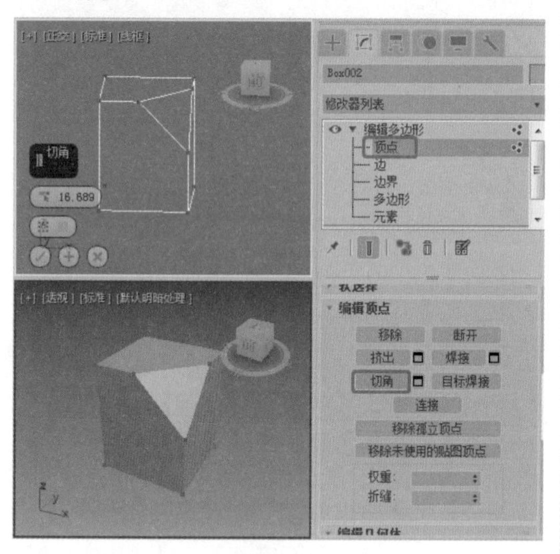

图 5-81

◆ 【切角量】：用于设置切角的大小。

◆ 【打开】：选中该复选框时，删除切角的区域，保留开放的空间。默认设置为禁用状态。

◎ 【目标焊接】：单击该按钮，在视图中将选择的点拖动到要焊接的顶点上，这样会自动进行焊接。

◎ 【连接】：用于创建新的边。

◎ 【移除孤立顶点】：单击该按钮后，将删除所有孤立的点，不管是否选择该点。

◎ 【移除未使用的贴图顶点】：没用的贴图顶点可以显示在【UVW 贴图】修改器中，但不能用于贴图，所以单击此按钮可以将这些贴图点自动删除。

◎ 【权重】：设置选定顶点的权重。供 NURMS 细分选项和【网格平滑】修改器使用。增加顶点权重，效果是将平滑时的结果向顶点拉。

5.2.3 边编辑

多边形对象的边与网格对象的边含义是完全相同的，都是在两个点之间起连接作用，将当前选择集定义为【边】。接下来将介绍【编辑边】卷展栏，如图 5-82 所示。与【编辑顶点】卷展栏相比较，改变了一些选项。

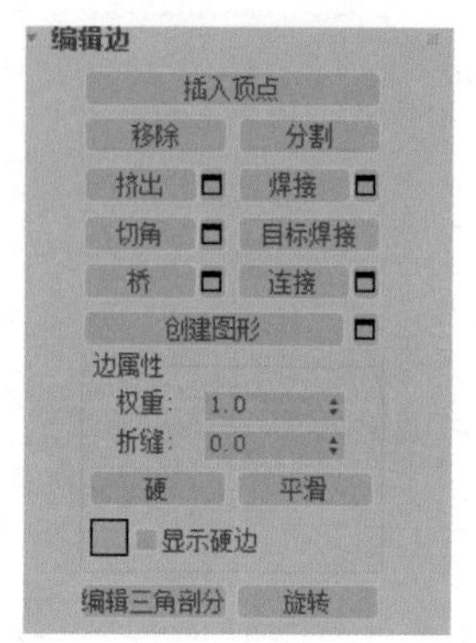

图 5-82

◎ 【插入顶点】：用于手动细分可视的边。

◎ 【移除】：删除选定边并组合使用这些边的多边形。

提示：选择需要删除的顶点或边，单击【移除】按钮或 Backspace 键，邻近的顶点和边会重新进行组合形成完整的整体。假如按 Delete 键，则会清除选择的顶点或边，这样会使多边形无法重新组合形成完整的整体，且形成镂空效果。

◎ 【分割】：沿选择边分离网格。该按钮的效果不能直接显示出来，只有在移动分割后才能看到效果。

◎ 【挤出】：在视图中操作时，可以手动挤出。在视图中选择一条边，单击该按钮，然后在视图中进行拖动，如图 5-83 所示。单击该按钮右侧的■按钮，会弹出【挤出边】对话框，如图 5-84 所示。

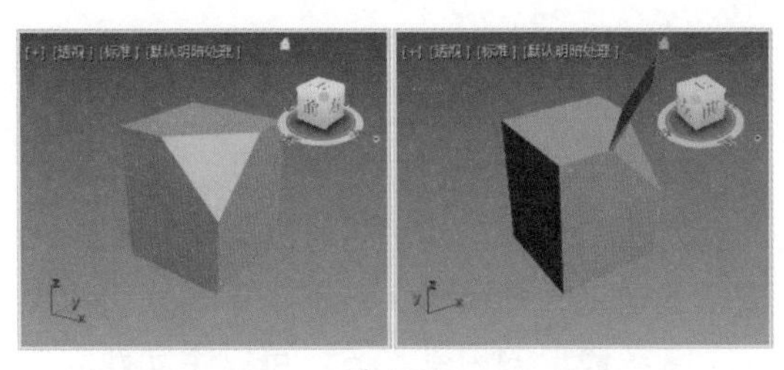

图 5-83

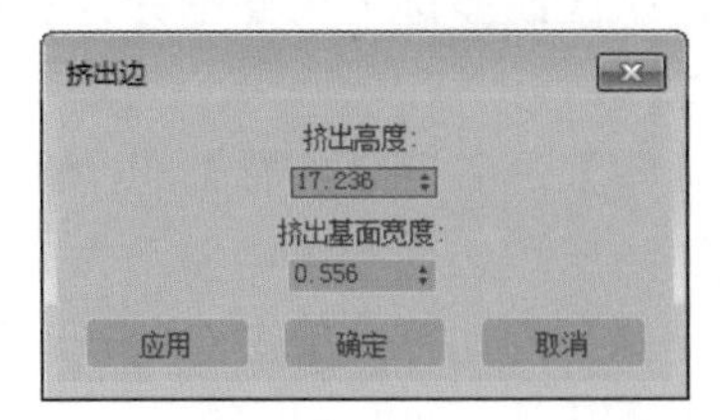

图 5-84

- ◆ 【挤出高度】：以场景为单位指定挤出的数。
- ◆ 【挤出基面宽度】：以场景为单位指定挤出基面的大小。

◎ 【焊接】：对边进行焊接。在视图中选择需要焊接的边后，单击该按钮，在阈值范围内的边会焊接到一起。如果选择边没有焊接到一起，可以单击该按钮右侧的按钮，打开【焊接边】对话框，如图 5-85 所示。它与【焊接点】对话框的设置相同。

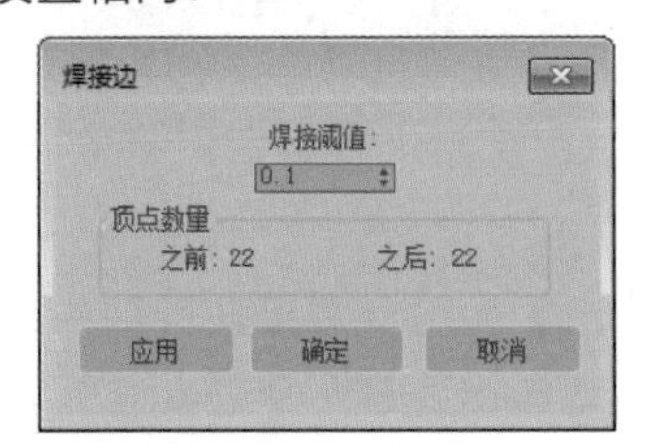

图 5-85

◎ 【切角】：单击该按钮，然后拖动活动对象中的边。如果要采用数字方式对顶点进行切角处理，单击按钮，在打开的对话框中更改切角量值即可，如图 5-86 所示。

◎ 【目标焊接】：用于选择边并将其焊接到目标边。将鼠标指针放在边上时，鼠标指针会变为【+】形状。按住并移动鼠标会出现一条虚线，虚线的一端是顶点，另一端是箭头形光标。

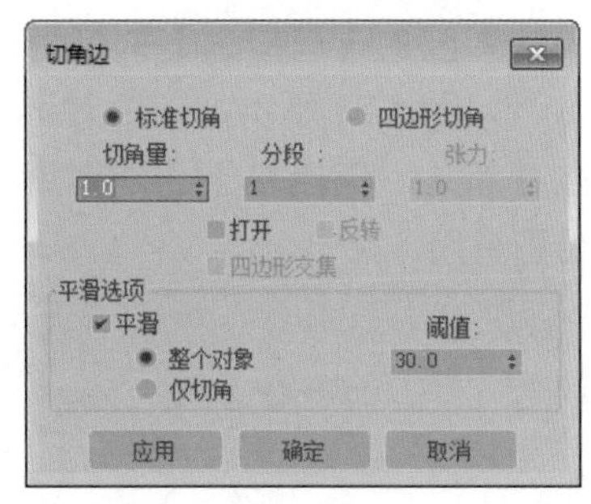

图 5-86

◎ 【桥】：使用多边形的【桥】连接对象的边。桥只连接边界边（也就是只在一侧有多边形的边）。单击其右侧的按钮，打开【桥边】对话框，如图 5-87 所示。

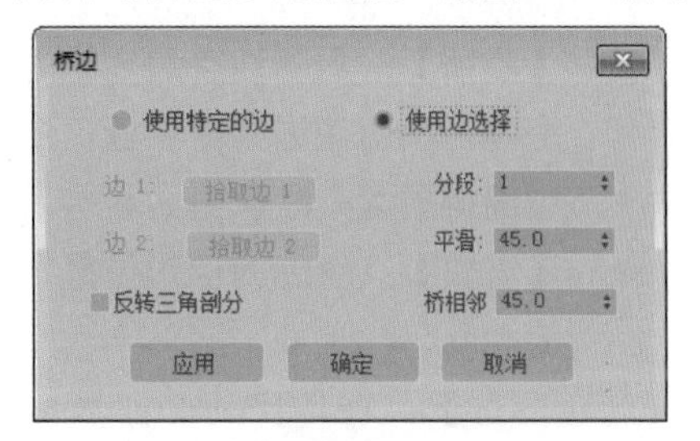

图 5-87

- ◆ 【使用特定的边】：在该模式下，使用【拾取】按钮来为桥连接指定多边形或边界。
- ◆ 【使用边选择】：如果存在一个或多个合适的选择，那么选择该选项会立刻将它们连接。
- ◆ 【边 1】和【边 2】：依次单击【拾取】按钮，然后在视图中单击边界边。只有在【桥接特定边】模式下才可以使用该选项。
- ◆ 【分段】：沿着桥边连接的长度指定多边形的数目。
- ◆ 【平滑】：指定列间的最大角度，在这些列间会产生平滑。
- ◆ 【桥相邻】：指定可以桥连接的相邻边之间的最小角度。
- ◆ 【反转三角剖分】：选中该复选框后，可以反转三角剖分。

◎ 【连接】：单击其右侧的【设置】按钮

，在弹出的【连接边】对话框中设置参数。如图 5-88 所示，在每对选定边之间创建新边。连接对于创建或细化边循环特别有用。

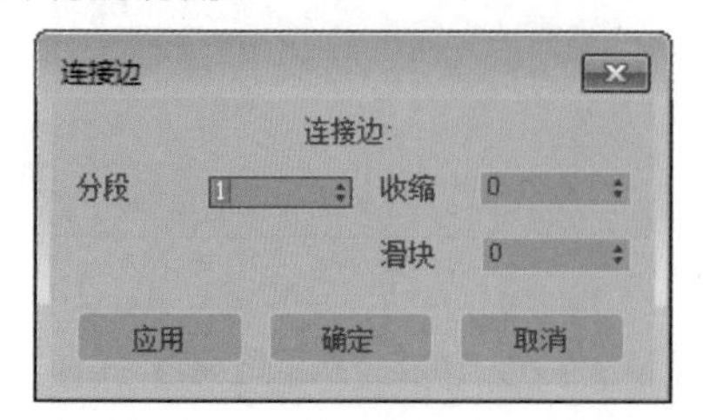

图 5-88

- ◆ 【分段】：每个相邻选择边之间的新边数。
- ◆ 【收缩】：新的连接边之间的相对空间。负值使边靠得更近；正值使边离得更远。默认值为 0。
- ◆ 【滑块】：新边的相对位置。默认值为 0。

◎ 【创建图形】：在选择一个或更多的边后，单击该按钮，将以选择的曲线为模板创建新的曲线，单击其右侧的按钮，会弹出【创建图形】对话框，如图 5-89 所示。

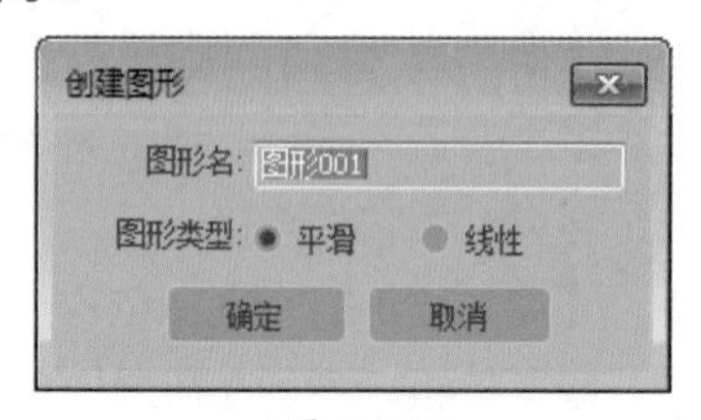

图 5-89

- ◆ 【图形名】：为新的曲线命名。
- ◆ 【平滑】：强制线段变成圆滑的曲线，但仍和顶点呈相切状态，无须调节手柄。
- ◆ 【线性】：顶点之间以直线连接，拐角处无平滑过渡。

◎ 【权重】：设置选定边的权重。供 NURMS 细分选项和【网格平滑】修改器使用。增加边的权重时，可能会远离平滑结果。

◎ 【折缝】：指定选定的一条边或多条边的折缝范围。由 OpenSubdiv 和 CreaseSet 修改器、NURMS 细分选项与网格平滑修改器使用。在最低设置，边相对平滑。在更高设置，折缝显著可见。如果设置为最高值 1.0，则很难对边执行折缝操作。

◎ 【编辑三角剖分】：单击该按钮可以查看多边形的内部剖分，可以手动建立内部边来修改多边形内部细分为三角形的方式。

◎ 【旋转】：激活【旋转】时，对角线可以在线框和边面视图中显示为虚线。在【旋转】模式下，单击对角线可以更改它的位置。

■ 5.2.4 边界编辑

边界选择集是多边形对象上网格的线性部分，通常由多边形表面上的一系列边依次连接而成。边界是多边形对象特有的次对象属性，通过编辑边界可以大大提高建模的效率，在【编辑边界】卷展栏中提供了针对边界编辑的各种选项，如图 5-90 所示。

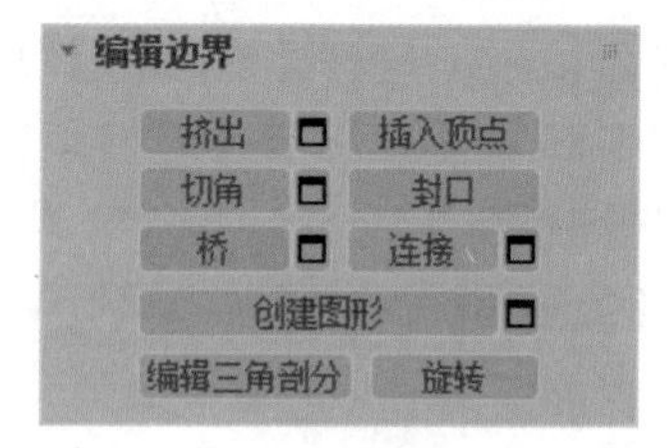

图 5-90

◎ 【挤出】：可以直接在视口中对边界进行手动挤出处理。单击此按钮，然后垂直拖动任何边界，以便将其挤出。单击【挤出】右侧的按钮，可以在打开的对话框中进行设置。

◎ 【插入顶点】：是通过顶点来分割边的一种方式。该选项只对所选择的边界中的边有影响，对未选择的边界中的边没有影响。

◎ 【切角】：单击该按钮，然后拖动对象中的边界，再单击该按钮右侧的按钮，可以在打开的【切角边】对话框中进行设置。

◎ 【封口】：使用单个多边形封住整个边界环。

◎ 【桥】：使用该按钮可以创建新的多边形来连接对象中的两个多边形或选定的多边形。

> 提示：使用【桥】时，始终可以在边界之间建立直线连接。要沿着某种轮廓建立桥连接，请在创建桥后，根据需要应用建模工具。例如，桥连接两个边界，然后使用混合。

◎ 【连接】：在选定边界边之间创建新边，这些边可以通过点相连。

【创建图形】、【编辑三角剖分】、【旋转】与【编辑边】卷展栏中的含义相同，这里就不再介绍。

5.2.5 多边形和元素编辑

【多边形】选择集是通过曲面连接的 3 条或多条边的封闭序列。多边形提供了可渲染的可编辑多边形对象曲面。【元素】与多边形的区别在于元素是多边形对象上所有的连续多边形面的集合，它可以对多边形面进行拉伸和倒角等编辑操作，是多边形建模中最重要也是功能最强大的部分。

【多边形】选择集与【顶点】、【边】和【边界】选择集一样都有自己的卷展栏，【编辑多边形】卷展栏如图 5-91 所示。

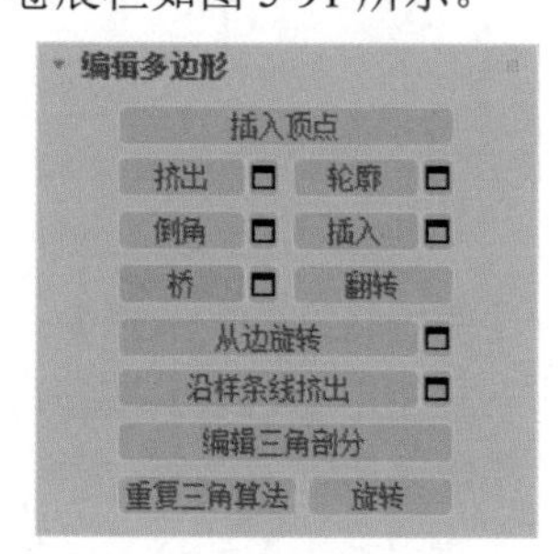

图 5-91

◎ 【插入顶点】：用于手动细分多边形，即使处于【元素】选择集下，同样也适用于多边形。

◎ 【挤出】：直接在视图中操作时，可以执行手动挤出操作。单击该按钮，然后垂直拖动任何多边形，以便将其挤出。单击其右侧的■按钮，可以打开【挤出多边形】对话框，如图 5-92 所示。

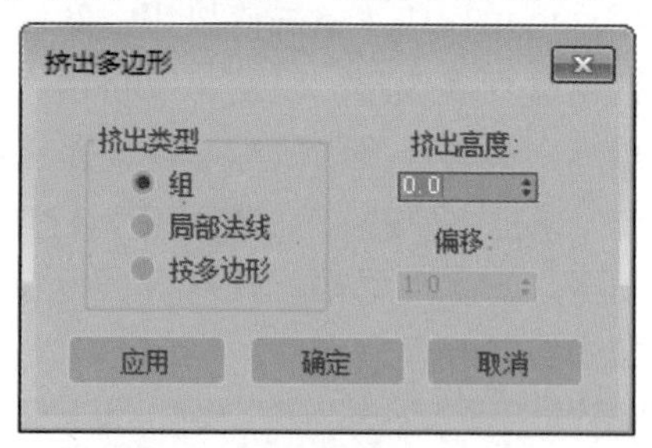

图 5-92

◆ 【组】：沿着每一个连续的多边形组的平均法线执行挤出。如果挤出多个组，每个组将会沿着自身的平均法线方向移动。

◆ 【局部法线】：沿着每个选择的多边形法线执行挤出。

◆ 【按多边形】：独立挤出或倒角每个多边形。

◆ 【挤出高度】：以场景为单位指定挤出的数，可以向外或向内挤出选定的多边形。

◎ 【轮廓】：用于增加或减小每组连续的选定多边形的外边。单击该按钮右侧的■按钮，打开【多边形加轮廓】对话框，如图 5-93 所示。然后可以进行参数设置，得到如图 5-94 所示的效果。

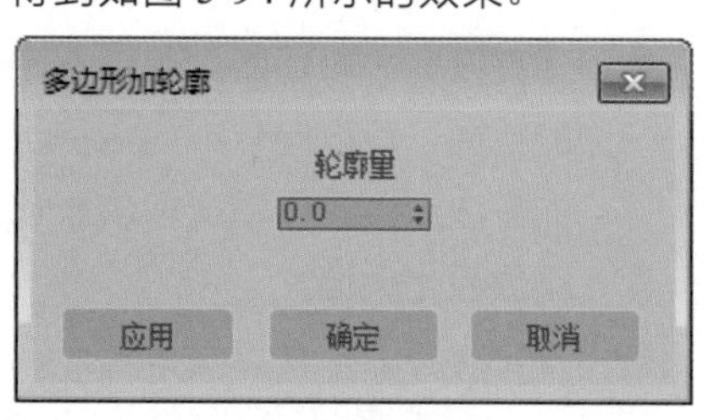

图 5-93

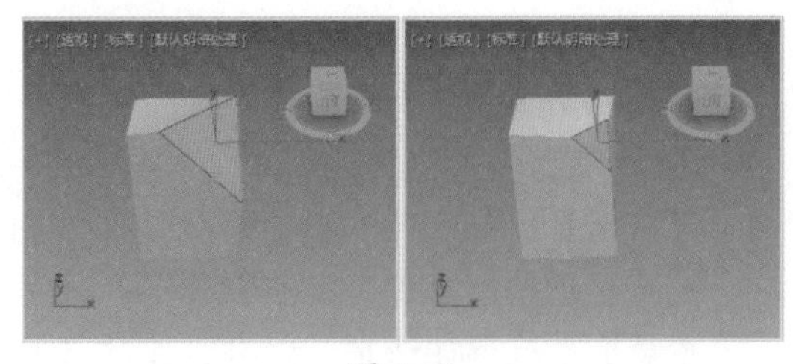

图 5-94

◎ 【倒角】：通过直接在视图中操纵执行手动倒角操作。单击该按钮，然后垂直拖出任何多边形，以便将其挤出，释放鼠标，再垂直移动鼠标以便设置挤出轮廓。单击该按钮右侧的按钮，打开【倒角多边形】对话框，并对其进行设置，如图 5-95 所示。

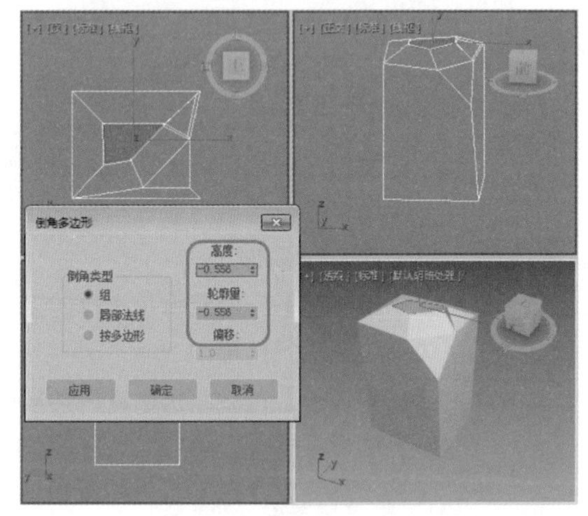

图 5-95

◆ 【组】：沿着每一个连续的多边形组的平均法线执行倒角。

◆ 【局部法线】：沿着每个选定的多边形法线执行倒角。

◆ 【按多边形】：独立倒角每个多边形。

◆ 【高度】：以场景为单位指定挤出的范围。可以向外或向内挤出选定的多边形，具体情况取决于该值是正值还是负值。

◆ 【轮廓量】：使选定多边形的外边界变大或缩小，具体情况取决于该值是正值还是负值。

◎ 【插入】：执行没有高度的倒角操作。可以单击该按钮手动拖动，也可以单击该按钮右侧的按钮，打开【插入多边形】对话框，设置后的效果如图 5-96 所示。

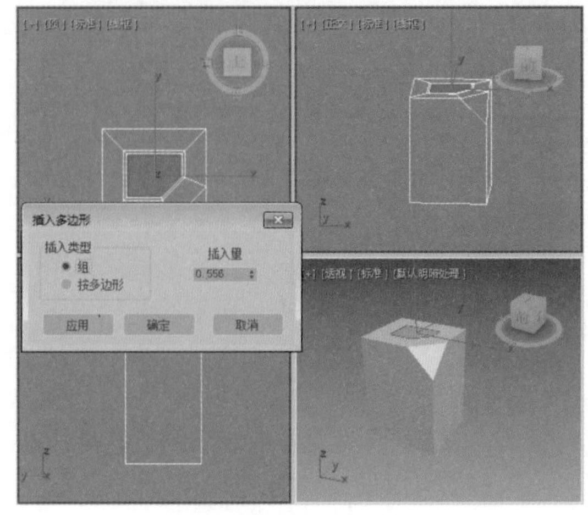

图 5-96

◆ 【组】：沿着多个连续的多边形进行插入。

◆ 【按多边形】：独立插入每个多边形。

◆ 【插入量】：以场景为单位指定插入的数。

◎ 【桥】：使用多边形的【桥】连接对象上的两个多边形。单击该按钮右侧的按钮，会弹出【跨越多边形】对话框，如图 5-97 所示。

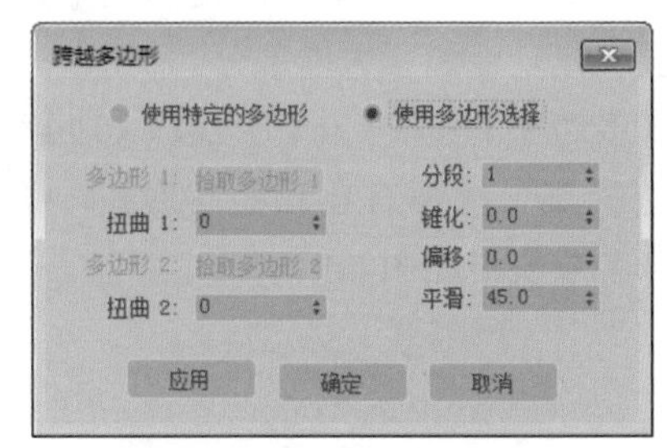

图 5-97

◆ 【使用特定的多边形】：在该模式下，使用【拾取】按钮来为桥连接指定多边形或边界。

◆ 【使用多边形选择】：如果存在一个或多个合适的选择对，那么选择该选项会立刻将它们连接。如果不存在这样的选择对，那么在视口中选择一对子对象将它们连接。

- ◆ 【多边形 1】和【多边形 2】：依次单击【拾取】按钮，然后在视口中单击多边形或边界边。
- ◆ 【扭曲 1】和【扭曲 2】：旋转两个选择的边之间的连接顺序。通过这两个控件可以为桥的每个末端设置不同的扭曲量。
- ◆ 【分段】：沿着桥连接的长度指定多边形的数目。该设置也应用于手动桥连接多边形。
- ◆ 【锥化】：设置桥宽度距离其中心变大或变小的程度。负值设定将桥中心锥化得更小；正值设定将桥中心锥化得更大。

提示：要更改最大锥化的位置，请使用【偏移】来设置。

- ◆ 【偏移】：决定最大锥化量的位置。
- ◆ 【平滑】：决定列间的最大角度，在这些列间会产生平滑。列是沿着桥的长度扩展的一串多边形。

◎ 【翻转】：翻转选定多边形的法线方向，从而使其面向自己。

◎ 【从边旋转】：通过在视口中直接操纵来执行手动旋转操作。选择多边形，并单击该按钮，然后沿着垂直方向拖动任何边，以便旋转选定的多边形。如果鼠标指针在某条边上，将会更改为十字形状。单击该按钮右侧的□按钮，打开【从边旋转多边形】对话框，如图 5-98 所示。

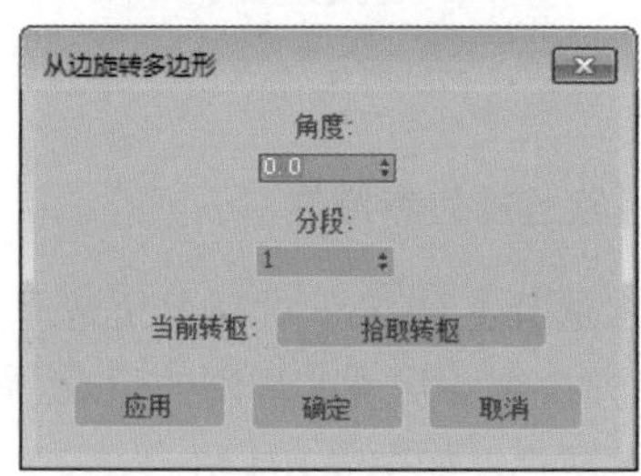

图 5-98

- ◆ 【角度】：沿着转枢旋转的数量值。可以向外或向内旋转选定的多边形，具体情况取决于该值是正值还是负值。
- ◆ 【分段】：将多边形数指定到每个细分的挤出侧中。此设置也可以手动旋转多边形。
- ◆ 【当前转枢】：单击【拾取转枢】按钮，然后单击转枢的边即可。

◎ 【沿样条线挤出】：沿样条线挤出当前选定的内容。单击其右侧的□（设置）按钮，打开【沿样条线挤出多边形】对话框，如图 5-99 所示。

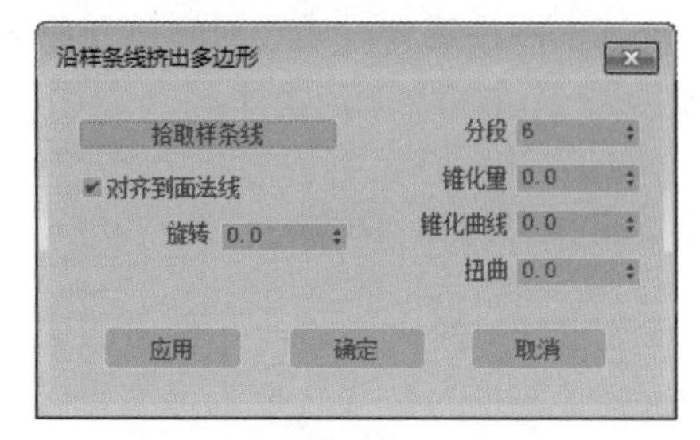

图 5-99

- ◆ 【拾取样条线】：单击此按钮，然后选择样条线，在视口中沿该样条线挤出，样条线对象名称将出现在按钮上。
- ◆ 【对齐到面法线】：将挤出与面法线对齐。多数情况下，面法线与挤出多边形垂直。
- ◆ 【旋转】：设置挤出的旋转。仅当【对齐到面法线】处于选中状态时才可用。默认设置为 0，范围为 –360 ～ 360。
- ◆ 【分段】：用于挤出多边形的细分设置。
- ◆ 【锥化量】：设置挤出沿着其长度变小或变大。锥化挤出的负值设置越小，锥化挤出的正值设置就越大。
- ◆ 【锥化曲线】：设置继续进行的锥化率。
- ◆ 【扭曲】：沿着挤出的长度应用扭曲。

◎ 【编辑三角剖分】：通过绘制内边修改多边形细分为三角形的方式。

◎ 【重复三角算法】：允许软件对当前选定的多边形执行最佳的三角剖分操作。

◎ 【旋转】：通过单击对角线修改多边形细分为三角形的方式。

5.3 编辑网格修改器

建造一个形体的方法有很多种，其中最基本也是最常用的方法就是使用【编辑网格】修改器来对构成物体的网格进行编辑创建。从一个基本网格物体，通过对它的子物体的编辑生成一个形态复杂的物体。

5.3.1 【顶点】层级

在选定的对象上右击，在弹出的快捷菜单中选择【转换为】|【转换为可编辑网格】命令，这样对象就被转换为可编辑网格物体，如图 5-100 所示。可以看到，在堆栈中对象的名称已经变为可编辑网格，单击左边的加号展开【可编辑网格】，可以看到各次物体，包括【顶点】、【边】、【面】、【多边形】、【元素】，如图 5-101 所示。

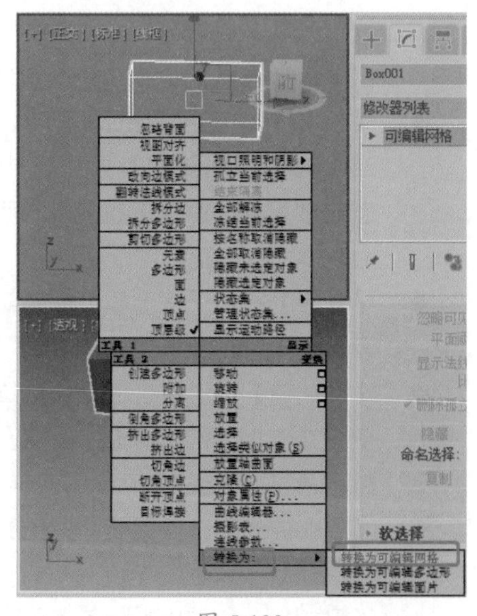

图 5-100

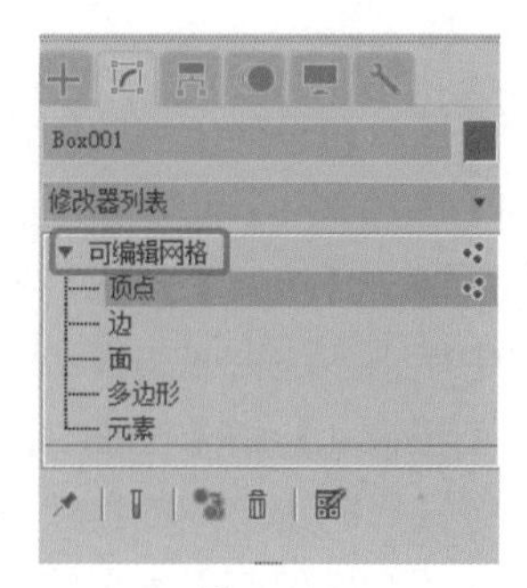

图 5-101

在修改器堆栈中选择【顶点】，进入【顶点】层级，如图 5-102 所示。在【选择】卷展栏上方，横向排列着各个次物体的图标，通过单击这些图标，也可以进入对应的层级。由于此时在【顶点】层级，【顶点】图标呈黄色高亮显示，如图 5-103 所示。选中下方的【忽略背面】复选框，可以避免在选择顶点时选到后排的点。

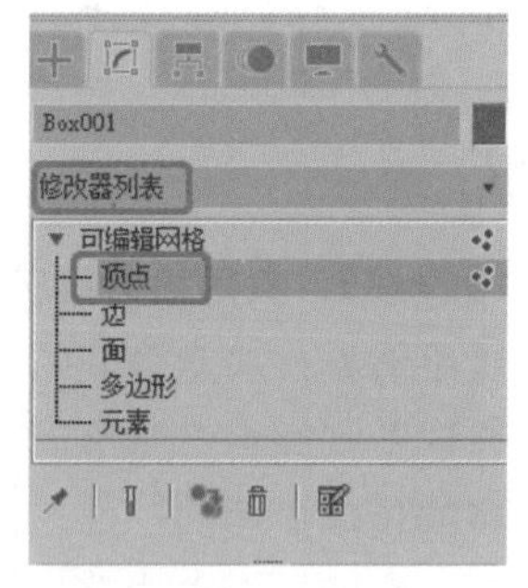

图 5-102

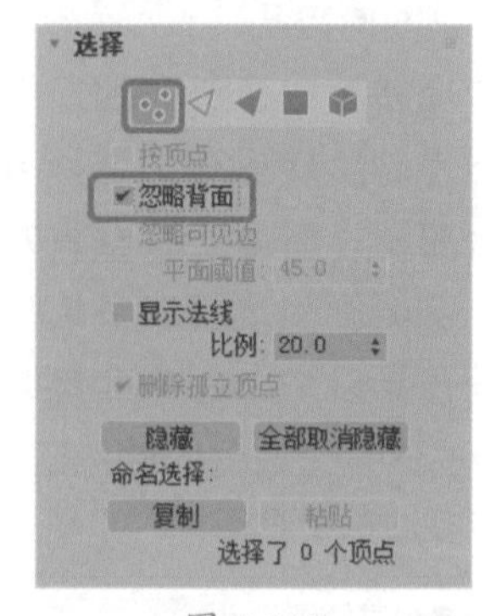

图 5-103

1.【软选择】卷展栏

【软选择】决定了对当前所选顶点进行变换操作时，是否影响其周围的顶点。展开【软选择】卷展栏，如图 5-104 所示。

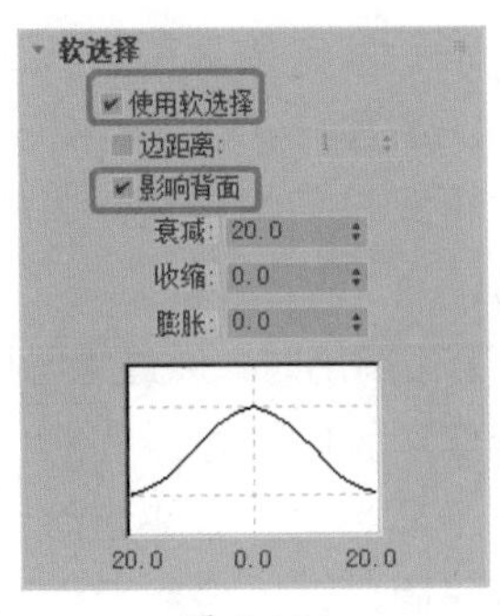

图 5-104

【使用软选择】在可编辑对象或【编辑】修改器的子对象级别上影响【移动】、【旋转】和【缩放】功能的操作，如果变形修改器在子对象选择上进行操作，那么也会影响应用到对象上的变形修改器的操作（后者也可以应用到【选择】修改器）。启用该选项后，软件将样条线曲线变形应用到进行变化的选择周围的未选定子对象上。要产生效果，必须在变换或修改选择之前选中该复选框。

2.【编辑几何体】卷展栏

下面介绍【编辑几何体】卷展栏，如图 5-105 所示。

图 5-105

◎ 【创建】：可将子对象添加到单个选定的网格对象中。选择对象并单击【创建】按钮后，单击空间中的任何位置以添加子对象。

◎ 【附加】：将场景中的另一个对象附加到选定的网格。可以附加任何类型的对象，包括样条线、片面对象和 NURBS 曲面。附加非网格对象时，该对象会转化成网格。单击要附加到当前选定网格对象中的对象。

◎ 【断开】：为每一个附加到选定顶点的面创建新的顶点，可以移动面角使之互相远离它们曾经在原始顶点连接起来的地方。如果顶点是孤立的或者只有一个面使用，则顶点将不受影响。

◎ 【删除】：删除选定的子对象以及附加在上面的任何面。

◎ 【分离】：将选定子对象作为单独的对象或元素进行分离。同时也会分离所有附加到子对象的面。

◎ 【改向】：在边的范围内旋转边。3ds Max 中的所有网格对象都由三角形面组成，但是默认情况下，大多数多边形被描述为四边形，其中有一条隐藏的边将每个四边形分割为两个三角形。【改向】可以更改隐藏边（或其他边）的方向，因此当直接或间接地使用修改器变换子对象时，能够影响图形的变化方式。

◎ 【挤出】：控件可以挤出边或面。边挤出与面挤出的工作方式相似。可以交互（在子对象上拖动）或数值方式（使用微调器）应用挤出，如图 5-106 所示。

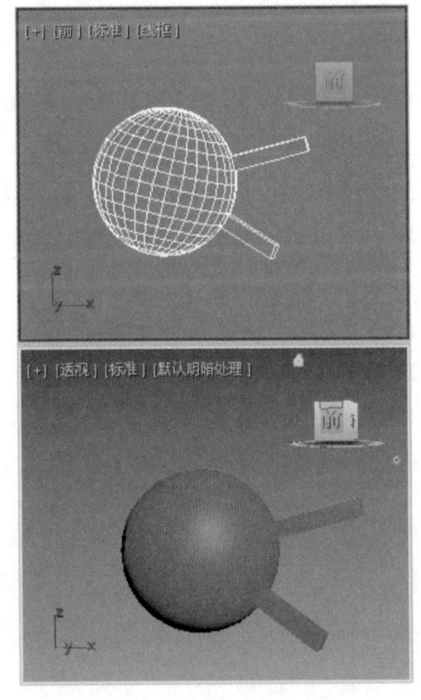

图 5-106

◎ 【切角】：单击此按钮，然后垂直拖动任何面，以便将其挤出。释放鼠标按键，然后垂直移动鼠标指针，以便对挤出对象执行倒角处理。单击完成。如图 5-107 所示。

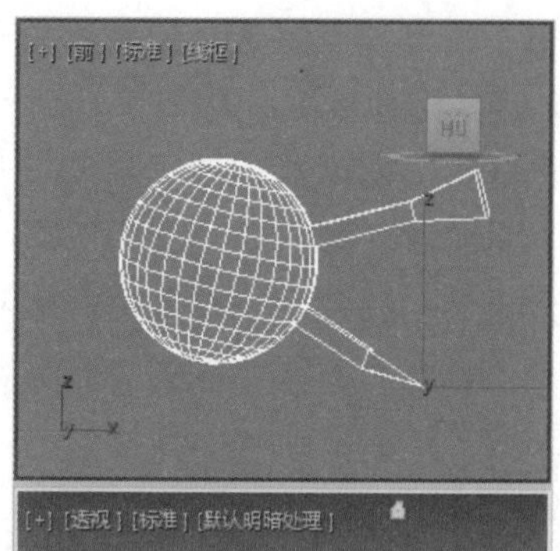

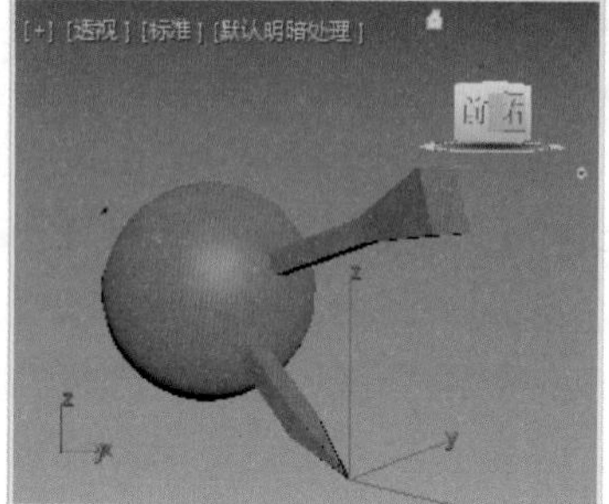

图 5-107

◎ 【组】：沿着每个边的连续组（线）的平均法线执行挤出操作。

◎ 【局部】：将会沿着每个选定面的法线方向进行挤出处理。

◎ 【切片平面】：可以在需要切片操作的位置处定位和旋转的切片平面创建 Gizmo。这将启用【切片】按钮。

◎ 【切片】：在切片平面位置处执行切片操作。仅当【切片平面】按钮高亮显示时，【切片】按钮可用。

提示：【切片】仅用于选中的子对象。在激活【切片平面】之前确保选中子对象。

◎ 【剪切】：用来在任一点切分边，然后在任一点切分第二条边，在这两点之间创建一条新边或多条新边。单击第一条边设置第一个顶点。一条虚线跟随光标移动，直到单击第二条边。在切分每一条边时，创建一个新顶点。另外，可以双击边再双击点切分边，边的另一部分不可见。

◎ 【分割】：启用时，通过【切片】和【切割】操作，可以在划分边的位置处的点创建两个顶点集。这使删除新面创建孔洞变得很简单，或将新面作为独立元素设置动画。

◎ 【优化端点】：启用此选项后，由附加顶点切分剪切末端的相邻面，以便曲面保持连续性。

◎ 【选定项】：在该按钮的右侧文本框中指定公差范围，如图 5-108 所示。然后单击该按钮，此时在这个范围内的所有点都将焊接在一起，如图 5-109 所示。

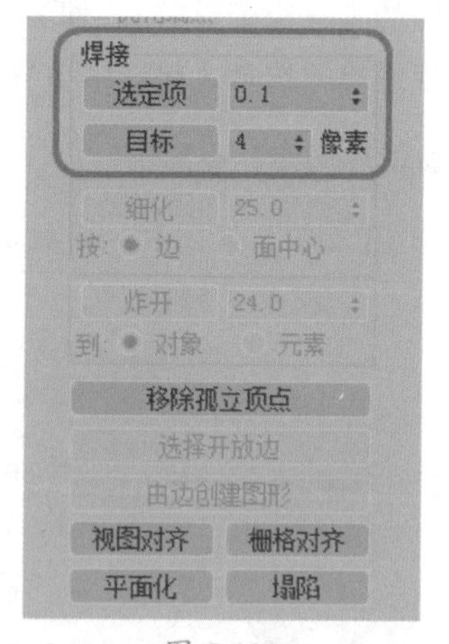

图 5-108

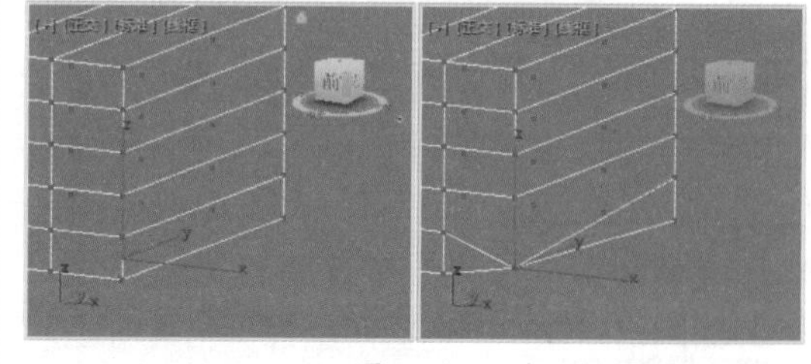

图 5-109

◎ 【目标】：进入焊接模式，可以选择顶点并将它们移来移去。移动时光标照常，但是将光标定位在未选择的顶点上时，它就变为【+】状。在该点释放鼠标以便将所有选定顶点焊接到目标顶点，选定顶点下落到该目标顶点上。【目标】按钮右侧的文本框用于设置鼠标指针与目标顶点之间的最大距离（以屏幕像素为单位）。

◎ 【细化】：单击该按钮，会根据其下面的细分方式对选择的表面进行分裂复制，如图 5-110 所示。

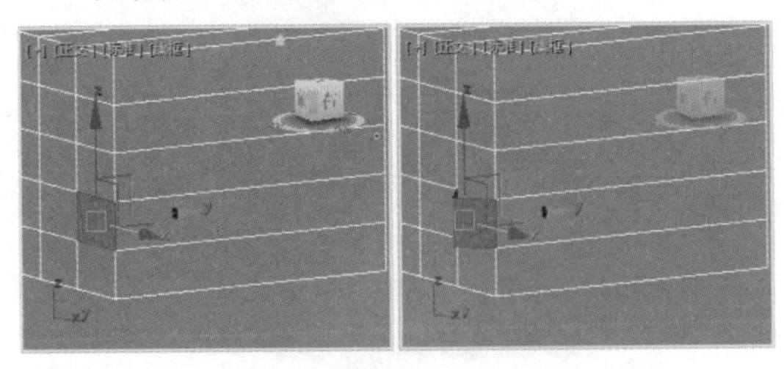

图 5-110

◎ 【边】：根据选择面的边进行分裂复制，通过【细化】按钮右侧的文本框进行调节。

◎ 【面中心】：以选择面的中心为依据进行分裂复制。

◎ 【炸开】：单击该按钮，可以将当前选择面爆炸分离，使它们成为新的独立个体。

◎ 【对象】：将所有面爆炸为各自独立的新对象。

◎ 【元素】：将所有面爆炸为各自独立的新元素，但仍属于对象本身。这是进行元素拆分的一个路径。

> 提示：炸开后只有将对象进行移动才能看到分离的效果。

◎ 【移除孤立顶点】：单击该按钮后，将删除所有孤立的点，不管是否被选中。

◎ 【选择开放边】：仅选择物体的边缘线。

◎ 【视图对齐】：单击该按钮后，选择点或次物体被放置在同一平面，且这一平面平行于选择视图。

◎ 【平面化】：将所有的选择面强制压成一个平面。

◎ 【栅格对齐】：单击该按钮后，选择点或次物体被放置在同一平面，且这一平面平行于选择视图。

◎ 【塌陷】：将选择的点、线、面、多边形或元素删除，留下一个顶点与四周的面连接，产生新的表面。这种方法不同于删除面，它是将多余的表面吸收掉。

3.【曲面属性】卷展栏

下面将对顶点模式的【曲面属性】卷展栏进行介绍。

◎ 【权重】：显示并可以更改 NURMS 操作的顶点权重。

◎ 【编辑顶点颜色】选项组以分配颜色、照明颜色（着色）和选定顶点的 Alpha（透明）的值。

- 【颜色】：设置顶点的颜色。
- 【照明】：用于明暗度的调节。
- Alpha：指定顶点透明度。当文本框中的值为 0 时完全透明，为 100 时完全不透明。

◎ 【顶点选择方式】选项组

- 【颜色】/【照明】：用于指定选择顶点的方式，以颜色或发光度为准进行选择。
- 【范围】：设置颜色近似的范围。
- 【选择】：单击该按钮后，将选择符合这些范围的点。

5.3.2 【边】层级

【边】指的是面片对象上在两个相邻顶点之间的部分。

切换到【修改】命令面板，在修改器堆栈中将当前选择集定义为【边】，除了【选择】、【软选择】卷展栏外，其中【编辑几何体】卷展栏与【顶点】模式中的【编辑几何体】卷展栏功能相同。

【曲面属性】卷展栏如图 5-111 所示，下面对该卷展栏进行介绍。

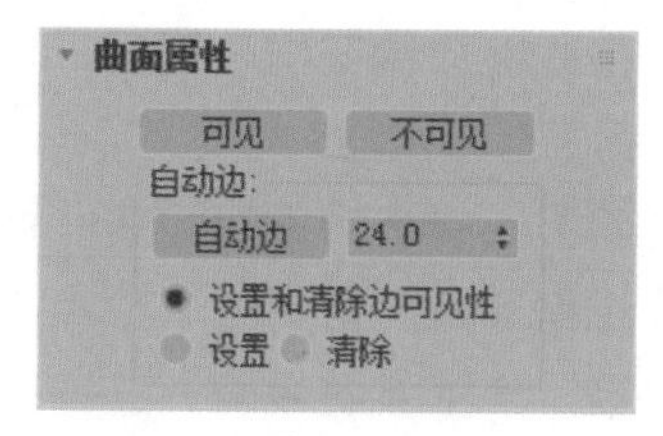

图 5-111

◎ 【可见】：使选中的边显示出来。

◎ 【不可见】：使选中的边不显示出来，并呈虚线显示，如图 5-112 所示。

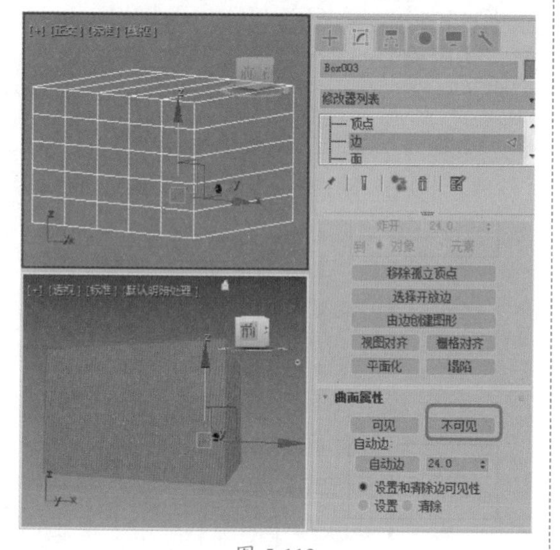

图 5-112

◎ 【自动边】选项组

◆ 【自动边】：根据共享边面之间的夹角来确定边的可见性，面之间的角度由该选项右边的微调器设置。

◆ 【设置和清除边可见性】：根据【阈值】设定更改所有选定边的可见性。

◆ 【设置】：当边超过了【阈值】设定时，使原先可见的边变为不可见，但不清除任何边。

◆ 【清除】：当边小于【阈值】设定时，使原先不可见的边可见。

5.3.3 【面】层级

在【面】层级中可以选择一个和多个面，然后使用标准方法对其进行变换。这一点对于【多边形】和【元素】子对象层级同样适用。

下面主要介绍【曲面属性】卷展栏，如图 5-113 所示。

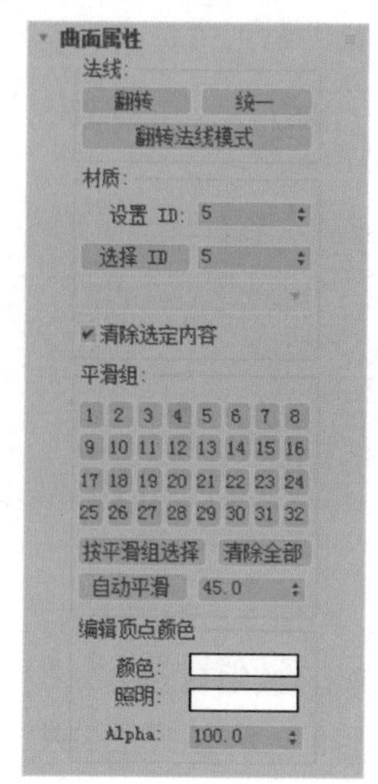

图 5-113

◎ 【法线】选项组

◆ 【翻转】：将选择面的法线方向进行反向。

◆ 【统一】：将选择面的法线方向统一为一个方向，通常是向外。

◎ 【材质】选项组

◆ 【设置 ID】：当对物体设置多维材质时，在这里为选择的面指定 ID 号。

◆ 【选择 ID】：按当前 ID 号，将所有与此 ID 号相同的表面进行选择。

◆ 【清除选定内容】：启用时，如果选择新的 ID 或材质名称，将会取消选择以前选定的所有子对象。

◎ 【平滑组】选项组：使用这些控件，可以向不同的平滑组分配选定的面，还可以按照平滑组选择面。

◆ 【按平滑组选择】：将所有具有当前光滑组号的表面进行选择。

- 【清除全部】：删除对面物体指定的光滑组。
- 【自动平滑】：根据其下的阈值进行表面自动光滑处理。

◎ 【编辑顶点颜色】选项组：使用这些控件，可以分配颜色、照明颜色（着色）和选定多边形或元素中各顶点的 Alpha（透明）值。

- 【颜色】：单击色块可更改选定多边形或元素中各顶点的颜色。
- 【照明】：单击色块可更改选定多边形或元素中各顶点的照明颜色。使用该选项，可以更改照明颜色，而不会更改顶点颜色。
- Alpha：用于向选定多边形或元素中的顶点分配 Alpha（透明）值。

5.3.4 【元素】层级

单击次物体中的元素就进入【元素】层级，在此层级中主要是针对整个网格物体进行编辑。

1.【附加】的使用

使用【附加】可以将其他对象包含到当前正在编辑的可编辑网格物体中，使其成为可编辑网格的一部分，如图 5-114 所示。

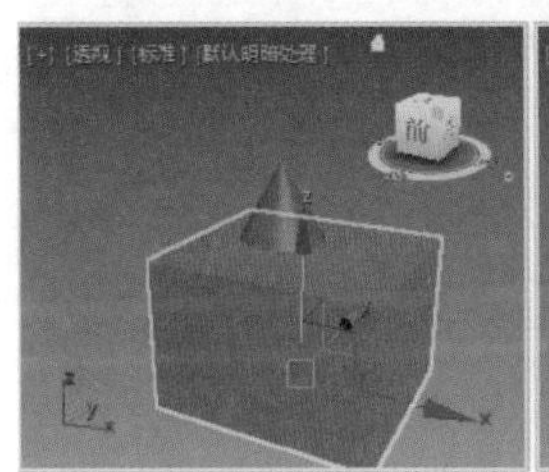

图 5-114

2.【拆分】的使用

拆分的作用和附加的作用相反，它是将可编辑网格物体中的一部分从中分离出去，成为一个独立的对象，通过【分离】命令，从可编辑网格物体中分离出来，作为一个单独的对象，但是此时被分离出来的并不是原物体，而是另一个可编辑网格物体。

3.【炸开】的使用

【炸开】能够将可编辑网格物体分解成若干碎片。在单击【炸开】按钮前，如果选中【对象】单选按钮，则分解的碎片将成为独立的对象，即由 1 个可编辑网格物体变为 4 个可编辑网格物体；如果选中【元素】单选按钮，则分解的碎片将作为父层级物体中的一个子层级物体，并不单独存在，即仍然只有一个可编辑网格物体。

【实战】制作足球

本例将讲解如何制作足球。制作足球的重点是各种修改器的应用。其中主要应用了【编辑网格】、【网格平滑】和【面挤出】修改器，效果如图 5-115 所示。具体操作步骤如下。

图 5-115

素材	Scenes\Cha05\ 足球素材 .max
场景	Scenes\Cha05\【实战】制作足球 .max
视频	视频教学 \Cha05\【实战】制作足球 .mp4

01 按 Ctrl+O 组合键，打开“Scenes\Cha05\ 足球素材 .max”素材文件，选择【创建】|【几何体】|【扩展基本体】|【异面体】工具，在【顶】

视图中进行创建，并命名为【足球】，切换至【修改】命令面板，在【参数】卷展栏中选中【系列】选项组中的【十二面体 / 二十面体】单选按钮，将【系列参数】选项组中的 P 设置为0.35，将【半径】的值设为50，如图5-116所示。

图 5-116

02 进入【修改】命令面板，在【修改器列表】中选择【编辑网格】修改器，将当前的选择集定义为【多边形】，按 Ctrl+A 组合键选择所有的多边形面，在【编辑几何体】卷展栏中单击【炸开】按钮，在打开的【炸开】对话框中将【对象名】命名为【足球】，如图5-117所示。

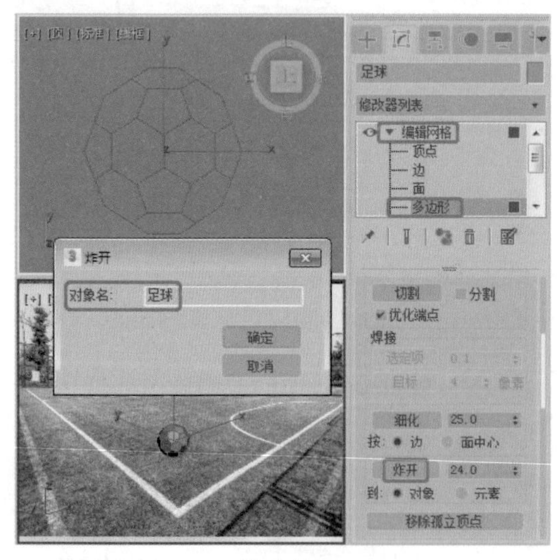

图 5-117

提示：【炸开】用于将当前选择面炸散后分离出当前物体，使它们成为独立的新个体。

03 单击【确定】按钮，关闭当前选择集，选择所有的【足球】对象，在【修改器列表】中选择【网格平滑】修改器，在【细分量】卷展栏中将【迭代次数】设置为2，如图5-118所示。

图 5-118

04 选择所有的【足球】对象，在【修改器列表】中选择【球形化】修改器，并对其添加该修改器，如图5-119所示。

图 5-119

05 确认选择所有的【足球】对象，在【修改器列表】中选择【编辑网格】修改器并为其添加该修改器，将当前的选择集定义为【多边形】，打开【从场景选择】对话框，依次选择【足球 021】～【足球 031】对象，然后在【曲面属性】卷展栏中将【材质】区域下的【设置 ID】的值设置为 1，如图 5-120 所示。

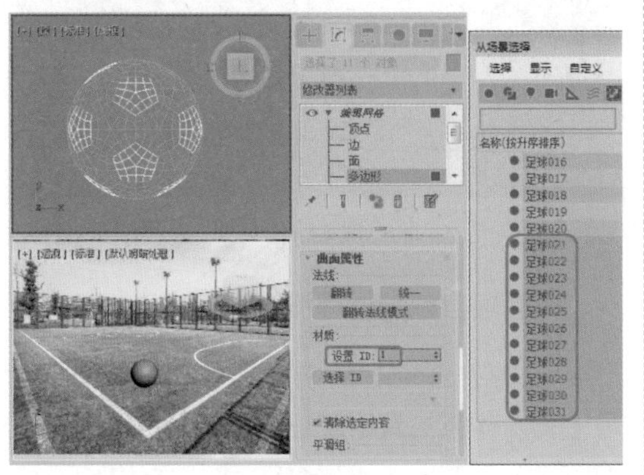

图 5-120

06 再次打开【从场景选择】对话框，选择除【足球 021】～【足球 031】的其他对象，在【曲面属性】卷展栏中将【材质】区域下的【设置 ID】的值设置为 2，如图 5-121 所示。

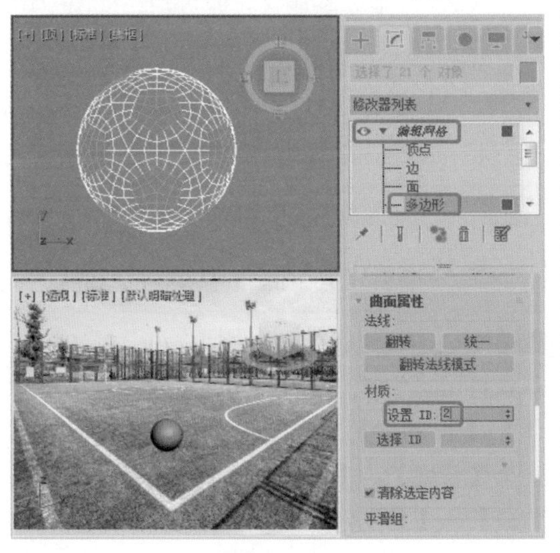

图 5-121

07 退出【编辑网格】修改器，选择所有的【足球】对象，在【修改器列表】中选择【面挤出】修改器并对其进行添加，在【参数】卷展栏中将【数量】和【比例】的值分别设置为 1、98，如图 5-122 所示。

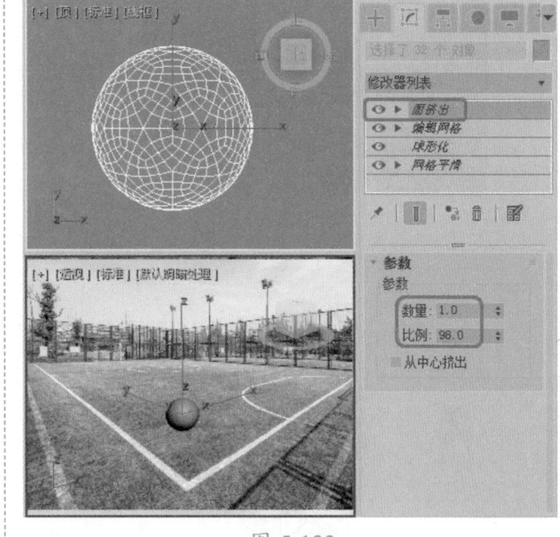

图 5-122

08 选择所有的【足球】对象，再添加一个【网格平滑】修改器，在【细分方法】卷展栏中选择【四边形输出】类型，如图 5-123 所示。

图 5-123

09 按 M 键，打开【材质编辑器】窗口，选择【足球】材质，单击【将材质指定给选定对象】按钮，将当前材质赋予视图中的足球对象，如图 5-124 所示。

10 将 Plane01 平面对象显示，选择所有的足球对象，进行适当调整，如图 5-125 所示。

图 5-124

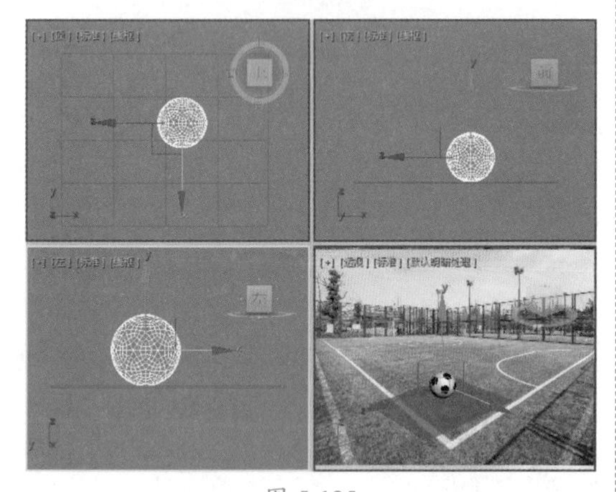

图 5-125

课后项目练习

排球

本例将讲解通过【长方体】工具绘制长方体，为其添加修改器并进行球形化处理，从而制作出排球效果，如图 5-126 所示。

课后项目练习效果展示

图 5-126

课后项目练习过程概要

（1）打开准备的素材场景文件，首先使用【长方体】工具绘制长方体，为其添加【编辑网格】修改器，设置 ID，将长方体炸开。

（2）通过【网格平滑】、【球形化】修改器对长方体进行平滑及球形化处理，通过【面挤出】和【网格平滑】修改器对长方体进行挤压、平滑处理得到排球的模型。

（3）为排球添加材质即可，在视图中调整对象的位置，将透视图转换为【摄影机】视图，进行渲染。

素材	Scenes\Cha05\ 排球素材 .max
场景	Scenes\Cha05\ 排球 .max
视频	视频教学 \Cha05\ 排球 .avi

01 按 Ctrl+O 组合键，打开“Scenes\Cha05\ 排球素材 .max”素材文件，选择【创建】|【几何体】|【长方体】工具，在【前】视图中创建一个【长度】、【宽度】、【高度】、【长度分段】、【宽度分段】、【高度分段】分别为 150、150、150、3、3、3 的长方体，并将它命名为【排球】，如图 5-127 所示。

02 进入【修改】命令面板，在【修改器列表】中选择【编辑网格】修改器，将当前选择集定义为【多边形】，然后选择多边形，在【曲面属性】卷展栏中将【材质】下的【设置 ID】设置为 1，如图 5-128 所示。

图 5-127

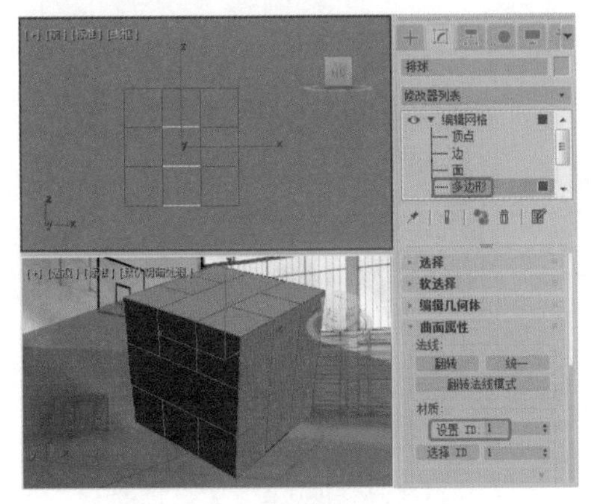

图 5-128

提示：对对象设置 ID 可以将一个整体对象分开进行编辑，方便以后对其设置材质。一般设置【多维 / 子对象】材质首先要给对象设置相应的 ID。

03 在菜单栏中选择【编辑】|【反选】命令，在【曲面属性】卷展栏中将【材质】下的【设置 ID】设置为 2，然后再选择【反选】命令，在【编辑几何体】卷展栏中单击【炸开】按钮，在弹出的对话框中将【对象名】设置为【排球】，单击【确定】按钮，如图 5-129 所示。

04 退出当前选择集，然后选择所有的【排球】对象，在【修改器列表】中选择【网格平滑】修改器，再选择【球形化】修改器，效果如图 5-130 所示。

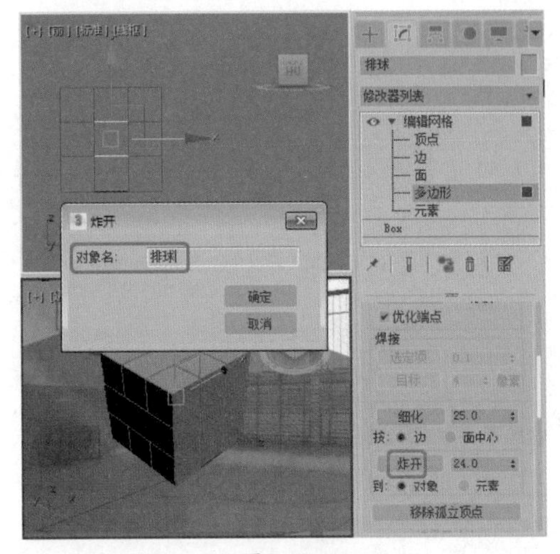

图 5-129

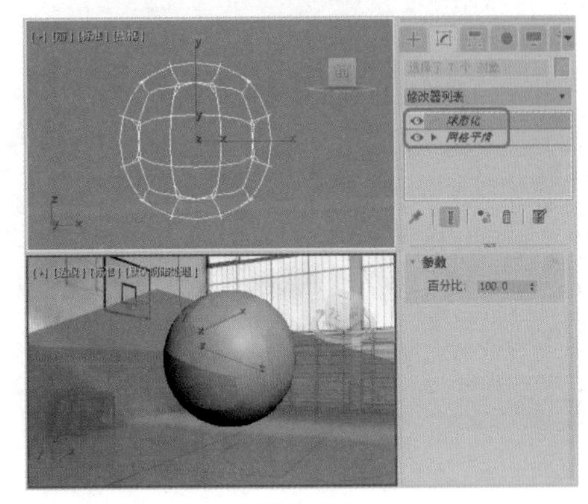

图 5-130

05 为其添加【编辑网格】修改器，将当前选择集定义为【多边形】，按 Ctrl+A 组合键选择所有的多边形，效果如图 5-131 所示。

06 选择多边形后，在【修改器列表】中选择【面挤出】修改器，在【参数】卷展栏中将【数量】和【比例】分别设置为 1、99，如图 5-132 所示。

提示：【面挤出】对其下的选择面集合进行挤压成形，从原物体表面挤出或陷入。

【数量】：设置挤出的数量。当它为负值时，表现为凹陷效果。

【比例】：对挤出的选择面进行尺寸缩放。

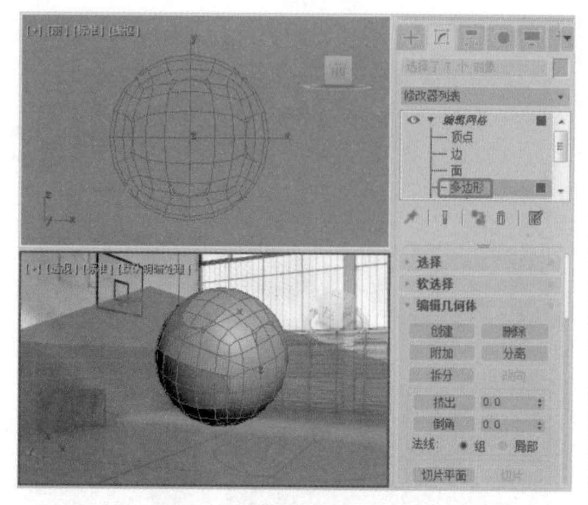

图 5-131

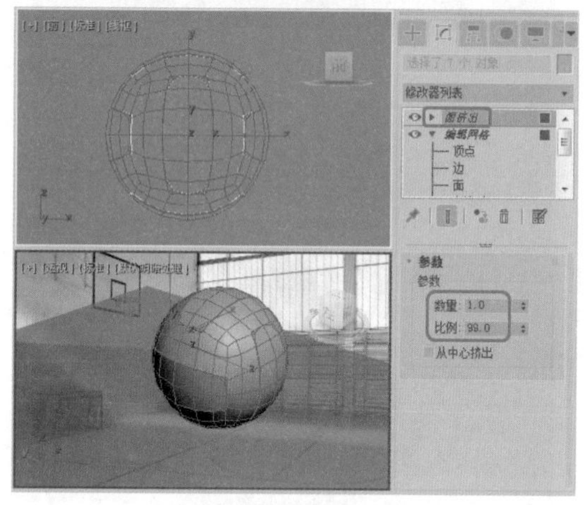

图 5-132

07 在【修改器列表】中选择【网格平滑】修改器，在【细分方法】卷展栏中将【细分方法】设置为【四边形输出】，在【细分量】卷展栏中将【迭代次数】设置为2，如图5-133所示。

08 按M键，打开【材质编辑器】窗口，选择【排球】材质球，将对象指定给选定对象，如图5-134所示。

09 将窗口关闭，选中【透视】视图，按C键将【透视】视图转换为【摄影机】视图，调整排球位置，对其进行渲染，效果如图5-135所示。

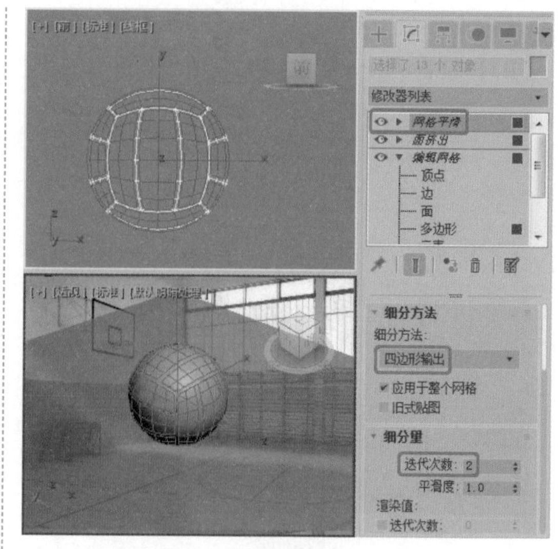

图 5-133

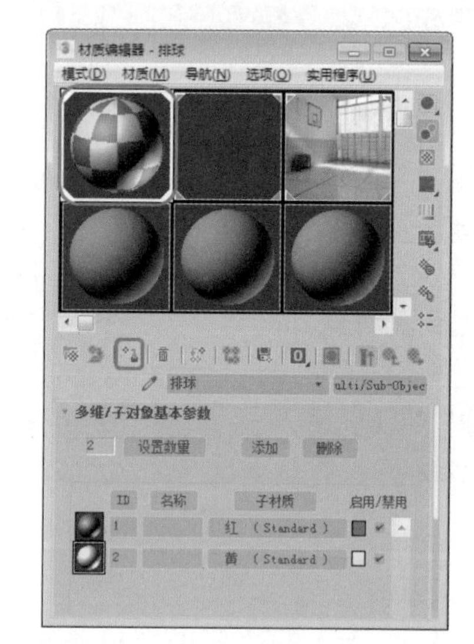

图 5-134

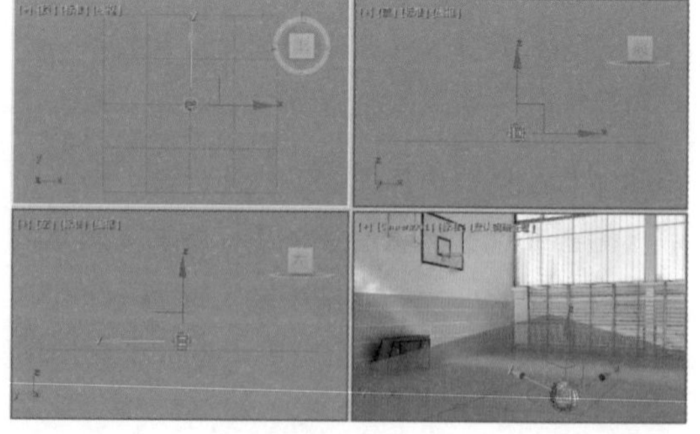

图 5-135

第 6 章

青铜材质效果——材质和贴图

本章导读

现实世界的任何物体都有各自的特征，例如纹理、质感、颜色和透明度等，要想在 3ds Max 中制作出这些特性，就需要用到【材质编辑器】窗口与【材质 / 贴图浏览器】对话框，本章将对常用材质以及贴图类型进行详细的介绍。

案例精讲
青铜材质效果

为了更好地完成本设计案例，现对制作要求及设计内容做如下规划，青铜材质效果如图 6-1 所示。

作品名称	青铜材质效果
设计创意	调出物体的【环境光】、【漫反射】和【高光反射】，制作出青铜狮子的光泽度，然后进行贴图设置
主要元素	青铜狮子
应用软件	3ds Max 2020
素材	Scenes \Cha06\ 青铜材质素材 .max
场景	Scenes \Cha06\【案例精讲】青铜材质效果 .max
视频	视频教学 \Cha06\【案例精讲】青铜材质效果 .mp4
青铜材质欣赏	图 6-1
备注	

01 按 Ctrl+O 组合键，打开“Scenes\Cha06\ 青铜材质素材 .max”场景文件，如图 6-2 所示。

02 在视图中选中【狮子】对象，按 M 键，打开【材质编辑器】窗口，选择一个新的材质样本球，将其命名为【青铜】，在【Blinn 基本参数】卷展栏中取消【环境光】和【漫反射】的锁定，将【环境光】的 RGB 值设置为 166、47、15，将【漫反射】的 RGB 值设置为 51、141、45，将【高光反射】的 RGB 值设置为 255、242、188，将【自发光】设置为 14，在【反射高光】选项组中将【高光级别】设置为 65，将【光泽度】设置为 25，如图 6-3 所示。

03 切换到【贴图】卷展栏，将【漫反射颜色】的值设置为 75，单击其右侧的【无贴图】按钮，弹出【材质 / 贴图浏览器】对话框，双击【位图】选项，弹出【选择位图图像文件】对话框，选择“Map\map03.jpg”贴图文件，单击【打开】按钮，如图 6-4 所示。

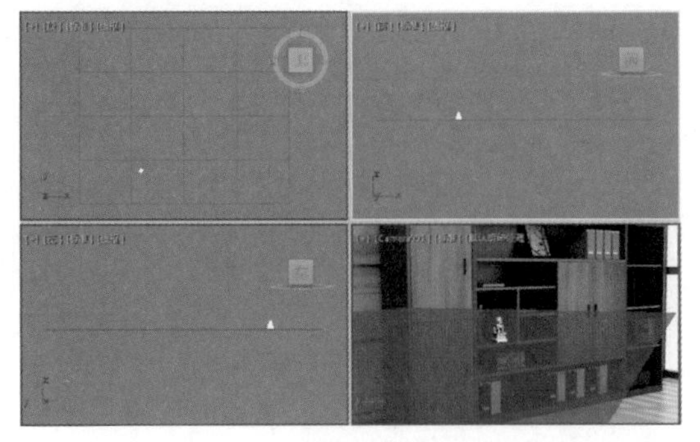

图 6-2

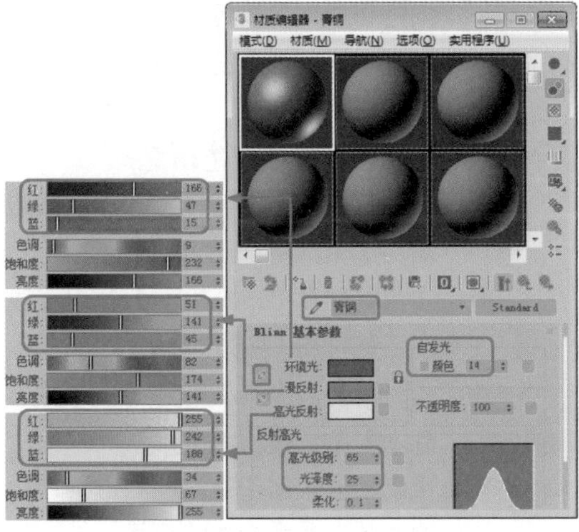

图 6-3

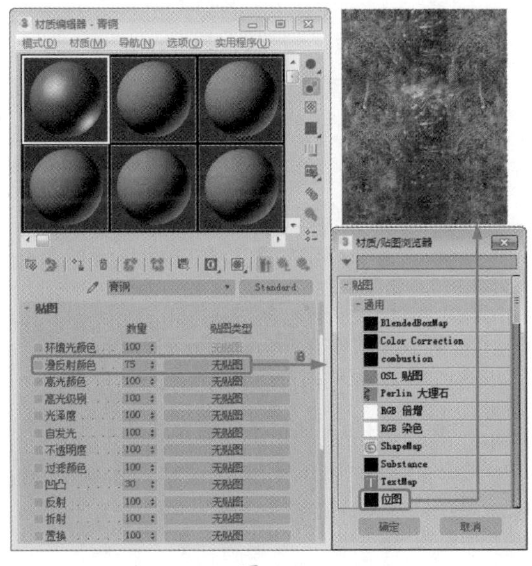

图 6-4

04 进入【位图】材质编辑器，保持默认值，单击【转到父对象】按钮，在【贴图】卷展栏中单击【漫反射颜色】右侧的材质按钮，按住鼠标将其拖曳至【凹凸】右侧的材质按钮上，在弹出的对话框中选中【复制】单选按钮，单击【确定】按钮，如图 6-5 所示，将材质指定给狮子对象，对完成后的场景进行渲染和保存即可。

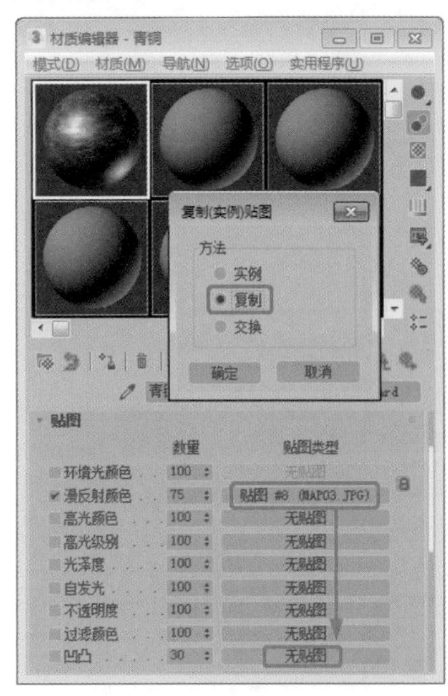

图 6-5

6.1 材质编辑器与标准材质

材质是对现实世界中各种材料视觉效果的模拟，材质的制作也是一个相对复杂的过程。材质主要用于描述物体如何反射和传播光线，而材质中的贴图不仅可以用于模拟物体的质地，提供纹理图案、反射与折射等其他效果，还可以用于环境和灯光投影。

6.1.1 材质编辑器

材质编辑器是 3ds Max 重要的组成部分之一，使用它可以定义、创建和使用材质。材质编辑器随着 3ds Max 的不断更新，功能也变得越来越强大。材质编辑器按照不同的材质特征，可以分为【标准】、【顶/底】、【多维/子对象】、【合成】、【混合】等17种材质类型。

从整体上看，材质编辑器可以分为菜单栏、材质示例窗、工具按钮和参数控制区4大部分，如图6-6所示。

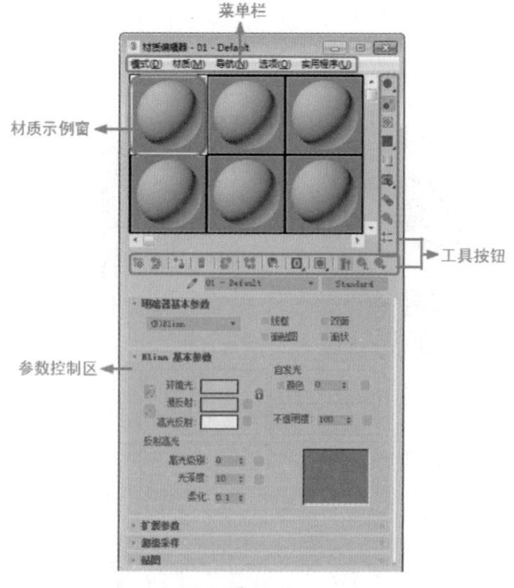

图 6-6

下面将分别对这4大部分进行介绍。

1. 菜单栏

菜单栏位于材质编辑器的顶端，其中的菜单命令与材质编辑器中的图标按钮作用相同。

◎ 【材质】菜单如图6-7所示。

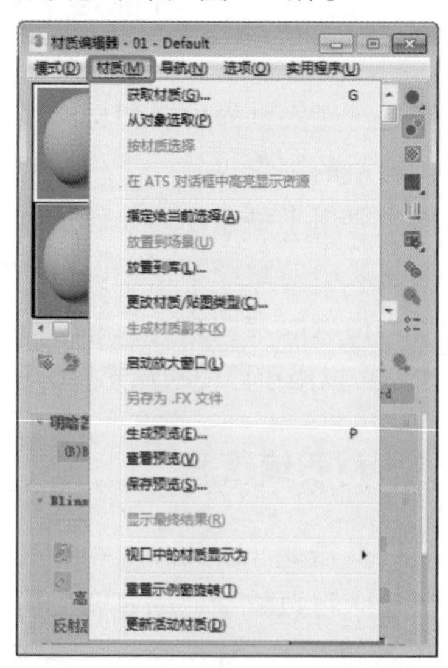

图 6-7

◆ 【获取材质】：与【获取材质】按钮功能相同。

◆ 【从对象选取】：与【从对象拾取材质】按钮功能相同。

◆ 【按材质选择】：与【按材质选择】按钮功能相同。

◆ 【在ATS对话框中高亮显示资源】：如果活动材质使用的是已跟踪的资源（通常为位图纹理）的贴图，则打开【资源跟踪】对话框，同时资源高亮显示。

◆ 【指定给当前选择】：与【将材质指定给选定对象】按钮功能相同，将活动示例窗中的材质应用于场景中当前选定的对象。

◆ 【放置到场景】：与【将材质放入场景】按钮功能相同。

◆ 【放置到库】：与【放入库】按钮功能相同。

◆ 【更改材质/贴图类型】：用于改变当前材质/贴图的类型。

◆ 【生成材质副本】：与【生成材质副本】按钮功能相同。

◆ 【启动放大窗口】：与右键菜单中的【放大】命令功能相同。

◆ 【另存为.FX文件】：用于将活动材质另存为FX文件。

◆ 【生成预览】：与【生成预览】按钮功能相同。

◆ 【查看预览】：与【播放预览】按钮功能相同。

◆ 【保存预览】：与【保存预览】按钮功能相同。

◆ 【显示最终结果】：与【显示最终结果】按钮功能相同。

◆ 【视口中的材质显示为】：与【视口中显示明暗处理材质】按钮功能相同。

◆ 【重置示例窗旋转】：恢复示例窗

中示例球默认的角度方位，与右键菜单中的【重置旋转】命令功能相同。

◆ 【更新活动材质】：更新当前材质。

◎ 【导航】菜单如图 6-8 所示。

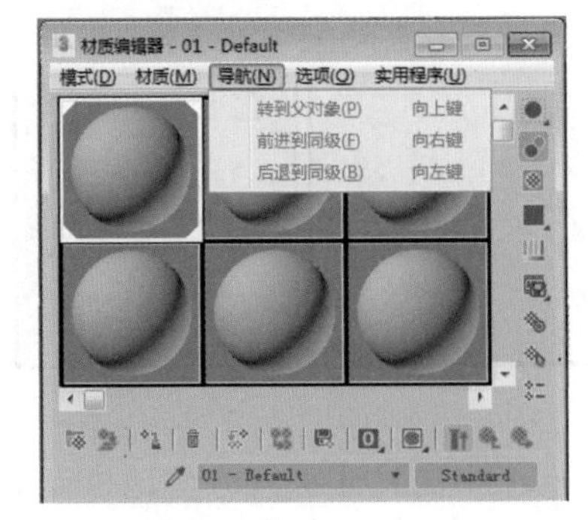

图 6-8

◆ 【转到父对象（P）向上键】：与【转到父对象】按钮功能相同。

◆ 【前进到同级（F）向右键】：与【转到下一个同级项】按钮功能相同。

◆ 【后退到同级（B）向左键】：与【转到下一个同级项】按钮功能相反，返回前一个同级材质。

◎ 【选项】菜单如图 6-9 所示。

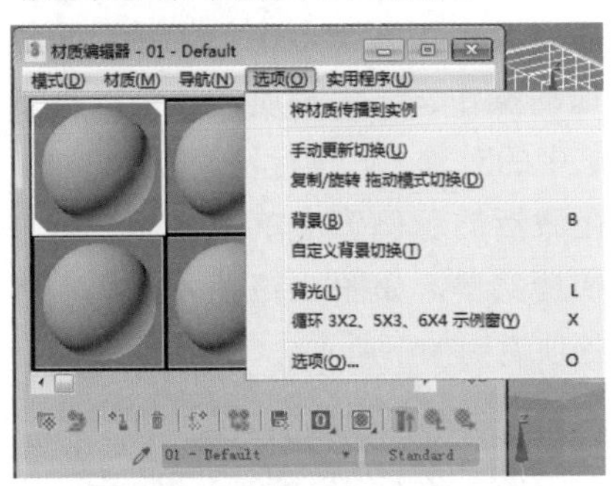

图 6-9

◆ 【将材质传播到实例】：选中该选项时，当前的材质球中的材质将指定给场景中所有互相具有属性的对象；取消选中该选项时，当前材质球中的材质将只指定给选择的对象。

◆ 【手动更新切换】：与【材质编辑器选项】中的手动更新选项功能相同。

◆ 【复制 / 旋转拖动模式切换】：相当于右键菜单中的【拖动 / 复制】命令或【拖动 / 旋转】命令。

◆ 【背景】：与【背景】按钮功能相同。

◆ 【自定义背景切换】：设置是否显示自定义背景。

◆ 【背光】：与【背光】按钮功能相同。

◆ 【循环 3×2、5×3、6×4 示例窗】：功能与右键菜单中的【3×2 示例窗】、【5×3 示例窗】、【6×4 示例窗】选项相似，可以在 3 种材质球示例窗模式间循环切换。

◆ 【选项】：与【选项】按钮功能相同。

◎ 【实用程序】菜单如图 6-10 所示。

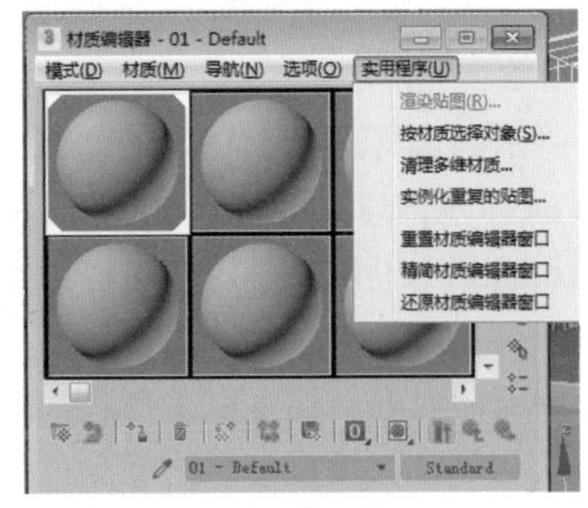

图 6-10

◆ 【渲染贴图】：与右键菜单中的【渲染贴图】命令功能相同。

◆ 【按材质选择对象】：与【按材质选择】按钮功能相同。

◆ 【清理多维材质】：对【多维 / 子对象】材质进行分析，显示场景中所有包含未分配任何材质 ID 的子材质，可以让用户选择删除任何未使用的子材质，然后合并多维子对象材质。

◆ 【实例化重复的贴图】：在整个场

景中查找具有重复【位图】贴图的材质。如果场景中有不同的材质使用了相同的纹理贴图，那么创建实例将会减少在显卡上重复加载，从而提高显示的性能。

- 【重置材质编辑器窗口】：用默认的材质类型替换材质编辑器中的所有材质。
- 【精简材质编辑器窗口】：将材质编辑器中所有未使用的材质设置为默认类型，只保留场景中的材质，并将这些材质移动到材质编辑器的第一个示例窗中。
- 【还原材质编辑器窗口】：使用前两个命令时，3ds Max 将材质编辑器的当前状态保存在缓冲区中，使用此命令可以利用缓冲区的内容还原编辑器的状态。

2. 材质示例窗

材质示例窗用来显示材质的调节效果，默认为 24 个示例球，当调节参数时，其效果会立刻反映到示例球上，用户可以根据示例球来判断材质的效果。示例窗可以变小或变大。示例窗的内容不仅可以是球体，还可以是其他几何体，包括自定义的模型；示例窗的材质可以直接拖动到对象上进行指定。

在示例窗中，窗口都以黑色边框显示，如图 6-11 右图所示。当前正在编辑的材质称为激活材质，它具有白色边框，如图 6-11 左图所示。如果要对材质进行编辑，首先要在材质上单击左键，将其激活。

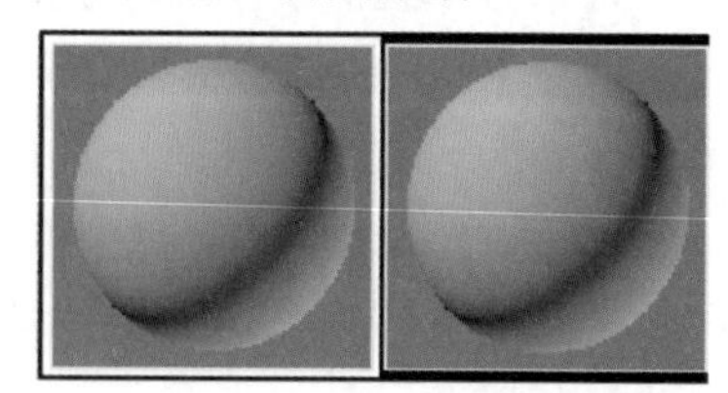

被激活的材质　未被激活的材质

图 6-11

对于示例窗中的材质，有一种同步材质的概念，将一个材质指定给场景中的对象，它便成为同步材质。特征是四角有三角形标记，如图 6-12 所示。如果对同步材质进行编辑操作，场景中的对象也会随之发生变化，不需要再进行重新指定。图 6-12 左图表示使用该材质的对象在场景中被选择。

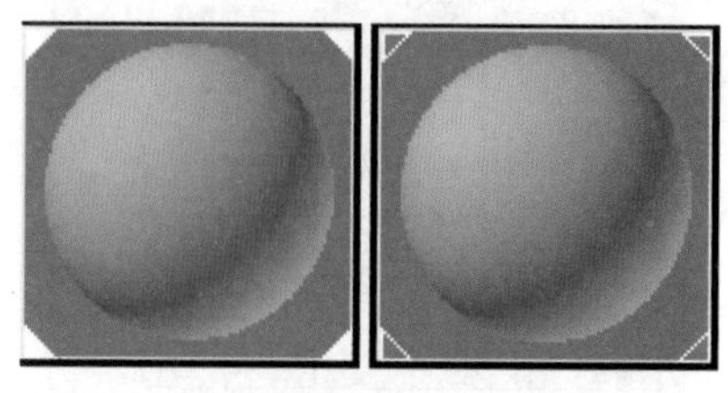

图 6-12

示例窗中的材质可以方便地执行拖动操作，从而进行各种复制和指定活动。将一个材质窗口拖动到另一个材质窗口之上，释放鼠标，即可将它复制到新的示例窗中。对于同步材质，复制后会产生一个新的材质，它已不属于同步材质，因为同一种材质只允许有一个同步材质出现在示例窗中。

材质和贴图的拖动是针对软件内部的全部操作而言的，拖动的对象可以是示例窗、贴图按钮或材质按钮等，它们分布在材质编辑器、灯光设置、环境编辑器、贴图置换命令面板以及资源管理器中，相互之间都可以进行拖动操作。作为材质，还可以直接拖动到场景中的对象上，进行快速指定。

在激活的示例窗中单击鼠标右键，弹出一个快捷菜单，如图 6-13 所示。样本球快捷菜单各项说明如下所示。

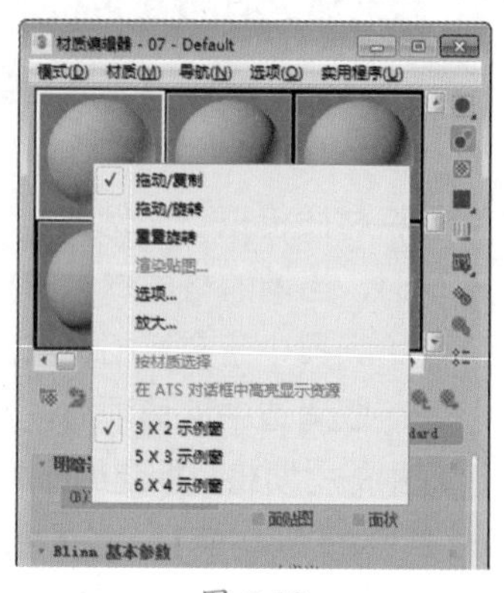

图 6-13

◎　【拖动 / 复制】：这是默认的设置模式，支持示例窗中的拖动复制操作。

◎　【拖动 / 旋转】：这是一个非常有用的工具，选择该选项后，在示例窗中拖动鼠标，可以转动示例球，便于观察其他角度的材质效果。在示例球内旋转是在三维空间中进行的，而在示例球外旋转则是垂直于视平面方向进行的，配合 Shift 键可以在水平或垂直方向上锁定旋转。在具备三键鼠标和 NT 以上级别操作系统的平台上，可以在【拖动 / 复制】模式下单击中键来执行旋转操作，不必进入菜单中选择。

◎　【重置旋转】：恢复示例窗中默认的角度方位。

◎　【渲染贴图】：只对当前贴图层级的贴图进行渲染。如果是材质层级，那么该项不被启用。当贴图渲染为静态或动态图像时，会弹出【渲染贴图】对话框，如图 6-14 所示。

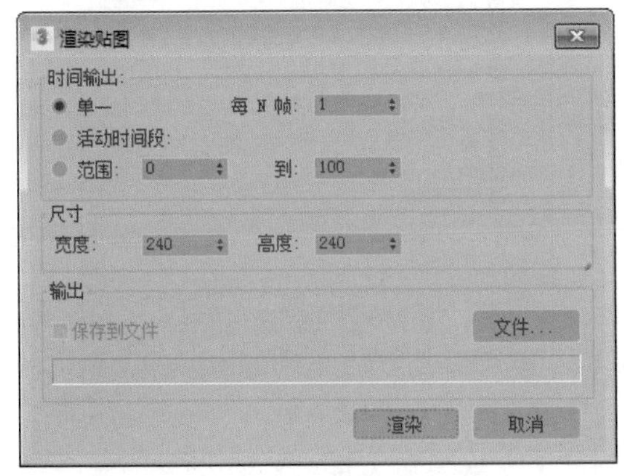

图 6-14

提示：当材质球处于选中状态，贴图通道处于编辑状态时，【渲染贴图】命令是可用的。

◎　【选项】：选择该选项将弹出如图 6-15 所示的【材质编辑器选项】对话框，主要是控制有关编辑器自身的属性。

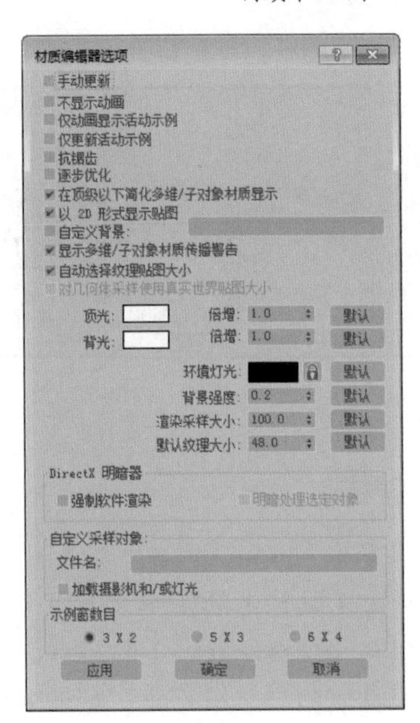

图 6-15

◎　【放大】：可以将当前材质以一个放大的示例窗显示，它独立于材质编辑器，以浮动框的形式存在，这有助于更清楚地观察材质效果，如图 6-16 所示。每一个材质只允许有一个放大窗口，最多可以同时打开 24 个放大窗口。通过拖动它的四角可以任意放大尺寸。这个命令同样可以通过在示例窗上双击鼠标左键来执行。

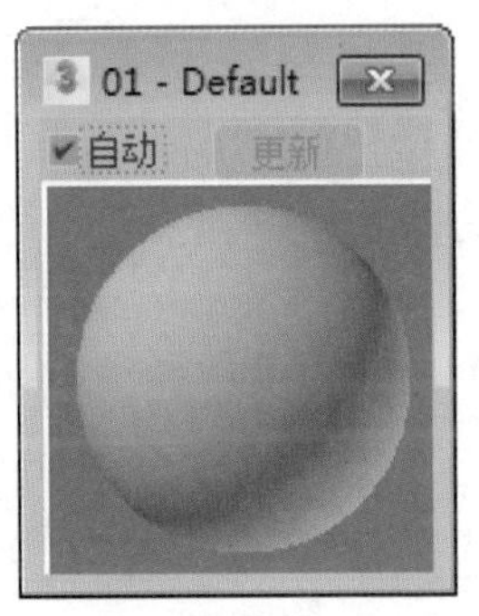

图 6-16

◎　【3×2 示例窗】/【5×3 示例窗】/【6×4 示例窗】：用来设计示例窗中各示例小窗显示布局。材质示例窗中一共有 24 个小窗，当以 6×4 方式显示时，它们可以完全显示出来，只是比较小；如果以 5×3 或 3×2 方式显示，可以手动拖动窗口，显示出隐藏在内部的其他示例窗。示例窗不同的显示方式如图 6-17 所示。

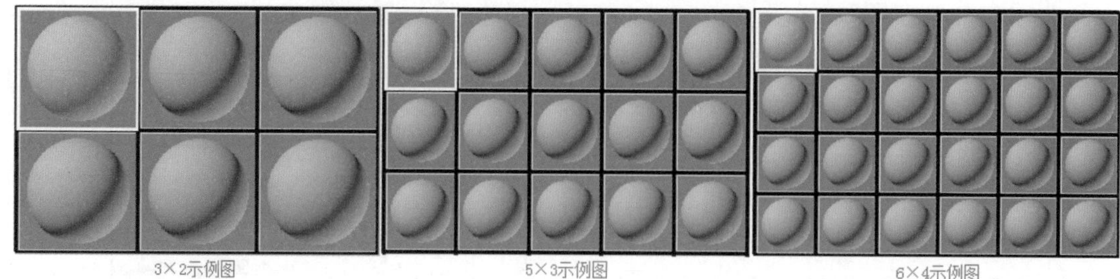

图 6-17

3. 工具栏

示例窗的下方是工具栏，它们用来控制各种材质，工具栏上的按钮大多用于材质的指定、保存和层级跳跃。工具栏下面是材质的名称，材质的起名很重要。对于多层级的材质，此处可以快速地进入其他层级的材质。右侧是一个【类型】按钮，单击该按钮可以打开【材质 / 贴图浏览器】对话框。工具栏如图 6-18 所示。

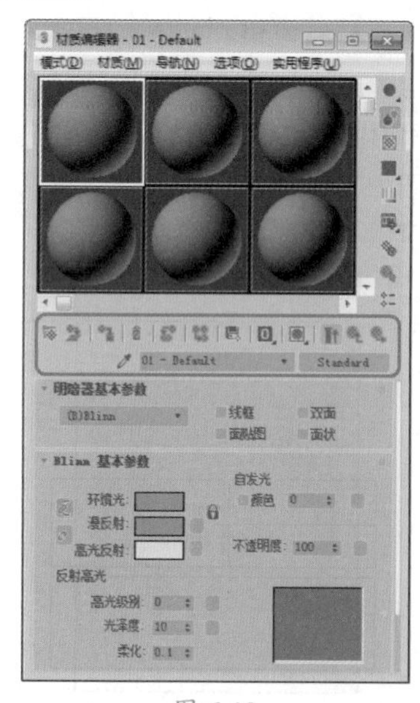

图 6-18

◎ 【获取材质】按钮：单击【获取材质】按钮，打开【材质 / 贴图浏览器】对话框，如图 6-19 所示，可以进行材质和贴图的选择，也可以调出材质和贴图，从而进行编辑修改。对于【材质 / 贴图浏览器】对话框，可以在不同地方将它打开，不过它们在使用上有区别，单击【获取材质】按钮，打开的【材质 / 贴图浏览器】对话框是一个浮动性质的对话框，不影响场景的其他操作。

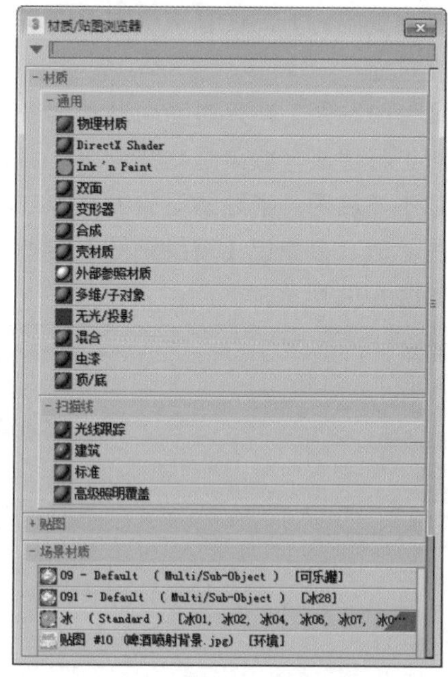

图 6-19

◎ 【将材质放入场景】按钮：在编辑完材质之后将它重新应用到场景中的对象上。允许使用这个按钮是有条件的：①在场景中有对象的材质与当前编辑的材质同名；②当前材质不属于同步材质。

◎ 【将材质指定给选定对象】按钮：将当前激活示例窗中的材质指定给当前选择的对象，同时此材质会变为一个同步材质。贴图材质被指定后，如果对象还未进行贴图坐标的指定，在最后渲染时也会自动进行坐标指定，如果单击【视口中显示明暗处理材质】按钮，在视图中可以观看贴图效果，同时也会自动进行坐标指定。

如果在场景中已有一个同名的材质存在，这时会弹出一个对话框，如图 6-20 所示。

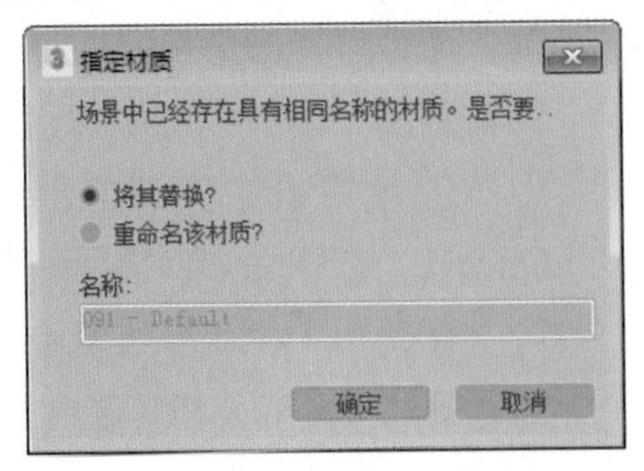

图 6-20

- ◆ 【将其替换】：这样会以新的材质代替旧有的同名材质。
- ◆ 【重命名该材质】：将当前材质改为另一个名称。如果要重新指定名称，可以在【名称】文本框中输入。

◎ 【重置贴图 / 材质为默认设置】按钮：对当前示例窗的编辑项目进行重新设置，如果处在材质层级，将恢复为一种标准材质，即灰色轻微反光的不透明材质，全部贴图设置都将丢失；如果处在贴图层级，将恢复为最初始的贴图设置；如果当前材质为同步材质，将弹出【重置材质 / 贴图参数】对话框，如图 6-21 所示。

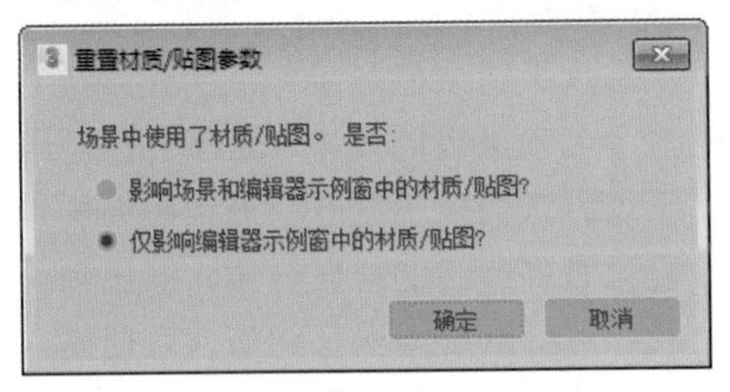

图 6-21

在该对话框中选中前一个单选按钮会影响场景中的所有对象，但仍保持为同步材质。选中后一个单选按钮只影响当前示例窗中的材质，变为非同步材质。

◎ 【生成材质副本】按钮：这个按钮只针对同步材质起作用。单击该按钮，会将当前同步材质复制成一个相同参数的非同步材质，并且名称相同，以便在编辑时不影响场景中的对象。

◎ 【使唯一】按钮：这个按钮可以将贴图关联复制为一个独立的贴图，也可以将一个关联子材质转换为独立的子材质，并对子材质重新命名。通过单击【使唯一】按钮，可以避免在对【多维子对象材质】中的顶级材质进行修改时，影响与其相关联的子材质，起到保护子材质的作用。

提示：如果将实例化的贴图拖动到材质编辑器示例窗中，则【使唯一】按钮将不可用，因为它没有从唯一与之相关的上下文中清除。而是需要将父级贴图或父级材质之一导入材质编辑器，向下浏览到该贴图，然后使该贴图与此父级贴图唯一相关。

◎ 【放入库】按钮：单击该按钮，会将当前材质保存到当前的材质库中，这个操作直接影响磁盘，该材质会永久保留在材质库中，关机后也不会丢失。单击该按钮后会弹出【放置到库】对话框，在此可以确认材质的名称，如图 6-22 所示。如果名称与当前材质库中的某个材质重名，会弹出【材质编辑器】提示框，如图 6-23 所示。单击【是】按钮或按 Y 键，系统会以新的材质覆盖原有材质，否则不进行保存操作。

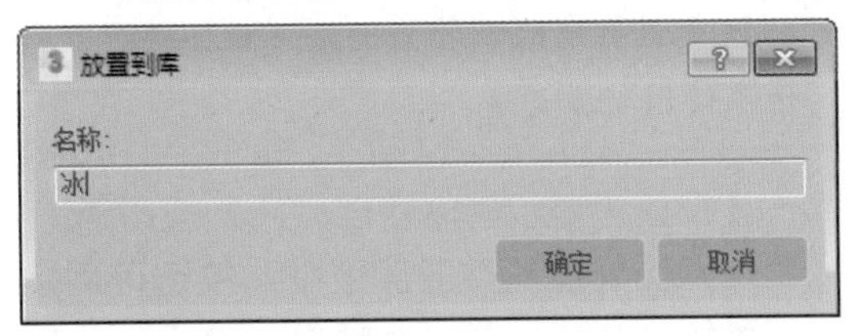

图 6-22

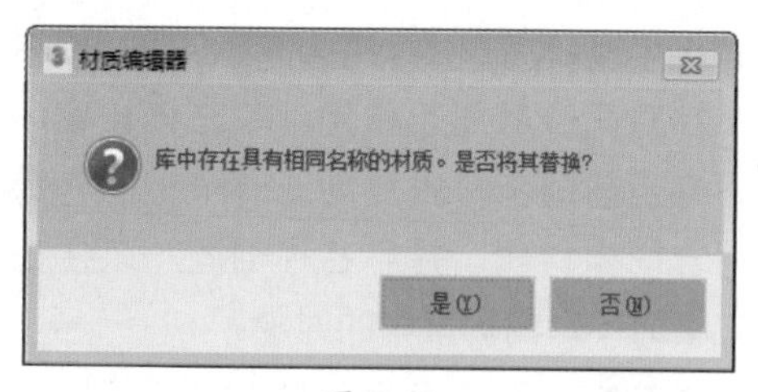

图 6-23

◎ 【材质 ID 通道】按钮：通过材质的特效通道可以在后期视频处理器和 Effects 特效编辑器中为材质指定特殊效果。

◆ 材质通道。例如要制作一个发光效果，可以让指定的对象发光，也可以让指定的材质发光。如果要让对象发光，则需要在对象的属性设置框中设置对象通道；如果要让材质发光，则需要通过此按钮指定材质特效通道。

◆ UV 通道。单击此按钮会展开一个通道选项，这里有 15 个通道可供选择。选择好通道后，在视频后期处理器中加入发光过滤器，在发光过滤器的设置中通过设置【材质 ID】与材质编辑器中相同的通道号码，即可对此材质进行发光处理。

提示：在视频后期处理器中只认材质 ID 号，所以如果两个不同材质指定了相同的材质特效通道，都会一同进行特技处理。由于这里有 15 个通道，表示一个场景中只允许有 15 个不同材质的不同发光效果。如果发光效果相同，不同的材质也可以设置为同一材质特效通道，以便视频后期处理器中的制作更为简单。0 通道表示不使用特效通道。

◎ 【视口中显示明暗处理材质】按钮：在贴图材质的贴图层级中此按钮可用，单击该按钮，可以在场景中显示出材质的贴图效果，如果是同步材质，对贴图的各种设置调节也会同步影响场景中的对象，这样就可以轻松地进行贴图材质的编辑工作。

◆ 贴图通道。视图中能够显示 3D 类程序式贴图和二维贴图，可以通过【材质编辑器】选项中的【3D 贴图采样比例】对显示结果进行改善。【粒子年龄】和【粒子运动模糊】贴图不能在视图中显示。如果用户的计算机中安装的显卡支持 OpenGL 或 Direct3D 显示驱动，便可以在视图中显示多维复合贴图材质，包括【合成】和【混合】贴图。HEIDI driver （Software Z Buffer）驱动不支持多维复合贴图材质的即时贴图显示。

提示：虽然即时贴图显示对制作带来了便利，但也为系统增添了负担。如果场景中有很多对象存在，最好不要将太多的即时贴图显示，不然会降低显示速度。通过【视图】菜单中的【取消激活所有贴图】命令可以将场景中全部即时显示的贴图关闭。

◎ 【显示最终结果】按钮：此按钮是针对多维材质或贴图材质等，具有多个层级嵌套的材质作用，在子级层级中单击该按钮，将会显示出最终材质的效果（也就是顶级材质的效果），松开该按钮会显示当前层级的效果。对于贴图材质，系统默认为按下状态，进入贴图层级后仍可看到最终的材质效果。对于多维材质，系统默认为松开状态，以便进入子级材质后，可以看到当前层级的材质效果，这有利于对每一个级别材质的调节。

◎ 【转到父对象】按钮：向上移动一个材质层级，只在复合材质的子级层级有效。

◎ 【转到下一个同级项】按钮：如果处在一个材质的子级材质中，并且还有其他子级材质，此按钮有效，可以快速移动到另一个同级材质中。例如，在一个多维子对象材质中，有两个子级对象材质层级，进入一个子级对象材质层级后，单击此按钮，即可跳入另一个子级对象材质层级中，对于多维贴图材质也适用。例如，同时有【漫反射】贴图和【凹凸】贴图的材质，在【漫反射】贴图层级中单击此按钮，可以直接进入【凹凸】贴图层级。

◎ 【从对象拾取材质】按钮：单击此按钮后，可以从场景中某一对象上获取其所附的材质，这时鼠标指针会变为吸管形状，在有材质的对象上单击左键，即可将材质选择到当前示例窗中，并且变为同步材质。这是一种从场景中选择材质的好方法。

◎ 【材质名称列表】01 - Default：在编辑器工具行下方正中央，是当前材质的名称输入框，作用是显示并修改当前材质或贴图的名称。在同一个场景中，不允许有同名材质存在。

提示：对于多层级的材质，单击下拉列表框中的箭头按钮 01 - Default，可以展开全部层级的名称列表，它们按照由高到低的层级顺序排列，通过选择可以很方便地进入任一层级。

◎ 【类型】Standard：这是一个非常重要的按钮，默认情况下显示 Standard，表示当前的材质类型是标准类型。通过它可以打开【材质 / 贴图浏览器】对话框，从中可以选择各种材质或贴图类型。如果当前处于材质层级，则只允许选择材质类型；如果处于贴图层级，则只允许选择贴图类型。选择后按钮会显示当前的材质或者贴图类型名称。

在此处如果选择了一个新的混合材质或贴图，会弹出一个对话框，如图 6-24 所示。

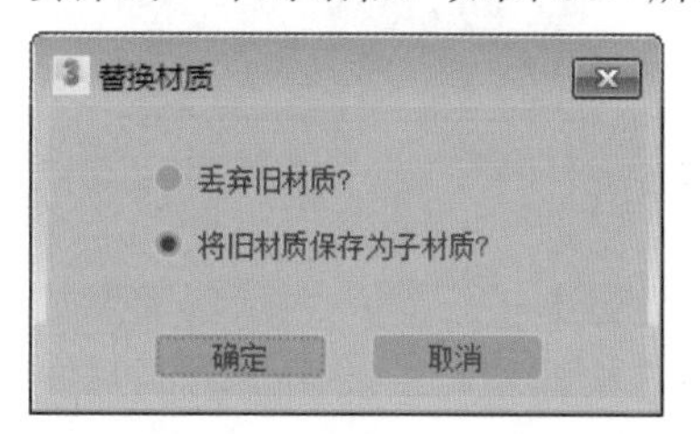

图 6-24

如果选中【丢弃旧材质】单选按钮，将会丢失当前材质的设置，产生一个全新的混合材质；如果选中【将旧材质保存为子材质】单选按钮，则会将当前材质保留，作为混合材质中的一个子级材质。

4. 工具列

示例窗的右侧是工具列，如图 6-25 所示。

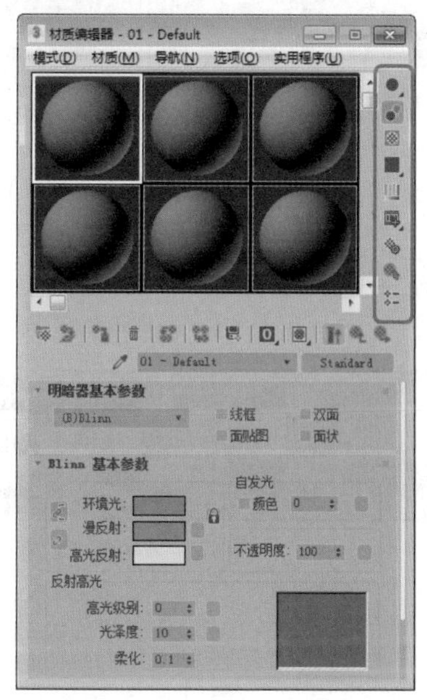

图 6-25

◎ 【采样类型】按钮：用于控制示例窗中样本的形态，包括球体、柱体、立方体。

◎ 【背光】按钮：为示例窗中的样本增加一个背光效果，有助于金属材质的调节，如图 6-26 所示。

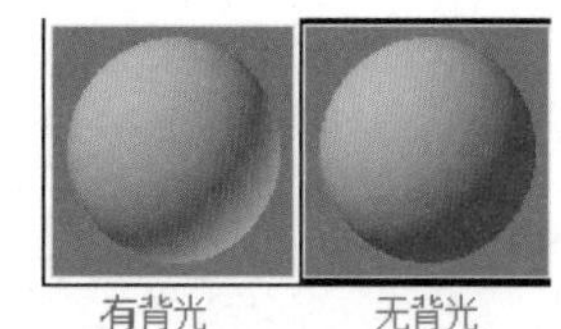

图 6-26

◎ 【背景】按钮：为示例窗增加一个彩色方格背景，主要用于透明材质和不透明贴图效果的调节。选择菜单栏中的【选项】|【选项】命令，在弹出的【材质编辑器选项】对话框中单击【自定义背景】右侧的空白框，选择一个图像即可。如果没有正常显示背景，可以选择菜单栏中的【选项】|【背景】命令。如图 6-27 所示为不同背景的效果。

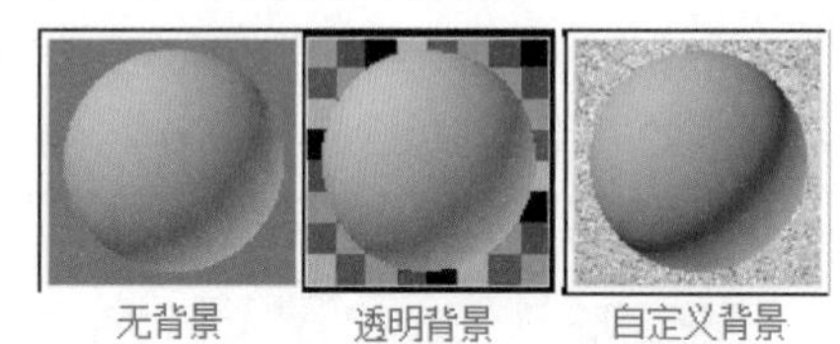

图 6-27

◎ 【采样 UV 平铺】按钮：用来测试贴图重复的效果，这只改变示例窗中的显示，并不对实际的贴图产生影响，其中包括几个重复级别，效果如图 6-28 所示。

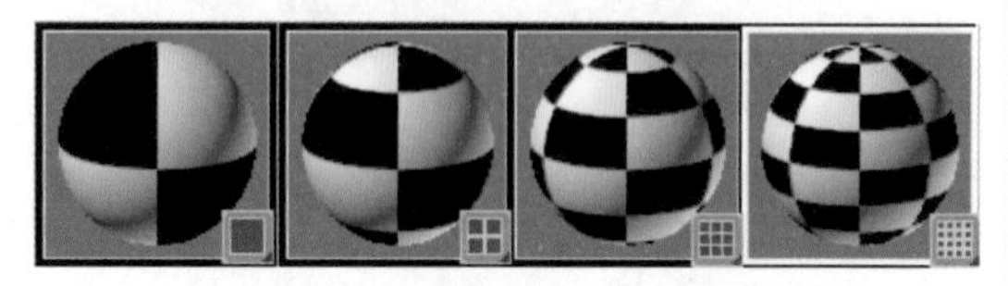
图 6-28

◎ 【视频颜色检查】按钮：用于检查材质表面色彩是否超过视频限制，对于 NTSC 和 PAL 制视频色彩饱和度有一定限制，如果超过这个限制，颜色转化后会变模糊，所以要尽量避免发生。不过单纯从材质上避免还是不够的，最后渲染的效果还决定于场景中的灯光，通过渲染控制器中的视频颜色检查可以控制最后渲染的图像是否超过限制。比较安全的做法是将材质色彩的饱和度降低到 85%以下。

◎ 【生成预览】按钮：用于制作材质动画的预视效果。对于进行了动画设置的材质，可以使用它来实时观看动态效果。单击它会弹出【创建材质预览】对话框，如图 6-29 所示。

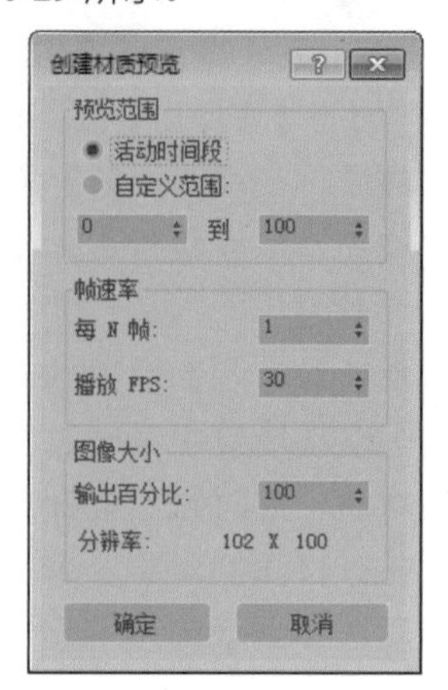

图 6-29

◆ 【预览范围】：设置动画的渲染区段。预览范围又分为【活动时间段】和【自定义范围】两部分，选中【活动时间段】单选按钮，可以将当前场景的活动时间段作为动画渲染的区段；选中【自定义范围】单选按钮，可以通过下面的文本框指定动画的区域，确定从第几帧到第几帧。

◆ 【帧速率】：设置渲染和播放的速度，在【帧速率】选项组中包含【每 N 帧】和【播放 FPS】。【每 N 帧】用于设置预视动画间隔几帧进行渲染；【播放 FPS】用于设置预视动画播放时的速率，N 制为 30 帧 / 秒，PAL 制为 25 帧 / 秒。

◆ 【图像大小】：设置预视动画的渲染尺寸。在【输出百分比】文本框中可以通过输出百分比来调节动画的尺寸。

◎ 【选项】按钮：单击该按钮即可打开【材质编辑器选项】对话框，与选择菜单栏中的【选项】|【选项】命令弹出的对话框一样，如图 6-30 所示。

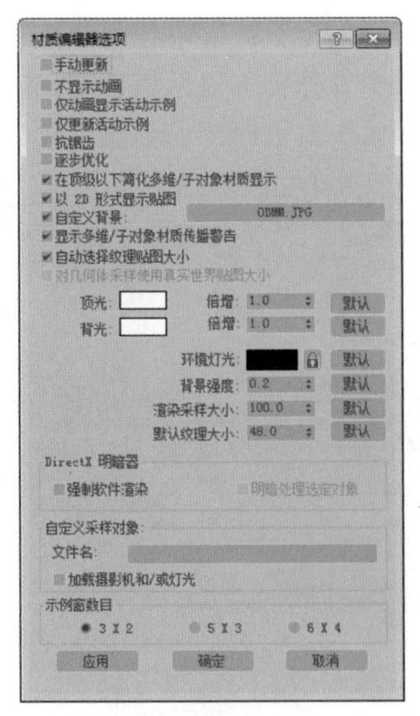

图 6-30

◎ 【按材质选择】按钮：这是一种通过当前材质选择对象的方法，可以将场景中全部附有该材质的对象一同选择（不包括隐藏和冻结的对象）。单击此按钮，激活对象选择对话框，全部附有该材质的对象名称都会高亮显示在这里，单击【选择】按钮即可将它们一同选择。

◎ 【材质 / 贴图导航器】按钮：是一个可以提供材质、贴图层级或复合材质子材质关系快速导航的浮动对话框。用户可以通过在导航器中单击材质或贴图的名称快速实现材质层级操作；反过来，用户在材质编辑器中的当前操作层级，也会反映在导航器中。在导航器中，当前所在的材质层级会以高亮度来显示。如果在导航器中单击一个层级，材质编辑器中也会直接跳到该层级，这样就可以快速地进入每一层级进行编辑操作了。用户可以直接从导航器中将材质或贴图拖曳到材质球或界面的按钮上。

5. 参数控制区

在材质编辑器下部是它的参数控制区，根据材质类型的不同以及贴图类型的不同，其内容也不同。一般的参数控制包括多个项目，它们分别放置在各自的控制面板上，通过伸缩条展开或收起，如果超出了材质编辑器的长度可以通过手动进行上下滑动，与命令面板中的用法相同。

■ 6.1.2　材质 / 贴图浏览器

3ds Max 中的 30 多种贴图按照用法、效果等可以划分为 2D 贴图、3D 贴图、合成器、颜色修改器、其他等五大类。不同的贴图类型作用于不同的贴图通道，其效果也大不相同，这里着重讲解一些最常用的【材质 / 贴图浏览器】类型。在材质编辑器的【贴图】卷展栏中单击任意一个贴图通道按钮，都会弹出【材质 / 贴图浏览器】对话框，下面对其进行介绍。

1. 【材质 / 贴图浏览器】功能区域介绍

【材质 / 贴图浏览器】提供全方位的材质和贴图浏览选择功能，它会根据当前的情况而变化，如果允许选择材质和贴图，会将两者都显示在列表框中，否则会仅显示材质或贴图，如图 6-31 所示。

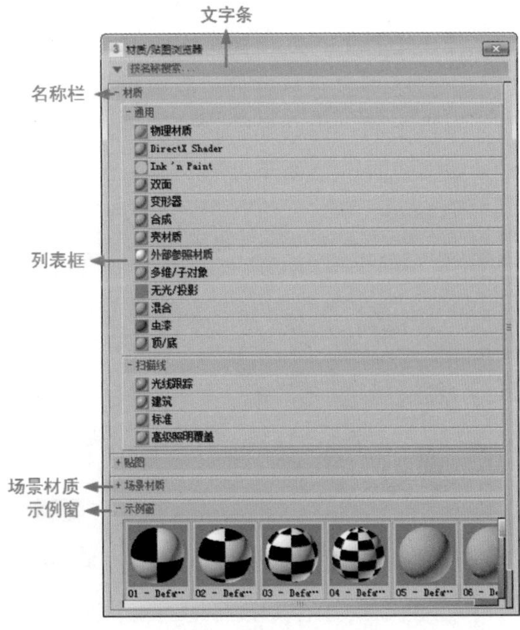

图 6-31

【材质 / 贴图浏览器】对话框有以下功能区域。

◎ 文字条：在左上角有一个文本框，用于快速检索材质和贴图，例如在其中输入“合”文字，按 Enter 键，将会显示以“合”文字开头的材质。

◎ 材质名称栏：文字条右侧显示当前选择的材质或贴图的名称，方括号内是其对应的类型。

◎ 列表框：右侧最大的空白区域就是列表框，用于显示材质和贴图。材质以圆形球体标志显示；贴图则以方形标志显示。

◎ 场景材质：在该列表中将会显示场景中所应用的材质。

◎ 示例窗：左上角有一个示例窗，与材质编辑器中的示例窗相同。每当选择一个材质或贴图后，它都会显示出效果，不过仅能以球体样本显示，它也支持拖动复制操作。

2. 列表显示方式

在材质名称栏上右击鼠标，在弹出的快捷菜单中选择【将组和子组显示为】命令，这里提供了 5 种列表显示类型。

◎ 【小图标】：以小图标方式显示，并在小图标下显示其名称，当鼠标指针停留于其上时，也会显示它的名称，其显示效果如图 6-32 所示。

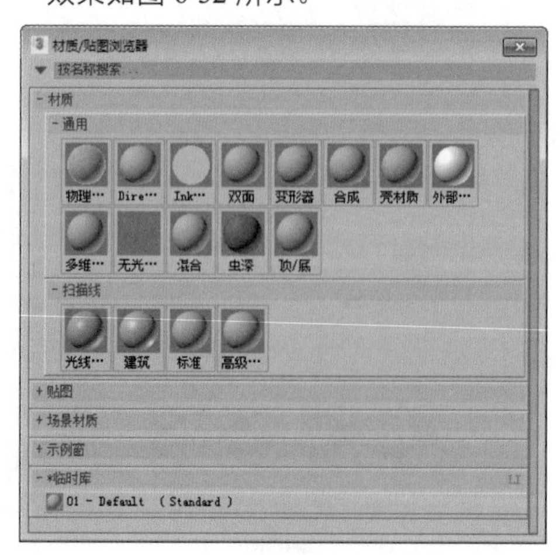

图 6-32

◎ 【中等图标】：以中等图标方式显示，并在中等图标下显示其名称，当鼠标指针停留于其上时，也会显示它的名称，其显示效果如图 6-33 所示。

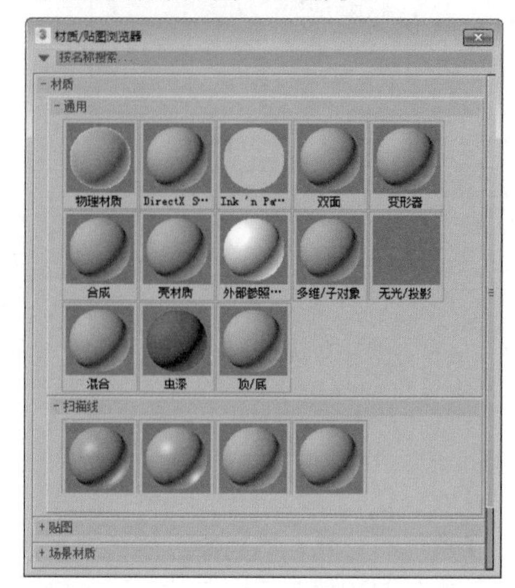

图 6-33

◎ 【大图标】：以大图标方式显示，并在大图标下显示其名称，当鼠标指针停留于其上时，也会显示它的名称，其显示效果如图 6-34 所示。

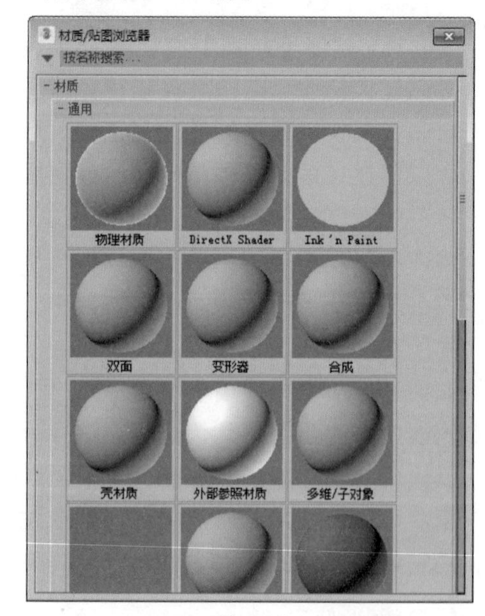

图 6-34

◎ 【图标和文本】：在文字方式显示的基础上，增加了小的彩色图标，可以模糊地观察材质或贴图的效果，其显示效果如图 6-35 所示。

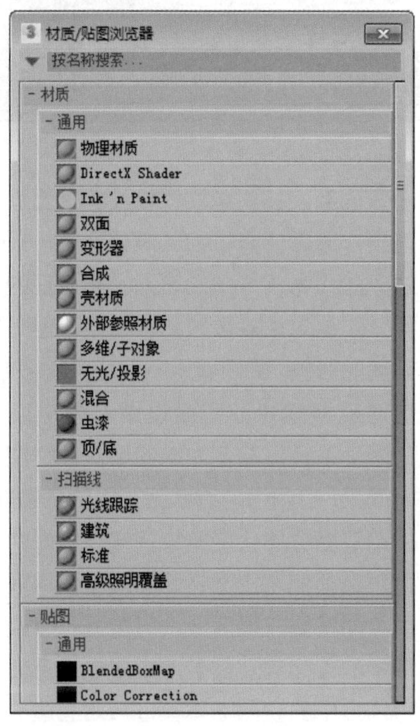

图 6-35

◎ 【文本】：以文字方式显示，按首字母的顺序排列，其显示效果如图 6-36 所示。

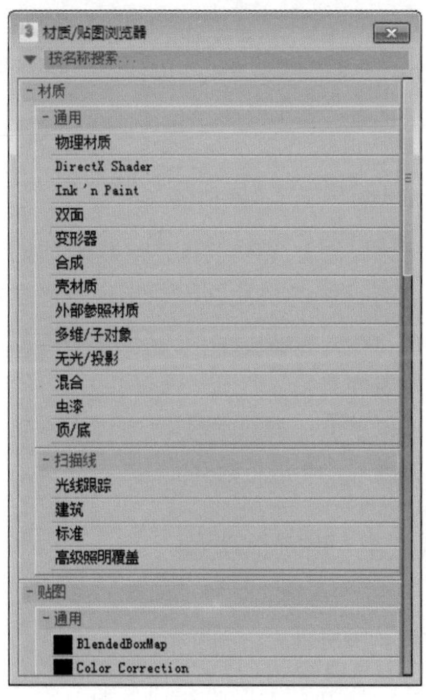

图 6-36

3. 【材质 / 贴图浏览器选项】按钮的应用

在【材质 / 贴图浏览器】对话框的左上角有一个【材质 / 贴图浏览器选项】按钮，单击该按钮会弹出一个下拉菜单，如图 6-37 所示，下面对该菜单进行详细介绍。

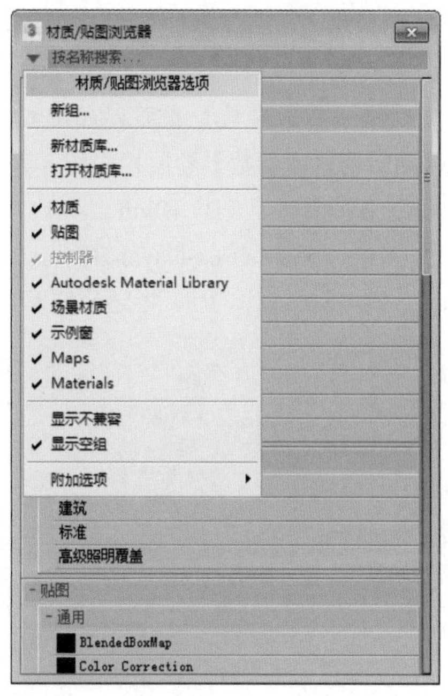

图 6-37

◎ 【打开材质库】：从材质库中获取材质和贴图，允许调入 .mat 或 .max 格式的文件。.mat 是专用材质库文件，.max 是场景文件，它会将该场景中的全部材质调入。

◎ 【材质】：勾选该选项后，可在列表框中显示出材质组。

◎ 【贴图】：勾选该选项后，可在列表框中显示出贴图组。

◎ 【示例窗】：勾选该选项后，可在列表框中显示出示例窗口。

◎ Autodesk Material Library：勾选该选项后，可在列表框中显示 Autodesk Material Library 材质库。

◎ 【场景材质】：勾选该选项后，可在列表框中显示出场景材质组。

◎ 【显示不兼容】：勾选该选项后，可在列表框中显示出与当前活动渲染器不兼容的条目。

◎ 【显示空组】：勾选该选项后，即使是空组也显示出来。

6.1.3 【明暗器基本参数】卷展栏

【明暗器基本参数】卷展栏如图 6-38 所示。【明暗器基本参数】卷展栏中的 8 种类型为：（A）各向异性、（B）Blinn、（M）金属、（ML）多层、（O）Oren-Nayar-Blinn、（P）Phong、（S）Strauss、（T）半透明明暗器等。

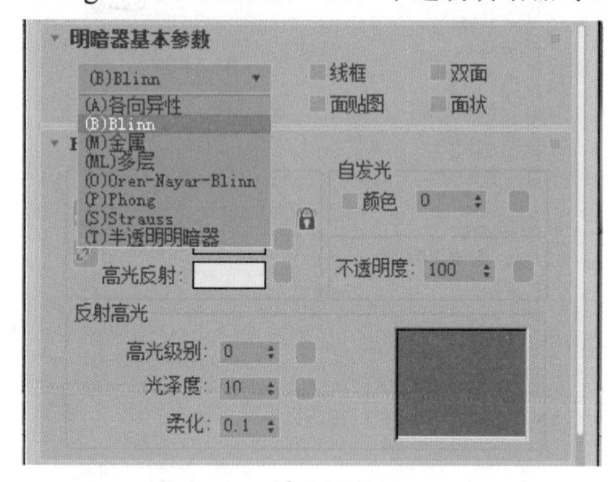

图 6-38

下面主要介绍【明暗器基本参数】卷展栏中的其他 4 项内容。

◎ 【线框】：以网格线框的方式来渲染对象。它只能表现出对象的线架结构，对于线框的粗细，可以通过【扩展参数】中的【线框】项目来调节，【尺寸】值确定它的粗细。可以选择【像素】和【单位】两种单位，如果选择【像素】为单位，对象无论远近，线框的粗细都将保持一致；如果选择【单位】为单位，将以 3ds Max 内部的基本单元作为单位，会根据对象离镜头的远近而发生粗细变化。图 6-39 所示为线框渲染效果与未勾选线框渲染效果，如果需要更优质的线框，可以对对象使用结构线框修改器。

图 6-39

◎ 【双面】：将对象法线相反的一面也进行渲染，通常计算机为了简化计算，只渲染对象法线为正方向的表面（即可视的外表面），这对大多数对象都适用。但有些敞开面的对象，其内壁看不到任何材质效果，这时就必须打开双面设置。图 6-40 所示为两个茶杯，左侧为未勾选双面材质的渲染效果，右侧为勾选双面材质的渲染效果。使用双面材质会使渲染变慢。最好的方法是对必须使用双面材质的对象使用双面材质，而不要在最后渲染时再打开渲染设置框中的【强制双面】渲染属性（它会强行对场景中的全部物体都进行双面渲染，一般在出现漏面但又很难查出是哪些模型出问题的情况下使用）。

图 6-40

◎ 【面贴图】：将材质指定给造型的全部面，含有贴图的材质在没有指定贴图坐标的情况下，贴图会均匀分布在对象的每一个表面上。

◎ 【面状】：将对象的每个表面以平面化进行渲染，不进行相邻面的组群平滑处理。

6.1.4 明暗器类型

1. 各向异性

【各向异性】明暗器通过调节两个垂直正交方向上可见高光级别之间的差额，实现一种【重折光】的高光效果。这种渲染属性可以很好地表现毛发、玻璃和被擦拭过的金属等模型效果。它的基本参数大体上与 Blinn 明暗器相同，只在高光和漫反射部分有所不同，【各向异性基本参数】卷展栏如图 6-41 所示，其材质球表现如图 6-42 所示。

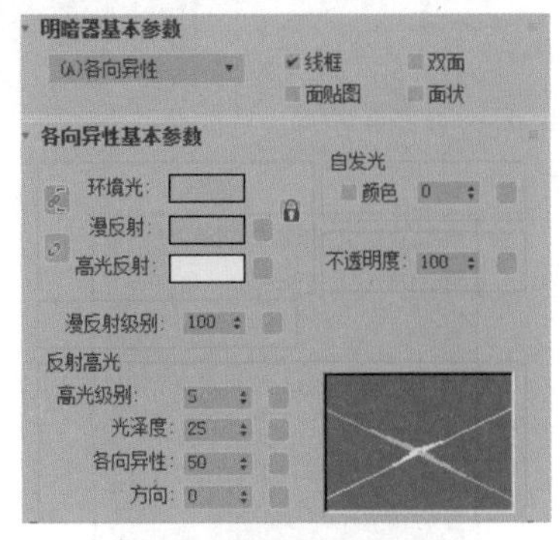

图 6-41

图 6-42

颜色控制用来设置材质表面不同区域的颜色，包括【环境光】、【漫反射】和【高光反射】，调节方法为在区域右侧色块上单击鼠标，打开颜色选择器，从中进行颜色的选择，如图 6-43 所示。

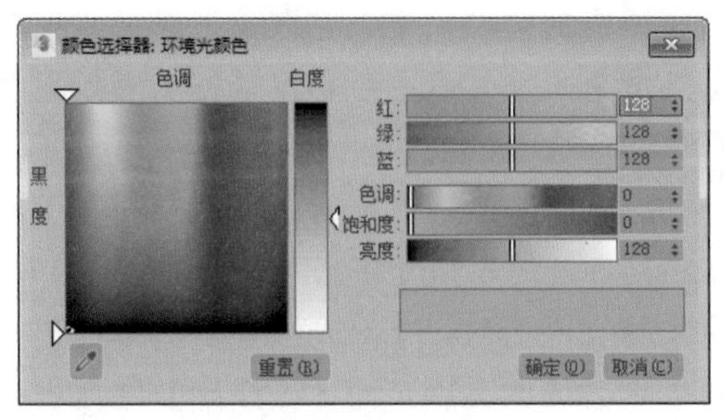

图 6-43

这个颜色选择器属于浮动框性质，只要打开一次即可，如果选择另一个材质区域，它也会自动去影响新的区域色彩，在色彩调节的同时，示例窗中和场景中都会进行效果的即时更新显示。

在色块的右侧有个小的空白按钮，单击它可以直接进入该项目的贴图层级，为其指定相应的贴图，属于贴图设置的快捷操作。另外的 4 个与此相同。如果指定了贴图，小方块上会显示“M”字样，以后单击它可以快速进入该贴图层级。如果该项目贴图目前是关闭状态，则显示小写的字母“m”。

左侧有两个锁定钮，用于锁定【环境光】、【漫反射】和【高光反射】3 种材质中的两种 (或 3 种全部锁定)，单击该按钮后，将会弹出提示对话框，如图 6-44 所示，锁定的目的是使被锁定的两个区域颜色保持一致，调节一个时另一个也会随之变化。

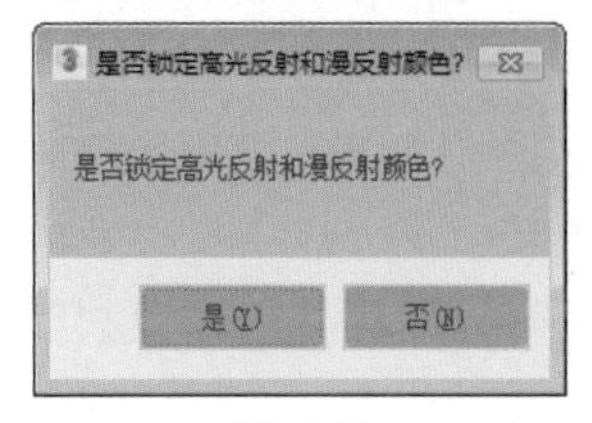

图 6-44

◎ 【环境光】：用于控制对象表面阴影区的颜色。

◎ 【漫反射】：用于控制对象表面过渡区的颜色。

◎ 【高光反射】：用于控制对象表面高光区的颜色。

通常我们所说的对象的颜色是指漫反射，它提供对象最主要的色彩，使对象在日光或人工光的照明下可视，环境色一般由灯光的光色决定。否则会依赖于漫反射，高光反射与漫反射相同，只是饱和度更强一些。

◎ 【自发光】：使材质具备自身发光效果，常用于制作灯泡、太阳等光源对象。100% 的发光度使阴影色失效，对象在场景中不受来自其他对象的投影影响，自身也不受灯光的影响，只表现出漫反射的纯色和一些反光，亮度值 (HSV 颜色值) 保持与场景灯光一致。在 3ds Max 中，自发光颜色可以直接显示在视图中。

提示：指定自发光有两种方式。一种是选中前面的复选框，使用带有颜色的自发光；另一种是取消选中复选框，使用可以调节数值的单一颜色的自发光，对数值的调节可以看作是对自发光颜色的灰度比例进行调节。

要在场景中表现可见的光源，通常是创建好一个几何对象，将它和光源放在一起，然后给这个对象指定自发光属性。

◎ 【不透明度】：设置材质的不透明度百分比值，默认值为100，即不透明材质。降低值使透明度增加，值为0时变为完全透明材质。对于透明材质，还可以调节它的透明衰减，这需要在扩展参数中进行调节。

◎ 【漫反射级别】：控制漫反射部分的亮度。增减该值可以在不影响高光部分的情况下增减漫反射部分的亮度，调节范围为0～400，默认值为100。

◎ 【高光级别】：设置高光强度，默认值为5。

◎ 【光泽度】：设置高光的范围。值越高，高光范围越小。

◎ 【各向异性】：控制高光部分的各向异性和形状。值为0时，高光形状呈椭圆形；值为100时，高光变形为极窄条状。反光曲线示意图中的一条曲线用来表示【各向异性】的变化。

◎ 【方向】：用来改变高光部分的方向，范围是0～9999。

2. Blinn

Blinn明暗器的高光点周围的光晕是旋转混合的，背光处的反光点形状为圆形，清晰可见，如增大柔化参数值，Blinn明暗器的反光点将保持尖锐的形态，从色调上来看，Blinn趋于冷色。【Blinn基本参数】卷展栏如图6-45所示，其材质球表现如图6-46所示。

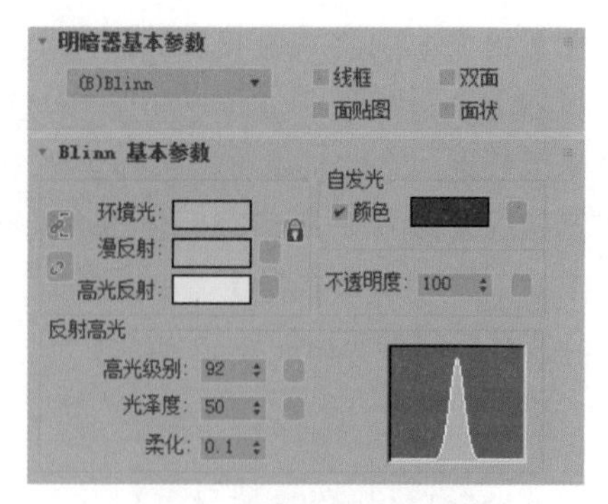

图 6-45

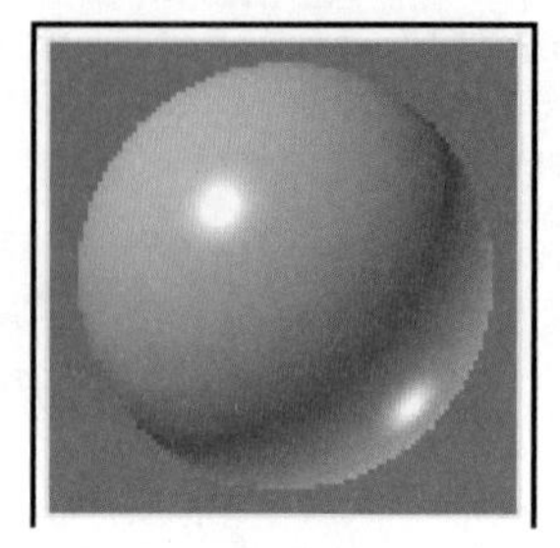

图 6-46

使用【柔化】微调框可以对高光区的反光作柔化处理，使它变得模糊、柔和。如果材质反光度值很低，反光强度值很高，这种尖锐的反光往往在背光处产生锐利的界线，增加【柔化】值可以很好地进行修饰。

其余参数可参照【各向异性基本参数】卷展栏中的介绍。

3. 金属

【金属】明暗器是一种比较特殊的明暗器类型，专用于金属材质的制作，可以提供金属所需的强烈反光。它取消了高光反射色彩的调节，反光点的色彩仅依据于漫反射色彩和灯光的色彩。

由于取消了高光反射色彩的调节，因此在高光部分的高光度和光泽度设置也与Blinn明暗器有所不同。【高光级别】文本框仍控制高光区域的亮度，而【光泽度】文本框变化的同时将影响高光区域的亮度和大小。【金属基本参数】卷展栏如图6-47所示，其材质球表现如图6-48所示。

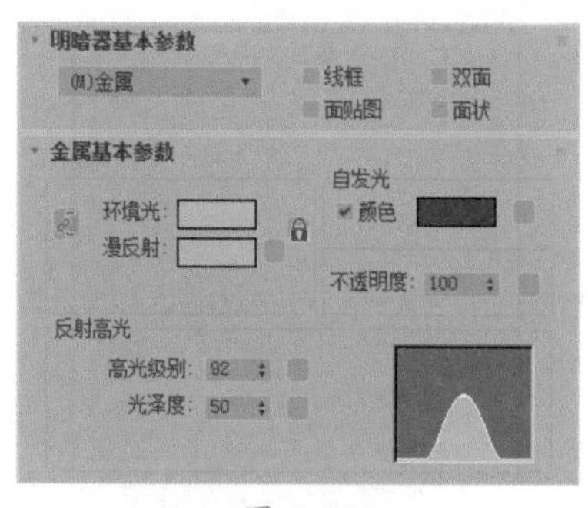

图 6-47

图 6-48

4. 多层

【多层】明暗器与【各向异性】明暗器有相似之处，它的高光区域也属于【各向异性】类型，意味着从不同的角度产生不同的高光尺寸，当【各向异性】值为 0 时，高光是圆形的，和 Blinn、Phong 相同；当【各向异性】值为 100 时，这种高光的各向异性达到最大限度的不同，在一个方向上高光非常尖锐，而另一个方向上光泽度可以单独控制。【多层基本参数】卷展栏如图 6-49 所示，其材质球表现如图 6-50 所示。

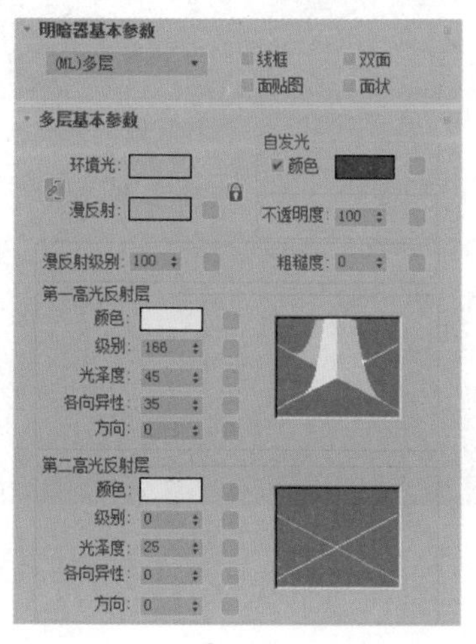

图 6-49

【粗糙度】：设置由漫反射部分向阴影色部分进行调和的速度快慢。提升该值时，表面的不光滑部分随之增加，材质也显得更暗、更平。值为 0 时，则与 Blinn 渲染属性没有什么差别，默认值为 0。

其余参数请参照前面的介绍。

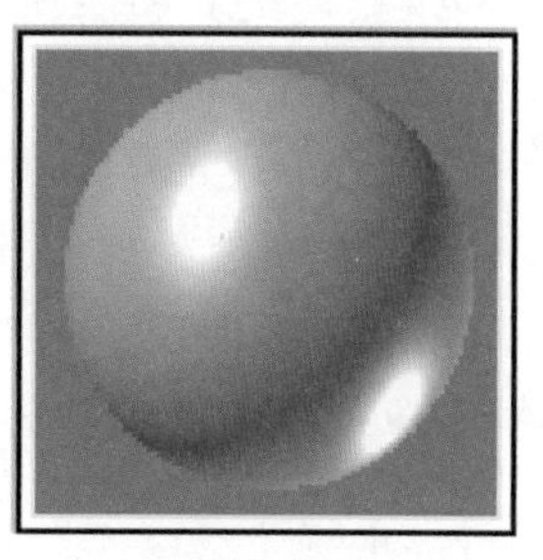

图 6-50

5. Oren-Nayar-Blinn

Oren-Nayar-Blinn 明暗器是 Blinn 的一个特殊变量形式。通过它附加的【漫反射级别】和【粗糙度】设置，可以实现物质材质的效果。这种明暗器类型常用来表现织物、陶制品等不光滑粗糙对象的表面，【Oren-Nayar-Blinn 基本参数】卷展栏如图 6-51 所示，其材质球表现如图 6-52 所示。

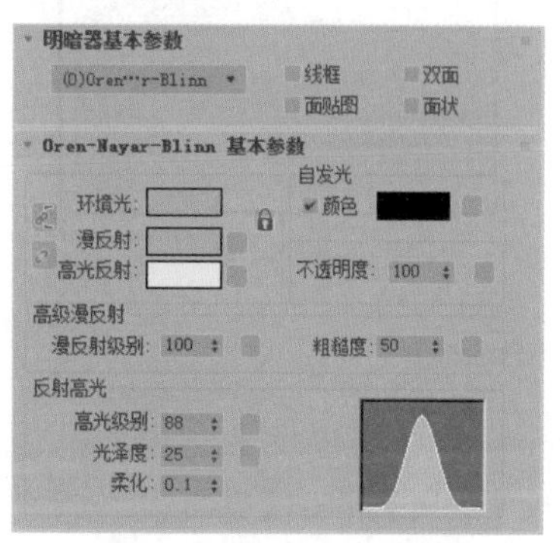

图 6-51

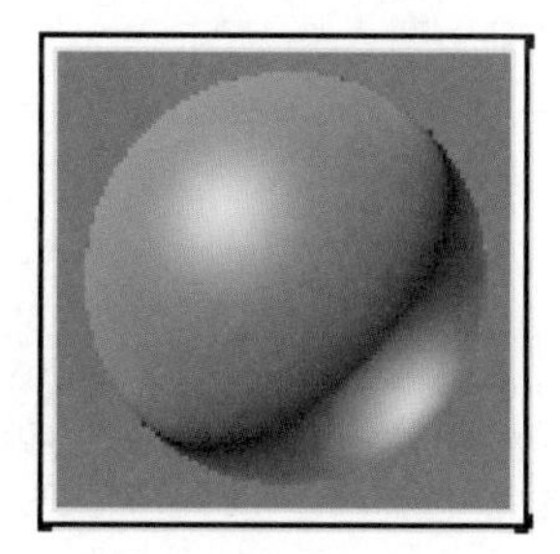

图 6-52

6. Phong

Phong 明暗器高光点周围的光晕是发散混合的，背光处 Phong 的反光点为梭形，影响周围的区域较大。如果增大【柔化】参数值，Phong 的反光点趋向于均匀柔和地反光，从色调上看，Phong 趋于暖色，将表现暖色柔和的材质，常用于塑性材质，可以精确地反映出凹凸、不透明、反光、高光和反射贴图效果。【Phong 基本参数】卷展栏如图 6-53 所示，其材质球表现如图 6-54 所示。

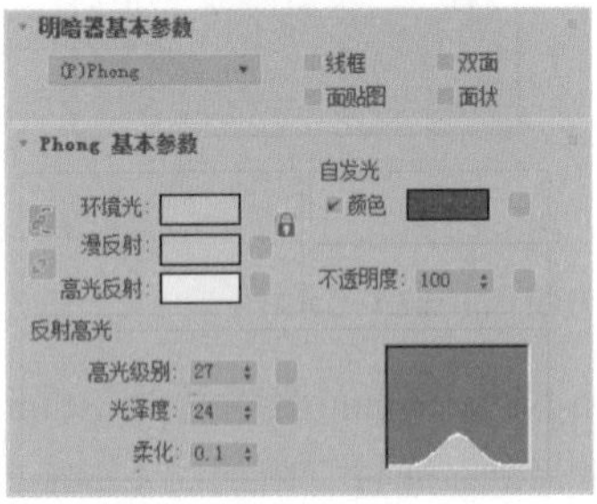

图 6-53

图 6-54

7. Strauss

Strauss 明暗器提供了一种金属感的表面效果，比【金属】明暗器更简洁，参数更简单。【Strauss 基本参数】卷展栏如图 6-55 所示，其材质球表现如图 6-56 所示。

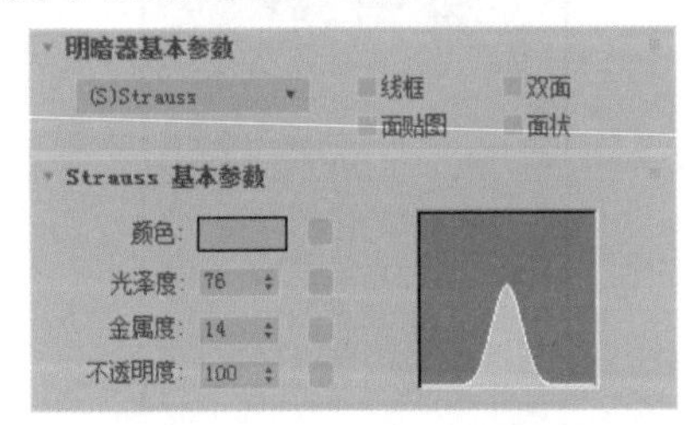

图 6-55

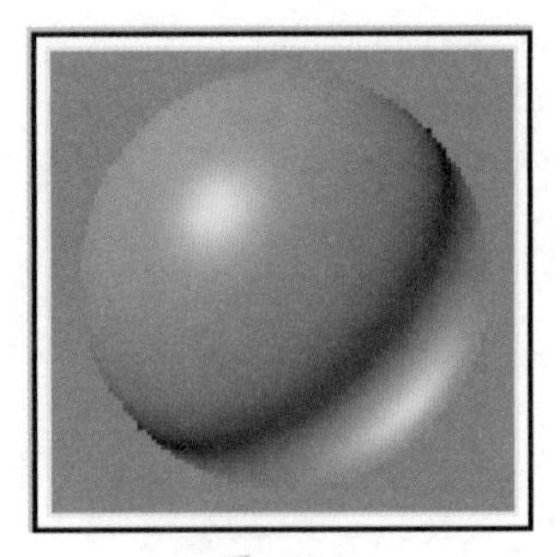

图 6-56

相同的基本参数请参照前面的介绍。

◎ 【颜色】：设置材质的颜色。相当于其他明暗器中的漫反射颜色选项，而高光和阴影部分的颜色则由系统自动计算。

◎ 【金属度】：设置材质的金属表现程度。由于主要依靠高光表现金属程度，因此【金属度】需要配合【光泽度】才能更好地发挥效果。

8. 半透明明暗器

【半透明明暗器】与 Blinn 明暗器类似，最大的区别在于能够设置半透明的效果。光线可以穿透这些半透明效果的对象，并且在穿过对象内部时离散。通常【半透明明暗器】用来模拟很薄的对象，例如窗帘、电影银幕、霜或者毛玻璃等效果。如图 6-57 所示为半透明效果。【半透明基本参数】卷展栏如图 6-58 所示。

图 6-57

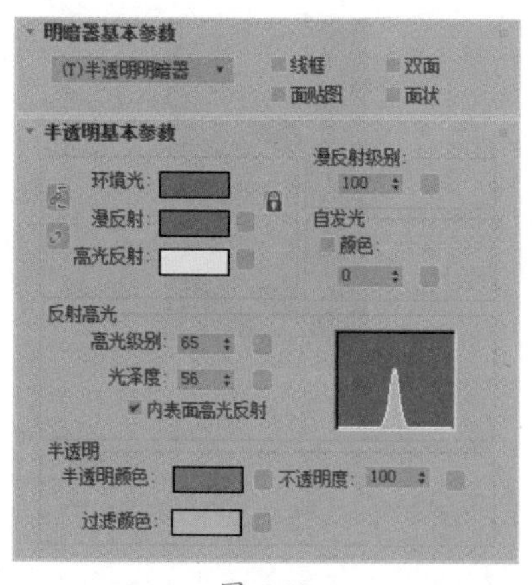

图 6-58

相同的基本参数请参照前面的介绍。

◎ 【半透明颜色】：半透明颜色是离散光线穿过对象时所呈现的颜色。设置的颜色可以不同于过滤颜色，两者互为倍增关系。单击色块选择颜色，右侧的灰色方块用于指定贴图。

◎ 【过滤颜色】：设置穿透材质的光线的颜色。与半透明颜色互为倍增关系。单击色块选择颜色，右侧的灰色方块用于指定贴图。过滤颜色（或穿透色）是指透过透明或半透明对象（如玻璃）后的颜色。过滤颜色配合体积光可以模拟例如彩光穿过毛玻璃后的效果，也可以根据过滤颜色为半透明对象产生的光线跟踪阴影配色。

◎ 【不透明度】：用百分率表示材质的透明 / 不透明程度。当对象有一定厚度时，能够产生一些有趣的效果。

除了模拟很薄的对象之外，【半透明明暗器】还可以模拟实体对象次表面的离散，用于制作玉石、肥皂、蜡烛等半透明对象的材质效果。

6.1.5 【扩展参数】卷展栏

【扩展参数】卷展栏对于【标准】材质的所有明暗器处理类型都是相同的，但 Strauss 和【半透明】明暗器则例外。【扩展参数】卷展栏如图 6-59 所示。

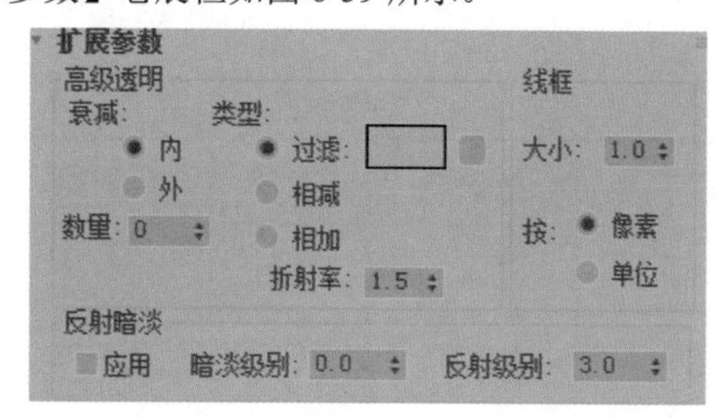

图 6-59

1. 【高级透明】选项组

【高级透明】选项组用于控制透明材质的透明衰减设置。

◎ 【内】：由边缘向中心增加透明的程度，就像在玻璃瓶中一样。

◎ 【外】：由中心向边缘增加透明的程度，就像在烟雾云中。

◎ 【数量】：最外或最内的不透明度数量。

◎ 【过滤】：计算与透明曲面后面的颜色相乘的过滤色。过滤或透射颜色是通过透明或半透明材质（如玻璃）透射的颜色。单击色样可更改过滤颜色。

◎ 【相减】：从透明曲面后面的颜色中减除。

◎ 【相加】：增加到透明曲面后面的颜色。

◎ 【折射率】：设置带有折射贴图的透明材质的折射率，用来控制材质折射被传播光线的程度。当设置为 1（空气的折射率）时，看到的对象像在空气中（空气有时也有折射率，例如热空气对景象产生的气浪变形）一样不发生变形；当设置为 1.5（玻璃折射率）时，看到的对象会产生很大的变形；当折射率小于 1 时，对象会沿着它的边界反射。在真实的物理世界中，折射率是因光线穿过透明材质和眼睛（或者摄影机）时速度不同而产生的，与对象的密度相关。折射率越高，对象的密度也就越大。

表 6.1 所示是最常用的几种物质折射率。只需记住这几种常用的折射率即可，其实在

三维动画软件中，不必严格地使用物理原则，只要能体现出正常的视觉效果即可。

表 6.1　常见物质的折射率

材 质	折射率	材 质	折射率
真空	1	玻璃	1.5 ～ 1.7
空气	1.0003	钻石	2.419
水	1.333		

2.【线框】选项组

在【线框】选项组中可以设置线框的特性。

【大小】用于设置线框的粗细，有【像素】和【单位】两种单位可供选择。

◎ 【像素】：为默认设置，用像素度量线框。对于【像素】选项来说，不管线框的几何尺寸多大，以及对象的位置是近还是远，线框总是有相同的外观厚度。

◎ 【单位】：用 3ds Max 单位测量连线。根据单位，线框在远处变得较细，在近距离范围内较粗，如同在几何体中经过建模一样。

3.【反射暗淡】选项组

用于设置对象阴影区中反射贴图的暗淡效果。当一个对象表面有其他对象的投影时，这个区域将会变得暗淡，但是一个标准的反射材质却不会考虑到这一点，它会在对象表面进行全方位反射计算，失去了投影的影响，对象变得通体光亮，场景也变得不真实。这时可以打开【反射暗淡】设置，它的两个参数分别控制对象被投影区域和未被投影区域的反射强度，这样我们可以将被投影区域的反射强度值降低，使投影效果表现出来，同时增加未被投影区域的反射强度，以补偿损失的反射效果。启用和未启用【反射暗淡】的效果如图 6-60 所示。

上图为启用【反射暗淡】
下图为未启用【反射暗淡】

图 6-60

◎ 【应用】：打开此选项，反射暗淡将发生作用，通过右侧的两个值对反射效果产生影响。禁用该选项后，反射贴图材质就不会因为直接灯光的存在或不存在而受到影响。默认设置为禁用。

◎ 【暗淡级别】：设置对象被投影区域的反射强度。值为 1 时，不发生暗淡影响，与不打开此项设置相同；值为 0 时，被投影区域仍表现为原来的投影效果，不产生反射效果；随着值的降低，被投影区域的反射趋于暗淡，而阴影效果趋于强烈。

◎ 【反射级别】：设置对象未被投影区域的反射强度。它可以使反射强度倍增，远远超过反射贴图强度为 100 时的效果。一般用它来补偿反射暗淡对对象表面带来的影响，当值为 3.0 时（默认），可以近似达到不打开反射暗淡时不被投影区域的反射效果。

6.1.6　【贴图】卷展栏

【贴图】卷展栏包含每个贴图类型的按钮。单击这些按钮，可以打开【材质 / 贴图浏览器】对话框，但现在只能选择贴图，这里提供了 30 多种贴图类型，都可以用在不同的贴图方式上，如图 6-61 所示。【贴图】卷展栏能够将贴图或明暗器指定给许多标准材质，还可以在首次显示参数的卷展栏上指定贴图和明暗器：该卷展栏的主要值还可以方便用户使用复选框切换参数的明暗器，而无须移除贴图。

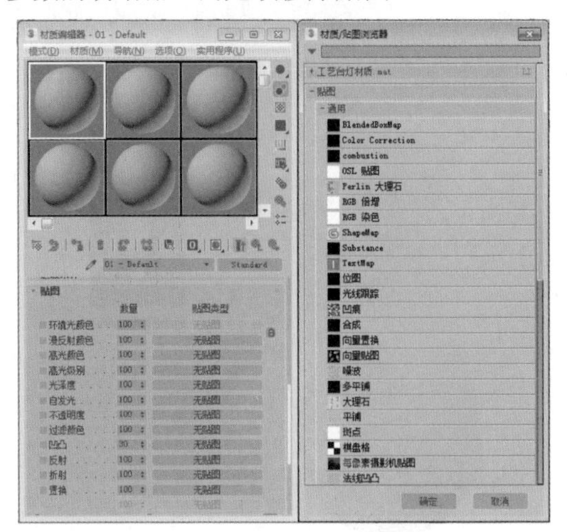

图 6-61

当选择一个贴图类型后，会自动进入其贴图设置层级，以便进行相应的参数设置。单击【转到父对象】按钮，可以返回到贴图方式设置层级，这时该按钮上会出现贴图类型的名称，左侧复选框被选中，表示当前该贴图方式处于活动状态；如果左侧复选框未被选中，会关闭该贴图方式的影响。

【数量】用于确定该贴图影响材质的数量，用完全强度的百分比表示。例如，处在 100% 的漫反射贴图是完全不透光的，会遮住基础材质；为 50% 时，它为半透明，将显示基础材质。

下面将对常用的【贴图】卷展栏中的选项进行介绍。

1. 环境光颜色

【环境光颜色】为对象的阴影区指定位图或程序贴图，默认是它与【漫反射】贴图锁定，如果想对它进行单独贴图，应先在基本参数区中打开【漫反射】右侧的锁定按钮，解除它们之间的锁定。这种阴影色贴图一般不单独使用，默认是它与【漫反射】贴图联合使用，以表现最佳的贴图纹理。需要注意的是，只有在环境光值设置高于默认的黑色时，阴影色贴图才可见。可以通过选择【渲染】|【环境】命令，打开【环境和效果】对话框调节环境光的级别，如图 6-62 所示，如图 6-63 所示对环境光颜色使用贴图。

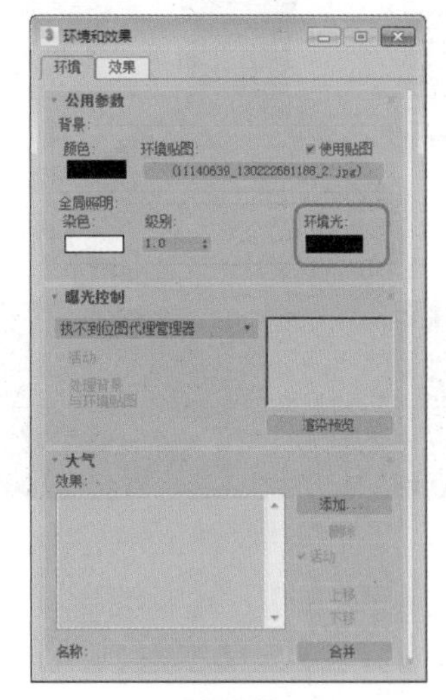

图 6-62

图 6-63

2. 漫反射颜色

【漫反射颜色】主要用于表现材质的纹理效果，当值为 100% 时，会完全覆盖漫反射的颜色，这就好像在对象表面油漆绘画一样，例如，为墙壁指定砖墙的纹理图案，就可以产生砖墙的效果。制作中没有严格的要求非要将漫反射贴图与环境光贴图锁定在一起，通过对漫反射贴图和环境光贴图分别指定不同的贴图，可以制作出很多有趣的融合效果。但如果漫反射贴图用于模拟单一的表面，就需要将漫反射贴图和环境光贴图锁定在一起。图 6-64 所示为应用【漫反射颜色】贴图后的效果。

图 6-64

◎ 【漫反射级别】：该贴图参数只存在于【各向异性】、【多层】、Oren-Nayar-Blinn 和【半透明明暗器】 4 种明暗器类型下。主要通过位图或程序贴图来控制漫反射的亮度。贴图中白色像素对漫反射没有影响，黑色像素则将漫反射亮度降为 0，处于两者之间的颜色依次对漫反射亮度产生不同的影响。图 6-65 所示为应用【漫反射级别】贴图前后的对比效果。

图 6-65

◎ 【漫反射粗糙度】：该贴图参数只存在于【多层】和 Oren-Nayar-Blinn 两种明暗器类型下。主要通过位图或程序贴图来控制漫反射的粗糙程度。贴图中白色像素增加粗糙程度，黑色像素则将粗糙程度降为 0，处于两者之间的颜色对漫反射粗糙程度产生不同的影响。图 6-66 所示为为花瓶添加【漫反射粗糙度】贴图后的效果。

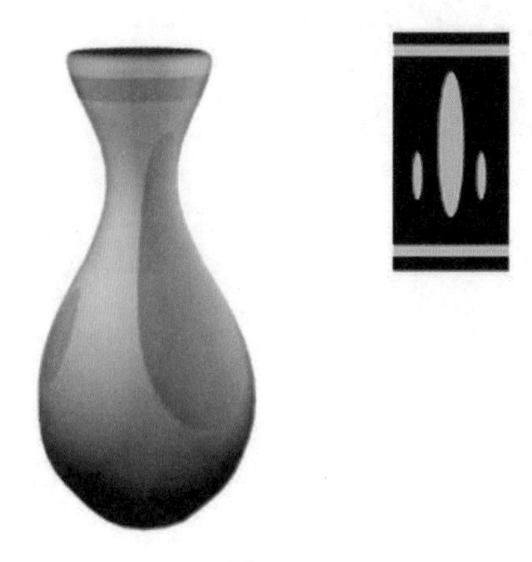

图 6-66

3. 不透明度

可以通过在【不透明度】材质组件中使用位图文件或程序贴图来生成部分透明的对象。贴图的浅色（较高的值）区域渲染为不透明，深色区域渲染为透明，之间的值渲染为半透明，如图 6-67 所示。

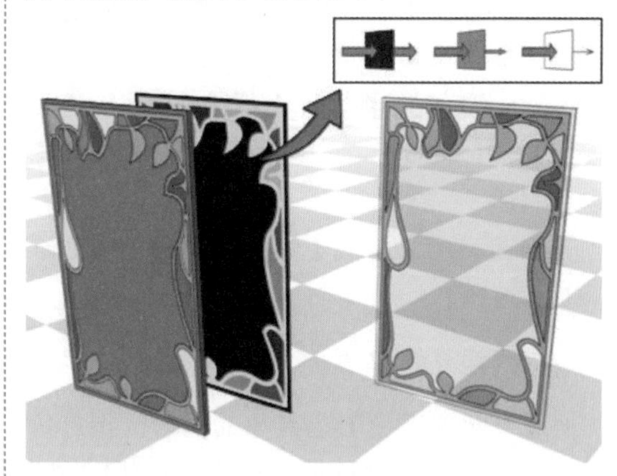

图 6-67

将不透明度贴图的【数量】设置为 100，应用于所有贴图，透明区域将完全透明。将【数量】设置为 0，等于禁用贴图。中间的【数量】值与【基本参数】卷展栏上的【不透明度】值混合，图的透明区域将变得更加不透明。

提示：反射高光应用于不透明度贴图的透明区域和不透明区域，用于创建玻璃效果。如果使透明区域看起来像孔洞，也可以设置高光度的贴图。

4. 凹凸

【凹凸】通过图像的明暗强度来影响材质表面的光滑程度，从而产生凹凸的表面效果，白色图像产生凸起，黑色图像产生凹陷，中间色产生过渡。这种模拟凹凸质感的优点使渲染速度很快，但这种凹凸材质的凹凸部分不会产生阴影投影，在对象边界上也看不到真正的凹凸，对于一般的砖墙、石板路面，它可以产生真实的效果。但是如果凹凸对象很清晰地靠近镜头，并且要表现出明显的投影效果，应该使用置换，利用图像的明暗度可以真实地改变对象造型，但需要花费大量的渲染时间。图 6-68 所示为两种不同凹凸对象后的效果。

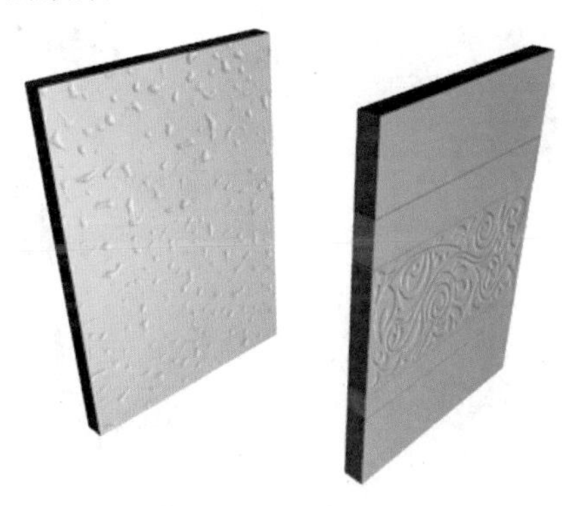

图 6-68

提示：在视图中不能预览凹凸贴图的效果，必须渲染场景才能看到凹凸效果。

凹凸贴图的强度值可以调节到 999，但是过高的强度会带来不正确的渲染效果，如果发现渲染后高光处有锯齿或者闪烁，应使用【超级采样】进行渲染。

5. 反射

反射贴图是很重要的一种贴图方式，要想制作出光洁亮丽的质感，必须熟练掌握反射贴图的使用，如图 6-69 所示。在 3ds Max 中有 3 种不同的方式制作反射效果。

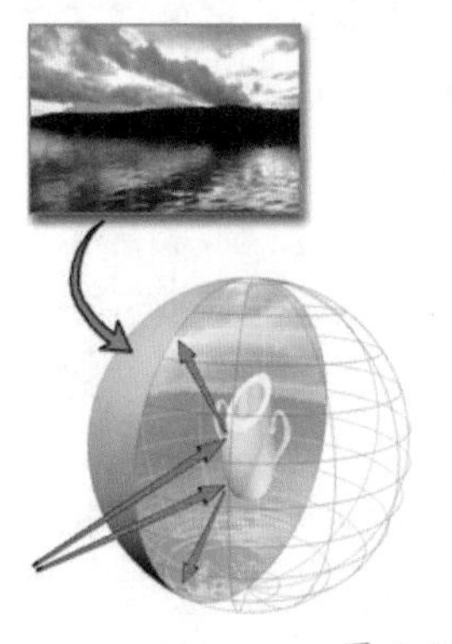
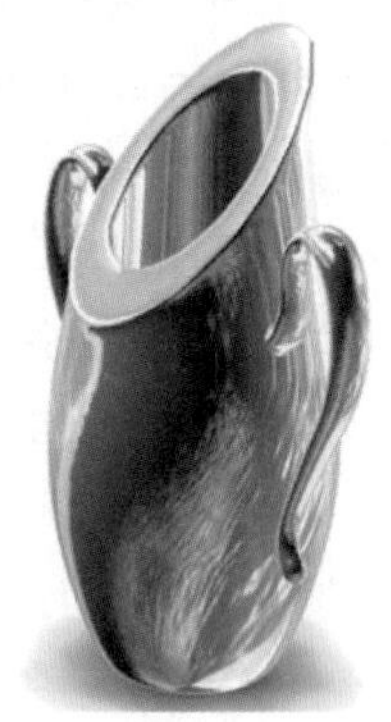

图 6-69

◎ 基础贴图反射：指定一张位图或程序贴图作为反射贴图。这种方式是最快的一种运算方式，但也是最不真实的一种方式。对于模拟金属材质来说，尤其是片头中闪亮的金属字，虽然看不清反射的内容，但只要亮度够高即可。它最大的优点是渲染速度快。

◎ 自动反射：自动反射方式根本不使用贴图，它的工作原理是由对象的中央向周围观察，并将看到的部分贴到表面上。具体方式有两种，即【反射 / 折射】贴图方式和【光线跟踪】贴图方式。【反射 / 折射】贴图方式并不像光线跟踪那样追踪反射光线，真实地计算反射效果，而是采用一种六面贴图方式模拟反射效果，在空间中产生 6 个不同方向的 90° 视图，再分别按不同的方向将 6 张视图投影在场景对象上。这是早期版本提供的功能。【光线跟踪】是模拟真实反射形成的贴图方式，计算结果最接近真实，也是最花费时间的一种方式。这是早在 3ds Max R2 版本时就已经引入的一种反射算法，效果真实，但渲染速度慢，目前一直在随版本更新进行速度优化和提升，不过比起其他第三方渲染器（例如 mental ray、Vray）的光线跟踪，计算速度还是慢很多。

◎ 平面镜像反射：使用【平面镜】贴图类型作为反射贴图。这是一种专门模拟镜面反射效果的贴图类型，就像现实中的镜子一样，反射所面对的对象，属于早期版本提供的功能，因为在没有光线跟踪贴图和材质之前，【反射 / 折射】这种贴图方式没法对纯平面的模型进行反射计算，因此追加了【平面镜】贴图类型来弥补这个缺陷。

设置反射贴图时不用指定贴图坐标，因为它们锁定的是整个场景，而不是某个几何体。反射贴图不会随着对象的移动而变化，但如果视角发生了变化，贴图会像真实的反射情况那样发生变化。反射贴图在模拟真实环境的场景中的主要作用是为毫无反射的表面添加一点反射效果。贴图的强度值控制反射图像的清晰程度，值越高，反射也越强烈。默认的强度值与其他贴图设置一样为 100%。不过对于大多数材质表面，降低强度值通常能获得更为真实的效果。例如一张光滑的桌子表面，首先要体现出的是它的木质纹理，其次才是反射效果。一般反射贴图都伴随着【漫反射】等纹理贴图使用，在【漫反射】贴图为 100% 的同时轻微加一些反射效果，可以制作出非常真实的场景。

在【基本参数】中增加光泽度和高光强度可以使反射效果更真实。此外，反射贴图还受【漫反射】、【环境光】颜色值的影响，颜色越深，镜面效果越明显，即便是贴图强度为 100 时，反射贴图仍然受到漫反射、阴影色和高光色的影响。

对于 Phong 和 Blinn 渲染方式的材质，【高光反射】的颜色强度直接影响反射的强度，值越高，反射也越强，值为 0 时反射会消失。对于【金属】渲染方式的材质，则是【漫反射】影响反射的颜色和强度，【漫反射】的颜色（包括漫反射贴图）能够倍增来自反射贴图的颜色，漫反射的颜色值（HSV 模式）控制着反射贴图的强度，颜色值为 255，反射贴图强度最大；颜色值为 0，反射贴图不可见。

6. 折射

折射贴图用于模拟空气和水等介质的折射效果，使对象表面产生对周围景物的映象。但与反射贴图所不同的是，它所表现的是透过对象所看到的效果。折射贴图与反射贴图一样，锁定视角而不是对象，不需要指定贴图坐标，当对象移动或旋转时，折射贴图效果不会受到影响。具体的折射效果还受折射率的控制，在【扩展参数】面板中【折射率】控制材质折射透射光线的严重程度，值为1时代表真空（空气）的折射率，不产生折射效果；大于1时为凸起的折射效果，多用于表现玻璃；小于 1 时为凹陷的折射效果，对象沿其边界进行反射（如水底的气泡效果）。默认设置为 1.5（标准的玻璃折射率）。不同参数的折射率效果如图 6-70 所示。

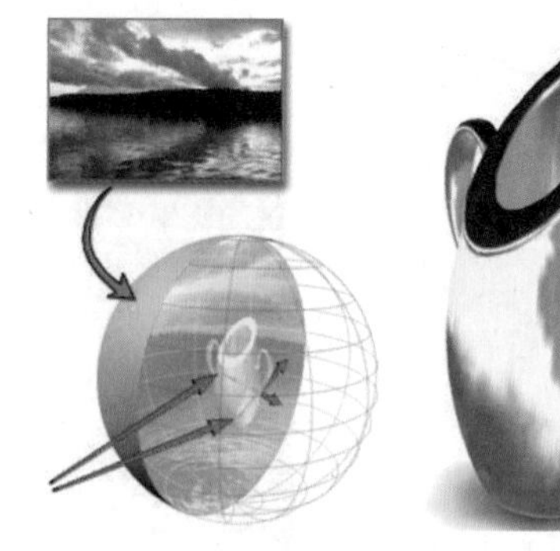

图 6-70

常见的折射率如表 6.2 所示（假设摄影机在空气或真空中）。

表 6.2　常见的折射率

材　质	IOR 值
真空	1（精确）
空气	1.0003
水	1.333
玻璃	1.5 ～ 1.7
钻石	2.419

在现实世界中，折射率的结果取决于光线穿过透明对象时的速度，以及眼睛或摄影机所处的媒介，影响关系最密切的是对象的密度，对象密度越大，折射率越高。在 3ds Max 中，可以通过贴图对对象的折射率进行控制，而受贴图控制的折射率值总是在 1（空气中的折射率）和设置的折射率值之间变化。例如，设置折射率的值为 3，并且使用黑白噪波贴图控制折射率，则对象渲染时的折射率会在 1 ～ 3 进行设置，高于空气的密度；而相同条件下，设置折射率的值为 0.5 时，对象渲染时的折射率会在 0.5 ～ 1 进行设置，类似于水下拍摄密度低于水的对象效果。

通常使用【反射 / 折射】贴图作为折射贴图，只能产生对场景或背景图像的折射表现，如果想反映对象之间的折射表现（如插在水杯中的吸管会发生弯折现象），应使用【光线跟踪】贴图方式或【薄壁折射】贴图方式。

【薄壁折射】贴图方式可以产生类似放大镜的折射效果。

【实战】瓷器质感

下面通过【材质编辑器】窗口为瓷器添加材质，通过【材质编辑器】窗口中的【环境光】、【漫反射】、【自发光】制作出白色瓷器的材质，通过【反射高光】选项组中的【高光级别】、【光泽度】制作出瓷器的光泽质感，然后将材质指定给瓷器对象，效果如图 6-71 所示。

图 6-71

素材	Scenes\Cha06\ 瓷器材质素材 .max
场景	Scenes\Cha06\【实战】瓷器质感 .max
视频	视频教学 \Cha06\【实战】瓷器质感 .mp4

01 按 Ctrl+O 组合键，在弹出的对话框中打开“Scenes\Cha06\ 瓷器材质素材 .max”素材文件，如图 6-72 所示。

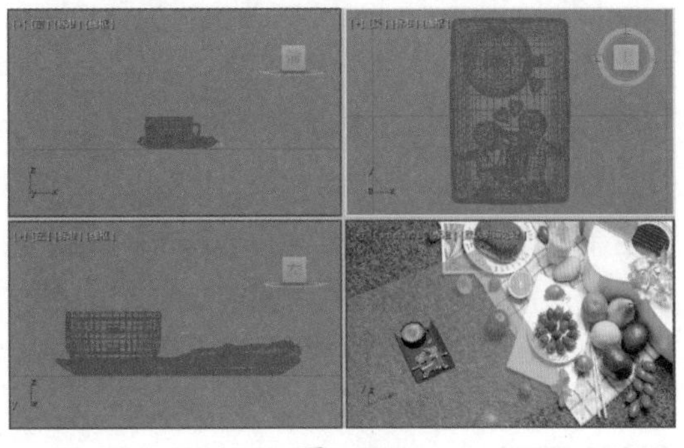

图 6-72

02 按 M 键，弹出【材质编辑器】窗口，选择新的材质样本球，将其重新命名为【白色瓷器】，将【环境光】和【漫反射】的颜色设置为【白色】，将【自发光】设置为 35，将【反射高光】选项组中的【高光级别】设置为 100，将【光泽度】设置为 83，如图 6-73 所示。

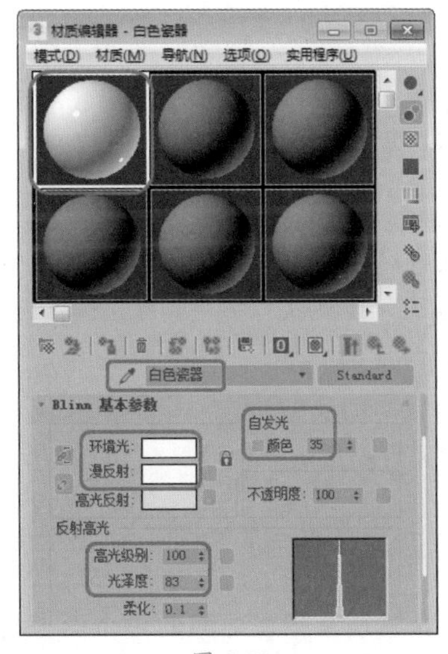

图 6-73

03 按 H 键，弹出【从场景选择】对话框，选择如图 6-74 所示的图形对象。

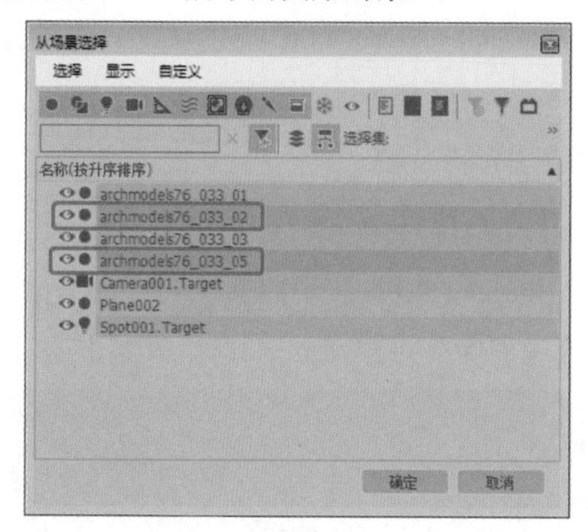

图 6-74

04 单击【确定】按钮，单击【将材质指定给选定对象】按钮，将材质指定给选定对象，如图 6-75 所示。渲染【摄影机】视图查看效果，然后将场景文件保存即可。

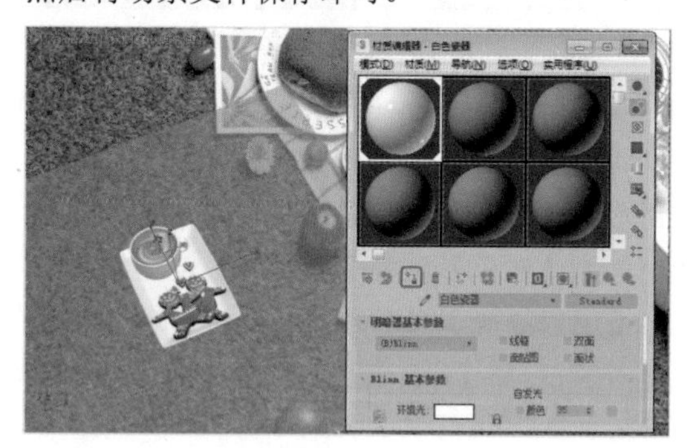

图 6-75

6.2 复合材质

复合材质类型为表面建模提供了非常直观的方式。在现实世界中，表面的外观取决于它如何反射光线。在 3ds Max 中，复合材质模拟表面的反射属性。下面以实例介绍如何创建复合材质。

6.2.1 【混合】材质

混合材质是指在曲面的单个面上将两种材质进行混合。可通过设置【混合量】参数来控制材质的混合程度，该参数可以用来绘制材质变形功能曲线，以控制随时间混合两种材质的方式。

混合材质的创建方法如下。

01 激活材质编辑器中的某个示例窗。

02 单击 Standard 按钮，在弹出的【材质 / 贴图浏览器】对话框中选择【混合】选项，单击【确定】按钮，如图 6-76 所示。

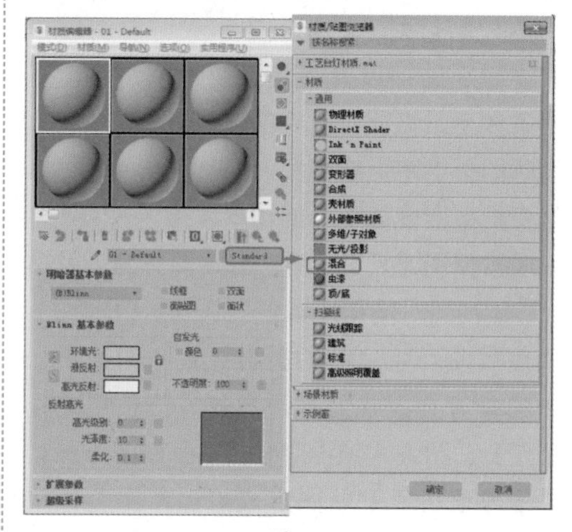

图 6-76

03 弹出【替换材质】对话框，该对话框询问用户将示例窗中的材质丢弃还是保存为子材质，如图 6-77 所示，在该对话框中选择一种类型，然后单击【确定】按钮，进入【混合基本参数】卷展栏，如图 6-78 所示，以在该卷展栏中设置参数。

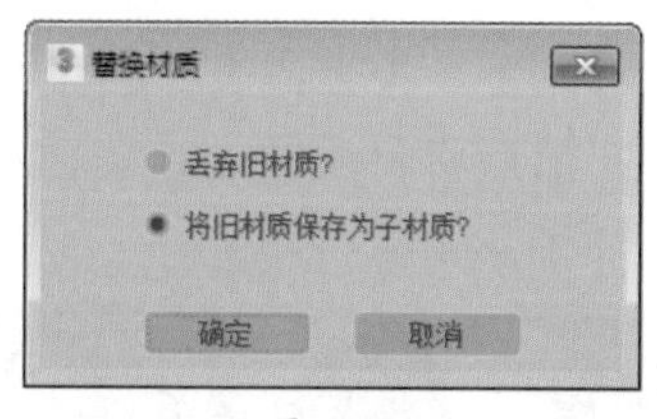

图 6-77

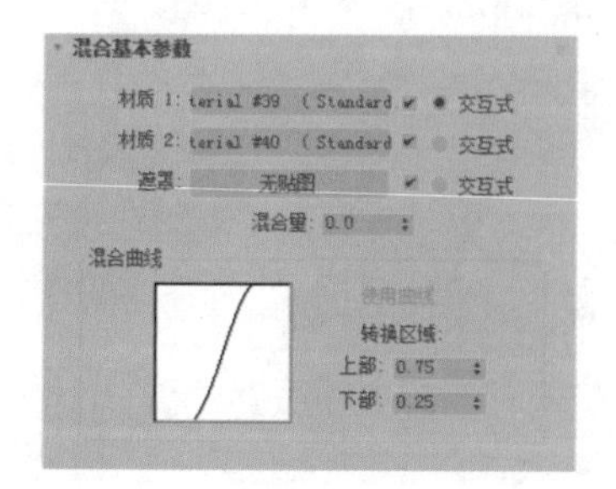

图 6-78

◎ 【材质 1】/【材质 2】：设置两个用来混合的材质。使用复选框来启用和禁用材质。

◎ 【交互式】：在视图中以【真实】方式交互渲染时，用于选择哪一个材质显示在对象表面。

◎ 【遮罩】：设置用作遮罩的贴图。两个材质之间的混合度取决于遮罩贴图的强度。遮罩较明亮（较白）区域显示更多的【材质 1】，而遮罩较暗（较黑）区域则显示更多的【材质 2】。使用复选框来启用或禁用遮罩贴图。

◎ 【混合量】：确定混合的比例（百分比）。0 表示只有【材质 1】在曲面上可见；100 表示只有【材质 2】可见。如果已指定【遮罩】贴图，并且选中了【遮罩】复选框，则不可用。

◎ 【混合曲线】选项组：混合曲线影响进行混合的两种颜色之间变换的渐变或尖锐程度。只有指定遮罩贴图后，才会影响混合。

- ◆ 【使用曲线】：确定【混合曲线】是否影响混合。只有指定并激活遮罩时，该复选框才可用。
- ◆ 【转换区域】：用来调整【上部】和【下部】的级别。如果这两个值相同，那么两种材质会在一个确定的边上接合。

■ 6.2.2 【多维 / 子对象】材质

使用【多维 / 子对象】材质可以采用几何体的子对象级别分配不同的材质。创建多维材质，将其指定给对象并使用【网格选择】修改器选中面，然后选择多维材质中的子材质指定给选中的面。

如果该对象是可编辑网格，可以拖放材质到面的不同的选中部分，并随时构建一个【多维 / 子对象】材质。

子材质 ID 不取决于列表的顺序，可以输入新的 ID 值。

单击【材质编辑器】窗口中的【使唯一】按钮，允许将一个实例子材质构建为一个唯一的副本。

【多维 / 子对象基本参数】卷展栏如图 6-79 所示。

图 6-79

◎ 【设置数量】：设置拥有子级材质的数目，注意如果减少数目，会将已经设置的材质丢失。

◎ 【添加】：添加一个新的子材质。新材质默认的 ID 号在当前 ID 号的基础上递增。

◎ 【删除】：删除当前选择的子材质。可以通过【撤销】命令取消删除。

◎ ID：单击该按钮将列表排序，其顺序开始于最低材质 ID 的子材质，结束于最高材质 ID。

◎ 【名称】：单击该按钮后按名称栏中指定的名称进行排序。

◎ 【子材质】：按子材质的名称进行排序。子材质列表中每个子材质有一个单独的材质项。该卷展栏一次最多显示 10 个子材质；如果材质数超过 10 个，则可以通过右边的滚动栏滚动列表。列表中的每个子材质包含以下控件。

- ◆ 材质球：提供子材质的预览，单击材质球图标可以对子材质进行选择。

◆ ID：显示指定给子材质的 ID 号，同时还可以在这里重新指定 ID 号。如果输入的 ID 号有重复，系统会提出警告，如图 6-80 所示。

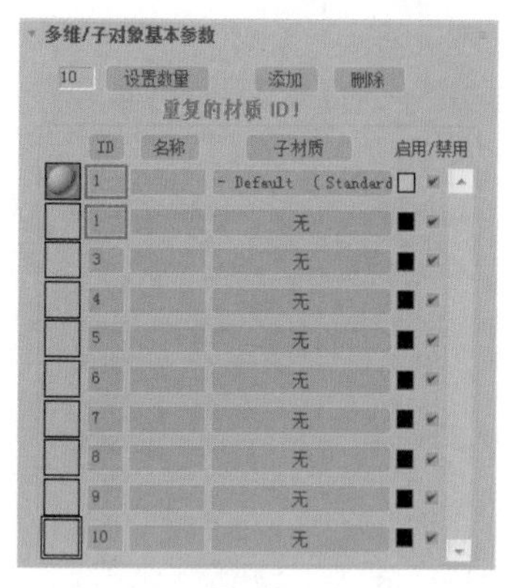

图 6-80

◎ 【名称】：可以在这里输入自定义的材质名称。

◎ 【子材质】按钮：该按钮用来选择不同的材质作为子级材质。右侧颜色按钮用来确定材质的颜色，它实际上是该子级材质的【漫反射】值。最右侧的复选框可以对单个子级材质进行启用和禁用的开关控制。

 【实战】为礼盒添加多维次物体材质

本例将介绍多维次物体材质的制作，首先设置模型的 ID 面，然后再通过【多维 / 子对象】材质来表现其效果，效果如图 6-81 所示。

图 6-81

素材	Scenes\Cha06\ 礼盒材质素材 .max
场景	Scenes\Cha06\【实战】为礼盒添加多维次物体材质 .max
视频	视频教学 \Cha06\【实战】为礼盒添加多维次物体材质 .mp4

01 按 Ctrl+O 组合键，打开“Scenes\Cha06\ 礼盒材质素材 .max”素材文件，如图 6-82 所示。

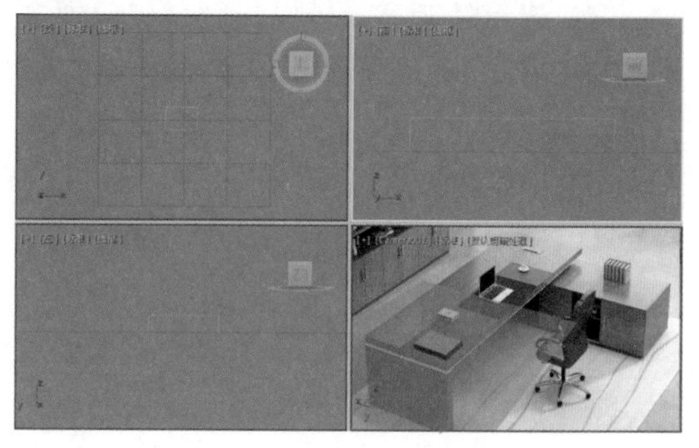

图 6-82

02 在场景中选择【礼盒】对象，切换到【修改】命令面板，在修改器下拉列表中选择【编辑多边形】修改器，将当前选择集定义为【多边形】，在视图中选择正面和背面，在【多边形：材质 ID】卷展栏的【设置 ID】文本框中输入 1，按 Enter 键确认，如图 6-83 所示。

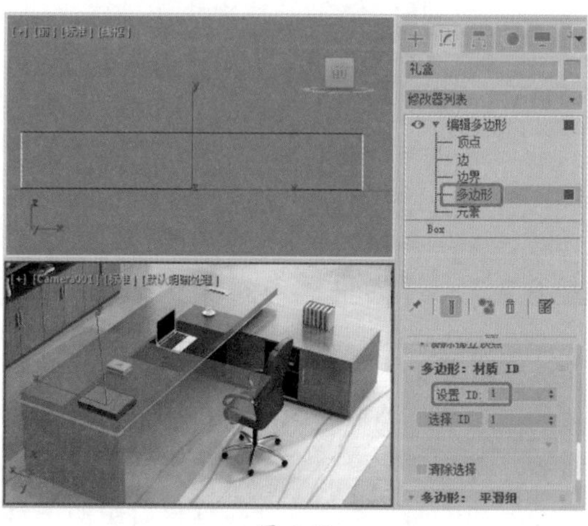

图 6-83

03 在视图中选择如图 6-84 所示的面，在【多边形：材质 ID】卷展栏中的【设置 ID】文本框中输入 2，按 Enter 键确认。

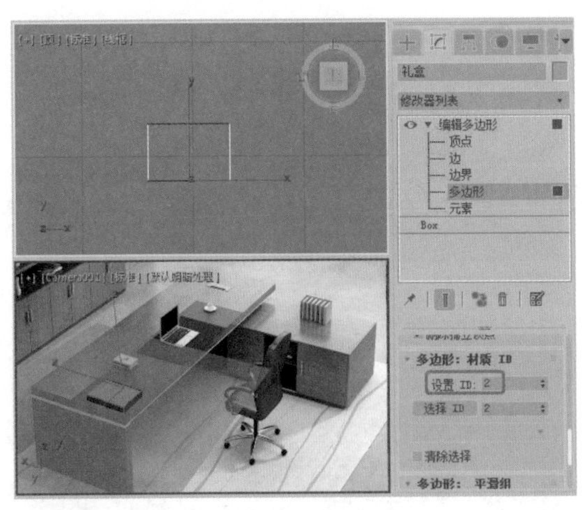

图 6-84

提示：【设置 ID】用于向选定的多边形分配特殊的材质 ID 编号，以供与【多维 / 子对象】材质和其他应用一同使用。使用微调器或用键盘输入数字。可用的 ID 总数是 65535。

【选择 ID】用于选择与相邻 ID 字段中指定的【材质 ID】对应的多边形。输入或使用该微调器指定 ID，然后单击【选择 ID】按钮。

04 在视图中选择如图 6-85 所示的面，在【多边形：材质 ID】卷展栏中的【设置 ID】文本框中输入 3，按 Enter 键确认。

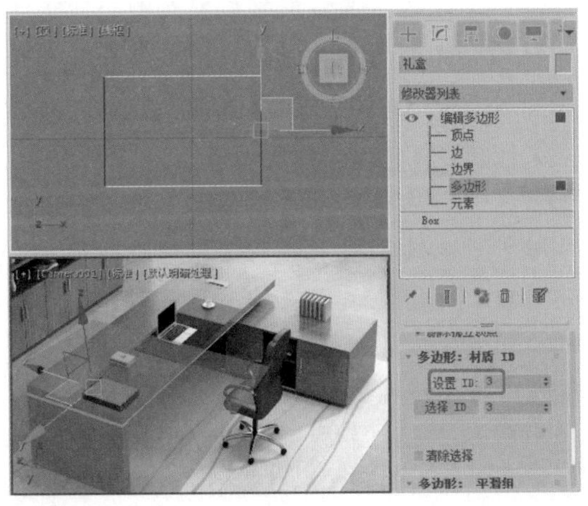

图 6-85

05 关闭当前选择集，按 M 键，打开【材质编辑器】窗口，选择一个新的材质样本球，单击 Standard 按钮，在弹出的【材质 / 贴图浏览器】对话框中选择【多维 / 子对象】材质，如图 6-86 所示。

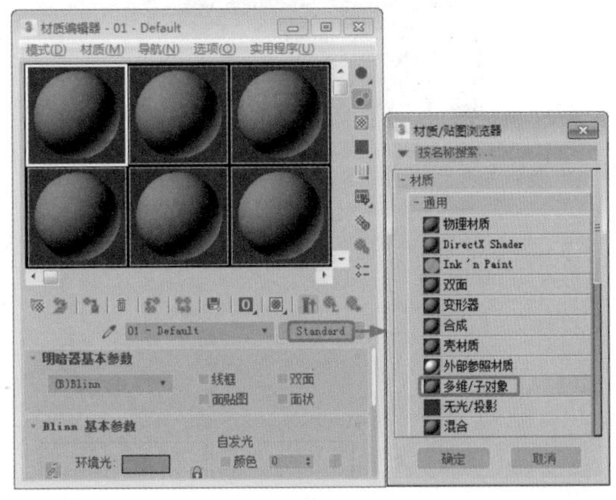

图 6-86

06 单击【确定】按钮，在弹出的【替换材质】对话框中选中【将旧材质保存为子材质】单选按钮，单击【确定】按钮，如图 6-87 所示。

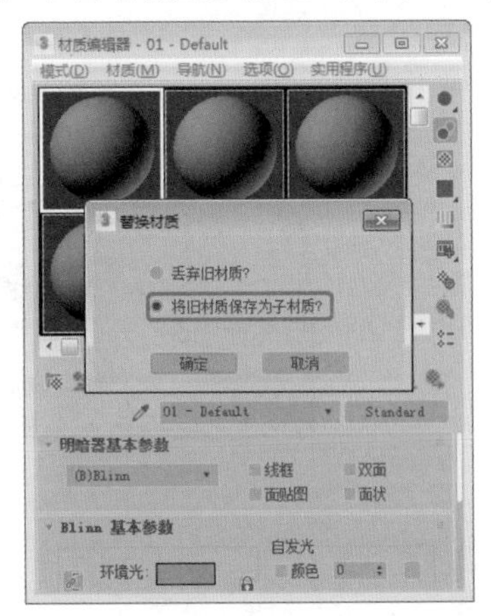

图 6-87

提示：【多维 / 子对象】材质用于将多种材质赋予物体的各个次对象，在物体表面的不同位置显示不同的材质。该材质是根据次对象的 ID 号进行设置的，使用该材质前，首先要给物体的各个次对象分配 ID 号。

07 在【多维 / 子对象基本参数】卷展栏中单击【设置数量】按钮，在弹出的对话框中将【材质数量】设置为 3，单击【确定】按钮，如图 6-88 所示。

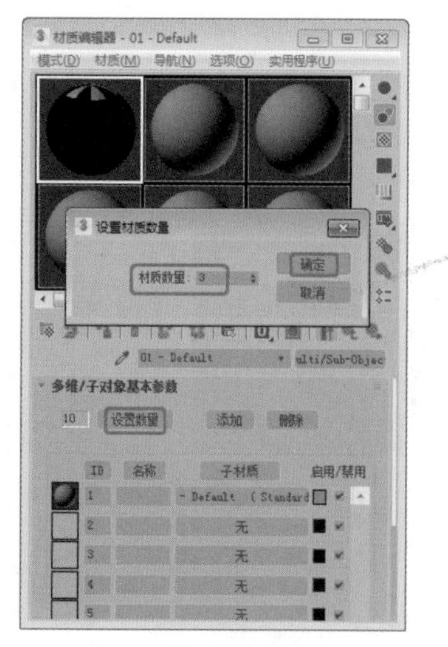

图 6-88

08 在【多维 / 子对象基本参数】卷展栏中单击 ID1 右侧的子材质按钮，在【Blinn 基本参数】卷展栏中将【环境光】和【漫反射】的 RGB 值设置为 255、187、80，将【自发光】设置为 80，在【反射高光】选项组中将【高光级别】和【光泽度】分别设置为 20、10，如图 6-89 所示。

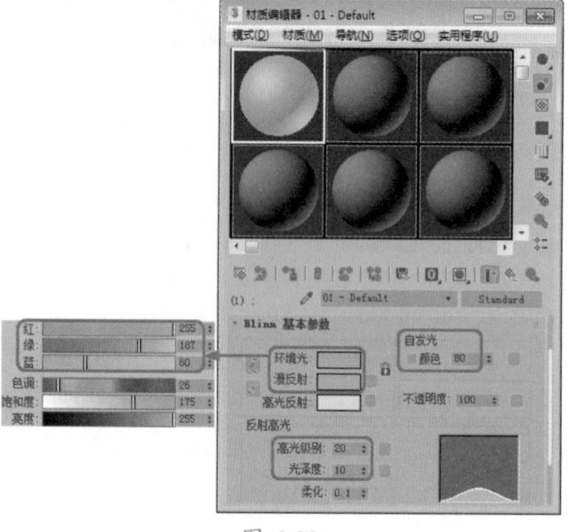

图 6-89

09 在【贴图】卷展栏中，单击【漫反射颜色】右侧的【无贴图】按钮，在弹出的【材质 / 贴图浏览器】对话框中选择【位图】贴图，单击【确定】按钮，如图 6-90 所示。

10 在弹出的对话框中选择“Map\1 副本 .tif”贴图文件，在【坐标】卷展栏中使用默认参数，如图 6-91 所示。

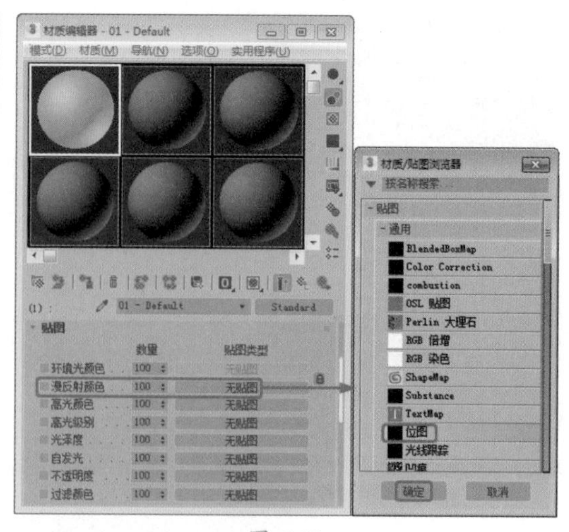

图 6-90

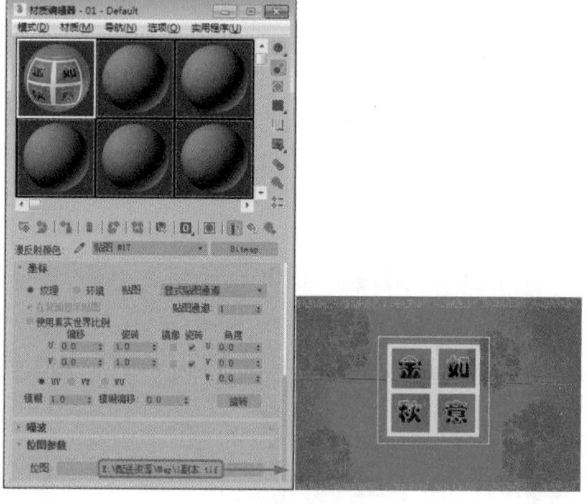

图 6-91

11 单击【转到父对象】按钮，在【贴图】卷展栏中，将【漫反射颜色】右侧的材质按钮拖曳到【凹凸】右侧的材质按钮上，在弹出的对话框中选中【复制】单选按钮，单击【确定】按钮，如图 6-92 所示。

12 选中礼盒对象，然后单击【视口中显示明暗处理材质】按钮和【将材质指定给选定对象】按钮，指定材质后的效果如图 6-93 所示。

13 单击【转到父对象】按钮，在【多维 / 子对象基本参数】卷展栏中单击 ID2 右侧的子材质按钮，在弹出的【材质 / 贴图浏览器】对话框中选择【标准】材质，单击【确定】按钮，如图 6-94 所示。

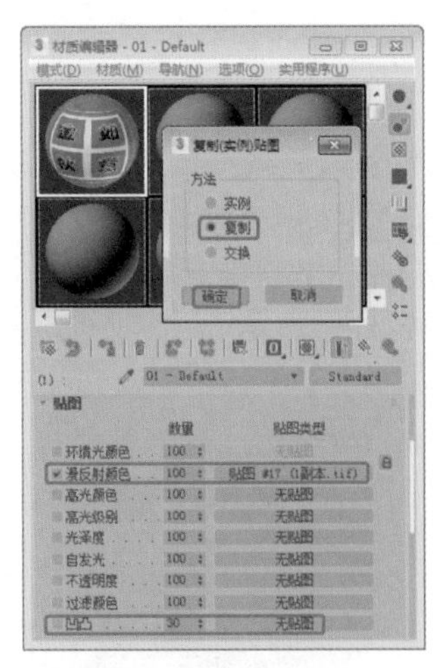

图 6-92

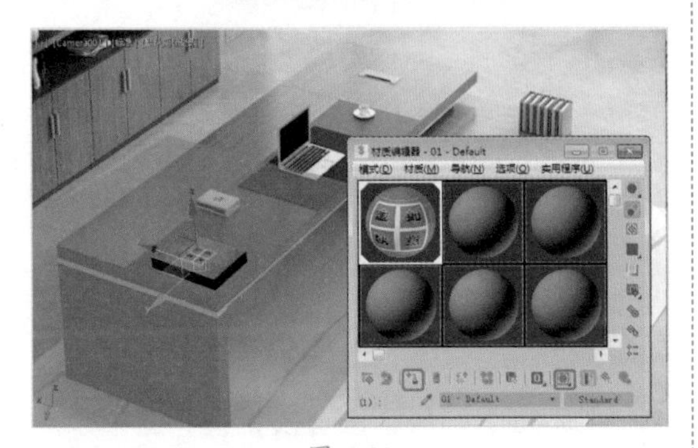

图 6-93

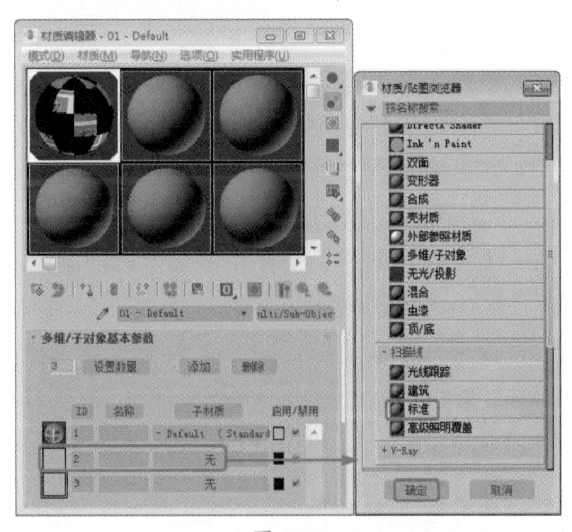

图 6-94

14 在【Blinn 基本参数】卷展栏中将【环境光】和【漫反射】的 RGB 值设置为 255、186、0，将【自发光】设置为 80，在【反射高光】选项组中，将【高光级别】和【光泽度】分别设置为 20、10，如图 6-95 所示。

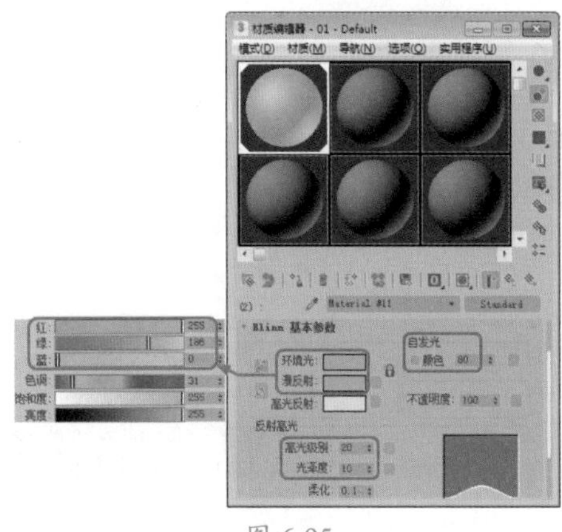

图 6-95

提示：【自发光】参数的设置可以使材质具备自身发光效果，常用于制作灯泡、太阳等光源对象；100％的发光度使阴影色失效，对象在场景中不受到来自其他对象的投影影响，自身也不受灯光的影响，只表现出漫反射的纯色和一些反光，亮度值（HSV 颜色值）保持与场景灯光一致。在 3ds Max 中，自发光颜色可以直接显示在视图中。以前的版本可以在视图中显示自发光值，但不能显示其颜色。

指定自发光有两种方式。一种是选中前面的复选框，使用带有颜色的自发光；另一种是取消选中复选框，使用可以调节数值的单一颜色的自发光，对数值的调节可以看作是对自发光颜色的灰度比例进行调节。

15 在【贴图】卷展栏中单击【漫反射颜色】右侧的【无贴图】按钮，在弹出的对话框中双击【位图】贴图，再在弹出的对话框中打开“2 副本 .tif”文件，在【坐标】卷展栏中，将【角度】下的 W 设置为 180，如图 6-96 所示。

16 单击【转到父对象】按钮，在【贴图】卷展栏中，将【漫反射颜色】右侧的材质按钮拖曳到【凹凸】右侧的材质按钮上，在弹出的对话框中选中【复制】单选按钮，单击【确定】按钮，指定材质后的效果如图 6-97 所示。

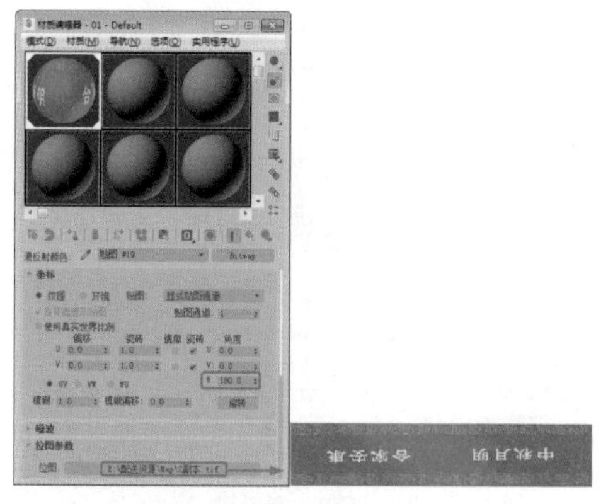

图 6-96

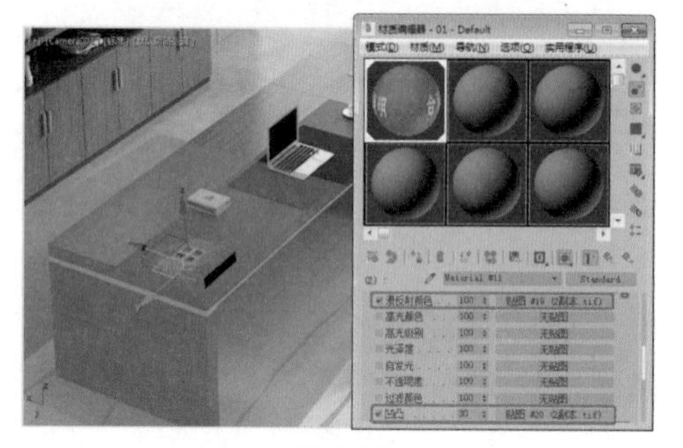

图 6-97

17 使用前面介绍的方法设置 ID3 的材质，如图 6-98 所示，设置完成后按 F9 键进行渲染。

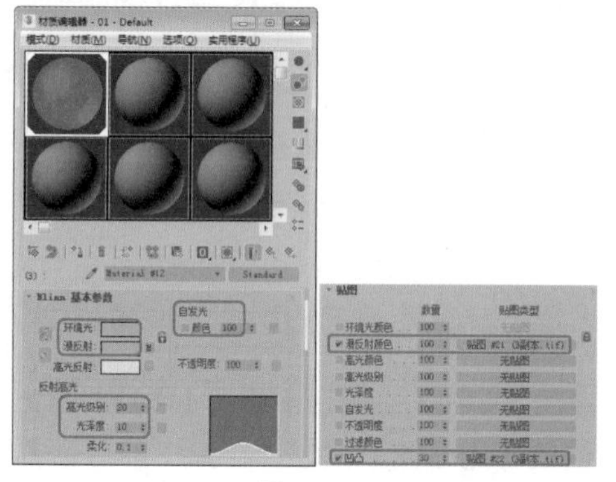

图 6-98

6.2.3 【光线跟踪】材质

【光线跟踪】基本参数与【标准】材质基本参数内容相似，但实际上【光线跟踪】材质的颜色构成与【标准】材质大相径庭。

与【标准】材质一样，可以为光线跟踪颜色分量和各种其他参数使用贴图。色样和参数右侧的小按钮用于打开【材质 / 贴图浏览器】对话框，从中可以选择对应类型的贴图。这些快捷方式在【贴图】卷展栏中也有对应的按钮。如果已经将一个贴图指定给这些颜色之一，则 按钮显示字母“M”，大写的“M”表示已指定和启用对应贴图；小写的“m”表示已指定该贴图，但它处于非活动状态。【光线跟踪基本参数】卷展栏如图 6-99 所示。

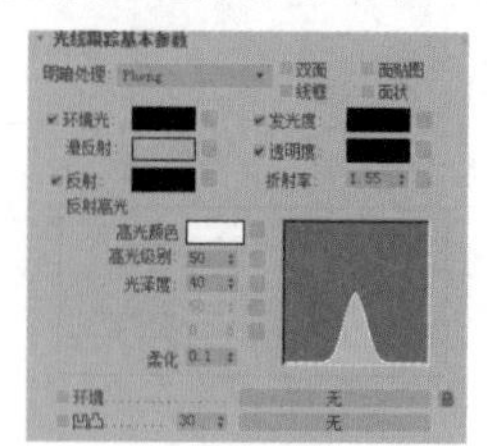

图 6-99

◎ 【明暗处理】：在下拉列表框中可以选择一个明暗器。选择的明暗器不同，则【反射高光】选项组中显示的明暗器的控件也会不同，包括 Phong、Blinn、【金属】、Oren-Nayar-Blinn 和【各向异性】5 种方式。

◎ 【双面】：与标准材质相同。选中该复选框时，在面的两侧着色和进行光线跟踪。在默认情况下，对象只有一面，以便提高渲染速度。

◎ 【面贴图】：将材质指定给模型的全部面。如果是一个贴图材质，则无须贴图坐标，贴图会自动指定给对象的每个表面。

◎ 【线框】：与标准材质中的线框属性相同，选中该复选框时，在线框模式下渲染材质。可以在【扩展参数】卷展栏中指定线框大小。

◎ 【面状】：将对象的每个表面作为平面进行渲染。

◎ 【环境光】：与标准材质的环境光含义完全不同，对于光线跟踪材质，它控制材质吸收环境光的多少，如果将它设为纯白色，即为在标准材质中将环境光与漫反射锁定。默认为黑色。启用名称左侧的复选框时，显示环境光的颜色，通过右侧的色块可以进行调整；禁用复选框时，环境光为灰度模式，可以直接输入或者通过调节按钮设置环境光的灰度值。

◎ 【漫反射】：代表对象反射的颜色，不包括高光反射。反射与透明效果位于过渡区的最上层；当反射为 100%（纯白色）时，漫反射色不可见。默认为 50% 的灰度。

◎ 【反射】：设置对象高光反射的颜色，即经过反射过滤的环境颜色，颜色值控制反射的量。与环境光一样，通过启用或禁用 ✔反射: 复选框，可以设置反射的颜色或灰度值。此外，第二次启用复选框，可以为反射指定【菲涅尔】镜像效果，它可以根据对象的视角为反射对象增加一些折射效果。

◎ 【发光度】：与【标准】材质的自发光设置近似（禁用则变为自发光设置），只是不依赖于【漫反射】进行发光处理，而是根据自身颜色来决定所发光的颜色，用户可以为一个【漫反射】为蓝色的对象指定一个红色的发光色。默认为黑色。右侧的灰色按钮用于指定贴图。禁用左侧的复选框，【发光度】选项变为【自发光】选项，通过微调按钮可以调节发光色的灰度值。

◎ 【透明度】：与【标准】材质中的 Filter 过滤色相似，它控制在光线跟踪材质背后经过颜色过滤所表现的色彩，黑色为完全不透明，白色为完全透明。将【漫反射】与【透明度】都设置为完全饱和的色彩，可以得到彩色玻璃的材质。禁用后，对象仍折射环境光，不受场景中其他对象的影响。右侧的灰块按钮用于指定贴图。禁用左侧的复选框后，可以通过微调按钮调整透明色的灰度值。

◎ 【折射率】：设置材质折射光线的强度，默认值为 1.55。

◎ 【反射高光】选项组：控制对象表面反射区反射的颜色，根据场景中灯光颜色的不同，对象反射的颜色也会发生变化。

◆ 【高光颜色】：设置高光反射灯光的颜色，将它与【反射】颜色都设置为饱和色可以制作出彩色铬钢效果。

◆ 【高光级别】：设置高光区域的强度。值越高，高光越明亮。默认为 5。

◆ 【光泽度】：影响高光区域的大小。光泽度越高，高光区域越小，高光越锐利。默认为 25。

◆ 【柔化】：柔化高光效果。

◎ 【环境】：允许指定一张环境贴图，用于覆盖全局环境贴图。默认的反射和透明度使用场景的环境贴图，一旦在这里进行环境贴图的设置，将会取代原来的设置。利用这个特性，可以单独为场景中的对象指定不同的环境贴图，或者在一个没有环境的场景中为对象指定虚拟的环境贴图。

◎ 【凹凸】：与【标准】材质的凹凸贴图相同。单击该按钮可以指定贴图。使用微调器可更改凹凸量。

课后项目练习

皮革材质

下面通过【材质编辑器】窗口为沙发添加材质，效果如图 6-100 所示。

课后项目练习效果展示

图 6-100

课后项目练习过程概要

（1）通过【材质编辑器】窗口中的【环境光】、【漫反射】、【自发光】制作出沙发皮革的材质。

（2）通过【反射高光】选项组中的【高光级别】、【光泽度】制作出沙发皮革的光泽质感，然后将材质指定给沙发对象。

素材	Scenes\Cha06\ 皮革材质素材 .max
场景	Scenes\Cha06\ 皮革材质 .max
视频	视频教学 \Cha06\ 皮革材质 .mp4

01 按 Ctrl+O 组合键，打开“Scenes\Cha06\ 皮革材质素材 .max”场景文件，如图 6-101 所示。

图 6-101

02 按 M 键，弹出【材质编辑器】窗口，选择新的样本球，将其重新命名为【皮革】，在【明暗器基本参数】卷展栏中将明暗器类型定义为（P）Phong，在【Phong 基本参数】卷展栏中将【环境光】和【漫反射】的 RGB 值设置为 255、255、255，将【自发光】设置为 20，在【反射高光】选项组中将【高光级别】和【光泽度】都设置为 0，如图 6-102 所示。

03 展开【贴图】卷展栏，单击【漫反射颜色】右侧的【无贴图】按钮，弹出【材质 / 贴图浏览器】对话框，选择【位图】贴图，单击【确定】按钮，再在弹出的对话框中选择“Map\A-B-044.jpg”素材图片，单击【打开】按钮，如图 6-103 所示。

04 单击【转到父对象】按钮，按 H 键，弹出【从场景选择】对话框，选择如图 6-104 所示的图形对象，单击【确定】按钮。

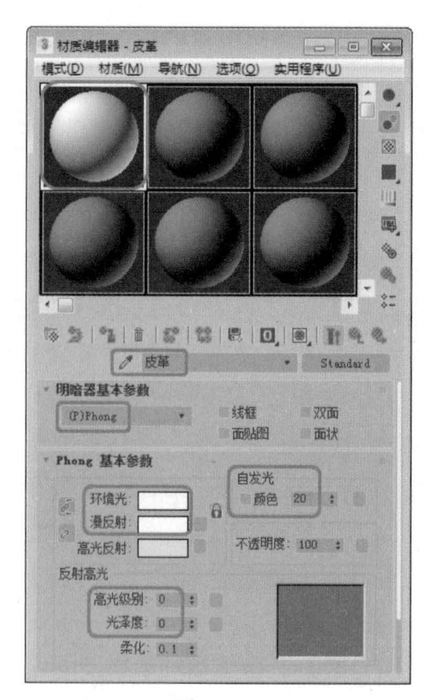

图 6-102

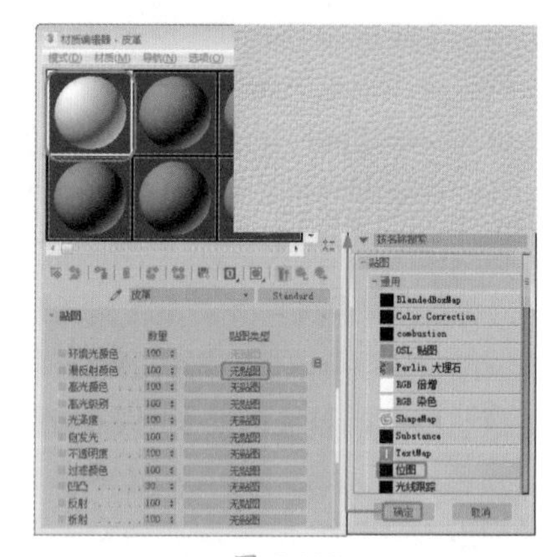

图 6-103

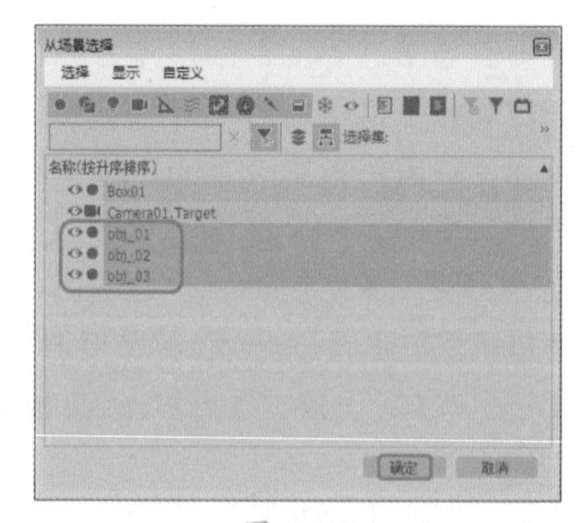

图 6-104

05 单击【将材质指定给选定对象】按钮，将材质指定给选定对象，并渲染【摄影机】视图查看效果，然后将场景文件保存即可。

第 7 章

室外日光灯的模拟——灯光

本章导读

光线是画面视觉信息与视觉造型的基础，没有光便无法体现物体的形状与质感。本章将对 3ds Max 中的灯光进行简单的介绍。

案例精讲
室外日光灯的模拟

为了更好地完成本设计案例，现对制作要求及设计内容做如下规划，效果如图 7-1 所示。

作品名称	室外日光灯模拟
设计创意	（1）在视图中创建泛光灯，提高物体的亮度 （2）在视图中创建目标聚光灯，模拟阳光照射的效果
主要元素	（1）泛光灯 （2）目标聚光灯
应用软件	3ds Max 2020
素材	Scenes\Cha07\ 室外日光灯模拟素材 .max
场景	Scenes \Cha07\【案例精讲】室外日光灯模拟 .max
视频	视频教学 \Cha07\【案例精讲】室外日光灯模拟 .mp4
室外日光灯模拟效果欣赏	图 7-1
备注	

01 按 Ctrl+O 组合键，打开“Scenes\Cha07\ 室外日光灯模拟素材 .max”素材文件，如图 7-2 所示。

02 选择【创建】 |【灯光】 |【标准】|【泛光】工具，在【前】视图中单击鼠标，创建一个泛光灯，在【常规参数】卷展栏中选中【阴影】下的【启用】复选框，在【强度 / 颜色 / 衰减】卷展栏中将【倍增】设置为 0.5，将颜色的 RGB 值设置为 183、183、183，如图 7-3 所示。

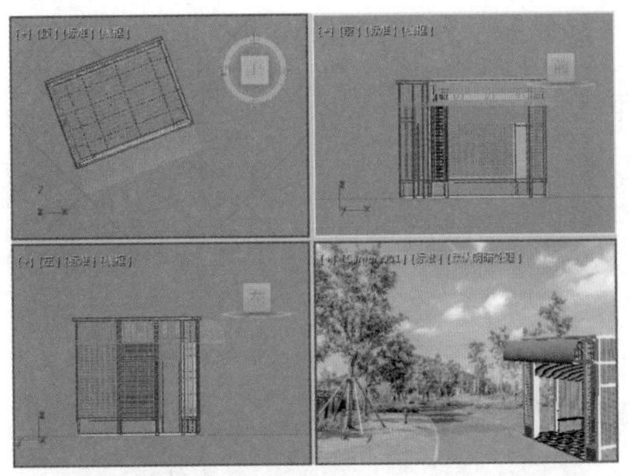

图 7-2

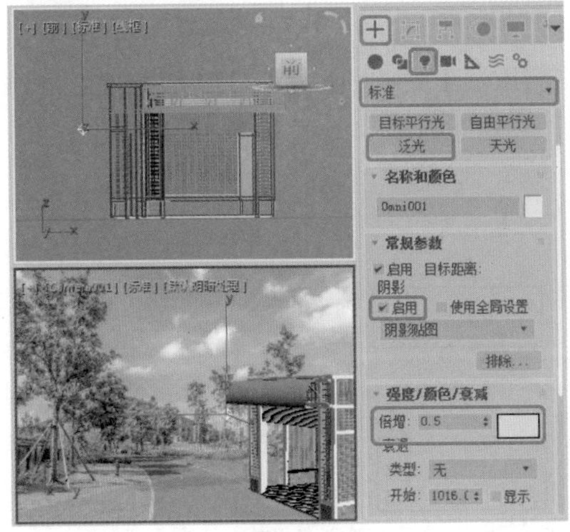

图 7-3

03 使用【选择并移动】工具在视图中调整灯光的位置，如图 7-4 所示。

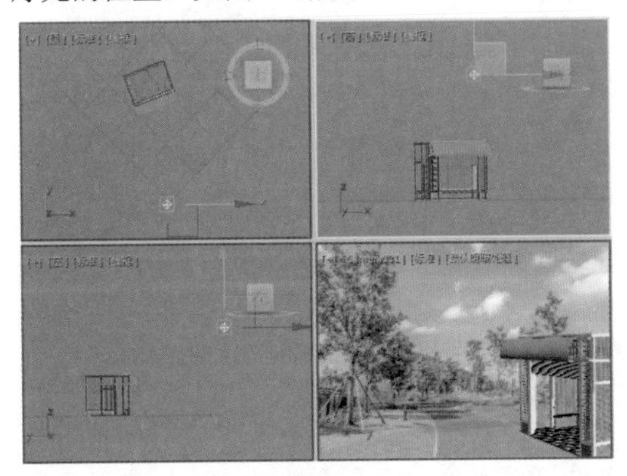

图 7-4

04 选择【创建】|【灯光】|【标准】|【泛光】工具，在【前】视图中单击鼠标，创建一个泛光灯，在【强度 / 颜色 / 衰减】卷展栏中将【倍增】设置为 0.3，将颜色的 RGB 值设置为 255、255、255，如图 7-5 所示。

图 7-5

05 使用【选择并移动】工具在视图中调整灯光的位置，如图 7-6 所示。

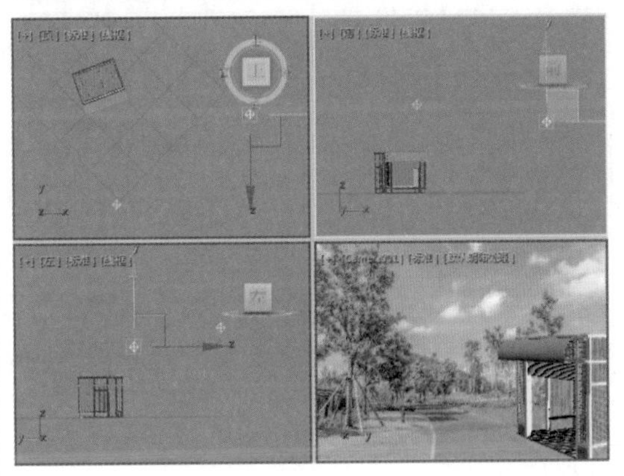

图 7-6

06 在视图中选择 Omni002 对象，按住 Shift 键对其进行拖动，在弹出的【克隆选项】对话框中选中【复制】单选按钮，单击【确定】按钮，选中复制后的 Omni003 灯光，切换至【修改】命令面板，在【强度 / 颜色 / 衰减】卷展栏中将【倍增】设置为 0.6，如图 7-7 所示。

07 继续选中 Omni003 对象，在【常规参数】卷展栏中单击【排除】按钮，在弹出的【排除 / 包含】对话框中选中【包含】单选按钮，如图 7-8 所示。

08 设置完成后，单击【确定】按钮，选择【创建】|【灯光】|【标准】|【目标聚光灯】工具，在【前】视图中拖动鼠标，创建目标

聚光灯，切换至【修改】命令面板，在【常规参数】卷展栏中选中【阴影】下的【启用】复选框，在【强度/颜色/衰减】卷展栏中将【倍增】设置为1，将颜色的RGB值设置为201、201、201，如图7-9所示。

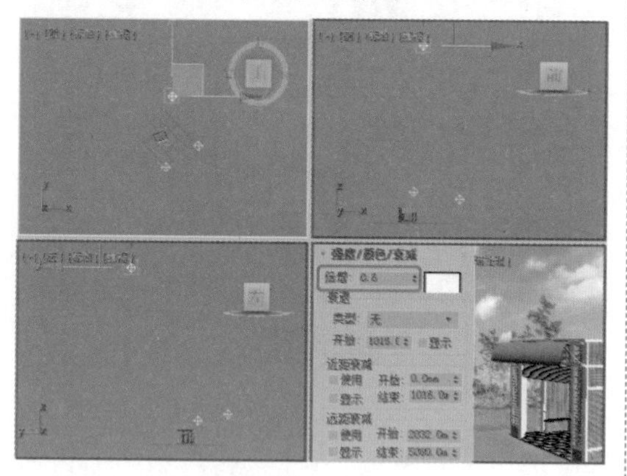

图 7-7

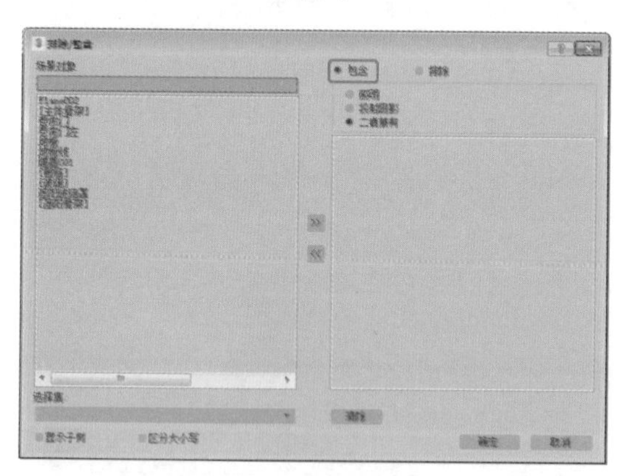

图 7-8

图 7-9

09 使用【选择并移动】工具在视图中调整聚光灯的位置，调整后的效果如图7-10所示。

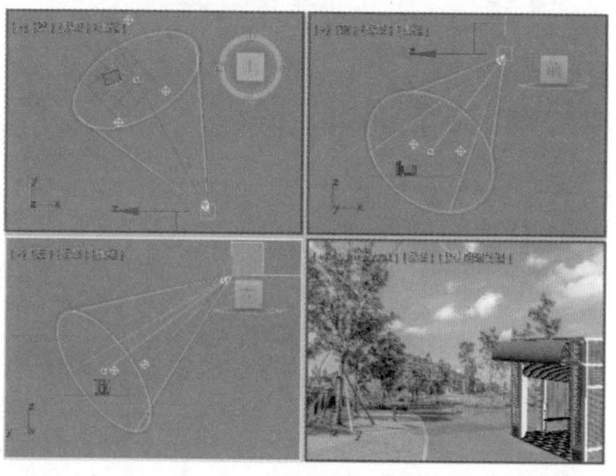

图 7-10

10 激活【摄影机】视图，按F9键查看创建灯光后的效果，如图7-11所示。

图 7-11

7.1 灯光的基本用途与特点

在学习灯光之前，先要了解灯光的用途及特点，只有在了解其属性后，才可以根据自己设置的场景来创建相应的灯光。

7.1.1 灯光的基本用途与设置

光是人类眼睛可以看见的一种电磁波，也称可见光谱。在科学上的定义，光是指所有的电磁波谱。光是以光子为基本粒子组成的，具有粒子性与波动性，称为波粒二象性。光可以在真空、空气、水等透明的物质中传播。对于可见光的范围没有一个明确的界限，一般人的眼睛所能接受的光的波长为

380～760nm。人们看到的光来自太阳或借助于产生光的设备，包括白炽灯泡、荧光灯管、激光器、萤火虫等。

所有的光，无论是自然光或人工室内光，都有其特征。

◎ 明暗度：明暗度表示光的强弱。它随光源能量和距离的变化而变化。

◎ 方向：只有一个光源，方向很容易确定。而有多个光源诸如多云天气的漫射光，方向就难以确定，甚至完全迷失。

◎ 色彩：光随不同的光的本源，并随它穿越的物质的不同而变化出多种色彩。自然光的色彩与白炽灯光或电子闪光灯作用下的色彩不同，而且阳光本身的色彩，也随大气条件和一天时辰的变化而变化。

光线是画面视觉信息与视觉造型的基础，没有光便无法体现物体的形状、质感和颜色。为当前场景创建平射式的白色照明或使用系统的缺省照明设置是一件非常容易的事情，然而，平射式的照明通常对当前场景中对象的特别之处或奇特的效果不会有任何的帮助。如果调整场景的照明，使光线同当前的气氛或环境相配合，就可以强化场景的效果，使其更加真实地体现在我们的视野中。

灯光的颜色也可以对当前场景中的对象产生影响，比如黄色、红色、粉红色等一系列暖色调的颜色可以使画面产生一种温暖的感觉。图7-12所示为冷色与暖色的不同之处。

图7-12

■ 7.1.2 基本三光源的设置

在3ds Max 2020中进行照明，一般使用三光源照明方案和区域照明方案。所谓的三光源照明设置从字面上就非常容易让人理解，就是在一个场景中使用三个灯光来对物体产生照明效果。其实如果这样理解的话，并不完全正确。至于原因，我们先暂且不来讨论，首先来了解一下什么是三光源设置。

三光源设置也可以称为三点照明或三角形照明。同上面从字面上所理解的一样，它是使用三个光源来为当前场景中的对象提供照明。我们所使用的三个光源为【目标聚光灯】（两个）和【泛光灯】（一个），这三个灯光分别处于不同的位置，并且它们所起的作用也不相同。根据它们的作用不同分别称其为主灯、背灯和辅灯。

主光在整个场景设置中是最基本，但也是最亮、最重要的一个光源，它是用来照亮所创建的大部分场景的灯光，并且因为其决定了光线的主要方向，所以在使用中常常被设为在场景中投射阴影的主要光源，对象的阴影也从而产生。如果在设置制作中，想要当前对象的阴影小一些，可以将灯光的投射器调高一些；反之亦然。

另外，需要注意的是，作为主灯，在场景中放置这个灯光的最好的位置是物体正面的3/4处（也就是物体正面左边或右边的45°处）。

在场景中，在主灯的反方向创建的灯光称为背光。这个照明灯光在设置时可以在当前对象的上方（高于当前场景对象），并且此光源的光照强度要等于或者小于主光。背光的主要作用是在制作中使对象从背景中脱离出来，更加突出，从而使得物体显示其轮廓，并且展现场景的深度。

最后所要讲的第三光源也称为辅光源，辅光的主要用途是控制场景中最亮的区域和最暗区域间的对比度。应当注意的是，在设置中亮的辅光将产生平均的照明效果，而设置较暗的辅光则增加场景效果的对比度，使场景产生不稳定的感觉。一般情况下，辅光源放置的位置要靠近摄像机，以便产生平面光和柔和的照射效果。另外，也可以将泛光灯作为辅光源应用于场景中，泛光灯在系统中的设置基本目的就是作为一个辅光而存在。在场景中远距离设置大量的不同颜色和低亮度的泛光灯是非常普通和常见的，这些泛光灯混合在模型中，将弥补主灯所照射不到的区域。

提示：当你在制作一个小型的或单独的为表现一个物体的场景时，可以采用上面所介绍的三光源设置，但是不要只局限于这三个灯光来对场景或对象进行照明，有必要再添加其他类型的光源，并相应地调整其光照参数，以求制作出精美的效果。

有时一个大的场景不能有效地使用三光源照明，那么就要使用稍有不同的方法来进行照明。当一个大区域分为几个小区域时，可以使用区域照明，这样每个小区域都会单独地被照明。可以根据重要性或相似性来选择区域，当一个区域被选择之后，可以使用基本三光源照明方法。但是，有时区域照明并不能产生合适的气氛，这时就需要使用自由照明方案。

7.2 灯光基础知识

在 3ds Max 2020 中设置灯光时，首先应明确场景要模拟的是自然照明效果还是人工照明效果，再在场景中创建灯光效果。下面将对自然光、人造光、环境光、标准照明方法以及阴影分别进行介绍。

7.2.1 自然光、人造光与环境光

1. 自然光

自然光也就是阳光，它是来自单一光源的平行光线，照明方向和角度会随着时间、季节等因素的变化而改变。晴天时阳光的色彩为淡黄色（R:250、G:255、B:175）；而多云时为蓝色；阴雨天时为暗灰色，大气中的颗粒会将阳光呈现为橙色或褐色；日出或落日时的阳光为红或橙色。天空越晴朗，物体产生的阴影越清晰，阳光照射中的立体效果越突出。

在 3ds Max 2020 中提供了多种模拟阳光的方式，在标准灯光中无论是【目标平行光】还是【自由平行光】，一盏就足以作为日照场景的光源。

2. 人造光

无论是室内还是室外效果，都会使用多盏灯光，即人造光。人造光首先要明确场景中的主题，然后单独为一个主题设置一盏明亮的灯光，称为【主灯光】，将其置于主题的前方稍偏上。除了【主灯光】以外，还需要设置一盏或多盏灯光用来照亮背景和主题的侧面，称为【辅助灯光】，亮度要低于【主灯光】。这些【主灯光】和【辅助灯光】不但能够强调场景的主题，同时还加强了场景的立体效果。还可为场景的次要主题添加照明灯光，舞台术语称为【附加灯】，亮度通常高于【辅助灯光】，低于【主灯光】。在 3ds Max 2020 中，【目标聚光灯】通常是最好的【主灯光】，而【泛光灯】适合作为【辅助灯光】，【环境光】则是另一种补充照明光源。

3. 环境光

环境光是照亮整个场景的常规光线。这种光具有均匀的强度，并且属于均质漫反射，它不具有可辨别的光源和方向。

默认情况下，场景中没有环境光，如果在带有默认环境光设置的模型上检查最黑色的阴影，无法辨别出曲面，因为它没有任何灯光照亮。场景中的阴影不会比环境光的颜色暗，这就是通常要将环境光设置为黑色（默认色）的原因，如图 7-13 所示。

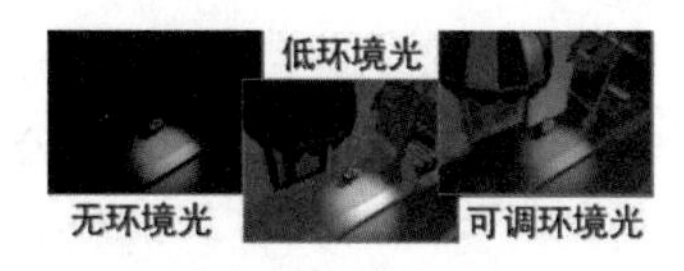

图 7-13

设置默认环境光颜色的方法有以下两种。

方法一：选择【渲染】|【环境】命令，在打开的【环境和效果】对话框中可以设置环境光的颜色，如图 7-14 所示。

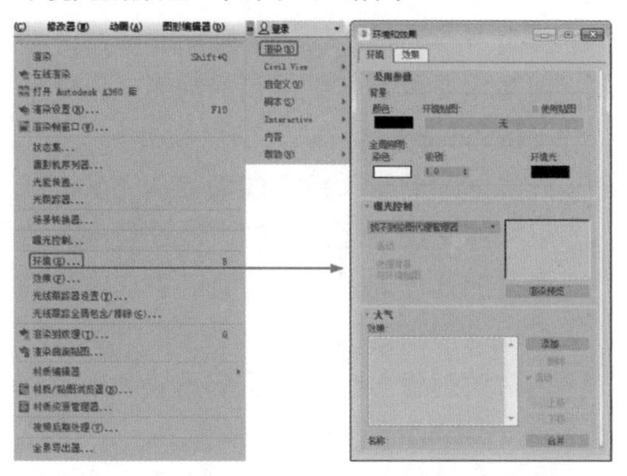

图 7-14

方法二：选择【自定义】|【首选项】命令，在打开的【首选项设置】对话框中选择【渲染】选项卡，然后在【默认环境灯光颜色】选项组的色块中设置环境光的颜色，如图 7-15 所示。

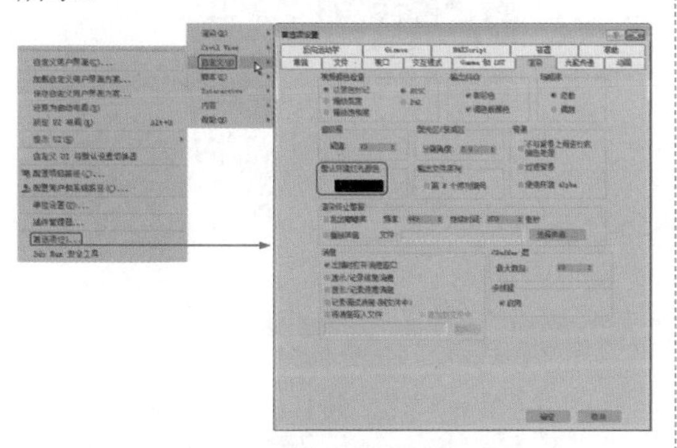

图 7-15

■ 7.2.2　标准照明方法

在 3ds Max 2020 中的照明一般使用标准的照明，也就是三光源照明和区域照明方案。所谓标准照明就是在一个场景中使用一个主要的灯光和两个次要的灯光，也就是主灯光、辅助灯光和背景灯光，主要的灯光用来照亮场景，次要的灯光用来照亮局部，这也是一种传统的照明方法。

> 提示：本章中所指的基本灯光布置方式，是摄影中最为常用的三点灯光布局法，而在摄影中还有许多其他的灯光布局方法，读者若有兴趣，可以自行查阅相关资料。

◎ 主光灯：最好选择聚光灯为主光灯，一般使其与视平线夹角为 30° ～ 45°，与摄影机夹角为 30° ～ 45°，并将其投向主物体，一般光照强度较大，能将主物体从背景中充分凸显出来，而且通常将其设置为投身阴影。

◎ 背景光灯：一般放置在对象的背后，也就是主光灯的反方向，位置可以在当前对象的上方，并且该光源的光照强度要等于或小于主光，其主要作用是使对象从背景中脱离出，使物体显示其轮廓。

◎ 辅助光灯：其主要用途是控制场景中最亮区域与最暗区域之间的对比度。需要注意的是，亮的辅助光将产生平均的照明效果，而较暗的辅助光则增加场景效果的对比度，使场景产生不稳定的感觉。一般情况下，辅助光的位置要靠近摄影机，以便产生平面光和柔和的照射效果。另外，可以使用泛光灯作为辅助光灯，在场景中远距离设置大量的不同颜色和低亮度的泛光灯是十分普通和常见的，这些泛光灯混合在模型中将弥补主光灯所照射不到的区域。

在一个大的场景中有时不能有效地使用三光源照明，就需要使用其他的照明方法，当一个大区域分为几个小区域时，可以使用区域照明，每个小区域都会单独地被照明。可以根据重要性或相似性来选择区域，当某个区域被选择后，便可以使用三光源照明方法，但有些区域照明并不能产生合适的气氛，此时便需要使用自由照明方案。

在进行室内照明时需要遵守以下几个原则。

◎ 不要将灯光设置得太多、太亮，以免使整个场景没有一点层次和变化，使渲染效果显得生硬。

◎ 不要随意设置灯光，应该有目的地去放置每盏灯，明确每盏灯的控制对象是灯光布置中的首要因素。

◎ 每盏灯光都要有实际的使用价值，对于一些效果微弱、可有可无的灯光尽量不去使用。不要滥用排除、衰减，以免加大对灯光控制的难度。

7.2.3 阴影

阴影是对象后面灯光变暗的区域。3ds Max 2020 支持几种类型的阴影，包括区域阴影、阴影贴图和光线跟踪阴影等。

◎ 高级光线跟踪：与光线跟踪阴影类似，但是它们还提供了抗锯齿控件，可以通过这一控件微调光线跟踪阴影的生成方式。

◎ 区域阴影：模拟灯光在区域或体积上生成的阴影，不需要太多的内存，而且支持透明对象。

◎ 阴影贴图：是一种渲染器在预渲染场景通道时生成的位图。这些贴图可以有不同的分辨率，但是较高的分辨率会要求有更多的内存。使用阴影贴图通常能够创建出更真实、更柔和的阴影，但是不支持透明度。

◎ 光线跟踪阴影：是通过跟踪从光源进行采样的光线路径生成的。该过程会耗费大量的处理周期，但是能产生非常精确且边缘清晰的阴影。使用光线跟踪可以为对象创建出阴影贴图所无法创建的阴影，例如透明的玻璃。

图 7-16 所示为使用不同阴影类型渲染的图像。

图 7-16

7.3 标准灯光类型

在 3ds Max 2020 中有许多内置灯光类型，它们几乎可以模拟自然界中的每一种光，同时也可以创建仅存于计算机图形学中的虚拟现实的光。3ds Max 2020 包括 6 种不同标准灯光对象，即【目标聚光灯】、【自由聚光灯】、【目标平行光】、【自由平行光】、【泛光】和【天光】，如图 7-17 所示，在三维场景中都可以进行设置、放置以及移动。并且这些光源包含了一般光源的控制参数，而且这些参数决定了光照在环境中所起的作用。下面对常用灯光类型进行介绍。

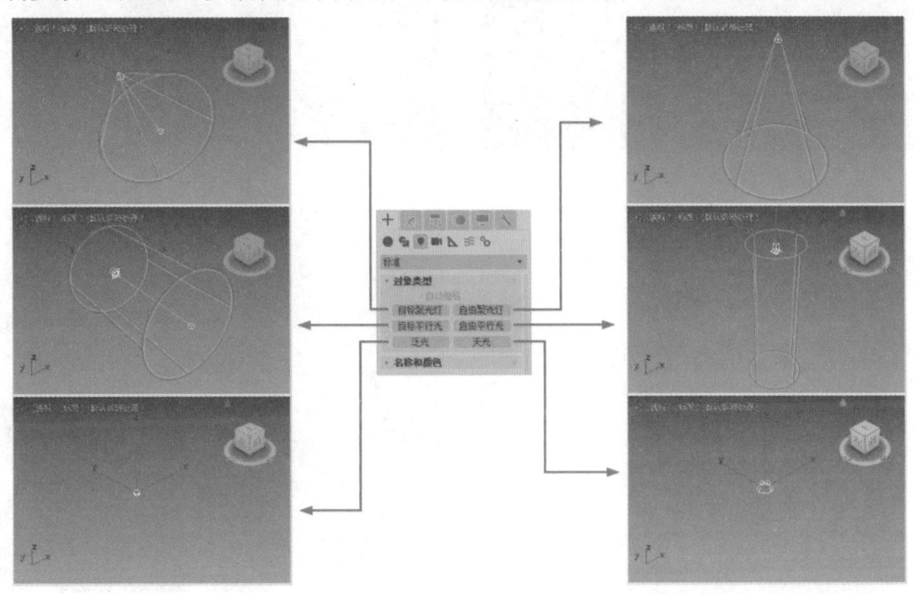

图 7-17

7.3.1 泛光灯

泛光灯向四周发散光线，标准的泛光灯用来照亮场景，它的优点是易于建立和调节，不用考虑是否有对象在范围外而不被照射；缺点就是不能创建太多，否则显得无层次感。泛光灯用于将【辅助照明】添加到场景中，或模拟点光源。

泛光灯可以投射阴影和投影，单个投射阴影的泛光灯等同于 6 盏聚光灯的效果，从中心指向外侧。另外，泛光灯常用来模拟灯泡、台灯等光源对象。如图 7-18 所示，在场景中创建了一盏泛光灯，它可以产生明暗关系的对比。

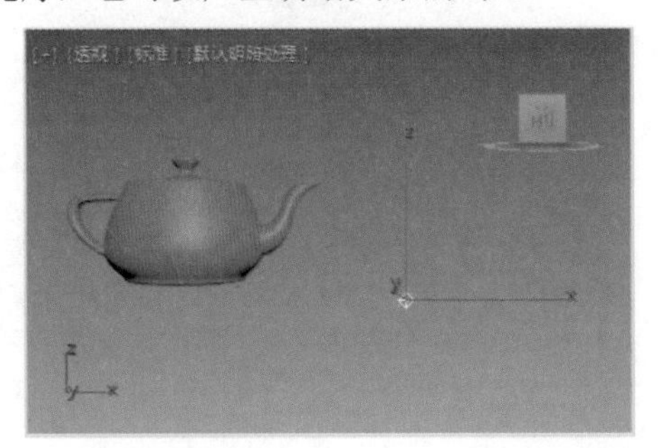

图 7-18

【实战】太阳光模拟

本案例将介绍太阳光模拟的制作。本案例主要通过利用【泛光】结合视频后期处理来模拟太阳光效果，效果如图 7-19 所示。

图 7-19

素材	Scenes\Cha07\ 太阳光模拟素材 .max
场景	Scenes\Cha07\【实战】太阳光模拟 .max
视频	视频教学 \Cha07\【实战】太阳光模拟 .mp4

01 按 Ctrl+O 组合键，打开“Scenes\Cha07\太阳光模拟素材 .max”素材文件，如图 7-20 所示。

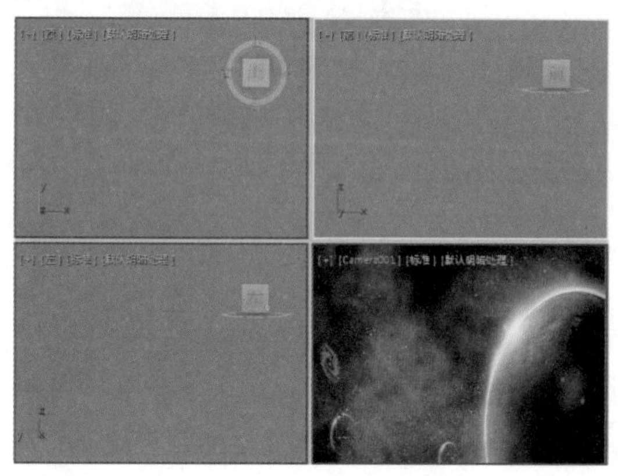

图 7-20

02 选择【创建】|【辅助对象】|【大气装置】|【球体 Gizmo】工具，在【前】视图中创建一个球体 Gizmo，在【球体 Gizmo 参数】卷展栏中将【半径】设置为 500，如图 7-21 所示。

03 创建完成后，在视图中调整球体 Gizmo 的位置，调整完成后的效果如图 7-22 所示。

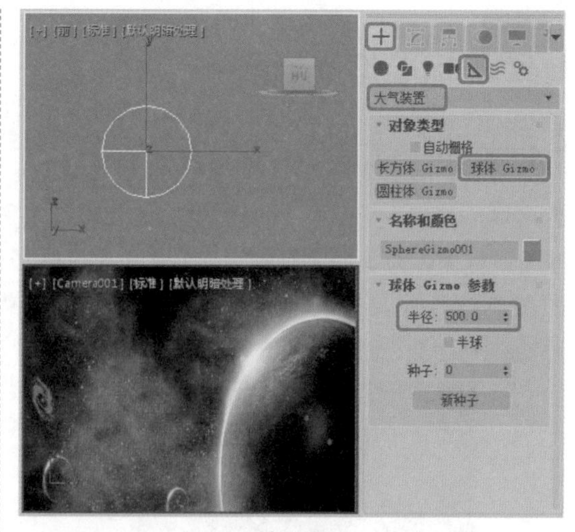

图 7-21

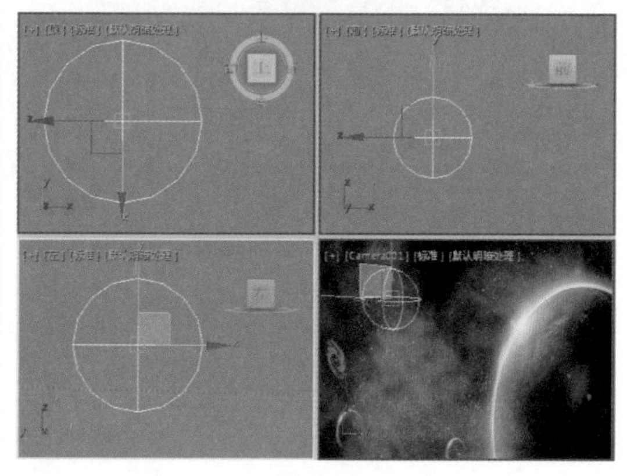

图 7-22

04 按 8 键，在弹出的【环境和效果】对话框中选择【环境】选项卡，在【大气】卷展栏中单击【添加】按钮，在弹出的对话框中选择【火效果】选项，如图 7-23 所示。

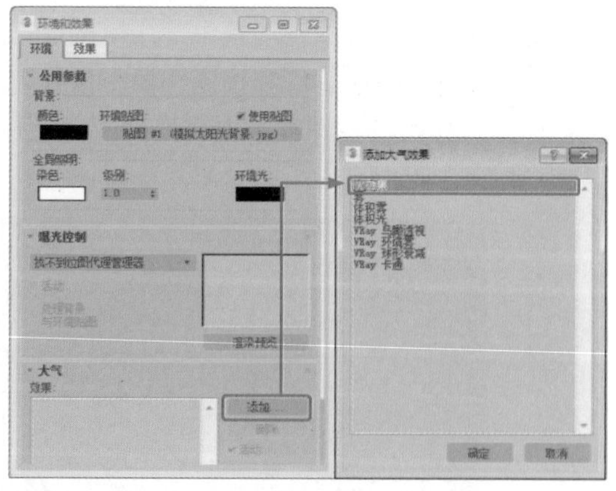

图 7-23

05 单击【确定】按钮，在【火效果参数】卷展栏中单击【拾取 Gizmo】按钮，在视图中拾取前面所创建的球体 Gizmo 对象，如图 7-24 所示。

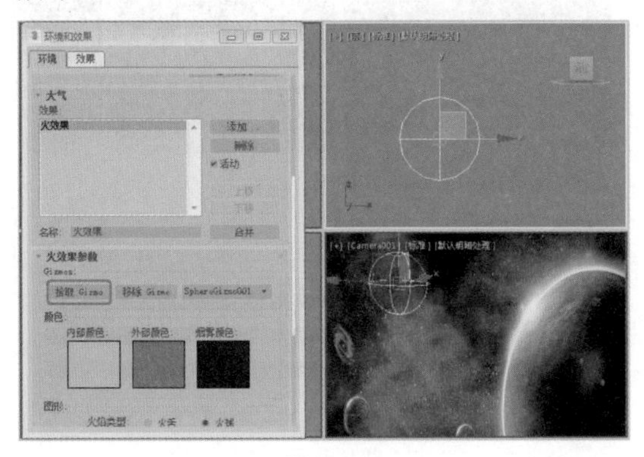

图 7-24

06 选择【创建】|【灯光】|【标准】|【泛光】工具，在【顶】视图中创建泛光灯对象，并调整其位置，效果如图 7-25 所示。

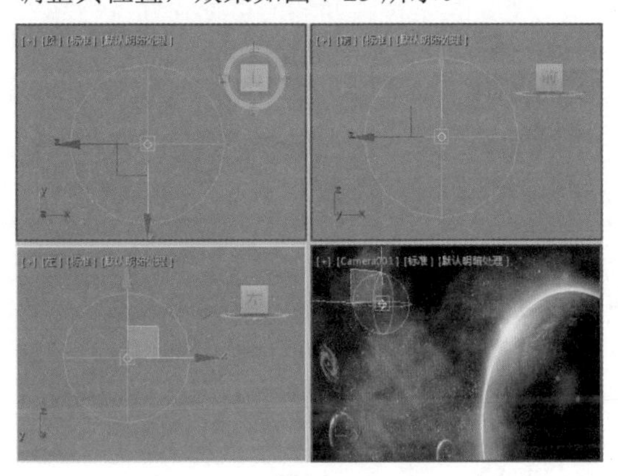

图 7-25

07 在菜单栏中选择【渲染】|【视频后期处理】命令，在弹出的对话框中单击【添加场景事件】按钮，在弹出的对话框中将视图设置为 Camera001，如图 7-26 所示。

08 单击【确定】按钮，单击【添加图像过滤事件】按钮，在弹出的对话框中将过滤器设置为【镜头效果光斑】，如图 7-27 所示。

09 设置完成后，单击【确定】按钮，在【视频后期处理】对话框中双击该事件，在弹出的对话框中单击【设置】按钮，在弹出的对话框中单击【VP 队列】与【预览】按钮，单击【节点源】按钮，在弹出的对话框中选择 Omni001，如图 7-28 所示。

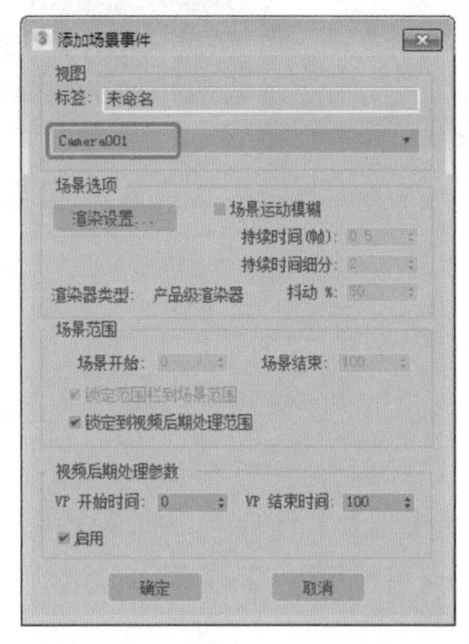

图 7-26

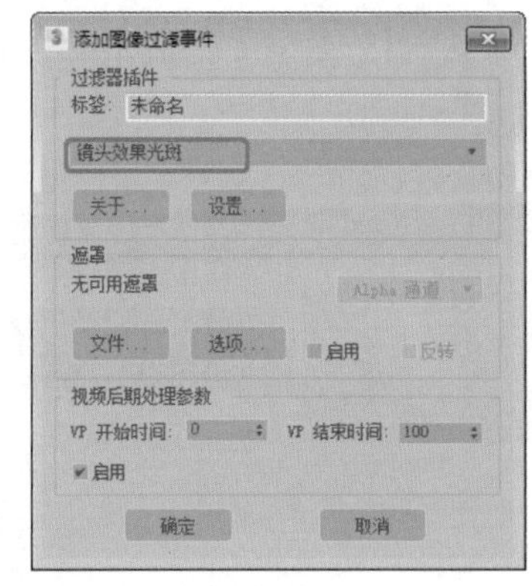

图 7-27

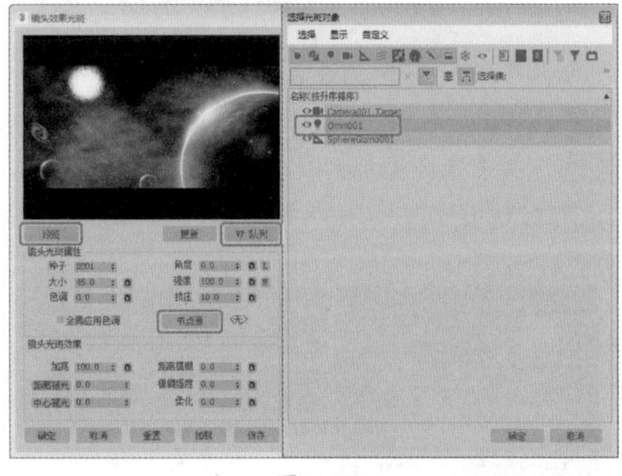

图 7-28

10 单击【确定】按钮，将【大小】设置为 40，在【首选项】选项卡中勾选所需的选项，如图 7-29 所示。

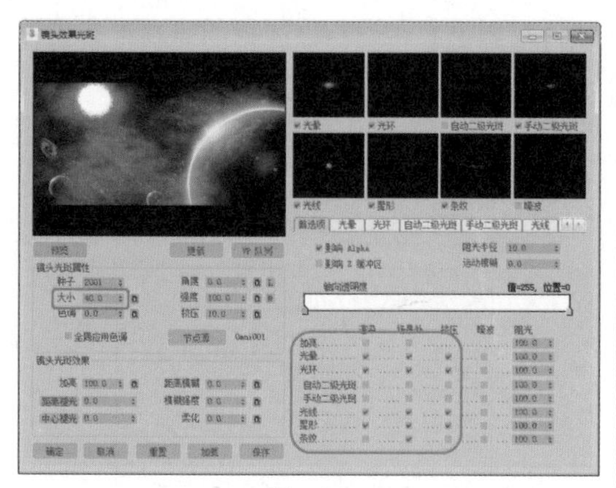

图 7-29

11 选择【光晕】选项卡，将【大小】设置为260，将【径向颜色】左侧渐变滑块的RGB值设置为255、255、108；确定第二个渐变滑块在93的位置处，并将其RGB值设置为45、1、27；将最右侧的色标RGB值设置为0、0、0，如图7-30所示。

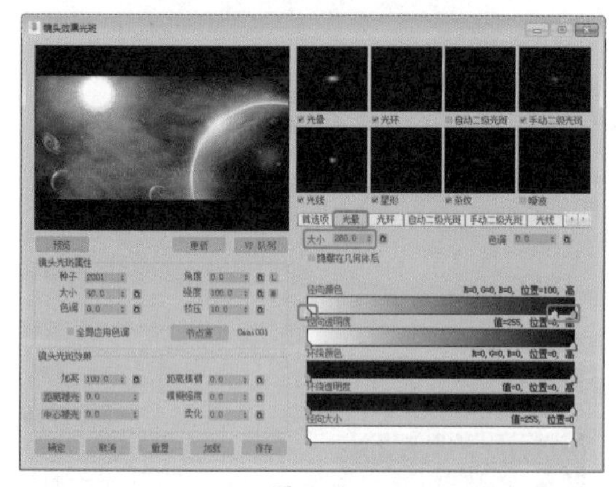

图 7-30

12 选择【光环】选项卡，将【厚度】设置为8，如图7-31所示。

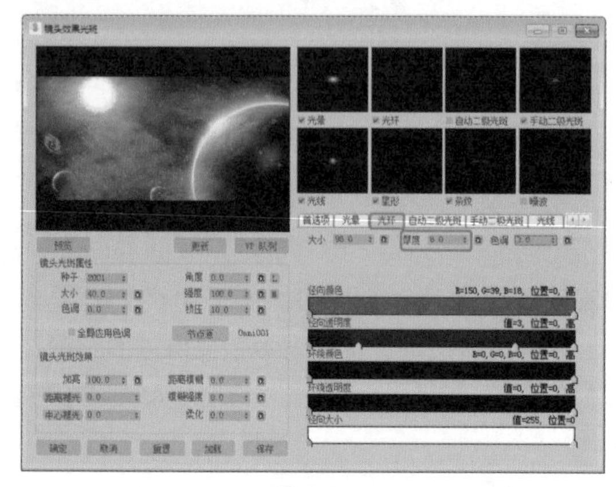

图 7-31

13 选择【光线】选项卡，将【大小】设置为300，将【径向颜色】所有渐变滑块的RGB值设置为255、255、108，如图7-32所示。

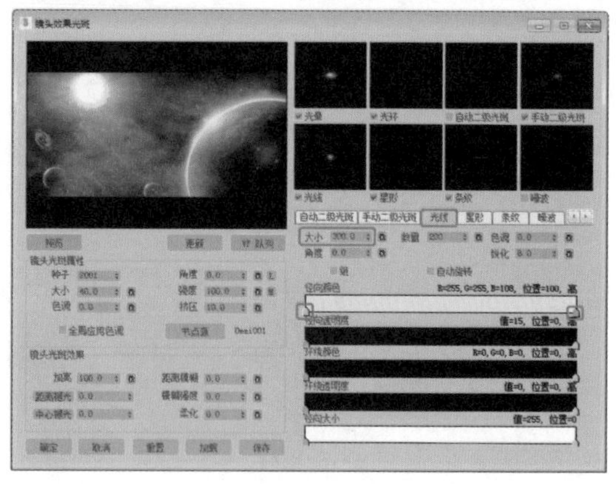

图 7-32

14 设置完成后，单击【确定】按钮，在空白位置处单击，单击【添加图像输出事件】按钮，在弹出的对话框中单击【文件】按钮，在弹出的对话框中指定输出路径，将【文件名】设置为【【实战】太阳光模拟】，将【保存类型】设置为【JPEG文件（*.jpg，*.jpe，*.jpeg）】，如图7-33所示。

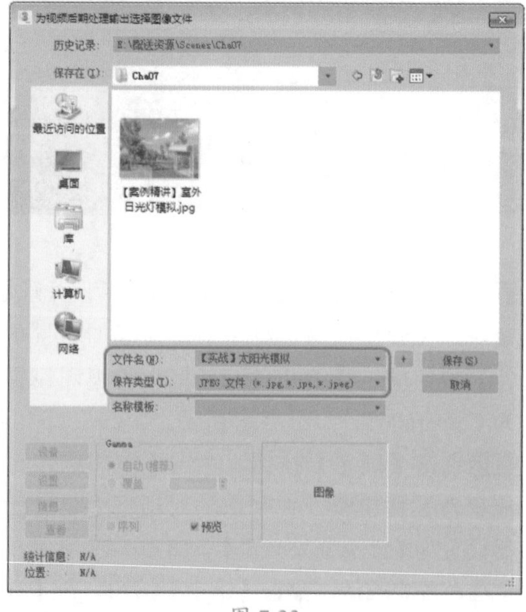

图 7-33

15 设置完成后，单击【保存】按钮，在弹出的对话框中单击【确定】按钮即可，再在【添加图像输出事件】对话框中单击【确定】按钮，单击【执行序列】按钮，在弹出的对话框中选中【单个】单选按钮，将【宽度】、【高度】分别设置为 1300、700，单击【渲染】按钮即可。

7.3.2 天光

【天光】能够模拟日光照射效果。在 3ds Max 2020 中有多种模拟日光照射效果的方法，但如果配合【照明追踪】渲染方式的话，【天光】往往能产生最生动的效果，如图 7-34 所示为模拟真实的笔记本阴影效果。【天光参数】卷展栏如图 7-35 所示。

图 7-34

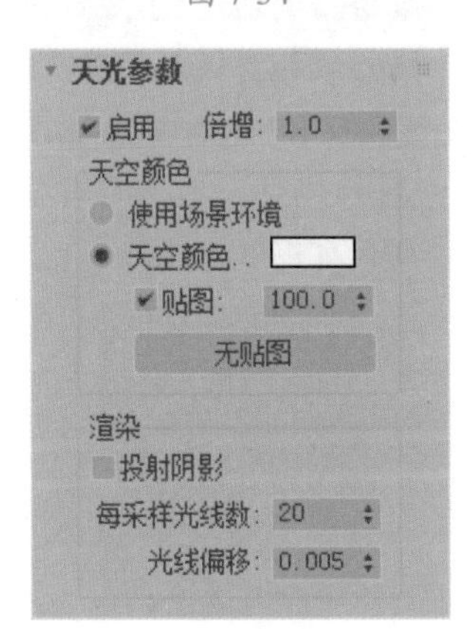

图 7-35

> 提示：使用 mental ray 渲染器渲染时，天光照明的对象显示为黑色，除非启用最终聚集。

◎ 【启用】：用于开关天光对象。

◎ 【倍增】：指定正数或负数量来增减灯光的能量，例如输入 2，表示灯光亮度增强 2 倍。使用这个参数提高场景亮度时，有可能会引起颜色过亮，还可能产生视频输出中不可用的颜色，所以除非是制作特定案例或特殊效果，否则选择 1。

◎ 【天空颜色】选项组：天空被模拟成一个圆屋顶的样子覆盖在场景上，如图 7-36 所示，用户可以在这里指定天空的颜色或贴图。

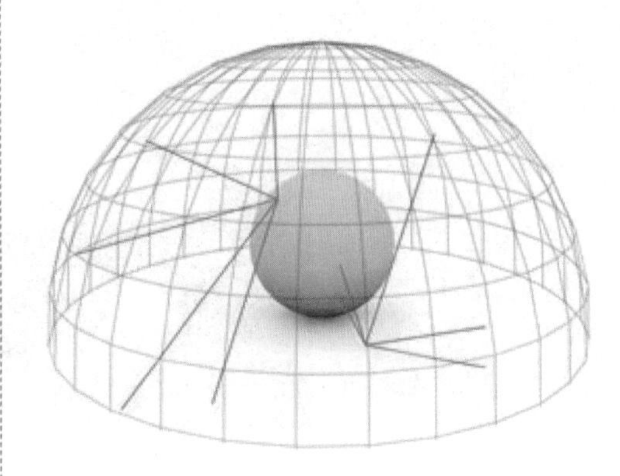

图 7-36

- 【使用场景环境】：使用【环境和效果】对话框设置颜色为灯光颜色，只在【照明追踪】方式下才有效。
- 【天空颜色】：单击右侧的色块显示颜色选择器，从中调节天空的色彩。
- 【贴图】：通过指定贴图影响天空颜色。左侧的复选框用于设置是否使用贴图，下方的空白按钮用于指定贴图，右侧的微调框用于控制贴图的使用程度（低于 100% 时，贴图会与天空颜色进行混合）。

◎ 【渲染】选项组：用来定义天光的渲染属性，只有在使用默认扫描线渲染器，并且不使用高级照明渲染引擎时，该组参数才有效。

- 【投射阴影】：选中该复选框使用天光可以投射阴影。

- 【每采样光线数】：设置在场景中每个采样点上天光的光线数。较高的值使天光效果比较细腻，并有利于减少动画画面的闪烁，但较高的值会增加渲染时间。
- 【光线偏移】：定义对象上某一点的投影与该点的最短距离。

7.3.3 目标聚光灯

目标聚光灯可以产生一个锥形的照射区域，区域外的对象不受灯光的影响。目标聚光灯可以通过投射点和目标点进行调节，其方向性非常好，对阴影的塑造能力很强。使用目标聚光灯作为体光源可以模仿各种锥形的光柱效果。选中【泛光化】复选框还可以将其作为泛光灯来使用。创建目标聚光灯的场景与效果如图 7-37 所示。

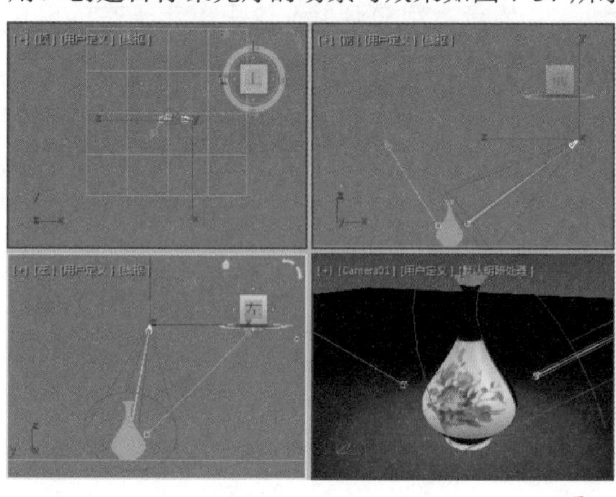

图 7-37

7.3.4 自由聚光灯

【自由聚光灯】产生锥形照射区域，它是一种受限制的目标聚光灯，因为只能控制它的整个图标，而无法在视图中分别对发射点和目标点进行调节。它的优点是不会在视图中改变投射范围，特别适合用于一些动画的灯光，例如摇晃的船桅灯、晃动的手电筒、舞台上的投射灯等。

7.4 灯光的共同参数卷展栏

在 3ds Max 2020 中，除了【天光】之外，所有不同的灯光对象都共享一套控制参数，它们控制着灯光的最基本特征，包括【常规参数】、【强度/颜色/衰减】、【高级效果】、【阴影参数】、【阴影贴图参数】和【大气和效果】等卷展栏。

7.4.1 【常规参数】卷展栏

【常规参数】卷展栏主要控制灯光的开启与关闭、排除或包含以及阴影方式。在【修改】命令面板中，【常规参数】还可以用于控制灯光目标物体，改变灯光类型。【常规参数】卷展栏如图 7-38 所示。

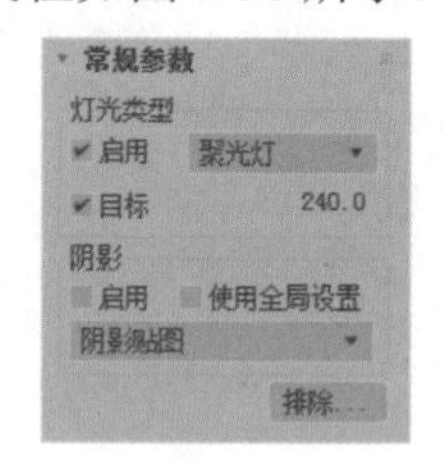

图 7-38

1.【灯光类型】选项组

◎ 【启用】：用来启用和禁用灯光。当【启用】选项处于启用状态时，使用灯光着色和渲染以照亮场景；当【启用】选项处于禁用状态时，进行着色或渲染时不使用该灯光。默认设置为启用。

◎ 【灯光类型】：该下拉列表框可以对当前灯光的类型进行改变，可以在【聚光灯】、【平行灯】和【泛光】之间进行转换。

◎ 【目标】：选中该复选框，将会显示目标。灯光与其目标之间的距离显示在复选框的右侧。对于自由灯光，可以设置该值；对于目标灯光，可以通过禁用该复选框或移动灯光或灯光的目标对象对其进行更改。此选项在【泛光】下不可用。

2.【阴影】选项组

◎ 【启用】：开启或关闭场景中的阴影使用。

◎ 【使用全局设置】：选中该复选框后，若更改一个灯光的参数，则场景中所有的灯光参数都受影响。

◎ 【阴影类型】：决定当前灯光使用哪种阴影方式进行渲染，其中包括【高级光线跟踪】、【区域阴影】、【阴影贴图】和【光线跟踪阴影】4 种。

◎ 【排除】：单击该按钮，在打开的【排除 / 包含】对话框中，设置场景中的对象不受当前灯光的影响，如图 7-39 所示。

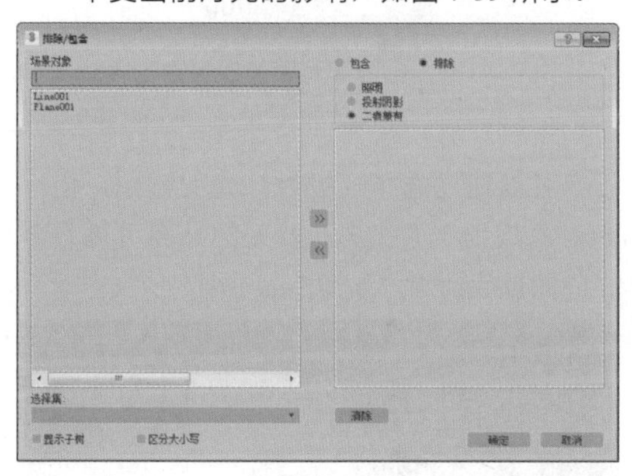

图 7-39

要设置个别物体不产生或不接受阴影，可以选择物体，单击鼠标右键，在弹出的快捷菜单中选择【对象属性】命令，在弹出的【对象属性】对话框中取消选中【接收阴影】或【投影阴影】复选框，如图 7-40 所示。

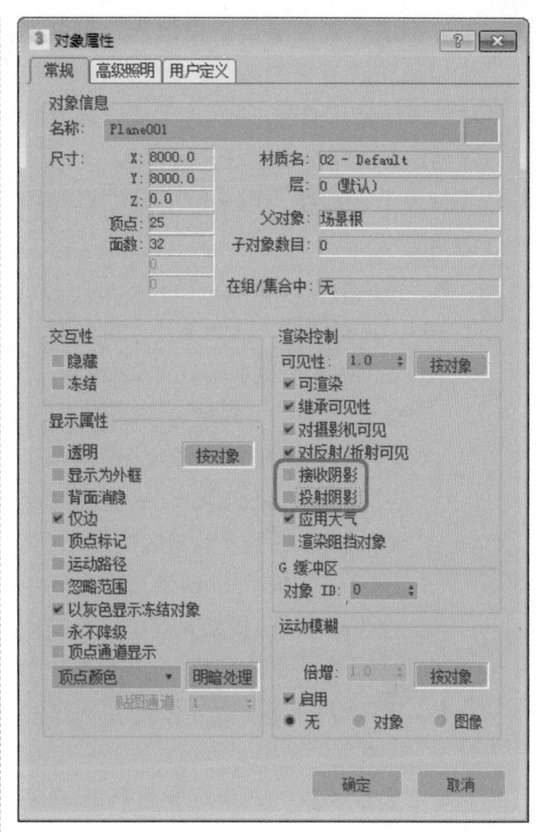

图 7-40

7.4.2 【强度 / 颜色 / 衰减】卷展栏

【强度 / 颜色 / 衰减】卷展栏是标准的附加参数卷展栏，如图 7-41 所示。它主要对灯光的颜色、强度以及灯光的衰减进行设置。

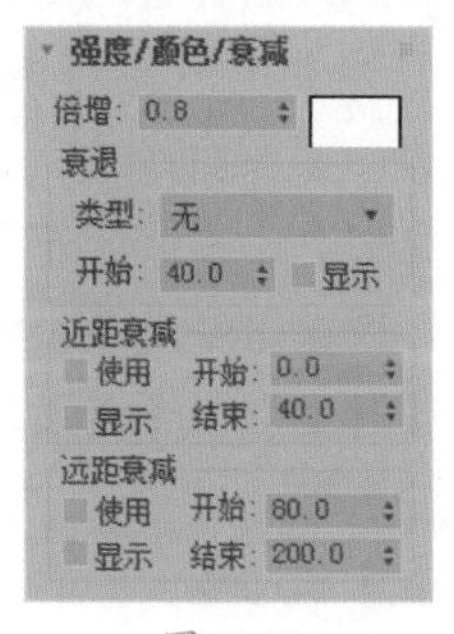

图 7-41

◎ 【倍增】：对灯光的照射强度进行控制，标准值为 1，如果设置为 2，则照射强度会增加 1 倍。如果设置为负值，将会产生吸收光的效果。通过这个选项增加场景的亮度可能会造成场景曝光，还会产生视频无法接受的颜色，所以除非是特殊效果或特殊情况，否则应尽量设置为1。

◎ 【色块】：用于设置灯光的颜色。

◎ 【衰退】选项组：用来降低远处灯光照射强度。

- ◆ 【类型】：在该下拉列表框中有3个衰减选项。【无】不产生衰减。【倒数】以倒数方式计算衰减，计算公式为L（亮度）$=R_0/R$，R_0为使用灯光衰减的光源半径或使用了衰减时的近距结束值，R为照射距离。【平方反比】计算公式为L（亮度）=（R_0/R）2，这是真实世界中的灯光衰减，也是光度学灯光的衰减公式。
- ◆ 【开始】：该选项定义了灯光不发生衰减的范围。
- ◆ 【显示】：显示灯光进行衰减的范围。

◎ 【近距衰减】选项组

- ◆ 【使用】：决定被选择的灯光是否使用被指定的衰减范围。
- ◆ 【显示】：如果选中该复选框，在灯光的周围会出现表示灯光衰减开始和结束的圆圈，如图7-42所示。
- ◆ 【开始】：设置灯光开始淡入的位置。
- ◆ 【结束】：设置灯光衰减结束的地方，也就是灯光停止照明的距离。在【开始】和【结束】之间灯光按线性衰减。

◎ 【远距衰减】选项组

- ◆ 【使用】：决定灯光是否使用被指定的衰减范围。
- ◆ 【开始】：该选项定义了灯光不发生衰减的范围，只有在比【开始】更远的照射范围灯光才开始发生衰减。
- ◆ 【显示】：选中该复选框会出现表示灯光衰减开始和结束的圆圈。
- ◆ 【结束】：设置灯光衰减结束的地方，也就是灯光停止照明的距离。

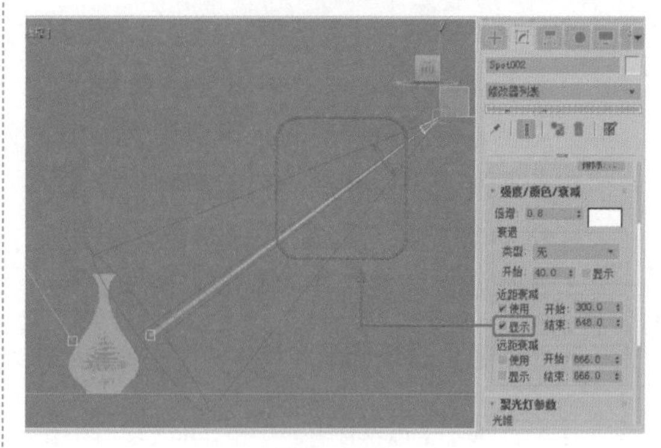

图 7-42

7.4.3 【高级效果】卷展栏

【高级效果】卷展栏提供了灯光影响曲面方式的控件，也包括很多微调和投影灯的设置，卷展栏如图7-43所示。

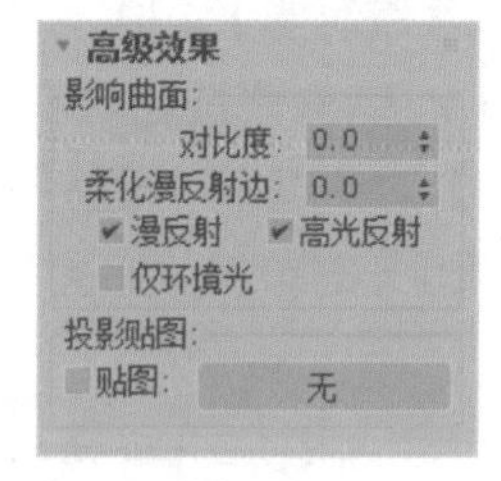

图 7-43

可以通过选择要投射灯光的贴图，使灯光对象成为一个投影。投射的贴图可以是静止的图像或动画，如图7-44所示。

图 7-44

【高级效果】卷展栏中各项参数功能如下。

◎ 【对比度】：光源照射在物体上，会在物体的表面形成高光区、过渡区、阴影区和反光区。

◎ 【柔化漫反射边】：柔化过渡区与阴影表面之间的边缘，避免产生清晰的明暗分界。

◎ 【漫反射】：漫反射区就是从对象表面的亮部到暗部的过渡区域。默认状态下，此选项处于选取状态，这样光线才会对物体表面的漫反射产生影响。如果此项没有被选取，则灯光不会影响漫反射区域。

◎ 【高光反射】：也就是高光区，是光源在对象表面上产生的光点。此选项用来控制灯光是否影响对象的高光区域。默认状态下，此选项为选取状态。如果取消对该选项的选择，灯光将不影响对象的高光区域。

◎ 【仅环境光】：选中该复选框，照射对象将反射环境光的颜色。默认状态下，该选项为非选取状态。

图 7-45 所示是【漫反射】、【高光反射】和【仅环境光】3 种渲染效果。

图 7-45

◎ 【贴图】：选中该复选框，可以通过右侧的【无】按钮为灯光指定一个投影图形，它可以像投影机一样将图形投影到照射的对象表面。当使用一个黑白位图进行投影时，黑色将光线完全挡住，白色对光线没有影响。

7.4.4 【阴影参数】卷展栏

【阴影参数】卷展栏中的参数用于控制阴影的颜色、浓度以及是否使用贴图来代替颜色作为阴影，如图 7-46 所示。

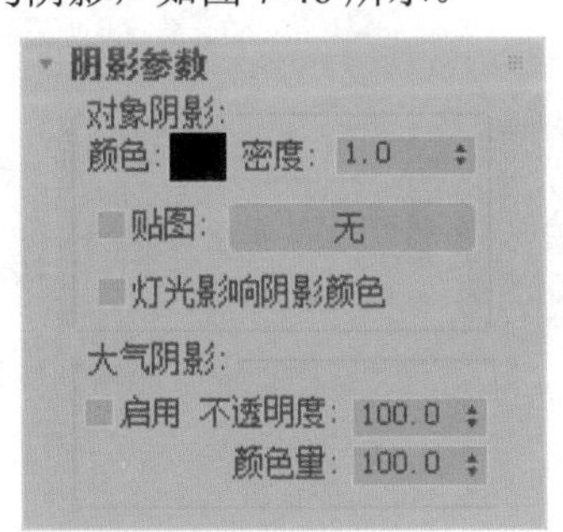

图 7-46

其各项参数的功能说明如下。

1.【对象阴影】选项组

◎ 【颜色】：用于设置阴影的颜色。

◎ 【密度】：用于设置阴影的密度。密度越低，阴影越透明；密度越高，则阴影越明显。图 7-47 所示为不同的数值所产生的阴影效果。

◎ 【贴图】：选中该复选框可以对对象的阴影投射图像，但不影响阴影以外的区域。在处理透明对象的阴影时，可以将透明对象的贴图作为投射图像投射到阴影中，以创建更多的细节，使阴影更真实。

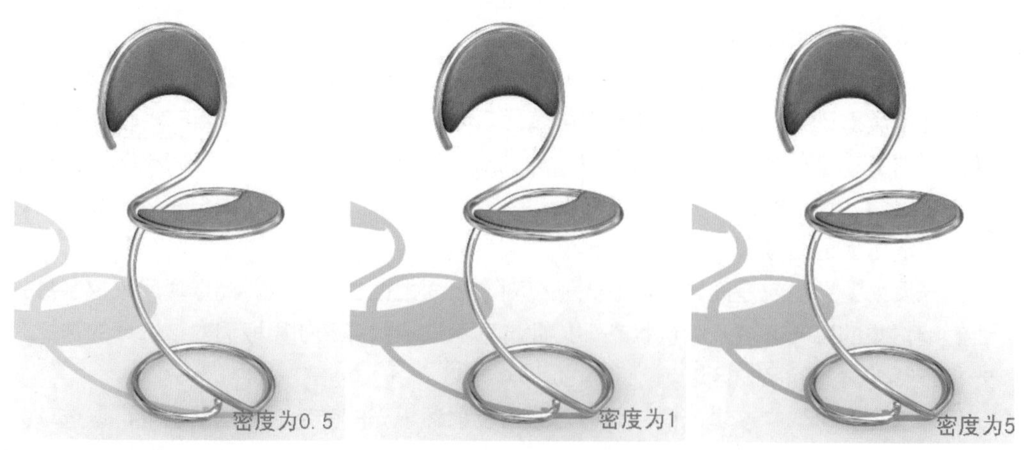

图 7-47

◎ 【灯光影响阴影颜色】：启用此选项后，将灯光颜色与阴影颜色（如果阴影已设置贴图）混合起来，默认设置为禁用状态。图 7-48 所示为设置的阴影颜色。

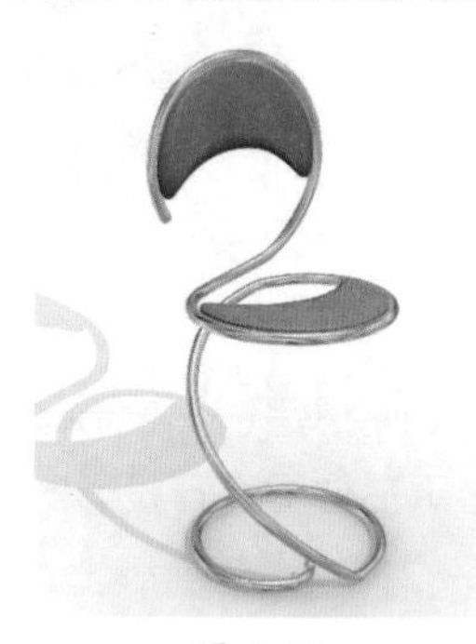

图 7-48

2.【大气阴影】选项组

该选项组用于控制允许大气效果投射阴影，如图 7-49 所示。

图 7-49

◎ 【启用】：如果选中该复选框，当灯光穿过大气时，大气投射阴影。

◎ 【不透明度】：调节大气阴影不透明度的百分比数值。

◎ 【颜色量】：调整大气的颜色和阴影混合的百分比数值。

课后项目练习

室内灯光模拟

本案例将介绍室内灯光的模拟。本例主要通过在室内房间中创建【泛光】、【目标聚光灯】等灯光效果，模拟室内灯光照射的效果，完成后的效果如图 7-50 所示。

课后项目练习效果展示

图 7-50

课后项目练习过程概要

（1）使用【泛光】工具在视图中创建泛

光灯并设置其参数。

（2）使用【目标聚光灯】工具在视图中创建目标聚光灯，并设置其参数，对其进行复制。

素材	Scenes\Cha07\ 室内灯光模拟素材 .max
场景	Scenes\Cha07\ 室内灯光模拟 .max
视频	视频教学 \Cha07\ 室内灯光模拟 .mp4

01 按 Ctrl+O 组合键，打开“Scenes\Cha07\ 室内灯光模拟素材 .max”素材文件，如图 7-51 所示。

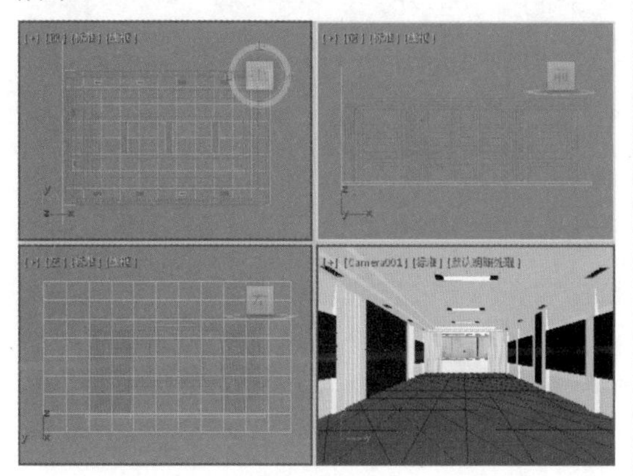

图 7-51

02 选择【创建】|【灯光】|【标准】|【泛光】工具，在【前】视图中单击鼠标，创建泛光灯，如图 7-52 所示。

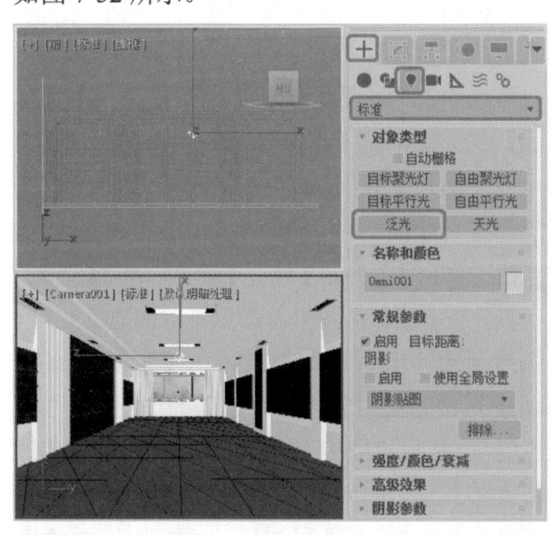

图 7-52

03 选中创建的泛光灯，切换至【修改】命令面板，在【常规参数】卷展栏中选中【阴影】下的【启用】复选框，在【强度 / 颜色 / 衰减】卷展栏中将【倍增】设置为 0.4，将颜色的 RGB 值设置为 140、140、140，如图 7-53 所示。

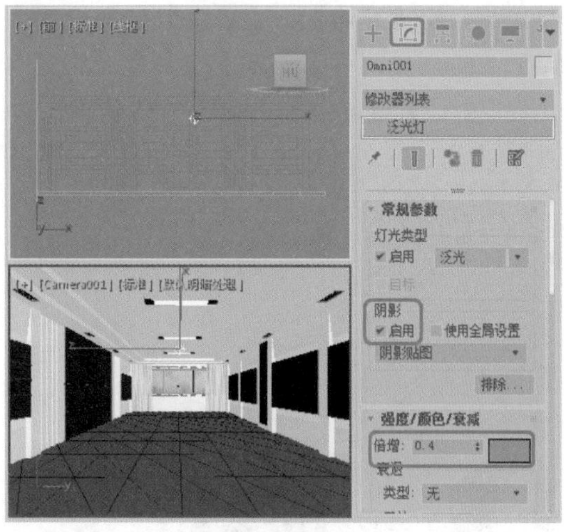

图 7-53

提示：因场景中物体对象较多，为了便于对灯光进行选择，可在工具栏中将【选择过滤器】设置为【L- 灯光】，此时，在视图中只能选择灯光对象，其他物体对象不会被选中。

04 设置完成后，在视图中调整泛光灯的位置，效果如图 7-54 所示。

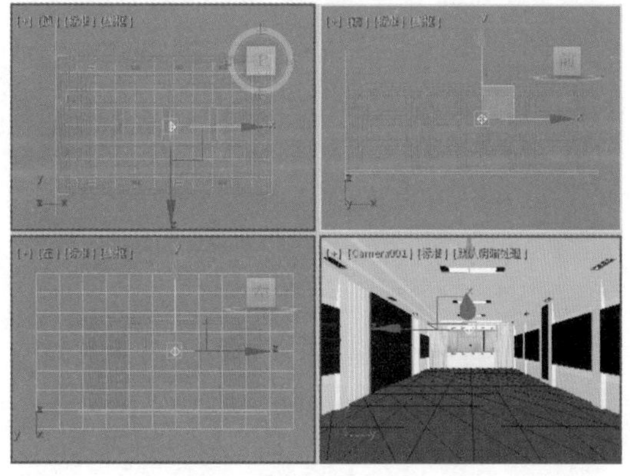

图 7-54

05 选择【创建】|【灯光】|【标准】

|【泛光】工具，在【前】视图中单击鼠标，创建泛光灯，切换至【修改】命令面板，在【强度/颜色/衰减】卷展栏中将【倍增】设置为0.5，将颜色的RGB值设置为130、130、130，选中【远距衰减】选项组中的【使用】、【显示】复选框，将【开始】、【结束】分别设置为740、2500，在【高级效果】卷展栏中将【柔化漫反射边】设置为80，如图7-55所示。

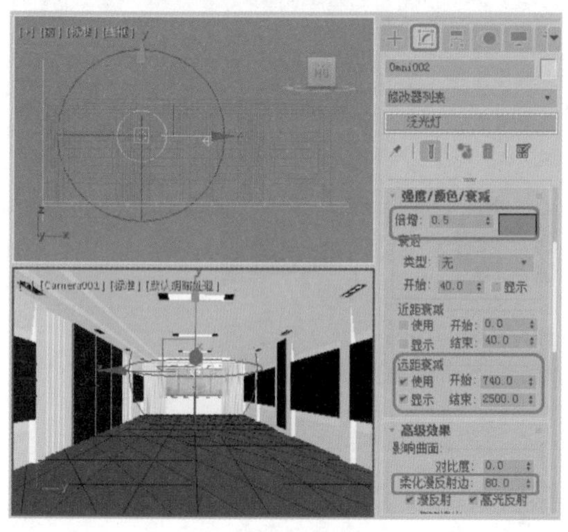

图 7-55

06 设置完成后，在视图中调整Omni002泛光灯的位置，如图7-56所示。

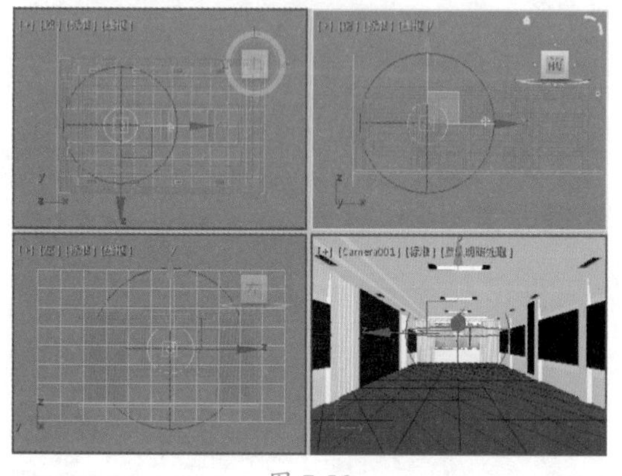

图 7-56

07 选中Omni002泛光灯，激活【前】视图，在工具栏中右击【选择并均匀缩放】按钮，在弹出的【缩放变换输入】对话框中将【绝对:局部】下的X设置为73，如图7-57所示。

08 在视图中对Omni002泛光灯进行复制，并调整复制对象的位置，如图7-58所示。

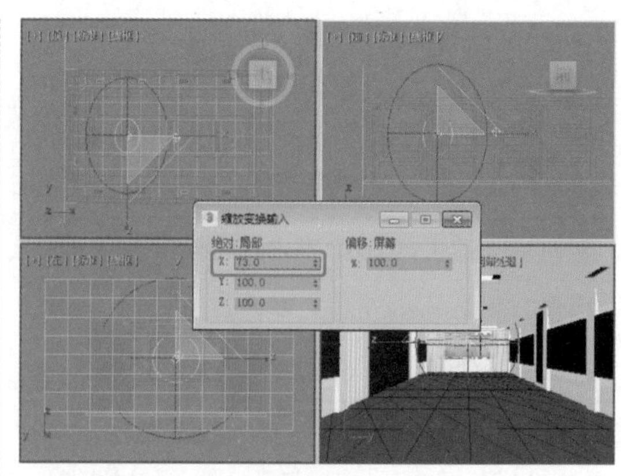

图 7-57

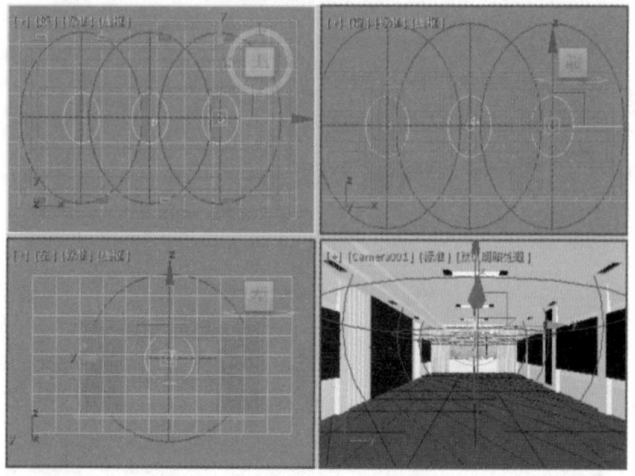

图 7-58

09 继续选中Omni002泛光灯，在【前】视图中按住Shift键沿X轴向右拖动鼠标，在弹出的对话框中选中【复制】单选按钮，单击【确定】按钮，选中复制后的灯光，在【强度/颜色/衰减】卷展栏中将【倍增】设置为0.2，取消选中【远距衰减】选项组中的【使用】、【显示】复选框，在【高级效果】卷展栏中将【柔化漫反射边】设置为0，并在视图中调整灯光的位置，如图7-59所示。

10 选择【创建】|【灯光】|【标准】|【泛光】工具，在【顶】视图中单击鼠标，创建泛光灯，切换至【修改】命令面板，在【强度/颜色/衰减】卷展栏中将【倍增】设置为0.5，将颜色的RGB值设置为255、255、255，选中【近距衰减】选项组中的【使用】复选框，将【开始】、【结束】分别设置为1500、1800，选中【远距衰减】选项组中的【使用】复选框，将【开始】、【结束】分别设置为4567、11468，在

【高级效果】卷展栏中将【柔化漫反射边】设置为 90，如图 7-60 所示。

图 7-59

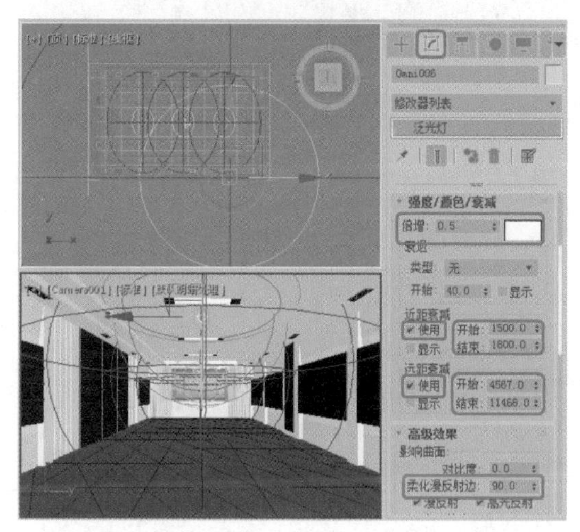

图 7-60

11 选中 Omni006 泛光灯，激活【顶】视图，在工具栏中右击【选择并均匀缩放】按钮，在弹出的【缩放变换输入】对话框中将【绝对：局部】下的 X、Y、Z 分别设置为 374、4.5、1.8，如图 7-61 所示。

12 在视图中调整 Omni006 泛光灯的位置，调整后的效果如图 7-62 所示。

13 在【顶】视图中选择 Omni006 泛光灯，按住 Shift 键沿 Y 轴向上拖动鼠标，对其进行复制，并调整复制后的灯光的位置，如图 7-63 所示。

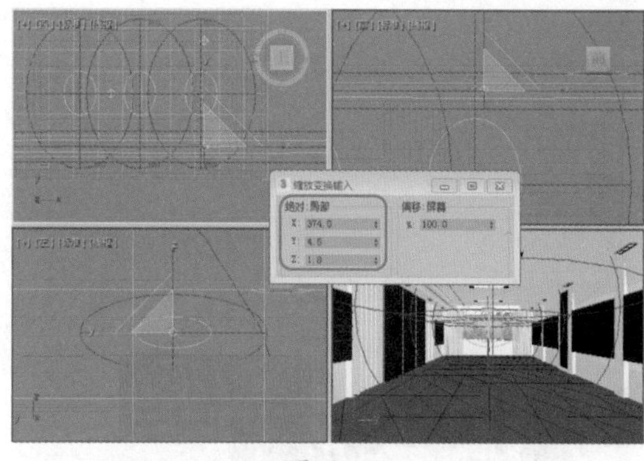

图 7-61

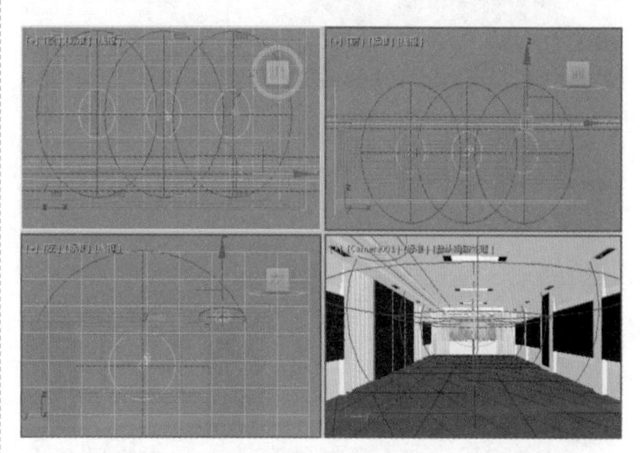

图 7-62

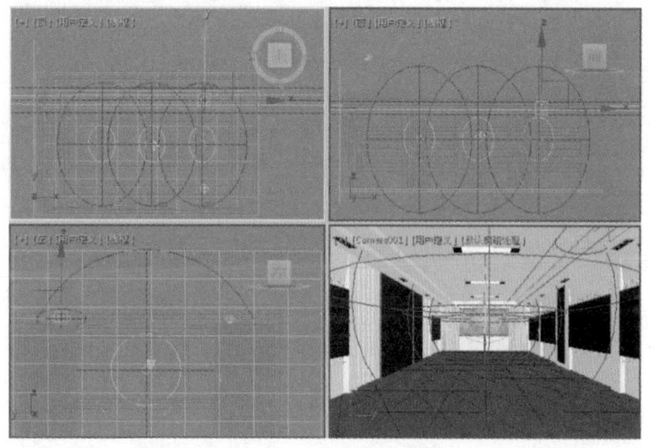

图 7-63

14 选择【创建】|【灯光】|【标准】|【泛光】工具，在【顶】视图中单击鼠标，创建泛光灯，切换至【修改】命令面板，在【强度 / 颜色 / 衰减】卷展栏中将【倍增】设置为 0.3，将颜色的 RGB 值设置为 255、255、255，在【高级效果】卷展栏中将【柔化漫反射边】设置为 0，如图 7-64 所示。

15 在【常规参数】卷展栏中单击【排除】按钮，在弹出的【排除 / 包含】对话框中将如图 7-65 所示的对象排除。

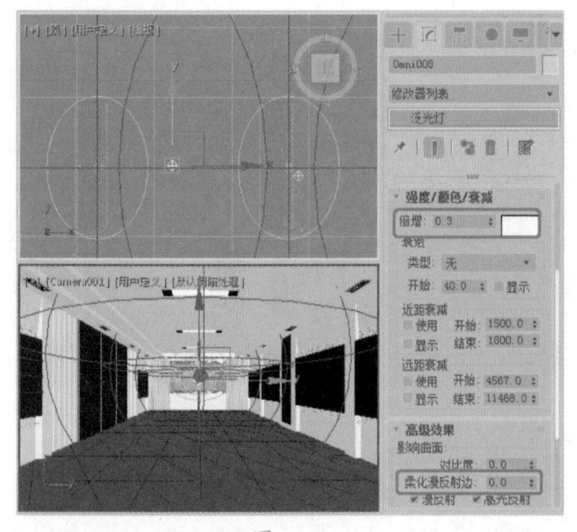

图 7-64

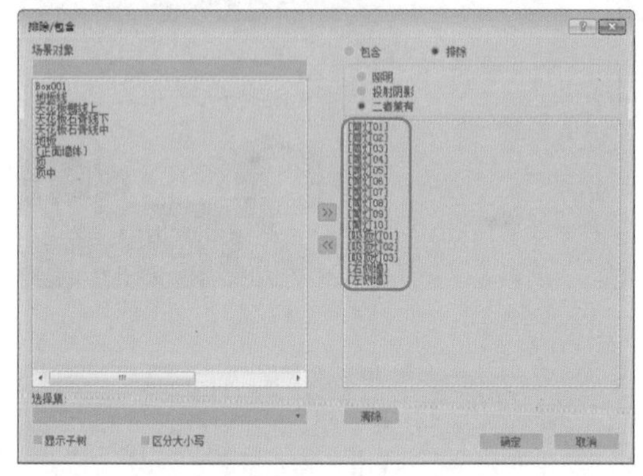

图 7-65

16 设置完成后，单击【确定】按钮，在视图中调整灯光的位置，如图 7-66 所示。

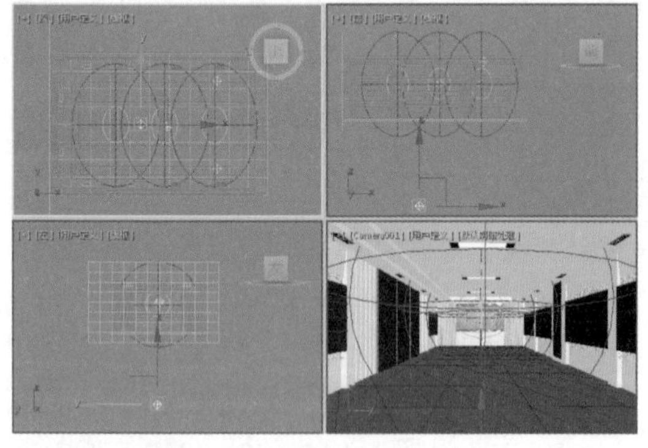

图 7-66

17 选择【创建】 | 【灯光】 | 【标准】 | 【目标聚光灯】工具，在【前】视图中拖动鼠标创建目标聚光灯，切换至【修改】命令面板，在【强度 / 颜色 / 衰减】卷展栏中将【倍增】设置为 1，将颜色的 RGB 值设置为 166、166、166，在【聚光灯参数】卷展栏中将【聚光区 / 光束】、【衰减区 / 区域】分别设置为 0.5、45，如图 7-67 所示。

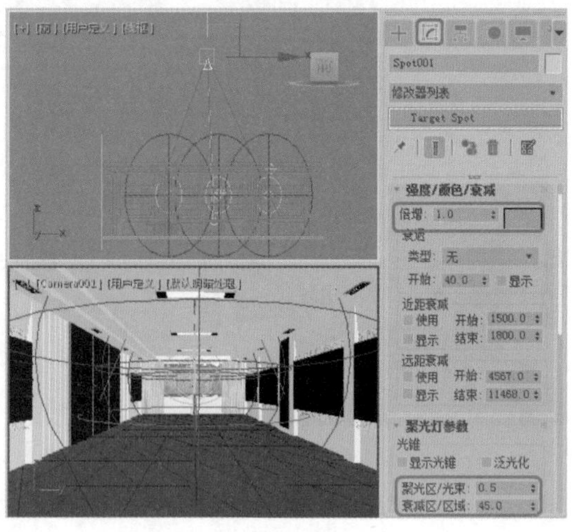

图 7-67

18 在各个视图中调整目标聚光灯的位置，如图 7-68 所示。

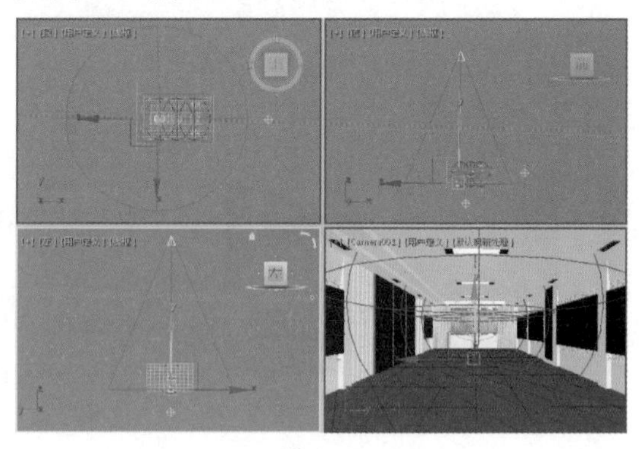

图 7-68

19 选择【创建】 | 【灯光】 | 【标准】 | 【目标聚光灯】工具，在【左】视图中拖动鼠标创建目标聚光灯，切换至【修改】命令面板，在【强度 / 颜色 / 衰减】卷展栏中将【倍增】设置为 1，将颜色的 RGB 值设置为 255、255、255，在【远距衰减】选项组中选中【使用】、【显示】复选框，将【开始】、【结束】分别设置为 1900、3000，在【聚光灯参数】卷展栏中选中【显示光锥】复选框，将【聚光区 / 光束】、【衰减区 / 区域】分别设置为 15、80，如图 7-69 所示。

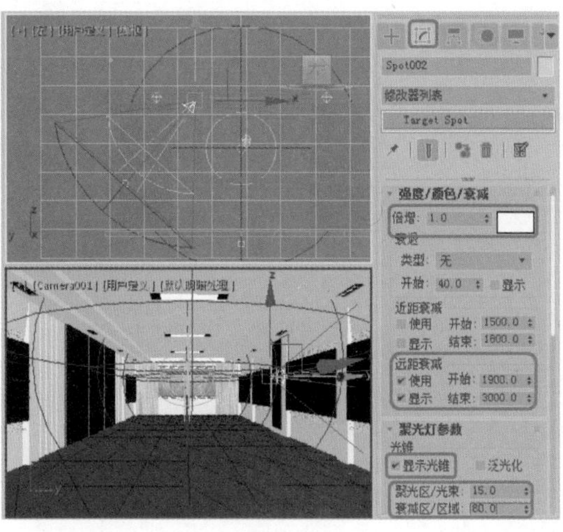

图 7-69

20 在视图中调整目标聚光灯的位置，调整后的效果如图 7-70 所示。

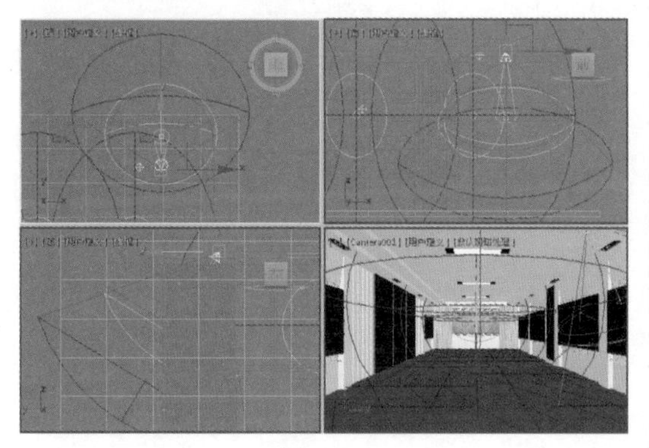

图 7-70

21 选中 Spot002 目标聚光灯，在【顶】视图中按住 Shift 键沿 X 轴向左进行复制，并调整其位置，如图 7-71 所示。

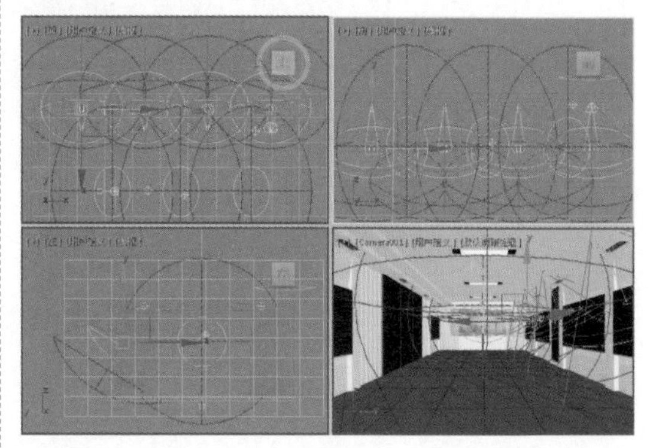

图 7-71

22 根据前面所介绍的方法创建其他目标聚光灯，如图 7-72 所示。

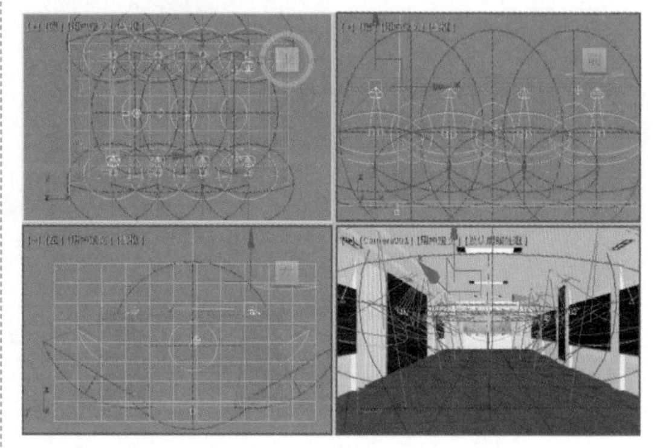

图 7-72

第 8 章

日景建筑场景模拟——摄影机

本章导读

利用 3ds Max 将模型创建完成后，可以利用摄影机对其进行表现。通过本章的学习可以对摄影机表现有一定的认识，方便以后效果图的制作。

日景建筑场景模拟

为了更好地完成本设计案例，现对制作要求及设计内容做如下规划，日景建筑场景效果如图 8-1 所示。

作品名称	日景建筑场景
设计创意	（1）在场景中创建一架摄影机 （2）在视图中调整摄影机，对建筑场景渲染出效果图，制作完毕后，可以在 Photoshop 中添加背景天空、建筑配景、植物以及人物配景，从而完成一幅成品的室外前视效果图
主要元素	日景建筑 摄影机
应用软件	3ds Max 2020
素材	Scenes\Cha08\ 建筑素材 .max
场景	Scenes \Cha08\【案例精讲】日景建筑场景 .max
视频	视频教学 \Cha08\【案例精讲】日景建筑场景 .mp4
日景建筑设计效果欣赏	图 8-1
备注	

01 启动软件后，按 Ctrl+O 组合键，打开“Scenes\Cha08\ 建筑素材 .max”素材文件，如图 8-2 所示。

02 选择【创建】|【摄影机】|【目标】，在【顶】视图中按住鼠标进行拖动，创建一架摄影机，如图 8-3 所示。

03 选择【透视】视图，按 C 键，将其转换为【摄影机】视图，在工具箱中单击【选择并移动】工具，在视图中对摄影机进行调整，效果如图 8-4 所示。

04 继续选中摄影机对象，切换至【修改】命令面板，在【参数】卷展栏中将【镜头】设置为 50，如图 8-5 所示。

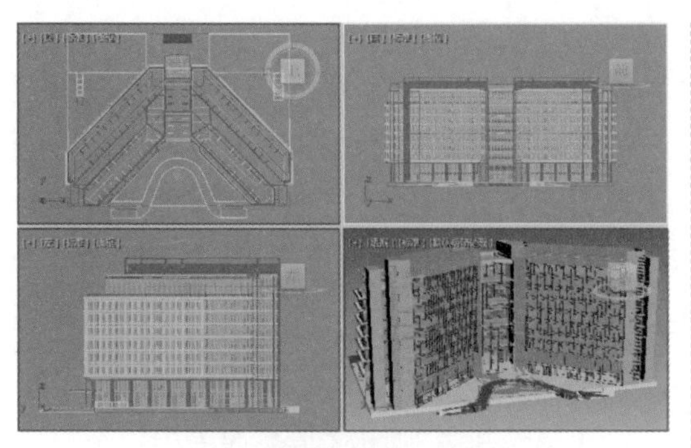
图 8-2

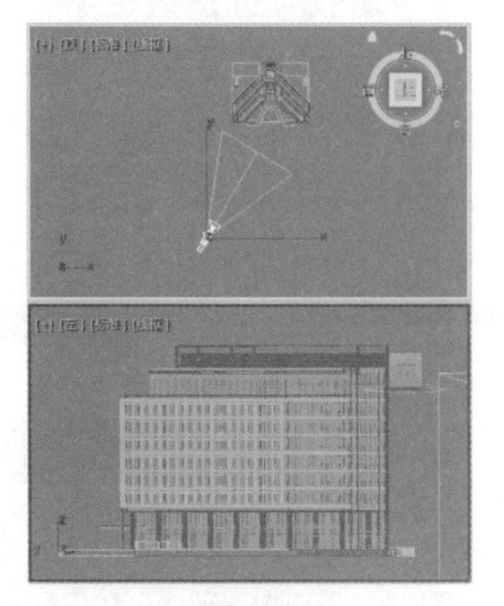
图 8-3

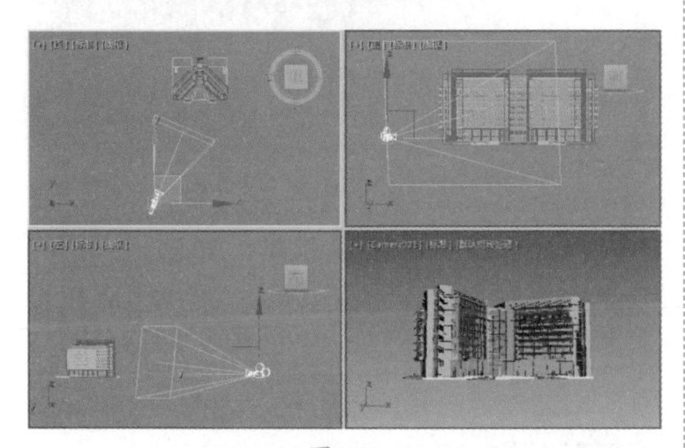
图 8-4

图 8-5

05 按 F9 键进行渲染，建筑模型效果如图 8-6 所示。

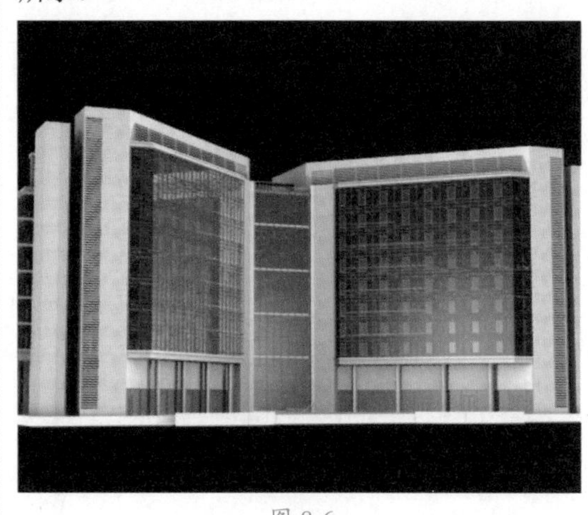
图 8-6

关于建筑效果图后期具体制作方法，可以参见我们编写的书籍《3ds Max 2014 室内外效果图制作案例课堂》和《Photoshop CC 图像处理案例课堂》。

8.1 摄影机的基本设置

创建一架摄影机之后，可以设置视图以显示摄影机的观察点。使用【摄影机】视图可以调整摄影机，就好像您正在通过其镜头进行观看。摄影机视口对于编辑几何体和设置渲染的场景非常有用。多个摄影机可以提供相同场景的不同视图。

8.1.1 认识摄影机

选择【创建】|【摄影机】命令，进入【摄影机】面板，可以看到【物理】、【目标】和【自由】三种类型的摄影机，如图 8-7 所示。

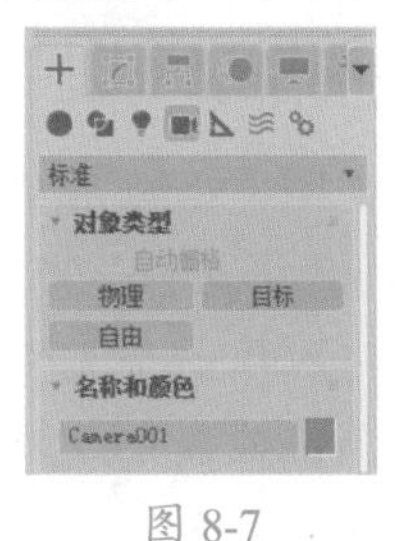

图 8-7

◎ 【物理】：将场景框架与曝光控制以及对真实世界摄影机进行建模的其他效果相集成。

◎ 【目标】：用于查看目标对象周围的区域。它有摄影机、目标点两部分，可以很容易地单独进行控制调整，如图 8-8 所示。

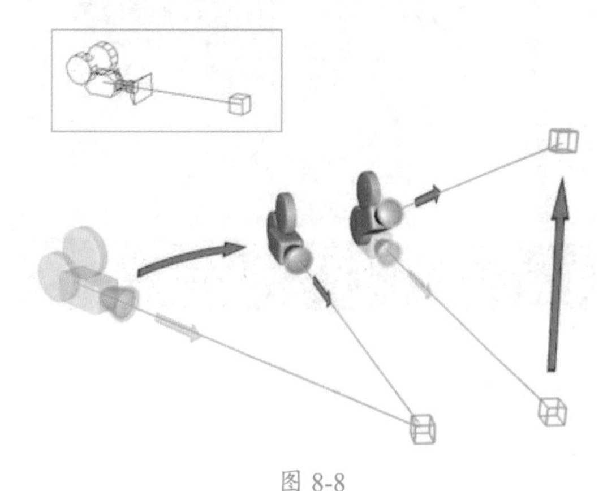

图 8-8

◎ 【自由】：自由摄影机用于在摄影机指向的方向查看区域。与目标摄影机不同，它有两个用于目标和摄影机的独立图标，自由摄影机由单个图标表示，如图 8-9 所示，目的是更轻松地设置动画。

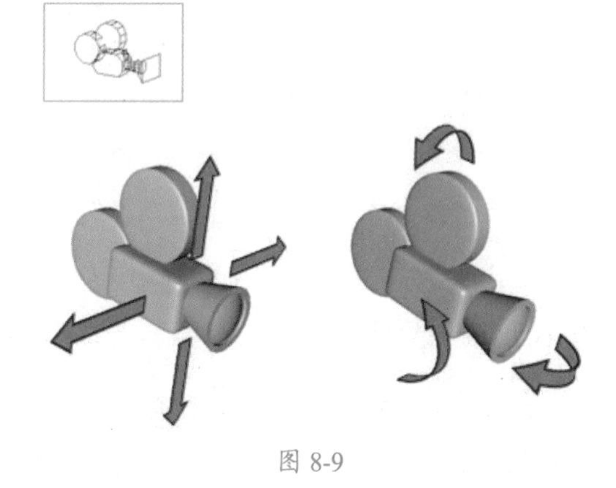

图 8-9

8.1.2 摄影机对象的命名

当我们在视图中创建多个摄影机时，系统会以 Camera001、Camera002 等名称自动为摄影机命名。在制作一个大型场景时，如一个大型建筑效果图或复杂动画的表现时，随着场景变得越来越复杂，要记住哪一架摄影机聚焦于哪一个镜头也变得越来越困难，这时如果按照其表现的角度或方位进行命名，如【Camera 正视】、【Camera 左视】、【Camera 鸟瞰】等，在进行视图切换的过程中会减少失误，从而提高工作效率。

8.1.3 【摄影机】视图的切换

【摄影机】视图就是被选中的摄影机的视图。在一个场景中创造若干架摄影机，激活任意一个视图，在视图标签上单击鼠标右键，从弹出的快捷菜单中选择【摄影机】列表下的任一摄影机，如图 8-10 所示。这样该视图就变成了当前【摄影机】视图。

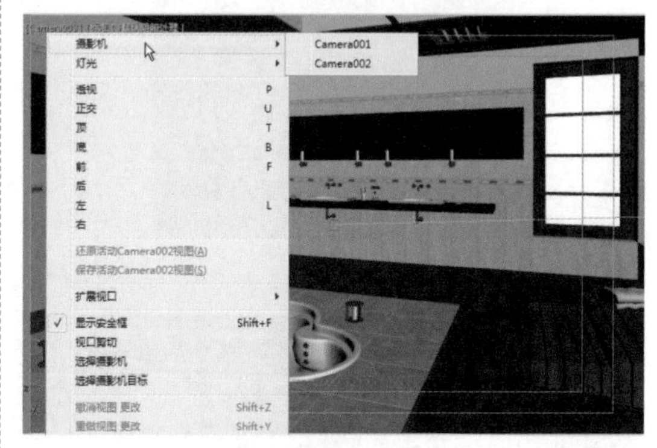

图 8-10

在一个多摄影机场景中，如果其中的一个摄影机被选中，那么按 C 键，该摄影机会自动被选中，不会出现【选择摄影机】对话框；如果没有选择的摄影机，【选择摄影机】对话框将会出现，如图 8-11 所示。

图 8-11

8.1.4 摄影机共同的参数

两种摄影机的绝大部分参数设置是相同的，【参数】卷展栏如图 8-12 所示。下面将对其进行简单的介绍。

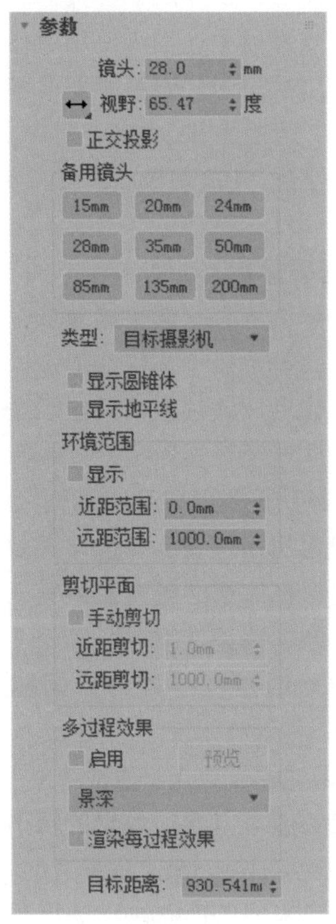

图 8-12

1. 【参数】卷展栏

◎ 【镜头】：以毫米为单位设置摄影机的焦距。使用【镜头】微调器来指定焦距值，而不是指定在【备用镜头】选项组中按钮上的预设备用值。

> 提示：更改【渲染设置】对话框中的【光圈宽度】值也会更改镜头微调器字段的值。这样并不通过摄影机更改视图，但将更改【镜头】值和 FOV 值之间的关系，也将更改摄影机锥形光线的纵横比。

◎ 【水平】↔：水平应用视野。这是设置和测量 FOV 的标准方法。

◎ 【垂直】↕：垂直应用视野。

◎ 【对角线】⤢：在对角线上应用视野，从视口的一角到另一角。

◎ 【镜头】：决定摄影机查看区域的宽度（视野）。当【视野方向】为水平（默认设置）时，视野参数直接设置摄影机地平线的弧形，以度为单位进行测量。也可以设置【视野方向】来垂直或沿对角线测量 FOV。

◎ 【正交投影】：选中该复选框，【摄影机】视图就好像【用户】视图一样；取消选中该复选框，【摄影机】视图就像是【透视】视图。

◎ 【备用镜头】：使用该选项组中提供的预设值设置摄影机的焦距（以毫米为单位）。

◎ 【类型】：用于改变摄影机的类型。

◎ 【显示圆锥体】：显示摄影机视野定义的锥形光线（实际上是一个四棱锥）。锥形光线出现在其他视口，但不出现在摄影机视口中。

◎ 【显示地平线】：显示地平线。在摄影机视口中的地平线层级显示一条深灰色的线条。

◎ 【环境范围】选项组

- 【显示】：以线框的形式显示环境存在的范围。
- 【近距范围】：设置环境影响的近距距离。
- 【远距范围】：设置环境影响的远距距离。

◎ 【剪切平面】选项组

- 【手动剪切】：选中该复选框可以定义剪切平面。
- 【近距剪切】和【远距剪切】：分别用来设置近距剪切平面与远距离平面的距离。剪切平面能去除场景几何体的某个断面，能看到几何体的内部。如果想产生楼房、车辆、人等的剖面图或带切口的视图，可以使用该选项。

◎ 【多过程效果】选项组

◆ 【启用】：选中该复选框后，用于效果的预览或渲染；取消选中该复选框后，不渲染该效果。

◆ 【预览】：单击该按钮后，能够在激活的【摄影机】视图预览景深或运动模糊效果。

◆ 【渲染每过程效果】：选中该复选框后，如果指定任何一个，则将渲染效果应用于多重过滤效果的每个过程（景深或运动模糊）。取消选中该复选框后，将在生成多重过滤效果的通道之后只应用渲染效果。默认设置为禁用状态。

◎ 【目标距离】：使用自由摄影机，将点设置为不可见的目标，以便可以围绕该点旋转摄影机。使用目标摄影机，表示摄影机和其目标之间的距离。

2. 【景深参数】卷展栏

当在【多过程效果】选项组中选择了【景深】效果后，会出现相应的景深参数，如图 8-13 所示。

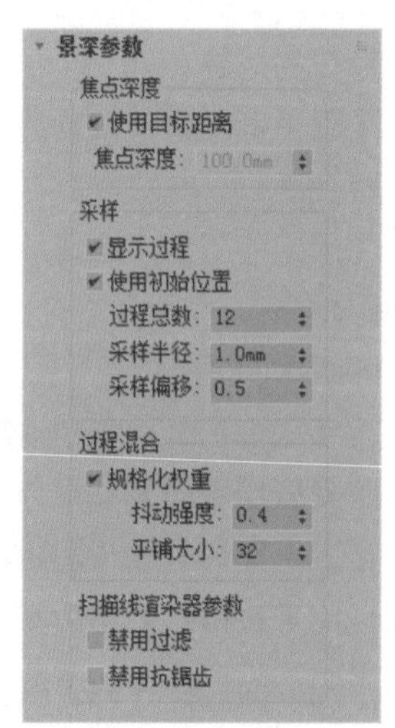

图 8-13

1）【焦点深度】选项组

◎ 【使用目标距离】：选中该复选框，以摄影机目标距离作为摄影机进行偏移的位置；取消选中该复选框，以【焦点深度】的值进行摄影机偏移。

◎ 【焦点深度】：当【使用目标距离】处于禁用状态时，设置距离偏移摄影机的深度。范围为 0 ～ 100，其中，0 为摄影机的位置，100 是极限距离。默认设置为 100。

2）【采样】选项组

◎ 【显示过程】：选中该复选框后，渲染帧窗口显示多个渲染通道；取消选中该复选框后，该帧窗口只显示最终结果。此控件对于在摄影机视口中预览景深无效，默认设置为启用。

◎ 【使用初始位置】：选中该复选框后，在摄影机的初始位置渲染第一个过程；取消选中该复选框后，第一个渲染过程像随后的过程一样进行偏移。默认为选中。

◎ 【过程总数】：用于生成效果的过程数。增加此值可以增加效果的精确性，但会增加渲染时间。默认设置为 12。

◎ 【采样半径】：通过移动场景生成模糊的半径。增加该值将增加整体模糊效果，减小该值将减少模糊。默认设置为 1。

◎ 【采样偏移】：设置模糊靠近或远离【采样半径】的权重值。增加该值，将增加景深模糊的数量级，提供更均匀的效果；减小该值，将减小数量级，提供更随机的效果。偏移的范围可以从 0 ～ 1，默认设置为 0.5。

3）【过程混合】选项组

◎ 【规格化权重】：使用随机权重混合的过程可以避免出现例如条纹这些人工效果。当选中【规格化权重】复选框后，将权重规格化，会获得较平滑的结果；

当取消选中【规格化权重】复选框后，效果会变得清晰一些，但通常颗粒状效果更明显。默认设置为启用。

◎ 【抖动强度】：控制应用于渲染通道的抖动程度。增加此值会增加抖动量，并且生成颗粒状效果，尤其在对象的边缘上。默认值为 0.4。

◎ 【平铺大小】：设置抖动时图案的大小。此值是一个百分比，0 是最小的平铺，100 是最大的平铺，默认设置为 32。

4）【扫描线渲染器参数】选项组

◎ 【禁用过滤】：选中该复选框后，禁用过滤过程。默认设置为禁用状态。

◎ 【禁用抗锯齿】：选中该复选框后，禁用抗锯齿。默认设置为禁用状态。

8.2 控制摄影机

本节将介绍如何使用【摄影机】视图导航控制以及变换摄影机的方法。

8.2.1 使用【摄影机】视图导航控制

对于【摄影机】视图，系统在视图控制区提供了专门的导航工具，用来控制【摄影机】视图的各种属性，如图 8-14 所示。使用摄影机导航控制可以为你提供许多控制功能。

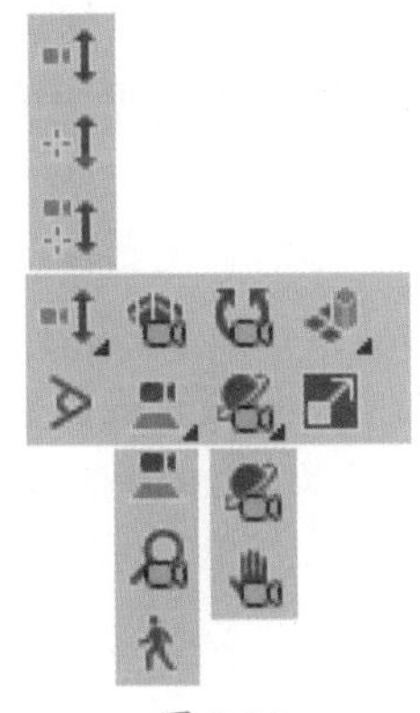

图 8-14

摄影机导航工具的功能说明如下所述。

◎ 【推拉摄影机】按钮：沿视线移动摄影机的出发点，保持出发点与目标点之间连线的方向不变，使出发点在此线上滑动。这种方式不改变目标点的位置，只改变出发点的位置。

◎ 【推拉目标】按钮：沿视线移动摄影机的目标点，保持出发点与目标点之间连线的方向不变，使目标点在此线上滑动。这种方式不会改变【摄影机】视图中的影像效果，但有可能使摄影机反向。

◎ 【推拉摄影机 + 目标】按钮：沿视线同时移动摄影机的目标点与出发点。这种方式产生的效果与【推拉摄影机】相同，只是保证了摄影机本身形态不发生改变。

◎ 【透视】按钮：以推拉出发点的方式来改变摄影机的【视野】镜头值，配合 Ctrl 键可以增加变化的幅度。

◎ 【侧滚摄影机】按钮：沿着垂直于视平面的方向旋转摄影机的角度。

◎ 【视野】按钮：固定摄影机的目标点与出发点，通过改变视野取景的大小来改变 FOV 镜头值。这是一种调节镜头效果的好方法，起到的效果其实与 Perspective（透视）+Dolly Camera（推拉摄影机）相同。

◎ 【平移摄影机】按钮：在平行于视平面的方向上同时平移摄影机的目标点与出发点，配合 Ctrl 键可以加速平移变化，配合 Shift 键可以锁定在垂直或水平方向上平移。

◎ 【2D 平移缩放模式】按钮：在 2D 平移缩放模式下，可以平移或缩放视口，而无须更改渲染帧。

◎ 【穿行】按钮：使用穿行导航，可通过按下包括箭头方向键在内的一组快捷键，在视口中移动，正如在众多视频游戏中的 3D 世界中导航一样。

◎ 【环游摄影机】按钮：固定摄影机的目标点，使出发点转着它进行旋转观测，配合 Shift 键可以锁定在单方向上的旋转。

◎ 【摇移摄影机】按钮：固定摄影机的出发点，使目标点进行旋转观测，配合 Shift 键可以锁定在单方向上的旋转。

8.2.2 变换摄影机

在 3ds Max 中所有作用于对象（包括几何体、灯光、摄影机等）的位置、角度、比例的改变都被称为变换。摄影机及其目标的变换与场景中其他对象的变换非常相像。正如前面所提到的，许多【摄影机】视图导航命令能用在其局部坐标中变换摄影机来代替。

虽然摄影机导航工具能很好地变换摄影机参数，但对于摄影机的全局定位来说，一般使用标准的变换工具更合适一些。锁定轴向后，也可以像摄影机导航工具那样使用标准变换工具。摄影机导航工具与标准摄影机变换工具最主要的区别是，标准变换工具可以同时在两个轴上变换摄影机，而摄影机导航工具只允许沿一个轴进行变换。

提示：在变换摄影机时不要缩放摄影机，缩放摄影机会使摄影机基本参数显示错误值。目标摄影机只能绕其局部 Z 轴旋转，绕其局部坐标 X 或 Y 轴旋转没有效果。自由摄影机不像目标摄影机那样受旋转限制。

【实战】室内摄影机

本案例通过室内场景讲解【摄影机】视图的切换，通过推拉摄影机调整室内场景的显示效果，效果如图 8-15 所示。

图 8-15

素材	Scenes\Cha08\ 室内素材 .max
场景	Scenes\Cha08\【实战】室内摄影机 .max
视频	视频教学 \Cha08\【实战】室内摄影机 .mp4

01 启动软件后，按 Ctrl+O 组合键，打开“Scenes\Cha08\ 室内素材 .max”素材文件，如图 8-16 所示。

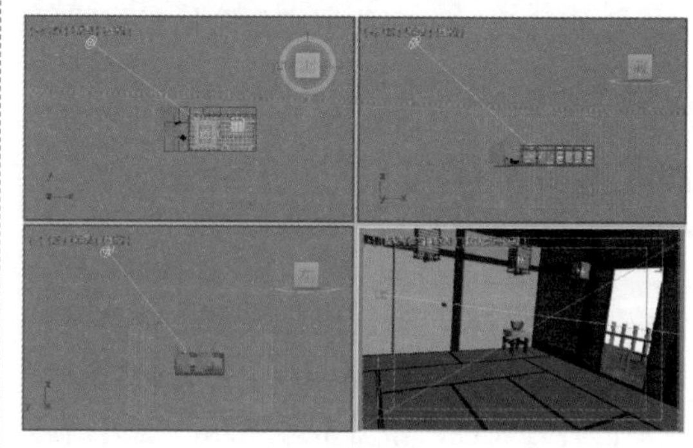

图 8-16

02 按 C 键，在弹出的【选择摄影机】对话框中选择【摄影机 02】选项，单击【确定】按钮，如图 8-17 所示。

03 此时【摄影机 01】视图转变为【摄影机 02】视图，单击【推拉摄影机】按钮，在【摄影机 02】视图中推拉摄影机调整【摄影机】视图的显示效果，如图 8-18 所示。

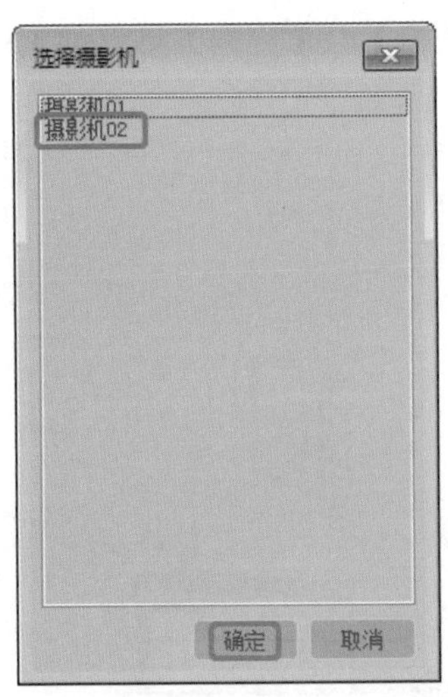

图 8-17

图 8-18

课后项目练习

浴室场景

本案例介绍浴室场景摄影机的创建，完成后的效果如图 8-19 所示。

课后项目练习效果展示

图 8-19

课后项目练习过程概要

（1）在视图中创建摄影机，对摄影机进行重命名。

（2）将【透视】视图转换为【摄影机】视图，并调整摄影机的位置。

（3）将摄影机进行校正，最后进行渲染即可。

素材	Scenes\Cha08\ 浴室素材 .max
场景	Scenes\Cha08\ 浴室场景 .max
视频	视频教学 \Cha08\ 浴室场景 .mp4

01 启动软件后，按 Ctrl+O 组合键，打开“Scenes\Cha08\ 浴室素材 .max”素材文件，如图 8-20 所示。

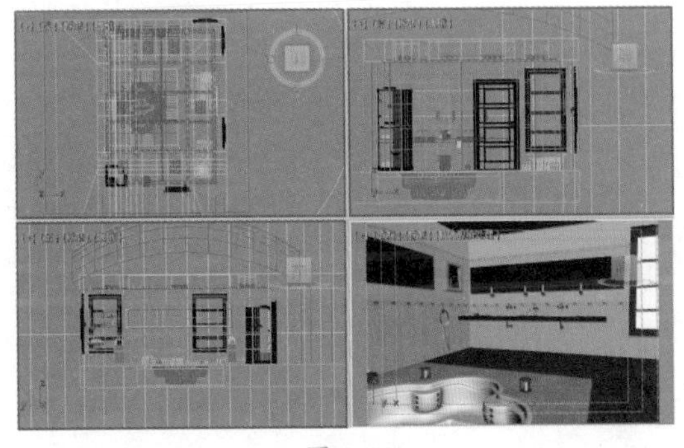

图 8-20

02 选择【创建】|【摄影机】|【目标】命令，在【顶】视图中按住鼠标进行拖动，创建一个摄影机，激活【透视】视图，按 C 键将其转换为【摄影机】视图，在视图中调整摄影机的位置，切换至【修改】命令面板，在【参

数】卷展栏中将【镜头】设置为28，将【名称】重命名为【室内摄像机】，如图8-21所示。

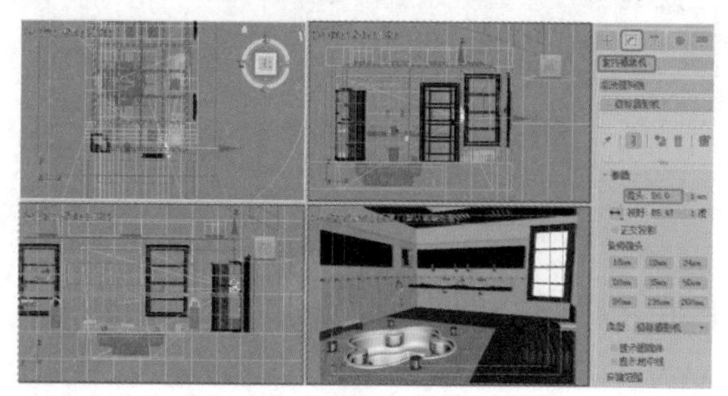

图 8-21

03 在菜单栏中选择【修改器】|【摄影机】|【摄影机校正】命令，将【2点透视校正】选项组中的【数量】、【方向】设置为4.57、90，如图8-22所示。

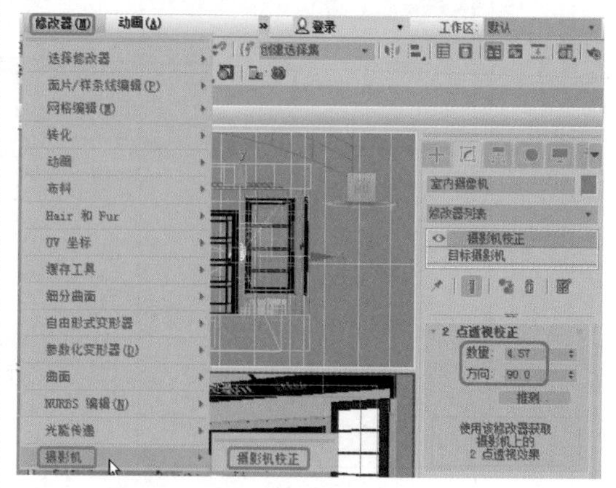

图 8-22

第 9 章 课程设计

本章导读

本章将通过前面所学的知识来制作花瓶、吧椅以及户外休闲座椅效果，通过本章的案例可以巩固前面章节所学的内容，通过练习，可以举一反三，制作出其他建模效果。

9.1 花瓶的设计

效果展示：

操作要领：

（1）利用【线】工具在【前】视图中绘制花瓶的截面轮廓线。

（2）切换至【修改】命令面板，将当前选择集定义为【样条线】，并在【几何体】卷展栏中将【轮廓】设置为-4，按Enter键确认。

（3）关闭【样条线】选择集，为花瓶截面轮廓添加【车削】修改器，在【参数】卷展栏中取消选中【焊接内核】、【翻转法线】复选框，将【分段】设置为100，单击Y按钮，单击【最小】按钮。

（4）添加【编辑网格】修改器，定义当前选择集为【多边形】，选择花瓶的多边形，设置花瓶ID。

（5）关闭当前选择集，在修改器下拉列表中选择【UVW贴图】修改器，然后在【参数】卷展栏中选中【柱形】单选按钮，选中X单选按钮，单击【适配】按钮。

（6）为花瓶添加多维/子材质，利用【平面】工具绘制两个平面，并为其添加【壳】修改器，为其指定【无光/投影】材质。

（7）为【透视】视图添加背景，然后按8键打开【环境和效果】对话框，添加【环境】贴图，并将其拖曳至【材质编辑器】窗口的材质样本球上，将【贴图】设置为【屏幕】。

（8）在视图中创建摄影机与灯光，并进行相应的设置。

9.2 吧椅的设计

效果展示：

操作要领：

（1）使用【长方体】工具在【前】视图中创建长方体，在【参数】卷展栏中将【长度】、【宽度】、【高度】、【长度分度】、【宽度分段】、【高度分段】分别设置为 100、300、25、3、12、3，将其命名为【靠背】。

（2）切换到【修改】命令面板，在修改器列表中选择【编辑网格】修改器，将当前选择集定义为【顶点】，在视图中对顶点进行调整。

（3）在修改器列表中选择【松弛】修改器，在【参数】卷展栏中将【松弛值】和【迭代次数】分别设置为 0.88、21。

（4）在修改器列表中选择【弯曲】修改器，在【参数】卷展栏中将【角度】设置为 -200，选中 X 单选按钮。

（5）在修改器列表中选择【网格平滑】修改器，使用其默认参数即可。

（6）使用【切角圆柱体】工具在【顶】视图中创建一个切角圆柱体，将其命名为【坐垫001】，在【参数】卷展栏中将【半径】、【高度】、【圆角】、【高度分段】、【圆角分段】、【边数】分别设置为 50、10、4.53、1、3、36。

（7）对绘制的切角圆柱体进行复制，选中复制后的对象，切换至【修改】命令面板，在【参数】卷展栏中将【半径】、【高度】、【圆角】分别设置为 47、10、5，并在视图中调整该对象的位置。

（8）为创建的坐垫与靠背设置材质，并为其指定设置完成的材质，利用【线】工具在【前】视图中绘制吧椅支柱截面轮廓，为创建的轮廓添加【车削】修改器，并设置其参数，为车削后的对象设置金属材质。

（9）使用【圆柱体】与【圆环】工具制作其他零件，并为其设置相应的材质。

（10）为【透视】视图添加视口背景，并添加【环境】贴图，创建地面，在视图中创建摄影机与灯光。

9.3 户外休闲座椅的设计

效果展示：

操作要领：

（1）使用【管状体】工具创建中心花池，并为其添加【UVW 贴图】修改器，设置材质。

（2）使用【矩形】工具绘制木板截面，添加【编辑样条线】修改器，对顶点进行调整。

（3）为其添加【挤出】修改器并设置木质材质，调整木板的轴位置，对其进行阵列。

（4）利用【圆】工具在视图中制作支撑，为其添加【编辑样条线】修改器，对圆形进行调整，然后再为其添加【挤出】修改器。

（5）利用【矩形】工具在视图中创建支架横截面，添加【编辑样条线】修改器，对矩形进行调整，并添加【挤出】修改器，对支架进行阵列。

（6）为支撑与支架设置材质，在视图中创建其他植物，对户外休闲座椅进行完善。

（7）为【透视】视图添加视口背景，并添加【环境】贴图，创建地面，在视图中创建摄影机与灯光。

附　录

3ds Max 的快捷键

单字母类

Q——切换选择模式	Y——【选择并放置】按钮	W——【选择并移动】按钮	E——【选择并旋转】按钮
R——【选择并均匀缩放】按钮	S——【捕捉开关】按钮	A——【角度捕捉切换】按钮	P——切换至【透视】视图
T——切换至【顶】视图	B——切换至【底】视图	F——切换至【前】视图	L——切换至【左】视图
U——切换至【正交】视图	C——切换至【摄影机】视图	Z——最大化显示当前视图	D——禁用视图开关
G——网格显示开关	I——交互式平移	H——打开【从场景选择】对话框	M——打开【材质编辑器】窗口
N——切换自动关键点模式	K——在当前时间设置关键点	‘——切换设置关键点模式	/——播放动画
<——上一帧	>——下一帧	X——搜索 3ds Max 命令	

功能键类

F1——帮助文件	F2——明暗处理选定面切换	F3——线框 / 默认明暗处理	F4——边面 / 默认明暗处理
F5——约束到 X 轴方向	F6——约束到 Y 轴方向	F7——约束到 Z 轴方向	F8——平面约束循环
F9——快速渲染	F10——打开【渲染设置】对话框	F11——MAXScript 侦听器	F12——【变换输入】对话框

多字母键类

Delete——删除选定物体	Home——进到起始帧	End——进到最后一帧	Insert——切换仅影响轴设置
PageUp——选择父系	PageDown——选择子系		

组合键类

Ctrl+Z——撤销	Ctrl+Y——重做	Ctrl+H——暂存	Alt+Ctrl+F——取回
Ctrl+V——克隆	Ctrl+A——全选	Ctrl+D——全部不选	Ctrl+I——反选
Ctrl+Q——选择类似对象	Alt+Q——孤立当前选择	Alt+A——对齐	Shift+A——快速对齐
Shift+I——间隔工具	Alt+N——法线对齐	Shift+V——创建预览动画	Shift+Ctrl+P——百分比捕捉切换
Alt+D，Alt+F3——在捕捉中启用轴约束	Shift+Z——撤销视图更改	Shift+Y——重做视图更改	Alt+Ctrl+V——显示 ViewCube
Shift+W ——切换 Steering Wheels	Shift+Ctrl+J——漫游建筑轮子	Ctrl+C——从视图创建物理摄影机	Alt+B——配置视口背景
Ctrl+X——专家模式	Alt+1——参数编辑器	Alt+2——参数收集器	Ctrl+5——连线参数
Alt+5——参数连线对话框	Alt+0——锁定 UI 布局	Alt+6——显示主工具栏	Ctrl+N——新建场景
Ctrl+O——打开文件	Ctrl+S——保存文件	Shift+L——显示 / 隐藏灯光	Shift+C——显示 / 隐藏摄影机
Shift+F——显示 / 隐藏安全框	Shift+T——资源追踪切换	Alt+Ctrl+H——主栅格	

数字键盘类

6——粒子视图	7——在活动视口中显示统计	8——打开【环境和效果】对话框	0——渲染到纹理

参 考 文 献

[1] CAD/CAM/CAE 技术联盟 . AutoCAD 2014 室内装潢设计自学视频教程 [M]. 北京：清华大学出版社，2014.

[2] CAD 辅助设计教育研究室 . 中文版 AutoCAD 2014 建筑设计实战从入门到精通 [M]. 北京：人民邮电出版社，2015.

[3] 姜洪侠，张楠楠 . Photoshop CC 图形图像处理标准教程 [M]. 北京：人民邮电出版社，2016.

[4] 李涛，张森 . 水晶石技法 3ds Max/Vary 建筑渲染表现渲染 [M]. 北京：人民邮电出版社，2010.

[5] 曹茂鹏，翟颖健 . 3ds Max Vary 效果图制作完全自学教程 [M]. 北京：人民邮电出版社，2012.